2022
영양사
마무리문제집 1교시+2교시

이민경 · 영양사국가시험연구소 공저

머리말

현대사회는 급속한 사회 환경 변화와 경제적 성장 등으로 서구화, 핵가족화, 고령화 시대로 접어들면서 식생활 양식도 빠르게 변화하고 있습니다. 특히 식습관과 관련된 만성질환의 유병률이 증가함에 따라 건강에 대한 관심도가 높아지면서 보건 정책 또한 식습관 관리를 통한 질병 예방 위주로 변화해 가고 있습니다.

영양사는 산업체, 학교, 병원, 보건소, 사회복지시설 등에서 식단을 계획하고 조리 및 공급을 감독하는 등 급식관리 업무를 담당하며, 이 외에도 영양교육 및 상담, 영양지원 등 영양서비스를 관리하는 업무를 수행하여 국민의 건강 및 복지 증진에 이바지하는 전문인입니다. 따라서 식생활과 건강의 중요성이 대두되고 있는 현시점에서 영양사의 역할은 더욱 중요하다 할 수 있습니다.

영양사 국가고시에 응시하고자 하는 사람은 대학에서 식품학 또는 영양학을 전공한 졸업(예정)자로서, 소정의 관련 학점을 이수하여 영양사 국가시험에 응시하여 합격하여야 합니다. 영양사 국가시험의 과목은 영양학 및 생화학, 영양교육, 식사요법 및 생리학, 식품학 및 조리원리, 급식, 위생 및 관계법규로 각 과목들의 다양한 내용을 포함하고 있습니다.

영양사 국가시험의 출제 경향은 꾸준히 변화하고 있으며, 최근에는 각 과목별 지식 수준뿐 아니라 문제해결 능력까지 평가하는 유형으로 바뀌고 있습니다. 이 책은 다년간의 식품영양 관련 강의 경험을 바탕으로 전공 저자들이 시험과목별로 최신 출제 경향을 반영한 문제를 정리하였습니다. 그리고 수험생들이 빠른 시간 내에 더욱 효과적인 수험 준비를 할 수 있도록 문제편과 해설편으로 분리 구성하였습니다.

이 책이 영양사 국가고시를 준비하는 수험생 여러분에게 시험 준비와 함께 전공지식 함양에 도움이 되길 바라며, 더불어 모든 수험생이 합격의 기쁨을 누리길 기원합니다. 마지막으로 이 책이 출판되기까지 집필에 최선을 다해주신 교수님들과 예문에듀 관계자 여러분께도 감사의 말씀을 드립니다.

2022년 7월
저자 일동

시험 안내

🥕 영양사

- 개요

  영양사는 개인 및 단체에 균형 잡힌 급식 서비스를 제공하기 위해 식단을 계획하고 조리 및 공급을 감독하는 등 급식을 담당하며, 산업체에서 급식관리 업무 외에 영양교육 및 상담, 영양지원 등 영양서비스를 관리하는 업무를 수행하는 자를 말한다.

- 수행직무
  - 건강증진 및 환자를 위한 영양·식생활 교육 및 상담
  - 식품영양정보의 제공
  - 식단작성, 검식 및 배식관리
  - 구매식품의 검수 및 관리
  - 급식시설의 위생적 관리
  - 집단급식소의 운영일지 작성
  - 종업원에 대한 영양지도 및 위생교육

🥕 시험 안내

- 시험일정

구분	원서 접수	시험일	합격자 발표
2021년	21.9.8~21.9.15	21.12.18	22.1.6

- 시험과목

시험 과목 수	문제 수	배점	총점	문제 형식
4과목	220문제	1점/1문제	220점	객관식 5지선다형

구분	시험 과목(문제 수)	시험 시간
1교시	1. 영양학 및 생화학(60문제) 2. 영양교육, 식사요법 및 생리학(60문제)	09:00~10:40(100분)
2교시	1. 식품학 및 조리원리(40문제) 2. 급식, 위생 및 관계법규(60문제)	11:10~12:35분(85분)

※ 식품·영양 관계법규 : 「식품위생법」, 「학교급식법」, 「국민건강증진법」, 「국민영양 관리법」, 「농수산물의 원산지 표시에 관한 법률」, 「식품 등의 표시·광고에 관한 법률」과 그 시행령 및 시행규칙

🥕 합격기준

- 합격자 결정은 전 과목 총점의 60퍼센트 이상, 매 과목 만점의 40퍼센트 이상 득점한 자를 합격 자로 함
- 응시자격이 없는 것으로 확인된 경우에는 합격자 발표 이후에도 합격을 취소함

온라인 모의고사 이용 가이드

STEP 1 예문에듀 홈페이지 로그인 후 메인 화면 상단의 [CBT 모의고사]를 누른 다음 수강할 강좌를 선택합니다.

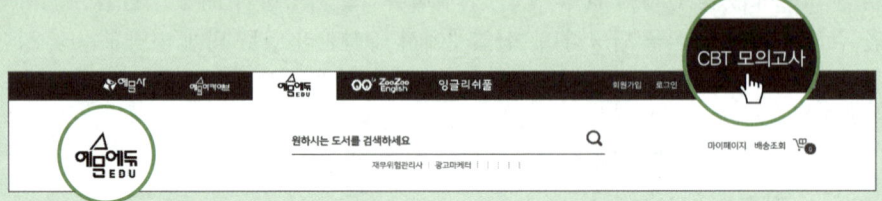

STEP 2 시리얼 번호 등록 안내 팝업창이 뜨면 [확인]을 누른 뒤 [시리얼 번호]를 입력합니다.

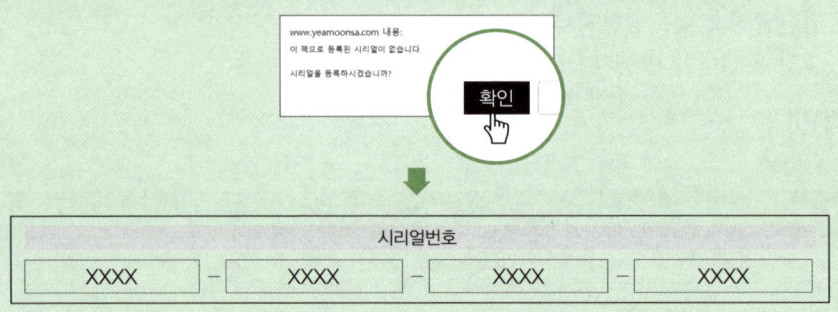

STEP 3 [마이페이지]를 클릭하면 등록된 CBT 모의고사를 [모의고사]에서 확인할 수 있습니다.

시리얼 번호
S003-0B2F-52HP-6222

구성과 특징

문제편

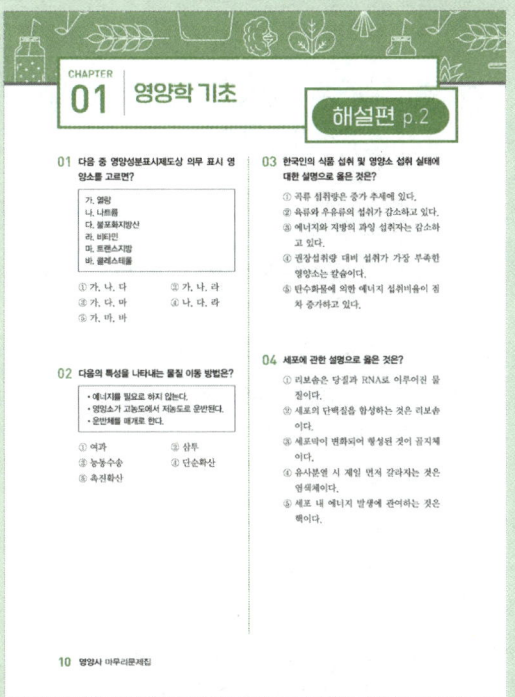

- 수험생들의 효율적인 학습을 위해 문제편과 해설편을 분권 구성하였습니다.
- 최신 출제 경향을 완벽히 분석하여 과목별로 문제를 수록하였습니다.
- 시험 전 미리 풀어봄으로써 문제의 유형과 난이도를 확인할 수 있고, 놓쳤거나 헷갈렸던 개념을 한 번 더 확인할 수 있습니다.

해설편

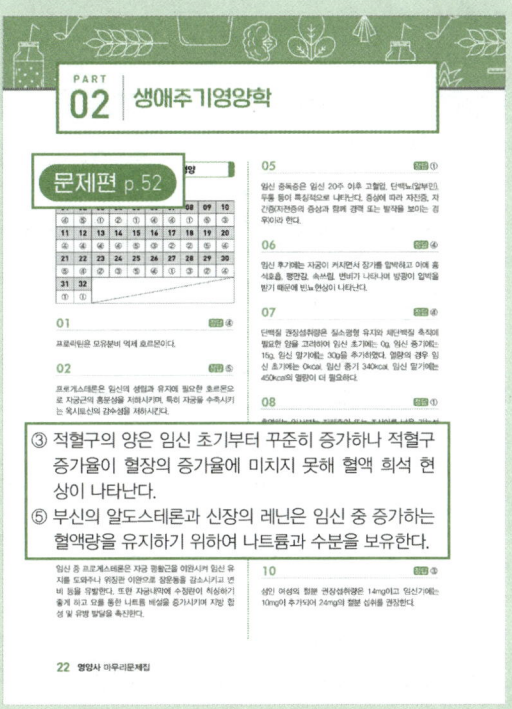

- 전공 저자들의 친절하면서도 깊이 있는 해설을 담아 빠르고 확실한 이해가 가능합니다.
- 정답뿐만 아니라 오답에 대한 해설까지도 모두 수록하여 누구보다 빠르게 합격이 가능합니다.

합격을 결정하는 핵심 5과목

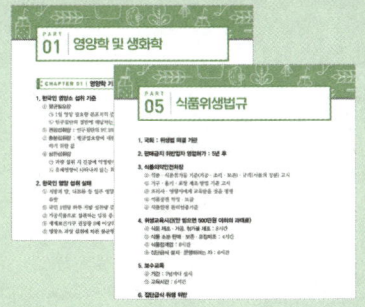

- 수험생들이 가장 어려워하는 생화학, 법규를 포함한 핵심 5과목 요약 소책자를 특별부록으로 제공합니다.
- 언제 어디서나 학습할 수 있도록 핸드북 크기로 제작하여 휴대성과 편리성을 높였습니다.

목차

1교시

PART 01 영양학 및 생화학 (문제편 / 해설편)

- CHAPTER 01 영양학 기초 — 10 / 2
- CHAPTER 02 탄수화물 — 12 / 3
- CHAPTER 03 지질 — 18 / 6
- CHAPTER 04 단백질 — 24 / 9
- CHAPTER 05 에너지 — 30 / 12
- CHAPTER 06 비타민 — 33 / 13
- CHAPTER 07 무기질 — 40 / 17
- CHAPTER 08 수분, 효소, 핵산 — 46 / 20

PART 02 생애주기영양학 (문제편 / 해설편)

- CHAPTER 01 임신기·수유기 영양 — 52 / 22
- CHAPTER 02 영아기·유아기 영양 (학령전기) — 57 / 24
- CHAPTER 03 학령기·청소년기 영양 — 63 / 27
- CHAPTER 04 성인기·노인기 영양 — 65 / 28
- CHAPTER 05 운동과 영양 — 68 / 29

PART 03 영양 교육 (문제편 / 해설편)

- CHAPTER 01 영양 교육과 사업의 요구 진단 — 72 / 31
- CHAPTER 02 영양 교육과 사업의 이론 및 활용 — 76 / 33
- CHAPTER 03 영양 교육과 사업의 과정 — 79 / 34
- CHAPTER 04 영양 교육의 방법 및 매체 활용 — 82 / 36
- CHAPTER 05 영양 상담 — 86 / 38
- CHAPTER 06 영양 정책과 관련 기구 — 88 / 39
- CHAPTER 07 영양 교육과 사업의 실제 — 94 / 41

PART 04 식사요법 및 생리학 (문제편 / 해설편)

- CHAPTER 01 영양 관리 과정 — 102 / 44
- CHAPTER 02 병원식과 영양 지원 — 107 / 46
- CHAPTER 03 위장관 질환의 영양 관리 — 115 / 49
- CHAPTER 04 간·담도계·췌장 질환의 영양 관리 — 126 / 55
- CHAPTER 05 체중 조절과 영양 관리 — 135 / 59
- CHAPTER 06 당뇨병의 영양 관리 — 140 / 61
- CHAPTER 07 심혈관계 질환의 영양 관리 — 149 / 66
- CHAPTER 08 비뇨기계 질환의 영양 관리 — 158 / 70
- CHAPTER 09 암의 영양 관리 — 167 / 75
- CHAPTER 10 면역·수술 및 화상·호흡기 질환의 영양 관리 — 170 / 77
- CHAPTER 11 빈혈의 영양 관리 — 177 / 80
- CHAPTER 12 신경계 및 골격계 질환의 영양 관리 — 184 / 83
- CHAPTER 13 선천성 대사 장애 및 내분비 조절 장애의 영양 관리 — 188 / 85

2교시

PART 05 식품학 및 조리원리 | 문제편 | 해설편

CHAPTER		문제편	해설편
CHAPTER 01	개요	196	88
CHAPTER 02	수분	200	90
CHAPTER 03	탄수화물	202	91
CHAPTER 04	지질	212	96
CHAPTER 05	단백질	219	101
CHAPTER 06	식품의 색과 향미	226	104
CHAPTER 07	곡류, 서류 및 당류	236	110
CHAPTER 08	육류	246	115
CHAPTER 09	어패류	251	118
CHAPTER 10	난류	255	119
CHAPTER 11	우유 및 유제품	259	121
CHAPTER 12	두류	264	124
CHAPTER 13	유지류	267	125
CHAPTER 14	채소 및 과일류	272	128
CHAPTER 15	해조류 및 버섯류	278	131
CHAPTER 16	식품 미생물	280	132

PART 06 급식관리 | 문제편 | 해설편

CHAPTER		문제편	해설편
CHAPTER 01	급식 개요	296	138
CHAPTER 02	메뉴 관리	305	144
CHAPTER 03	구매 관리	310	147
CHAPTER 04	생산 및 작업 관리	321	153
CHAPTER 05	위생·안전 관리	326	156
CHAPTER 06	시설·설비 관리	330	158
CHAPTER 07	원가 및 정보 관리	334	161
CHAPTER 08	인적자원 관리	337	162
CHAPTER 09	마케팅 관리	342	165

PART 07 식품위생 | 문제편 | 해설편

CHAPTER		문제편	해설편
CHAPTER 01	식품위생 관리	348	167
CHAPTER 02	세균성 식중독	352	169
CHAPTER 03	화학물질에 의한 식중독	357	171
CHAPTER 04	감염병, 위생 동물 및 기생충	363	175
CHAPTER 05	식품안전관리인증기준(HACCP)	366	177

PART 08 식품위생법규 | 문제편 | 해설편

CHAPTER		문제편	해설편
CHAPTER 01	식품위생법	370	178
CHAPTER 02	학교급식법	378	183
CHAPTER 03	기타 관계법규	381	184

특별부록 합격을 결정하는 핵심 5과목

PART 01	영양학 및 생화학 · 2
PART 02	생애주기 영양학 · 19
PART 03	급식관리 · 23
PART 04	식품위생 · 35
PART 05	식품위생법규 · 46

CHAPTER 01 영양학 기초
CHAPTER 02 탄수화물
CHAPTER 03 지질
CHAPTER 04 단백질
CHAPTER 05 에너지
CHAPTER 06 비타민
CHAPTER 07 무기질
CHAPTER 08 수분, 효소, 핵산

PART 01

영양학 및 생화학

CHAPTER 01 영양학 기초

01 다음 중 영양성분표시제도상 의무 표시 영양소를 고르면?

> 가. 열량
> 나. 나트륨
> 다. 불포화지방산
> 라. 비타민
> 마. 트랜스지방
> 바. 콜레스테롤

① 가, 나, 다 ② 가, 나, 라
③ 가, 다, 마 ④ 나, 다, 라
⑤ 가, 마, 바

02 다음의 특성을 나타내는 물질 이동 방법은?

> • 에너지를 필요로 하지 않는다.
> • 영양소가 고농도에서 저농도로 운반된다.
> • 운반체를 매개로 한다.

① 여과 ② 삼투
③ 능동수송 ④ 단순확산
⑤ 촉진확산

03 한국인의 식품 섭취 및 영양소 섭취 실태에 대한 설명으로 옳은 것은?

① 곡류 섭취량은 증가 추세에 있다.
② 육류와 우유류의 섭취가 감소하고 있다.
③ 에너지와 지방의 과잉 섭취자는 감소하고 있다.
④ 권장섭취량 대비 섭취가 가장 부족한 영양소는 칼슘이다.
⑤ 탄수화물에 의한 에너지 섭취비율이 점차 증가하고 있다.

04 세포에 관한 설명으로 옳은 것은?

① 리보솜은 당질과 RNA로 이루어진 물질이다.
② 세포의 단백질을 합성하는 것은 리보솜이다.
③ 세포막이 변화되어 형성된 것이 골지체이다.
④ 유사분열 시 제일 먼저 갈라지는 것은 염색체이다.
⑤ 세포 내 에너지 발생에 관여하는 것은 핵이다.

05 영양소 필요량에 대한 정확한 자료 부족으로 섭취기준을 정하기 어려울 때 사용하는 기준은?

① 필요추정량　② 충분섭취량
③ 상한섭취량　④ 적정필요량
⑤ 하한섭취량

06 영양밀도에 대한 설명으로 옳은 것은?

① 식품의 지방 함량을 비교할 때 이용된다.
② 식품 100g당 영양소 함량을 의미한다.
③ 같은 양의 식품에서 에너지가 높고 영양소가 적으면 밀도가 높은 것이다.
④ 식품 내 영양소 함량을 열량 대비 비교한 값이다.
⑤ 성인 1인분의 영양소 함량을 말한다.

CHAPTER 02 | 탄수화물

01 다음 중 탄수화물의 기능을 고르면?

> 가. 에너지 공급
> 나. 면역작용
> 다. 체단백질 절약작용
> 라. 케톤증 예방
> 마. 항상성 유지

① 가, 나, 다   ② 가, 나, 라
③ 가, 다, 라   ④ 가, 다, 마
⑤ 나, 다, 라

02 당질의 소화·흡수에 대한 설명으로 옳은 것은?

① 유당은 소장에서 흡수된다.
② 만노오스는 포도당보다 빨리 흡수된다.
③ 이당류의 흡수 속도는 단당류와 비슷하다.
④ 포도당은 나트륨 펌프에 의해 흡수된다.
⑤ 단당류 중 가장 빨리 흡수되는 것은 과당이다.

03 당질 소화효소의 1단계로 덱스트린이나 맥아당까지 분해하는 효소는?

① 슈크라아제
② 프로티아제
③ 알파아밀라아제
④ 리파아제
⑤ 말타아제

04 당질의 흡수에 대한 설명으로 옳은 것은?

① 과당은 촉진확산에 의해 흡수된다.
② 흡수 속도가 가장 빠른 당은 포도당이다.
③ 갈락토오스는 흡수 과정에서 과당과 경쟁한다.
④ 흡수된 단당류는 유미관을 통해 문맥으로 간다.
⑤ 일반적으로 오탄당이 육탄당보다 빨리 흡수된다.

05 식사 후 4시간 경과 시 포도당을 기질로 하여 인체에 공급되는 에너지원은?

① 글리세롤   ② 식이섬유
③ 피루브산   ④ 알라닌
⑤ 글리코겐

06 소장 점막세포에서 포도당 흡수 시 필요한 영양소는?

① Cu   ② Ca
③ Na   ④ Fe
⑤ mg

07 비피더스균의 증식을 자극하고 혈당 및 혈청 콜레스테롤 수준을 저하시킴으로써 당뇨 질환에 도움을 줄 수 있는 당류는?

① 자일로스 ② 수크로스
③ 글리코겐 ④ 올리고당
⑤ 갈락토오스

08 청소년기 학생들의 아침식사에 당질이 반드시 포함되어야 하는 이유는?

① 필수아미노산 합성에 당질이 필수적이다.
② 청소년기 체단백 분해가 왕성하게 일어난다.
③ 지용성 비타민의 흡수에 중요한 영양소이다.
④ 근육의 글리코겐이 잠자는 동안 거의 소모되므로 혈당으로 전환이 안 된다.
⑤ 간의 글리코겐이 수면 시간 동안 모두 소모되므로 혈당으로 전환이 안 된다.

09 체내에서 당질의 역할로 옳은 것은?

① 체성분의 대부분을 차지한다.
② 점액에 함유된 뮤신의 주요 성분이다.
③ 갈락토오스는 RNA와 DNA의 구성성분이다.
④ 혈액 내에 포도당이 1% 정도 함유되어 있다
⑤ 세포막 구성성분으로 세포 내부에 존재한다.

10 일반 성인의 체내에 저장될 수 있는 글리코겐의 양은?

① 50~800g ② 100~150g
③ 300~400g ④ 400~600g
⑤ 제한 없음

11 탄수화물 섭취와 관련된 단백질 절약 작용으로 옳은 것은?

① 탄수화물이 필수아미노산으로 전환된다.
② 탄수화물이 단백질로 전환된다.
③ 단백질이 지방으로 전환되는 것을 억제한다.
④ 탄수화물이 체단백질로 전환되어 식이로 섭취된 단백질을 절약한다.
⑤ 섭취, 저장된 단백질이 혈당이나 에너지원으로 사용되는 것을 막아준다.

12 탄수화물 식이 섭취가 부족할 때 나타나는 현상으로 옳은 것은?

① 지방 합성 증가
② 케톤체 합성 감소
③ 글리코겐 합성 감소
④ 근육단백질 합성 증가
⑤ TCA 회로의 옥살아세트산 합성 증가

13 식이에서 당질을 많이 섭취한 경우 비타민 B군의 섭취가 중요한 원인은?

① 소화되는 과정에서 조효소로 작용
② 흡수되는 과정에서 조효소로 작용
③ 당질 대사과정에서 조효로소 작용
④ 전분이 맥아당으로 분해되는 과정에서 조효소로 작용
⑤ 혈당으로 운반되는 과정에서 작용

14 다음 중 케토시스가 발생할 수 있는 상황으로 옳은 것은?

① 엠티칼로리의 패스트푸드 식이
② 저지방 식이를 지속했을 경우
③ 저탄고지 식단 유지
④ 당질의 과잉 섭취
⑤ 혈당 조절이 어려운 경우

15 식이섬유 섭취 비율이 높을 경우에 대한 설명으로 옳은 것은?

① 분변의 수분 보유를 감소시킨다.
② 대변의 장 통과 시간을 증가시킨다.
③ 콜레스테롤의 체내 흡수를 증가시킨다.
④ 단당류의 흡수를 촉진하므로 혈당의 상승을 일으킨다
⑤ 미네랄과 결합하여 배설시키므로 무기질의 흡수율이 떨어진다.

16 단당류의 흡수 경로로 옳은 것은?

① 유미관 – 문맥 – 간
② 유미관 – 림프계 – 간
③ 모세혈관 – 문맥 – 간
④ 모세혈관 – 림프계 – 간
⑤ 모세혈관 – 유미관 – 간

17 혈당에 관한 설명으로 옳은 것은?

① 공복 정상 혈당은 120mg/dL 이하이다.
② 혈당이 증가하면 췌장에서 인슐린이 분비된다.
③ 혈당이 감소하면 부신에서 글루카곤이 분비된다.
④ 혈당이 감소하면 근육의 글리코겐을 분해하여 혈당을 상승시킨다.
⑤ 혈당치가 150mg/dL 이상이면 신장역치에 의해 소변으로 당이 배설된다.

18 혈당 조절 대사에 작용하는 호르몬에 대한 설명으로 옳은 것은?

① 코티솔은 부신에서 분비되며 글리코겐을 합성한다.
② 코티솔은 췌장에서 분비되며 글리코겐을 분해한다.
③ 글루카곤은 부신에서 분비되며 글리코겐을 합성한다.
④ 글루카곤은 췌장에서 분비되며 글리코겐을 분해한다.
⑤ 성장호르몬은 췌장에서 분비되며 글리코겐을 합성한다.

19 유당불내증에 대한 설명으로 옳은 것은?

① 우유를 섭취하면 절대 안 된다.
② 우유를 차갑게 해서 먹는 것이 좋다.
③ 빈속에 우유를 단독으로 먹도록 한다.
④ 소장 내 서당 분해효소의 부족으로 발생한다.
⑤ 치즈나 요구르트는 유당이 많이 발효되어 섭취해도 좋다.

20 다음 중 수용성 식이섬유를 모두 고른 것은?

가. 펙틴	나. 한천
다. 키토산	라. 리그닌
마. 알긴산	

① 가, 나, 다
② 가, 다, 라
③ 가, 라, 마
④ 가, 나, 마
⑤ 가, 라, 마

21 식이섬유의 섭취에 대한 설명으로 올바른 것은?

① 성인의 1일 충분섭취량은 12g 정도이다.
② 과량 섭취 시 위장관장애나 소화불량이 개선될 수 있다.
③ 인체에 소화효소가 없으므로 영양소로서의 가치가 없다.
④ 가공식품에 많이 함유되어 있다.
⑤ 과량 섭취 시 칼슘, 철분 등 무기질의 체내이용률이 떨어진다.

22 불용성 식이섬유의 경우 인체 흡수가 일어나지 않는 원인은?

① 섭취량이 미량이기 때문에
② 구조가 복잡해서 분해가 어렵기 때문에
③ 입자가 너무 크기 때무에
④ 소화 효소가 없기 때문에
⑤ 흡수 기전이 발달하지 않았기 때문에

23 식이로 섭취한 과당은 주로 간에서 어떤 물질로 전환되어 대사되는가?

① 과당 1 – 인산
② 과당 6 – 인산
③ 과당 – 1, 6 – 이인산
④ 포도당 1 – 인산
⑤ 포도당 6 – 인산

24 피루브산(pyruvate)의 산화적 탈탄산반응에 참여하는 인자는?

① TPP, NAD^+, FMN
② TPP, NAD^+, FAD
③ NAD, FAD, Folate
④ CoA, PLP, Lipoic acid
⑤ $NADP^+$, FAD, PLP

25 다음 중 TCA 회로(citric acid cycle)를 구성하는 물질로 옳은 것은?

① 아세트산
② 말론산
③ 숙신산
④ 타르타릭산
⑤ 프로피오릭산

26 피루브산(pyruvate)이 TCA 회로로 들어가려면 어떤 물질로 변화되어야 하는가?

① 젖산　　　　② 숙신산
③ 시트르산　　④ 푸마르산
⑤ 아세틸 CoA

27 TCA 회로와 관련된 효소는?

① pyruvate kinase
② pyruvate dehydrogenase
③ phosphofructokinase
④ malate kinase
⑤ malate dehydrogenase

28 리보오스는 어떤 대사경로를 통해 얻을 수 있는가?

① 해당과정　　　② TCA 회로
③ 산화적 인산화　④ 지방산 생합성
⑤ 오탄당인산경로

29 1,000m 장거리 수영 등의 활동 시 아미노산을 분해하여 아미노산에서 제거된 아미노기를 간문백으로 이동시킬 수 있는 회로는?

① 코리회로　　② 오탄당회로
③ TCA회로　　④ 요소회로
⑤ 알라닌회로

30 혈액으로 글루코오스를 공급하지 못하는 경로는?

① 글리세롤에서의 합성
② 근육에 저장된 글리코겐의 분해
③ 간에 저장된 글리코겐의 분해
④ 간에서 젖산으로부터 글루코오스의 공급
⑤ 간에서 아미노산으로부터 글루코오스의 공급

31 당질이 충분하게 섭취되었을 때 일어날 수 있는 반응은?

① 알라닌회로
② 케톤체 생성
③ 글리코겐 합성
④ 포도당 신생작용
⑤ 갈락토오스 대사

32 글리코겐 대사에 대해 옳은 것은?

① 글리코겐 분해는 에피네프린에 의해 촉진된다.
② 글리코겐 가인산분해효소의 조효소는 TPP이다.
③ 근육 글리코겐은 혈당 상승에 기여할 수 있다.
④ 글리코겐이 분해될 때 UTP를 필요로 한다.
⑤ 글리코겐 합성효소는 phosphorylase kinase에 의해 활성화된다.

33 미토콘드리아와 세포질 모두에서 일어나는 반응은?

① TCA 회로
② 해당과정
③ 당신생 과정
④ 지방산 생합성
⑤ 지방산 산화

34 다음 중 오탄당인산경로로 옳은 것은?

① 글루콘산-6-인산 → 리불로오스-5-인산 → 리보오스-5-인산
② 리보오스-5-인산 → 리불로오스-5-인산 → 글루콘산-6-인산
③ 리불로오스-5-인산 → 리보오스-5-인산 → 글루코오스-6-인산
④ 글루코오스-6-인산 → 글루콘산-5-인산 → 리보오스-5-인산
⑤ 리불로오스-5-인산 → 글루콘산-6-인산 → 글루코오스-6-인산

35 오탄당인산화회로의 설명으로 옳은 것은?

① 에너지(ATP)를 생성하는 중요 역할을 한다.
② 리보오스와 NADH를 합성하는 경로이다.
③ 오탄당인 리보오스는 핵산의 구성성분이다.
④ 혈당이 저하되면 오탄당인산화 회로가 즉시 활동한다.
⑤ 오탄당인산화 회로는 주로 근육에서 일어난다.

36 글리코겐 합성에 직접 이용되는 글루코오스 형태로 옳은 것은?

① ADP-글루코오스
② UDP-글루코오스
③ HDP-글루코오스
④ ATP-글루코오스
⑤ PLP-글루코오스

37 포도당 신생합성에 관한 설명으로 옳은 것은?

① 지질이 당으로 전환되는 반응이다.
② 모든 촉매 효소는 해당과정과 동일하다.
③ 세포질과 미토콘드리아에서 반응한다.
④ 2 GTP가 생성되는 과정이다.
⑤ 가장 활발하게 일어나는 곳은 근육이다.

CHAPTER 03 지질

01 체내의 구성지질로 세포막의 주된 성분은?
① 트랜스지방
② 중성지질
③ 스테로이드
④ 인지질
⑤ 지단백질

02 지질의 소화·흡수에 대한 설명으로 옳은 것은?
① 지질 소화산물은 장세포 안에서 중성지질로 합성된다.
② 대부분의 소화는 위장 리파아제에 의하여 이루어진다.
③ 지방의 소화산물은 장세포 안에서 혼합 미셀을 합성한 후 림프관으로 들어간다.
④ 담즙산은 소장에서 회수되어 재활용된다.
⑤ 지질의 소화산물은 대부분 지방산과 콜레스테롤이다.

03 지단백질에 대한 설명으로 옳은 것은?
① 밀도가 가장 높은 지단백질은 VLDL이다.
② 킬로미크론은 소장 점막에서 흡수된 중성지방을 간으로 운반한다.
③ 단백질과 인지질이 가장 많은 지단백질은 LDL이다.
④ VLDL은 소장에서 흡수한 중성지방을 간으로 운반한다.
⑤ 중성지방을 가장 많이 가지고 있는 지단백질은 HDL이다.

04 리놀렌산의 기능을 설명한 것 중 옳은 것은?
① 콜레스테롤의 전구체이다.
② $\omega-6$계 지방산의 전구체이다.
③ 체내 합성이 가능한 지방산이다.
④ 세포막의 구조를 위해 필수적인 물질이다.
⑤ 비타민 E의 산화를 억제하는 항산화 기능이 있다.

05 콜레스테롤에 대한 설명으로 옳은 것은?
① 체내 생성이 불가능하다.
② 중성지방과 함께 피하지방에 저장된다.
③ 십이지장에서 아세틸 CoA로부터 합성된다.
④ 비타민 D의 전구체이다.
⑤ 당질 부족 시 분해되어 케톤체를 형성한다.

06 다음 중 인지질의 성분을 고르면?

> 가. 글리세롤　　나. 지방산
> 다. 인산기　　　라. 염기
> 마. 스테롤　　　바. 알코올

① 가, 나, 다, 라
② 가, 나, 라, 마
③ 가, 다, 라, 마
④ 가, 나, 마, 바
⑤ 나, 다, 라, 바

07 한국인 영양소 섭취기준에서 성인의 지질 섭취 기준에 관련된 설명 중 옳은 것은?

① 지방의 적정비율은 총 열량의 25~35%이다.
② 콜레스테롤은 500mg 이하로 섭취할 것을 제안한다.
③ 비만을 예방하기 위하여 지방의 상한섭취량을 설정하였다.
④ ω-3계 지방산의 적정섭취비율은 총 열량의 1% 내외이다.
⑤ ω-6계 지방산의 적정섭취비율은 총 열량의 1~2%이다.

08 체내 세포막을 구성하는 주요 지질로서 뇌와 신경 조직의 주된 구성 성분은?

① 강글리오시드
② 포화지방
③ 왁스
④ 콜레스테롤
⑤ 포스파티딜콜린

09 간, 피하지방조직 등 활발한 지방 합성이 일어날 때 필요한 조효소는?

① NADPH
② NADH
③ PLP
④ FAD
⑤ TPP

10 지질의 소화로 생성되는 미셀의 구성 성분만을 고른 것은?

① 담즙, 트리아실글리세리드(TG)
② 모노아실글리세리드(MG), 지방산
③ 담즙, 콜레스테롤
④ 콜레스테롤, 지방산
⑤ 다이아실글리세리드(DG), 트리아실글리세리드(TG)

11 지질이 소화되어 미셀 형태가 아닌 장세포 내로 바로 흡수되는 물질은?

① 콜레스테롤
② 긴사슬지방산
③ 중간사슬지방산
④ 모노아실글리세롤
⑤ 리소인지질

12 소장 점막에서 흡수되는 지질의 형태로 옳은 것은?

① 중쇄지방, 지방산
② 중성지방, HLDL
③ 긴사슬지방산, VLDL
④ 모노아실글리세롤, VLDL
⑤ 리소인지질, 모노아실글리세롤

13 지질의 체내 역할에 대한 설명으로 옳은 것은?

① 인지질은 당질 합성에 관여한다.
② 중성지방은 콜레스테롤을 조절한다.
③ 인지질은 담즙의 주성분인 담즙산을 생성한다.
④ 모든 지방산은 호르몬 유사물질의 생성을 돕는다.
⑤ 인지질은 생체막의 주요 구성성분이며 양극성을 이루고 있다.

14 한국인 영양소 섭취기준에서 성인의 트랜스지방산과 포화지방산의 에너지 적정비율은 각각 얼마인가?

① 1% 미만, 7% 미만
② 1% 미만, 8% 미만
③ 3% 미만, 7% 미만
④ 3% 미만, 8% 미만
⑤ 5% 미만, 7% 미만

15 췌장에서 분비되는 지질 소화효소로 옳은 것은?

① 코리파아제, 트립신
② 리파아제, 키모트립신
③ 콜레스테롤 에스터라아제, 담즙
④ 포스포리파아제, 코리파아제
⑤ 엘라스타아제, 포스포리파아제

16 지방의 유화작용을 유도하는 담즙의 주된 성분은?

① 리파아제
② 콜레스테롤
③ 세크레틴
④ 담즙산염
⑤ 담즙촉진효소

17 콜레스테롤을 전구체로 생성되는 물질은?

① 비타민 D_3
② 세로토닌
③ 킬로미크론
④ 아이코사노이드
⑤ 프로스타글란딘

18 다가불포화지방산에 대한 설명으로 옳은 것은?

① 단백질 절약작용을 한다.
② 담즙 생성의 주요 성분이다
③ 비타민 E 섭취요구량을 증가시킨다.
④ 항산화작용이 있어 제한 없이 섭취할 수 있다.
⑤ 수소화(hydrogenation)된 경화유는 동맥경화를 예방한다.

19 콜레스테롤 대사에 대한 설명으로 옳은 것은?

① 에너지원 부족 시 체지방을 주된 에너지원으로 사용할 경우 생성된다.
② 체내의 간과 소장에서 대부분 합성된다.
③ 콜레스테롤 합성은 인슐린에 의해 저해되고 글루카곤에 의해 촉진된다.
④ 식이 섭취량과 관계없이 매일 일정량의 콜레스테롤이 체내에서 합성된다.
⑤ 식이 중의 콜레스테롤을 제한하면 혈액 콜레스테롤이 완전히 감소되어 제어가 가능하다.

20 케톤체의 설명 중 옳은 것은?

① 케톤체가 증가하는 경우는 비타민 D의 섭취가 부족할 때이다.
② 글리코겐이 많을 때 케톤체는 급증한다.
③ 심한 당뇨나 기아 상태일 때 과잉 생성되어 산독증을 일으킨다.
④ 임신성 당뇨는 케톤 관리는 하지 않아도 된다.
⑤ 포도당을 많이 섭취했을 때 케톤체 생성에 유의해야 한다.

21 다음 중 콜레스테롤 생합성의 시작물질과 중간물질을 고르면?

가. 피브르산	나. 아세틸 CoA
다. 스테로이드	라. 콜산
마. 메발론산	바. 아라키돈산

① 가, 라 ② 가, 다
③ 나, 라 ④ 나, 마
⑤ 라, 바

22 혈중 HDL에 대한 설명으로 옳은 것은?

① 일반적으로 남자가 여자보다 높다.
② 고단백 식이를 할 경우 상승한다.
③ 1갑 이하의 흡연 시 오히려 상승한다.
④ 심혈관 질환의 위험을 줄일 수 있다.
⑤ 간에서 다른 조직으로 콜레스테롤을 운반한다.

23 지방산의 산화에 관여하는 조효소의 전구체는?

① 니아신
② 메발론산
③ 비타민 D
④ 아세토아세틸 CoA
⑤ 말로닐 CoA

24 지방산의 β-산화에 관한 설명으로 옳은 것은?

① 에너지를 생성하지 않는다.
② 세포질에서 발생하는 현상이다.
③ 카르니틴은 지방산의 활성을 저해시키는 물질이다.
④ 아실 CoA의 탈수소 반응으로 활성이 시작된다.
⑤ 1개의 탄소 단위씩 지방산사슬이 짧아진다.

25 지방산 합성에 필요한 인자들로 옳은 것은?

① NADPH, 티아민
② NAD⁺, 비오틴
④ NAD⁺, 지방산 합성효소
③ 아세틸 CoA, NADH
⑤ 지방산 합성효소, 아세틸 CoA

26 지방산 β-산화에 관여하는 효소의 조효소로 옳게 구성된 것은?

① FAD, NAD⁺
② NAD⁺, NADH
③ FAD, TPP
④ NAD⁺, NADH
⑤ NADH, PLP

27 아세틸 CoA로부터 생성되는 물질로 옳은 것은?

① 케톤체, 아세트산
② 담즙산, 피르브산
③ 지방산, 피르브산
④ 콜레스테롤, 아세트산
⑤ 콜레스테롤, 담즙산

28 간 세포에서만 이루어지는 지질 대사과정은?

① 인지질 합성
② 중성지방 합성
③ 담즙산 합성
④ 지단백질 합성
⑤ 콜레스테롤 합성

29 지단백질 분해효소(LPL)에 대한 설명으로 옳은 것은?

① 글리코겐의 분해를 촉진한다.
② 공복 시에 지방세포의 저장 TG를 분해한다.
③ 간에서 지방산을 에너지원으로 사용하게 한다.
④ 글루카곤과 에피네프린에 의해 활성도가 증가한다.
⑤ 지질이 풍부한 식사를 한 후에는 효소의 활성이 증가한다.

30 DHA에 대한 설명으로 옳은 것은?

① ω-6 지방산이다.
② 혈관 확장과 수축에 관여한다.
③ 코코넛유, 팜유 등 식물성유에 다량 함유되어 있다.
④ 뇌의 회백질과 망막에 다량 포함되어 있다.
⑤ 포스파티딜의 전구체이다.

31 지방산 대사 및 TCA 회로에 공통적으로 관여하는 대사물질은?

① HMG CoA
② 말로닐 CoA
③ 숙시닐 CoA
④ 아세틸 CoA
⑤ 아세토아세틸 CoA

32 LDL 수용체를 통해 콜레스테롤이 세포 내로 들어오면 활성이 억제되는 효소는?

① 메발론산 키나아제
② 스쿠알렌 에폭시다아제
③ 라노스테롤 고리화효소
④ HMG-CoA 합성효소
⑤ HMG-CoA 환원효소

33 지방산 생합성에 관한 설명으로 옳은 것은?

① 카르복실화반응으로 말로닐 CoA가 생성된다.
② 미토콘드리아에서 일어난다.
③ 산화제로 NAD^+를 사용한다.
④ 탄소수가 10개 이하인 지방산만을 생성한다.
⑤ 아세틸 CoA를 이용하지 않는다.

34 콜레스테롤 생합성을 조절하는 HMG-CoA 환원효소의 활성을 저해하는 것은?

① ATP   ② 메발론산
③ 시트르산   ④ 나이아신
⑤ 피르브산

35 지방산 생합성에 필요한 말로닐 CoA를 생성할 때 관여하는 아세틸 CoA 카르복실화효소의 조효소로 옳은 것은?

① $FADH^+$ ② FAD
③ 피르브산   ④ 비오틴
⑤ NADP

CHAPTER 04 | 단백질

01 단백질과 아미노산에 대한 설명으로 옳은 것은?
① 분자 내 질소를 평균 10% 미만 보유하고 있다.
② 수많은 아미노산의 결합체인 고분자 화합물이다.
③ 체내 합성은 불가하며 모두 음식으로 섭취되어야 한다.
④ 필수아미노산은 약 20여 종이다.
⑤ 아미노산의 카르복실기가 분해되면 에너지원으로 이용 가능하다.

02 단백질의 소화에 관한 설명으로 옳은 것은?
① 단백질은 저작작용으로 10% 정도 소화된다.
② 펩티드 결합들은 특정한 소화효소에 의해 분해작용을 받는다.
③ 모든 단백질 분해효소는 분비될 때 불활성형인 전구체 형태이다.
④ 췌장에서는 펩티드 소화에 관여하는 효소가 분비되지 않는다.
⑤ 소장에서 트립시노겐, 키모트립시노겐 등 효소의 불활성 전구체가 분비된다.

03 단백질 소화 효소로 활성 형태이며 췌장에서 분비되는 효소는?
① 트립시노겐
② 키모트립시노겐
③ 프로카르복시펩티다아제
④ 아미노펩티다아제
⑤ 카르복시펩티다아제

04 복합단백질에 대한 설명 중 옳지 않은 것은?
① 핵단백질 – 핵산과 단백질이 결합하여 RNA, DNA 구성
② 인단백질 – 핵산 및 레시틴 이외의 인을 함유
③ 지단백질 – 색소와 단백질이 결합된 헤모글로빈, 미오글로빈
④ 당단백질 – 당질 및 그유도체와 단백질이 결합된 점액의 뮤신
⑤ 미오글로빈 – 체조직 내 허옥시다아제 등의 산화효소의 역할

05 콰시오커의 흔한 증상 중 하나인 지방간의 주요 원인은?
① 혈장 단백질이 부족하기 때문
② 식사의 열량 섭취가 부족하기 때문
③ 식사의 당질 함량이 높기 때문
④ 간에서의 당신생 기질이 부족하기 때문
⑤ 지방 운반에 필요한 단백질이 부족하기 때문

06 금속단백질의 기능으로 옳은 것은?

① 페리틴 – Fe 운반
② 트랜스페린 – Fe 저장
③ 헤모글로빈 – CO_2 수송
④ 미오글로빈 – O_2 저장
⑤ 세룰로플라스민 – Zn 이동

07 복합단백질과 결합된 물질로 옳은 것은?

① 지단백질 – 카제인
② 당단백질 – 뮤신
③ 금속단백질 – 카제인
④ 색소단백질 – 비텔린
⑤ 핵단백질 – 킬로미크론

08 다음 중 케톤 생성 아미노산을 고르면?

가. 류신	나. 발린
다. 라이신	라. 아르기닌
마. 이소류신	

① 가, 나   ② 가, 다
③ 가, 라   ④ 나, 마
⑤ 다, 라

09 제한아미노산을 이용하여 단백질의 질을 평가하는 방법은?

① 아미노산가
② 단백가
③ 단백질 효율
④ 질소균형지수
⑤ 단백질 실이용률

10 두류 섭취 시 부족한 필수아미노산은?

① 트립토판   ② 라이신
③ 류신   ④ 메티오닌
⑤ 페닐알라닌

11 밀가루 단백질에 부족한 아미노산은?

① 류신   ② 라이신
③ 메티오닌   ④ 트립토판
⑤ 페닐알라닌

12 세로토닌(serotonin)의 전구물질은?

① 세린   ② 트레오닌
③ 티로신   ④ 트립토판
⑤ 프롤린

13 완전단백질을 제공하는 식품과 단백질의 연결이 옳은 것은?

① 옥수수 – 제인
② 우유 – 카제인
③ 쌀 – 오리제인
④ 대두 – 글리아딘
⑤ 보리 – 호르데인

14 다음 중 질소균형이 음(-)이 되는 경우는?

① 건강한 성인 남자
② 수술 후 회복 중인 환자
③ 발열이 있을 때
④ 장거리 육상선수
⑤ 식이조절 중인 여성

15 단백질의 운반·흡수에 대한 설명으로 옳은 것은?

① 단백질 흡수 시 담즙이 요구된다.
② 펩티드와 아미노산은 같은 기전으로 흡수된다.
③ 아미노산은 확산이나 능동수송에 의해 림프관으로 흡수된다.
④ 비슷한 화학적 성질과 구조를 가진 아미노산들은 서로 흡수를 경쟁한다.
⑤ 소장세포로 흡수된 펩티드는 간으로 가서 그곳에서 아미노산으로 분해된다.

16 육식 위주의 식사를 유지할 경우 운동 부족, 칼슘 섭취 부족 시 골다공증 발생률이 증가하는데 그 원인은?

① 탄수화물의 절약 작용 때문
② 글리코겐의 저장량이 증가하기 때문
③ 소변을 통한 칼슘 배설이 증가하기 때문
④ 비타민 D의 체내 축적이 증가하기 때문
⑤ 요소 배설이 많아져서 신장에 부담되기 때문

17 다음 중 단백질로부터 합성되는 호르몬은?

① 성장호르몬
② 알도스테론
③ 에스트로겐
④ 테스토스테론
⑤ 글루코코르티코이드

18 체내 합성되지 않는 필수아미노산은 성인 기준으로 몇 개인가?

① 5　② 8
③ 10　④ 13
⑤ 20

19 체내의 질소 배설에 대한 설명으로 옳은 것은?

① 발열 증상이 있는 코로나 양성 환자는 질소 배설이 증가한다.
② 장기간 스트레스에 시달리면 질소 배설이 감소한다.
③ 회복기 환자, 임산부는 음의 질소균형이 된다.
④ 에너지가 부족하면 체단백 분해로 질소 배설이 감소한다.
⑤ 고강도 운동선수의 훈련은 질소 배설을 증가시킨다.

20 간에서 주로 대사되며, 간질환의 경우에 혈액 농도가 증가하는 방향족 아미노산은?

① 프롤린　② 아르기닌
③ 히스타민　④ 트레오닌
⑤ 페닐알라닌

21 2020년에 개정된 한국인 영양소 섭취기준에 성인(19~29세) 남자, 여자 각각의 단백질 권장량은?

① 성인 남자 55g, 성인 여자 50g
② 성인 남자 55g, 성인 여자 45g
③ 성인 남자 65g, 성인 여자 50g
④ 성인 남자 60g, 성인 여자 45g
⑤ 성인 남자 65g, 성인 여자 55g

22 단백질 대사의 선천적인 결함으로 인해 발생하는 질환으로 옳은 것은?

① 콰시오커, 마라스무스
② 페닐케톤뇨증, 콰시오커
③ 마라스무스, 단풍당뇨증
④ 단풍당뇨증, 페닐케톤뇨증
⑤ 페닐케톤뇨증, 마라스무스

23 단백질 결핍 증세로 부종이 나타나는 원인은?

① 당뇨　　② 저혈압
③ 인슐린　④ 신장 질환
⑤ 글로불린

24 단백질의 섭취기준 설정에 대한 설명으로 옳은 것은?

① 과도한 스트레스 환경에서는 단백질 손실률을 가산해야 한다.
② 섭취기준은 한국인 영양소 섭취수준을 고려해야 한다.
③ 에너지의 섭취 상태와는 무관하게 섭취량이 결정된다.
④ 단위체중당 여성의 단백질 필요량은 남성보다 많다.
⑤ 단백질의 필요량은 질소 배설량을 사용하여 결정하였다.

25 요소회로에서 최종적으로 가수분해되어 요소와 오르니틴으로 되는 것은?

① 류신　　　② 페닐알라닌
③ 아스파르트산　④ 아르기닌
⑤ 글루탐산

26 1mg의 요소를 합성하기 위해 필요한 ATP 분자수는?

① 4　　② 7
③ 10　④ 14
⑤ 17

27 아미노기 전달효소의 보조효소는?

① PALP(PLP) ② NAD⁺
③ TPP   ④ NADP
⑤ 아세틸 CoA

28 크레아틴의 생합성에 참여하는 아미노산은?

① 티로신   ② 글리신
③ 시스틴   ④ 시스테인
⑤ 알라닌

29 mRNA의 역할은?

① DNA 단편을 연결하는 역할
② DNA 돌연변이를 복구하는 역할
③ 리보솜의 구조를 이루는 구성성분
④ 아미노산을 리보솜으로 운반하는 역할
⑤ 유전정보를 DNA에서 리보솜으로 운반하는 역할

30 아미노산 대사와 관련된 유전적 질병은?

① 쿼시오커   ② 통풍
③ 고지혈증   ④ 테이삭스병
⑤ 단풍나무시럽병

31 탄소 대사에서 케톤체만을 생성하는 아미노산은?

① 류신   ② 티로신
③ 트레오닌   ④ 이소류신
⑤ 페닐알라닌

32 RNA에만 있는 염기는?

① 구아닌   ② 티민
③ 시토신   ④ 아데닌
⑤ 우라실

33 아미노산이 탈아미노되고 남은 a-케토산과의 연결로 옳은 것은?

① 알라닌 → 말산
② 알라닌 → 피루브산
③ 아스파르트산 → 피루브산
④ 글루탐산 → 옥살로아세트산
⑤ 아스파르트산 → a-케토글루타르산

34 타우린은 어떤 아미노산으로부터 유도되는가?

① 티로시린   ② 글루탐산
③ 알라닌   ④ 시스테인
⑤ 아르긴산

35 다음 중 아미노기 전이반응을 촉매하는 효소는?

① 디카르복실라아제
② 아미노옥시다아제
③ 아미노기 탈수소효소
④ 아미노기 전달효소
⑤ 글루탐산 탈수소효소

36 에피네프린에서 생성되는 아미노산은?

① 시스테인 ② 히스티딘
③ 글리신 ④ 티로신
⑤ 아스파르트산

37 트립토판으로부터 생성될 수 있는 비타민은?

① 콜린 ② 리보플라빈
③ 판토텐산 ④ 니아신
⑤ 피리독신

38 생체 내의 암모니아의 분해 과정으로 옳은 것은?

① 주로 간에 축적된다.
② 글루타티온 생성에 이용된다.
③ 트립토판을 형성하기도 한다.
④ 아미노산 형태로 소변으로 배설된다.
⑤ a-케토산을 아미노화하여 아미노산 합성에 이용한다.

CHAPTER 05 | 에너지

01 폭발열량계 측정 시 지질 1g의 열량은 9.45kcal인데 생리적 열량가가 9kcal로 감소하는 이유는?

① 지방이 체온 보호에 쓰이기 때문이다.
② 지방에 체내에서 불완전연소되기 때문이다.
③ 지방은 소화되는 것이 어렵기 때문이다.
④ 지방의 소화흡수율이 95%이기 때문이다.
⑤ 체내에서 흡수율이 떨어지기 때문이다.

02 지질이 탄수화물에 비해 칼로리가 더 높은 원인은?

① 산소의 비율이 높음
② 수소의 비율이 낮음
③ 수소의 비율이 높음
④ 탄소의 비율이 낮음
⑤ 산소의 비율이 낮음

03 기초대사에 포함되지 않는 생리현상은?

① 체온조절작용 ② 소화작용
③ 심장운동 ④ 순환작용
⑤ 호흡작용

04 기초대사량이 저하되는 경우로 옳은 것은?

① 임신
② 발열
③ 영양 불량
④ 갑상선기능항진
⑤ 아드레날린 분비

05 수면 시 기초대사량의 변화는?

① 5% 증가
② 10% 증가
③ 10% 감소
④ 20% 감소
⑤ 연령에 따라 다름

06 기초대사량 측정에 관한 설명으로 옳은 것은?

① 측정 환경의 온도는 25℃ 내외일 때 측정해야 한다.
② 식사 후 6시간 이내에 측정해야 한다.
③ 최근에는 체중으로 간단히 구할 수도 있다.
④ 체표면적, 신장, 체중, 연령 등을 이용하여 계산에 의해 산출하기도 한다.
⑤ 특수한 경우를 제외하고는 직접열량법에 의하여 측정한다.

07 휴식대사량에 대한 설명으로 옳은 것은?

① 나이가 증가할수록 증가한다.
② 개인의 근육량에 영향을 받지 않는다.
③ 기초대사량보다 에너지 소모량이 작다.
④ 식이성 발열효과의 영향을 어느 정도 받는다.
⑤ 식사 직후 편안하게 휴식을 취한 상태에서 측정한다.

08 식품 이용을 위한 에너지 소모량(TEF)에 관한 설명으로 옳은 것은?

① 주로 에너지가 열로 발산되므로 체온 하강에 효과가 있다.
② 단백질은 대사과정 때문에 식품 이용을 위한 에너지 소모량이 가장 많다.
③ 많은 양의 식사를 한꺼번에 먹을 경우 식품 이용을 위한 에너지 소모량이 적다.
④ 탄수화물, 단백질, 지방이 혼합된 식사를 할 때에는 섭취 열량의 15% 정도이다.
⑤ 지방은 에너지를 가장 많이 내므로 식품 이용을 위한 에너지 소모량이 가장 많다.

09 기초대사량 측정의 조건에 결부되지 않을 경우 이를 대신하여 이용할 수 있는 것은?

① 휴식대사량   ② 적응대사량
③ 수면대사량   ④ 식이대사량
⑤ 소화대사량

10 알코올이 독성을 나타내는 원인이 되는 대사물질은?

① 아세트산
② 아세트알데하이드
③ 알데하이드 탈수소효소
④ 아세티아세트산
⑤ 장쇄사슬지방산

11 음식 섭취 후에 나타나는 대사적 현상으로 옳은 것은?

① 지방조직에서 중성지방 합성 감소
② 췌장에서 인슐린 분비 감소
③ 케톤체 생성 증가
④ 근육에서 젖산 증가
⑤ 간에서의 글리코겐 합성 증가

12 알코올을 장기간 섭취할 경우 나타나는 변화는?

① 포도당 신생작용의 증가
② 혈중 중성지방 수치 감소
③ 비타민 D의 활성화 증가
④ 간에서의 중성지방 합성 증가
⑤ 신장에서의 무기질 재흡수가 증가하고 배설은 감소

13 장기간 음주로 인해 나타나는 증상만을 모두 고른 것은?

① 두통, 통풍, 식도염
② 지방간, 통풍, 과체중
③ 지방간, 식도염, 빈혈
④ 지방간, 당뇨, 통풍
⑤ 부종, 빈혈, 고혈압

14 알코올의존증 환자의 경우 결핍되기 쉬운 영양소는?

① 마그네슘　② 비타민 D
③ 니아신　④ 비타민 C
⑤ 아연

15 영양소의 생리적 열량가를 계산할 때 고려하는 내용의 조합으로 옳은 것은?

① 소화흡수율, 수분 섭취량
② 소화흡수율, 체내 보유율
③ 식품의 열량가, 체내 보유율
④ 식품의 열량가, 단백질의 불완전연소량
⑤ 호흡으로 배설되는 알코올 양, 수분 섭취량

CHAPTER 06 비타민

01 백미, 보리밥 등 곡류 위주의 메뉴를 많이 선택하는 사람에게 필요한 비타민은?

① 비타민 B_5
② 비타민 B_1
③ 비타민 B_2
④ 비타민 D
⑤ 비타민 C

02 비건(vegun)의 식이섭취 중 티아민의 급원으로 권장할 만한 식품은?

① 케일 및 시금치
② 아몬드 우유
③ 현미
④ 우유식빵
⑤ 돼지고기

03 성인 기준 성별과 무관하게 영양섭취기준이 동일한 영양소는?

① 에너지
② 티아민
③ 리보플라빈
④ 니아신
⑤ 비타민 C

04 수용성 비타민 중 돼지고기에 많으며 해당 과정에서 피브르산이 아세틸 CoA로 전환되는 데 이용되는 비타민이 결핍될 경우 나타나는 병증은?

① 구내염
② 각기병
③ 괴혈병
④ 악성빈혈
⑤ 펠라그라

05 FMN과 FAD 형태로 조효소 활성을 가지는 비타민이며 결핍 시 구순염이 발생할 수 있는 것은?

① 티아민
② 아스코르브산
③ 레티놀
④ 니아신
⑤ 리보플라빈

06 니아신의 코엔자임 형태는?

① MAD
② NADP
③ FAD
④ PLP
⑤ TPP

07 비타민과 조효소의 연결이 옳은 것은?

① 비타민 B_2 – TPP
② 비타민 B_1 – FAD
③ 비타민 B_{12} – PLP
④ 비타민 B_6 – NAD
⑤ 비타민 B_5 – CoA

08 트립토판으로부터 합성되며 산화환원반응에 관여하는 탈수소효소의 조효소로 작용하는 비타민은?

① 비타민 B_1
② 비타민 B_2
③ 비타민 B_6
④ 비타민 B_3
⑤ 비타민 B_5

09 트립토판이 니아신으로 전환되는 데 꼭 필요한 비타민은?

① 비타민 E
② 비타민 B
④ 비타민 C
③ 비타민 D
⑤ 비타민 K

10 다음의 증상은 어느 비타민의 결핍으로 나타나는 증상인가?

> 피부염, 식욕부진, 우울 및 정신질환, 만성 설사

① 티아민
② 엽산
③ 토코페롤
④ 니아신
⑤ 리보플라빈

11 다음의 작용과 연관되는 비타민은?

> • 신경전달물질 합성
> • 헴과 니아신 신생
> • 비필수아미노산 합성

① 아스코르브산
② 피리독신
③ 티아민
④ 코발아민
⑤ 니코신산

12 지방산의 합성과 분해 대사, 콜레스테롤 및 아세틸콜린, 헴(heme)기 등의 합성에 관여하는 비타민은?

① 비타민 C
② 비타민 B_2
③ 비타민 B_6
④ 비타민 B_{12}
⑤ 비타민 B_5

13 엽산에 대한 설명으로 옳은 것은?

① 임신 준비기간에는 특별히 더 보충할 필요는 없다.
② 임산부의 경우 엽산 결핍이 발생하기 쉽다.
③ 우유 및 유제품, 동물성 식품에 많이 함유되어 있다.
④ 엽산의 수송은 주로 수동적 수송에 의해 이루어진다.
⑤ 식품 내의 엽산은 대부분 모노글루탐산으로 존재한다.

14 비타민 B_6 필요량에 영향을 주는 요인으로 옳은 것은?

① 알코올 중독자는 혈장 PLP 수준이 증가되어 있다
② 지용성 비타민으로 인체 내에 상당량 저장되어 있다.
③ 단백질 섭취량이 늘면 비타민 B_6의 요구량이 증가한다.
④ 경구피임약을 복용하는 경우 혈장 PLP 수준이 증가된다.
⑤ 식물성 식품의 비타민 B는 생체이용률이 동물성 식품에 비하여 높다.

15 비타민과 조효소의 연결이 옳은 것은?

① 엽산 – TPP
② 티아민 – THF
③ 피리독신 – CoA
④ 판토텐산 – PLP
⑤ 리보플라빈 – FAD

16 엽산 결핍증과 비타민 B₁₂의 결핍증을 구별하기가 힘든 이유는?

① 식품급원이 거의 같기 때문이다.
② 활성형은 같은 효소에 의해 분해되기 때문이다.
③ 흡수 과정에서 내적인자라는 결합단백질이 공통으로 요구되기 때문이다.
④ 엽산의 혈액 내 이동에 리보플라빈이 요구되기 때문이다.
⑤ 엽산의 활성형인 메틸-THFA를 THFA로 재생시키는 데 비타민 B₁₂를 함유한 효소가 요구되기 때문이다.

17 다음 중 엽산 결핍증의 대표적인 증세에 해당하는 것은?

① 용혈성 빈혈
② 만성 빈혈
③ 백혈구성 빈혈
④ 거대적아구성 빈혈
⑤ 적혈구성 빈혈

18 다음 중 판토텐산(pantothenic acid)과 관계있는 것은?

① 요소회로
② 해당과정
③ 포도당 신생 과정
④ 지방산 산화반응
⑤ 아미노기 전이반응

19 콜린(choline)에 대한 설명으로 옳은 것은?

① 결핍될 경우 대장암의 원인이 된다.
② 인지질인 레시틴의 구성성분이다.
③ 콜린 합성에 비타민 C가 요구된다.
④ 사람은 반드시 식사로 공급받아야 한다.
⑤ 급원식품은 케일 등의 엽록 채소 등이다.

20 수술 후 상처 회복을 위해 필요한 비타민은?

① 비타민 A
② 비타민 B₆
③ 비타민 B₁₂
④ 비타민 C
⑤ 비타민 D

21 혈중 호모시스테인 농도를 맞추는 데 영향을 주는 비타민은?

① 엽산, 비타민 B₁, 비타민 B₂
② 엽산, 비타민 B₁ 비타민 B₆
③ 엽산, 비타민 B₆, 비타민 B₁₂
④ 니아신, 비타민 B 비타민 C
⑤ 니아신, 비타민 C, 비타민 B₆

22 엽산의 흡수과정에 대한 설명으로 옳은 것은?

① 영양 상태가 좋지 않을 경우 엽산의 흡수가 증가한다.
② 임신 기간에는 엽산의 흡수가 감소한다.
③ 알코올 섭취는 엽산의 흡수를 촉진한다.
④ 엽산은 소장에서 모노글루타민산으로 가수분해되어 흡수된다.
⑤ 비스테로이드 계통의 약물과 엽산을 같이 섭취하면 흡수를 촉진한다.

23 다음 중 비타민 C를 필요로 하는 합성 과정은?

① 콜라겐, 아세틸 CoA,
② 아세틸 CoA, 햄철
③ 리보플라빈, 티록신
④ 콜라겐, 카르니틴
⑤ 콜라겐, 리보플라빈

24 다음 중 비오틴에 대한 설명으로 옳은 것은?

① 계란 노른자에 함유된 아비딘에 의해 흡수가 저해된다.
② 난황, 간, 땅콩, 육류 등이 좋은 급원이다.
③ 황을 함유한 수용성 비타민이다.
④ 히드록시라아제탈탄산 효소의 조효소 작용을 한다
⑤ 해당과정에서 아세틸 CoA 합성 시에 조효소로 작용한다.

25 다음 중 비건(vegan)에게 결핍되기 쉬운 비타민은?

① 비타민 C ② 비타민 K
③ 비타민 B_1 ④ 비타민 B_6
⑤ 비타민 B_{12}

26 비타민 C의 결핍증 또는 과잉증에 대한 설명으로 옳은 것은?

① 비타민 C가 부족하면 근육 뭉침(쥐)가 자주 발생한다.
② 비타민 C의 과잉 섭취는 콜라겐 형성을 방해하여 괴혈병에 걸리기 쉽다.
③ 비타민 C의 섭취 부족은 신장에 수산의 침착을 초래하여 신석증이 생길 수 있다.
④ 비타민 C는 수용성으로 독성이 없으므로 많이 섭취할수록 건강에 유익하다.
⑤ 비타민 C의 과잉 섭취는 Fe의 흡수를 과도하게 하여 Fe의 독성을 초래할 수도 있다.

27 비타민 유사물질의 기능에 대한 설명으로 옳은 것은?

① 콜린 – 콜레스테롤의 합성
② 타우린 – 신경전달물질 합성
③ 리포산 – 피루브산에서 아세틸 CoA로 전환되는 반응에 관여
④ 카르니틴 – 미토콘드리아에 있는 지방산을 세포질로 운반
⑤ 이노시톨 – 칼슘 이온 농도 저하

28 체내 기능 및 역할이 유사한 비타민과 무기질의 연결로 옳은 것은?

① 비오틴 – F
② 비타민 D – mg
③ 비타민 E – Se
④ 비타민 K – K
⑤ 비타민 B_{12} – Fe

29 니아신, 리보플라빈, 비타민 B_6, 비타민 B_{12} 결핍 시 공통적으로 나타나는 증상은?

① 설염
② 각기병
③ 괴혈병
④ 설사
⑤ 빈혈

30 비타민 중 상한섭취량과 충분섭취량이 각각 설정된 비타민은?

① 리보플라빈, 비오틴
② 비타민 B_1, 비오틴
③ 비타민 B_2, 비오틴
④ 비타민 B_{12}, 판토텐산
⑤ 비타민 B_6, 판토텐산

31 비타민 D에 대한 설명으로 옳은 것은?

① 나트륨 항상성을 유지한다.
② 신장에서 칼슘의 배설을 증가한다.
③ 소장점막세포에서 칼슘과 인의 흡수를 감소한다.
④ 파골세포에서 뼈의 칼슘이 혈액으로 용해되어 나오는 것을 감소한다.
⑤ 부갑상선호르몬은 신장에서 1,25-$(OH)_2$-비타민 D의 형성을 촉진하여 칼슘 배설을 감소시킨다.

32 혈액의 응고시간 측정을 통해 비타민의 영양 상태를 평가할 수 있는 것은?

① 비타민 A
② 비타민 D
③ 비타민 E
④ 비타민 K
⑤ 비타민 B_1

33 비타민 D의 섭취기준에 대한 설명으로 옳은 것은?

① 성인(19~49세) 남, 여의 충분섭취량은 10㎍이다.
② 비타민 D의 상한섭취량은 전 연령층에서 60㎍이다.
③ 노인기의 비타민 D 충분섭취량은 성인기와 동일하다.
④ 임신기에 추가되는 비타민 D의 충분섭취량은 10㎍이다.
⑤ 영아는 출생 시 충분한 비타민 D를 보유하므로 비타민 D의 충분섭취량이 설정되어 있지 않다.

34 항생제나 약물복용으로 체내 생성이 어려워 결핍이 생길 수 있는 것은?

① 비타민 A
② 비타민 E
③ 비타민 K
④ 비타민 C
⑤ 비타민 D

35 비타민 K에 의해 간에서 활성화되는 인자와 그 기능의 연결로 옳은 것은?

① 칼시토닌 – 석회화
② 프로트롬빈 – 혈액 응고
③ 피브리노겐 – 혈전 용해
④ 오스테오칼신 – 뼈 용해
⑤ 트롬보플라스틴 – 혈액 응고

36 지용성 비타민의 특성에 대한 설명으로 옳은 것은?

① 결핍증세가 빨리 발생한다.
② 과잉분은 소변으로 배설된다.
③ 융모의 모세혈관을 통해 흡수된다.
④ 지단백질 형태로 유미관을 통해 림프관을 거쳐서 흡수된다.
⑤ 체내에 거의 저장되지 않으므로 가능한 한 매일 섭취하는 것이 좋다.

37 비타민 D의 필요량에 영향을 주는 요인은?

① 성별
② BMI
③ 운동 강도
④ 기저질환
⑤ 야외활동

38 당근이나 늙은 호박을 다량 섭취할 경우 피부가 노란색으로 변하는 원인은?

① 베타카로틴의 축적
② 레티놀 결합 단백질의 결핍
③ 비타민 D의 반응
④ 레티놀의 축적
⑤ 레티닐 에스테르의 축적

39 인체의 피부에 존재하며 비타민 D로 전환될 수 있는 것은?

① 알파칼시페롤
② 베타칼시페롤
③ 콜레칼시페롤
④ 에르고칼시페롤
⑤ 7-데하이드로콜레스테롤

40 결핍 시 안구 건조증이나 야맹증, 비토반점이 발생할 수 있는 비타민은?

① 비타민 K
② 비타민 A
③ 비타민 C
④ 비타민 D
⑤ 비타민 E

41 비타민 D의 섭취 기준에 대한 설명으로 옳은 것은?

① 비타민 D의 독성은 고칼슘혈증으로 연조직에 칼슘을 축적시킨다.
② 비타민 D는 독성이 심해 충분섭취량을 설정하지 않았다.
③ 비타민 D의 독성은 어린이보다 노인에게 더 강하다.
④ 비타민 D는 간과 피부에서 활성화된다.
⑤ 성인을 포함한 모든 대상은 5g을 충분섭취량으로 정하였다.

42 비타민 K의 생리작용과 가장 좋은 급원식품은?

① 각기병, 우유
② 안구건조증, 간
③ 피부염증, 돼지고기
④ 혈액 응고, 케일
⑤ 안구건조증, 당근

43 토코페롤의 생리적 기능은?

① 항산화작용
② 근육 조직 구성
③ 혈액 응고
④ 해당작용의 조효소
⑤ 지방 분해

CHAPTER 07 | 무기질

01 항산화기능과 에너지 대사 등에 관여하는 영양소는?

① 탄수화물　② 단백질
③ 지방　　　④ 비타민
⑤ 무기질

02 글루탐산의 구성성분이며 산화환원반응에 필수적인 글루타티온의 구성성분인 무기질은?

① 칼륨　　　② 나트륨
③ 황　　　　④ 칼슘
⑤ 마그네슘

03 칼슘 흡수를 촉진하는 물질과 급원식품의 연결로 옳은 것은?

① 마그네슘 – 바나나
② 유당 – 우유
③ 지방 – 소갈비
④ 수산 – 시금치
⑤ 콜레스테롤 – 우유

04 무기질의 재흡수에 직접 관여하는 호르몬은?

① 성장호르몬 인슐린
② 프로락틴
③ 테스트로겐
④ 알도스테론
⑤ 에스트로겐

05 칼륨의 생체 내 기능으로 옳은 것은?

① 세포외액의 주된 양이온으로 삼투압 조절에 관여한다.
② 과잉 섭취 시 고혈압의 주된 원인이 된다.
③ 단백질 합성이 빨라지면 칼륨은 나트륨과 함께 손실된다.
④ 고칼륨혈증이 유발되면 갑작스러운 심정지를 초래할 수 있다.
⑤ 당질 분해 및 단백질 합성에 관여한다.

06 황의 생체 내 기능으로 옳은 것은?

① 신경자극 전달에 관여한다.
② 시토크롬 산화효소의 구성성분이다.
③ 메티오닌, 시스테인의 구성성분이다.
④ 미각의 감지면역 작용, 상처 회복에 관여한다.
⑤ 철의 흡수와 이용을 도와주므로 결핍시 빈혈이 생길 수 있다.

07 마그네슘에 대한 설명으로 옳은 것은?

① 핵산의 구성성분이다.
② 혈액 응고에 관여한다.
③ 해독작용을 한다.
④ 메티오닌, 시스테인의 구성성분이다.
⑤ 결핍 시 신경이나 근육에 심한 경련이 일어날 수 있다.

08 탄산음료에 다량 함유되어 있어 칼슘 흡수를 저해시키는 무기질은?

① 인　　　　② 칼륨
③ 나트륨　　④ 요오드
⑤ 마그네슘

09 세포 내 핵산의 구성성분이며 탄수화물의 산화와 에너지를 제공하는 ATP의 구성성분인 무기질은?

① 인　　　　② 황
③ 철　　　　④ 칼슘
⑤ 칼륨

10 나트륨의 기능으로 옳은 것은?

① 소화액의 분비를 촉진한다.
② 근육의 이완작용을 조절한다.
③ 세포내액에서 삼투압을 조절한다.
④ 소장점막에서 포도당의 이동을 억제한다.
⑤ 양이온으로서 세포외액의 정상적인 pH를 유지한다.

11 신경흥분 억제와 관련이 있는 무기질은?

① 철　　　　② 마그네슘
③ 나트륨　　④ 칼륨
⑤ 칼슘

12 마그네슘의 체내 기능으로 옳은 것은?

① 골격근과 혈관의 구성성분이 된다.
② 근육 글리코겐의 합성에 관여한다.
③ 신경의 흥분에 관여한다.
④ 근육의 이완에 관여한다.
⑤ ATP의 구조를 활성화시킨다.

13 산성 식품에 많이 함유된 것은?

① 황, 염소
② 칼슘, 인
③ 칼륨, 나트륨
④ 마그네슘, 황
⑤ 염소, 마그네슘

14 부종, 고혈압, 위궤양 등의 발병률 증가는 어느 무기질을 장기간 섭취했을 때 나타나는 영양문제인가?

① 칼륨　　　② 나트륨
③ 염소　　　④ 요오드
⑤ 마그네슘

15 소화작용을 위해 염소가 필요한 이유는?

① 유화작용을 하므로
② 촉매작용을 하므로
③ 염산의 일부분이므로
④ 소화작용을 촉진하므로
⑤ 소화되는 물질을 알칼리화하므로

16 불소에 관한 설명으로 옳은 것은?

① 지용성 비타민을 절약하는 작용을 한다.
② 뼈에서 무기질의 용출을 증가시킨다.
③ 글루타티온 과산화효소의 보조인자이다.
④ 과잉증은 치아에 갈색 반점이 생기는 것이다.
⑤ 비타민과 함께 골격, 치아를 구성한다.

17 철의 흡수를 증진시키는 요인들로 이루어진 것은?

① 과당, 유당
② 피틴산, 타닌
③ 섬유소, 칼슘
④ 칼륨, 나트륨
⑤ 시트르산, 비타민 C

18 철의 결핍 상태를 가장 초기에 알 수 있는 것은?

① 혈청 트랜스페린
② 혈청 페리틴
③ 헤마토크리트
④ 헤모글로빈 농도
⑤ 혈청 알부민 농도

19 글루타티온, 티아민이 공통으로 함유하고 있는 무기질은?

① 구리   ② 칼륨
③ 요오드   ④ 세슘
⑤ 황

20 인(P)의 대사 및 섭취와 관련된 설명으로 옳은 것은?

① 체내에서 대부분은 치아와 골격에 저장되어 존재한다.
② 식이 섭취 시 칼슘과 인의 권장섭취비율은 2:1이다.
③ 우리나라 식생활에서 인의 섭취량은 매우 낮다.
④ 인의 항상성은 주로 대변을 통한 배설작용에 의해 조절된다.
⑤ 흡수율은 보통 10~20%로 낮다.

21 우리나라 식생활에서는 대부분의 철을 식물성 식품으로 섭취하는데, 이를 도울 수 있는 식이요법으로 옳은 것은?

① 고등어와 레몬즙
② 녹황색 채소와 들기름
③ 고구마와 김치
④ 삼겹살과 상추
⑤ 멸치육수와 통밀소면

22 결핍 시 생식기 발달 및 면역기능이 저하되며 식욕부진과 미각 및 후각의 감퇴가 나타나는 영양소는?

① 아연　　② 철
③ 엽산　　④ 염소
⑤ 구리

23 철의 영양상태 개선을 위해 비타민 C의 섭취를 권장하는 이유는?

① 비타민 C가 위산 부족을 예방하기 때문에
② 헤모글로빈과 결합하여 흡수를 개선하므로
③ 타닌을 제거하여 철분 흡수를 증가시키므로
④ 제2철(Fe^{3+})을 제1철(Fe^{2+})로 환원시켜 주기 때문에
⑤ EDTA와 결합하여 제2철(Fe^{3+})이 흡수되도록 하므로

24 심장의 정상적인 수축과 이완에 관여하는 무기질의 연결로 옳은 것은?

① Ca, P　　② Ca, K
③ I, Ca　　④ Na, P
⑤ mg, Na

25 골다공증의 치료와 예방을 위해 섭취해야 할 영양소로 묶인 것은?

① 인, 비타민 D
② Ca, 비타민 D
③ 인, 비타민 K
④ 칼륨, 비타민 A
⑤ 황, 비타민 E

26 장점막 상피세포에 존재하며 철의 흡수를 조절하는 것은?

① 페리틴
② 트랜스페린
③ 셀룰로플라스민
④ 메탈로티오네인
⑤ 프로토포르피린

27 구리와 결합하여 혈액을 통해 필요한 조직에 구리를 운반하는 물질로 옳은 것은?

① 레시틴
② 엘라스텐
③ 헤모글로빈
④ 셀룰로플라스민
⑤ 콜레스테롤

28 우리나라 일반 성인의 평균 철 흡수율은?

① 5%　　② 12%
③ 15%　　④ 17%
⑤ 20%

29 다음 중 조혈인자를 고르면?

가. 철	나. 구리
다. 엽산	라. 아연
마. 비타민 B_6	바. 비타민 K

① 가, 나, 다, 라　　② 가, 나, 다, 마
③ 가, 나, 다, 바　　④ 나, 다, 마, 바
⑤ 다, 라, 마, 바

CHAPTER 07 무기질

30 미량 무기질과 그 기능의 연결이 옳은 것은?

① 요오드 – 당 내성 인자
② 망간 – 갑상선호르몬 구성성분
③ 크롬 – 골격과 치아 형성
④ 셀레늄 – 비타민 E 절약 작용
⑤ 몰리브덴 – 비타민 B_{12}의 구성 성분

31 인슐린의 작용을 촉진하며, 당 내성 인자로 작용하는 무기질은?

① 엽산　　② 칼륨
③ 크롬　　④ 아연
⑤ 인

32 만성질환 위험 감소 섭취량이 설정되어 있는 무기질은?

① 인　　② 칼륨
③ 나트륨　　④ 칼슘
⑤ 마그네슘

33 신장기능이 저하된 환자의 경우 혈액 중 농도가 증가하면 심장마비를 초래할 수 있는 무기질은?

① 인　　② 칼륨
③ 칼슘　　④ 나트륨
⑤ 마그네슘

34 단순갑상선종, 크레틴병 등의 결핍증을 막기 위한 식품은?

① 미역, 다시마
② 깻잎, 참기름
④ 참나물, 브로콜리
③ 오곡밥, 통밀식빵
⑤ 생선, 녹황색채소

35 아연의 과잉 섭취가 흡수에 영향을 미쳐 빈혈을 초래하는 무기질은?

① 구리　　② 칼륨
③ 인　　④ 염소
⑤ 엽산

36 철 결핍성 빈혈에 대한 설명으로 옳은 것은?

① 엽산과 비타민 B_{12} 공급으로 치료가 가능하다.
② 혈색소의 양은 감소하나 적혈구의 크기는 정상이다.
③ 육류, 어패류, 가금류 등의 비헴철 식품을 충분히 공급한다.
④ 성장기 아동에서는 신체 성장 및 학습 능력의 저하가 나타난다.
⑤ 철 결핍의 마지막 단계에서 혈청 페리틴 농도가 감소한다.

37 과산화물 생성을 억제하는 항산화 작용과 비타민 E 절약 작용을 하는 무기질은?

① 구리　　② 망간
③ 셀레늄　　④ 코발트
⑤ 페리틴

38 미량 무기질과 그 역할로 옳은 것은?

① 셀레늄 – 항산화작용
② 요오드 – 충치 예방
③ 불소 – 항악성 빈혈인자
④ 구리 – 비타민 A의 전구체
⑤ 크롬 – 인슐린 저하

39 무기질의 영양섭취기준에 대한 설명으로 옳은 것은?

① 인은 거의 모든 식품에 들어 있으므로 충분섭취량을 설정하였다.
② 칼슘은 골다공증 예방을 위해 상한섭취량 없이 충분히 섭취한다.
③ 셀레늄은 항산화기능이 있어 상한섭취량 없이 충분히 섭취한다.
④ 나트륨은 영양섭취기준 없이 개인의 식습관에 따라 섭취한다.
⑤ 철은 독성이 있어 상한섭취량 미만을 섭취하도록 한다.

CHAPTER 08 | 수분, 효소, 핵산

01 세포외액에 존재하는 전해질로 옳은 것은?

① Na^+, Cl^-
② Na^+, mg^{2+}
③ Cl^-, K^+
④ Cl^-, HPO_4^{2-}
⑤ Ca^{2+}, HPO_4^{2-}

02 갈증을 느끼는 상태라면 체내에 함유된 수분의 몇 %가 손실된 것인가?

① 2%
② 4%
③ 10%
④ 15%
⑤ 20%

03 효소에 관한 설명으로 옳은 것은?

① 모든 효소는 최적 온도와 최적 pH는 같다.
② 효소의 주성분은 단백질이므로 열에 민감하다.
③ 효소의 비단백질 부분을 아포효소(apoenzyme)라고 한다.
④ 하나의 효소는 여러 가지 기질에 작용하는 특이성을 갖는다.
⑤ 동위효소(isozyme)는 동일한 분자 구조를 가지나 효소의 기능이 다른 효소를 말한다.

04 효소의 촉매 반응 속도에 영향을 미치지 않는 것은?

① pH
② 온도
③ 압력
④ 기질의 농도
⑤ 효소의 농도

05 K_m에 대한 설명으로 옳은 것은?

① K_m은 효소기질 복합체를 말한다.
② K_m은 V_{max}에 이르기 위해 필요한 기질 농도이다.
③ K_m 값이 작을수록 기질과 효소의 친화성이 작다.
④ K_m은 효소반응을 따르기 위한 기질의 성질을 말한다.
⑤ K_m은 V가 1/2 V_{max}에 도달하기 위해 필요한 기질의 농도이다.

06 정상기질과 유사한 구조를 가진 저해제가 효소의 활성 부위에 대해 기질과 경쟁적 관계에서 가역적으로 결합하여 효소반응을 억제하는 것은?

① 경쟁적 저해(competitive inhibition)
② 비경쟁적 저해(non-competitive inhibition)
③ 불경쟁적 저해(uncompetitive inhibition)
④ 되먹임 저해(feedback inhibition)
⑤ 조절적 저해(allosteric inhibition)

07 카제인(casein)을 파라카제인(paracasein)으로 변화시키는 강력한 응유 작용을 하는 효소는?

① 펩신(pepsin)
② 레닌(rennin)
③ 리파아제(lipase)
④ 아밀라아제(amylase)
⑤ 프로테아제(protease)

08 효소의 계통 분류에서 전이효소(transferase)에 속하는 효소는?

① oxidase
② aldolase
③ hexokinase
④ aminopeptidase
⑤ glucose ketal isomerase

09 Coenzyme-A의 구성성분으로서 수용성 비타민에 속하는 것은?

① 니아신
② 티아민
③ 피리독신
④ 판토텐산
⑤ 리보플라빈

10 비타민과 조효소의 연결로 옳은 것은?

① 니아신 - FAD
② 티아민 - THF
③ 피리독신 - PLP
④ 판토텐산 - FAD
⑤ 리보플라빈 - NAD

11 전이반응에 사용되는 효소와 보조효소의 연결로 옳은 것은?

① glutaminase, ATP
② transaminase, PLP
③ amino acid oxidase, PALP
④ amino acid decarbozylase, FAD
⑤ amino acid dehydrogenase, NAD

12 핵산에 대한 설명으로 옳은 것은?

① DNA와 RNA의 기본 단위는 뉴클레오티드(nucleotide)이다.
② DNA와 RNA를 구성하는 당은 육탄당이다.
③ DNA와 RNA의 최종 가수분해 산물은 아데노신이다.
④ DNA를 구성하는 염기는 아데닌, 구아닌, 시토신, 우라실이다.
⑤ RNA를 구성하는 염기는 아데닌, 구아닌, 시토신, 티민이다.

13 DNA의 이중나선 구조에서 구아닌(guanine)과 염기 짝짓기를 이루는 것은?

① uracil
② cytosine
③ thymine
④ adenine
⑤ pyrimidine

14 mRNA에 대한 설명으로 옳은 것은?

① 특정한 아미노산을 리보솜으로 운반한다.
② 단백질의 합성장소인 리보솜을 구성한다.
③ 단백질 합성에 관한 정보를 주지 않는다.
④ 세포 내에서 전체 RNA의 70% 정도를 차지한다.
⑤ DNA의 유전정보를 간직하여 단백질 합성의 주형 역할을 한다.

15 rRNA의 기능으로 옳은 것은?

① 단백질 합성에 관여
② 아미노산을 리보솜으로 운반
③ 단백질의 합성 장소인 리보솜을 구성
④ DNA를 주형으로 전사하여 유전 정보를 간직
⑤ 단백질 합성 시 아미노산의 배열순서 정보를 간직

16 단백질의 생합성이 일어나는 장소는?

① 퓨린(purine)
② 시토졸(cytosol)
③ 리보솜(ribosome)
④ 뉴클레오티드(nucleotide)
⑤ 소포체(endoplasmic reticulum)

17 DNA 복제 과정에서 DNA의 이중나선을 풀어주는 효소는?

① helicase
② primase
③ DNA polymerase Ⅲ
④ DNA polymerase Ⅰ
⑤ DNA ligase

MEMO

CHAPTER 01   임신기·수유기 영양
CHAPTER 02   영아기·유아기 영양(학령전기)
CHAPTER 03   학령기·청소년기 영양
CHAPTER 04   성인기·노인기 영양
CHAPTER 05   운동과 영양

PART 02

생애주기영양학

CHAPTER 01 | 임신기·수유기 영양

01 생리 주기와 관련된 호르몬과 기능의 연결이 옳지 않은 것은?

① 프로게스테론 : 황체기에 분비되어 자궁내막을 두껍게 함
② 프로게스테론 : 배란을 촉진시킴
③ 에스트로겐 : 난포기에 분비됨
④ 에스트로겐 : 자궁내막을 증식시킴
⑤ 프로락틴 : 자궁내막을 수축, 탈락시킴

02 임신 시 자궁 수축을 억제하여 임신을 유지시키는 호르몬은?

① 에스트로겐 ② 티록신
③ 태반락토겐 ④ 옥시토신
⑤ 프로게스테론

03 임신기의 생리적 변화로 옳은 것은?

① 평활근의 활동이 저하되어 금세 포만감을 느낀다.
② 신혈류량과 사구체여과율이 감소한다.
③ 적혈구의 양이 감소하여 혈액 희석 현상이 나타난다.
④ 심박동률과 이완기 혈류량이 증가하여 심박출량이 감소한다.
⑤ 나트륨과 수분 보유력의 감소로 혈장과 세포외액의 양이 감소한다.

04 임신 중 프로게스테론의 역할로 옳은 것은?

① 소화 운동 촉진
② 자궁 평활근 이완
③ 칼슘 방출 촉진
④ 지방 합성 저하
⑤ 나트륨 배설 감소

05 임신 전 정상체중이었던 임산부가 임신 28주에 고혈압, 단백뇨, 체중 20kg 증가가 나타났다면 의심할 수 있는 것은?

① 임신 중독증
② 임신성 저혈압
③ 만성 고혈압
④ 임신성 당뇨
⑤ 임신성 고혈압

06 임신 시 나타나는 증상으로 옳은 것은?

① 자궁이 커지면서 부종이 생긴다.
② 지나친 체중 증가로 빈뇨감이 높아진다.
③ 헤모글로빈치 감소로 매스꺼움이 나타난다.
④ 혈장량이 증가하여 임신성 빈혈이 나타난다.
⑤ 프록타제의 분비 증가로 탈수현상이 빈번하다.

07 임신 말기에 추가되는 단백질과 에너지의 1일 권장섭취량은?

① 20g – 450kcal
② 20g – 500kcal
③ 25g – 450kcal
④ 30g – 450kcal
⑤ 35g – 500kcal

08 태아 성장을 저해하여 저체중아 출산의 원인이 되는 것은?

① 크레틴병, 흡연
② 임신성 고혈압, 임신성 당뇨병
③ 임신 중독증, 임신성 당뇨병
④ 임산부 비만, 흡연
⑤ 임산부 비만, 임신 중독증

09 임신 중 아미노산, 포도당, 수용성 비타민, 무기질 등의 영양소가 소변으로 배설되는 이유는?

① 영양소 섭취량이 증가하기 때문이다.
② 소변량이 증가하기 때문이다.
③ 소장의 평활근 수축이 지연되기 때문이다.
④ 혈장과 세포외액의 양이 증가하기 때문이다.
⑤ 신혈류량과 사구체여과율이 증가하기 때문이다.

10 임산부의 1일 철분의 추가분과 권장섭취량은?

① 8mg – 22mg
② 9mg – 23mg
③ 10mg – 24mg
④ 11mg – 25mg
⑤ 12mg – 26mg

11 임산부의 엽산 섭취를 위한 식품으로 적합한 것은?

① 삼겹살
② 고등어, 꽁치 등의 등푸른 생선
③ 호박엿
④ 흑임자, 두부
⑤ 통밀 식빵

12 임신 중 거대적아구성 빈혈 예방을 위한 영양소는?

① 철분   ② 비타민 D
③ 아연   ④ 엽산
⑤ 비타민 C

13 임신 중 철 필요량이 증가하는 이유는?

① 모체의 헤모글로빈 저하
② 태아의 혈색소 형성
③ 태아의 간 내 철분 손실
④ 태아와 태반 형성
⑤ 태아의 혈액량 증가

14 임신 기간 동안에 모유 분비가 억제되는 이유는?

① 임신 기간 동안 모체의 영양 상태와 스트레스 때문이다.
② 에스트로겐이 모유 분비를 억제하기 때문이다.
③ 에스트로겐이 감소하고 프로게스테론이 다량 분비되기 때문이다.
④ 에스트로겐과 프로게스테론이 프로락틴의 활성을 억제하기 때문이다.
⑤ 임신 기간 동안에는 유선과 유방이 발달되지 않기 때문이다.

15 임산부의 빈혈에 대한 설명으로 옳은 것은?

① 임신성 빈혈에는 철분을 추가복용할 경우 문제가 생긴다.
② 임산부 빈혈은 급성으로 나타나며 말기에 심각하다.
③ 임신 중 가장 흔한 빈혈은 비타민 D 결핍에 의한 것이다.
④ 철 보충제는 임신 준비 단계에서 복용하여야 한다.
⑤ 임산부의 헤모글로빈 수치가 11mg/dL 이하이면 빈혈로 진단한다.

16 다음 중 임신기 권장섭취량이 가장 크게 증가하는 영양소는?

① 니아신
② 칼륨, 칼슘
③ 철
④ 비타민 C
⑤ 비타민 D

17 임신 중 엽산 부족에 의해 일어나는 증세는?

① 저체중아
② 신경관 결손
③ 임신 중독증
④ 태아의 부종
⑤ 분만 시 과다출혈 발생

18 임신기 체중 변화에 관한 설명으로 옳은 것은?

① 초산, 어린 임산부일수록 체중 증가량이 적다.
② 임신 후기는 양수 증가에 따른 체중 증가분이다.
③ 비만인 임산부는 10kg 이상의 체중 증가가 적당하다.
④ 저체중 임신은 체중 증가량이 7kg 이하를 말한다.
⑤ 임신 후기의 체중 증가는 대부분 모체 조직 증가에 따른 체중 증가분이다.

19 임신 유지를 위해 태반에서 분비되는 호르몬은?

① 프로락틴
② 옥시토신
③ 알도스테론
④ 락토겐
⑤ 융모성 성선자극호르몬

20 임신 기간 동안에 혈액량은 얼마나 증가되는가?

① 5~10% 증가
② 10~15% 증가
③ 15~20% 증가
④ 20~30% 증가
⑤ 30~40% 증가

21 분만 직전 정상적인 임산부의 늘어난 체중으로 적당한 것은?

① 3~4kg   ② 5~6kg
③ 7~8kg   ④ 10~11kg
⑤ 12~13kg

22 임산부가 티아민을 추가 섭취해야 하는 이유는?

① 콜라겐 합성을 위해 필요량 증가
② 갑상선 기능 저하에 따른 필요량 감소
③ 임신 중 구각염, 구내염 발병 방지
④ 임신 시 에너지 대사에 따른 필요량 증가
⑤ 만성 간질환, 당뇨병 등으로 티아민의 이용에 장애를 받을 때

23 임신 지속을 위한 호르몬 분비 기능의 유지에 중요한 역할을 하며 철분 흡수를 돕는 비타민은?

① 비타민 A   ② 비타민 C
③ 비타민 D   ④ 비타민 K
⑤ 비타민 B_{12}

24 임신 중독증에 관한 식사 처방 내용 중 옳지 않은 것은?

① 기본 식사 원칙으로 고단백 식단을 처방한다.
② 과체중인 경우 특히 저지방 식이가 요구된다.
③ 단백질의 질적인 면보다 양적인 면을 우선 고려하여 식단을 짠다.
④ 부종을 방지하기 위하여 수분 섭취를 조절한다.
⑤ 단백질이 부족할 경우 부종이 올 수 있다.

25 임신 후반기에 위장 장애를 보이는 임산부에게 적합한 식사지침은?

① 기름진 음식
② 고단백 식품
③ 방향성 식품
④ 자극적인 음식
⑤ 식이섬유가 풍부한 식품

26 임신 중 흡연이 태아에 미치는 영향으로 옳은 것은?

① 태아의 아토피 유발
② 저체중아 출생의 감소
③ 호흡기 질환의 신생아 출생
④ 니코틴이 태아에 축적됨
⑤ 비만아 출생의 위험

27 임신 후반기에 모체 조직에 저장되었던 지방, 글리코겐 및 단백질이 분해되는 이유는?

① 인슐린 저항성이 증가하기 때문
② 인슐린 분비량이 감소하기 때문
③ 혈당이 낮아지기 때문
④ 프로락틴과 옥시토신이 분비되어서
⑤ 인슐린 수용체의 수가 증가하기 때문

28 태반을 통한 영양소 이동 기전의 연결로 옳은 것은?

① 포도당, 칼슘 – 촉진 확산
② 아미노산, 지용성 비타민 – 능동 수송
③ 면역글로불린 – 음세포 작용
④ 물, 크레아티닌 – 촉진 확산
⑤ 콜레스테롤, 지방산 – 단순 확산

29 모유 생성과 사출에 관한 설명으로 옳은 것은?

① 신생아가 모유를 빨면 그 자극이 뇌하수체 전엽에 전달되어 옥시토신이 분비된다.
② 신생아가 모유를 빨면 그 자극이 뇌하수체 후엽에 전달되어 옥시토신이 분비된다.
③ 뇌하수체 후엽에서 분비되는 프로락틴은 모유 생성을 촉진시킨다.
④ 프로락틴은 유포를 자극하여 모유 생성을 억제시킨다.
⑤ 에스트로겐은 유선 주위에 있는 근육을 수축시켜 모유 방출을 촉진시킨다.

30 수유부의 1일 추가 에너지 필요 추정량과 모유 100ml에 함유된 에너지 함량은?

① +300kcal, 55kcal
② +320kcal, 65kcal
③ +320kcal, 55kcal
④ +340kcal, 65kcal
⑤ +360kcal, 65kcal

31 수유부의 영양섭취기준(권장섭취량 또는 충분섭취량)이 임산부보다 많은 비타민은?

① 비타민 A   ② 비타민 E
③ 비타민 D   ④ 비타민 C
⑤ 비타민 K

32 다음 중 모유 분비를 촉진하기 위한 방법으로 옳은 것은?

① 분만 후 되도록 빨리 젖을 빨린다.
② 모유 분비 촉진을 위해 절대 안정한다.
③ 저단백, 고지방 식품을 많이 섭취한다.
④ 유방의 젖을 완전히 짜내면 젖이 부족해진다.
⑤ 아이에게 너무 자주 젖을 빨리면 젖이 부족해진다.

CHAPTER 02 영아기·유아기 영양(학령전기)

01 영아기의 생리적 특성으로 옳지 않은 것은?

① 출생 이후 체중의 5~10% 정도가 감소된다.
② 생후 1년에 체중은 3배, 신장은 약 50% 정도 증가한다.
③ 생후 1년경 가슴둘레가 머리둘레보다 커진다.
④ 치아는 개인차가 매우 심하고 이가 나는 순서도 예외가 많다.
⑤ 영아의 에너지 필요추정량은 성인보다 2~3배 많다.

02 영아의 중기 이유식에 대한 설명으로 옳은 것은?

① 다양한 식재료를 혼합하여 조리한다.
② 1일 아침, 점심, 저녁 3회 제공한다.
③ 설탕 대신 꿀을 이용하여 단맛을 낸다.
④ 정제염과 약간의 향신료를 이용해도 된다.
⑤ 철을 보충할 수 있는 식품을 제공한다.

03 생후 3개월 이후 영유아의 체격 발달과 영양 상태를 판정하기 위해 사용되는 지수는?

① 롤러 지수
② 브로카 지수
③ 체질량 지수
④ 카우프 지수
⑤ 폰더럴 지수

04 영아기의 소화·흡수에 관한 내용으로 옳은 것은?

① 신생아의 췌장 아밀라아제 활성은 성인 수준이다.
② 췌장 리파아제 활성과 담즙 분비량은 성인과 비슷하다.
③ 신생아의 락타아제 활성은 성인보다 높다.
④ 구강 리파아제 활성은 성인보다 낮다.
⑤ 트립신, 키모트립신 및 카르복시펩티다아제 활성은 어른과 비슷하다.

05 영아의 단위체중당 열량 필요량이 성인보다 많은 이유는?

① 수면시간이 길기 때문이다.
② 근육의 활동이 적기 때문이다.
③ 태아기 때 열량을 많이 취했기 때문이다.
④ 섭취하는 음식물의 소화율이 낮기 때문이다.
⑤ 체표면적이 넓어 열의 손실이 크기 때문이다.

06 영아가 설사를 할 때의 처치법 중 옳은 것은?

① 설사가 심하면 모유보다 우유를 섭취하는 것이 좋다.
② 설사가 심하면 물보다는 모유만 섭취하는 것이 좋다.
③ 수분과 함께 나트륨, 칼륨 등의 전해질 보충이 필요하다.
④ 아기가 물을 잘 먹도록 설탕을 많이 넣어준다.
⑤ 설사 시에는 수분 섭취를 제한한다.

07 모유를 먹는 영아가 변비가 적은 이유는?

① 카제인과 유당이 적어서
② 카제인과 유당이 많아서
③ 카제인은 적고 유당이 많아서
④ 카제인은 많고 유당이 적어서
⑤ 섬유질 함량이 많아서

08 모유영양아의 철분 섭취량이 200mg이었다면 체내에 흡수된 칼슘량은?

① 50~80mg
② 80~100mg
③ 100~140mg
④ 140~200mg
⑤ 200mg 전량 흡수

09 모유영양아와 인공영양아의 분변의 특징을 설명한 것으로 옳은 것은?

① 모유영양아 분변의 색은 담황색이다.
② 모유영양아의 분변에서는 부패된 냄새가 난다.
③ 인공영양아 분변의 pH는 대부분 산성이다.
④ 인공영양아 분변의 주요 세균은 비피더스균이다.
⑤ 모유영양아가 인공영양아에 비해 배변 횟수가 더 많다.

10 생후 1년 영아의 수분 충분섭취량으로 적당한 것은?

① 50~60ml/kg
② 80~90ml/kg
③ 120~135ml/kg
④ 190~200ml/kg
⑤ 240~250ml/kg

11 초유에 관한 설명으로 옳은 것은?

① 락토페린이 많아 세균의 성장을 억제한다.
② 분만 후 1달간 분비되며 유즙량이 많다.
③ 특유의 색을 가지며 성숙유에 비하여 단백질과 무기질이 적다.
④ 성숙유에 비해 단백질이 적고 유당이 많다.
⑤ 성숙유에 비해 면역성분의 함량이 낮다.

12 성숙유에 비해 초유에 적게 들어 있는 성분은?

① 당질
② 수분
③ 지질
④ 단백질
⑤ 비타민

13 우유의 단백질 함량은 모유의 몇 배인가?

① 1/3배
② 1/2배
③ 2배
④ 3배
⑤ 4배

14 모유와 우유의 칼슘과 인의 비율로 옳은 것은?

① 1:1, 1:1
② 1:2, 1:1
③ 1.2:1, 1.2:1
④ 1.5:1, 1.2:1
⑤ 2:1, 1.2:1

15 모유에 함유된 면역성분에 대한 설명으로 옳은 것은?

① 인터페론 : 세포벽 파괴로 세균 용해
② 라이소자임 : 림프구에서 합성
③ 인터페론 : 철과 결합하여 세균 증식 억제
④ 락토페록시다아제 : 연쇄상구균 저항성
⑤ 면역글로불린 : IgD, IgE가 주를 이룸

16 세균의 세포벽을 분해하여 직접적으로 세균을 파괴시키며 항생물질의 효율성을 간접적으로 증가시키는 역할을 하는 것은?

① 림프구
② 면역글로블린
③ 비피더스
④ 프로스타글란딘
⑤ 라이소자임

17 다음 중 성장률이 가장 높은 시기는?

① 영아기
② 유아기
③ 사춘기
④ 학령기
⑤ 청소년기

18 신체 발육 곡선에 관한 설명으로 옳은 것은?

① 현재의 수치로만 발육 정도를 평가한다.
② 평균치이면서 이상치를 나타낸 것이다.
③ 세계보건기구의 데이터를 참고한 것이다.
④ 95%이면 쇠약하거나 성장 부진이다.
⑤ 개인의 성장 속도를 백분위로 알아볼 수 있다.

19 뇌세포의 형성과 발육에 가장 중요한 시기는?

① 생후 1세까지
② 생후 2세 이후
③ 생후 3세 이후
④ 생후 4세 이후
⑤ 사춘기 이전

20 신생아의 태변에 대한 설명으로 옳은 것은?

① 태반에서 떨어진 상피, 양수의 잔사로 구성되어 있다.
② 일반 변보다 색깔은 연하지만 냄새가 많이 난다.
③ 생리적 체중 감소가 끝난 후 배설하는 변이다.
④ 초유를 먹이면 태변 배설이 억제된다.
⑤ 출생 후 1~2주 동안 배설된다.

21 영아기의 수분 섭취에 관한 내용으로 옳은 것은?

① 수분의 충분섭취량은 5개월에는 800ml, 6~11개월에는 700ml이다.
② 호흡수가 적어 단위체중당 수분 필요량은 성인보다 적다.
③ 단위체중당 체표면적이 적어 단위체중당 수분 필요량이 성인보다 적다.
④ 고열, 설사 시 수분이 손실되기 쉬워 수분 섭취에 유의해야 한다.
⑤ 요농축 능력은 성인과 비슷하다.

22 이행유에서 증가하는 영양성분으로 옳은 것은?

① 무기질　　② 베타카로틴
③ 유당　　　④ 면역물질
⑤ 단백질

23 모유에 함유된 유당의 특징 중 옳은 것은?

① 변비 발생
② 케토시스(ketosis) 발생
③ 비피더스균의 번식 촉진
④ 영아의 근육조직의 구성성분
⑤ 단맛이 강하고 칼슘흡수가 저해됨

24 우유, 두유에 특이한 반응을 보이는 영아에게 조제유로 맞는 것은?

① 탈지분유
② 전지분유
③ 카제인 조제유
④ 락토프리 조제유
⑤ 단백질 가수분해물 조제유

25 영아용 조제분유의 성분 조성에 대한 설명으로 옳은 것은?

① 비타민 B군을 첨가한다.
② 유당은 감소시킨다.
③ 무기질을 첨가한다.
④ 불포화지방산을 감소시킨다.
⑤ 우유의 카제인을 첨가한다.

26 생후 3개월 된 영아가 우유 알레르기가 있을 경우 우유 대신 먹여야 하는 것은?

① 무지방 우유
② 유당 제거 우유
③ 저지방 우유
④ 조제분유
⑤ 두유

27 다음 중 우유보다 모유에 많은 아미노산은?

① 리보플라빈　② 페닐알라닌
③ 타우린　④ 메티오닌
⑤ 메틸오닌

28 6개월 정도의 모유영양아에게 영양 보충을 위해 제공할 수 있는 식단은?

① 가당 두유
② 호박 스프
③ 순두부 죽
④ 삶아 으깬 생선살
⑤ 연한 달걀 노른자찜

29 이유기에 피해야 할 식품을 모두 고른 것은?

> 가. 꿀
> 나. 브로콜리
> 다. 달걀 흰자
> 라. 달걀 노른자
> 마. 견과류

① 가, 나, 다　② 가, 나, 라
③ 가, 나, 마　④ 가, 다, 마
⑤ 가, 라, 마

30 이유식을 너무 빨리 시작하는 경우에 나타날 수 있는 증세는?

① 빈혈　② 알레르기
③ 면역력 감소　④ 아토피
⑤ 성장 지연

31 적혈구 세포막의 산화에 의한 용혈을 예방하기 위해 미숙아에게 보충해주어야 하는 영양소는?

① 비타민 B_{12}　② 비타민 C
③ 엽산　④ 비타민 D
⑤ 비타민 E

32 다음 중 단백질 필요량이 가장 많이 요구되는 시기는?

① 1~3세
② 4~6세
③ 7~9세
④ 남자 13~15세
⑤ 여자 16~19세

33 유아의 간식 선택 요소 중 옳은 것은?

① 아이의 기호도에 맞춰 원하는 것을 준다.
② 가공식품으로 부족한 단백질을 보충해야 한다.
③ 수분과 무기질, 비타민을 공급할 수 있는 식품이어야 한다.
④ 식사 외 에너지를 충분히 만족시킬 수 있어야 한다.
⑤ 간식의 양은 하루 에너지의 20~30% 정도가 좋다.

34 아래 사례에서 영양소 결핍 가능성이 있는 것은?

> 부모가 비건이며 아이 역시 채식 위주의 식단을 유지한다. 만 3세 남아이며 체중 13.5kg, 신장은 101cm이다. 아이의 성장을 위해 유제품은 섭취하고 있다.

① 칼륨 ② 칼슘
③ 티아민 ④ 비타민 D
⑤ 비타민 B_{12}

35 다음 중 충치 유발 지수가 높은 식품을 모두 고른 것은?

> 가. 건포도
> 나. 과일 통조림
> 다. 건오징어
> 라. 캐러멜
> 마. 사과

① 가, 나, 다 ② 가, 나, 라
③ 가, 나, 마 ④ 가, 다, 마
⑤ 가, 라, 마

CHAPTER 03 학령기·청소년기 영양

01 청소년기의 여자가 남자보다 체격은 작지만 철 섭취량이 같은 이유는?

① 골격근 발달
② 에너지량 증가
③ 혈액량 증가
④ 월경으로 인한 철 손실
⑤ 근육량 증가

02 청소년기의 신체 성장과 성숙에 작용하는 호르몬으로 옳은 것은?

① 부신피질호르몬
② 크레아틴인산
③ 성장호르몬
④ 안드로겐
⑤ 갑상선호르몬

03 우리나라 학령기의 영양 문제로 옳은 것은?

① 나트륨 섭취량
② 당질 섭취 감소
③ 카페인 섭취량 증가
④ 인스턴트 위주의 식사
⑤ 점심 결식

04 청소년기 섭식장애인 신경성 식욕부진에 대한 설명으로 옳은 것은?

① 엄청나게 많은 음식을 한꺼번에 먹는다.
② 체중이 본래 체중의 15~25% 적다.
③ 스트레스가 있을 때 지나치게 음식에 집착한다.
④ 체중은 크게 감소하지 않는다.
⑤ 잦은 구토, 설사로 인해 수분과 전해질 균형이 깨지면 심각한 의료문제가 발생할 수 있다.

05 유당불내증이 있는 어린이에게 가장 신경을 써야 하는 영양소는?

① 지방, 철분
② 단백질, 철분
③ 나트륨, 단백질
④ 티아민, 에너지
⑤ 리보플라빈, 칼슘

06 초등학생에게 흔하게 나타나는 알레르기의 원인 식품으로 옳은 것은?

① 현미밥, 달걀흰자
② 달걀흰자, 초콜릿
③ 빵, 흰밥
④ 복숭아, 달걀흰자
⑤ 달걀흰자, 등푸른생선

07 비만 아동의 올바른 식사 지도 방법을 모두 고른 것은?

> 가. 간식은 살이 찌므로 절대 먹지 않게 한다.
> 나. 성인이 되면 없어지므로 걱정하지 않아도 된다.
> 다. 고열량 식품을 제한하고 한꺼번에 많이 먹지 않게 한다.
> 라. 식사 제한을 엄격하게 하고 단식을 반복한다.
> 마. 총 에너지 섭취를 줄이고 운동을 권장한다.

① 가, 나 ② 가, 다
③ 나, 라 ④ 다, 라
⑤ 다, 마

08 학령기 아동의 주의력결핍과다행동장애(ADHD)에 대한 설명 중 옳은 것은?

① 남아가 여아보다 더 많이 발생한다.
② 일반 아동보다 인지능력이 떨어진다.
③ 식사요법만으로 완치 가능하다.
④ 집중력은 있지만 지능이 떨어진다.
⑤ 사춘기가 되면 증상이 악화된다.

09 청소년기의 에너지 필요추정량(kcal)과 단백질 권장섭취량(g)으로 옳은 것은?

① 남자 : 2,800kcal, 65g
   여자 : 2,200kcal, 55g
② 남자 : 2,800kcal, 65g
   여자 : 2,000kcal, 55g
③ 남자 : 2,700kcal, 65g
   여자 : 2,000kcal, 50g
④ 남자 : 2,700kcal, 60g
   여자 : 2,000kcal, 50g
⑤ 남자 : 2,600kcal, 65g
   여자 : 1,900kcal, 50g

CHAPTER 04 성인기·노인기 영양

해설편 p.28

01 성인 여성에 비해 50세 이상 여성에서 권장량이 증가하는 영양소는?

① 철분　② 칼슘
③ 당질　④ 단백질
⑤ 비타민 C

02 골다공증의 예방 방법으로 옳은 것은?

① 골다공증은 최대 뼈조직 양과 관련이 없다.
② 고지방, 고단백 식사를 유지한다.
③ 매일 적당한 운동을 하여 뼈의 신생을 활성화시킨다.
④ 칼슘은 비타민 K와 같이 섭취하면 흡수율이 높아진다.
⑤ 갱년기부터 골량이 감소하므로 이때부터 칼슘 섭취량을 높인다.

03 폐경 후 여성은 총 콜레스테롤과 LDL의 농도가 높아져 심혈관계질환이 발생할 위험이 높아진다. 이의 원인이 되는 호르몬은?

① 프로락틴　② 프로게스테론
③ 안드로겐　④ 에스트로겐
⑤ 옥시토신

04 폐경기 이후 골다공증이 오는 이유는?

① 비타민, 무기질 흡수가 저하하기 때문
② 카페인, 탄산음료 등의 섭취가 증가하기 때문
③ 혈중 총 HDL 콜레스테롤이 낮아지기 때문
④ 뼈의 칼슘 손실을 막아주는 에스트로겐의 감소 때문
⑤ 갑상선호르몬의 감소로 뼈 속의 칼슘이 유리되기 때문

05 성인기의 순환계 질환의 위험을 낮추기 위해 식사 시 조절해야 하는 영양소는?

① 칼슘, 칼륨
② 나트륨, 칼륨
③ 나트륨, 지질
④ 식이섬유, 지질
⑤ 식이섬유, 칼슘

06 성인의 암 예방을 위한 식생활 지침 중 옳지 않은 것은?

① 비만을 피하고 정상 체중 유지
② 염장, 질산염으로 보존된 식품 섭취를 줄임
③ 고온에서 튀긴 식품 주의
④ 식이섬유는 장에 무리가 되므로 정제된 곡류 섭취
⑤ 총 지방 섭취를 20% 이내로 제한

07 성인기의 생리적 특징에 대한 설명 중 옳은 것은?

① 몸무게에 따라 체내 칼륨량은 증가한다.
② 신체기능은 20대 중반에 최대가 된다.
③ 성인기는 신체의 변화가 매우 큰 시기이다.
④ 체중에서 차지하는 체지방 비율이 감소한다.
⑤ 신체기능의 저하는 누구에게나 일정하게 나타난다.

08 대사증후군을 진단하는 기준으로 올바른 것을 모두 고른 것은?

> 가. 공복혈당 100mg/dL 이상
> 나. 혈압 120/80mmHg 이하
> 다. 허리둘레 남자 90cm, 여자 85cm 이상
> 라. 중성지방 150mg/dL 이상
> 마. HDL-콜레스테롤 남 40mg/dL 미만, 여 50mg/dL 미만

① 가, 나, 다, 라   ② 가, 나, 라, 마
③ 가, 다, 라, 마   ④ 나, 다, 라, 마
⑤ 가, 나, 다, 라, 마

09 콜라겐 같은 단백질 분자 사이에 비가역적인 가교결합이 생성되어 결합조직의 용해성, 탄력성 등이 저하되는 노화가 진행된다는 학설은?

① 가교설
② 텔로미어설
③ 자유라디칼설
④ 환경요인자극설
⑤ 세포분열설

10 노인의 소화기능을 저하시키는 요인이 아닌 것은?

① 장점막의 위축
② 타액 분비의 감소
③ 위액 분비의 감소
④ 장의 연동운동 증가
⑤ 치근의 위축

11 성인 여자에 비해 65세 이상 여자 노인의 필요량이 적은 영양소는?

① 칼륨   ② 철
③ 엽산   ④ 칼슘
⑤ 비타민 C

12 노년기에 수분 섭취가 중요한 이유는?

① 목마름을 자주 느끼기 때문이다.
② 잠이 없어지기 때문이다.
③ 배뇨량이 늘어나기 때문이다.
④ 신장의 농축능력이 감소하기 때문이다.
⑤ 변비가 있기 때문이다.

13 노인식으로 올바른 것은?

① 기호도가 떨어지므로 간이 잘 되어있는 음식을 먹을 것
② 되도록 많은 양의 음식을 먹을 것
③ 신선한 채소와 과실을 많이 먹을 것
④ 당질지수가 높은 식품을 섭취할 것
⑤ 동물성 지방을 충분히 먹을 것

14 노년기의 면역기능 장애와 특히 관련 있는 영양소는?

① 아연　　② 칼슘
③ 지질　　④ 식이섬유
⑤ 알루미늄

15 성인기에 비해 노인기에 섭취량을 증가시켜야 하는 영양소는?

① 비타민 E　　② 비타민 C
③ 비타민 B_{12}　　④ 비타민 K
⑤ 비타민 D

CHAPTER 05 운동과 영양

01 바다 수영을 할 때 에너지원의 사용 순서는?

① ATP, 크레아틴인산 → 포도당 → 지방산
② ATP, 크레아틴인산 → 지방산 → 포도당
③ 포도당 → ATP, 크레아틴인산 → 지방산
④ 포도당 → 지방산 → ATP, 크레아틴인산
⑤ 지방산 → ATP, 크레아틴인산 → 포도당

02 운동선수의 경기 전, 후 식사를 바르게 연결한 것은?

① 고단백질식 – 고당질식
② 고지방식 – 고당질식
③ 고당질식 – 고당질식
④ 고단백질식 – 고단백질식
⑤ 고단백질식 – 고비타민식

03 운동선수의 경기 전 식단관리 중 옳은 것은?

① 식이섬유가 풍부한 음식을 공급한다.
② 고열량의 지방 섭취를 공급한다.
③ 고비타민, 고무기질 식단을 유지한다.
④ 식사 후에 카페인 음료를 음용을 한다.
⑤ 위장 운동을 최소화하는 당질 식품을 제공한다.

04 고강도 운동을 하는 여자 선수들 중 철 결핍성 빈혈이 간혹 발생하게 된다. 그 원인은?

① 철 보충제의 공급이 부족하기 때문
② 단백질의 체내 수요 감소 때문
③ 월경으로의 배설이 감소할 수 있기 때문
④ 적혈구가 파괴되어 철이 손실되기 때문
⑤ 땀으로 인해 철의 분비가 억제되기 때문

05 운동 시 필요량이 증가하는 영양소는?

① 티아민, 리보플라빈
② 티아민, 비타민 B_{12}
③ 비타민 B_{12}, 비타민 D
④ 니아신, 비타민 C
⑤ 니아신, 비타민 D

06 운동 시 영양관리에 대한 내용으로 옳은 것은?

① 에너지를 지속적으로 소모함에 따라 비타민 B군의 필요량이 증가한다.
② 비타민 E가 부족하면 지구력을 감퇴시켜 피로를 빠르게 한다.
③ 심한 운동 시 당질이 부족하면 근육의 감소가 나타난다.
④ 단백질은 운동 시 빠르게 에너지원으로 이용되므로 당질보다 효과적이다.
⑤ 생리를 하는 여자 선수, 급성장기의 선수는 철분 결핍의 위험이 있다.

07 운동수행능력 향상을 위한 글리코겐 부하법에 대한 설명으로 옳은 것은?

① 단거리 육상 선수들에게 효과적이다.
② 과다한 체중 감소를 초래할 수 있다.
③ 마라톤과 같은 지구력 운동에서 효과가 크다.
④ 운동 중 탈수 증상을 더 잘 일으키는 단점이 있다.
⑤ 경기 직전인 하루 전에는 근육활동을 격렬하게 한다.

08 운동 시의 에너지 대사에 대한 설명으로 옳은 것은?

① 장시간 운동에 좋은 에너지원은 당질이다.
② 운동량이 증가함에 따라 비타민 C 필요량이 증가한다.
③ 순간 에너지를 요하는 운동에는 아미노산을 에너지원으로 이용한다.
④ 강도가 낮은 운동의 경우 젖산의 축적으로 근육 피로가 온다.
⑤ 당질은 운동 시 가장 좋은 에너지원이므로 필요량이 증가한다.

CHAPTER 01 영양 교육과 사업의 요구 진단
CHAPTER 02 영양 교육과 사업의 이론 및 활용
CHAPTER 03 영양 교육과 사업의 과정
CHAPTER 04 영양 교육의 방법 및 매체 활용
CHAPTER 05 영양상담
CHAPTER 06 영양 정책과 관련 기구
CHAPTER 07 영양 교육과 사업의 실제

PART 03

영양 교육

CHAPTER 01 영양 교육과 사업의 요구 진단

01 영양 교육의 목표로 옳은 것은?

① 만성 질환의 조기진단
② 식생활에 대한 관심 유도
③ 고난도 영양 지식의 습득
④ 건강상태 판정의 기술 습득
⑤ 식생활에 대한 개선 의지와 실천

02 영양 교육의 최종 목적은?

① 건강의 증진
② 질병의 조기 발견
③ 합리적인 식생활 확립
④ 체계적인 영양 지식의 습득
⑤ 식품 취급 기술 및 정보 보급

03 영양 교육 실시의 일반 원칙을 순서대로 나열한 것은?

① 실태 파악 → 문제 진단 → 문제 발견 → 실시 → 대책 수립 → 효과 판정
② 실태 파악 → 문제 발견 → 문제 진단 → 대책 수립 → 실시 → 효과 판정
③ 실태 파악 → 문제 진단 → 문제 발견 → 대책 수립 → 실시 → 효과 판정
④ 문제 발견 → 실태 파악 → 문제 진단 → 실시 → 대책 수립 → 효과 판정
⑤ 문제 발견 → 문제 진단 → 실태 파악 → 대책 수립 → 효과 판정 → 실시

04 다음 중 영양 교육 실시의 어려운 점으로 가장 적절한 것은?

① 영양 교육에 대한 인식이 강하다.
② 교육의 효과는 빨리 나타나지만 단기적이다.
③ 대상자 구성이 단일하거나 획일적이다.
④ 대상자의 식생활과 기호도의 변화가 쉽다.
⑤ 대상자의 식습관 및 교육 수준이 다양하다.

05 한국 식문화의 역사적 배경으로 옳은 것은?

① 구석기 : 본격적인 농업국가로 발전
② 신라 : 술이나 콩을 이용한 발효 식품 사용을 최초 도입
③ 고구려 : 중농 정책을 실시하여 농기구를 개량
④ 고려 : 궁중 음식, 반가 음식, 향토음식의 발달
⑤ 조선 : 식생활 문화가 발달하여 상차림과 식사 예법이 정착

06 우리나라의 영양사에 대한 역사적 배경으로 옳은 것은?

① 1952년 : 식품위생법 제정과 함께 영양사 면허제도 명시
② 1958년 : 한국영양사양성연합회 발족 및 영양사 면허제도 건의
③ 1978년 : 학교급식법 제정으로 초등학교 급식에서 영양사 배치가 최초로 명시
④ 1991년 : 영유아보육법 제정으로 영·유아 보육 시설에 영양사 배치가 최초로 명시
⑤ 2000년 : 의료법 시행규칙 제정 시 입원 시설을 갖춘 병원에 영양사 배치를 명시

07 우리나라 영양사의 배치 기준에 대한 내용으로 옳은 것은?

① 1962년 식품위생법 시행령 제정 시 상시 1회 200인 미만의 집단급식소에서 영양사를 둘 수 있도록 명시
② 2000년 식품위생법 시행령 개정 시 상시 1회 50인 이상의 집단급식소에서 영양사를 둘 수 있도록 명시
③ 2001년 영유아보육법 개정 시 영유아 200명 이상 보육 어린이집 영양사 1명 배치 의무 명시
④ 2013년 식품위생법 일부 개정 시 상시 1회 급식 인원 100인 이상인 산업체인 경우 영양사 고용을 의무화
⑤ 2020년 영유아보육법 개정 시 영유아 100명 이상 보육 시설에 영양사 1명 배치 명시

08 경제성장에 따른 식생활 변화로 옳은 것은?

① 전분 식품의 소비 증가
② 동물성 식품의 소비 증가
③ 채소 및 과일류 섭취 감소
④ 즉석 식품 및 편의식품의 소비 감소
⑤ 경제 성장에 따른 식생활 변화가 거의 없음

09 최근 우리나라의 식생활에서 개선이 필요한 사항은?

① 발효 식품의 소비 증가
② 당질 식품의 소비 증가
③ 채소와 과일의 소비 증가
④ 우유 및 유제품의 소비 증가
⑤ 인스턴트 및 기호 식품의 소비 증가

10 현대 사회에서 영양 교육의 필요성이 강조되는 배경은?

① 외식 및 편의식품 소비 감소
② 독거노인의 감소와 노인 의료비 감소
③ 소득의 불균형에 따른 영양 결핍 증가
④ 식품이나 영양과 관련된 만성 질환의 감소
⑤ 인구 동태적인 변화와 가정 역할의 사회화

CHAPTER 01 영양 교육과 사업의 요구 진단

11 영양 교육이 평생 교육이 되어야 하는 이유로 옳은 것은?

① 수입식품의 급증
② 전통 음식에 대한 관심 증가
③ 경제적 이유에 따른 결식의 증가
④ 신뢰성과 권위 있는 영양 정보의 확산
⑤ 식생활과 연관된 만성 질환의 발생 증가

12 국민 건강을 위협하는 바이러스 감염증의 전파가 지속될 경우 향후 영양 교육의 방향으로 옳은 것은?

① 수분의 섭취를 늘린다.
② 지방의 섭취를 늘린다.
③ 탄수화물의 섭취를 늘린다.
④ 필수지방산이 풍부한 식품의 섭취를 늘린다.
⑤ 건강 형평성에 알맞은 영양 교육을 시행한다.

13 향후 강조되어야 할 영양 교육의 방향으로 옳은 것은?

① 기존의 수업 방법 그대로 답습한다.
② 영양 교육의 대상자는 건강한 사람이어야 한다.
③ 영양 교육은 생애주기별로 특성화할 필요는 없다.
④ 식품 생산자들은 공급자이므로 영양 교육이 필요하지 않다.
⑤ 사회적 소외 집단을 위한 영양 교육도 다양하게 수행되어야 한다.

14 질병 예방 중 1차 예방에 해당하는 내용은?

① 질병의 합병증과 관련이 있다.
② 질병이 더 악화되는 것을 막는 것이다.
③ 질병을 조기 발견하고 치료하는 것이다.
④ 예방 접종, 운동 등으로 건강을 증진하는 것이다.
⑤ 질병 치료 후 재활 치료를 통해 사회에 복귀하는 것이다.

15 2020 한국인 영양소 섭취 기준 설정 목적으로 옳은 것은?

① 식습관 개선
② 만성 질환의 예방
③ 국민의 평균수명 연장
④ 질병의 조기 발견 및 치료
⑤ 개인의 영양 판정 기준으로 사용

16 2020 한국인 영양소 섭취 기준에 대한 설명으로 옳은 것은?

① 영양소 섭취 기준의 설정 목적은 국민의 질병 치료에 있다.
② 만성 질환의 예방을 위해 최대 수준 섭취량을 설정하였다.
③ 권장섭취량과 충분섭취량은 결핍의 위험을 예방하는 것이다.
④ 충분섭취량과 상한섭취량은 과잉섭취의 위험을 예방하는 것이다.
⑤ 2015 영양소 섭취 기준과 비교했을 때 단백질의 필요량과 섭취량이 다르다.

17 다음에서 설명하는 것은?

- 일반인들이 식생활에서 쉽고 편리하게 필요한 식품을 선택 가능하도록 고안
- 건강하고 질병의 증세가 없는 일반인의 식사계획에 도움을 줌
- 실생활에서 실용적인 사용이 가능하도록 섭취 횟수의 변화로 대처 가능

① 식사구성안 ② 기초식품군
③ 식품교환표 ④ 평균필요량
⑤ 영양 섭취 기준

18 식품군별 대표 식품의 1인 1회 분량과 열량으로 바르게 연결된 것은?

① 곡류 : 쌀밥(200g) – 100kcal
② 채소류 : 시금치(50g) – 50kcal
③ 과일류 : 사과(100g) – 75kcal
④ 우유 및 유제품류 : 우유(200mL) – 125kcal
⑤ 고기, 생선, 달걀, 콩류 : 달걀(50g) – 100kcal

19 지역 사회 영양의 요구 진단에 대한 내용으로 옳은 것은?

① 지역 사회 영양 교육 활동 내용에 대하여 평가하는 과정이다.
② 해당 지역사회에 거주하는 건강한 성인을 대상으로 선정하는 과정이다.
③ 식품수급표, 인구동태 분석, 식생태 조사 등의 직접평가를 시행하는 과정이다.
④ 개인의 식사 조사, 생화학적 검사, 신체 계측 검사 등의 간접적인 방법을 통해 시행하는 과정이다.
⑤ 지역사회사회의 영양 문제를 조사하고 이들 문제에 영향을 주는 요인과 영양 취약 대상자들을 파악하는 과정이다.

CHAPTER 02 | 영양 교육과 사업의 이론 및 활용

해설편 p.33

01 다음과 같은 교육은 어떠한 영양 교육 이론을 이용한 것인가?

> - 교육자에게 대장암의 위험성, 대장암 발병 시 건강에 미치는 심각한 영향에 대한 교육
> - 다양한 채소와 과일을 섭취하고 저지방 식품을 섭취했을 때의 건강상의 이득을 교육

① 건강신념모델
② 개혁확산모형
③ 사회인지이론
④ 계획적 행동이론
⑤ 합리적 행동이론

02 다음에서 설명하는 영양 교육은?

> - 건강과 관련된 행동들은 대부분 그 행동에 대한 의도에 의해 결정됨
> - 인간은 자신이 이용할 수 있는 정보를 합리적으로 사용한다는 가정에 토대를 둠

① 건강신념모델
② 사회인지이론
③ 개혁확산모형
④ 합리적 행동이론
⑤ 사회적 지지이론

03 사회인지론의 상호결정론에 대한 설명으로 옳은 것은?

① 행동의 지속 또는 중단에 대한 반응
② 사람, 행동, 환경 간의 활발한 상호작용
③ 특정 행동을 실천하는 데 필요한 지식과 기술
④ 타인의 행동과 행동 결과를 관찰하면서 그 행동을 습득
⑤ 행동 변화를 유도하기 위한 원인, 환경, 기관 간의 활발한 상호작용

04 다음 해당하는 사회인지론의 구성 요소는?

> '식탁에서 소금 사용 안 하기'와 같은 실천하기 쉽고 명확하며 구체적인 행동 변화 제시

① 강화
② 관찰학습
③ 결과기대
④ 자아효능감
⑤ 행동수행력

05 사회인지론의 구성 요소 중 염도를 낮출 수 있는 조리법을 제공함으로써 필요한 지식 전달과 기술 습득에 도움을 주는 요인은?

① 강화
② 결과기대
③ 관찰학습
④ 자아효능감
⑤ 행동수행력

06 개인의 행동 변화에 보이는 긍정적 또는 부정적 반응에 따라 행동 변화 실천의 지속 가능성이 달라지게 하는 사회인지론의 구성 요소는?

① 강화
② 결과기대
③ 관찰학습
④ 자아효능감
⑤ 행동수행력

07 당뇨병 환자에게 식품교환표를 이용한 올바른 식품선택법이나 술을 절제하는 법 등을 교육한다면 이는 무엇을 목적으로 하는가?

① 자기효능감 증진
② 주관적 규범 향상
③ 인지된 위협성 감소
④ 인지된 위협성 증대
⑤ 행동에 대한 태도 향상

08 행동 변화 단계 모델의 순서로 옳은 것은?

① 고려 전 단계 - 고려 단계 - 행동 단계 - 준비 단계 - 유지 단계
② 고려 전 단계 - 고려 단계 - 준비 단계 - 유지 단계 - 행동 단계
③ 고려 전 단계 - 고려 단계 - 준비 단계 - 행동 단계 - 유지 단계
④ 고려 전 단계 - 준비 단계 - 고려 단계 - 행동 단계 - 유지 단계
⑤ 고려 전 단계 - 준비 단계 - 고려 단계 - 유지 단계 - 행동 단계

09 행동 변화 단계 모델에서 '향후 6개월 안에 행동을 바꿀 의향이 있는 단계'는 무엇인가?

① 고려 전 단계
② 고려 단계
③ 준비 단계
④ 행동 단계
⑤ 유지 단계

10 다음의 내용은 행동 변화 단계 모델의 어느 단계에 적합한가?

> 비만이 건강에 미치는 영향에 대한 인식이 부족하고 체중 감량 시도도 하지 않는 비만 환자에게 비만의 위험성에 대한 내용을 강의한다.

① 고려 전 단계
② 고려 단계
③ 준비 단계
④ 행동 단계
⑤ 유지 단계

11 다음 중 PRECEDE-PROCEED 모델에 대한 설명으로 옳은 것은?

① 행동 수정이 단계별로 진행되므로 영양교육도 이에 맞춰 실시하는 방식
② 행동 수정이 주변인들의 영향을 받으므로 주변인 교육을 활용하는 방식
③ 새로운 아이디어나 기술이 일정한 경로를 통해 사회 구성원에게 전달되는 방식
④ 상업 마케팅 기술을 적용하여 대상자에게 영양 지식 등의 아이디어를 판매하는 방식
⑤ 영양 교육이나 사업에 필요한 정보 수집 및 요구 진단, 프로그램의 계획 수립 및 실행, 평가 등으로 구성된 포괄적인 건강증진계획에 관한 모형

CHAPTER 02 영양 교육과 사업의 이론 및 활용

12 지역 사회 영양학의 개념적 모델에 대한 내용으로 옳은 것은?

① 지역 사회 영양학은 주로 환자를 대상으로 한다.
② 지역 사회 영양학은 보건소 영양사에 국한된 업무이다.
③ 지역 사회 영양학의 활동은 주로 전화나 매체를 활용한다.
④ 지역 사회 영양학의 대상은 주로 개인에 초점을 맞추고 있다.
⑤ 지역 사회 영양학의 목표는 지역 사회인의 영양과 건강 증진이다.

13 지역 사회 영양 판정 방법 중 직접평가에 해당하는 것은?

① 식품수급표 활용
② 식생태 조사 활용
③ 신체 계측 검사 실시
④ 인구 동태 분석 자료 활용
⑤ 국민건강영양조사 결과 활용

14 지역 사회의 건강과 영양 실천에 영향을 주는 4가지 건강 증진 요소는?

① 환경, 성별, 소득 수준, 스트레스 정도
② 환경, 영양 지식 정도, 운동 정도, 지역 활동 참여
③ 생물학적 배경, 생활 습관, 식품 소비 패턴, 유전
④ 생물학적 배경, 건강관리체계, 생활 습관, 환경
⑤ 건강관리체계, 식품 소비 패턴, 가족 구성, 소득 수준

15 영양사의 업무 중 영양 서비스 직무에 해당하는 것은?

① 위생 관리
② 급식 경영 관리
③ 식재료 구매 및 관리
④ 영양 교육 및 영양 치료
⑤ 인력 관리 및 작업 관리

CHAPTER 03 영양 교육과 사업의 과정

01 영양 교육 실시 과정의 일반 원칙을 순서대로 나열한 것은?

① 대상의 진단 → 실행 → 평가 → 계획
② 대상의 진단 → 계획 → 실행 → 평가
③ 대상의 진단 → 계획 → 평가 → 실행
④ 계획 → 대상의 진단 → 실행 → 평가
⑤ 계획 → 실행 → 평가 → 대상의 진단

02 영양 교육의 실시 과정 중 대상자의 영양 문제 발견, 영양 문제 원인 분석, 대상자의 특성 파악 등을 실시해야 하는 단계는?

① 계획 단계
② 실행 단계
③ 평가 단계
④ 대상자의 진단 단계
⑤ 과정 및 효과 판정 단계

03 영양 교육 대상자의 진단 과정에 포함되어야 하는 내용은?

① 영양 문제 발견
② 영양 교육 목적 설정
③ 영양 중재 방법 선택
④ 영양 교육 실행 계획서
⑤ 영양 교육 홍보 및 평가

04 다음 중 영양 교육 대상자의 교육 요구 진단 항목으로 옳은 것은?

① 학습 환경 고려
② 교육 방법 선정
③ 영양 문제 및 원인 파악
④ 학습 목표 및 내용 선정
⑤ 학습 자료 및 매체 선정

05 영양 교육 대상자의 진단 과정에서 대상자 또는 집단의 영양 문제를 파악하기 위한 방법으로 옳은 것은?

① 인구 통계 조사, 심리 조사, 표본 조사, 생화학적 조사
② 주거 환경 조사, 식품 환경 조사, 생활 양식조사, 여가 조사
③ 식품 섭취 실태 조사, 신체 계측, 생화학적 조사, 임상 조사
④ 영양 문제의 심각성, 영양 문제의 크기, 영양 문제의 효과성
⑤ 교육 대상자 수, 교육 시간과 장소, 교육에 필요한 자원 조사

06 영양 교육 대상자의 영양 문제를 파악하기 위한 간접적 방법으로 옳은 것은?

① 신체 계측 조사
② 생화학적 조사
③ 식품 섭취 실태 조사
④ 임상 영양학적 조사
⑤ 보건 통계 자료 조사

07 기존의 영양 서비스를 검토하는 방법으로 옳은 것은?

① 교육 대상자의 학습능력과 상관없이 검토
② 다른 조직이나 기관과 연계하지 않는 것으로 검토
③ 다른 영양 서비스와 별도로 운영할 수 있는지 검토
④ 기존 영양 서비스의 문제점을 보충할 수 있는지 검토
⑤ 기존에 제공되고 있는 학습 내용과 중복되는 것으로 검토

08 다음 내용은 영양 교육 실시 과정 중 어느 단계에 해당하는가?

- 영양 문제 해결을 위한 목적 및 목표 설정
- 영양 교육 활동을 설계하고 홍보 및 평가 계획
- 목적 달성을 위한 적절한 영양 중재 방법 선택
- 대상 집단의 영양 문제 중 가장 시급한 우선순위 선정

① 진단   ② 계획
③ 실행   ④ 평가
⑤ 보고서 작성

09 영양 교육 대상자의 계획 과정에 포함되어야 하는 내용이 아닌 것은?

① 영양 문제의 선정
② 영양 중재 방법의 선택
③ 영양 교육 목적 및 목표 설정
④ 영양 교육 실행 시 활동 점검 사항 평가
⑤ 영양 교육 활동 과정 설계 및 홍보 전략 개발

10 다음 중 영양 문제의 우선순위를 선정하는 기준으로 가장 적절한 것은?

① 영양 교육의 장소
② 교육 대상자의 연령
③ 국가의 영양 교육 정책
④ 발생 빈도가 높은 영양 문제
⑤ 교육 실시의 용이성 및 편리성

11 영양 교육 목표의 진행 순서로 옳은 것은?

① 영양 지식의 이해 – 식태도의 변화 – 식행동의 변화
② 영양 지식의 이해 – 식행동의 변화 – 건강 상태의 개선
③ 식행동의 변화 – 영양 지식의 이해 – 식태도의 변화
④ 식행동의 변화 – 식태도의 변화 – 건강 상태의 개선
⑤ 식태도의 변화 – 식행동의 변화 – 영양 지식의 이해

12 영양 문제를 유발하는 원인 및 요인을 시정하여 영양 문제를 해결하는 영양 중재 방법으로 옳은 것은?

① 환경 개선, 무상 급식, 병원 치료
② 직접적인 식품 제공, 캠페인, 홍보
③ 문자 서비스 제공, 보충 식품 제공
④ 영양 교육 방법의 획일화, 캠페인
⑤ 영양 교육 내용의 체계화, 인터넷 알림

13 영양 교육 실행 시 유의사항으로 옳은 것은?

① 사전 예비 실시는 필요하지 않다.
② 대상자의 불만이 있어도 처음 계획대로 실행한다.
③ 교육 실행 중에는 절대 수정 및 보완을 하지 않는다.
④ 경제적 손실 방지를 위해 목적은 달성되지 않아도 괜찮다.
⑤ 문제 발생 시 현장 상황을 고려하여 융통성 있게 실행한다.

14 영양 교육이 끝난 후에 효과를 평가하는 항목이 아닌 것은?

① 식태도의 변화
② 식행동의 변화
③ 건강 상태 변화
④ 영양 지식의 변화
⑤ 교육의 참여율 변화

15 단시일 내에 영양 교육의 효과를 측정할 수 있는 방법은?

① 건강 상태 변화
② 정신 건강 변화
③ 식품군별 섭취 상태 변화
④ 신체 발육 상태 변화
⑤ 영양 교육 참가 횟수 변화

CHAPTER 04 영양 교육의 방법 및 매체 활용

해설편 p.36

01 영양 교육 방법의 종류와 특징이 올바르게 연결된 것은?

① 개인형 : 대상자가 원교육자료(raw material)를 토대로 스스로 학습
② 강의형 : 교육자와 대상자 간에 충분한 토의를 통해 정보와 의견을 교환
③ 토의형 : 교육자가 다수의 대상자들에게 동시에 교육 내용을 전달
④ 실험형 : 교육자와 대상자가 1:1 접촉으로 긴밀한 상호작용이 이루어짐
⑤ 독립형 : 교육 대상자가 교육자의 직접적인 도움을 받지 않고 정보를 얻음

02 대상자가 원교육자료(raw material)를 토대로 스스로 학습하는 형태인 영양 교육 방법의 유형은?

① 개인형 ② 강의형
③ 실험형 ④ 독립형
⑤ 토의형

03 B형간염 진단을 받은 산업체 직원의 영양 상담으로 적합한 방법은?

① 가정 지도 ② 개인 지도
③ 심포지움 ④ 역할 놀이
⑤ 사례 연구

04 지도의 유형이 올바르게 연결된 것은?

① 개인 지도 – 전화 상담
② 개인 지도 – 워크숍
③ 개인 지도 – 심포지엄
④ 집단 지도 – 상담소 방문
⑤ 집단 지도 – 편지

05 다음 중 개인 지도 방법에 해당하는 것은?

① 강의 ② 견학
③ 상담 ④ 전시
⑤ 캠페인

06 다음 중 집단 지도의 유형에 해당하는 것은?

① 편지 ② 강연
③ 병원 방문 ④ 전화 상담
⑤ 가정 방문

07 단기간 내에 다수의 사람들에게 특수한 내용을 집중적으로 알리고 반복하여 강조하는 영양 교육 방법은?

① 견학 ② 캠페인
③ 심포지엄 ④ 시범교수법
⑤ 원탁식 토의

08 다음에서 설명하는 학습방법은?

- 실제 현장을 방문하여 오감을 사용해 스스로 관찰하고 학습하는 방법
- 주로 어린이들을 대상으로 진행하며, 식품의 소중함과 영양 등에 대한 교육 활동 실시

① 견학 ② 시범
③ 인형극 ④ 역할놀이
⑤ 모의상황

09 연극을 통해 현실적으로 일어날 수 있는 상황을 연출하여 간접 경험을 하게 하는 학습방법은?

① 시범 ② 그림극
③ 역할극 ④ 실습활동
⑤ 시뮬레이션

10 다음에서 설명하는 집단 지도 방법은 무엇인가?

한 가지 주제에 대해 전문 교육자 4~6인을 배심원으로 구성하여 자유롭게 토의하고 토의가 끝난 후 종합 토의 및 질의 시간을 통해 교육자들을 토의에 참여시키는 방법

① 워크숍 ② 패널 토의
③ 공론식 토의 ④ 원탁식 토의
⑤ 브레인스토밍

11 어린이집 유아들을 대상으로 '음식을 골고루 먹자'라는 내용의 영양 교육을 실시할 경우 가장 효과적인 교육 매체는?

① 강의 ② 견학
③ 포스터 ④ 인형극
⑤ 캠페인

12 교육 매체를 체계적으로 개발하고 활용하기 위해 제시된 ASSURE 모형의 단계별 순서로 옳은 것은?

① 교육 대상자의 특성 분석 – 교육 목표의 설정 – 매체의 선정 및 제작 – 매체의 활용 – 대상자의 반응 확인 – 평가
② 교육 대상자의 특성 분석 – 매체의 선정 및 제작 – 교육 목표의 설정 – 대상자의 반응 확인 – 매체의 활용 – 평가
③ 교육 목표의 설정 – 교육 대상자의 특성 분석 – 매체의 선정 및 제작 – 매체의 활용 – 대상자의 반응 확인 – 평가
④ 교육 목표의 설정 – 교육 대상자의 특성 분석 – 대상자의 반응 확인 – 매체의 선정 및 제작 – 매체의 활용 – 평가
⑤ 매체의 선정 및 제작 – 대상자의 반응 확인 – 교육 대상자의 특성 분석 – 교육 목표의 설정 – 매체의 활용 – 평가

13 영양 교육 매체에 대한 설명으로 옳은 것은?

① 교육 장소의 효율성 및 편리성은 조금 떨어지게 된다.
② 교육 내용과 관련이 없는 매체라도 교육 활동에 도움이 된다.
③ 다량의 정보를 전달해야 하므로 교육에 소요되는 시간이 길어진다.
④ 대상자의 연령, 수준이 다를지라도 동일한 내용의 매체를 이용한다.
⑤ 시청각을 비롯한 인체의 감각기관을 동원하여 교육의 효과를 높이는 수단이다.

14 영양 교육 매체를 효과적으로 활용하기 위한 유의사항으로 옳은 것은?

① 교육자 대용으로 사용할 것
② 내용보다 시청각 테크닉에 중점을 둘 것
③ 기능에 대한 적절한 사전점검 후 사용할 것
④ 질적인 면이 떨어지더라도 많은 양의 매체를 사용할 것
⑤ 교육 대상자들이 사용 매체에 적응할 때까지 지속적으로 사용할 것

15 영양 교육 매체의 종류로 바르게 짝지어진 것은?

① 인쇄 매체 : 팸플릿, 리플릿, 전단지, 신문
② 전시, 게시 매체 : 슬라이드, 실물화상, 영화,
③ 입체 매체 : 텔레비전, 라디오, 컴퓨터
④ 영상 매체 : 실물, 표본, 모형, 디오라마
⑤ 전자 매체 : 전시, 게시판, 도판, 패널

16 영양 교육에 이용되는 매체 중 전자 매체에 해당하는 것은?

① 실물, 표본, 모형
② 팸플릿, 포스터, 전단지
③ 라디오, 슬라이드, DVD
④ 라디오, 디오라마, 영화
⑤ 라디오, 텔레비전, 컴퓨터

17 다음에서 설명하는 매체는 무엇인가?

- 보통 A4, B4 종이를 1~2번 접어서 만든 것으로 펼쳤을 때 한 장이 되는 형태
- 그림이나 사진과 함께 간단한 설명을 넣은 인쇄물

① 만화   ② 리플릿
③ 팸플릿   ④ 포스터
⑤ 소책자

18 다음에서 설명하는 매체는 무엇인가?

- 많은 사람에게 다량의 정보를 신속하게 전달할 수 있음
- 지속적인 정보의 제공으로 행동 변화를 쉽게 유도할 수 있음
- 시간과 공간적인 문제를 초월하여 구체적인 사실까지 전달이 가능함

① 인쇄 매체   ② 전자 매체
③ 영상 매체   ④ 전시 매체
⑤ 매스미디어

19 비만 환자들에게 식품교환법을 교육할 때 가장 효과적인 매체는?

① 만화　　② 팸플릿
③ 리플릿　　④ 식품 모형
⑤ 슬라이드

20 실물이나 표본으로 경험하기 어려운 사물을 나무, 진흙, 파라핀, 플라스틱 등을 이용하여 그대로 재현하여 만든 입체 자료는?

① 괘도　　② 모형
③ 포스터　　④ 페프사트
⑤ 플란넬판

21 식생활 개선을 위한 포스터 작성 시 유의할 점으로 옳은 것은?

① 내용을 은유적으로 쓴다.
② 은은한 색을 사용한다.
③ 발행 주체명은 크게 쓴다.
④ 필요한 문안만 간단히 기재한다.
⑤ 디자인은 화려하고 복잡하게 한다.

22 다음 중 대중매체로 이용되는 것은?

① 모형　　② 융판
③ TV　　④ OHP
⑤ 디오라마

23 영양 모니터링 활동의 원칙 중 ㉠, ㉡에 해당되는 것은 각각 무엇인가?

- (㉠) : 풍부한 지식과 정보를 제공하고 있는가?
- (㉡) : 수용자가 이해하기 쉽게 구성 및 제작되었는가?

	㉠	㉡
①	공익성	객관성
②	전문성	해설성
③	윤리성	신뢰성
④	시의성	공정성
⑤	객관성	해설성

CHAPTER 05 | 영양 상담

해설편 p.38

01 영양 상담자의 태도로 옳은 것은?

① 실행 과정에서 강력한 훈계와 설득을 한다.
② 내담자와의 친밀도를 높이기 위해 반드시 충고를 한다.
③ 내담자의 말을 주의 깊게 경청하고 공감대를 형성한다.
④ 전문가의 입장에서 경청보다는 명령과 조언을 많이 한다.
⑤ 주관적인 관점에서 대상자에 따른 일정한 기준을 가진다.

02 다음은 고혈압 환자와의 영양 상담 내용 중 일부이다. 아래 상황에서 영양사가 활용한 상담 기술은?

- 환자 : 식사 요법을 지키려 노력하지만 라면과 찌개가 너무 먹고 싶어요.
- 영양사 : 네. 충분히 그럴 수 있습니다. 이해가 됩니다.

① 수용　　　② 반영
③ 조언　　　④ 직면
⑤ 명료화

03 영양 상담자의 역할 중 가장 중요한 것은?

① 경청　　　② 수용
③ 요약　　　④ 조언
⑤ 명료화

04 다음에서 설명하는 영양 상담 기술은 각각 무엇인가?

- (㉠) : 내담자의 말과 행동에서 표현된 기본적인 감정, 생각 및 태도를 상담자가 다른 참신한 언어로 부연해 주는 것
- (㉡) : 내담자가 내면에 지닌 자신에 대한 그릇된 감정 등을 인지하는 것

	㉠	㉡
①	수용	반영
②	경청	요약
③	반영	직면
④	조언	수용
⑤	직면	명료화

05 영양 상담의 효율을 높이기 위한 기본 원칙으로 옳은 것은?

① 내담자가 반드시 답하도록 강요한다.
② 내담자에게 충고, 지시, 명령, 훈계 등을 한다.
③ 내담자의 과거 영양 문제에 대한 공감대를 형성한다.
④ 내담자가 스스로 말을 안 할 경우 대답을 강요해도 된다.
⑤ 내담자의 부정적 감정 표시에 대해 적절히 지지 및 수용을 한다.

06 영양 상담의 실시 과정을 바르게 나열한 것은?

① 영양 상담 시작 – 친밀 관계 형성 – 자료 수집 – 영양 판정 – 목표 설정 – 실행 – 효과 평가
② 영양 상담 시작 – 자료 수집 – 목표 설정 – 친밀 관계 형성 – 영양 판정 – 실행 – 효과 평가
③ 친밀 관계 형성 – 영양 상담 시작 – 자료 수집 – 목표 설정 – 영양 판정 – 실행 – 효과 평가
④ 친밀 관계 형성 – 영양 상담 시작 – 목표 설정 – 자료 수집 – 영양 판정 – 실행 – 효과 평가
⑤ 목표 설정 – 영양 상담 시작 – 친밀 관계 형성 – 자료 수집 – 영양 판정 – 실행 – 효과 평가

07 영양 상담 시 SOAP 형식으로 기록할 때의 내용으로 옳은 것은?

① S : 신체 계측 결과 수치
② S : 내담자의 주관적인 정보
③ O : 내담자의 심리 상태
④ A : 다음 치료를 위한 계획과 조언
⑤ P : 주관적, 객관적 정보의 평가

08 영양 상담 기록표에 기술되는 내용은?

① 주관적 정보, 상담 일정, 상담 내용
② 주관적 정보, 객관적 정보, 평가, 계획
③ 개인정보, 객관적 정보, 상담 내용, 상담 일정
④ 개인정보, 식사 섭취량, 체중 변화량, 상담 내용
⑤ 개인정보, 영양평가 내용, 상담 계획, 상담 일정

09 다음에서 설명하는 영양 상담 도구는?

> 우리나라 국민들이 자주 섭취하는 다빈도 식품을 중심으로 각 식품군의 대표 식품을 선정하여 1인 1회 분량 및 섭취 횟수를 제시한 것

① 식사일기
② 식품표시제
③ 식사구성안
④ 식생활 지침
⑤ 한국인 영양소 섭취 기준

10 영양 상담 결과에 영향을 미치는 상담자의 요인은?

① 방어적 태도
② 정서적 상태
③ 문제의 심각성
④ 경험과 숙련성
⑤ 성격 측면의 상호 유연성

CHAPTER 06 영양 정책과 관련 기구

해설편 p.39

01 국민의 건강 상태를 증진시키고 바람직한 식품 환경을 조성하여 인적 자원의 질을 향상시켜 국가발전에 기여하는 정책은 무엇인가?

① 의료 정책
② 영양 정책
③ 농업 정책
④ 환경 정책
⑤ 축산 정책

02 다음은 영양 정책 입안 과정이다. 빈칸에 해당하는 것은?

> 문제 확인 → 목표 설정 → ( ) → 정책 실행 → 정책 평가 및 종결

① 정책 계획
② 정책 선정
③ 정책 참여
④ 영양 계획
⑤ 의제 설정

03 여성들의 경제활동이 증가함에 따라 시급히 정비되어야 하는 영양 관련 정책은?

① 전통적인 식사법의 보급
② 식품표시제도 확대 실시
③ 생애주기별 영양 교육 확대
④ 임신과 출산에 관한 영양 교육 확대
⑤ 영유아 보육 시설의 확충에 따른 영유아 영양 관리

04 다음에서 설명하는 영양 정책은 무엇인가?

> • 1967년 국제아동기금(UNICEF), 국제식량농업기구(FAO), 세계보건기구(WHO)가 공동으로 한국의 영양 사업 추진에 관한 협약 체결
> • 1968년 농촌진흥청에서 식생활 개선 업무에 착수하였고, 쌀 중심 식생활 형태의 개선, 영양 식품의 생산 증가, 국민의 체위 향상과 식량 자급 모색 등의 사업으로 이루어짐

① 학교 급식 제도
② 응용 영양 사업
③ 식생활 교육 지원
④ 국민 건강 증진 사업
⑤ 국민 영양 관리 제도

05 농촌진흥원의 초기 주요 영양 프로그램 사업의 내용으로 옳은 것은?

① 모자보건
② 만성 질환 관리
③ 건강인 영양 관리
④ 저소득층 영양 관리
⑤ 응용영양시범마을 육성

06 우리나라 건강증진법에 기초한 영양 교육의 방향으로 옳은 것은?

① 질병의 치료
② 영양 지식의 향상
③ 질병의 조기 발견
④ 건강 증진 및 질병의 예방
⑤ 영양 교육의 단기적 효과 유도

07 2차 국민영양관리기본계획에서는 취약 계층에 대한 맞춤형 영양 관리를 강화하는 것을 목표로 둔다. 이를 근거하는 법은?

① 국민영양법
② 국민건강법
③ 국민영양관리법
④ 국민건강증진법
⑤ 식생활교육지원법

08 우리나라 영양감시체계의 자료에 해당하는 것은?

① 식품수급표와 총주택조사
② 식품계정조사와 식품소비조사
③ 식품목록회상법과 건강행태조사
④ 식품수급표와 국민건강영양조사
⑤ 식품소비조사와 국민건강영양조사

09 국민건강영양조사의 목적으로 옳은 것은?

① 국민 개개인의 만성 질환 파악 및 영양 치료 계획의 수립
② 일가족의 식품 섭취량을 파악하여 가구별 식품 소비량 계획
③ 지역별 영양 문제를 파악하여 영양 격차의 해소를 계획
④ 국민건강증진종합계획의 목표 지표 설정 및 평가의 근거 자료 산출
⑤ 국가별 식습관 및 소비량을 파악하여 영양 격차의 해소를 계획

10 국민건강영양조사의 실시 근거가 되는 법령과 공표 연도는?

① 1962년 식품위생법
② 1969년 국민영양 개선령
③ 1995년 국민건강증진법
④ 2009년 식생활교육지원법
⑤ 2010년 국민영양관리법

11 국민건강영양조사는 제4기(2007년)부터 매년 이루어지고 있는데, 이를 담당하는 기관은?

① 질병관리청
② 농림축산식품부
③ 식품의약품안전처
④ 한국보건사회연구원
⑤ 한국보건산업진흥원

12 국민건강영양조사 중 영양 조사의 내용으로 옳은 것은?

① 식생활 조사, 식품 섭취 조사, 식품 섭취 빈도 조사, 식품 안정성 조사
② 식생활 조사, 식품 섭취 조사, 건강 행태 조사, 식품 섭취 빈도 조사
③ 식품 섭취 조사, 식품 안정성 조사, 이비인후과 검사, 구강 검사
④ 식품 섭취 빈도 조사, 식품 섭취 조사, 건강 면접 조사, 가구 조사
⑤ 식품 섭취 빈도 조사, 식생활 조사, 건강 행태 조사, 신체 계측

13 국민건강영양조사에서 식품 섭취 상태를 조사하는 방법으로 옳은 것은?

① 1998년 이전 : 식생활 조사
② 1998년 이전 : 식품 섭취 빈도법
③ 1998년 이후 : 24시간 회상법
④ 1998년 이후 : 가구별 칭량법
⑤ 1998년 이후 : 음식 조리자 기록지

14 국민건강영양조사의 결과 보고 시 영양소별 영양 섭취 기준으로 옳은 것은?

① 에너지 : 필요추정량
② 단백질 : 충분섭취량
③ 지방 : 충분섭취량
④ 나트륨 : 권장섭취량
⑤ 리보플라빈 : 필요추정량

15 국민건강영양조사의 결과 보고 시 영양소별 영양 섭취 기준 미만 섭취자 분율에 대한 내용으로 옳은 것은?

① 에너지 : 필요추정량의 50% 미만
② 지방 : 충분섭취량 미만
③ 단백질 : 평균필요량 미만
④ 나트륨 : 권장섭취량 미만
⑤ 비타민 A : 충분섭취량 미만

16 학교급식법(1981)이 제정되면서 학교급식의 제도적 관리, 위생 및 안전 점검 등을 주관하고 있는 기관은?

① 교육부
② 보건소
③ 법무부
④ 보건복지부
⑤ 식품의약품안전처

17 다음과 같은 업무를 관장하는 기관은?

- 식품, 건강기능식품, 의약품, 마약류, 화장품 등에 관한 검정 및 평가업무
- 영양안전정책, 건강기능성 식품정책, 식생활 안전 등을 관장

① 보건소
② 보건복지부
③ 농림축산식품부
④ 식품의약품안전처
⑤ 한국보건사회연구원

18 다음의 업무를 담당하는 기관은?

- 전염병 및 질병의 예방, 관리 및 진료
- 식품 위생 및 공중 위생 업무
- 보건 교육, 정신 보건 및 구강 보건 업무, 영양 개선 사업, 기타 국민 건강 증진

① 구청 ② 보건소
③ 질병관리청 ④ 국립보건원
⑤ 식품의약품안전처

19 지역사회 주민에 대한 보건소에서의 영양 교육 내용으로 적절한 것은?

① 학교급식에 관한 사항
② 영양사의 규정에 관한 사항
③ 임신과 출산에 필요한 영양 지식
④ 음식물 쓰레기 처리에 관한 사항
⑤ 만성 질환의 원인과 치료법에 관한 사항

20 국민건강증진종합계획 모형에 따라 금연, 절주, 운동 및 영양과 관련된 사업 과제를 추진하는 분야는?

① 건강 환경 조성
② 치료 중심 건강 관리
③ 건강 생활 실천 확산
④ 예방 중심 건강 관리
⑤ 인구 집단별 건강 관리

21 보건복지부에서 수립한 제5차 국민 건강증진종합계획(Health Plan 2030)의 총괄 목표는 무엇인가?

① 평균수명과 기대수명의 연장
② 기대수명 연장과 소득 격차 완화
③ 건강수명 연장과 평균수명 연장
④ 평균수명 연장과 건강 형평성 제고
⑤ 건강수명 연장과 소득 및 지역 간 건강 형평성 제고

22 국내 영양 정책 관련 기관과 관련 업무가 올바르게 연결된 것은?

① 교육부 : 영양사 국가고시 관장
② 여성가족부 : 학교급식 관리
③ 농림축산식품부 : 국민건강영양조사
④ 식품의약품안전처 : 음식물 쓰레기 제도적 관리
⑤ 한국보건산업진흥원 : 보건의료 지원 인프라 구축을 통한 국민보건 향상

23 다음에서 설명하는 식품 영양 관련 정부 부처는?

- 식품의약품, 위생용품 등에 관한 검정 및 평가
- 영양안전정책, 건강기능성식품정책, 식생활안전 등에 대해 관장

① 보건복지부
② 농촌진흥청
③ 질병관리청
④ 식품의약품안전처
⑤ 한국보건사회연구원

24 학교급식법의 내용과 정부 행정기관의 연결로 옳은 것은?

① 영양사 배치 : 보건복지부
② 영양 개선 사업 : 식품의약품안전처
③ 보건소 전문 인력 배치 : 질병관리청
④ 학교의 보건 관리와 환경 위생 법규 : 보건복지부
⑤ 학교에서의 영양 및 식생활 교육 내용에 대한 연구·계획 : 교육부

25 농림축산식품부의 식품영양 정책에 해당하는 것은?

① 지역 보건
② 식품 위생
③ 학교급식
④ 건강기능식품
⑤ 식생활 교육 지원

26 2016년에 제시된 국민 공통 식생활 지침을 제정 및 발표한 기관은?

① 보건복지부, 농촌진흥청, 질병관리청
② 보건산업진흥원, 농림축산식품부, 보건복지부
③ 보건복지부, 식품의약품안전처, 농림축산식품부
④ 보건산업진흥원, 보건복지부, 식품의약품안전처
⑤ 한국보건사회연구원, 질병관리청, 농림축산식품부

27 다음에서 설명하는 국제기구는?

- 전 인류의 보건 증진과 건강·영양 향상을 위하여 설립된 UN 산하 기구
- 재해 예방과 모자 보건 향상, 전염병 및 질병의 예방과 검역 관리 지원 사업 등

① ILO ② WHO
③ FAO ④ CARE
⑤ UNICEF

28 다음 내용을 보고 알 수 있는 영양표시는?

- ○○오일은 혈중 중성지방을 낮춘다.
- ○○식품은 혈중 콜레스테롤 수준을 낮추는 수용성 섬유소를 함유하고 있다.

① 영양강조표시 ② 건강강조표시
③ 함량강조표시 ④ 영양성분표시
⑤ 기능강조표시

29 식품영양표시제도의 효과로 옳은 것은?

① 소비자에게 과잉의 영양 정보를 제공할 수 있다.
② 식중독 등의 급성 질환 발병을 감소시킬 수 있다.
③ 소비자에게 두려움을 주어 식품 선택에 제약을 가져올 수 있다.
④ 식품업계로 하여금 국민 건강에 유용한 제품을 개발하도록 유도할 수 있다.
⑤ 특정 건강식품의 영양 성분을 강조 표시하여 오남용을 일으킬 수 있다.

30 세계적인 식량난에 대처하기 위하여 플랑크톤, 곤충류와 같은 단백질원을 이용하여 가공식품을 개발하는 영양 프로그램은?

① 보충 급식 프로그램
② 식량 원조 프로그램
③ 조제 식품 프로그램
④ 식량 가격 보조 프로그램
⑤ 새로운 식품 개발 프로그램

CHAPTER 07 | 영양 교육과 사업의 실제

01 영양 교육의 수업 설계 시 교수·학습 과정안을 작성하는 단계는?

① 계획 단계 ② 진단 단계
③ 지도 단계 ④ 발전 단계
⑤ 평가 단계

02 영양 교육 수업 설계의 단계별 모형으로 옳은 것은?

① 계획 단계 – 진단 단계 – 지도 단계 – 발전 단계 – 평가 단계
② 계획 단계 – 진단 단계 – 발전 단계 – 지도 단계 – 평가 단계
③ 계획 단계 – 지도 단계 – 발전 단계 – 진단 단계 – 평가 단계
④ 진단 단계 – 계획 단계 – 지도 단계 – 발전 단계 – 평가 단계
⑤ 진단 단계 – 지도 단계 – 계획 단계 – 발전 단계 – 평가 단계

03 3박 4일 동안 진행되는 당뇨캠프 중 영양사가 당뇨 환자를 대상으로 1일 차 수업을 설계할 때 먼저 실시해야 하는 것은?

① 교재 제시
② 학습 목표 제시
③ 학습 동기 유발
④ 수분별 학습 내용 제시
⑤ 교육자의 학습 상태 분석

04 영양 교육 교수·학습 과정안의 학습 목표 진술 방식의 내용으로 옳은 것은?

① 포괄적이고 광범위한 목표 설정
② 학습 과정에 초점을 맞추어 행동을 진술
③ 하나의 학습 목표에 2가지의 학습성과를 진술
④ 학습자의 변화 내용과 행동을 구체적으로 진술
⑤ 전문성을 드러내기 위해 고급 용어를 선택하여 진술

05 다음 중 영양 교육 교수·학습과정안의 학습목표 진술방식에 알맞게 작성된 예시는?

① 단백질의 체내 기능을 이해한다.
② 식품교환표의 식품군을 알게 한다.
③ 체중 감량을 위한 식품선택법을 알게 한다.
④ 식품구성자전거의 식품군을 열거할 수 있다.
⑤ 당뇨병 식사 요법을 이해하고 실생활에 적용한다.

06 영양 교육 시 학습 목표 진술의 필요성에 대한 내용으로 옳은 것은?

① 교육 매체의 선정에 어려움이 있다.
② 학습평가의 타당도와 신뢰도를 높아진다.
③ 교육 시간, 장소 등을 계획할 때 도움이 된다.
④ 교사가 좋은 수업 태도를 가지고 학습하게 된다.
⑤ 학습자가 학습 목표를 몰라도 좋은 수업 태도를 가질 수 있다.

07 임산부·수유부의 영양 교육 내용으로 바람직한 것은?

① 카페인은 자유롭게 먹도록 한다.
② 고지방 식품을 많이 섭취하도록 한다.
③ 편식하지 말고 원하는 음식은 맘껏 먹도록 한다.
④ 빈혈 예방을 위해 칼슘, 엽산, 철분 등을 섭취한다.
⑤ 임신성 당뇨를 예방하기 위하여 초저열량의 식사를 한다.

08 수유부의 식사 내용과 그에 따른 영향의 연결로 옳은 것은?

① 술 – 가스 생성
② 초콜릿 – 아기를 불안정하게 함
③ 커피 – 아기를 불안정하게 함
④ 양파 – 설사
⑤ 사과 – 아기를 불안정하게 함

09 유아의 간식 지도 방법으로 옳은 것은?

① 에너지와 지방 함량이 높은 식품을 준다.
② 3끼 식사와 마찬가지로 꼭 먹어야 한다.
③ 영양가가 낮아도 열량이 낮은 식품을 준다.
④ 정해진 시간에 정해진 양을 반드시 지킨다.
⑤ 결식으로 이어지지 않도록 정해진 분량만큼만 준다.

10 아동을 위한 식습관 지도 방법으로 옳은 것은?

① 엄마의 식습관에 맞추도록 지도한다.
② 아동의 기분 상태에 맞추어 지도한다.
③ 아동의 기호도에 맞추어 지도한다.
④ 일관성 있는 지도 내용으로 교육한다.
⑤ 또래 집단과 분리시켜 교육해야 한다.

11 식품의약품안전처에서 영양사가 없는 어린이집, 지역아동센터 등의 체계적인 위생 관리와 영양 관리를 위해 지원하는 영양 교육 사업은?

① 푸드뱅크
② 영양플러스사업
③ 녹색식생활사업
④ 반찬 나누기 사업
⑤ 어린이급식관리지원

12 초등학생의 영양 교육 내용으로 옳은 것은?

① 설탕, 염분, 카페인은 적게 섭취해야 한다.
② 고단백, 고지방 식품을 많이 섭취해야 한다.
③ 수분 섭취의 중요성에 대한 교육은 필요하지 않다.
④ 우유 등을 통한 칼슘 섭취는 과다하므로 줄여야 한다.
⑤ 음주와 흡연에 대한 위험성이 크므로 영양 교육이 필요하다.

13 청소년기의 영양 교육 내용으로 옳은 것은?

① 육류와 유제품 섭취에 집중한다.
② 각 식품군을 매일 골고루 먹는다.
③ 기호 식품 위주로 식품을 섭취한다.
④ 비만 예방을 위해 저열량식을 섭취한다.
⑤ 물 대신 음료를 통해 수분을 섭취한다.

14 직장인을 대상으로 하는 영양 교육의 주제로 적당하지 않은 것은?

① 비만 예방
② 고혈압 예방
③ 거식증 예방
④ 알코올의 적절한 섭취량
⑤ 만성 퇴행성 질환의 예방 및 관리

15 성인 여성을 대상으로 하는 영양 교육의 내용으로 옳은 것은?

① 뼈 건강을 위해 커피, 콜라, 녹차를 많이 마신다.
② 고칼슘 섭취는 뼈 밀도와 직접적인 관련이 없다.
③ 에스트로겐 보충 요법은 유방암 예방에 효과적이다.
④ 피부 탄력 및 노화 예방을 위해 고지방 식품을 많이 섭취한다.
⑤ 칼슘 보충제를 섭취하면 폐경기 이후 칼슘의 체내 불균형을 개선할 수 있다.

16 중년 남성을 대상으로 영양 교육을 실시할 때 가장 적절한 주제는?

① 우울증에 대해 설명한다.
② 수면과 코골이에 대해 설명한다.
③ 다이어트 식단에 대해 설명한다.
④ 근육을 증가시키기 위한 방법을 설명한다.
⑤ 과식, 과음, 흡연을 피하는 방법을 설명한다.

17 노인들의 뼈 건강을 유지하기 위한 영양지도로 옳은 것은?

① 당분을 많이 섭취하여 혈당치를 증가시키도록 한다.
② 물을 많이 섭취하여 노폐물을 체외로 배출하도록 한다.
③ 우유를 많이 섭취하여 칼슘 흡수를 증가시키도록 한다.
④ 소금을 많이 섭취하여 나트륨 흡수를 증가시키도록 한다.
⑤ 해조류를 많이 섭취하여 요오드 흡수를 증가시키도록 한다.

18 노인 여성을 위한 영양 교육의 주제로 가장 적당한 것은?

① 우울증을 극복하는 방법
② 비만 예방을 위한 식사 섭취 방법
③ 암 치료 및 예방을 위한 대처 방법
④ 골다공증 예방을 위한 칼슘 섭취 방법
⑤ 근육을 증가시키기 위한 단백질 섭취 방법

19 노인복지시설에서 급식을 실시할 때 고려해야 할 사항으로 가장 적절하지 않은 것은?

① 영양권장량을 확보하기
② 노인의 기호도를 충족시키기
③ 음료를 과다하게 사용하지 않기
④ 향신료를 지나치게 사용하지 않기
⑤ 식단이 단순해지지 않도록 식단에 변화를 주기

20 보건소의 영양플러스 교육 사례로 가장 적당한 것은?

① 영유아의 모자건강교실
② 초등학교 편식 개선 교실
③ 암 환자를 위한 식생활 교육
④ 피부 질환자를 위한 식사 요법
⑤ 청소년을 위한 다이어트 교실

21 식품을 구매하기 전에 식품안전성을 위하여 부적합 식품인지를 알아볼 수 있는 사이트는?

① 소비자원
② 보건복지부
③ 식품안전나라
④ 농림축산식품부
⑤ 식품의약품안전처

22 병원영양사의 영양 교육 업무는?

① 급여기준량의 산출
② 영양부서의 회계 관리
③ 조리종사원에 대한 위생교육
④ 신메뉴에 대한 조리기술 교육
⑤ 입원환자와 외래환자에 대한 영양 교육과 상담

23 병원의 외래환자에 대한 영양 교육이 필요한 질병은?

① 고혈압, 화상
② 유방암, 골절
③ 맹장염, 외상
④ 당뇨, 신장병
⑤ 임산부, 골절

24 산업체급식 시설에서의 영양 관리로 옳은 것은?

① 만성 질환의 식사 요법에 맞춘 식단을 제공한다.
② 가능한 음식물 쓰레기가 적게 나오는 식단을 제공한다.
③ 영양 균형보다는 음식의 맛과 양을 고려한 식단을 제공한다.
④ 식사 후 다시 작업에 복귀할 수 있도록 한 그릇 일품요리만 제공한다.
⑤ 열량은 연령층과 작업량 등에 따라 정하며 식사를 통해 작업능률을 올릴 수 있도록 한다.

25 일반인에게 균형식에 대한 영양 교육을 실시한다면 그 예로 적합한 것은?

① 식품의 원산지에 대한 교육
② 식품의 색과 맛에 대한 교육
③ 1인 1회 분량의 목측량 교육
④ 식사구성안을 이용한 식단 작성 교육
⑤ 식품 기호에 적합한 식단 작성 교육

26 비만을 예방하기 위한 영양 지도 방법으로 옳은 것은?

① 1일 1식만 먹는다.
② 하루 2시간 이상의 무산소 운동만 한다.
③ 섭취 열량과 소비 열량의 균형을 유지한다.
④ 섭취 열량의 대부분은 탄수화물 식품을 통해 얻는다.
⑤ 열량을 줄이기 위해 지방 섭취는 거의 하지 않는다.

27 다음에서 설명하는 식사 지도는 어떤 질환에 관한 것인가?

- 정상 체중을 유지할 정도의 열량 섭취
- 소금, 가공식품, 조미 · 향신료 등 나트륨 함유 식품의 제한 섭취
- 과일, 채소, 두부, 저지방 유제품 섭취를 권장

① 당뇨　　　② 통풍
③ 유방암　　④ 고혈압
⑤ 신장병

28 고혈압 환자에 대한 영양 교육 내용으로 적절한 것은?

① 저체중을 유지하도록 한다.
② 고지방, 고단백 식사를 한다.
③ 음주와 흡연을 반드시 삼가도록 한다.
④ 염분 섭취를 줄이고 싱겁게 먹도록 한다.
⑤ 식이섬유소의 섭취는 고혈압과 관련이 없다.

29 성인병과 그에 관련된 영양 지도 방침의 연결이 옳은 것은?

① 고혈압 : 식염 섭취를 증가시킨다.
② 당뇨병 : 탄수화물 섭취를 증가시킨다.
③ 통풍 : 달걀, 우유로 단백질을 섭취한다.
④ 대장암 : 동물성 식품을 통해 단백질 섭취를 증가시킨다.
⑤ 간경변증 : 열량을 충분히 공급하고 지방의 섭취를 증가시킨다.

30 골다공증 예방을 위한 영양 교육이 특히 필요한 집단은?

① 중년기~노년기 남성
② 장년기~노년기 여성
③ 폐경기~노년기 여성
④ 청소년기~중년기 여성
⑤ 청소년기~중년기 남성

31 골다공증 예방을 위한 영양 교육 내용으로 적절한 것은?

① 혈압을 조절한다.
② 우유를 매일 1~2컵 마신다.
③ 커피나 녹차 등을 많이 마신다.
④ 고지방, 고단백 식품을 많이 먹는다.
⑤ 저열량 식품 섭취를 통해 체중을 조절한다.

32 환자를 대상으로 하는 영양 교육 방법으로 가장 중요한 내용은?

① 먹어서는 안 되는 식품을 강조한다.
② 최신 영양 정보를 인용하여 설명하지 않는다.
③ 식사 요법이 실패했을 때의 위험성을 강조한다.
④ 좋아하는 음식보다 식사 요법에 반드시 맞춰야 한다.
⑤ 식사 요법이 반드시 필요하면서도 실천하기 어렵지 않다는 생각을 갖게 한다.

33 만성 신부전증 환자를 위한 영양 교육 내용으로 옳은 것은?

① 인의 섭취를 줄인다.
② 칼륨 섭취를 제한할 필요는 없다.
③ 열량을 제한하여 체중 증가를 예방한다.
④ 수분과 나트륨 섭취는 제한할 필요가 없다.
⑤ 상태와 상관없이 단백질 섭취는 무조건 제한한다.

34 생활습관병 관련 환자의 영양 교육 내용으로 옳은 것은?

① 고열량, 고지방 식품을 권장한다.
② 식품위생의 중요성에 대해 강의한다.
③ 간편식품의 전망과 이용 방안을 강의한다.
④ 비타민과 무기질 섭취 방안을 제시하고 강의한다.
⑤ 식생활 조절이 어려우므로 의사의 지시를 받도록 한다.

"

CHAPTER 01 영양 관리 과정
CHAPTER 02 병원식과 영양 지원
CHAPTER 03 위장관 질환의 영양 관리
CHAPTER 04 간·담도계·췌장 질환의 영양 관리
CHAPTER 05 체중 조절과 영양 관리
CHAPTER 06 당뇨병의 영양 관리
CHAPTER 07 심혈관계 질환의 영양 관리
CHAPTER 08 비뇨기계 질환의 영양 관리
CHAPTER 09 암의 영양 관리
CHAPTER 10 면역·수술 및 화상·호흡기 질환의 영양 관리
CHAPTER 11 빈혈의 영양 관리
CHAPTER 12 신경계 및 골격계 질환의 영양 관리
CHAPTER 13 선천성 대사 장애 및 내분비 조절 장애의 영양 관리

PART 04

식사요법 및 생리학

CHAPTER 01 영양 관리 과정

01 영양 관리 과정 중 영양 진단 단계의 영역에 속하는 것은?

① 영양 교육 영역
② 영양 상담 영역
③ 행동환경 영역
④ 식품/영양소 제공 영역
⑤ 영양 관리를 위한 타 분야와의 협의 영역

02 다음 영역에 해당하는 영양 관리 과정의 단계는?

- 식품/영양소 제공
- 영양 교육 및 상담
- 영양 관리를 위한 타 분야와의 협의

① 영양 판정   ② 영양 진단
③ 영양 중재   ④ 영양 검색
④ 영양 모니터링

03 영양 중재 단계에 해당하는 것은?

① 식사력
② 식사 처방
③ 신체 계측
④ 영양문제 분석
⑤ 생화학적 자료 수집

04 아래의 내용은 영양 관리 과정 중 어느 단계에 해당하는가?

- 헤모글로빈 수치가 낮은 여학생을 대상으로 영양상담을 실시
- 식품 섭취 빈도법을 통해 평소 섭취하는 식품과 섭취량 조사

① 영양 판정   ② 영양 진단
③ 영양 중재   ④ 영양 평가
⑤ 영양 모니터링

05 영양 판정법을 선택할 때 고려해야 할 점은?

① 조사자의 사전훈련을 최소화하여 오차를 줄인다.
② 정확한 영양 판정을 위해 고가의 첨단 장비를 사용한다.
③ 많은 자료를 얻기 위해 여러 판정 방법을 모두 사용한다.
④ 정확성보다는 조사 대상의 불편성을 최소화하는 방법을 선택한다.
⑤ 조사 방법을 표준화하여 판정 방법의 부적절함으로 인한 오차를 최소화한다.

06 다음에서 설명하는 영양 판정 방법은?

- 측정 비용이 저렴하여 경제적이다.
- 과거의 장기간에 걸친 영양 상태를 반영한다.
- 개인의 영양소 반영에 대한 민감성이 부족하다.

① 임상 조사
② 식사 섭취 조사
③ 신체 계측 조사
④ 생화학적 검사
⑤ 환자의 과거력 조사

07 다음에서 설명하는 영양 판정 방법은?

- 주로 혈액, 소변, 머리카락 등을 이용하여 영양소 함량을 측정
- 영양소 섭취 수준을 반영하는 가장 객관적이고 정량적인 영양 판정법

① 임상 조사
② 식사 섭취 조사
③ 신체 계측 조사
④ 생화학적 검사
⑤ 환자의 과거력 조사

08 영양 판정에서 생화학적 검사를 할 경우 기능 검사에 해당하는 것은?

① 혈액 검사   ② 소변 검사
③ 조직 검사   ④ 영양소 검사
⑤ 면역 기능 검사

09 예방적 관점에서 미래의 영양 결핍을 예측할 수 있는 영양 판정 방법은?

① 임상 조사
② 병력 조사
③ 생화학적 검사
④ 신체 계측 조사
⑤ 식사 섭취 조사

10 다음에서 설명하는 식품 섭취 조사 방법은?

- 전날 하루 동안 섭취한 모든 식품의 종류와 섭취량, 조리 방법 등을 기억하여 조사
- 경제적이고 시간이 적게 소요됨
- 개인의 기억에 의존하므로 기억력 차이에 따라 식사 섭취량이 달라질 수 있음

① 실측법
② 식사 기록법
③ 식사력 조사법
④ 24시간 회상법
⑤ 식품 섭취 빈도법

11 다음에서 설명하는 식품 섭취 조사 방법은?

- 대상자 스스로가 섭취한 음식물의 종류와 양을 기록하는 방법
- 의도적으로 많거나 적게 섭취할 가능성이 있음
- 장기간 실시하면 조사 내용의 정확도가 떨어짐

① 실측법
② 식사 기록법
③ 식사력 조사법
④ 24시간 회상법
⑤ 식품 섭취 빈도법

12 다음에서 설명하는 식품 섭취 조사 방법은?

- 일정 기간 내 특정 식품의 섭취 횟수를 조사하여 특정 영양소 섭취 경향을 파악
- 쉽고 빠른 시간, 저렴한 비용
- 양적으로 정확한 섭취량 파악이 어려움

① 실측법
② 식사 기록법
③ 식사력 조사법
④ 24시간 회상법
⑤ 식품 섭취 빈도법

13 식품 섭취 조사 방법 중 질적 평가 방법에 속하는 것은?

① 실측법
② 평량법
③ 식사 기록법
④ 24시간 회상법
⑤ 식품 섭취 빈도법

14 임상 영양 관리와 관련된 업무의 전 과정을 표준화하여 효과적으로 수행하도록 개발한 것은?

① 영양 관리 과정
② 영양 중재 과정
③ 영양 진단 과정
④ 영양 감시 체계
⑤ 영양 모니터링 과정

15 개인의 영양소 섭취량의 질적 평가 방법으로 식이에 포함된 특정 영양소 함량을 에너지 1,000kcal당 그 영양소의 권장섭취량에 대한 비율로 나타낸 것은?

① 영양 밀도 지수
② 영양소 적정 섭취 비율
③ 식품 섭취 균형 평가(DDS)
④ 식품 섭취 다양성 평가(DVS)
⑤ 평균 영양소 적정 섭취 비율

16 다음에서 설명하는 섭취 기준량은?

- 개인의 식사 섭취 평가
- 평소 섭취량이 기준 이상이면 부족할 확률이 낮음을 나타냄

① 평균필요량   ② 평균섭취량
③ 상한섭취량   ④ 권장섭취량
⑤ 충분섭취량

17 입원 환자의 영양 검색 시 영양지표로 활용되는 것은?

① 흡연 상태   ② 배변 상태
③ 과거 병력   ④ 혈청 알부민
⑤ 복용 중인 약물

18 출생 후 2세까지 영유아를 대상으로 단백질과 에너지 영양 상태를 평가하기 위한 도구로 적합한 항목은?

① 신장   ② 체중
③ 두위   ④ 흉위
⑤ 삼두근 두께

19 철의 영양 상태를 평가하는 지표 중 철 영양 상태에 가장 민감하며 초기 빈혈을 판정할 때 가장 효과적인 지표는?

① 적혈구 수
② 혈청 페리틴
③ 헤모글로빈
④ 헤마토크리트치
⑤ 트랜스페린 포화도

20 다음 중 빈혈을 판정하는 데 사용되는 지표는?

① 당화혈색소(HbAlc)
② 혈중 빌리루빈 농도
③ 혈중 암모니아 농도
④ 혈중 유리지방산 농도
⑤ 평균 적혈구 용적(MCV)

21 다음에서 설명하는 혈액 지표는?

- 철분과 단백질의 영양 상태를 동시에 알 수 있음
- 8~10일 정도의 비교적 짧은 반감기를 가짐

① 알부민
② 프리알부민
③ 트랜스페린
④ 적혈구 용적비
⑤ 헤모글로빈 농도

22 다음 성인 여성의 혈액검사 결과에 따른 영양 지도 방법으로 옳은 것은?

- 헤모글로빈 : 7g/dL
- 중성 지방 : 130mg/dL
- 혈중 포도당 : 80mg/dL
- 혈청 총 콜레스테롤 : 180mg/dL

① 저지방 식사를 한다.
② 동물성 식품을 제한한다.
③ 우유, 치즈를 매일 먹는다.
④ 잡곡, 채소를 많이 먹는다.
⑤ 간, 쇠고기 살코기 등을 매일 먹는다.

23 학령기 아동의 비만 판정에 사용되는 신체 지수는?

① 뢰러 지수
② 카우프 지수
③ 체질량 지수
④ 브로카 지수
⑤ 폰더럴 지수

24 다음 중 복부 비만을 나타내는 지표는?

① 체질량 지수
② 제지방 비율
③ 피부 두겹 두께
④ 허리/엉덩이 둘레 비율
⑤ 혈중 총 콜레스테롤 농도

25 다음 중 이상지질혈증을 판단하는 지표는?

① LDL 농도
② 체질량 지수
③ 당화혈색소
④ 알부민 농도
⑤ 허리/엉덩이 둘레비

26 당뇨병 환자의 검사 항목으로 옳은 것은?

① 혈청 효소 검사
② 혈청 알부민 검사
③ 소변 케톤체 검사
④ 헤모글로빈 농도 검사
⑤ SGOT(AST), SGPT(ALT)

27 다음에서 설명하는 검사로 옳은 것은?

- 12시간 공복 후 실시
- 일정량의 포도당을 공급한 후 30분, 1시간, 1시간 30분, 2시간 간격으로 혈당 검사

① 아세톤 검사
② 알부민 검사
③ 요단백 검사
④ 포도당 부하 검사
⑤ 소변 크레아틴 검사

CHAPTER 02 병원식과 영양 지원

01 식사 요법에 대한 내용으로 옳은 것은?

① 강한 양념을 사용하여 식욕을 촉진한다.
② 환자는 필요 에너지 요구량이 감소한다.
③ 치료식은 영양소의 양을 조절하는 것이다.
④ 일반식은 음식의 질감 변화를 줄 필요가 없다.
⑤ 식사 요법은 경구로만 영양을 제공하는 것이다.

02 식사 구성안에 대한 설명으로 옳은 것은?

① 식품 교환표의 내용과 동일하다.
② 식품을 5가지 식품군으로 분류한다.
③ 1일 섭취해야 할 횟수는 제시하지 않는다.
④ 식품군에 따른 1인 1회 분량을 설정하고 있다.
⑤ 영양소 구성이 비슷한 식품끼리 묶어 놓은 것이다.

03 다음 중 질감의 변화를 고려한 배합으로 가장 어울리는 것은?

① 밥과 생선전
② 곰탕과 깍두기
③ 햄버거와 수프
④ 갈치조림과 어묵조림
⑤ 육개장과 고사리나물

04 한국인 19~29세 성인 남녀의 1일 영양 권장량으로 옳은 것은?

① 남자 단백질 권장섭취량 : 55g
② 남자 식이섬유 충분섭취량 : 20g
③ 여자 칼슘 권장섭취량 : 500mg
④ 여자 에너지 필요추정량 : 2,600kcal
⑤ 남녀 탄수화물 권장섭취량 : 130g

05 골절로 입원 중인 20대 여성(체중 52kg)에게 한국인 영양소 섭취 기준보다 추가로 더 필요하다고 예상되는 영양소는?

① 칼슘
② 지질
③ 에너지
④ 마그네슘
⑤ 비타민 A

06 다음 중 고단백·저콜레스테롤식으로 가장 적합한 것은?

① 굴전, 불고기
② 오징어볶음, 새우전
③ 두부조림, 가자미구이
④ 메추리알 조림, 콩장
⑤ 달걀 프라이, 조기구이

07 식사 요법에서 단백가에 대한 설명으로 옳은 것은?

① 단백가는 고려할 필요가 없다.
② 고혈압인 경우에만 단백가를 고려해야 한다.
③ 고당질 식사인 경우 단백가는 낮아야 한다.
④ 저단백질 식사인 경우 단백가는 높아야 한다.
⑤ 고단백질 식사인 경우에만 단백가를 고려한다.

08 견과류가 속하는 식품군은?

① 곡류
② 채소류
③ 과일류
④ 우유·유제품류
⑤ 고기·생선·달걀·콩류

09 식품과 식품교환군의 연결로 옳은 것은?

① 땅콩 – 채소군
② 마카로니 – 곡류군
③ 굴 – 고지방 어육류군
④ 병어 – 중지방 어육류군
⑤ 두부 – 저지방 어육류군

10 식품 교환표 중 어육류군의 분류로 옳은 것은?

① 햄 – 저지방 어육류군
② 달걀 – 고지방 어육류군
③ 베이컨 – 고지방 어육류군
④ 고등어 – 저지방 어육류군
⑤ 닭 간, 소 간 – 중지방 어육류군

11 다음 중 저지방 어육류군에 속하는 것은?

① 햄
② 소 간
③ 고등어
④ 검정콩
⑤ 베이컨

12 식품 교환표의 영양가에 대한 설명으로 옳은 것은?

① 두부 1교환은 단백질 5g을 제공한다.
② 햄(로스) 1교환은 단백질 5g을 제공한다.
③ 저지방 우유 1컵은 단백질 8g을 제공한다.
④ 쌀밥 1교환은 100kcal의 열량을 제공한다.
⑤ 달걀 1교환은 단백질 8g, 지방 2g을 제공한다.

13 달걀 1교환 단위의 영양가는?

① 단백질 2g, 지방 0g, 열량 100kcal
② 단백질 2g, 지방 5g, 열량 75kcal
③ 단백질 5g, 지방 7g, 열량 60kcal
④ 단백질 8g, 지방 5g, 열량 75kcal
⑤ 단백질 8g, 지방 7g, 열량 55kcal

14 식품 교환표에서 쇠고기(살코기) 1교환 단위의 영양가로 옳은 것은?

① 단백질 6g, 지방 2g, 열량 40kcal
② 단백질 8g, 지방 2g, 열량 50kcal
③ 단백질 8g, 지방 5g, 열량 75kcal
④ 단백질 8g, 지방 6g, 열량 100kcal
⑤ 단백질 10g, 지방 8g, 열량 110kcal

15 다음 중 식품 1교환 단위의 영양가가 단백질 8g, 지방 5g, 열량 75kcal인 식품은?

① 두부 80g
② 소 간 40g
③ 감자 140g
④ 가자미 50g
⑤ 생선통조림 50g

16 곡류군 1교환 단위에 해당하는 식품의 무게로 옳은 것은?

① 쌀밥 70g
② 식빵 50g
③ 감자 70g
④ 시루떡 100g
⑤ 국수 삶은 것 70g

17 다음 중 1교환 단위의 눈 대중량으로 옳은 것은?

① 쌀밥 – 1공기
② 꽁치 – 한 마리
③ 달걀 – 중란 1개
④ 오렌지 주스 – 1컵
⑤ 옥수수 기름 – 1큰술

18 아침에 토스트 1쪽, 달걀 반숙 1개, 버터 1 작은 스푼, 우유 1컵을 먹었다면 총 몇 kcal를 섭취한 것인가?

① 345kcal
② 370kcal
③ 395kcal
④ 405kcal
⑤ 435kcal

19 흰쌀밥 1공기, 조기구이 50g, 깍두기 50g, 사과주스 1/2컵을 먹었을 때 얻어지는 총 열량(kcal)은?

① 320kcal
② 350kcal
③ 370kcal
④ 420kcal
⑤ 450kcal

20 식품 교환표 중의 고구마 70g(중 1/2개), 우유 200ml(1컵), 귤 120g(1개)을 섭취했을 때 얻어지는 총 열량은?

① 235kcal
② 255kcal
③ 275kcal
④ 295kcal
⑤ 305kcal

21 환자의 식사 계획 시 고려해야 할 사항은?

① 소화가 잘되는 음식을 선택한다.
② 환자의 식품 기호를 맞출 필요는 없다.
③ 한국인의 영양 권장량을 100% 충족시킨다.
④ 음식의 위생적인 면은 크게 신경 쓰지 않는다.
⑤ 식사 내용에 특별한 제약이나 변경이 없어도 된다.

22 상식에 대한 설명으로 옳은 것은?

① 죽 형태의 반 고형식 식사를 말한다.
② 식욕을 돋우기 위해 강한 향신료를 사용한다.
③ 일반인의 식사와 동일하며 가공 식품을 자주 사용한다.
④ 다양한 식품과 조리법을 사용하여 소화가 잘되도록 한다.
⑤ 특정 영양소나 질감상의 조절이 필요한 환자에게 적용한다.

23 연식 식단에서 허용되는 식품으로 구성된 것은?

① 옥수수죽, 유부, 호두
② 진밥, 카레라이스, 푸딩
③ 흰죽, 생선튀김, 감자, 밤
④ 우유죽, 동태찜, 반숙 달걀
⑤ 도넛, 파이, 아이스크림, 건조 과일

24 연식(soft diet) 조리 시 주의할 점은?

① 지방이 많은 음식을 사용한다.
② 섬유질이 적은 채소를 사용한다.
③ 결합 조직이 많은 육류를 사용한다.
④ 굽거나 튀기는 조리법을 사용한다.
⑤ 고춧가루, 생강 등 강한 향신료를 사용한다.

25 연하 곤란 환자에게 제공할 수 있는 음식 형태는?

① 묽은 액체 음식
② 끈적끈적한 음식
③ 바삭거리는 음식
④ 거칠고 질긴 음식
⑤ 걸쭉한 형태의 음식

26 다음에서 설명하는 식사는?

- 치아가 없는 환자나 2차적 연하 곤란 환자에게 제공
- 모든 음식을 갈아서 체에 거르거나 으깨어 농축된 부드러운 음식

① 일반식
② 퓨레식
③ 전유동식
④ 기계식 연식
⑤ 블랜드식(bland diet)

27 수술 후 수분과 전해질 보충을 위해 제공하는 맑은 유동식 식품은?

① 우유　　　　② 미음
③ 탄산 음료　　④ 맑은 육즙
⑤ 아이스크림

28 맑은 유동식을 공급하는 주된 목적은?

① 영양소를 공급하기 위해
② 식도 장애를 완화하기 위해
③ 수술 전 자극을 줄이기 위해
④ 수술 후 수분과 전해질 공급을 위해
⑤ 화상을 입은 환자에게 제공하기 위해

29 일반 유동식에 대한 설명으로 옳은 것은?

① 하루에 3회 이상 주지 않는다.
② 회복 시까지 장기간 공급해도 된다.
③ 유동식 이외에 다른 음료는 주지 않는다.
④ 에너지 보충을 위해 지방을 충분히 공급한다.
⑤ 3일 이상 사용 시 영양 보충액을 공급할 수 있다.

30 일반 유동식에서 줄 수 있는 식품은?

① 우유, 크림 스프
② 토스트, 딸기잼
③ 미역국, 시금치나물
④ 진밥, 메시드 포테이토
⑤ 미숫가루, 스크램블드 에그

31 다음 중 요오드를 제한해야 하는 질환은?

① 당뇨병   ② 골다공증
③ 갑상선암   ④ 신장 결석
⑤ 간성 혼수

32 저잔사식에 대한 설명으로 옳은 것은?

① 저섬유소식이라 불린다.
② 섬유소만을 극도로 제한한다.
③ 당질 식품의 잔사량이 가장 적다.
④ 섬유소 함량이 낮은 우유, 육류를 공급한다.
⑤ 과일 주스나 채소 주스 등은 공급할 수 있다.

33 저잔사식에 사용할 수 있는 음식은?

① 우유   ② 양배추
③ 보리밥   ④ 옥수수빵
⑤ 오렌지 주스

34 글루텐 제한식에 이용할 수 있는 식품은?

① 감자   ② 보리
③ 기장   ④ 메밀
⑤ 오트밀

35 각 치료식에 적합한 식품을 연결한 것으로 옳은 것은?

① 저퓨린식 – 달걀, 우유
② 저칼슘식 – 우유, 요구르트
③ 저섬유소식 – 고구마, 사과
④ 저콜레스테롤식 – 난황, 내장
⑤ 글루텐 제한식 – 만두, 메밀국수

36 위장관을 통한 영양소 흡수는 가능하나 입으로 영양을 공급할 수 없는 경우에 실시하는 영양 공급 방법은?

① 경구 영양
② 경관 영양
③ 피하 영양
④ 말초 정맥 영양
⑤ 중심 정맥 영양

37 다음 환자에게 적합한 영양 지원 방법은?

> • 소화 기관은 정상이나 뇌졸중으로 혼수 상태인 환자
> • 화학 요법으로 구토가 심하고 소화·흡수력이 없는 환자
> • 연하 곤란 및 식도 장애를 가지고 있는 환자

① 연식
② 유동식
③ 경관 급식
④ 말초정맥영양
⑤ 중심정맥영양

38 경관 급식의 적용 대상으로 옳은 것은?

① 급성 췌장염
② 마비성 장폐색
③ 심한 장출혈 환자
④ 심한 설사와 구토
⑤ 화상으로 인한 의식 불명

39 경장 영양을 제한해야 하는 환자는?

① 연하 곤란 환자
② 의식 불명 환자
③ 신경성 식욕 부진 환자
④ 위장관 출혈이 심한 환자
⑤ 수술 전 영양 결핍이 심한 환자

40 다음 환자에게 적합한 경장 영양 공급 경로는?

> • 위장 기능이 정상인 환자
> • 흡인 위험이 별로 없는 환자
> • 단기적(6주 이내)으로 필요한 환자

① 비위관
② 비장관
③ 위 조루술
④ 식도 조루술
⑤ 공장 조루술

41 위장 기능, 구역 반사가 정상이나 코로 관 삽입이 어렵고 장기(6주 이상)적 영양 지원이 필요한 환자에게 적절한 경로는?

① 비위관
② 비장관
③ 위 조루술
④ 말초정맥영양
⑤ 비십이지장관

42 흡인 위험이 높고 장기적 영양 지원이 필요한 환자인 경우 적합한 경관 급식 경로는?

① 비위관
② 비장관
③ 위 조루술
④ 공장 조루술
⑤ 비십이지장관

43 경관 급식용 영양액에 대한 설명으로 옳은 것은?

① 식이섬유소는 공급 제외
② 지방은 총 에너지의 10% 이하로 공급
③ 대사성 스트레스 환자는 저단백 식사를 제공
④ 표준 영양액의 에너지는 2kcal/mL 이상 공급
⑤ 농축 영양액은 수분 제한이 요구되는 환자에게 사용

44 다음 환자에게 적합한 영양액은?

- 장기간 구강으로 급식을 하지 못하는 극심한 영양 불량 환자
- 흡수 불량증 등 위장간 기능이 완전하지 못한 환자

① 표준 경장 영양액
② 농축 경장 영양액
③ 가수분해 영양액
④ 고단백 경장 영양액
⑤ 면역 증강 경장 영양액

45 경장 영양에서 설사를 유발하는 원인은?

① 유당불내증
② 지나친 점성
③ 저농도의 용액
④ 느린 주입 속도
⑤ 비타민의 결핍

46 정맥 영양액에 포함시킬 수 있는 성분은?

① 철분
② 류신
③ 맥아당
④ 비타민 K
⑤ 폴리펩티드

47 중심정맥영양(TPN)은 흔히 어떠한 질병을 가진 환자에게 적합한가?

① 위궤양 환자
② 연하 곤란 환자
③ 식도 장애 환자
④ 심한 화상 환자
⑤ 수술 직후인 환자

48 중쇄 중성 지방(MCT oil)에 대한 설명으로 옳은 것은?

① 지방 흡수 억제제이다.
② 지방의 가수분해와 흡수가 어렵다.
③ 탄소수 16개 이상의 장쇄지방산을 함유한다.
④ 소화 과정에서 담즙의 도움 없이 문맥을 거쳐 흡수된다.
⑤ 체내의 이용이 높으므로 비만자에게 사용하는 것이 좋다.

49 심한 영양 불량 환자에게 급하게 과도한 영양 공급 시 나타날 수 있는 현상은?

① 패혈증
② 장출혈
③ 혈당 저하
④ 담즙 정체
⑤ 재급식증후군

50 정맥 영양 제공 시 가장 흔하게 발생하는 합병증은?

① 두통 ② 구토
③ 설사 ④ 혈전
⑤ 패혈증

51 고혈압 환자의 기능을 검사하기 위해 나트륨 섭취를 조절하는 검사식은?

① 잠혈식
② 레닌 검사식
③ 지방변 검사식
④ 티라민 제거식
⑤ 갑상선 기능 검사식

52 티라민 제거식에서 제공할 수 있는 음식은?

① 멸치 ② 두유
③ 젓갈 ④ 발효 치즈
⑤ 요구르트

CHAPTER 03 위장관 질환의 영양 관리

01 소화관의 구조와 기능에 대한 설명으로 옳은 것은?

① 식도와 위의 경계를 유문이라고 한다.
② 이당류의 분해 효소는 위장에서 분비된다.
③ 소화액의 분비 조절은 뇌상, 위상, 장상에 의한다.
④ 위장관의 벽은 점막층과 점막 하층으로 구성되어 있다.
⑤ 십이지장으로 담관과 췌관이 각각 따로 연결되어 있다.

02 위액의 분비량이 가장 많은 시기는?

① 구강 시기
② 뇌상 시기
③ 위상 시기
④ 장상 시기
⑤ 배변 시기

03 위장의 기능으로 옳은 것은?

① 위산에 의한 발효작용을 한다.
② 염산을 분비하여 지질 소화에 관여한다.
③ 음식물을 유미즙으로 만드는 작용을 한다.
④ 위액 분비 촉진 호르몬인 펩신을 분비한다.
⑤ 분절운동으로 음식물을 십이지장으로 이동시킨다.

04 화학적 소화작용에 관한 설명으로 옳은 것은?

① 장내 세균에 의해 영양 물질이 분해되는 것이다.
② 구강에서 저작 작용으로 음식물을 잘게 부수는 것이다.
③ 소화된 음식물이 장벽을 통과하여 간으로 운반되는 것이다.
④ 구강에서 음식물이 타액과 섞여 영양 물질을 운반하는 것이다.
⑤ 소화 효소의 작용으로 고분자 물질이 저분자 물질로 분해되는 것이다.

05 타액의 기능으로 옳은 것은?

① 단백질 소화
② 위산의 중화
③ 연하 중추의 자극
④ 혀의 움직임 용이
⑤ 하부 식도 괄약근의 압력 증가

06 타액에 함유되어 있는 소화 효소는?

① 가스트린
② 락타아제
③ 리파아제
④ 아밀라아제
⑤ 아미노펩티다아제

07 프티알린 소화 효소를 가장 많이 함유한 타액 분비선은?

① 이하선　　② 설하선
③ 악하선　　④ 위저선
⑤ 브루너선

08 연하와 타액 분비 중추가 있는 곳은?

① 연수　　② 척수
③ 기저핵　　④ 대뇌피질
⑤ 시상하부

09 위장의 가장 주된 운동은?

① 연동 운동　　② 분절 운동
③ 융모 운동　　④ 팽기 수축
⑤ 집단 반사

10 위의 벽 세포에서 분비되며 비타민 B_{12} 흡수와 관련 있는 물질은?

① 위산　　② 펩신
③ 내적 인자　　④ 히스타민
⑤ 가스트린

11 위의 외분비선 세포와 분비되는 물질의 연결이 옳은 것은?

① G세포 – 그렐린
② 주세포 – 펩시노겐
③ 주세포 – 내적 인자
④ 벽 세포 – 히스타민
⑤ 벽 세포 – 가스트린

12 다음에서 설명하는 물질은 무엇인가?

- 점막을 보호하여 위궤양 발생을 억제하는 위 분비 물질
- 위점막이 단백질 분해 효소인 펩신에 의해 소화되지 않는 원인 물질

① 뮤신　　② 레닌
③ 담즙　　④ 위산
⑤ 그렐린

13 점액소인 뮤신을 분비하는 곳은?

① 간　　② 위선
③ 담낭　　④ 췌장
⑤ 피하선

14 위액의 성분 중 우유를 응고시키는 물질은?

① 레닌
② 가스트린
③ 리파아제
④ 세크레틴
⑤ 콜레시스토키닌

15 알칼리성 췌장액의 분비를 촉진시키는 호르몬은?

① 가스트린
② 세크레틴
③ 엔테로가스트론
④ 콜레시스토키닌
⑤ 가스트린 억제 펩티드

16 유문부의 G세포에서 주로 분비되어 위액 분비를 촉진하는 호르몬은?

① 가스트린
② 세크레틴
③ 엔테로가스트론
④ 콜레시스토키닌
⑤ 가스트린 억제 펩티드

17 위장 운동을 촉진하는 인자로 옳은 것은?

① 고당질식
② 고지방식
③ 고섬유소식
④ 차가운 음식
⑤ 삼투압이 높은 음식

18 정신적 스트레스를 받았을 때 어떠한 호르몬에 영향을 미쳐 위산 분비가 촉진되는가?

① 인슐린 분비를 촉진한다.
② 항이뇨 호르몬 분비를 억제한다.
③ 갑상선 호르몬의 분비를 억제한다.
④ 부신피질호르몬의 분비를 촉진한다.
⑤ 부신수질 호르몬의 분비를 촉진한다.

19 위장 운동을 억제하여 소화를 지연시키는 영양소는?

① 지방
② 단백질
③ 비타민
④ 무기질
⑤ 탄수화물

20 위산 분비가 감소되면 나타나는 현상으로 옳은 것은?

① 펩신이 활성화된다.
② 살균작용이 증가한다.
③ 철의 흡수율이 감소한다.
④ 내적 인자의 분비가 증가한다.
⑤ 비타민 B_{12} 흡수가 증가한다.

21 위 운동 및 음식물의 위 배출을 억제하는 호르몬은?

① 가스트린
② 리파아제
③ 엔테로크리닌
④ 엔테로가스트론
⑤ 콜레시스토키닌

22 다음에서 설명하는 신체 기관은?

- 십이지장, 공장, 회장으로 구성
- 영양소의 소화와 흡수 담당
- 비타민 B_{12}와 담즙 흡수 담당

① 위
② 간
③ 소장
④ 대장
⑤ 췌장

23 소장 운동 중 윤상근에 의해 음식물과 효소를 혼합시키는 작용을 하는 것은?

① 연동 운동
② 분절 운동
③ 융모 운동
④ 팽기 수축
⑤ 역연동 운동

24 영양소의 흡수는 주로 어느 기관에서 일어나는가?

① 위
② 구강
③ 공장
④ 회장
⑤ 대장

25 공장 및 회장의 약 90%를 절제했을 때 나타나는 현상은?

① 수분과 전해질 흡수는 정상이다.
② 골격의 무기질 흡수는 정상이다.
③ 대변 중의 지방 함유량이 감소한다.
④ 배변 활동이 억제되어 변비를 일으킨다.
⑤ 비타민 D는 장내 세균에 의해 합성된다.

26 소장 점막에서의 포도당의 이동과 가장 밀접한 관련이 있는 전해질은?

① 칼슘
② 아연
③ 칼륨
④ 나트륨
⑤ 마그네슘

27 담즙의 주된 작용으로 옳은 것은?

① 단백질 소화
② 지방의 유화
③ 내인자의 활성화
④ 위 내 적정 산도 유지
⑤ 지용성 비타민 흡수 억제

28 담즙의 생리 작용은?

① 프로레닌의 활성화
② 장관 내 발효 촉진
③ 철, 칼슘 흡수 억제
④ 담즙색소 등의 배설 작용
⑤ 단쇄·중쇄지방산의 유화 촉진

29 다음 중 담즙의 구성 성분에 해당하는 것은?

① 레닌
② 뮤신
③ 지방산
④ 중성 지방
⑤ 콜레스테롤

30 담즙 생산과 콜레스테롤 대사 작용을 하는 장기는?

① 간
② 위
③ 췌장
④ 신장
⑤ 대장

31 다음 중 외분비와 내분비 기능을 동시에 갖는 소화 기관은?

① 간
② 위
③ 췌장
④ 대장
⑤ 십이지장

32 소화 효소에 대한 설명으로 옳은 것은?

① 트립신은 전분을 덱스트린과 맥아당으로 분해시킨다.
② 수크라아제는 지방을 지방산과 글리세롤로 분해시킨다.
③ 락타아제는 젖당을 포도당과 갈락토오스로 분해시킨다.
④ 엔테로키나아제는 DNA를 뉴클레오티드로 분해시킨다.
⑤ 아미노펩티다아제는 단백질을 폴리펩티드로 분해시킨다.

33 다음 중 식도 역류를 감소시켜 주는 것은?

① 비만
② 보정 속옷
③ 카페인 섭취
④ 식후 바로 눕기
⑤ 하부식도괄약근의 압력 증가

34 식도 역류증 환자의 식사 요법은?

① 고지방 식품을 섭취하여 역류를 방지한다.
② 취침 전 식사나 간식을 통해 역류를 방지한다.
③ 차가운 과일 주스를 섭취하여 통증을 완화한다.
④ 자극성이 강한 향신료를 사용하여 식욕을 증진한다.
⑤ 살코기나 탈지 우유와 같은 저지방 단백질 식품을 섭취한다.

35 식도 역류염 환자의 제산제 사용 시 부족하기 쉬운 영양소는?

① 철
② 엽산
③ 단백질
④ 비타민 B_2
⑤ 비타민 C

36 연하 곤란에 대한 설명으로 옳은 것은?

① 가능한 맑은 액체로 제공한다.
② 모든 음식은 차가운 온도에서 제공한다.
③ 점성이 강하고 끈적이는 음식을 제공한다.
④ 식후 15~30분 정도는 곧은 자세를 유지한다.
⑤ 씹을 때 무리가 적은 바삭거리는 음식을 제공한다.

37 연하 곤란증 환자에게 제공하기 적당한 음식의 형태는?

① 찬 음식
② 끈적이는 음식
③ 부드러운 음식
④ 맑은 액체 음식
⑤ 점성이 강한 음식

38 급성 위염의 초기 식사 요법으로 옳은 것은?

① 금식 1~2일 후 연식과 회복식으로 공급한다.
② 금식 후 맑은 유동식부터 단계적으로 이행한다.
③ 오렌지 주스와 같이 신맛이 나는 과즙을 공급한다.
④ 증상이 심할 경우 뜨겁고 부드러운 음식을 자주 공급한다.
⑤ 심한 위통이 있을 경우 우유나 크림 수프 등을 자주 공급한다.

39 급성 위염의 금식 후 식사 요법으로 옳은 것은?

① 저당질식
② 저단백식
③ 고섬유식
④ 무지방식
⑤ 무자극성식

40 급성 위염이 심할 경우 식사 요법의 순서로 옳은 것은?

① 금식 → 미음 → 3분죽 → 5분죽
② 금식 → 5분죽 → 3분죽 → 상식
③ 미음 → 전죽 → 5분죽 → 상식
④ 미음 → 금식 → 3분죽 → 상식
⑤ 3분죽 → 5분죽 → 7분죽 → 상식

41 위축성(저산성) 만성 위염의 식사 요법으로 옳은 것은?

① 1회 식사량을 늘리면서 식사 횟수를 줄인다.
② 곡류, 생채소 등 섬유질이 많은 식품을 먹는다.
③ 지방 식품은 위산 분비를 자극하므로 많이 먹는다.
④ 단백질 식품은 위산 분비를 감소시키므로 소량 먹는다.
⑤ 멸치 국물, 진한 고기 국물 등 위산 분비를 촉진하는 식품을 먹는다.

42 다음 중 위궤양 식사로 적당한 음식은?

① 햄, 소시지, 딸기, 감귤
② 흰죽, 우유, 두부, 대구찜
③ 흰밥, 김치, 고등어, 꽁치
④ 팥밥, 고사리나물, 오이소박이
⑤ 불고기, 달걀 프라이, 쇠고기 뭇국

43 다음 중 소화성 궤양의 원인으로 옳은 것은?

① 위하수증
② 위산 분비 감소
③ 무자극성 식품 섭취
④ 십이지장의 알칼리화
⑤ 헬리코박터 파일로리균 감염

44 소화성 궤양의 식사 요법의 내용으로 옳은 것은?

① 궤양 치료를 위해 비타민 A를 섭취해야 한다.
② 식욕 촉진을 위해 자극적인 음식도 섭취해야 한다.
③ 위액의 산도를 감소시키기 위해 단백질 섭취를 제한한다.
④ 제산제 사용 후 변비 예방을 위해 적절한 식이섬유를 공급한다.
⑤ 음식 제공은 위산 중화를 위해 하루 5~6회의 식사를 제공한다.

45 소화성 궤양의 식사 원칙으로 옳은 것은?

① 자극성이 강한 향신료를 먹는다.
② 속쓰림 방지를 위해 야식을 먹는다.
③ 토마토 수프나 진한 고깃국을 먹는다.
④ 위산 중화를 위해 우유를 자주 먹는다.
⑤ 튀김, 구이보다는 찜 조리 음식을 먹는다.

46 소화성 궤양의 식사 요법으로 옳은 것은?

① 섬유소가 많은 음식을 제공한다.
② 궤양 치료를 위해 양질의 단백질을 공급한다.
③ 위산 중화 효과를 위해 육즙을 자주 제공한다.
④ 말린 채소, 건어 육포 등 건조된 식품을 제공한다.
⑤ 꿀, 설탕, 쨈 등 당류 섭취를 통해 식욕을 증가시킨다.

47 다음 중 소화성 궤양 환자가 선택하면 좋은 음식은?

① 참외, 토마토
② 비지, 고구마
③ 커피, 수정과
④ 애호박, 크림 수프
⑤ 어묵, 달걀 프라이

48 다음 중 위산 분비를 촉진시키고 궤양의 상처 회복을 더디게 하는 음식은?

① 순두부   ② 알코올
③ 토스트   ④ 마가린
⑤ 으깬 감자

49 다음 중 위산 분비를 촉진하는 식품은?

① 버터   ② 후추
③ 흰죽   ④ 감자
⑤ 대구찜

50 다음 중 위산을 일시적으로 중화시키는 식품은?

① 꿀
② 우유
③ 멸치 국물
④ 토마토 수프
⑤ 과일 통조림

51 위하수증의 식사 요법으로 옳은 것은?

① 섬유질이 많은 채소를 섭취한다.
② 위 체류 시간이 긴 식품을 섭취한다.
③ 수분이 많은 죽 종류를 자주 섭취한다.
④ 식사 중 주스 등으로 수분을 충분히 섭취한다.
⑤ 단백질을 충분히 섭취하여 위 근육을 강화시킨다.

52 덤핑 증후군에 대한 설명으로 옳은 것은?

① 식사 시 물, 음료를 섭취한다.
② 소장을 절제한 환자에게서 나타난다.
③ 장내 삼투압을 줄이기 위해 저당질식을 한다.
④ 단백질은 소화되기 어려우므로 적게 섭취한다.
⑤ 섬유소는 저혈당을 유발하므로 소량 섭취한다.

53 위 절제 수술 후 나타날 수 있는 현상은?

① 칼슘 흡수 저하
② 칼륨 흡수 저하
③ 비타민 C 흡수 저하
④ 회장에서 담즙 흡수 증가
⑤ 소변 중의 질소 배설량 감소

54 위나 회장 절제 시 부족하기 쉬운 영양소는?

① 비타민 B_1 ② 비타민 B_2
③ 비타민 B_3 ④ 비타민 B_6
⑤ 비타민 B_{12}

55 수술 전후나 장 질환 시 제공하는 저잔사식 식단에서 제한하는 것은?

① 흰밥   ② 우유
③ 크래커   ④ 닭고기
⑤ 맑은 육즙

56 이완성 변비 환자의 식사 요법은?

① 수분 섭취를 줄인다.
② 고섬유소식을 권장한다.
③ 타닌 성분의 섭취를 권장한다.
④ 지방이 많은 식품은 제한한다.
⑤ 잔사량이 적은 식품을 권장한다.

57 이완성 변비의 식사에 대한 내용으로 옳은 것은?

① 우유는 유당이 많아 장 운동을 억제한다.
② 채소나 과일은 생것보다 익힌 것이 좋다.
③ 말린 자두, 무말랭이는 장 운동을 촉진한다.
④ 유기산이 많은 식품은 배변 작용을 억제한다.
⑤ 감자와 토란에는 섬유소가 적어 배변 작용을 억제한다.

58 이완성 변비의 수분 공급에 대한 내용으로 옳은 것은?

① 꿀물은 배변에 효과가 없다.
② 과즙은 변비에 효과가 없다.
③ 탄산 음료는 배변을 악화시킨다.
④ 알코올 음료는 변비를 악화시킨다.
⑤ 아침 공복 시의 찬물 섭취는 배변을 촉진한다.

59 꿀 섭취가 이완성 변비에 미치는 영향으로 옳은 것은?

① 변비에 아무런 효과가 없다.
② 탈수 작용으로 변비를 유발한다.
③ 설탕보다 당질이 많으므로 변비에 효과적이다.
④ 유기산이 장 운동을 자극하여 변비에 효과적이다.
⑤ 갈락틴 성분이 수분을 흡수해 장 운동을 촉진한다.

60 경련성 변비에 대한 설명으로 옳은 것은?

① 고섬유소식으로 섭취한다.
② 차가운 음료로 장에 자극을 주는 것이 좋다.
③ 운동, 규칙적인 식사, 배변 습관의 확립이 중요하다.
④ 장의 연동 운동이 저하되어 근육 힘이 약해져서 발생한다.
⑤ 배변 후 불쾌감, 잔변감이 있어도 배변 횟수가 많으면 변비라고 하지 않는다.

61 경련성 변비의 식사 요법은?

① 증상이 심할 때는 저잔사식을 한다.
② 우유, 알코올 음료 등은 좋은 식품이다.
③ 비만이고 신경질적인 사람에게 많은 증세이다.
④ 기계적·화학적 자극이 있는 식품을 먹는 것이 좋다.
⑤ 채소, 과일, 해조류와 같이 고섬유소 식품을 많이 섭취한다.

62 경련성 변비 환자가 피해야 할 음식은?

① 우유
② 죽, 미음
③ 흰살 생선
④ 정제한 곡식
⑤ 섬유소가 많은 채소

63 다음 중 저잔사식을 해야 하는 질병은?

① 담낭염　　　② 위하수증
③ 이완성 변비　④ 경련성 변비
⑤ 소화성 궤양

64 급성 설사의 식사 요법에서 가장 중요한 것은?

① 연식부터 제공한다.
② 고열량 식사를 제공한다.
③ 고섬유소 식사를 제공한다.
④ 수분과 전해질을 충분히 보충한다.
⑤ 우유, 주스 등으로 수분을 보충한다.

CHAPTER 03 위장관 질환의 영양 관리

65 만성 설사의 식사 요법 중 옳은 것은?

① 저열량식을 준다.
② 저단백식을 준다.
③ 저지방식을 준다.
④ 고섬유식을 준다.
⑤ 차가운 음료를 준다.

66 다음 중 설사 증상을 동반한 만성 장염 환자가 먹어도 좋은 음식은?

① 해조류, 바나나
② 생선찜, 크림 수프
③ 샐러드, 감자튀김
④ 양배추, 생과일 주스
⑤ 김치, 두부, 청국장

67 만성 장염의 식사 요법으로 옳은 것은?

① 장점막에 기계적·화학적 자극을 피한다.
② 장점막을 자극하여 소화·흡수를 촉진한다.
③ 구강 섭취가 어려우면 경관 급식을 시행한다.
④ 우유, 육즙, 발효되는 식품 등을 충분히 공급한다.
⑤ 설사가 오래 지속될 경우 식사를 엄격히 제한한다.

68 궤양성 대장염의 식사 요법에서 우선적으로 제공해야 하는 것은?

① 저열량식   ② 고지방식
③ 고섬유식   ④ 엽산 보충
⑤ 수분과 전해질 보충

69 궤양성 대장염의 식사 요법은?

① 저열량·고단백식
② 저열량·고섬유소식
③ 고단백·저잔사식
④ 고단백·고섬유소식
⑤ 고지방·저잔사식

70 크론병에 대한 설명으로 옳은 것은?

① 대장과 항문에서만 발생한다.
② 혈성 설사와 복통이 주 증상이다.
③ 저지방식과 고섬유소식 식사를 한다.
④ 회복 단계에서 영양소 필요량이 감소한다.
⑤ 비타민 B_{12}, 칼슘, 아연 등의 영양 불량이 나타난다.

71 글루텐 과민성 장 질환의 증상으로 옳은 것은?

① 체중은 감소하지 않는다.
② 단백질 설사를 자주 본다.
③ 잔변감, 항문 부위의 통증이 있다.
④ 수용성 비타민의 흡수 불량이 나타난다.
⑤ 칼슘의 흡수 불량으로 골격이 약화될 수 있다.

72 다음 중 글루텐을 함유하지 않은 식품은?

① 맥아   ② 약과
③ 보리차   ④ 옥수수
⑤ 시리얼

73 비열대성 스프루의 식사 요법은?

① 고열량식
② 저단백식
③ 고지방식
④ 글루텐 제한식
⑤ 지용성 비타민 제한

74 지방변증 환자의 식사 요법은?

① 저에너지식 제공
② 저단백질식 제공
③ 장쇄지방산 공급
④ 칼슘, 철, 엽산 섭취 제한
⑤ 지용성 비타민의 충분한 공급

75 스프루 환자의 식사 요법으로 옳은 것은?

① 고단백, 고지방, 저비타민식
② 고단백, 저지방, 고비타민식
③ 저당질, 저단백, 저지방식
④ 저당질, 고단백, 고비타민식
⑤ 고당질, 저단백, 고지방식

76 열대성 스프루의 식사 요법으로 옳은 것은?

① 철, 엽산, 비타민 B_{12}를 제한한다.
② 양질의 단백질을 충분히 공급한다.
③ 고지방 식품을 섭취하여 열량을 보충한다.
④ 글루텐이 함유된 식품의 섭취가 가능하다.
⑤ 부종을 방지하기 위해 수분과 전해질을 제한한다.

77 게실염의 식사 요법은?

① 저당질식
② 저단백식
③ 고단백식
④ 저섬유소식
⑤ 고섬유소식

78 유당불내증을 완화할 수 있는 방법은?

① 빈속에 우유 섭취
② 차가운 우유 섭취
③ 크림 수프, 케이크, 푸딩 섭취
④ 탈지 우유나 저지방 우유 섭취
⑤ 유당 함량이 높은 치즈와 요구르트 섭취

79 장 질환별 식사 요법으로 옳은 것은?

① 크론병 – 고섬유소식
② 만성 설사 – 우유 권장
③ 이완성 변비 – 저섬유소식
④ 궤양성 대장염 – 저잔사식
⑤ 글루텐 과민성 장 질환 – 보리, 귀리 제공

80 오심, 구토 시의 식사 요법은?

① 강한 향신료를 사용한다.
② 음식을 자주 먹지 않는다.
③ 건조하고 짭짤한 음식이 좋다.
④ 우유 및 유제품을 많이 섭취한다.
⑤ 음식의 온도는 뜨거운 것이 좋다.

CHAPTER 03 위장관 질환의 영양 관리

CHAPTER 04 | 간·담도계·췌장 질환의 영양 관리

01 다음 중 간의 기능으로 옳은 것은?

① 소화 작용 ② 담즙 생성
③ 요소 배설 ④ 혈압 유지
⑤ 체온 조절

02 다음 중 간에 대한 설명으로 옳은 것은?

① 담즙을 농축하고 저장한다.
② 간의 글리코겐은 혈당원이 되지 못한다.
③ 문맥과 간정맥을 통해 혈액을 공급받는다.
④ 조혈 인자인 에리트로포이에틴을 생성한다.
⑤ 비타민 K를 원료로 프로트롬빈을 합성한다.

03 간문맥 혈관에 대한 설명으로 옳은 것은?

① 정맥혈을 함유한다.
② 간동맥과 함께 산소를 공급한다.
② 혈압을 느끼는 압력 수용기가 있다.
④ 문맥혈의 압력은 다른 혈관에 비해 높다.
⑤ 주로 지질이 심장으로 운반될 때 거치는 통로이다.

04 지방간에 대한 설명으로 옳은 것은?

① 지방의 주성분은 콜레스테롤이다.
② 식사 요법으로 단백질 섭취를 줄여야 한다.
③ 과도한 음주, 단백질 부족 등으로 발생한다.
④ 간에 저장된 지방이 10% 이상이면 지방간이다.
⑤ 지방간은 비만과 당뇨병을 발생시킬 우려가 있다.

05 지방간의 식사 요법으로 옳은 것은?

① 저단백, 저지방 식사를 제공한다.
② 영양 불량 환자는 고지방식을 제공한다.
③ 포도당은 항지방간 인자이므로 많이 섭취한다.
④ 단순당의 섭취는 줄이고 단백질 섭취를 늘린다.
⑤ 담즙 배설을 위해 콜레스테롤은 충분히 공급한다.

06 다음 중 지방간 생성을 방지(항지방간)하는 인자는?

① 구리, 아연
② 철분, 포도당
③ 엽산, 올리고당
④ 셀레늄, 메티오닌
⑤ 티로신, 비타민 A

07 다음 중 항지방간성 인자는?

① 철　　　　　② 콜린
③ 글리코겐　　④ 비타민 A
⑤ 비타민 B_{12}

08 급성 간염에 대한 설명으로 옳은 것은?

① A형 간염은 혈액이나 오염된 주사를 통해 감염된다.
② B형 간염은 식품, 음료수 등을 통해 경구 감염된다.
③ C형 간염은 영양 공급과 휴식만 취해도 치료가 가능하다.
④ 환자에게 심한 오심과 구토 증세가 있으면 일시적으로 금식한다.
⑤ 고영양 식사를 하되 열량은 표준 체중을 유지할 정도로 공급한다.

09 다음 중 급성 간염의 원인은?

① 곰팡이
② 리케차
③ 바이러스
④ 박테리아
⑤ 연쇄상구균

10 급성 간염이 심한 환자에게서 흔히 나타나는 증상은?

① 황달　　　　② 설사
③ 단백뇨　　　④ 관절염
⑤ 체중 증가

11 황달이 나타나는 원인은?

① 담즙의 과잉 생산
② 혈중 글로불린 농도 상승
③ 혈중 헤모글로빈 농도 상승
④ 혈중 빌리루빈 농도 상승
⑤ 혈중 빌리루빈의 간 내 다량 유입

12 간 질환 환자의 황달 발생 시 적절한 식사요법은?

① 저지방식　　② 고지방식
③ 고잔사식　　④ 저섬유소식
⑤ 저나트륨식

13 급성 간염 환자의 요와 혈청 성분의 변화로 옳은 것은?

① 혈청 빌리루빈의 감소
② 혈청 AST와 ALT 감소
③ 혈청 알부민 농도 증가
④ 요중 우로빌리노겐 감소
⑤ 요중 빌리루빈 농도 증가

14 급성 간염 환자의 식사 요법은?

① 고열량 · 고당질 · 저단백 · 고지방
② 고열량 · 저당질 · 고단백 · 고섬유소식
③ 고열량 · 고당질 · 고단백 · 중등도의 지방
④ 저열량 · 저당질 · 고단백 · 고지방
⑤ 저열량 · 저당질 · 저단백 · 중등도의 지방

15 급성 간염 환자가 선택하기에 좋은 음식은?

① 우유, 크림, 달걀찜
② 호두, 사과, 건포도
③ 현미밥, 어묵, 감자튀김
④ 오트밀, 북어무침, 돈가스
⑤ 잡곡밥, 땅콩 조림, 무말랭이

16 만성 간염의 식사 요법으로 옳은 것은?

① 저열량식을 통해 체지방 조직을 감소시킨다.
② 고지방 섭취를 권장하여 고열량이 되도록 한다.
③ 비만 여부와 관련 없이 고열량식을 권장해야 한다.
④ 단백질은 소화가 좋지 못하므로 저단백 식사를 한다.
⑤ 열량을 충분히 섭취하여 체내 단백질 소모를 막는다.

17 만성 간염 환자의 식사 요법으로 옳은 것은?

① 비타민과 무기질은 제한한다.
② 간성 혼수 시 고단백질 식사를 권장한다.
③ 복수가 있을 경우 저나트륨식을 권장한다.
④ 소화되기 쉬운 유화 지방으로 고지방식을 권장한다.
⑤ 저열량식을 제공하여 지방간이 유발되지 않도록 한다.

18 간염의 식사 요법으로 옳은 것은?

① 유화된 지방 섭취 제한
② 1,800kcal 이하의 저열량식
③ 1일 200g 정도의 당질 공급
④ 1일 100~150g의 고단백식
⑤ 비타민 B 복합체 섭취 제한

19 간염 환자의 식사 요법으로 옳은 것은?

① 저열량, 저당질, 저단백식을 준다.
② 황달이 심하면 고지방식을 섭취한다.
③ 방향족 아미노산이 함유된 식품을 섭취한다.
④ 고열량 섭취를 위해 튀김 조리를 많이 사용한다.
⑤ 우유, 크림 등 유화된 지방을 공급하는 것이 좋다.

20 간 질환의 식사 요법으로 옳은 것은?

① 가스 발생 식품을 많이 섭취한다.
② 고당질 식사를 통해 체중을 증가시켜야 한다.
③ 강한 향신료를 사용하여 식욕을 증진시켜야 한다.
④ 고열량, 고당질, 고단백, 고비타민식의 영양 공급을 한다.
⑤ 간의 지방 축적을 감소시키기 위해 당질 식품을 제한한다.

21 간 질환 발생 시 나타나는 현상은?

① 고단백혈증
② 혈액 응고 시간 단축
③ 혈중 암모니아 농도 저하
④ 비필수 아미노산의 합성 증가
⑤ 혈장 알부민과 글로불린(A/G)의 비율 저하

22 다음에서 설명하는 환자에게 우선적으로 해야 하는 식사 요법은?

- 복수와 부종이 수반된 간 질환 환자
- 혈중 알부민 농도가 낮아져 있음
- 혈중 요소 농도는 증가해 있음
- 칼륨 수치가 상승해 있음

① 저당질식
② 고단백식
③ 고칼륨식
④ 저나트륨식
⑤ 불포화 지방산 섭취

23 간 질환 시 복수와 부종이 있을 때 제한해야 하는 영양소는?

① 열량 ② 당질
③ 지방 ④ 단백질
⑤ 나트륨

24 다음 중 부종과 복수가 나타나는 질병은?

① 위염 ② 고혈압
③ 관절염 ④ 간경변증
⑤ 소화성 궤양

25 간경변증의 원인으로 옳은 것은?

① 통풍
② 간암
③ 뇌전증
④ 알코올 중독
⑤ 지방 섭취 부족

26 간경변증의 증상으로 옳은 것은?

① 출혈
② 문맥압 저하
③ 고알부민혈증
④ 고콜레스테롤혈증
⑤ 프로트롬빈 합성 증가

27 간경변증이 진행되면 나타날 수 있는 증상은?

① 프로트롬빈 합성 증가로 출혈
② 문맥압 저하로 인한 식도정맥류 발생
③ 알부민 합성 저하로 저알부민혈증 발생
④ 요소 합성 증가로 고암모니아혈증 발생
⑤ 콜레스테롤 합성 증가로 고콜레스테롤혈증 발생

28 간경변 환자에게 복수가 발생하는 이유는?

① 문맥압의 항진
② 빌리루빈 상승
③ 혈중 암모니아 상승
④ 프로트롬빈 생성 저하
⑤ 혈중 알부민 농도 증가

29 간경변 환자에게 복수가 생긴 경우 우선적으로 고려해야 하는 것은?

① 저열량 식사
② 저단백 식사
③ 고지방 식사
④ 고칼슘 식사
⑤ 저나트륨 식사

30 간경변증 환자가 간성 혼수를 일으키기 시작할 때 올바른 식사 요법은?

① 열량 제한
② 지방 제한
③ 칼슘 증가
④ 칼륨 증가
⑤ 단백질 제한

31 간경변증 환자의 식사 요법으로 옳은 것은?

① 복수와 부종이 있으면 단백질을 제한한다.
② 간성 혼수의 경우 단백질을 충분히 공급한다.
③ 단백질은 간세포의 재생을 위해 일시적으로 제한한다.
④ 지방은 필수 지방산을 함유한 식물성 기름으로 공급한다.
⑤ 간세포의 회복을 위해 비타민 B 복합체와 비타민 C를 보충한다.

32 간경변 환자의 문맥압 항진으로 인한 위식도정맥류 발생 시 적절한 식사 요법은?

① 고열량식　　② 저단백식
③ 고단백식　　④ 저섬유소식
⑤ 저나트륨식

33 간경변증 환자에게 보충하면 증상이 개선되는 아미노산은?

① 발린, 류신, 이소류신
② 알라닌, 발린, 티로신
③ 리신, 티로신, 트립토판
④ 글루탐산, 리신, 이소류신
⑤ 류신, 이소류신, 페닐알라닌

34 알코올성 간경변증에 수반되는 티아민의 결핍증은?

① 설염　　　　② 피부염
③ 괴혈병　　　④ 펠라그라
⑤ 다발성 신경염

35 알코올 대사 과정에 대한 설명으로 옳은 것은?

① 알코올은 대부분 대장에서 흡수된다.
② 알코올 과잉 섭취 시 젖산을 감소시킨다.
③ 알코올은 대부분 소장 점막에서 대사된다.
④ 알코올 탈수소효소(ADH)에 의해서만 대사된다.
⑤ 아세트알데하이드가 간을 손상시키는 주요 요인이다.

36 다음 중 저단백질 식사를 해야 하는 질병은?

① 비만
② 지방간
③ 심부전
④ 간성 혼수
⑤ 동맥경화

37 간성 혼수의 발생 원인으로 옳은 것은?

① 혈중 칼슘 농도 증가
② 혈중 암모니아 농도 증가
③ 혈중 암모니아 농도 감소
④ 혈중 콜레스테롤 농도 증가
⑤ 혈중 콜레스테롤 농도 감소

38 간성 혼수 환자에게 복수가 생긴 경우 올바른 식사 요법은?

① 고단백, 고열량식
② 고단백, 고지방식
③ 저단백, 저열량식
④ 저단백, 저나트륨식
⑤ 고단백, 고나트륨식

39 간성 혼수 환자가 섭취하기에 올바른 식단은?

① 찐 감자, 닭볶음탕
② 쌀밥, 시금치 된장국
③ 연어 구이, 오징어 튀김
④ 치즈버거, 오렌지 주스
⑤ 땅콩 쿠키, 달걀 오믈렛

40 간성 뇌증 환자의 혈중 암모니아 농도가 상승하는 이유는?

① 담즙의 장간 순환
② 알부민 생성 감소
③ 중성 지방 합성 증가
④ 간의 요소 합성 감소
⑤ 신장에 의한 요소 배설 감소

41 담낭의 주된 역할은?

① 담즙을 농축 및 저장한다.
② 담즙에 축적된 빌리루빈을 제거한다.
③ 담즙에 담즙염을 추가하여 더 농축한다.
④ 과다한 콜레스테롤을 제거하여 침전을 막는다.
⑤ 담즙을 농축하여 담석 형태로 소장으로 이동된다.

42 담즙이 합성되는 장소는?

① 간
② 담낭
③ 소장
④ 췌장
⑤ 심장

43 담즙 생성이 원활하지 못하면 발생하는 질환은?

① 간 질환
② 담낭염
③ 위하수증
④ 췌장 질환
⑤ 신장 질환

44 담즙에 대한 설명으로 옳은 것은?

① 간에서 합성된 후 담낭에 저장된다.
② 고당질 음식 섭취 시 분비가 촉진된다.
③ 세크레틴은 담즙 분비를 촉진시킨다.
④ 담즙은 십이지장에서 재흡수가 일어난다.
⑤ 리파아제를 함유하여 지방을 분해시킨다.

45 담즙의 작용으로 옳은 것은?

① 지방 유화
② 음식물의 살균
③ 프로레닌의 활성화
④ 위 내 적정 산도 유지
⑤ 위 내용물의 발효 억제

46 담즙을 구성하는 성분으로 옳은 것은?

① 뮤신
② 염산
③ 젖산
④ 빌리루빈
⑤ 중성 지방

47 담즙산염의 기능으로 옳은 것은?

① 지방 분해
② 소장 운동 촉진
③ 리파아제 효소의 활성화
④ 지용성 비타민 흡수 억제
⑤ 장관 내 비정상적인 세균 증식 촉진

48 담즙을 가장 적게 분비시키는 식품은?

① 쌀밥
② 달걀
③ 치즈
④ 고등어
⑤ 쇠고기

49 담낭염 환자의 식사 요법은?

① 통증이 심한 경우 절식한다.
② 저당질식을 통해 당질을 제한한다.
③ 급성기에는 고단백질식을 섭취한다.
④ 회복기에는 강한 향신료를 공급한다.
⑤ 회복이 빨라지도록 고열량, 고지방식을 한다.

50 담낭염이나 담석증 환자에게 제한해야 하는 영양소는?

① 당질
② 지방
③ 단백질
④ 비타민
⑤ 무기질

51 담석증의 식사 요법은?

① 저당질식 ② 저지방식
③ 저칼슘식 ④ 고열량식
⑤ 고섬유소식

52 가스를 발생시키지 않아 담석증 환자가 자유롭게 먹을 수 있는 식품은?

① 콩밥 ② 감자
③ 김치 ④ 견과류
⑤ 콘샐러드

53 다음 중 가스를 발생시키는 식품은?

① 감자 ② 호박
③ 당근 ④ 풋고추
⑤ 시금치

54 담석증은 식사 중에는 통증이 없고 식후 일정 시간 이후에 통증이 나타나기도 하는데 그 이유는?

① 세크레틴이 췌장에서 중탄산 이온 분비를 촉진하기 때문이다.
② 위상이 끝날 때까지 총담관의 수축은 시작하지 않기 때문이다.
③ 식후 몇 시간 경과 후 빌리루빈의 농도가 피크를 이루기 때문이다.
④ 위배출 이후에 십이지장으로부터 콜레시스토키닌이 분비되기 때문이다.
⑤ 산성도가 높은 위 내용물이 담관이 열리는 곳으로 유입되는 데 시간이 걸리기 때문이다.

55 췌장에서 분비되는 호르몬에 대한 설명으로 옳은 것은?

① 글루카곤이 분비되어 지방 합성을 촉진한다.
② 글루카곤이 분비되어 포도당 사용을 촉진한다.
③ 인슐린은 췌장의 랑게르한스섬 α-세포에서 분비된다.
④ 인슐린은 포도당 사용을 촉진하며 지방산 합성을 촉진한다.
⑤ 인슐린은 간에서 지방산의 분해와 케톤체 생성을 촉진한다.

56 알칼리성 췌장액의 분비를 촉진시키는 호르몬은?

① 세크레틴
② 가스트린
③ 엔테로가스트론
④ 콜레시스토키닌
⑤ 당 의존성 인슐린 촉진 펩티드

57 급성 췌장염의 식사 요법으로 옳은 것은?

① 당질 위주의 식사로 구성한다.
② 급성기에는 경관 급식을 제공한다.
③ 신선한 채소와 과일을 충분히 공급한다.
④ 커피, 향신료 등으로 식욕을 촉진시킨다.
⑤ 통증이 완화될 때까지 수분을 충분히 공급한다.

58 만성 췌장염 환자의 식사 지침으로 옳은 것은?

① 당질 위주의 식사로 구성한다.
② 고지방식을 통해 열량을 보충한다.
③ 필수 지방산 함량이 높은 음식을 섭취한다.
④ 지방변이 발생하면 수용성 비타민을 공급한다.
⑤ 증세가 회복되어도 단백질 섭취는 제한한다.

59 중쇄 중성 지방(MCT oil)을 사용하는 것이 바람직한 질병은?

① 비만
② 신장염
③ 심장병
④ 췌장염
⑤ 골다공증

60 췌장염 환자가 선택하기에 가장 적합한 음식은?

① 육전
② 탕수육
③ 돈가스
④ 동태찜
⑤ 달걀 프라이

CHAPTER 05 체중 조절과 영양 관리

01 다음 중 비만의 원인으로 옳은 것은?

① 기초 대사율 증가
② 갑상선 기능 항진
③ 에너지 소비 증가
④ 에너지 과잉 섭취
⑤ 성장호르몬 분비 증가

02 비만에 관한 내용으로 옳은 것은?

① 비만 치료 시 수분 제한도 필요하다.
② 소아 비만은 성인이 된 후에 사라진다.
③ 열량 제한을 통해 지방 세포의 수를 감소시킬 수 있다.
④ 1일 총 섭취 열량이 같더라도 식사의 횟수는 적을수록 좋다.
⑤ 소아 비만은 지방 세포의 수가 증가하며 성인 비만은 지방 세포 크기가 증가한다.

03 주로 성장기에 발생하는 비만의 형태로서 식사 요법만으로 조절하기 어려운 비만은?

① 상체 비만
② 하체 비만
③ 증후성 비만
④ 지방 세포 증식형 비만
⑤ 지방 세포 비대형 비만

04 체지방 분포에 대한 설명으로 옳은 것은?

① 남성은 하체 비만, 여성은 상체 비만이 많다.
② 엉덩이둘레가 클수록 성인병 위험이 커진다.
③ 허리둘레가 클수록 성인병의 위험률이 증가한다.
④ 폐경기 이후 여성은 주로 서양배형 비만을 보인다.
⑤ 엉덩이둘레 비율은 체지방 부위별 분포를 반영한다.

05 비만에 대한 설명으로 옳은 것은?

① 폐경기 여성은 주로 복부에 지방이 축적된다.
② 정상 체중보다 5~10% 초과하면 비만이라 한다.
③ 성인 비만은 지방 세포 수의 증가에 의한 것이다.
④ 소아 비만은 성인이 된 후에는 아무런 영향력이 없다.
⑤ 남성형 비만은 주로 엉덩이 및 허벅지에 지방이 축적된다.

06 소아 비만이 성인 비만과 다른 점은?

① 건강상의 문제가 적다.
② 정상 체중으로 변화하기 쉽다.
③ 성인 비만보다 비만 치료가 쉽다.
④ 지방 조직 세포의 수가 증가한다.
⑤ 지방 조직 세포의 크기가 증가한다.

07 신장이 170cm이고 현재 체중이 63kg인 사람의 체질량 지수(BMI)는 얼마인가?

① 11.1 ② 21.8
③ 26.7 ④ 33.8
⑤ 37.5

08 신장과 체중을 이용하여 비만도를 측정하는 지표는?

① 체 격지수
② 카우프 지수
③ 체질량 지수
④ 상완 근육 둘레
⑤ 허리/엉덩이 둘레 비율

09 캘리퍼(caliper)에 관한 설명으로 옳은 것은?

① 가슴둘레를 측정하는 기구
② 근육의 두께를 측정하는 기구
③ 생체 전기 저항을 측정하는 기구
④ 피하 지방 성분을 측정하는 기구
⑤ 피하 지방 두께를 측정하는 기구

10 과체중에 대한 설명으로 옳은 것은?

① 체질량 지수(BMI)가 23 이하
② 이상 체중비(IBW)가 90 이하
③ 체중이 정상 체중보다 5~10% 초과
④ 체중이 정상 체중보다 10~20% 초과
⑤ 체중이 정상 체중보다 20~30% 초과

11 정상인과 비교하여 비만자의 체조직에 관한 설명으로 옳은 것은?

① 동일 체중인 경우 정상인의 LBM와 동일하다.
② 동일 체중인 경우 비만자의 LBM은 증가해 있다.
③ LBM이 동일한 경우 비만자의 체중에 대한 수분 비율이 낮다.
④ LBM이 동일한 경우 비만자의 체중에 대한 체지방 비율이 낮다.
⑤ LBM이 동일한 경우 비만자의 지방량은 정상인과 별 차이가 없다.

12 비만에 의한 합병증으로 옳은 것은?

① 빈혈   ② 고지혈증
③ 골다공증   ④ 유당불내증
⑤ 제1형 당뇨병

13 비만 환자의 식사 처방으로 옳은 것은?

① 고당질, 무지방 식사
② 저당질, 저단백질 식사
③ 저열량, 저단백질 식사
④ 저열량, 질소 평형 유지 식사
⑤ 무지방, 질소 평형 유지 식사

14 비만증의 식사 요법으로 옳은 것은?

① 간식과 야식을 자주 섭취한다.
② 에너지 밀도가 높은 식품을 섭취한다.
③ 당질, 염분, 수분의 섭취를 최소로 조절한다.
④ 단백질은 음(-)의 질소 평형을 유지하도록 한다.
⑤ 질소 평형 유지를 위해 양질의 단백질을 공급한다.

15 성인 비만자를 위한 식사 요법에서 단백질의 권장량은?

① 체중 1kg당 0.5g 이하 권장
② 체중 1kg당 1.0g 이하 권장
③ 체중 1kg당 1.0~1.5g 권장
④ 체중 1kg당 1.5~2.0g 권장
⑤ 체중 1kg당 2.0~2.5g 권장

16 20대 비만인 여성이 하루에 500kcal씩 적게 섭취하고 있다면, 1개월 후 몇 kg의 체중 감소가 예상되는가?

① 약 1.0kg   ② 약 1.5kg
③ 약 2.0kg   ④ 약 2.5kg
⑤ 약 3.0kg

17 저열량식을 통한 체중 감량 시 1주일에 몇 kg을 줄이는 것이 이상적인가?

① 0.2~0.5kg   ② 0.5~1.0kg
③ 1.0~1.5kg   ④ 1.5~2.0kg
⑤ 2kg 이상

18 저열량식의 내용으로 옳은 것은?

① 단순당 위주로 섭취하여 에너지를 충족한다.
② 체중은 1주일에 2kg 감량하는 것이 이상적이다.
③ 부종을 예방하기 위해 수분은 1리터 이하로 마신다.
④ 케톤증 예방을 위해 당질은 하루 100g 이상 섭취한다.
⑤ 체중 1kg을 감량하려면 열량 9,000 kcal를 제한해야 한다.

19 지방간과 통풍 증상이 있는 40대 비만 남성의 식사 지도 방법으로 옳은 것은?

① 매일 우유 2컵과 두유 2컵을 먹도록 한다.
② 지방 섭취를 제한하고, 동물성 단백질 식품 위주의 식사를 하도록 한다.
③ 동물성 식품은 제한하고 잡곡, 채소 및 과일을 적당량 섭취하도록 한다.
④ 자유롭게 식사하고, 의사의 처방에 따라 약만 정확하게 복용하도록 한다.
⑤ 스트레스를 받지 않고 충분한 휴식을 취하면서 먹고 싶은 것을 먹도록 한다.

20 단식이나 저당질 식사를 처방할 때 비만 환자에게서 나타나기 쉬운 현상은?

① 케톤증
② 이뇨증
③ 신경마비
④ 알칼리혈증
⑤ 기초 대사율 증가

21 단식 초기에 나타나는 급격한 체중 감소의 원인은?

① 혈당 감소
② 체단백 감소
③ 근육량 감소
④ 체지방 감소
⑤ 수분 감소와 나트륨 배설

22 비만인의 운동에 대한 내용으로 옳은 것은?

① 열량 제한에 비해 운동에 의한 열량소비는 쉽다.
② 운동 초기부터 체지방이 분해되어 체중이 크게 감소한다.
③ 운동의 강도는 가볍게, 시간은 오랫동안 하는 것이 효과적이다.
④ 체지방을 줄이기 위해서는 꾸준히 걷는 것보다 달리는 것이 좋다.
⑤ 격렬한 운동은 체지방을 소모하고, 중등도의 운동은 에너지를 소모한다.

23 비만증을 조절하기 위한 바람직한 운동법은?

① 저강도 운동을 단시간에 한다.
② 저강도 운동과 고강도 운동을 병행한다.
③ 중등강도 이하의 운동을 지속적으로 한다.
④ 고강도 운동을 지속적으로 하는 것이 효율적이다.
⑤ 고강도 운동을 무리하지 않도록 단시간에 하는 것이 좋다.

24 다음 중 섭식 장애에 대한 설명으로 옳은 것은?

① 신경성 식욕 부진증은 극도로 수척할 때까지 굶는다.
② 신경성 식욕 부진증은 성인 여성에게서 많이 발생한다.
③ 마구 먹기 장애는 사춘기 소녀에게서 많이 일어난다.
④ 마구 먹기 장애는 장 비우기를 비밀에 번갈아 진행한다.
⑤ 신경성 폭식증 환자는 자신의 행동이 비정상적임을 인정하지 않는다.

25 다음에서 설명하는 섭식 장애는 무엇인가?

- 극도로 수척할 때까지 음식을 먹지 않는다.
- 본인의 저체중 상태의 심각성을 부인한다.
- 사춘기 소녀에게서 많이 발생한다.
- 장기화되면 무월경, 골다공증의 위험률이 증가한다.

① 포만 중추 장애
② 섭식 중추 장애
③ 마구 먹기 장애
④ 신경성 폭식증
⑤ 신경성 식욕 부진

26 신경성 식욕 부진증이 장기화되었을 때 나타나는 생리적 변화는?

① 구토, 설사
② 발열, 오한
③ 고혈압, 당뇨병
④ 무월경, 골다공증
⑤ 갑상선 기능 항진

27 다이어트에 실패한 경험이 많은 비만인에게서 나타나며 인위적으로 장 비우기를 하지 않는 섭식 장애는?

① 포만 중추 장애
② 섭식 중추 장애
③ 마구 먹기 장애
④ 신경성 폭식증
⑤ 신경성 식욕 부진

28 체중 부족자의 체중 증가 식단으로 적절한 것은?

① 샌드위치, 샐러드, 두유, 딸기
② 볶음밥, 완자전, 아이스크림, 바나나
③ 흰밥, 콩나물국, 달걀찜, 우유, 사과
④ 잡곡밥, 시금칫국, 배추쌈, 우유, 참외
⑤ 현미밥, 달걀탕, 두부조림, 소고기 편육, 배

29 대사 증후군의 판정 기준치로 이용되는 지표는?

① 허리둘레
② AST, ALT
③ 혈청 LDL 농도
④ 소변 요산 수치
⑤ 혈장 알부민 농도

CHAPTER 06 당뇨병의 영양 관리

해설편 p.61

01 당뇨병에 대한 설명으로 옳은 것은?

① 인슐린에 대한 민감성이 항진되면 발생한다.
② 인슐린이 결핍되어 지방 합성이 증가된다.
③ 체단백질 감소로 감염에 대한 저항력이 약해진다.
④ 지방산의 산화가 감소하여 혈액이 알칼리성으로 기운다.
⑤ 인슐린 결핍 시 양(+)의 질소 평형이 되어 근육과 체중이 감소한다.

02 당뇨병의 진단법으로 옳은 것은?

① 혈압
② BMI
③ 당화혈색소
④ BUN 농도
⑤ 프로트롬빈 타임

03 혈당을 저하시키는 호르몬은?

① 인슐린
② 글루카곤
③ 에피네프린
④ 갑상선 호르몬
⑤ 부실피질 자극 호르몬

04 당뇨병의 대사 변화에 대한 내용으로 옳은 것은?

① 당신생 억제
② 체지방 합성 증가
③ 혈중 지질 농도 감소
④ 간 글리코겐 분해 증가
⑤ 소변의 수분 배설 감소

05 당뇨병의 대사와 관련된 내용으로 옳은 것은?

① 지질 대사 이상으로 소변으로 당이 배설된다.
② 단백질 대사 이상으로 양(+)의 질소 평형이 나타난다.
③ 혈당이 상승하면 혈액의 삼투압이 증가하여 부종이 나타난다.
④ 지질 대사의 이상으로 케톤증이 생성되어 혈액이 알칼리성으로 기운다.
⑤ 인슐린 분비와 기능장애로 당질, 단백질 및 지질 대사에 이상을 나타낸다.

06 당뇨병의 당질 대사에 대한 설명으로 옳은 것은?

① 당신생 작용 증가
② 포도당의 세포 내 유입 증가
③ 간에서 글리코겐 합성이 증가
④ TCA 회로 장애로 에너지 생성 상승
⑤ 말초 조직에서의 포도당 이동과 이용률 증가

07 당뇨병의 지질 대사에 대한 설명으로 옳은 것은?

① 체지방 분해가 촉진되어 체중이 감소한다.
② 체지방 분해로 혈청 중성 지방 농도가 감소한다.
③ 지방 분해 증가로 케톤체가 생성되어 알칼리혈증이 된다.
④ 다량의 지방산이 분해되나 혈청 지질 농도에는 변화가 없다.
⑤ 간에서 콜레스테롤 합성이 감소되어 동맥경화증 위험이 증가한다.

08 당뇨병의 단백질 대사에 대한 설명으로 옳은 것은?

① 체단백질의 분해가 저해된다.
② 간에서 요소 합성이 감소한다.
③ 체단백 분해로 요중 질소 배설량이 증가한다.
④ 아미노산으로부터 포도당 신생합성이 감소된다.
⑤ 체단백질 과잉형상으로 병에 대한 저항력이 증가한다.

09 제1형 당뇨 환자의 지방 대사로 옳은 것은?

① 담즙 생성 증가
② 지질의 완전 산화
③ 케톤체 생성 감소
④ 당지질 합성 증가
⑤ 혈청 지질 농도 증가

10 당뇨병의 임상적 특징으로 옳은 것은?

① 제1형 당뇨병은 전체 당뇨병의 90% 이상 차지한다.
② 제1형 당뇨병은 40세 이후 비만인에게서 많이 발생한다.
③ 제2형 당뇨병은 주로 인슐린 저항성으로 인해 발생한다.
④ 제2형 당뇨병은 주로 유년기와 청소년기에 많이 발병한다.
⑤ 제2형 당뇨병은 인슐린 의존형으로 인슐린 투여가 필수적이다.

11 제1형 당뇨병에 대한 설명으로 옳은 것은?

① 인슐린 저항성이 높다.
② 당뇨병의 대부분을 차지한다.
③ 경구 혈당 강화제가 효과적이다.
④ 반드시 인슐린 치료를 받아야 한다.
⑤ 성인 비만인에게서 많이 발병한다.

12 제2형 당뇨병에 대한 설명으로 옳은 것은?

① 전체 당뇨의 5~10%에 해당한다.
② 췌장 기능 장애로 인해 발병한다.
③ 다뇨, 다갈, 다식의 증상이 뚜렷하다.
④ 유년기와 청소년기에 많이 발병한다.
⑤ 인슐린 수용체의 수가 적고 감수성이 저하되어 인슐린 저항성이 나타난다.

13 췌장의 β-세포 파괴에 의한 인슐린 결핍으로 발생하는 당뇨병의 형태는?

① 제1형 당뇨
② 제2형 당뇨
③ 성인형 당뇨
④ 임신성 당뇨
⑤ 영양실조형 당뇨

14 임신성 당뇨병에 대한 설명으로 옳은 것은?

① 임신 중 포도당 내성이 나타난다.
② 당뇨병 환자가 임신한 경우를 의미한다.
③ 출산 후 모두 제2형 당뇨병으로 진전된다.
④ 80g 포도당 경구 당부하 검사를 시행하여 선별검사한다.
⑤ 임신 중 모체의 말초 조직에서 인슐린 저항성이 발생한 것이 원인이다.

15 당뇨 환자의 혈당이 상승하는 이유는?

① 체지방 분해 감소
② 케톤체 합성 증가
③ 포도당 신생의 감소
④ 혈당이 세포 내로의 이동 감소
⑤ 소변으로 배설되는 포도당 감소

16 당뇨 환자에게서 고혈당이 발생할 수 있는 경우는?

① 수술 시
② 과다한 술 섭취
③ 식사 시간 지연
④ 공복 상태에서의 고강도 운동
⑤ 인슐린 투여와 식사 공급 불일치

17 당뇨병의 급성 합병증으로 옳은 것은?

① 망막 이상
② 족부 병변
③ 동맥경화증
④ 말초 신경 손상
⑤ 저혈당증(인슐린 쇼크)

18 당뇨 환자에게서 흔히 발생하는 만성 합병증은?

① 빈혈
② 산독증
③ 고지혈증
④ 말초 신경병증
⑤ 인슐린 쇼크 현상

19 당뇨병 환자에게 발생할 수 있는 저혈당증의 유발 요인은?

① 과식
② 정신적 스트레스
③ 식후 가벼운 운동
④ 인슐린 과다 사용
⑤ 당질 식품의 과잉 섭취

20 간에서 포도당 신생을 방해하여 당뇨 환자에게 저혈당을 유발시킬 수 있는 것은?

① 우유
② 과일
③ 알코올
④ 인공 감미료
⑤ 저항성 당분

21 당뇨병 환자가 심한 운동 중 갑자기 식은땀이 나고 어지러운 증세를 호소하며 의식이 흐려질 경우 적절한 응급처치는?

① 인슐린 주사를 투여한다.
② 단순당을 섭취하게 한다.
③ 단백질 음료를 공급한다.
④ 경구 복용 당뇨약을 복용한다.
⑤ 저삼투압성 용액을 공급한다.

22 다음 환자의 치료 방법으로 옳은 것은?

- 평소 운동을 좋아하고 건강했던 청소년 K군이 방과 후 운동 중 식은땀을 흘리며 갑자기 의식을 잃고 쓰러져 응급실로 이송
- 당시 혈당이 600mg/dL로 인슐린 의존형 당뇨(제1형 당뇨)로 진단

① 고당질 식이
② 고단백 식이
③ 저지방 식이
④ 인슐린 주사
⑤ 경구용 혈당 강화제 복용

23 당뇨 환자에게 저혈당증(인슐린 쇼크)이 일어났다면 급히 먹여야 하는 것은?

① 죽, 미음
② 수분, 염분
③ 설탕물, 꿀물
④ 고기 국물, 멸치
⑤ 우유, 아이스크림

24 당뇨 환자가 저혈당으로 의식을 잃은 경우 적절한 응급처치는?

① 비타민제 투여
② 포도당 정맥 주사
③ 설탕물 경구 복용
④ 소량의 인슐린 주사
⑤ 경구 복용 당뇨약 복용

25 지질의 불완전 연소로 인한 산독증(acidosis)을 유발할 수 있는 경우는?

① 빈혈
② 당뇨병
③ 저지방식
④ 고당질식
⑤ 간성 뇌질환

26 당뇨병에서 산독증을 유발할 수 있는 식사 형태는?

① 고단백 · 고지방 식사
② 고단백 · 고당질 식사
③ 저당질 · 고지방 식사
④ 저당질 · 저지방 식사
⑤ 고지방 · 저단백 식사

27 케톤체에 해당하는 것으로 당뇨병성 산증은 요중 무엇으로 진단되는가?

① 아세톤
② 요색소
③ 포도당
④ 단백질
⑤ 옥살초산

CHAPTER 06 당뇨병의 영양 관리

28 케톤증(ketosis)의 원인은?

① 수분 손실
② 체단백 소모
③ 지방 대사 저하
④ 포도당의 과잉 축적
⑤ 아세틸 CoA의 생산 과잉

29 당뇨병성 케톤증에 대한 설명으로 옳은 것은?

① 저혈당이 함께 나타난다.
② 운동 과잉에 의해 나타날 수 있다.
③ 호흡 시 케톤체에 의한 아세톤 냄새가 난다.
④ 인슐린 과잉 투여로 나타나는 급성 부작용이다.
⑤ 당뇨 관리를 제대로 하지 못해 저혈당이 심해지면 나타난다.

30 케톤증을 예방하기 위한 1일 당질 최소 섭취량은?

① 1일 50g 이상
② 1일 100g 이상
③ 1일 150g 이상
④ 1일 200g 이상
⑤ 1일 250g 이상

31 다음은 무엇에 관한 설명인가?

- 당질 대사 이상
- 지방의 불완전 연소
- 케톤체가 소변으로 배설
- 산독증 상태로 혼수 상태

① 저혈당증
② 신경화증
③ 동맥 경화증
④ 당뇨병성 혼수
⑤ 하지 동맥 경화증

32 당뇨병성 혼수의 원인은?

① 인슐린 과잉 주입
② 당질의 과잉 섭취
③ 다뇨에 의한 탈수
④ 간의 콜레스테롤 축적
⑤ 혈액 내의 케톤체 축적

33 당뇨병성 혼수 발생 시 인슐린 주사와 함께 제공할 것은?

① 24시간 금식한다.
② 고단백 식사를 공급한다.
③ 고지방 식사를 공급한다.
④ 수분과 전해질을 공급한다.
⑤ 비타민과 무기질을 공급한다.

34 당뇨병 환자의 당질 섭취에 대한 설명으로 옳은 것은?

① 섬유소는 혈당 조절에 효과가 없다.
② 단당류, 이당류 위주로 섭취해야 한다.
③ 당질의 종류는 혈당 조절에 영향을 미치지 않는다.
④ 비영양 감미료보다 설탕을 사용하는 것이 바람직하다.
⑤ 복합 당질은 혈당을 서서히 증가시키므로 당뇨 환자에게 좋다.

35 당뇨병 환자의 당질 섭취 방법으로 옳은 것은?

① 인공 감미료의 섭취는 피한다.
② 대두, 채소 등 섬유질이 많은 식품은 피한다.
③ 산독증 예방을 위해 최소 당질량을 유지한다.
④ 혈당 지수(glycemic index)가 높은 식품을 선택한다.
⑤ 열량 배분 시 당질을 최소로 하고 지질 배분을 높인다.

36 당뇨병 환자의 혈당치에 가장 많은 영향을 미치는 당은?

① 유당 ② 과당
③ 설탕 ④ 포도당
⑤ 갈락토오스

37 간에서 대사될 때 인슐린을 필요로 하지 않으며 중성 지방 합성을 촉진하는 당은?

① 설탕 ② 과당
③ 포도당 ④ 맥아당
⑤ 자일리톨

38 당뇨병 환자의 식사 요법으로 옳은 것은?

① 엄격한 당질 제한이 중요하다.
② 무기질과 비타민의 필요량은 정상인과 같다.
③ 단백질 필요량은 정상인보다 많이 공급한다.
④ 이상적인 체중 유지를 위해 열량을 제한하지 않는다.
⑤ 섭취 지방 총량이 중요하므로 지방산의 종류는 고려하지 않아도 된다.

39 현재 체중 90kg, 비만도 150%인 당뇨 환자의 조정 체중은?

① 60kg ② 65kg
③ 67kg ④ 75kg
⑤ 80kg

40 당뇨병 환자가 자유롭게 섭취할 수 있는 식품은?

① 사탕, 과일
② 우유, 채소
③ 달걀, 파이
④ 꿀, 아이스크림
⑤ 건포도, 비스킷

41 당뇨병 환자에게 사용량을 제한해야 하는 식품은?

① 오이 ② 상추
③ 연근 ④ 셀러리
⑤ 브로콜리

42 당 지수(glycemic index)에 대한 설명으로 옳은 것은?

① 백미는 현미보다 당 지수가 낮다.
② 당뇨병 환자에게는 당 지수가 높은 식품이 좋다.
③ 대체로 가공 식품의 당 지수가 천연 식품보다 낮다.
④ 당 지수가 낮은 식품은 인슐린을 더 많이 분비한다.
⑤ 당 지수가 높을수록 소화·흡수가 빠르고 혈당이 빠르게 높아진다.

43 당 지수(glycemic index)가 낮아 혈당 조절을 해야 하는 당뇨 환자가 선택하기에 가장 바람직한 식단은?

① 우유와 찐 고구마
② 흰 식빵과 딸기 잼
③ 베이글과 크림치즈
④ 사과 주스와 구운 감자
⑤ 오렌지 주스와 페스트리

44 당뇨병 환자에게 제공하기에 적당한 식단은?

① 쌀밥, 제육볶음, 김치
② 케이크, 비스킷, 커피
③ 햄버거, 감자튀김, 샐러드
④ 현미밥, 아욱 된장국, 우무 무침
⑤ 토스트, 딸기 잼, 오렌지 주스

45 당뇨 환자에게 권장하는 1일 식이섬유소의 양은 얼마인가?

① 14g/1,000kcal
② 21g/1,000kcal
③ 27g/1,000kcal
④ 30g/1,000kcal
⑤ 50g/1,000kcal

46 다음과 같은 당뇨병 환자에게 적당한 식사 요법은?

- 공복 혈당 200mg/dL
- 취침 전 혈당 250mg/dL
- 당화혈색소 9.1%
- LDL 농도 200mg%

① 고열량식
② 고당질식
③ 고단백식
④ 저지방식
⑤ 오메가-3 지방산 섭취

47 당뇨병성 신부전 환자의 식사 요법으로 옳은 것은?

① 고당질식
② 고철분식
③ 고칼륨식
④ 저단백식
⑤ 저칼슘식

48 당뇨 환자식에서 곡류군은 하루에 6교환씩 먹도록 되어 있다. 이를 세 끼 동량으로 분배한 경우 한 끼 식사로 적정한 밥의 양은?

① 30g
② 70g
③ 90g
④ 140g
⑤ 210g

49 당뇨 환자식에서 점심의 육류 배분이 저지방 육류 2교환으로 되어있다면 적당한 식품은?

① 햄 구이 40g
② 순두부 200g
③ 동태 찜 100g
④ 멸치 조림 15g
⑤ 달걀 프라이 1개

50 인슐린 주사를 맞지 않는 당뇨병 환자의 아침 혈당이 높을 경우 당질의 배분은?

① 아침 : 1/3, 점심 : 1/3, 저녁 : 1/3
② 아침 : 1/5, 점심 : 2/5, 저녁 : 2/5
③ 아침 : 1/6, 점심 : 2/5, 저녁 : 3/6
④ 아침 : 2/6, 점심 : 2/6, 저녁 : 2/6
⑤ 아침 : 2/5, 점심 : 2/5, 저녁 : 1/5

51 인슐린 주사를 맞고 있는 당뇨병 환자의 식사 요법으로 옳은 것은?

① 단백질을 엄격하게 제한한다.
② 인슐린 주사와 식사는 관련이 없다.
③ 당질량의 3끼 배분을 동일하게 한다.
④ 하루에 5번 이상의 식사를 해야 한다.
⑤ 인슐린 종류에 따라 열량 및 식사량을 배분한다.

52 지속성 인슐린을 사용하는 당뇨병 환자에게 야식으로 20~40g의 당질을 주고자 할 때 다음 중 적당한 것은?

① 흰죽(쌀 15g)
② 잔치국수 180g
③ 케일 주스 200mL
④ 우유 200mL, 고구마 70g
⑤ 치즈 1장, 오렌지 주스 80mL

53 당뇨병 환자에게 사용하는 경구용 혈당 강하제의 작용으로 옳은 것은?

① 인슐린 분비 자극
② 췌장의 α-세포 자극
③ 장내 당질 소화·흡수 촉진
④ 말초 조직의 인슐린 감수성 억제
⑤ 당뇨병성 혼수 발생 시 빠른 혈당 상승

54 당뇨병의 약물 요법에 대한 설명으로 옳은 것은?

① 제1형 당뇨병에는 경구용 혈당 강하제가 효과적이다.
② 제1형 당뇨병 환자에게만 인슐린을 처방할 수 있다.
③ 제2형 당뇨병 환자는 매일 인슐린 주사를 맞아야 한다.
④ 약물 요법 후 심한 운동을 하면 고혈당을 유발할 수 있다.
⑤ 경구용 혈당 강하제는 췌장을 자극하여 인슐린 분비를 촉진한다.

55 당뇨병 환자의 운동 요법에 대한 설명으로 옳은 것은?

① 운동은 합병증이 심한 경우 가장 효과적이다.
② 운동의 강도가 높을수록 혈당 조절에 효과적이다.
③ 운동은 말초 조직의 인슐린 감수성을 증가시킨다.
④ 운동은 인슐린 투여 직후에 하는 것이 효과적이다.
⑤ 케톤증이 있는 경우 고강도 운동을 하여 혈당을 낮춘다.

56 당뇨 환자에게 운동을 처방하지 못하는 혈당량의 한계치는?

① 100mg/dL 이상
② 150mg/dL 이상
③ 200mg/dL 이상
④ 250mg/dL 이상
⑤ 300mg/dL 이상

57 성인 당뇨병 환자의 영양 지도로 옳은 것은?

① 잡곡보다는 소화가 잘되는 백미를 권장한다.
② 체중 감소가 예상되므로 에너지 섭취를 늘린다.
③ 단백질은 질보다 양적인 면의 중요성을 강조한다.
④ 경구 혈당 강하제를 투여하므로 약물에 대해 설명한다.
⑤ 케톤증 방지를 위해 당질은 총 에너지의 65%로 한다.

58 당뇨 환자에게 지질 섭취와 관련된 영양 교육을 한다면 그 내용으로 옳은 것은?

① 총 지방 섭취는 40%를 넘지 않도록 한다.
② 포화 지방은 총 열량의 3% 이내로 한다.
③ 콜레스테롤은 1일 300mg 이내로 한다.
④ 식물성 스테롤이 많이 함유된 음식을 추천한다.
⑤ ω-3, ω-6 지방산의 비율이 높은 식품을 추천한다.

CHAPTER 07 심혈관계 질환의 영양 관리

01 심박동수를 감소시키는 신경 전달 물질은?

① 도파민 ② 세로토닌
③ 아세틸콜린 ④ 에피네프린
⑤ 아드레날린

02 심장의 구조 중 혈액의 역류를 막아주는 것은?

① 심방 ② 심실
③ 판막 ④ 관상동맥
⑤ 내피세포

03 좌심실 수축 시 혈액의 역류를 방지하기 위해 닫히는 판막은?

① 난원공 ② 삼첨판
③ 이첨판 ④ 반월판막
⑤ 대동맥판막

04 심장의 자동능이 시작되는 곳은?

① 우심방 ② 우심실
③ 좌심방 ④ 좌심실
⑤ 대동맥

05 심근에 대한 설명으로 옳은 것은?

① 수의근이다.
② 강축이 잘 일어난다.
③ 절대적 불응기가 짧다.
④ 부교감 신경에 의해 수축된다.
⑤ 파괴되면 재생이 잘되지 않는다.

06 심실과 심방의 동시 수축을 막고 심실의 충분한 확장을 위해 나타나는 특징은?

① 자동능 ② 방실 지연
③ 심방 수축 ④ 심실 이완
⑤ 자극전도계

07 안정 상태에서의 심장 박동량(1회 박출량)과 박동수는 얼마인가?

① 박동량 50mL, 박동수 50회
② 박동량 70mL, 박동수 70회
③ 박동량 90mL, 박동수 100회
④ 박동량 110mL, 박동수 110회
⑤ 박동량 120mL, 박동수 130회

08 혈관을 축소시키는 신경은?

① 뇌 신경　　② 교감 신경
③ 척수 신경　④ 삼차 신경
⑤ 부교감 신경

09 심장의 자극 전도계의 순서로 옳은 것은?

① 동방결절 – 방실결절 – 방실 줄기 – 푸르키네 섬유 – 시스속
② 동방결절 – 방실결절 – 방실 줄기 – 히스속 – 푸르키네 섬유
③ 방실결절 – 동방결절 – 방실 줄기 – 푸르키네 섬유 – 히스속
④ 방실결절 – 동방결절 – 방실 줄기 – 히스속 – 푸르키네 섬유
⑤ 히스속 – 동방결절 – 방실결절 – 방실 줄기 – 푸르키네 섬유

10 스탈링(Starling)의 심근법칙과 가장 관련이 깊은 것은?

① 대정맥의 혈압
② 대동맥의 혈압
③ 폐정맥의 산소 분압
④ 모세 혈관의 투과성
⑤ 심장의 혈액 박출량

11 혈관의 특징으로 옳은 것은?

① 정맥혈의 이동과 근육 운동과는 관련이 없다.
② 모세 혈관은 교환성 혈관이며 단면적이 가장 넓다.
③ 동맥은 용량성 혈관으로 높은 압력을 견딜 수 있다.
④ 정맥은 혈류 속도가 낮아 중력의 영향을 받지 않는다.
⑤ 정맥은 압력성 혈관이며 혈액의 대부분은 정맥에 존재한다.

12 혈관 운동의 조절 중추는 어디에 위치하는가?

① 척수　　② 대뇌
③ 연수　　④ 대동맥
⑤ 시상하부

13 체순환에서 혈액이 가장 많이 분포되어 있는 곳은?

① 폐　　② 동맥
③ 정맥　④ 심장
⑤ 모세 혈관

14 정맥에 대한 설명으로 옳은 것은?

① 판막이 있어서 역류를 방지한다.
② 정맥은 중력의 영향을 받지 않는다.
③ 정맥혈은 심장의 좌심실로 들어온다.
④ 정맥혈 이동에는 주로 혈압이 관여한다.
⑤ 정맥은 높은 압력에 견디는 압력성 혈관이다.

15 산소 함량이 가장 높은 혈액은?

① 대정맥혈 ② 폐정맥혈
③ 폐동맥혈 ④ 상완동맥혈
⑤ 복대동맥혈

16 이산화탄소 농도가 가장 높은 혈관은?

① 폐동맥 ② 대동맥
③ 뇌동맥 ④ 신동맥
⑤ 간동맥

17 오랫동안 서 있는 경우 동맥혈압이 감소되는 이유는?

① 심박출량 증가
② 교감 신경 흥분
③ 총 혈장량 증가
④ 모세 혈관압 증가
⑤ 정맥혈의 환류량 감소

18 다음 중 가장 낮은 동맥 내압을 나타내는 순환계는?

① 신순환 ② 뇌순환
③ 장순환 ④ 폐순환
⑤ 관상순환

19 혈류량을 증가시키는 것은?

① 맥압 증가
② 조직압 증가
③ 동맥 혈압 증가
④ 혈액 점성 증가
⑤ 말초 혈관압 증가

20 혈액의 정맥 환류량에 영향을 미치는 요인은?

① 정맥압
② 평활근 수축
③ 골격근 수축
④ 혈액의 점성
⑤ 혈액의 저장고

21 체순환의 순서로 옳은 것은?

① 좌심실 – 대동맥 – 동맥 – 모세 혈관 – 정맥 – 대정맥 – 우심방
② 좌심방 – 정맥 – 대정맥 – 모세 혈관 – 동맥 – 대동맥 – 우심방
③ 우심실 – 대동맥 – 동맥 – 모세 혈관 – 정맥 – 대정맥 – 좌심방
④ 우심방 – 우심실 – 대동맥 – 동맥 – 모세 혈관 – 대정맥 – 정맥 – 좌심방
⑤ 우심방 – 우심실 – 대정맥 – 정맥 – 모세 혈관 – 동맥 – 대동맥 – 좌심방

22 모세 혈관을 두 번 순환하는 국소 순환계는?

① 뇌 순환계 ② 폐 순환계
③ 문맥 순환계 ④ 관상 순환계
⑤ 림프 순환계

23 다음에서 설명하는 순환계는?

> • 정맥계를 보조하여 체순환 혈액을 심장으로 돌려보내는 보조 순환계 역할
> • 림프구를 생산하여 신체 방어 작용 담당
> • 장쇄지방산, 콜레스테롤 등의 지질 흡수에 관여

① 림프계
② 혈관계
③ 미세 순환계
④ 문맥 순환계
⑤ 윌리스 서클

24 대사 증후군의 영양 관리로 옳은 것은?

① 체중을 감량한다.
② 고당질 식사를 한다.
③ 단백질 섭취량을 줄인다.
④ 식사 횟수를 5~6회로 늘린다.
⑤ 불포화 지방산의 섭취를 줄인다.

25 캠프너식(Kempner's rice diet)을 사용할 수 있는 질환은?

① 당뇨병
② 고혈압
③ 위궤양
④ 급성 간염
⑤ 울혈성 심부전

26 고혈압에 대한 설명으로 옳은 것은?

① 고혈압의 대부분은 증후성 고혈압이다.
② 고혈압은 저체중인 사람에게서 흔히 나타난다.
③ 비만, 과식, 소금의 과잉 섭취, 저칼륨 등이 위험 요인이다.
④ 최고 혈압과 최저 혈압이 둘 다 높을 때 고혈압으로 진단한다.
⑤ 본태성 고혈압은 신장 질환, 내분비 질환 등에 의해 발생한다.

27 정상 혈압(수축기 혈압/이완기 혈압)은?

① 100/60mmHg
② 110/100mmHg
③ 120/80mmHg
④ 140/100mmHg
⑤ 150/110mmHg

28 다음 중 혈압을 높이는 인자는?

① 심박출량 감소
② 알도스테론 분비
③ 혈액 점성의 저하
④ 에피네프린 분비 감소
⑤ 레닌-안지오텐신계 활성 저하

29 혈압을 낮추는 요인은?

① 혈관의 이완
② 교감 신경 흥분
③ 혈장 부피 증가
④ 혈액 점성 증가
⑤ 에피네프린 증가

30 증후성 고혈압을 발생시킬 수 있는 요인은?

① 간염
② 담석증
③ 신장 질환
④ 식염 과잉 섭취
⑤ 정신적 스트레스

31 혈압을 조절하는 자동 조절 기전은?

① 반사궁
② 장신경계
③ 반류교환계
④ 아슈네르 반사
⑤ 레닌-안지오텐신계

32 고혈압의 식사 요법으로 옳은 것은?

① 당질 섭취는 제한하지 않는다.
② 동물성 지방을 주로 사용한다.
③ DASH 식사를 적용할 수 없다.
④ 소금의 섭취는 제한할 필요가 없다.
⑤ 매일 칼슘과 마그네슘을 적당량 섭취한다.

33 고혈압 환자에게 허용될 수 있는 식품은?

① 햄, 김치
② 장아찌, 젓갈
③ 우유, 바나나
④ 베이컨, 장조림
⑤ 통조림 과일, 치즈

34 DASH 식단에서 혈압 강하 효과가 있는 영양소는?

① 아연
② 구리
③ 셀레늄
④ 올리고당
⑤ 식이섬유소

35 고혈압과 칼륨 섭취와의 관계로 옳은 것은?

① 칼륨을 과잉으로 섭취하면 혈압을 상승시킨다.
② 두류, 종실류, 채소 및 과일류에는 칼륨 함량이 적다.
③ 고혈압 환자는 칼륨 및 나트륨 함량이 적은 식품을 섭취한다.
④ 신부전 합병증이 있는 고혈압 환자는 고칼륨혈증을 일으키지 않도록 주의한다.
⑤ 이뇨제를 복용하는 고혈압 환자는 Na/K의 섭취비를 1 이상으로 유지하는 것이 좋다.

36 이상지질혈증에 대한 설명으로 옳은 것은?

① 혈액 내 콜레스테롤 농도가 정상보다 적은 상태
② 혈액 내 HDL-콜레스테롤이 정상보다 많은 상태
③ 혈액 내 LDL-콜레스테롤이 정상보다 적은 상태
④ 혈액 내 콜레스테롤과 중성 지방이 정상보다 많은 상태
⑤ 혈액 내 콜레스테롤과 유리지방산이 정상보다 적은 상태

37 지단백질의 역할로 옳은 것은?

① IDL : 외인성 중성 지방 운반
② LDL : 콜레스테롤을 간으로 운반
③ HDL : 콜레스테롤을 말초 조직으로 운반
④ VLDL : 내인성 중성 지방을 조직으로 운반
⑤ 킬로미크론 : 체내 분해 지방을 간으로 운반

38 혈장 지단백 중 콜레스테롤 함량이 높아 동맥경화증을 유발할 가능성이 높은 것은?

① HDL   ② LDL
③ VLDL   ④ 레시틴
⑤ 킬로미크론

39 당뇨병 환자에게서 나타나기 쉬운 고지혈증의 형태는?

① 제1형(킬로미크론의 증가)
② 제2형(LDL과 VLDL의 증가)
③ 제3형(IDL의 증가)
④ 제4형(VLDL의 증가)
⑤ 제5형(킬로미크론과 VLDL의 증가)

40 혈청 콜레스테롤의 증가 요인은?

① 콜레스테롤의 배설 증가
② 간의 LDL 수용체의 이상
③ 간의 콜레스테롤 합성 감소
④ 고콜레스테롤 식품 섭취 제한
⑤ 장관으로부터의 담즙 흡수 감소

41 혈청 콜레스테롤 수치를 낮추는 유지는?

① 라드   ② 팜유
③ 대두유   ④ 코코넛 기름
⑤ 쇠고기 지방

42 고콜레스테롤 식품에 해당하는 것은?

① 소 간   ② 두부
③ 가공 치즈 ④ 달걀 흰자
⑤ 닭 가슴살

43 이상지질혈증을 예방하기 위해 충분히 섭취해야 하는 것은?

① 에너지   ② 단순당
③ 탄수화물   ④ 식이섬유
⑤ 포화 지방

44 고콜레스테롤혈증의 식사 요법은?

① 포화 지방산의 섭취를 늘린다.
② 당질과 단백질의 섭취를 줄인다.
③ 오메가-6 지방산을 과잉 섭취한다.
④ 불포화 지방산과 식이섬유 섭취를 늘린다.
⑤ 콜레스테롤을 하루 500mg 이하로 제한한다.

45 식사가 혈중 콜레스테롤에 미치는 영향으로 옳은 것은?

① 혈중 콜레스테롤과 식사는 관련이 없다.
② 식이섬유소 섭취와 혈중 콜레스테롤은 관련이 없다.
③ 식사에 포화 지방산이 많으면 혈중 콜레스테롤은 감소한다.
④ 식사에 다가 불포화 지방산이 많으면 혈중 콜레스테롤은 감소한다.
⑤ 팜유, 코코넛 기름은 식물성이므로 콜레스테롤 저하에 효과적이다.

46 고중성 지방혈증 환자에게 적합한 식사 요법은?

① 단순당 제한
② 불포화 지방산 제한
③ 유당 함유 식품 제한
④ 동물성 단백질 제한
⑤ 나트륨 함유 식품 제한

47 고중성 지방혈증의 식단으로 옳은 것은?

① 흰밥, 쇠고기 장조림
② 크루와상, 크림치즈
③ 오믈렛, 닭다리 튀김
④ 조기 구이, 양배추쌈
⑤ 햄버거 스테이크, 감자튀김

48 동맥경화증의 혈장 지질 변화로 옳은 것은?

① HDL 증가
② LDL 증가
③ 중성 지방 감소
④ 콜레스테롤 감소
⑤ 청정 인자(clearing factor)의 증가

49 동맥경화증을 예방할 수 있는 혈중 지질은?

① 중성 지방
② 킬로미크론
③ 고밀도 지단백질(HDL)
④ 저밀도 지단백질(LDL)
⑤ 초저밀도 지단백질(VLDL)

50 동맥경화증의 위험 인자는?

① 고혈압, 고지혈증
② 만성 간염, 신장염
③ 고식이섬유소 식사
④ 저단백, 저나트륨식
⑤ ω-3 지방산 과잉 섭취

51 동맥경화증 환자가 섭취하면 좋은 식품은?

① 감자칩　　② 표고버섯
③ 이온음료　　④ 달걀 노른자
⑤ 코코넛 오일

52 동맥경화증 환자에게 권장할 수 있는 식품은?

① 새우튀김, 케이크, 우유
② 코코넛 오일, 장어, 소갈비
③ 곱창, 닭다리 튀김, 참기름
④ 달걀 흰자, 표고버섯, 들기름
⑤ 달걀 노른자, 우유, 감자튀김

53 ω-3 지방산의 함량이 높아 섭취 시 동맥경화를 개선할 수 있는 식품은?

① 고등어   ② 견과류
③ 내장육   ④ 달걀 노른자
⑤ 붉은색 육류

54 동맥경화증을 예방할 수 있는 요소는?

① 식이섬유
② 고당질식
③ 저단백식
④ 낮은 혈청 HDL 농도
⑤ 높은 혈청 LDL 농도

55 심장 질환 시 질병을 악화시킬 수 있는 식사성 요인은?

① 열량 섭취 부족
② 당질 섭취 부족
③ 비타민 과잉 섭취
④ 콜레스테롤 과잉 섭취
⑤ 불포화 지방산 과잉 섭취

56 협심증 환자의 식사 관리로 옳은 것은?

① 나트륨을 제한할 필요는 없다.
② 동물성 식품을 충분히 섭취한다.
③ 커피, 홍차를 자주 섭취해 수분을 공급한다.
④ 생선, 저지방 육류 등으로 단백질을 보충한다.
⑤ 에너지 섭취를 증가시키기 위해 동물성 지방을 섭취한다.

57 심근경색증 환자의 식사 요법으로 옳은 것은?

① 고에너지 식사를 제공한다.
② 식이섬유소 섭취를 늘린다.
③ 식사 횟수는 적을수록 좋다.
④ 커피와 알코올 섭취를 권장한다.
⑤ 식염은 자유롭게 섭취할 수 있다.

58 나트륨 제한식에 대한 설명으로 옳은 것은?

① 복합 조미료는 충분히 사용할 수 있다.
② 식물성 단백질 식품은 나트륨 함량이 높다.
③ 지속적으로 저염식을 하면 위궤양 발생률이 높다.
④ 칼륨은 나트륨 배설을 촉진하고 혈압 강하 작용을 한다.
⑤ 혈압 강하제를 사용한다면 나트륨 제한식을 하지 않아도 된다.

59 저나트륨식을 해야 하는 질환은?

① 빈혈
② 뇌전증
③ 연하 장애
④ 이상지질혈증
⑤ 울혈성 심부전

60 나트륨 제한식에 좋은 식품으로 구성된 것은?

① 겨자, 치즈, 토마토 케첩
② 식초, 계핏가루, 참기름
③ 감자, 흑설탕, 복합 조미료
④ 버터, 케이크, 베이킹 파우더
⑤ 계핏가루, 훈연 제품, 생선 통조림

61 울혈성 심부전의 식사 요법으로 옳은 것은?

① 나트륨을 제한한다.
② 단백질을 제한한다.
③ 지방을 충분히 섭취한다.
④ 열량을 충분히 섭취한다.
⑤ 식사량과 식사 횟수를 줄인다.

62 다음 중 100g당 나트륨 함량이 가장 적은 것은?

① 쌀밥
② 달걀
③ 우유
④ 쇠고기
⑤ 바나나

CHAPTER 08 | 비뇨기계 질환의 영양 관리

01 신장에 대한 설명으로 옳은 것은?

① 혈당 조절이 주된 기능이다.
② 수분의 재흡수에는 관여하지 않는다.
③ 사구체 여과율은 포도당으로 측정한다.
④ 정상인의 사구체 여과율은 평균 110~120mL/분이다.
⑤ 사구체에서 여과된 수분의 약 10%는 세뇨관에서 재흡수된다.

02 신장의 구조와 기능에 대한 설명으로 옳은 것은?

① 수분의 재흡수와는 관련이 없다.
② 요도는 신장의 일부로 신장 하부에 있다.
③ 세뇨관의 주기능은 전해질과 영양소의 재흡수이다.
④ 신장 단면 구조상 바깥쪽은 수질, 안쪽은 피질이다.
⑤ 사구체는 네프론이라고도 하며 소변 생성을 담당한다.

03 신장의 기능으로 옳은 것은?

① 요소 생성
② 적혈구 숙성
③ 체액량 조절
④ 비타민 D 재흡수
⑤ 백혈구 생성 촉진

04 '어떠한 물질의 신장 혈장 제거율이 1보다 작다'가 의미하는 것은?

① 사구체에서 여과됨을 뜻한다.
② 세뇨관에서 분비됨을 뜻한다.
③ 세뇨관에서 재흡수됨을 뜻한다.
④ 사구체에서 여과되지 않음을 뜻한다.
⑤ 사구체에서 여과되고 세뇨관에서 다량 분비됨을 뜻한다.

05 '포도당의 혈장 제거율이 0이다'의 의미는?

① 요중에는 포도당이 없다.
② 신장의 기능이 비정상이다.
③ 세뇨관에서 포도당 전량이 분비된다.
④ 사구체에서 포도당이 여과되지 않았다.
⑤ 사구체에서 여과된 포도당의 일부만 재흡수되었다.

06 신장 질환의 일반적인 증상은?

① 부종, 핍뇨
② 다뇨, 담석증
③ 고혈당, 고혈압
④ 저혈압, 저질소혈증
⑤ 담석증, 고콜레스테롤혈증

07 당뇨 환자에게 나타나는 다뇨 증상은?

① 삼투성 이뇨
② 수분성 이뇨
③ 압력성 이뇨
④ 염분 과잉 이뇨
⑤ 등삼투성 과잉 이뇨

08 요중 배설량의 증가로 부종을 일으키는 단백질은?

① 알부민
② 글리아딘
③ 글루테닌
④ 글로불린
⑤ 호르데인

09 정상적인 요중에 없어야 하는 성분은?

① 요소
② 알부민
③ 나트륨
④ 암모니아
⑤ 크레아틴

10 단백뇨가 있을 때 손상이 의심되는 부분은?

① 집합관 세포
② 근위세뇨관 세포
③ 원위세뇨관 세포
④ 사구체 모세 혈관막
⑤ 보우만 주머니 세포

11 신장의 수질 부분에 존재하는 것은?

① 신우
② 세뇨관
③ 사구체
④ 신소체
⑤ 보우만 주머니

12 체내 필요량에 따라 물의 재흡수를 조절하는 곳은?

① 신우
② 사구체
③ 근위세뇨관
④ 원위세뇨관
⑤ 보우만 주머니

13 정상적인 사구체에서 여과되는 물질은?

① 포도당
② 적혈구
③ 백혈구
④ 알부민
⑤ 피브리노겐

14 정상적인 사구체에서 여과되지 못하는 물질은?

① 물
② 당
③ 전해질
④ 단백질
⑤ 아미노산

15 건강한 성인의 신혈류량(신장 혈액 유통량)은?

① 1mL/분
② 125mL/분
③ 600mL/분
④ 1,250mL/분
⑤ 5,000mL/분

16 건강한 성인 남자의 사구체 여과율(체표면적 1.73m²)은?

① 30mL/분
② 50mL/분
③ 100mL/분
④ 125mL/분
⑤ 150mL/분

17 신장은 심장에서 박출되는 혈액량의 몇 %를 공급받는가?

① 10% ② 20%
③ 30% ④ 40%
⑤ 50%

18 포도당의 신장 역치에 대한 설명으로 옳은 것은?

① 포도당의 신장 역치는 140mL%이다.
② 신장 역치가 낮아져도 혈당이 낮으면 당뇨가 발병하지 않는다.
③ 정상인에게 혈당은 사구체로 여과된 후 원위세뇨관에서 모두 재흡수된다.
④ 혈당이 신장 역치 이상으로 상승하면 포도당이 소변으로 배설되기 시작한다.
⑤ 혈당이 신장 역치보다 낮으면 사구체 여과액 속에 포도당이 포함되지 않는다.

19 다음에서 설명하는 호르몬은?

- 부신피질에서 분비
- 신장의 혈압 조절에 관여
- 원위세뇨관과 집합관에서 나트륨의 재흡수와 칼륨의 분비 촉진

① 인슐린 ② 코티솔
③ 글루카곤 ④ 바소프레신
⑤ 알도스테론

20 신장에서 알도스테론에 의해 재흡수 되지 않고 배출되는 영양소는?

① Ca^{2+} ② Fe^{2+}
③ K^+ ④ mg^{2+}
⑤ Na^+

21 신장에서의 전해질 평형 조절에 대한 설명으로 옳은 것은?

① 칼륨은 전량 집합관에서 재흡수된다.
② 알도스테론은 나트륨 재흡수를 촉진한다.
③ 혈중 나트륨 농도가 낮으면 알도스테론 분비가 감소한다.
④ 혈중 칼륨 농도가 낮을 때 알도스테론의 분비를 촉진시킨다.
⑤ 혈장 교질 삼투압이 감소하면 사구체에서의 나트륨 여과율이 감소한다.

22 항이뇨 호르몬에 대한 설명으로 옳은 것은?

① 부신 피질에서 분비되는 호르몬이다.
② 알코올은 항이뇨 호르몬의 분비를 촉진시킨다.
③ 근위세뇨관에서 칼륨의 재흡수를 증가시킨다.
④ 근위세뇨관에서 나트륨의 배설을 촉진시킨다.
⑤ 항이뇨 호르몬의 분비는 체액의 삼투압에 의해 좌우된다.

23 신세뇨관 재흡수에 대한 내용으로 옳은 것은?

① 포도당과 아미노산은 원위세뇨관에서 완전히 흡수된다.
② 원위세뇨관에서의 수분 재흡수 작용은 알도스테론이 관여한다.
③ 원위세뇨관에서의 나트륨 재흡수는 항이뇨 호르몬의 영향을 받는다.
④ 나트륨은 근위세뇨관에서 체내 나트륨의 상태에 따라 재흡수가 조절된다.
⑤ 수분은 대부분 근위세뇨관에서 재흡수되며, 체내 요구에 따라 원위세뇨관에서 항이뇨 호르몬에 의해 흡수가 조절된다.

24 신장의 여과와 재흡수 과정에 간접적으로 관여하는 기관은?

① 간　　　　　② 심장
③ 신우　　　　④ 갑상선
⑤ 부신수질

25 급성 사구체신염에 대한 설명으로 옳은 것은?

① 다뇨로 인해 혈압이 상승한다.
② 혈뇨와 단백뇨가 흔히 나타난다.
③ 체내 칼륨 축적으로 부종이 나타난다.
④ 핍뇨기에는 단백질을 충분히 보충해야 한다.
⑤ 식사 요법으로 염분과 단백질을 충분히 섭취해야 한다.

26 급성 사구체신염의 증상으로 옳은 것은?

① 다뇨
② 부종
③ 저혈압
④ 저질소혈증
⑤ 고콜레스테롤혈증

27 급성 사구체신염에서 제한해야 하는 영양소는?

① 수분과 당질
② 당질과 염분
③ 염분과 단백질
④ 지방과 단백질
⑤ 비타민과 무기질

28 나트륨 제한 식사를 할 때 금해야 하는 식품은?

① 쌀　　　　　② 식빵
③ 겨자　　　　④ 마늘
⑤ 식초

29 신증후군(네프로시스)의 증상은?

① 황달
② 저질소혈증
③ 혈중 알부민 증가
④ 혈중 단백질 증가
⑤ 혈중 콜레스테롤 증가

30 신증후군의 식사 요법으로 옳은 것은?

① 탈수 방지를 위해 수분을 충분히 공급한다.
② 부종과 단백뇨가 나타나면 단백질 공급을 제한한다.
③ 고알부민혈증이 나타나므로 나트륨 공급을 제한한다.
④ 고지혈증을 예방하기 위해 에너지 제한식을 제공한다.
⑤ 고도의 부종 치료에는 수분과 식염을 제한할 필요가 있다.

31 급성 신부전 환자의 핍뇨기 증상은?

① 저인산혈증
② 저요소혈증
③ 고칼슘혈증
④ 고칼륨혈증
⑤ 크레아티닌 농도 감소

32 만성 신부전의 증상으로 옳은 것은?

① 알칼리혈증이 발생한다.
② 골격에서 칼슘 용출이 억제된다.
③ 골수에서 적혈구 생성이 증가한다.
④ 신장 기능 저하로 요독증이 발생한다.
⑤ 혈중 요소 등의 질소화합물이 배설된다.

33 만성 신부전 환자의 식사 요법으로 옳은 것은?

① 에너지의 밀도가 높은 식품은 제한한다.
② 사탕, 꿀, 잼과 같은 단순당을 이용한다.
③ 채소와 과일을 통해 칼륨을 충분히 섭취한다.
④ 요독증 방지를 위해 단백질을 충분히 섭취한다.
⑤ 동물성 식품을 통해 에너지를 충분히 섭취한다.

34 혈중 농도가 상승하면 심장에 부담을 주므로 신부전 환자에게 제한해야 할 무기질은?

① 황(S)   ② 인(P)
③ 칼륨(K) ④ 칼슘(Ca)
⑤ 염소(Cl)

35 신부전 환자의 열량 공급을 위한 영양소로 옳은 것은?

① 단순당, 단백질
② 단순당, 식물성 지방
③ 단백질, 복합 당질
④ 단백질, 동물성 지방
⑤ 복합 당질, 동물성 지방

36 요독증에 대한 설명으로 옳은 것은?

① 네프론의 약 50%가 손상된다.
② 사구체 여과율이 20mL/분이다.
③ 핍뇨, 결뇨, 고질소혈증 등이 나타난다.
④ 신기능이 정상의 1/4 이하로 떨어진다.
⑤ 혈중 요소 질소의 농도가 30mg/dL 이상이다.

37 요독증 환자에게 제한해야 하는 영양소는?

① 열량　　② 당질
③ 지방　　④ 칼슘
⑤ 단백질

38 요독증 환자에게 줄 수 있는 식품은?

① 불고기　　② 동태탕
③ 두부조림　　④ 감자볶음
⑤ 삶은 달걀

39 요독증의 증세가 심할 경우 제공할 수 있는 식품은?

① 우유, 크림
② 흰죽, 과즙
③ 보리차, 고기 국물
④ 설탕물, 밀크 셰이크
⑤ 요구르트, 과일 통조림

40 혈액 투석의 목적으로 옳은 것은?

① 요독증 방지
② 신결석 방지
③ 심부전 방지
④ 당화혈색소 정상치 유지
⑤ 혈중 콜레스테롤 농도 감소

41 투석을 하지 않는 신부전 환자에게 일어날 수 있는 문제점은?

① 골다공증　　② 저질소혈증
③ 저칼륨혈증　　④ 저인산혈증
⑤ 저요소혈증

42 지속적인 복막 투석 환자의 식사 요법은?

① 수분을 제한한다.
② 단백질을 제한한다.
③ 열량 공급을 증가한다.
④ 칼륨을 제한하지 않는다.
⑤ 나트륨을 제한하지 않는다.

43 다음 중 다량의 수분을 섭취해야 하는 비뇨기 질환은 무엇인가?

① 요독증
② 신결석증
③ 신증후군
④ 급성 사구체신염
⑤ 만성 사구체신염

44 신결석증에 대한 설명으로 옳은 것은?

① 수산 결석 환자는 비타민 A를 제한한다.
② 결석 조성을 불문하고 수분을 많이 섭취한다.
③ 요중 칼륨염 농도가 증가하면 결석을 유발한다.
④ 고식이섬유소 섭취는 칼슘 결석 발생을 유발한다.
⑤ 요산 결석과 시스틴 결석 환자는 산성 식품을 많이 섭취한다.

45 비타민 D 과잉 섭취, 갑상선 기능 항진증, 골다공증 등으로 인해 유발될 수 있는 결석은?

① 요산 결석
② 담낭 결석
③ 칼슘 결석
④ 시스틴 결석
⑤ 스트루바이트 결석

46 수산 칼슘 결석 환자에게 제한할 필요가 있는 비타민은?

① 비타민 A
② 비타민 B_1
③ 비타민 B_2
④ 비타민 B_6
⑤ 비타민 C

47 다음 중 수산 칼슘 결석 환자에게 적절한 식품은?

① 쌀밥, 미역국
② 호밀빵, 무화과 잼
③ 오믈렛, 시금칫국
④ 크루아상, 초코 케이크
⑤ 스테이크, 아스파라거스

48 시스틴 결석의 식사 요법은?

① 저퓨린식
② 수분제한식
③ 산성 식품 보충
④ 알칼리 식품 보충
⑤ 함황아미노산 보충

49 요산 결석증 환자에게 적절한 식품은?

① 간, 효모
② 우유, 달걀
③ 연어, 조개
④ 멸치, 고등어
⑤ 쇠고기, 고기 국물

50 요산 결석증 환자에게 제한해야 할 식품은?

① 국수
② 치즈
③ 멸치
④ 우유
⑤ 달걀

51 알칼리성 결석증 환자에게 적절한 식품은?

① 달걀
② 우유
③ 미역
④ 감자
⑤ 양배추

52 신결석증 환자의 식사 요법으로 옳은 것은?

① 요산 결석과 시스틴 결석 환자에게는 수분을 제한한다.
② 요산 결석 환자에게는 육류, 생선 등을 충분히 제공한다.
③ 수산 결석 환자에게는 시금치, 딸기 등을 충분히 제공한다.
④ 다량의 수분과 함께 동물성 단백질을 충분히 제공한다.
⑤ 다량의 수분을 공급하고 육류 단백질과 칼슘은 제한한다.

53 급성 신염의 식사 요법에서 단백질 섭취를 제한하는 이유는?

① 요단백질이 배설되기 때문이다.
② 체내 단백질의 분해가 증가하기 때문이다.
③ 체내 단백질의 필요량이 감소하기 때문이다.
④ 신장의 기능 저하로 단백질의 배설이 증가하기 때문이다.
⑤ 신장의 기능 저하로 질소 대사물의 배설이 어렵기 때문이다.

54 만성 신장염의 식사 요법으로 옳은 것은?

① 지방은 충분히 공급한다.
② 열량 공급량에 제한을 둔다.
③ 수분과 나트륨 섭취량에 제한을 둔다.
④ 열량을 충분히 공급하되 당질은 제한한다.
⑤ 생물가가 높은 단백질을 체중 kg당 1g 정도 제공한다.

55 다음 중 식사 요법으로 저단백질 식사를 해야 하는 질병은?

① 화상, 결핵
② 비만증, 당뇨병
③ 고혈압, 고지혈증
④ 급성 신염, 간성 혼수
⑤ 심장병, 만성 간 질환

56 저단백식을 할 때 자유롭게 섭취할 수 있는 식품은?

① 버터   ② 우유
③ 치즈   ④ 고등어
⑤ 베이컨

57 다음 중 식사 요법 시 저칼륨식을 해야 하는 질병은?

① 화상   ② 통풍
③ 신결석증   ④ 신증후군
⑤ 급성 신염

58 저칼륨 식사를 위한 조리법으로 옳은 것은?

① 과일은 통조림보다 생과일이 좋다.
② 속이나 잎보다 껍질이나 줄기에 칼륨이 적다.
③ 채소는 잘게 썰어 물에 삶거나 데쳐서 조리한다.
④ 육류는 물에 삶는 것보다 볶거나 튀기는 것이 좋다.
⑤ 저염 소금, 간장에는 칼륨 함량이 적으므로 자주 사용한다.

CHAPTER 08 비뇨기계 질환의 영양 관리

59 신장 질환의 식사 요법에서 단백질에 대한 설명으로 옳은 것은?

① 모든 신장 질환은 엄격한 저단백식을 해야 한다.
② 단백질의 질적인 측면은 고려하지 않아도 된다.
③ 환자의 상태와 관련 없이 극도의 저단백식을 해야 한다.
④ 에너지를 충분히 공급하면서 양질의 단백질을 섭취한다.
⑤ 식염을 제한해야 할 경우에도 고단백식 섭취는 가능하다.

60 다음 중 칼륨 함량이 많은 과일과 채소끼리 묶인 것은?

① 귤, 사과 / 피망, 숙주
② 사과, 단감 / 당근, 가지
③ 레몬, 딸기 / 깻잎, 양상추
④ 바나나, 참외 / 아욱, 시금치
⑤ 파인애플, 자두 / 오이, 피망

61 신장 질환 환자를 위한 식품 교환표에서 고려하지 않아도 되는 영양소는?

① 인   ② 당질
③ 칼륨   ④ 단백질
⑤ 나트륨

62 신장 질환에 이뇨제를 사용한 경우 가장 주의해야 하는 영양소는?

① 당질   ② 지질
③ 단백질   ④ 비타민
⑤ 무기질

CHAPTER 09 암의 영양 관리

01 암에 대한 일반적인 설명으로 옳은 것은?

① 비타민 B군은 항암 효과가 있다.
② 흡연, 과음은 암 발병과 관련이 없다.
③ 훈연 제품의 과잉 섭취는 위암의 발생 빈도를 낮춘다.
④ 우리나라에서 가장 많이 발생하는 암은 식도암이다.
⑤ 암이 진행됨에 따라 식욕 부진, 체중 감소, 빈혈 등 악액질이 나타난다.

02 다음 중 발암성 인자로 옳은 것은?

① 대두
② 과일
③ 곰팡이
④ 전곡류
⑤ 우유 및 유제품

03 위암 환자의 식사 요법으로 옳은 것은?

① 저열량 식사
② 고지방 식사
③ 고섬유소 식사
④ 부드럽고 자극성이 없는 식사
⑤ 식욕을 촉진하는 향미 식품 제한

04 지방과 암 발생과의 관계에 대한 설명으로 옳은 것은?

① 위암, 폐암 등의 발생과 밀접한 관계가 있다.
② 암 발생 예방을 위해 고지방식을 섭취해야 한다.
③ 담즙산 분비가 증가될 때 암 발생위험도가 증가한다.
④ 육류의 비가식적 지방은 암 발생 위험을 증가시킨다.
⑤ 불포화 지방산 함량이 높은 식품은 암 발생 위험을 증가시킨다.

05 암 환자에게서 발생하는 악액질의 증상은?

① 식욕 증진
② 체중 증가
③ 기초 대사율 저하
④ 체조직의 합성 증가
⑤ 영양소의 흡수 불량

06 암 악액질의 대사적 변화로 옳은 것은?

① 지방 분해가 감소한다.
② 체내 저장지방이 축적된다.
③ 암세포에서 포도당 이용률이 감소한다.
④ 포도당 신생을 위해 체단백질이 분해되어 근육이 소모된다.
⑤ 암세포에서 사이토카인이 분비되어 에너지 소모량이 감소한다.

07 암 환자에게서 발생하는 대사 이상으로 옳은 것은?

① 지방이 축적된다.
② 체중이 증가한다.
③ 기초 대사율이 감소한다.
④ 에너지 소모량이 증가한다.
⑤ 인슐린 저항성이 감소한다.

08 암 발생을 예방하기 위한 권장 사항으로 옳은 것은?

① 과음
② 체중 증가
③ 충분한 지방 섭취
④ 충분한 가공 식품의 이용
⑤ 충분한 채소 및 과일 섭취

09 위암 발생과 관련된 내용으로 옳은 것은?

① 녹황색 채소는 위암의 발생 빈도를 높인다.
② 쌀밥을 주식으로 하는 동양인은 발생률이 낮다.
③ 훈연 제품의 과잉 섭취는 위암의 발생 빈도를 낮춘다.
④ 고질산 함유 식품은 위암 발생의 원인이 될 수 있다.
⑤ 우유 및 유제품의 다량 섭취는 위암 발생 빈도를 높인다.

10 암과 원인 식품의 연결로 옳은 것은?

① 위암 – 저염식
② 간암 – 아질산염
③ 직장암 – 저섬유소식
④ 방광암 – 천연 감미료
⑤ 식도암 – 식물성 식품

11 암 환자의 치료 시 부작용에 따른 해결 방법으로 옳은 것은?

① 식욕 부진 – 소량씩 자주 공급
② 메스꺼움 – 고지방 식품 공급
③ 이미각증 – 따뜻한 음식 공급
④ 연하 곤란 – 점성이 강한 음식 공급
⑤ 면역 기능 저하 – 차가운 생과일 공급

12 암 환자의 구토를 방지하기 위한 방법으로 옳은 것은?

① 고지방 식품을 섭취한다.
② 한 끼에 많은 양을 섭취한다.
③ 식전에 항구토제를 복용한다.
④ 식전에 음료를 충분히 섭취한다.
⑤ 식사 도중 수분을 자주 섭취한다.

13 대장암을 예방하기 위한 식이섬유의 효과로 옳은 것은?

① 대변량이 감소한다.
② 배변 횟수가 적어진다.
③ 장내 통과시간이 증가한다.
④ 발암 물질에 노출되는 시간이 길어진다.
⑤ 보수성으로 대장 내의 발암 물질이 희석된다.

14 유방암 발병을 높일 수 있는 요인은?

① 표준 체중
② 고지방식
③ 저열량식
④ 고섬유소식
⑤ 고질산 함유 식품

15 암 발생을 예방할 수 있는 비타민은?

① 비타민 B_2 ② 비타민 B_6
③ 비타민 C   ④ 비타민 D
⑤ 비타민 K

16 위 절제 수술을 한 후 발생하는 문제점은?

① 변비
② 만성 빈혈
③ 체중 감소
④ 혈액량 증가
⑤ 위 배출 시간 지연

17 골수 이식 수술을 받은 백혈병 환자의 의식이 회복되지 않았을 경우 가장 올바른 영양 공급법은?

① 고열량식으로 연식 공급
② 고단백식으로 유동식 공급
③ 고지방식으로 일반식 공급
④ 필요한 영양소를 경관 급식으로 공급
⑤ 필요한 영양소를 정맥 영양으로 공급

18 최근 우리나라에서 사망률이 가장 높은 암은 무엇인가?

① 위암   ② 폐암
③ 유방암   ④ 식도암
⑤ 직장암

19 폐경 후 호르몬 요법을 이용할 경우 발병 가능한 암은?

① 폐암   ② 위암
③ 직장암   ④ 유방암
⑤ 대장암

CHAPTER 10 | 면역·수술 및 화상·호흡기 질환의 영양 관리

01 체온이 1℃ 상승할 때에 기초 대사율(BMR)의 증가율은?

① 약 8%   ② 약 10%
③ 약 13%   ④ 약 15%
⑤ 약 20%

02 발열, 감염에 의한 체내 대사 변화로 옳은 것은?

① 수분 손실 감소
② 체단백질 소모 감소
③ 염분, 칼륨 손실 감소
④ 글리코겐 저장량 감소
⑤ 기초 대사량(BMR) 감소

03 감염성 질환의 대사에 관한 설명으로 옳은 것은?

① 체내 수분의 손실 감소
② 전해질(NaCl, K) 손실 감소
③ 단백질 대사가 항진되어 체단백질 합성 증가
④ 발열 시 기초 대사가 항진되어 에너지 필요량 증가
⑤ 당질 대사가 항진되고 글리코겐 저장량 감소로 저혈당 초래

04 충분한 당질과 단백질 공급, 농축 열량 식품 공급, 충분한 수분(5,000~6,000cc)을 공급해야 하는 질병은?

① 비만   ② 변비
③ 담석증   ④ 심장 질환
⑤ 감염 질환

05 충분한 수분 공급과 고열량·저잔사식을 주어야 하는 질병은?

① 폐렴
② 장티푸스
③ 영양 결핍증
④ 바이러스성 폐렴
⑤ 급성 류마티스성 관절염

06 콜레라의 주된 증상은?

① 부종과 저알부민 혈증이 나타난다.
② 발열, 장궤양 및 장출혈이 발생한다.
③ 극심한 설사로 탈수 증세가 보인다.
④ 호흡이 빨라지며 소변량이 증가한다.
⑤ 식욕 부진과 빈번한 흉통 증세가 나타난다.

07 선천성 면역에 작용하는 것은?

① 적혈구　　　　② 보체계
③ B-림프구　　　④ T-림프구
⑤ 면역글로불린

08 후천성 면역에 관여하는 백혈구는?

① 호산구　　　　② 호중구
③ 호염구　　　　④ 림프구
⑤ 대식세포

09 세포성 면역에 관여하며 세포 내에서 직접 림포카인, 사이토카인 등을 분비하여 면역 기능을 조절하는 것은?

① 호중구　　　　② 혈소판
③ 대식세포　　　④ B-림프구
⑤ T-림프구

10 세포성 면역과 관련이 있는 것은?

① 골수
② B세포
③ 혈소판
④ 항체 생성
⑤ 림포카인(lymphokine)

11 면역글로불린(Ig)이라 불리는 여러 항체를 생산함으로써 체액성 면역에 관여하는 것은?

① 호중구　　　　② 혈소판
③ 대식세포　　　④ B-림프구
⑤ T-림프구

12 알레르기 체질에 대한 설명으로 옳은 것은?

① 알레르기는 영유아기에 가장 적게 나타난다.
② 알레르기 반응의 예민성은 청소년기에 나타난다.
③ 성장함에 따라 알레르기 과민성이 점차 증가한다.
④ 부모에게 알레르기 있으면 50% 정도의 자녀에게도 나타난다.
⑤ 병에 걸려 항원이 침입한 후에는 특정 식품에 예민해지는 경우도 있다.

13 식품 알레르기에 대한 설명으로 옳은 것은?

① 유전적 요인보다는 후천적 요인이 크다.
② 영유아보다는 성인에게서 잘 발생한다.
③ 섭취 후 반응이 즉시 나타나지 않는다.
④ 조리와 가공 과정에 따라 반응은 변화되지 않는다.
⑤ 원인이 되는 식품은 되도록 먹지 않는 것이 최선이다.

14 식사성 알레르기에 대한 설명으로 옳은 것은?

① 식품 알레르기의 대부분은 IgG에 의한다.
② 찬 음식이 알레르기 예방에 더 효과적이다.
③ 유아는 이유 시기를 앞당기면 알레르기를 예방할 수 있다.
④ 의심스러운 식품은 식사에서 완전히 배제한 후 관찰한다.
⑤ 같은 식품군 내의 식품 사이에 항원 간의 교차 반응은 나타나지 않는다.

15 아나필락시스(즉시형 과민증)형 식품 알레르기 반응과 관련이 있는 면역글로불린은?

① IgA   ② IgD
③ IgE   ④ IgG
⑤ IgM

16 식품 알레르기를 일으키는 주된 영양소는?

① 당질   ② 엽산
③ 단백질   ④ 옥살산
⑤ 포화 지방산

17 알레르기를 일으키는 식품에 대한 내용으로 옳은 것은?

① 메밀, 옥수수 등의 곡류도 항원이 된다.
② 가열할 경우 알레르기 반응성이 높아진다.
③ 해수어보다 담수어가 항원이 되기 쉽다.
④ ω-6 계열 불포화 지방산이 알레르기를 완화시킬 수 있다.
⑤ 같은 식품을 매일 먹으면 알레르기 반응이 나타나지 않는다.

18 다음 중 소아들이 섭취했을 때 알레르기를 가장 적게 일으키는 식품은?

① 우유   ② 달걀
③ 감자   ④ 옥수수
⑤ 토마토

19 달걀에 알레르기를 가지고 있는 사람이 섭취해도 좋은 식품은?

① 머랭   ② 요구르트
③ 마요네즈   ④ 핫케이크
⑤ 프렌치토스트

20 두류에 알레르기를 가지고 있는 사람이 섭취해도 좋은 식품은?

① 유부   ② 마가린
③ 수정과   ④ 대두유
⑤ 청국장

21 알레르기를 가장 적게 일으키는 식품은?

① 쌀   ② 우유
③ 달걀   ④ 대두
⑤ 고등어

22 식품에 대한 알레르기가 있는 사람에게 제공해도 되는 식품끼리 묶은 것은?

① 배추, 아스파라거스, 달걀
② 우유, 치즈, 초콜릿, 토마토
③ 가래떡, 오이, 사과, 파프리카
④ 갑각류, 조개, 돼지고기, 우유
⑤ 시금치, 새우, 바나나, 메밀국수

23 수술 전 고당질 식사를 제공하는 이유는?

① 알칼리증 방지
② 신장 기능 보호
③ 가스 발생 금지
④ 체내 단백질 절약
⑤ 에너지 이용효율 감소

24 수술 후 결핍되기 쉬운 영양소로 환자의 부종 방지, 조직 재생, 감염 예방 등을 위해 충분히 공급해주어야 하는 것은?

① 칼슘
② 당질
③ 지질
④ 단백질
⑤ 비타민 E

25 수술 후 환자의 회복기에 나타나는 체내 변화는?

① 체중이 감소한다.
② 칼륨이 보유된다.
③ 음의 질소 평형을 보인다.
④ 나트륨, 수분 배설이 감소한다.
⑤ 스트레스 호르몬 분비가 증가한다.

26 수술이나 화상과 같은 심한 스트레스 상황에서 많이 분비되는 호르몬은?

① 인슐린, 글루카곤
② 인슐린, 에피네프린
③ 코르티솔, 글루카곤
④ 코르티솔, 성장호르몬
⑤ 성장호르몬, 노르에피네프린

27 스트레스에 따른 신체 반응으로 옳은 것은?

① 호흡률과 맥박수 등이 감소한다.
② 체단백질 분해가 일어나 영양 불량을 초래한다.
③ 위장으로 혈류가 유입되어 위장 기능이 촉진된다.
④ 스트레스는 체내 영양 상태에 영향을 주지 않는다.
⑤ 글루카곤, 에피네프린 등의 호르몬 분비가 감소한다.

28 위나 회장 절제 시 결핍되기 쉬운 영양소는?

① 니아신
② 비타민 B_1
③ 비타민 B_2
④ 비타민 B_6
⑤ 비타민 B_{12}

29 위를 절제한 환자의 식사 요법으로 옳은 것은?

① 소량씩 자주 먹는다.
② 식후에는 자세를 바르게 한다.
③ 위에 무리가 가지 않도록 가능한 금식을 오래 한다.
④ 수술 직후에는 묽은 죽보다는 단 음식을 공급한다.
⑤ 수술 초기에는 설탕을 매일 공급하여 열량을 높인다.

30 위 절제 수술 후 덤핑 증후군을 나타내는 환자의 식사 요법으로 옳은 것은?

① 식사 직후 수분의 양을 늘린다.
② 지방과 단백질의 섭취를 감소시킨다.
③ 금식을 오래 하여 위의 부담을 줄인다.
④ 식사 중에는 수분의 양을 최대한 줄인다.
⑤ 설탕과 같은 단순당질의 섭취를 증가시킨다.

31 담낭 절제 수술을 한 환자가 많이 섭취해도 좋은 식품은?

① 잣죽　　② 치즈
③ 유자차　　④ 크림 수프
⑤ 달걀 프라이

32 편도선 수술 후의 식이요법으로 옳은 것은?

① 정맥 영양을 한다.
② 연식부터 제공한다.
③ 차갑고 부드러운 음료를 준다.
④ 체온과 비슷한 온도의 음료를 준다.
⑤ 육즙, 푸딩 등의 부드러운 음식을 준다.

33 수술 후 질환별 식사 요법의 연결로 옳은 것은?

① 직장 수술 – 저잔사식
② 담낭 절제 수술 – 고지방 식사
③ 편도선 수술 – 부드럽고 따뜻한 음식
④ 위 절제 수술 – 고당질, 고지방 식사
⑤ 덤핑 증후군 – 식사 중 충분한 수분 공급

34 다음 중 화상 시 나타나는 체내 변화로 옳은 것은?

① 소변량 증가
② 면역 기능 항진
③ 에너지 필요량 감소
④ 체액 나트륨의 다량 손실
⑤ 심한 화상 후에는 양(+)의 질소 평형

35 화상 환자의 체중 감소율은 화상 전 체중의 얼마 이하로 제한하는 것이 좋은가?

① 10% 이하　　② 15% 이하
③ 20% 이하　　④ 25% 이하
⑤ 30% 이하

36 심한 화상을 입은 환자의 식사 요법으로 옳은 것은?

① 저열량식　　② 저당질식
③ 저단백식　　④ 고비타민식
⑤ 고섬유소식

37 2도 화상을 입어 현재 쇼크 상태에 있는 환자에게 즉각적으로 해야 할 조치는?

① 수분과 전해질 공급
② 고단백·고열량식 공급
③ 고단백·저열량식 공급
④ 저단백·고열량식 공급
⑤ 저단백·저열량식 공급

38 화상 환자에게 필수적인 영양소는?

① 비타민 A, 구리
② 비타민 B₁, 철분
③ 비타민 C, 아연
④ 비타민 D, 칼륨
⑤ 비타민 E, 칼슘

39 폐렴의 식사 요법으로 옳은 것은?

① 저단백식 공급
② 고비타민식 공급
③ 수분 섭취 제한
④ 칼슘 섭취 제한
⑤ 나트륨 섭취 제한

40 결핵 병소의 석회화에 중요한 영양소는?

① 인
② 황
③ 칼슘
④ 칼륨
⑤ 마그네슘

41 폐결핵의 식사 요법으로 옳은 것은?

① 철 보충식
② 고지방식
③ 저단백식
④ 저에너지식
⑤ 저비타민식

42 폐결핵의 식사 요법으로 옳은 것은?

① 저에너지식을 공급한다.
② 비타민 C의 함량을 제한한다.
③ 단백질은 정상인보다 낮은 수준으로 공급한다.
④ 각혈을 할 경우 빈혈 예방을 위해 철과 구리를 충분히 공급한다.
⑤ 항결핵제인 이소니아지드(isoniazid)를 사용할 경우 비타민 B₁₂를 증가시킨다.

43 항결핵제인 이소니아지드(isoniaxid)를 복용하는 결핵 환자에게 필요한 비타민은?

① 니아신
② 비타민 B₁
③ 비타민 B₂
④ 비타민 B₆
⑤ 비타민 B₁₂

44 호흡 부전 시 식사 요법으로 옳은 것은?

① 고당질 식품을 제공한다.
② 고에너지식을 공급한다.
③ 저지방·저단백식을 공급한다.
④ 식사 중간에 수분을 충분히 공급한다.
⑤ 부종이 생기면 수분과 염분을 제한한다.

45 흡기 시 산소(O₂)의 통과 경로로 옳은 것은?

① 기관 – 기관지 – 폐포 – 세기관지 – 혈액
② 기관 – 기관지 – 세기관지 – 세포 – 혈액
③ 폐포 – 세기관지 – 기관지 – 기관 – 혈액
④ 폐포 – 혈액 – 세기관지 – 기관지 – 기관
⑤ 세기관지 – 폐포 – 혈액 – 기관지 – 기관

46 기도의 분지 중 기체의 가스 교환이 일어나는 장소는?

① 인두
② 후두
③ 세기관지
④ 종말세기관지
⑤ 호흡세기관지

47 호흡 중추가 흥분하기 쉬운 상태는?

① 혈중 N_2 농도가 높을 때
② 혈액 N_2와 CO_2 농도가 같을 때
③ 혈중 O_2 농도가 정상보다 높을 때
④ 혈중 CO_2 농도가 정상보다 높을 때
⑤ 혈중 O_2 농도와 CO_2 농도가 같을 때

48 폐에서 CO_2 배출이 좋지 못할 때 발생하는 현상은?

① 폐결핵
② 호흡성 산증
③ 호흡성 알칼리증
④ 대사성 산증
⑤ 대사성 알칼리증

49 폐포와 혈액 및 조직 세포 사이에서 일어나는 가스 교환 현상은?

① 분자의 크기에 의한 여과 현상
② 용해도 차이에 의한 삼투 현상
③ 가스분압의 차에 의한 확산 현상
④ 가스분압의 차에 의한 삼투 현상
⑤ 가스분압의 차에 의한 여과 현상

50 잔기량에 대한 설명으로 옳은 것은?

① 보통 500mL이다.
② 흡기예비량에서 일회호흡량을 뺀 값이다.
③ 정상 호흡한 후 폐 속에 남아 있는 공기량이다.
④ 최대 호흡한 후 폐 속에 남아 있는 공기량이다.
⑤ 기종이나 천식이 있어도 잔기량은 항상 일정하다.

51 폐포 환기량이 가장 큰 호흡은?

① 정상 호흡
② 깊고 빠른 호흡
③ 깊고 느린 호흡
④ 얕고 빠른 호흡
⑤ 얕고 느린 호흡

52 산소 해리 곡선에 대한 설명으로 옳은 것은?

① 혈액의 1,3-DPG 농도에 영향을 받는다.
② 고산 지역에서 헤모글로빈의 산소 포화도는 증가한다.
③ 체온이 올라가면 헤모글로빈의 산소 포화도는 증가한다.
④ 혈액이 산성이 되면 헤모글로빈의 산소 포화도는 감소한다.
⑤ 혈액의 산소 분압이 증가하면 헤모글로빈의 산소 포화도는 감소한다.

CHAPTER 11 빈혈의 영양 관리

01 인체의 체액에 대한 설명으로 옳은 것은?
① 세포 내액은 체중의 약 40%를 구성한다.
② 세포 외액은 체중의 약 10%를 구성한다.
③ 세포 외액에 가장 많은 양이온은 K^+이다.
④ 총 체액량은 체내 지방 함량과는 관련이 없다.
⑤ 체액과 등장액인 생리 식염수의 농도는 0.3%이다.

02 정상적인 체액 삼투질 농도는 얼마인가?
① 50mOsm/L
② 100mOsm/L
③ 200mOsm/L
④ 300mOsm/L
⑤ 400mOsm/L

03 다음에서 설명하는 혈액의 구성 성분은?

- 수분이 90% 이상 함유된 투명한 담황색의 액체
- 단백질은 알부민, 글로불린, 피브리노겐이 있음
- 단백질 대부분이 간에서 생성됨

① 혈장　　② 혈청
③ 적혈구　④ 백혈구
⑤ 혈소판

04 대부분의 혈장 단백질이 만들어지는 장기는?
① 간　　② 심장
③ 신장　④ 췌장
⑤ 담낭

05 혈장 단백질과 기능의 연결로 옳은 것은?
① 알부민 – 혈액 응고
② 알부민 – 철분 운반
③ 글로불린 – 산소 운반
④ 글로불린 – 면역에 관여
⑤ 피브리노겐 – 체액량 조절

06 영양 부족으로 인한 부종 발생 시 일어나는 현상은?
① 조직액이 혈액으로 이동한다.
② 혈장 단백질이 혈장으로 이동한다.
③ 혈장 단백질이 조직액으로 이동한다.
④ 수분이 혈장에서 조직액으로 이동한다.
⑤ 수분이 조직액에서 혈장으로 이동한다.

07 모세 혈관과 조직 사이의 액체 이동에 주로 관여하는 것은?

① 확산
② 삼투
③ 능동적 이동
④ 혈장 교질 삼투압
⑤ 운반체에 의한 이동

08 혈액을 방치하여 응고되었을 때 피브리노겐과 같은 혈액 응고 단백질이 제거된 상층액은 무엇인가?

① 혈장　　　② 혈청
③ 적혈구　　④ 백혈구
⑤ 혈소판

09 혈청 중 철분을 운반하는 혈장 단백질은?

① 백혈구
② 페리틴
③ 헤모글로빈
④ 트랜스페린
⑤ 세룰로플라스민

10 혈액에 대한 설명으로 옳은 것은?

① 적혈구의 수명은 약 100일이다.
② 혈장 단백질은 알부민과 글로불린뿐이다.
③ 총 체액 중 혈장이 차지하는 비율은 약 10%이다.
④ 헤모글로빈은 글로빈과 1개의 헴 분자로 구성되어 있다.
⑤ 백혈구 중 가장 많은 비율을 차지하는 것은 식균작용을 하는 호중구이다.

11 정상 성인의 혈액 pH는?

① pH 6.8　　② pH 7.0
③ pH 7.2　　④ pH 7.4
⑤ pH 7.8

12 혈액의 기능으로 옳은 것은?

① 해독 작용
② 혈압 조절
③ 혈당 조절
④ 비타민 D 활성화
⑤ 영양소 및 호르몬 운반

13 혈구의 크기가 큰 것부터 배열된 것은?

① 백혈구＞혈소판＞적혈구
② 백혈구＞적혈구＞혈소판
③ 적혈구＞혈소판＞백혈구
④ 적혈구＞백혈구＞혈소판
⑤ 혈소판＞백혈구＞적혈구

14 정상 성인 여자의 혈액 $1mm^3$당 적혈구 수는?

① 6,000~9,000개
② 25만~50만개
③ 200만개
④ 350만개
⑤ 450만개

15 신장에서 분비되어 적혈구의 생성 속도를 촉진하는 조혈 촉진 인자는?

① 옥시토신
② 알도스테론
③ 항이뇨 호르몬
④ 에리트로포이에틴
⑤ 부신피질 자극 호르몬

16 적혈구 조혈 인자(erythropoietin)가 주로 생성되는 기관은?

① 골수　② 비장
③ 신장　④ 췌장
⑤ 림프절

17 60세 이상의 노인층에서 주로 적혈구가 생성되는 장소는?

① 골반　② 경골
③ 비골　④ 대퇴골
⑤ 상완골

18 헤마토크리트(HCT)치란 무엇인가?

① 혈액량 100에 대한 혈장의 용적비
② 혈액량 100에 대한 적혈구의 용적비
③ 혈액량 100에 대한 백혈구의 용적비
④ 혈장량 100에 대한 적혈구의 용적비
⑤ 혈장량 100에 대한 백혈구의 용적비

19 빈혈을 판정하는 수치인 평균 적혈구 용적(MCV)을 계산하기 위해 필요한 것은?

① 페리틴 농도
② 당화혈색소
③ 헤마토크리트치
④ 헤모글로빈 농도
⑤ 트랜스페린 포화도

20 빈혈의 판정에서 평균 적혈구 용적을 뜻하는 것은?

① MCV　② MCH
③ TIBC　④ MCHC
⑤ MCVC

21 체내 철 저장 상태를 알려주는 지표는?

① 적혈구 수
② 헤마토크리트치
③ 헤모글로빈 농도
④ 혈청 페리틴 농도
⑤ 트랜스페린 포화도

22 적혈구가 파괴될 때 생성되는 분해산물은?

① 레시틴　② 알부민
③ 담즙산　④ 빌리루빈
⑤ 글로불린

23 용혈에 대한 설명으로 옳은 것은?

① 혈액으로부터 적혈구가 분리되는 것이다.
② 적혈구와 백혈구의 일시적 응집 현상이다.
③ 헤모글로빈이 적혈구에 농축되는 것이다.
④ 등장액에 적혈구를 담그면 적혈구 막이 파괴되는 것이다.
⑤ 적혈구 막의 손상으로 헤모글로빈이 혈구 밖으로 유출되는 것이다.

24 체온 상승 시 헤모글로빈의 산소 해리 곡선의 변화는?

① 변화가 없다.
② 왼쪽으로 이동하여 산소가 쉽게 해리된다.
③ 왼쪽으로 이동하여 산소 해리가 어려워진다.
④ 오른쪽으로 이동하여 산소가 쉽게 해리된다.
⑤ 오른쪽으로 이동하여 산소 해리가 어려워진다.

25 백혈구에 대한 설명으로 옳은 것은?

① 혈구 중 크기가 가장 작다.
② 아메바성 운동을 할 수 없다.
③ 골수 간세포에서만 생성된다.
④ 골수 및 림프 조직에서 생성된다.
⑤ 혈액, 림프액에서만 작용을 나타낸다.

26 1차 면역에서 가장 중요한 식균작용을 하며 급성 염증 시 급속하게 증가하는 백혈구는?

① 단핵구
② 림프구
③ 호산성 백혈구
④ 호중성 백혈구
⑤ 호염기성 백혈구

27 항체의 주 성분은?

① 핵산　　　　② 지질
③ 레시틴　　　④ 알부민
⑤ γ-글로불린

28 림프액이 림프관을 거쳐 혈액과 합류되는 곳은?

① 대동맥　　　② 대정맥
③ 폐동맥　　　④ 관상동맥
⑤ 쇄골하정맥

29 혈액 응고 작용에 관여하는 비타민과 무기질은?

① 비타민 A - 인(P)
② 비타민 K - 칼슘(Ca)
③ 비타민 B_1 - 칼륨(K)
④ 비타민 C - 나트륨(Na)
⑤ 비타민 D - 마그네슘(Mg)

30 혈액 응고 과정에서의 비타민 K의 역할은?

① 혈관을 수축시키는 역할
② 간에서 피브리노겐의 생산 촉진
③ 간에서 프로트롬빈의 생산 촉진
④ 프로트롬빈이 트롬빈이 되도록 촉매 역할
⑤ 피브리노겐이 피브린이 되도록 촉매 역할

31 다음 중 혈액 응고에 관여하는 물질은?

① 인
② 칼륨
③ 림포카인
④ 비타민 C
⑤ 트롬보키나아제

32 빈혈에 대한 설명으로 옳은 것은?

① 철 결핍성 빈혈은 소적혈구성 저색소성 빈혈이라 한다.
② 철 결핍성 빈혈의 초기 단계에서는 철의 흡수율이 감소한다.
③ 거대 적아구성 빈혈은 엽산과 비타민 B_1이 부족하여 발생한다.
④ 악성 빈혈은 저산증이나 십이지장 질환자에게서 쉽게 발병한다.
⑤ 엽산은 동물성 식품에 많고, 체내 저장량이 많아 매일 섭취하지 않아도 된다.

33 가임기 여성이나 월경으로 인한 혈액 손실이 많은 사춘기 소녀들에게서 발병하기 쉬운 빈혈은?

① 악성 빈혈
② 용혈성 빈혈
③ 철 결핍성 빈혈
④ 재생불량성 빈혈
⑤ 거대 적아구성 빈혈

34 철 결핍성 빈혈의 식사 지침으로 옳은 것은?

① 파래에는 흡수율이 좋은 비헴철이 많으므로 섭취를 권장한다.
② 식물성 식품은 헴철이 풍부하여 흡수율이 좋으므로 섭취를 권장한다.
③ 채소와 과일에 함유된 비타민 A는 철의 흡수를 촉진하므로 권장한다.
④ 난황에 함유된 황은 철의 흡수를 방해하므로 달걀은 권장하지 않는다.
⑤ 철의 흡수를 촉진하기 위해 단백질과 함께 비타민 C를 섭취하도록 권장한다.

35 헴철(heme iron)이 들어 있는 식품으로 구성된 것은?

① 백미, 메밀
② 난황, 소고기
③ 딸기, 바나나
④ 깻잎, 시금치
⑤ 소 간, 돼지고기

CHAPTER 11 빈혈의 영양 관리

36 체내에서 철분의 흡수와 이용을 촉진시키는 것은?

① 탄닌
② 피틴산
③ 인산염
④ 식물성 단백질
⑤ 동물성 단백질

37 철 결핍성(소적혈구 저색소성) 빈혈에는 어떠한 식품을 권장하는가?

① 감, 사과, 포도
② 무, 오이, 당근
③ 간, 난황, 쇠고기
④ 양파, 쇠고기, 닭고기
⑤ 감자, 고구마, 송이버섯

38 철 결핍성 빈혈 환자에게 권장할 수 있는 식품은?

① 현미   ② 난황
③ 콜라   ④ 녹차
⑤ 시금치

39 간을 싫어하는 빈혈 환자에게 가장 적합한 조리 방법은?

① 조리하지 않은 생간을 먹는다.
② 오랫동안 보관했던 간을 이용한다.
③ 고추, 겨자 등을 이용하여 조리한다.
④ 향신 채소나 소스를 이용하여 조리한다.
⑤ 소금물에 담가 피를 완전히 제거한 후 조리한다.

40 철 보충제 복용 시 철 흡수율을 증가시킬 수 있는 방법은?

① 우유와 함께 섭취
② 제산제와 함께 섭취
③ 탄산 음료와 함께 섭취
④ 녹차, 홍차와 함께 섭취
⑤ 오렌지 주스와 함께 섭취

41 거대 적아구성 빈혈이 흔하게 발생할 수 있는 사람은?

① 비만 환자
② 당뇨병 환자
③ 가임기 여성
④ 위산과다 환자
⑤ 흡수 불량증후군 환자

42 악성 빈혈의 모체가 될 수 있는 것은?

① 출혈성 빈혈
② 철 결핍성 빈혈
③ 재생 불량성 빈혈
④ 거대 적아구성 빈혈
⑤ 유전성 구상 적혈구 빈혈

43 재생 불량성 빈혈 환자의 식사로서 적합한 것은?

① 저단백, 고비타민 C, 비타민 E, 고철분
② 저단백, 고비타민 B_{12}, 고비타민 C, 저엽산
③ 고단백, 고비타민 B_{12}, 고비타민 C, 고엽산
④ 고단백, 고비타민 A, 고비타민 C, 고철분
⑤ 고단백, 고비타민 A, 고비타민 C, 고비타민 E

44 회장 절제로 빈혈이 발생한 환자의 경우 올바른 식이요법은?

① 제산제 투여
② 다량의 우유 공급
③ 비타민제 경구 복용
④ 비타민 B_{12} 정기적 주사
⑤ 충분한 채소와 과일 제공

45 빈혈 발생에 관여하는 영양소는 어떤 것들이 있는가?

① 철분, 단백질, 비타민 A, 비타민 D, 비타민 E, 아연
② 철분, 단백질, 비타민 A, 비타민 C, 비타민 K, 요오드
③ 엽산, 철분, 단백질, 비타민 B_6, 비타민 B_{12}, 비타민 C
④ 엽산, 비타민 C, 비타민 E, 비타민 K, 아연, 마그네슘
⑤ 단백질, 비타민 B_6, 비타민 B_{12}, 비타민 K, 칼슘, 요오드

CHAPTER 12 | 신경계 및 골격계 질환의 영양 관리

01 뉴런을 위한 유일한 연료로서 뇌에서 주로 이용되는 에너지원은?

① 포도당 ② 레시틴
③ 아미노산 ④ 식이섬유
⑤ 유리지방산

02 신경의 흥분과 관련된 설명으로 옳은 것은?

① 자극 강도가 셀수록 크게 흥분한다.
② 자극 기간이 길수록 크게 흥분한다.
③ 자극 횟수가 많을수록 크게 흥분한다.
④ 역치 이하의 자극 강도에서만 흥분하다.
⑤ 역치 이상의 자극 강도에서만 흥분하다.

03 신경세포막이 자극을 받아 흥분할 때 일어나는 현상은?

① K^+이 세포 내부로 이동한다.
② Ca^{2+}이 세포 내부로 이동한다.
③ Na^+이 세포 내부로 이동한다.
④ Cl^-는 세포 외부로 이동한다.
⑤ 세포 내부가 '음', 세포 외부가 '양'으로 하전된다.

04 억제성 신경 전달 물질로 작용하는 것은?

① 도파민
② 글루탐산
③ 아세틸콜린
④ 에피네프린
⑤ 감마아미노부틸산(GABA)

05 뇌의 부위별 기능이 옳게 연결된 것은?

① 소뇌 – 체온 조절
② 중뇌 – 특수 감각
③ 대뇌 – 연합 기능
④ 연수 – 식욕 조절
⑤ 시상하부 – 타액 분비 조절

06 소뇌와 함께 신체 운동과 자세 조정에 관여하는 부분으로 손상 시 파킨슨병을 유발하는 부분은?

① 대뇌 ② 연수
③ 기저핵 ④ 시상하부
⑤ 뇌하수체

07 동공 반사를 담당하는 부위는?

① 소뇌 ② 중뇌
③ 대뇌 ④ 연수
⑤ 척수

08 대뇌 손상 시 발생할 수 있는 증상은?

① 판단 장애
② 평형 장애
③ 시각 장애
④ 근무력증
⑤ 식욕 조절 이상

09 운동 학습 기능이 있어 운동 패턴을 기억하여 숙련된 운동을 통제하는 부위는?

① 소뇌
② 중뇌
③ 연수
④ 대뇌수질
⑤ 대뇌피질

10 생체 내부 환경의 항상성을 관장하는 자율 신경계 최고 중추는?

① 시상
② 중뇌
③ 기저핵
④ 선조체
⑤ 시상하부

11 기억, 판단과 같은 고등 정신 기능을 담당하는 곳은?

① 연수
② 시상
③ 중뇌
④ 대뇌피질
⑤ 대뇌수질

12 시상하부의 기능으로 옳은 것은?

① 호흡 중추
② 타액 중추
③ 심장 중추
④ 배변 반사 중추
⑤ 체온 조절 중추

13 교감 신경(A)과 부교감 신경(B)의 절후 섬유에서 각각 분비되는 신경 전달 물질은?

	(A)	(B)
①	세팔린	도파민
②	도파민	세로토닌
③	아세틸콜린	세팔린
④	노르에피네프린	세로토닌
⑤	노르에피네프린	아세틸콜린

14 교감 신경이 흥분했을 때의 활동으로 옳은 것은?

① 혈압 상승
② 모양체근 수축
③ 소화액 분비 촉진
④ 기관지근 수축
⑤ 타액 분비 촉진

15 부교감 신경의 활동으로 옳은 것은?

① 혈압 상승
② 동공 확대
③ 심박수 증가
④ 타액 분비 억제
⑤ 소화액 분비 증가

CHAPTER 12 신경계 및 골격계 질환의 영양 관리

16 케톤식을 실시해야 하는 질병은?

① 간질
② 위궤양
③ 알츠하이머
④ 동맥경화증
⑤ 중증 근무력증

17 간질(뇌전증) 환자의 식사 요법은?

① 저당질 · 저단백 식사
② 저당질 · 고지방 식사
③ 고당질 · 저지방 식사
④ 고당질 · 고단백 식사
⑤ 고단백 · 저지방 식사

18 발작이 있는 간질 환자가 다량 섭취해야 하는 식품은?

① 과일, 채소
② 식빵, 인절미
③ 감자, 고구마
④ 버터, 진한 크림
⑤ 우유, 통조림 과일

19 인체의 골격 기능으로 옳은 것은?

① 지지 작용, 보호 작용, 운동 작용, 조혈 작용
② 보호 작용, 운동 작용, 응고 작용, 조혈 작용
③ 운동 작용, 지지 작용, 조혈 작용, 분해 작용
④ 흡수 작용, 보호 작용, 배설 작용, 응고 작용
⑤ 분해 작용, 지지 작용, 응고 작용, 운동 작용

20 혈중 칼슘 농도 증가 시 분비되는 호르몬으로 칼슘 대사와 밀접한 관계가 있는 호르몬은?

① 티록신
② 칼시토닌
③ 에스트로겐
④ 갑상선 호르몬
⑤ 테스토스테론

21 다음 중 구루병의 원인으로 옳은 것은?

① 자외선 노출
② 칼슘 섭취 부족
③ 단백질 섭취 부족
④ 비타민 D 섭취 과다
⑤ 부갑상선 호르몬의 증가

22 골다공증의 치료를 위한 내용으로 옳은 것은?

① 동물성 단백질을 많이 섭취하도록 한다.
② 칼슘은 1일 2,000mg 이상으로 권장한다.
③ 칼슘과 인의 섭취 비율은 2:1로 유지하도록 한다.
④ 충분한 자외선 노출을 통해 비타민 D 합성을 촉진한다
⑤ 식이섬유는 칼슘 흡수를 촉진하므로 섭취량을 증가시킨다.

23 골연화증의 발병 원인은?

① 자외선 노출
② 나트륨 섭취의 부족
③ 단백질의 섭취 부족
④ 비타민 C의 섭취량 증가
⑤ 칼슘과 비타민 D의 결핍

CHAPTER 13 | 선천성 대사 장애 및 내분비 조절 장애의 영양 관리

01 다음에서 설명하는 대사 장애로 옳은 것은?

- 원인 : 페닐알라닌 하이드록실라아제 결핍
- 증상 : 멜라닌 색소 형성 저하로 모발 탈색, 기초 대사율 저하로 지능 저하와 성장 부진, 부신수질 호르몬 합성 저하로 인한 혈압 저하 등
- 식사 요법 : 단백질 함유 식품 제한

① 당원병
② 티로신혈증
③ 페닐케톤뇨증
④ 단풍당밀뇨증
⑤ 갈락토오스혈증

02 페닐케톤뇨증(PKU)에 대한 설명으로 옳은 것은?

① 당질의 선천적인 대사 장애로 인한 질병이다.
② 기초 대사율 상승으로 체지방 소모가 증가한다.
③ 부신수질 호르몬 합성 저하로 혈압이 상승한다.
④ 티로신 합성 장애로 멜라닌 색소가 과잉 생산된다.
⑤ 치료되지 않으면 지능 저하, 정서적 불안정, 성장 지연 등이 발생한다.

03 페닐케톤뇨증(PKU)의 주요 증상은?

① 식욕 부진, 백내장, 황달 발생
② 멜라닌 색소 형성 저하로 모발 탈색
③ 도파민 합성 상승으로 무기력증 발생
④ 앉기, 뒤집기, 걷기 등의 운동 발달 촉진
⑤ 부신수질 호르몬 합성 저하로 혈압 상승

04 페닐케톤뇨증(PKU) 어린이가 섭취할 수 있는 식품은?

① 꿀
② 달걀
③ 두부
④ 우유
⑤ 치즈

05 페닐케톤뇨증(PKU) 환자에게 제한해야 하는 것은?

① 퓨린
② 티로신
③ 시스테인
④ 메티오닌
⑤ 페닐알라닌

06 단풍당밀뇨증에 대한 설명으로 옳은 것은?

① 류신, 이소류신, 메티오닌의 대사 장애증이다.
② 측쇄 아미노산이 많이 함유된 식품을 공급한다.
③ 출생 후 4~5일경 경련, 발작, 혼수 등이 발생한다.
④ 소변에서 단풍 당밀 냄새가 나는 것이 가장 뚜렷한 증상이다.
⑤ 효소 부족으로 측쇄 아미노산 유래 케토산의 농도가 감소한다.

07 갈락토오스혈증(galactosemia)의 원인으로 옳은 것은?

① 갈락토오스가 흡수되지 못하므로
② 젖당이 갈락토오스로 분해되지 못하므로
③ 갈락토오스가 젖당으로 전환되지 못하므로
④ 갈락토오스가 맥아당으로 전환되지 못하므로
⑤ 락토오스가 포도당으로 전환되지 못하므로

08 갈락토오스혈증 환자에게 제한해야 하는 식품은?

① 두류　　　② 과일류
③ 유제품　　④ 채소류
⑤ 해조류

09 갈락토오스혈증 환자에게 공급할 수 있는 식품은?

① 우유　　　② 두유
③ 치즈　　　④ 요구르트
⑤ 탈지분유

10 다음 중 함황아미노산의 대사 이상으로 발생하는 질환은?

① 티로신혈증
② 페닐케톤뇨증
③ 갈락토오스혈증
④ 갑상선기능항진증
⑤ 호모시스테인뇨증

11 다음 중 뇌하수체 전엽에서 분비되는 호르몬으로 옳은 것은?

① 안드로겐
② 옥시토신
③ 항이뇨 호르몬
④ 노르에피네프린
⑤ 갑상선 자극 호르몬

12 다음 중 부신피질 자극 호르몬(ACTH)에 대한 내용으로 옳은 것은?

① 카테콜라민을 분비한다.
② 뇌하수체 중엽에서 분비된다.
③ 혈관을 수축시켜 혈압을 상승시킨다.
④ 코르티졸의 합성과 분비를 촉진시킨다.
⑤ 당류코르티코이드 호르몬이 과잉 분비되면 갈색세포종이 발생한다.

13 당류코르티코이드 호르몬의 분비를 촉진하는 것은?

① 옥시토신
② 프로락틴
③ 항이뇨 호르몬
④ 갑상선자극 호르몬
⑤ 부신피질 자극 호르몬

14 부신수질 호르몬에 대한 설명으로 옳은 것은?

① 뇌하수체 후엽에서 분비된다.
② 과잉 분비 시 쿠싱 증후군이 나타난다.
③ 혈관을 수축시켜 혈압을 상승시킨다.
④ 에스트로겐, 테스토스테론을 분비한다.
⑤ 부교감 신경의 자극 시에 더욱 분비된다.

15 요붕증(diabetes insipidus)과 관련된 호르몬은?

① 티록신
② 세라토닌
③ 에스트로겐
④ 항이뇨 호르몬
⑤ 프로게스테론

16 단순갑상선종(simplegoiter)은 어떠한 영양소가 결핍되어 발생하는가?

① I
② Ca
③ Cu
④ Fe
⑤ mg

17 갑상선 호르몬의 분비가 증가하면 일어나는 작용은?

① 심박동수가 감소한다.
② 체지방 분해가 증가한다.
③ 단백질 분해 반응이 억제된다.
④ 저체온증, 저혈압, 저혈당 등이 발생한다.
⑤ 기초 대사량이 감소하고 우울, 무기력증이 생긴다.

18 갑상선 기능 항진증의 대표적인 증상은?

① 저혈압
② 피부염
③ 안구 돌출
④ 체중 증가
⑤ 지능 발달 장애

19 에피네프린 주사를 맞았을 때 일어나는 변화는?

① 대사 속도 증가, 혈압 감소
② 대사 속도 증가, 혈압과 칼슘량 증가
③ 대사 속도 증가, 심박수와 혈압 증가
④ 대사 속도 감소, 심박수와 혈당량 증가
⑤ 대사 속도 감소, 심박수와 혈압, 혈당량 증가

20 호르몬의 분비 기관과 호르몬 분비 이상으로 생기는 증상의 연결로 옳은 것은?

① 췌장 – 당뇨병
② 뇌하수체 – 골다공증
③ 부신수질 – 에디슨병
④ 부신피질 – 갈색세포종
⑤ 성장 호르몬 – 갑상선염

21 혈당을 상승시키는 호르몬(A)과 체내에 당을 저장시키는 호르몬(B)은 각각 무엇인가?

	(A)	(B)
①	인슐린	옥시토신
②	에피네프린	인슐린
③	알도스테론	안드로겐
④	코르티졸	에피네프린
⑤	부갑상선 호르몬	세크레틴

22 다음 중 각 호르몬의 분비 기관과 그 효과를 연결한 것으로 옳은 것은?

① 췌장 – 인슐린 – 혈당 상승
② 난소 – 안드로겐 – 배란 억제
③ 갑상선 – 티록신 – 기초 대사율 감소
④ 부신수질 – 에피네프린 – 심박동수 증가
⑤ 부신피질 – 당류코르티코이드 – 혈당 하강

23 호르몬에 대한 설명으로 옳은 것은?

① 호르몬 성분은 단백질뿐이다.
② 성호르몬은 경구 투여가 어렵다.
③ 신경섬유에 비해 반응시간이 빠르다.
④ 호르몬은 단백질계와 스테로이드계로 나뉜다.
⑤ 호르몬이 분비되는 곳과 작용하는 부위는 일치한다.

24 다음 중 퓨린을 제한해야 하는 질환은?

① 비만, 고혈압
② 고혈압, 심장 질환
③ 통풍, 요산 결석증
④ 위궤양, 덤핑 증후군
⑤ 만성 간 질환, 알콜성 간경변증

25 통풍의 주요 발병 대상은?

① 심부전 환자
② 당뇨병 환자
③ 간경변증 환자
④ 만성 위궤양 환자
⑤ 갑상선 기능 저하증 환자

26 통풍의 요산 대사에 관한 내용으로 옳은 것은?

① 통풍은 유전성 원인이 강하다.
② 혈중 요산치는 외인성과 내인성에 의한다.
③ 식품 내의 퓨린 함량과 혈중 요산치는 관련이 없다.
④ 단백질을 다량 섭취해도 혈중 요산치에는 영향이 없다.
⑤ 퓨린 함량이 적은 식품만 섭취하면 혈중 요산치를 낮출 수 있다.

CHAPTER 13 선천성 대사 장애 및 내분비 조절 장애의 영양 관리

27 통풍 환자의 식사 요법으로 옳은 것은?

① 급격한 체중 감소를 위해 저당질을 섭취한다.
② 요산 배설을 촉진하기 위해 고지방식을 섭취한다.
③ 채소 및 과일 섭취를 늘려 소변의 알칼리도를 유지한다.
④ 생선이나 고깃국물은 퓨린 함량이 적으므로 적극 섭취한다.
⑤ 수분 섭취를 늘리면 통증이 악화되므로 수분 섭취를 제한한다.

28 통풍 환자의 식사 요법으로 옳은 것은?

① 칼슘 제한
② 수분 제한
③ 식염 제한
④ 퓨린 섭취 증가
⑤ 알코올 섭취 증가

29 통풍 환자에게 제공할 수 있는 식품은?

① 어란, 정어리, 멸치
② 쇠간, 곱창, 순대
③ 고등어, 연어, 효모
④ 아이스크림, 빵, 우유, 달걀
⑤ 멸치볶음, 갈비찜, 고기 국물

30 퓨린 함량이 극히 적어 통풍 환자가 매일 먹어도 좋은 식품은?

① 내장, 간
② 달걀, 우유
③ 치즈, 멸치
④ 어란, 정어리
⑤ 쇠고기, 돼지고기

31 다음 중 통풍 환자에게 제한해야 하는 식품은?

① 술
② 우유
③ 홍차
④ 커피
⑤ 오렌지 주스

"

CHAPTER 01 개요
CHAPTER 02 수분
CHAPTER 03 탄수화물
CHAPTER 04 지질
CHAPTER 05 단백질
CHAPTER 06 식품의 색과 향미
CHAPTER 07 곡류, 서류 및 당류
CHAPTER 08 육류
CHAPTER 09 어패류
CHAPTER 10 난류
CHAPTER 11 우유 및 유제품
CHAPTER 12 두류
CHAPTER 13 유지류
CHAPTER 14 채소 및 과일류
CHAPTER 15 해조류 및 버섯류
CHAPTER 16 식품 미생물

PART 05

식품학 및 조리원리

CHAPTER 01 개요

01 조리의 목적으로 옳은 것은?

① 식품의 기호성이 감소한다.
② 식품의 영양성이 감소된다.
③ 소화 효소의 작용이 쉬워진다.
④ 영양소의 흡수율이 저하된다.
⑤ 식품의 저장성이 감소한다.

02 경수로 커피나 홍차를 끓였을 때 적갈색의 침전물을 형성하는 이유는?

① 갈변 현상 때문이다.
② 차에 있던 단백질이 변성되었기 때문이다.
③ 차에 있는 비타민이 산화되었기 때문이다.
④ 물에 있던 불순물이 열에 의해 응고되었기 때문이다.
⑤ 커피와 차에 함유된 탄닌이 칼슘, 마그네슘과 반응하여 침전물을 형성했기 때문이다.

03 콜로이드용액(교질용액)에 대한 설명으로 옳은 것은?

① 1㎛ 이상의 거대 분자들이 부유되어 있는 상태이다.
② 브라운 운동을 통해 비교적 안정하게 분산된 상태이다.
③ 소금물, 설탕물과 같이 매우 안정한 상태이다.
④ 우유는 겔(gel) 상태의 콜로이드 용액이다.
⑤ 사골국은 냉각에 의해 졸(sol)로 변화한다.

04 식품과 유화의 형태가 올바르게 연결된 것은?

① 우유 : 수중유적형
② 버터 : 수중유적형
③ 마가린 : 수중유적형
④ 마요네즈 : 유중수적형
⑤ 아이스크림 : 유중수적형

05 조리에서의 열에 관한 설명으로 옳은 것은?

① 전도는 밀도 차이에 의해 열이 전달되는 현상이다.
② 대류, 복사, 전도의 순서로 열전달이 빠르게 일어난다.
③ 달걀 프라이, 팬케이크는 대류를 이용한 조리이다.
④ 파이렉스(pyrex) 유리 용기는 복사열을 잘 흡수하지 못한다.
⑤ 조리 용기의 색이 검고 거칠수록 복사열을 잘 흡수한다.

06 미터법에 따라 우리나라에서 1컵은 약 몇 큰술인가?

① 3큰술   ② 7큰술
③ 10큰술 ④ 13큰술
⑤ 16큰술

07 식품의 계량법에 대한 설명으로 옳은 것은?

① 밀가루는 체에 친 후 계량컵에 꾹꾹 눌러 담아 계량한다.
② 꿀, 물엿 등 점성이 높은 식품은 할편 계량컵을 이용한다.
③ 흑설탕은 가볍게 흔들어 담아 계량한다.
④ 버터, 마가린은 액체로 녹인 후 계량한다.
⑤ 가루 식품은 체에 치지 말고 계량한다.

08 시금치나물에 다음의 조미료를 첨가하여 조미하려 한다면 어느 순서로 넣는 것이 바람직한가?

① 설탕 → 소금 → 식초
② 설탕 → 식초 → 소금
③ 소금 → 설탕 → 식초
④ 소금 → 식초 → 설탕
⑤ 식초 → 소금 → 설탕

09 삼투압에 대한 설명으로 옳은 것은?

① 농도차가 작을수록 탈수 현상이 많다.
② 조미료를 첨가할 때 분자량이 작은 것부터 넣는다.
③ 생선은 반투막으로 되어 있어 분자 크기가 커도 통과가 쉽다.
④ 저농도 용액에서 콩을 불리면 쪼그라드는 현상이다.
⑤ 배추나 오이 등의 채소를 소금에 절이면 수분이 생기는 현상이다.

10 식품을 자르는 목적으로 옳은 것은?

① 표면적을 감소시키기 위하여
② 열전도율을 감소시키기 위하여
③ 조미료의 침투를 용이하게 하기 위하여
④ 갈변화, 산화 등을 방지하기 위하여
⑤ 영양소의 손실을 최소화하기 위하여

11 교반의 목적으로 옳은 것은?

① 재료의 균질화
② 조미료 침투 저하
③ 점탄성 감소
④ 저장성 증가
⑤ 조직의 분쇄

12 냉동 식품의 해동법으로 옳은 것은?

① 가장 이상적인 해동 방법은 급속 해동이다.
② 식육은 실온의 따뜻한 곳에서 완만 해동한다.
③ 생선류는 전자레인지를 이용하여 급속 해동한다.
④ 조리 또는 반조리 식품은 그대로 가열 조리한다.
⑤ 과일류는 전자레인지를 이용해 해동한다.

13 다음 중 습열 조리법은 무엇인가?

① 그릴링
② 브로일링
③ 시머링
④ 팬 프라잉
⑤ 로스팅

14 데치기(blanching)에 관한 내용으로 옳은 것은?

① 물의 끓는 점 이하에서 은근하게 끓여 주는 방법이다.
② 식품 자체의 맛 성분을 우려낼 수 있는 방법이다.
③ 효소의 불활성화로 채소의 변색을 방지한다.
④ 수용성 성분의 손실이 가장 적은 방법이다.
⑤ 수란, 솔모르네, 샤브샤브를 만드는 방법이다.

15 찌기(steaming)의 특성에 대한 설명으로 옳은 것은?

① 조리 중 형태의 변화가 크다.
② 가열 시 수분의 기화열을 이용한다.
③ 조리 중 조미하기가 용이하다.
④ 식품의 맛 성분의 손실이 크다.
⑤ 수용성 영양 성분의 손실이 크다.

16 기름을 이용한 단시간 조리의 장점으로 옳은 것은?

① 풍미가 감소한다.
② 에너지 효율이 나쁘다.
③ 수용성 영양 성분의 파괴가 크다.
④ 식재료의 색과 질감이 나빠진다.
⑤ 단시간 조리하므로 비타민의 파괴가 적다.

17 다음 중 복합조리법에 해당하는 것은?

① 브레이징　　② 브로일링
③ 포우칭　　　④ 베이킹
⑤ 그릴링

18 다음 중 전자레인지에서 사용할 수 있는 용기는?

① 칠기 그릇　　② 법랑 냄비
③ 유리 그릇　　④ 멜라닌 그릇
⑤ 금속제 용기

19 조리할 때 영양소의 손실을 최소화할 수 있는 방법으로 옳은 것은?

① 감자는 미리 잘게 썬 후에 씻는다.
② 마른 표고버섯을 불린 물은 버린다.
③ 시금치를 데칠 때에는 뚜껑을 닫아준다.
④ 튀김의 질감을 좋게 하기 위해 중조를 넣어준다.
⑤ 쌀을 침수시켰던 물은 버리지 않고 밥물로 사용한다.

CHAPTER 02 | 수분

01 조리에서 수분의 기능으로 옳은 것은?

① 미생물의 성장을 억제한다.
② 식품의 지용성 성분을 녹일 수 있다.
③ 식품의 물리적인 변화를 정지시킨다.
④ 전분의 호화를 돕는다.
⑤ 삼투압 조절에 관여하지 않는다.

02 결합수에 대한 설명으로 옳은 것은?

① 압착 및 건조에 의해 쉽게 제거된다.
② 미생물 생육에 사용된다.
③ 0℃ 이하에서 쉽게 동결되지 않는다.
④ 보통의 물보다 밀도가 작다.
⑤ 용매로서 작용한다.

03 자유수에 관한 설명으로 옳은 것은?

① 비점과 융점이 낮다.
② 미생물의 번식에 이용되지 못한다.
③ 용질에 대한 용매로써 작용하지 못한다.
④ 탄수화물, 단백질 등과 결합되어 있다.
⑤ 압착 및 건조에 의해 쉽게 제거된다.

04 생선 염장 시 탈수 작용에 의한 수분의 형태 변화는?

① 변화가 없다.
② 결합수의 양이 증가한다.
③ 결합수의 양이 감소한다.
④ 자유수의 양이 증가한다.
⑤ 생선의 종류에 따라 달라진다.

05 수분활성에 대한 설명으로 옳은 것은?

① 식품의 수분을 %로 표시한다.
② 자유수와 결합수의 비율이다.
③ 자유수의 수증기압을 그 온도에서 식품이 나타내는 수증기압으로 나눈 값이다.
④ 식품이 나타내는 수증기압을 그 온도에서의 순수한 물의 수증기압으로 나눈 값이다.
⑤ 식품의 수증기압은 용질의 종류와 양에 의해 영향을 받지 않는다.

06 수분활성도(A_w)에 관한 내용으로 옳은 것은?

① 식품의 A_w는 1보다 크다.
② 건조 곡류의 A_w는 0.20~0.30이다.
③ A_w가 0.40 이상으로 증가하면 지질의 산화 반응이 증가한다.
④ 비효소적 갈변 반응은 A_w 0.80 이상에서 최대이다.
⑤ 효소 활성은 A_w가 높을수록 감소한다.

07 15%의 수분과 10%의 설탕을 함유한 식품의 수분활성도로 옳은 것은? (단, 물 분자량 = 18, 설탕 분자량 = 342)

① 0.92   ② 0.97
③ 0.99   ④ 1.03
⑤ 1.04

08 수분활성이 높을수록 생장하기 쉬운 미생물의 순서로 옳은 것은?

① 곰팡이 > 세균 > 효모
② 곰팡이 > 효모 > 세균
③ 세균 > 곰팡이 > 효모
④ 세균 > 효모 > 곰팡이
⑤ 효모 > 세균 > 곰팡이

09 곡류의 저장 중 내건성 곰팡이의 피해를 방지할 수 있는 수분활성도는?

① 0.65 이하   ② 0.70 이하
③ 0.80 이하   ④ 0.88 이하
⑤ 0.90 이하

10 생장하는 데 필요한 수분활성도가 가장 낮은 미생물은?

① 보통 세균
② 보통 효모
③ 보통 곰팡이
④ 내건성 곰팡이
⑤ 내삼투압성 효모

11 등온흡습 및 탈습 곡선에 대한 설명으로 옳은 것은?

① 일반적으로 길게 늘어진 S자형이다.
② 수분활성도 0.25 이하(Ⅰ 영역)에서 수분은 자유수의 형태로 존재한다.
③ 수분활성도 0.25~0.80(Ⅱ 영역)에서 수분은 단분자층을 형성한다.
④ 수분활성도 0.80(Ⅲ 영역)은 건조식품의 안정성이 가장 큰 영역이다.
⑤ 등온흡습·탈습 곡선이 불일치하는 현상을 히스테리시스(이력 현상)라고 한다.

CHAPTER 03 | 탄수화물

01 다음 중 탄수화물에 대한 설명으로 옳은 것은?

① 탄소, 수소, 산소, 질소로 구성되어 있다.
② 물분자(H_2O)를 함유하고 있다.
③ 아미노기($-NH_2$)를 함유한다.
④ 2개 이상의 알데히드기($-CHO$)와 하나의 수산기($-OH$)를 가져야 한다.
⑤ 알데히드기($-CHO$) 또는 케톤기($C=O$)를 갖는 화합물과 그 유도체이다.

02 단당류에서 부제탄소가 3개일 때 존재하는 입체이성질체의 수는 몇 개인가?

① 4개　　　　② 6개
③ 8개　　　　④ 12개
⑤ 16개

03 과당과 포도당의 입체이성질체의 수는 각각 몇 개인가?

① 8개, 12개　　② 8개, 16개
③ 12개, 8개　　④ 12개, 16개
⑤ 16개, 16개

04 포도당(알도오스)과 과당(케토오스)에서 α, β를 결정하는 $-OH$기는 각각 몇 번째 탄소에서 존재하는가?

① C_1, C_2　　　② C_1, C_3
② C_2, C_1　　　③ C_2, C_5
⑤ C_3, C_2

05 다음 중 케토오스(ketose) 당으로 옳은 것은?

① 포도당　　　　② 과당
③ 맥아당　　　　④ 유당
⑤ 갈락토오스

06 다음 중 에피머(epimer)의 관계에 있는 당으로 옳은 것은?

① D-포도당, D-갈락토오스
② D-포도당, D-자일로오스
③ D-갈락토오스, D-만노오스
④ D-만노오스, D-과당
⑤ D-갈락토오스, D-과당

07 탄수화물의 광학적 이성질체를 구별하는 표준당은?

① D(+)-포도당
② D(+)-과당
③ D(+)-글리세르알데하이드
④ L(-)-포도당
⑤ L(-)-만노오스

08 다음 중 아노머(anomer)의 관계로 옳은 것은?

① α-포도당, β-포도당
② α-포도당, β-락토오스
③ α-말토오스, β-말토오스
④ α-수크로오스, β-수크로오스
⑤ α-아밀라아제, β-아밀라아제

09 단당류의 변선광 현상에 대한 설명으로 옳은 것은?

① 환원당이나 비환원당에 관계없이 일어난다.
② α, β형의 이성체가 없는 다당류에만 해당된다.
③ 글리코시드성 OH기가 에테르 결합을 했을 때 일어난다.
④ 수용액 상태, 결정 상태에 따라 선광도가 바뀌는 현상이다.
⑤ 알데히드기나 케톤기와 다른 -OH기 사이에 형성되는 반응이다.

10 다음 중 아라비노오스(arabinose)에 대한 내용으로 옳은 것은?

① 육탄당이며 비환원당이다.
② 자일란(xylan)의 구성당이다.
③ 효모에 의해 발효되지 않는다.
④ 인체 내에 소화 흡수가 잘된다.
⑤ 동물체의 핵산 및 조효소의 구성 성분이다.

11 효모에 의해 발효되지 않고 체내 대사에 관여하는 ATP, 비타민 B_2, NAD, CoA를 구성하는 오탄당은?

① 프락토오스(fructose)
② 리보오스(ribose)
③ 글루코오스(glucose)
④ 만노오스(mannose)
⑤ 갈락토오스(galactose)

12 포도당을 물에 용해했을 때 시간이 경과함에 따라 선광도가 변하는 원인은?

① 산화 작용
② 환원 작용
③ 에피머 형성
④ D형 ⇌ L형 상호 전환
⑤ α형 ⇌ β형 호변이성

13 단당류의 일반적인 성질로 옳은 것은?

① 환원성이 없다.
② 알코올에 잘 녹는다.
③ 유도체를 형성한다.
④ 미생물에 의해 발효되지 않는다.
⑤ 갈변 반응과 관련이 없다.

14 펠링(Fehling) 용액과 반응하여 적색 침전을 생성하는 것은?

① 포도당
② 설탕
③ 트레할로오스
④ 스타키오스
⑤ 겐티아노오스

15 다음 중 환원성이 없는 당은?

① 포도당
② 과당
③ 맥아당
④ 유당
⑤ 설탕

16 버섯, 해조류, 곶감의 표면 등에 존재하는 당알코올로 옳은 것은?

① 리비톨(ribitol)
② 솔비톨(sorbitol)
③ 만니톨(mannitol)
④ 이노시톨(inositol)
⑤ 자일리톨(xylitol)

17 당알코올류 중 과실에 존재하고 비타민 C의 합성 원료가 되는 것은?

① 만니톨(mannitol)
② 솔비톨(sorbitol)
③ 리비톨(ribitol)
④ 자일리톨(xylitol)
⑤ 이노시톨(inositol)

18 단당류의 유도체 중 6탄당의 C_2의 -OH기가 아미노기($-NH_2$)로 치환된 당은?

① 자일리톨
② 글루코사민
③ 갈락투론산
④ 글루콘산
⑤ 데옥시리보오스

19 포도당의 유도체 중에서 C_1과 C_6이 COOH기인 것은?

① 둘시톨(dulcitol)
② 리비톨(ribitol)
③ 글루콘산(gluconic acid)
④ 글루쿠론산(glucuronic acid)
⑤ 포도당산(glucosaccharic acid)

20 비타민의 일종이며 근육당으로 부르는 당알코올은?

① 솔비톨(sorbitol)
② 만니톨(mannitol)
③ 이노시톨(inositol)
④ 리비톨(ribitol)
⑤ 자일리톨(xylitol)

21 다음 중 단당류의 유도체로만 구성된 것은?

① 데옥시당, 당알코올, 아미노당
② 셀로비오스, 루티노오스, 라피노오스
③ 티오당, 겐티아노오스, 스타키노오스
④ 라피노오스, 스타키노오스, 배당체
⑤ 우론산, 사포닌, 맥아당

22 동 · 식물체의 핵산 및 조효소의 구성 성분으로 체내의 에너지 대사에 관여하는 것은?

① 포도당(glucose)
② 리보오스(ribose)
③ 자일로오스(xylose)
④ 아라비노오스(arabinose)
⑤ 갈락토오스(galactose)

23 다음 중 자연계에서 주로 L형 형태로 존재하는 당은?

① 리보오스(ribose)
② 자일로오스(xylose)
③ 아라비노오스(arabinose)
④ 만노오스(mannose)
⑤ 프락토오스(fructose)

24 다음 중 오탄당에 대한 내용으로 옳은 것은?

① 모두 비환원당이다.
② 영양적인 가치가 있다.
③ 자연계에서 유리 상태로 존재한다.
④ 효모에 의해 발효되지 않는다.
⑤ 자일로오스는 L형으로 존재한다

25 갈락토오스(galactose)에 대한 설명으로 옳은 것은?

① 자연계에서 유리 상태로 존재한다.
② 이당류인 맥아당의 구성 성분이다.
③ 설탕의 1.5배의 단맛을 가진다.
④ 식물세포벽의 헤미셀룰로오스의 구성 성분이다.
⑤ 뇌, 신경조직을 구성하며 유즙을 통해 얻을 수 있다.

26 다음 중 포도당(glucose)에 대한 설명으로 옳은 것은?

① 자연계에 거의 존재하지 않는다.
② 당류 중 가장 감미도가 가장 강하다.
③ 동물 혈액에는 보통 1% 존재한다.
④ 케톤기를 가진 케토헥소오스(ketohexose)이다.
⑤ α, β형의 두 이성체가 존재하며 α형의 단맛이 더 강하다.

27 과당(fructose)의 특성으로 옳은 것은?

① 설탕보다 단맛이 약하다.
② 용해도가 크다.
③ 유당의 구성 성분이다.
④ α형이 β형보다 단맛이 강하다.
⑤ 점도가 포도당이나 설탕보다 크다.

28 포도당을 포도당 이성화효소(isomerase)로 반응시키면 생기는 결과로 옳은 것은?

① 결정화 방지
② 감미도 감소
③ 갈변
④ 향미 증가
⑤ 발효 불가능

29 전화당의 특징으로 옳은 것은?

① 비환원당이다.
② 설탕보다 감미도가 낮다.
③ 포도당과 과당의 비율이 2:1이다.
④ 좌선성에서 우선성으로 바뀐 것이다
⑤ 설탕을 효소(invertase)로 분해하여 얻어진다.

30 캐러멜화가 되기 어려운 당은?

① 과당   ② 설탕
③ 포도당   ④ 벌꿀
⑤ 전화당액

31 다음 중 이당류에 해당하는 것은?

① 과당   ② 포도당
③ 맥아당   ④ 라피노오스
⑤ 갈락토오스

32 다음 중 이당류의 조합으로 옳은 것은?

① 트레할로오스, 스타키오스
② 트레할로오스, 유당
③ 라피노오스, 설탕
④ 라피노오스, 맥아당
⑤ 겐티아노오스, 라피노오스

33 다음 중 단맛에 대한 설명으로 옳은 것은?

① 단맛은 온도와 관련이 없다.
② 과당은 설탕보다 덜 달다.
③ 감미도의 기준 물질은 포도당이다.
④ 과당은 온도가 낮을수록 β형이 많아져 달아진다.
⑤ 포도당은 β형이 α형보다 단맛이 강하다.

34 산이나 인버테아제(invertase) 효소에 의해 전화당을 생성하는 것은?

① 과당   ② 설탕
③ 유당   ④ 맥아당
⑤ 전분

35 당류 중 상대적 감미도가 가장 높은 것은?

① 과당   ② 설탕
③ 전화당   ④ 유당
⑤ 자일리톨

36 맥아당(maltose)에 관한 내용으로 옳은 것은?

① 포도당과 과당으로 구성되어 있다.
② 포유류의 유즙에 다량 함유되어 있다.
③ 전분을 β-아밀라아제로 분해하면 생성된다.
④ 단맛은 설탕이 100일 때 150 정도이다.
⑤ 글리코시드성 OH기가 없는 비환원당이다.

37 유당(lactose)에 대한 설명으로 옳은 것은?

① 두 분자의 포도당이 결합되어있다.
② 단맛이 약하고 용해성이 낮다.
③ 칼슘 흡수를 방해한다.
④ 엿기름, 물엿, 식혜에 다량 함유되어 있다.
⑤ 보통 효모에 의해 잘 발효된다.

38 설탕(sucrose)을 감미도의 기준 물질로 삼은 이유는?

① 단맛의 변화가 없기 때문이다.
② 단맛이 가장 강하기 때문이다.
③ 용해도가 가장 크기 때문이다.
④ 쉽게 구할 수 있기 때문이다.
⑤ 기호도가 가장 높기 때문이다.

39 다음 중 과당이 포함되어 있지 않은 탄수화물은?

① 설탕
② 이눌린
③ 글리코겐
④ 라피노오스
⑤ 스타키오스

40 다음 중 3당류는 무엇인가?

① 트레할로오스
② 멜리비오스
③ 셀룰로오스
④ 라피노오스
⑤ 스타키오스

41 포도당, 과당, 두 분자의 갈락토오스가 결합된 사당류에 해당되는 것은?

① 트레할로오스(trehalose)
② 스타키오스(stachyose)
③ 셀로비오스(cellobiose)
④ 라피노오스(raffinose)
⑤ 겐티아노오스(gentianose)

42 케토헥소오스(ketohexose)인 과당으로 구성되어 있는 다당류는?

① 이눌린
② 글리코겐
③ 덱스트린
④ 아밀로오스
⑤ 아밀로펙틴

43 전분에 대한 내용으로 옳은 것은?

① 과당의 중합체이다.
② 복합다당류이다.
③ 60℃의 물에 잘 녹는다.
④ 동물성 저장탄수화물이다.
⑤ 아밀로오스와 아밀로펙틴으로 구성되어있다.

44 아밀로오스(amylose)의 특징으로 옳은 것은?

① 찹밥, 찰옥수수에 다량 함유되어 있다.
② 요오드 정색 반응에서 적자색을 띤다.
③ α형은 나선형, β형은 직선형이다.
④ 포도당이 직선상으로 α-1,4 결합하고 있다.
⑤ 호화와 노화가 잘 일어나지 않는다.

45 다음 중 요오드와 포접화합물을 형성하는 것은?

① 이눌린 ② 아밀로오스
③ 아밀로펙틴 ④ 셀룰로오스
⑤ 글리코겐

46 아밀로펙틴(amylopectin)에 관한 내용으로 옳은 것은?

① 포도당이 α-1,4 결합으로 결합되어 있다.
② 요오드와 반응하여 포접화합물을 형성한다.
③ 아밀로오스에 비해 호화와 노화가 어렵다.
④ 아밀로오스(amylose)에 비해 분자량이 더 작다.
⑤ 멥쌀에 20%, 찹쌀에 0% 함유되어 있다.

47 전분의 분해로 생성되며 적갈색의 요오드 반응을 나타내는 덱스트린은?

① 전분(starch)
② 아크로모덱스트린(achromodextrin)
③ 에리트로덱스트린(erythrodextrin)
④ 말토덱스트린(maltodextrin)
⑤ 아밀로덱스트린(amylodextrin)

48 다음 중 아밀로펙틴으로만 구성된 식품은?

① 밀 전분
② 감자 전분
③ 멥쌀 전분
④ 찹쌀 전분
⑤ 단옥수수 전분

49 전분의 호화에 대한 내용으로 옳은 것은?

① α-전분을 상온에 두었을 때 β-전분으로 변하는 현상이다.
② 전분에 물을 넣고 가열하면 점성의 큰 콜로이드 용액이 되는 현상이다.
③ 전분을 산이나 효소로 가수분해하면 단맛이 증가되는 현상이다.
④ 찬물에 녹인 전분액을 가열한 후 냉각하면 굳어지는 현상이다.
⑤ 미숫가루, 뻥튀기, 누룽지, 토스트 등이 해당된다.

50 호화전분(α-전분)의 특징으로 옳은 것은?

① 용해도 감소
② 점도 및 부피 감소
③ 콜로이드 용액 형성
④ 규칙적인 미셀 구조 형성
⑤ 소화 효소에 대한 반응성 감소

51 전분의 호화에 영향을 미치는 요인으로 옳은 것은?

① 산은 호화를 촉진시킨다.
② 알칼리는 호화를 억제시킨다.
③ 황산염은 호화를 촉진시킨다.
④ 당류와 지방은 호화를 촉진시킨다.
⑤ 호화의 개시온도는 60~65℃이다.

52 전분의 호화를 촉진시키는 요인으로 옳은 것은?

① 가열 온도가 낮을수록 호화가 촉진된다.
② 전분 입자가 클수록 호화가 촉진된다.
③ 수분 함량이 적을수록 호화가 촉진된다.
④ 아밀로펙틴 함량이 많을수록 호화가 촉진된다.
⑤ 알칼리성보다는 산성에서 호화가 촉진된다.

53 생전분과 호화전분의 X-선 회절도로 옳은 것은?

① 생전분 - A형, 호화전분 - B형
② 생전분 - A형, 호화전분 - C형
③ 생전분 - B형, 호화전분 - A형
④ 생전분 - C형, 호화전분 - V형
⑤ 생전분 - V형, 호화전분 - A형

54 다음 중 전분의 호화 개시 온도는?

① 40~45℃   ② 50~55℃
③ 60~65℃   ④ 70~75℃
⑤ 80~85℃

55 전분의 노화에 대한 설명으로 옳은 것은?

① 아밀로오스 함량이 많으면 잘 일어난다.
② 노화가 일어나면 소화율이 증가한다.
③ 수분 함량이 30% 미만일 때 잘 일어난다.
④ 60℃ 이상의 온도에서 잘 일어난다.
⑤ 당류와 지방은 노화를 촉진한다.

56 노화를 억제하는 방법으로 옳은 것은?

① 수분 함량을 30~60%로 조절한다.
② 황산염을 첨가한다.
③ 60℃ 이상에서 보관한다.
④ 0~5℃의 냉장고에서 보관한다.
⑤ 산성 물질을 첨가한다.

57 전분의 노화 속도에 영향을 적게 주는 요인은?

① 조리 시간
② 온도
③ pH
④ 수분 함량
⑤ 전분 분자의 종류

58 전분의 호정화에 대한 내용으로 옳은 것은?

① 용해성이 감소된다.
② 소화율이 저하된다.
③ 식혜, 물엿, 조청 등을 만드는 방법이다.
④ 전분에 물을 넣고 가열하면 일어나는 반응이다.
⑤ 가용성 덱스트린이 생성된다.

59 전분에 산이나 효소를 작용시켜 단당류, 이당류 또는 올리고당으로 가수분해하여 단맛을 증가시키는 현상은?

① 전분의 호화
② 전분의 호정화
③ 전분의 당화
④ 전분의 겔화
⑤ 전분의 노화

60 전분의 가수분해 효소의 특징으로 옳은 것은?

① α-아밀라아제는 α-1,6 결합을 무작위로 분해한다.
② α-아밀라아제는 전분을 거의 100% 포도당으로 분해한다.
③ β-아밀라아제는 α-1,4 결합과 α-1,6 결합을 모두 분해한다.
④ β-아밀라아제는 맥아당으로 최종 분해하는 당화 효소이다.
⑤ 글루코아밀라아제는 α-1,4 결합을 분해하는 액화 효소이다.

61 전분의 가수분해 효소를 이용하여 만든 음식은?

① 국수
② 토스트
③ 메밀묵
④ 백설기
⑤ 식혜

62 다음 중 단순다당류인 이눌린(inulin)을 구성하는 것은?

① α-D-글루코오스
② α-D-글루코피라노오스
③ α-D-만노푸라노오스
④ β-D-프락토푸라노오스
⑤ β-D-갈락토피라노오스

63 셀룰로오스(cellulose)에 대한 설명으로 옳은 것은?

① 포도당의 α-1,4 결합의 직쇄상 구조이다.
② 장 운동을 촉진하고 변비를 예방한다.
③ 식물 세포를 구성하는 복합다당류이다.
④ 인체 내 소화 효소에 의해 분해된다.
⑤ 요오드와 포접 화합물을 생성한다.

64 펙틴질(pectin)에 대한 설명으로 옳은 것은?

① 모든 펙틴질은 산, 당의 존재 시 겔을 형성한다.
② α-갈락투론산으로 구성된 복합다당류이다.
③ 과일, 채소류의 세포에 존재하는 저장 다당류이다.
④ 과일이 성숙할수록 메톡실기의 중량 비율이 높아진다.
⑤ 저메톡실펙틴은 산과 당이 존재할 때 겔을 형성한다.

65 펙틴 체인끼리 칼슘이나 마그네슘을 매개로 하여 셀룰로오스, 헤미셀룰로오스 등과 결합하여 3차원의 망상 구조를 이루는 것은?

① 펙틴산
② 펙트산
③ 프로토펙틴
④ 갈락투론산
⑤ 메톡실펙틴

66 펙틴의 겔(gel) 형성에 대한 내용으로 옳은 것은?

① 프로토펙틴은 불용성으로 겔 형성이 어렵다.
② 펙틴이 메틸화가 되면 겔 형성이 어렵다.
③ 미숙한 과일에는 펙틴산이 존재하여 겔을 형성한다.
④ 과숙한 과일의 갈락투론산은 겔을 형성한다.
⑤ 저메톡실펙틴은 산과 당이 존재해야 겔을 형성한다.

67 새우, 게의 껍질 성분으로 N-아세틸글루코사민(N-acetyl glucosamin)으로 구성된 다당류는?

① 이눌린
② 펙틴
③ 한천
④ 키틴
⑤ 덱스트린

68 해조류의 식이섬유인 검(gem)에 대한 내용으로 옳은 것은?

① 한천은 녹조류에서 추출되는 다당류이다.
② 알긴은 황산기가 결합된 다당류이다.
③ 알긴은 미역, 다시마 등 갈조류의 구성 성분이다.
④ 카라기난은 녹조류의 다당류로 혈액 응고 저지 작용이 있다.
⑤ 헤파린은 갈조류에서 추출되는 다당류로 미생물 배지로 이용된다.

CHAPTER 04 지질

01 다음 중 단순지질에 속하는 것은?

① 지방산　② 세팔린
③ 레시틴　④ 왁스
⑤ 고급알코올

02 단순지질의 구성 성분으로 옳은 것은?

① 당류
② 인산
③ 알코올
④ 질소화합물
⑤ 지용성 비타민

03 중성 지방에 대한 설명으로 옳은 것은?

① 고급지방산과 글리콜의 에스테르 결합
② 고급지방산과 글리세롤의 에스테르 결합
③ 저급지방산과 스핑고신의 에스테르 결합
④ 저급지방산과 저급알코올의 에스테르 결합
⑤ 고급지방산과 고급알코올의 에스테르 결합

04 다음 중 비누화될 수 있는 지방질이 아닌 것은?

① 스테롤류　② 왁스류
③ 인지질　④ 당지질
⑤ 유지

05 다음 중 유도지질에 해당하는 것은?

① 왁스(wax)
② 레시틴(lecithin)
③ 세레브로시드(cerebroside)
④ 에르고스테롤(ergosterol)
⑤ 스핑고마이엘린(sphingomyelin)

06 다음 중 지질의 분류가 바르게 연결된 것은?

① 단순지질 : 레시틴
② 유도지질 : 왁스
③ 유도지질 : 스쿠알렌
④ 복합지질 : 스테롤
⑤ 복합지질 : 중성 지방

07 고급지방산과 고급알코올의 에스테르 결합으로 이루어진 것은?

① 유지　② 왁스
③ 레시틴　④ 세레브로시드
⑤ 강글리오시드

08 인지질에 속하는 것은?

① 콜레스테롤
② 비타민 D
③ 세레브로시드
④ 강글리오시드
⑤ 스핑고마이엘린

09 인지질에 관한 내용으로 옳은 것은?

① 모든 인지질 내의 N/P의 비율이 1:1이다.
② 콜레스테롤, 스쿠알렌, 고급알코올 등이 해당된다.
③ 지방산, 글리세롤, 당이 결합된 화합물이다.
④ 고급지방산과 고급알코올이 에스테르 결합하였다.
⑤ 친수기와 소수기를 동시에 가지므로 유화제로 사용된다.

10 다음 중 당지질에 대한 설명으로 옳은 것은?

① 비비누화성 지질이다.
② 유도지질에 해당한다.
③ 알칼리에 의해 가수분해되지 않는다.
④ 세팔린, 스핑고마이엘린이 해당된다.
⑤ 세레브로시드와 강글리오시드의 구성 당은 갈락토오스이다.

11 다음 중 지질에 대한 설명으로 옳은 것은?

① 지질은 7kcal의 에너지를 낸다.
② 물에 녹고 유기용매에는 녹지 않는다.
③ 지질의 대부분은 복합지질의 형태이다.
④ 필수지방산은 체내 합성이 어려워 식사를 통해 섭취한다.
⑤ 불포화지방산은 동물성 식품에 다량 함유되어 있다.

12 다음 중 식품에 함유된 지방산의 연결이 옳은 것은?

① EPA : 야자유
② 부티르산 : 어유
③ 리놀렌산 : 아마인유
④ 라우르산 : 버터
⑤ 아라키돈산 : 쇠기름

13 식품지질의 지방산 조성에 대한 설명으로 옳은 것은?

① 육류에는 저급 포화지방산이 많다.
② 우유에는 고급 포화지방산이 많다.
③ 어유에는 포화지방산이 다량 함유되어 있다.
④ 우유, 버터에는 리놀레산과 리놀렌산이 많다.
⑤ 팜유, 코코넛유에는 팔미트산, 스테아르산이 많다.

14 지방산의 구조에 관한 내용으로 옳은 것은?

① 저급지방산은 탄소수가 12개 이상이다.
② 필수지방산은 체내에서 충분량이 합성된다.
③ 다가불포화지방산은 이중결합이 2개 이상이다.
④ 이중결합이 없는 지방산은 불포화지방산이다.
⑤ 카르복실기로부터 3번째 탄소에서 첫 이중결합이 나타나는 불포화지방산은 $\omega-3$ 지방산이다.

15 대두유에 가장 많이 함유된 지방산 2개는 무엇인가?

① 리놀레산, 올레산
② 리놀렌산, 팔미트산
③ 부티르산, 카프로산
④ 카프릴산, 라우르산
⑤ 팔미트산, 아라키돈산

16 다음 중 필수지방산에 대한 내용으로 옳은 것은?

① 체내에서 합성되는 지방산이다.
② 올레산, 리놀렌산, DHA, EPA가 해당된다.
③ 포화지방산 중에서 부티르산은 필수지방산이다.
④ 다량 섭취 시 혈중 콜레스테롤의 함량이 증가한다.
⑤ 동물의 정상적인 성장과 건강 유지를 위해 반드시 필요하다.

17 필수지방산 중에서 오메가-6계 지방산에 해당되는 것은?

① EPA
② DHA
③ 올레산
④ 리놀레산
⑤ α-리놀렌산

18 다음 중 식물유에는 거의 없으며 동물유에 많이 들어 있는 필수지방산은?

① 레시틴(lecithin)
② 리놀레산(linoleic acid)
③ 리놀렌산(linolenic acid)
④ 아라키돈산(arachidonic acid)
⑤ 스테아르산(stearic acid)

19 유지식품에 가장 널리 함유된 지방산으로 짝지어진 것은?

① 리놀레산, 올레산, 스테아르산
② 리놀레산, 리놀렌산, 올레산
③ 올레산, 라우르산, 팔미트산
④ 리놀렌산, 올레산, 팔미트산
⑤ 리놀렌산, 스테아르산, 라우르산

20 불포화지방산에 대한 내용으로 옳은 것은?

① 수소를 첨가할 수 없다.
② 포화지방산보다 산패되기 쉽다.
③ 지방산의 탄소사슬 간에 이중결합이 없다.
④ 포화지방산보다 일반적으로 융점이 높다.
⑤ 식물성 유지보다 동물성 지방에 함량이 더 많다.

21 유지의 융점에 대한 내용으로 옳은 것은?

① 저급지방산이 많은 유지일수록 융점이 높아진다.
② 동물성지방이 식물성지방보다 융점이 낮다.
③ 융점이 높을수록 소화·흡수가 잘된다.
④ 대두유는 불포화지방산이 많아 융점이 낮다.
⑤ 지방산의 이중결합 주변의 분자구조와는 관련이 없다.

22 다음 지방산 중 융점이 가장 낮은 것은?

① 팔미트산(palmitic acid)
② 올레산(oleic acid)
③ 리놀레산(linoleic acid)
④ 리놀렌산(linolenic acid)
⑤ 스테아르산(stearic acid)

23 자외선에 의해 비타민 D_2로 변하는 식물성 스테롤은?

① 콜레스테롤(cholesterol)
② 시토스테롤(sitosterol)
③ 스티그마스테롤(stigmasterol)
④ 에르고스테롤(ergosterol)
⑤ 아베노스테롤(avenosterol)

24 다음 중 유화작용이 있는 지질은?

① 유지　　② 왁스
③ 세팔린　　④ 세레브로시드
⑤ 강글리오시드

25 다음 식품 중 유중수적형인 식품만을 골라 짝지은 것은?

① 우유, 아이스크림
② 우유, 생크림
③ 아이스크림, 마가린
④ 버터, 마가린
⑤ 마요네즈, 버터

26 유화액의 형태를 이루는 조건 중 가장 적은 영향을 미치는 요인은?

① 기름의 성질
② 교반 속도
③ 유화제의 성질
④ 물과 기름의 비율
⑤ 전해질의 유무와 종류

27 좋은 식용유지의 특징으로 옳은 것은?

① 건성유가 좋다.
② 발연점이 낮은 것이 좋다.
③ 점도가 큰 유지가 좋다.
④ 융점이 높은 것이 좋다.
⑤ 산가 1.0 이하인 것이 좋다

28 식용유지의 특징으로 옳은 것은?

① 산가는 1.0 이상
② 요오드가 100~130
③ 과산화물가가 2 이상
④ 대두유의 발연점은 160~170℃
⑤ 이중결합의 증가로 융점 상승

29 튀김용 유지를 고온에서 가열할 때 발생하는 자극적인 냄새로 옳은 것은?

① 유지의 산패취
② 알데히드 냄새
③ 아크롤레인 냄새
④ 저급지방산의 냄새
⑤ 아미노산의 탄화냄새

30 유지의 인화점에 대한 설명으로 옳은 것은?

① 연소할 때의 온도
② 연소가 지속되는 온도
③ 유지가 발화하는 온도
④ 푸른 연기가 발생할 때의 온도
⑤ 검은 연기가 발생할 때의 온도

31 유지를 가열할 때 유지의 표면에서 엷은 푸른색의 연기가 발생할 때의 온도는?

① 융점
② 발연점
③ 인화점
④ 연소점
⑤ 연화점

32 유지의 발연점이 낮아지는 요인으로 옳은 것은?

① 신선한 기름일 때
② 유리지방산 함량이 적을 때
③ 가열 용기의 표면적이 좁을 때
④ 기름 속에 이물질이 많을 때
⑤ 기름의 사용 횟수가 적을 때

33 불포화지방산에 니켈(Ni)을 촉매로 하여 수소가스를 통하면 이중결합 부분에 수소가 결합되어 포화지방산이 되는 현상은?

① 검화
② 유화
③ 경화
④ 산화
⑤ 연화

34 유지의 경화(수소화)에 대한 설명으로 옳은 것은?

① 유지의 융점이 저하된다.
② 요오드가 상승한다.
③ 가소성이 상실된다.
④ 이중결합의 수가 증가한다.
⑤ 지방산이 시스형에서 트랜스형으로 변한다.

35 중성 지방의 지방산 재배열에 의해 크리밍성이 향상되는 등 물리적 성질을 변화시키는 방법은?

① 검화
② 경화
③ 동유 처리
④ 요오드화
⑤ 에스테르 교환

36 다음 중 건성유에 해당하는 것은?

① 대두유
② 옥수수유
③ 야자유
④ 아마인유
⑤ 참기름

37 유지를 장시간 가열할 때 일어나는 화학적 변화로 옳은 것은?

① 유리지방산 감소
② 요오드 증가
③ 산가 감소
④ 점도 증가
⑤ 소화율 증가

38 유지의 산패가 발생하기 전 산소 흡수 속도가 일정한 기간은?

① 개시 기간　② 정지 기간
③ 연쇄 기간　④ 유도 기간
⑤ 전파 기간

39 유지의 자동 산화를 일으키는 직접적인 원인으로 옳은 것은?

① 산소　② 수분
③ 전기　④ 효소
⑤ 가열

40 다음의 지방산 중에서 유지의 자동 산화가 가장 쉽게 일어나는 것은?

① 올레산　② 팔미트산
③ 부티르산　④ 리놀렌산
⑤ 스테아르산

41 유지의 산패에 대한 내용으로 옳은 것은?

① 자외선은 유지의 산패를 억제한다.
② 이중결합이 많을수록 산패가 촉진된다.
③ 금속 이온이 존재하면 산패가 억제된다.
④ 수분 함량은 유지의 산패와 관련이 없다.
⑤ 동물성 지방에는 천연 항산화제가 함유되어 있다.

42 유지의 과산화물이 분해되어 생성되는 냄새 물질은?

① 피페리딘
② 암모니아
③ 알데히드류
④ 트리메틸아민
⑤ 케토글리세리드

43 유지의 자동 산화 과정에서 유지가 열, 빛, 금속 이온 등에 의해 지방산의 수소가 떨어져 나가면서 각종 라디칼이 생성되는 단계는?

① 개시 단계　② 전파 단계
③ 종결 단계　④ 축합 단계
⑤ 산화 단계

44 유지가 산패되면 나타나는 현상으로 옳은 것은?

① 향미 증가
② 산가의 증가
③ 검화가 증가
④ 점도 감소
⑤ 요오드가 증가

45 유지의 산화를 억제시키는 방법으로 옳은 것은?

① 산소의 분압을 높인다.
② 고온에서 보관한다.
③ 금속 이온을 첨가한다.
④ 0℃ 이하로 동결한다.
⑤ 수소를 첨가한다.

46 다음 중 항산화제에 대한 설명으로 옳은 것은?

① 유도 기간을 단축한다.
② 산소 흡수 속도를 억제한다.
③ 자유 라디칼의 형성을 돕는다.
④ 과산화물의 생성을 촉진한다.
⑤ 과산화물의 분해를 촉진한다.

47 다음 중 천연 항산화제의 조합으로 옳은 것은?

① BHA, BHT
② 비타민 C, 구연산
③ 고시폴, 주석산
④ 케르세틴, PG
⑤ 토코페롤, 세사몰

48 상승제(synergist)의 작용에 대한 설명으로 옳은 것은?

① 자신이 항산화력을 가지고 있다.
② 상승제의 작용은 거의 영구적이다.
③ 항산화제에 활성산소를 제공한다.
④ 항산화제를 도와 항산화력을 증가시킨다.
⑤ 세사몰, 토코페롤, 고시폴 등이 해당된다.

49 유지의 변향에 관한 내용으로 옳은 것은?

① 대두유에서 잘 일어난다.
② 옥수수유에서 잘 일어난다.
③ 자외선에 의해 억제된다.
④ 금속 이온에 의해 억제된다.
⑤ 과산화물가가 매우 낮은 상태에서는 일어나지 않는다.

50 유지 1g 중의 유리지방산을 중화하는 데 소요되는 KOH의 mg 수로 표시되는 값은?

① 산가
② 검화가
③ 요오드가
④ 과산화물가
⑤ 폴렌스케가

51 유지의 유도 기간을 알아볼 수 있는 기준은?

① 산가
② 검화가
③ 요오드가
④ 아세틸가
⑤ 과산화물가

52 버터의 진위를 판단할 때 이용되는 것은?

① 산가
② 비누화가
③ 아세틸가
④ 폴렌스케가
⑤ 라이헤르트-마이슬가

CHAPTER 05 단백질

01 다음 중 아미노산에 대한 설명으로 옳은 것은?

① 필수아미노산은 약 20여 개가 있다.
② 알코올 등의 유기 용매에만 용해된다.
③ 천연 단백질을 구성하는 아미노산은 D형이다.
④ 탄소 원자에 $-NH_2$와 $-COOH$가 결합된 형태이다.
⑤ 단백질을 구성하는 아미노산은 대부분 $\beta-$아미노산 형태이다.

02 다음 아미노산 중 disulfide 결합을 하고 있는 것은?

① 리신(lysine)
② 시스틴(systine)
③ 티로신(tyrosine)
④ 시스테인(cysteine)
⑤ 메티오닌(methionine)

03 다음 중 황(S)을 함유하고 있는 필수아미노산은?

① 알라닌(alanine)
② 아르기닌(arginine)
③ 시스테인(cysteine)
④ 메티오닌(methionine)
⑤ 트립토판(tryptophan)

04 화학 구조식에서 수산기($-OH$)를 가지는 필수아미노산은?

① 세린(serine)
② 히스티딘(histidine)
③ 트레오닌(threonine)
④ 페닐알라닌(phenylalanine)
⑤ 아스파라긴(asparagine)

05 인돌(indol)핵을 지니고 있으며 광선에 매우 불안정하고 옥수수를 주식으로 할 때 결핍될 수 있는 아미노산은?

① 알라닌(alanine)
② 트립토판(tryptophan)
③ 메티오닌(methionine)
④ 페닐알라닌(phenylalanine)
⑤ 아스파르트산(aspartic acid)

06 수박에 다량 함유되어 있어 이뇨 작용을 하는 아미노산은?

① 라이신(lysine)
② 시트룰린(citrulline)
③ 트립토판(tryptophan)
④ 메티오닌(methionine)
⑤ 아스파라긴(asparagine)

07 아미노산의 성질로 옳은 것은?

① 산성 아미노산들은 대체로 감칠맛을 갖는다.
② 밀가루 반죽 형성에 관여하는 결합은 펩티드 결합이다.
③ 필수아미노산은 체내에서 다량 합성되는 아미노산이다.
④ 라이신(lysine)을 제외한 아미노산은 광학적 활성을 갖는다.
⑤ 감자의 효소적 갈변에 관여하는 아미노산은 발린(valine)이다.

08 썩은 생선, 변패된 간장에서 아미노산이 탈탄산 반응을 일으켜 생성되는 알레르기 물질은?

① 시스틴(cystine)
② 티로신(tyrosine)
③ 글루타민(glutamine)
④ 메티오닌(methionine)
⑤ 히스타민(histamine)

09 다음 중 단백질을 구성하지 않는 아미노산은?

① 라이신(lysine)
② 카노신(carnosine)
③ 글루타민(glutamine)
④ 아르기닌(arginine)
⑤ 오르니틴(ornithine)

10 다음 중 산성 아미노산에 해당하는 것은?

① 라이신(lysine)
② 아르기닌(arginine)
③ 히스티딘(histidine)
④ 시스테인(cysteine)
⑤ 아스파르트산(aspartic acid)

11 다음 중 함황아미노산으로 옳은 것은?

① 라이신(lysine)
② 티로신(tyrosine)
③ 히스티딘(histidine)
④ 시스테인(cysteine)
⑤ 아스파르트산(aspartic acid)

12 곡류에 부족하기 쉬운 필수아미노산은?

① 발린, 이소류신
② 발린, 류신
③ 라이신, 메티오닌
④ 라이신, 페닐알라닌
⑤ 트립토판, 페닐알라닌

13 쌀에 부족한 필수아미노산으로 옳은 것은?

① 발린(valine)
② 라이신(lysine)
③ 프롤린(proline)
④ 히스티딘(histidine)
⑤ 이소류신(isoleucine)

14 대두 단백질에 함유된 양이 적은 아미노산으로 옳은 것은?

① 라이신과 트립토판
② 라이신과 시스테인
③ 트립토판과 류신
④ 메티오닌과 시스틴
⑤ 페닐알라닌과 발린

15 다음 중 단백질에 대한 내용으로 옳은 것은?

① 구성 원소는 탄소(C), 수소(H), 산소(O)이다.
② 약 10여 종의 아미노산들로 구성되어 있다.
③ 동물성 식품보다 식물성 식품에 다량 함유되어 있다.
④ 아미노산의 에스테르 결합에 의한 고분자 화합물이다.
⑤ 효소, 호르몬, 항체를 구성하며 생명 유지에 중요하다.

16 다음 중 단백질을 가수분해하면 일어나는 현상은?

① 단백질의 열변성이 일어난다.
② 펩티드(peptide) 결합이 형성된다.
③ 에스테르(ester) 결합이 분해된다.
④ 유리 아미노기(NH_2)가 감소한다.
⑤ 유리 카복시기(COOH)가 증가한다.

17 펩티드 결합에 대한 내용으로 옳은 것은?

① 두 아미노산의 아미노기(NH_2)끼리의 결합이다.
② 아미노산의 수가 두 개이면 트리펩티드 결합이다.
③ 두 아미노산 사이에 물 분자가 첨가되는 결합이다.
④ 펩티드 결합이 분해되면 카복시기(COOH)만 유리된다.
⑤ 보통 단백질은 아미노산이 폴리펩티드로 결합되어 있다.

18 어육을 킬달(Kjeldahl)법으로 분석한 결과 총질소량이 6.4%였다면, 이 시료의 조단백질 함량으로 옳은 것은?

① 20%   ② 25%
③ 30%   ④ 35%
⑤ 40%

19 주로 식물성 식품에 함유된 단순단백질로 60~70%의 알코올에 용해되는 것은?

① 히스톤(histone)
② 프로타민(protamin)
③ 글루텔린(glutelin)
④ 프롤라민(prolamin)
⑤ 알부미노이드(albuminoid)

20 쌀 단백질의 약 80% 정도를 차지하는 주된 단백질은?

① 프롤라민(prolamine)
② 프로데오스(proteose)
③ 글루테닌(glutenin)
④ 글로불린(Globulin)
⑤ 오리제닌(oryzenin)

21 2차 유도 단백질로 옳은 것은?

① 젤라틴(gelatin)
② 프로티안(protean)
③ 프로테오스(proteose)
④ 메타프로테인(metaprotein)
⑤ 파라카제인(paracasein)

22 천연 단백질이 물리적 · 화학적 · 효소적 작용에 의해 분해되며 2차적으로 생성되는 중간 생성물은 무엇인가?

① 단순 단백질
② 복합 단백질
③ 유도 단백질
④ 1차 유도 단백질
⑤ 2차 유도 단백질

23 순전하(net charge)가 0이 되는 상태로 단백질의 용해도가 작아 침전되는 상태는 무엇인가?

① 단백질의 유화점
② 단백질의 기포점
③ 단백질의 수화점
④ 단백질의 등전점
⑤ 단백질의 젤 형성점

24 다음 중 구상 단백질에 해당하는 것은?

① 콜라겐
② 케라틴
③ 엘라스틴
④ 피브로인
⑤ 헤모글로빈

25 다음 중 물에 용해되는 가용성 단백질은?

① 알부민
② 글로불린
③ 글루텔린
④ 프롤라민
⑤ 피브로인

26 용균 작용을 하는 난백 단백질로 옳은 것은?

① 아비딘(avidin)
② 라이소자임(lysozyme)
③ 오브알부민(ovalbumin)
④ 오보글로불린(ovoglobulin)
⑤ 오보뮤코이드(ovomucoid)

27 난백을 생으로 섭취하면 비오틴과 결합하여 비오틴 결핍증을 일으키는 것은?

① 아비딘(avidin)
② 라이소자임(lysozyme)
③ 오브알부민(ovalbumin)
④ 오보글로불린(ovoglobulin)
⑤ 오보뮤코이드(ovomucoid)

28 콜라겐에 전혀 함유되어 있지 않은 필수아미노산은?

① 시스틴(cystine)
② 라이신(lysine)
③ 트립토판(tryptophan)
④ 메티오닌(methionine)
⑤ 페닐알라닌(phenylalanine)

29 다음 중 색소 단백질에 해당하는 것은?

① 제인(zein)
② 인슐린(insulin)
③ 젤라틴(gelatin)
④ 카제인(casein)
⑤ 미오글로빈(myoglobin)

30 물과 묽은 염류 용액에 잘 녹고 열에 응고하며 난백에 함유되어 있는 단순 단백질은?

① 알부민(albumin)
② 글로불린(globulin)
③ 글루텔린(Glutelin)
④ 프롤라민(Prolamin)
⑤ 알부미노이드(Albuminoid)

31 장시간 물과 함께 가열하면 부드러운 젤라틴으로 변하는 단백질은?

① 케라틴(keratin)
② 콜라겐(collagen)
③ 미오겐(myogen)
④ 엘라스틴(elastin)
⑤ 레티큘린(reticulin)

32 염기성 단백질 중 핵산과 결합하고 있는 것은?

① 뮤신(mucin)
② 미오신(myosin)
③ 알부민(albumin)
④ 히스톤(histone)
⑤ 글루텔린(glutelin)

33 단백질의 1차 구조는 어떠한 결합으로 이루어져 있는가?

① 이온 결합
② 수소 결합
③ 소수성 결합
④ 펩티드 결합
⑤ S-S 결합

34 단백질의 나선 구조(α-helix)를 안정화시키는 결합으로 옳은 것은?

① 이온 결합
② 수소 결합
③ 공유 결합
④ S-S 결합
⑤ 펩티드 결합

35 단백질의 3차 구조를 안정시키는 결합으로 옳지 않은 것은?

① 공유 결합
② 수소 결합
③ 이온 결합
④ 소수성 결합
⑤ S-S 결합

36 아미노산은 등전점에서 어떠한 전하를 띤 이온기를 갖는가?

① 양전하
② 음전하
③ 양전하와 음전하
④ 아무런 전하도 갖지 않는다.
⑤ 아미노산의 종류에 따라 다르다.

37 단백질의 등전점(isoelectric point)에서 일어나는 변화로 옳은 것은?

① 점도 최대
② 기포성 최대
③ 용해성 최대
④ 삼투압 최대
⑤ 표면장력 최대

38 단백질 수용액에 산을 가하여 등전점보다 낮은 pH가 되면 일어나는 변화는?

① 어느 전극으로도 이동하지 않는다.
② 음이온이 되어 양극으로 이동한다.
③ 양이온이 되어 음극으로 이동한다.
④ 음이온이 되어 음극으로 이동한다.
⑤ 양이온이 되어 양극으로 이동한다.

39 단백질이 변성될 때 일어나는 변화로 옳은 것은?

① 가역적으로 변성된다.
② 1차 구조가 변화된다.
③ 용해도가 감소되어 응고된다.
④ 다른 화학 물질에 대한 반응성이 감소된다.
⑤ 소화 효소의 작용이 어려워 소화율이 감소된다.

40 단백질의 열변성에 관한 내용으로 옳은 것은?

① 설탕은 열변성을 억제한다.
② 전해질은 열변성을 억제한다.
③ 등전점에서 열변성이 억제된다.
④ 온도가 높으면 열변성이 억제된다.
⑤ 수분이 많으면 열변성이 억제된다.

41 다음 중 단백질 변성 시 일어나는 현상으로 옳은 것은?

① 점도 감소
② 용해도 감소
③ 효소 작용 감소
④ 화학 반응성의 감소
⑤ 생물학적 활성 증가

42 단백질의 물리적 변성에 해당되는 것은?

① 산, 알칼리에 의한 변성
② 유기 용매에 의한 변성
③ 계면활성제에 의한 변성
④ 가열, 동결에 의한 변성
⑤ 중금속 염류에 의한 변성

43 대두의 글로불린이 두부로 변성되는 조건으로 옳은 것은?

① 산
② 효소
③ 건조
④ 가열
⑤ 표면장력

44 식품에 함유된 단백질의 연결이 옳은 것은?

① 콩 : 제인(zein)
② 쌀 : 오리제닌(oryzenin)
③ 난백 : 호르데인(hordein)
④ 난황 : 글루테닌(glutenin)
⑤ 옥수수 : 오브알부민(ovalbumin)

45 단백질을 탄수화물과 함께 가열하였을 때 손실되기 쉬운 아미노산은?

① 발린(valine)
② 류신(leucine)
③ 글리신(glycine)
④ 라이신(lysine)
⑤ 아스파라긴(asparagine)

46 어육의 자기 소화가 일어나는 원인으로 옳은 것은?

① 세균의 작용 때문이다.
② 공기 중의 산소 때문이다.
③ 어육 내의 염류 때문이다.
④ 어육 내의 효소 때문이다.
⑤ 어육 내의 유기산 때문이다.

47 아미노산을 검출하기 위한 방법으로 옳은 것은?

① 요오드(I_2) 반응
② 뷰렛(biuret) 반응
③ 펠링(Fehling) 반응
④ 안트론(anthron) 반응
⑤ 닌히드린(ninhydrin)반응

48 단백질을 알칼리 용액에 녹인 후 황산구리 용액을 소량 넣어 분자 중의 펩티드 결합의 존재를 확인하는 반응은?

① 밀론 반응
② 뷰렛 반응
③ 닌히드린 반응
④ 홉킨스콜 반응
⑤ 잔토프로테인 반응

CHAPTER 06 식품의 색과 향미

01 다음 중 조색단으로 옳은 것은?

① $-N=N-$
② $-C=C-$, $C=S$
③ $-C=C-$, $-N=N-$
④ $-OH$, $-NH_2$
⑤ $-NO_2$, $-NO$

02 이소프레노이드(isoprenoid)의 유도체로 옳은 것은?

① 카로티노이드
② 클로로필
③ 미오글로빈
④ 안토잔틴
⑤ 안토시아닌

03 테트라피롤(tetrapyrrole) 핵과 포르피린(porphyrin) 구조를 지닌 색소는?

① 카로티노이드
② 클로로필
③ 탄닌
④ 안토잔틴
⑤ 안토시아닌

04 클로로필(chlorophyll)에 대한 내용으로 옳은 것은?

① 녹색의 수용성 색소이다.
② 알칼리에 의하여 클로로필리드를 형성한다.
③ 약산에 의해 페오포비드를 형성한다.
④ 강산에 의해 페오피틴을 형성한다.
⑤ 구리 이온과 결합하연 클로로필린이 형성된다.

05 클로로필에서 피톨(phytol)과 마그네슘(Mg)이 제거된 구조는?

① 포르핀(porphine)
② 포르피린(porphylrin)
③ 페오피틴(pheophytin)
④ 페오포비드(pheophorbide)
⑤ 클로로필라이드(chlorophyllide)

06 클로로필을 갈색화시키는 요인은?

① 산
② 알칼리
③ 구리
④ 아연
⑤ 효소

07 다음 중 지용성 색소로 옳은 것은?

① 클로로필, 카로티노이드
② 클로로필, 안토시아닌
③ 카로티노이드, 안토잔틴
④ 카로티노이드, 탄닌
⑤ 안토잔틴, 안토시아닌

08 다음 중 식물성 식품과 동물성 식품에 모두 포함되어 있는 색소로 옳은 것은?

① 헤모글로빈 ② 미오글로빈
③ 안토시아닌 ④ 클로로필
⑤ 카로티노이드

09 오이소박이가 숙성되어 신맛이 강해질수록 녹갈색을 띠는 이유는 클로로필이 무엇으로 변했기 때문인가?

① 페오피틴(pheophytin)
② 클로로필린(chlorophylline)
③ 클로로필리드(chlorophylide)
④ 철 - 클로로필(Fe - chlorophyll)
⑤ 구리 - 클로로필(Cu - chlorophyll)

10 다음 중 카로틴(carotene)계에 속하는 색소는?

① 루테인
② 제아잔틴
③ 리코펜
④ 크립토잔틴
⑤ 아스타잔틴

11 카로티노이드의 화학 구조상 공통점으로 옳은 것은?

① 포르피린(porphyrin) 구조를 지닌다.
② benzo-γ pyrane 유도체이다.
③ 공액이중결합을 가지고 있다.
④ 보통 식품의 카로티노이드 대부분은 cis형이다.
⑤ 이중결합이 적을수록 적색을 나타낸다.

12 프로비타민 A에 속하지 않는 것은?

① α - 카로틴
② β - 카로틴
③ γ - 카로틴
④ 리코펜
⑤ 크립토잔틴

13 새우, 게, 도미류를 삶을 때 나타나는 붉은 색소로 옳은 것은?

① 안토시아닌
② 헤모글로빈
③ 헤스페리딘
④ 카로틴
⑤ 아스타신

14 수박과 토마토에 들어있는 붉은 색의 색소는 무엇인가?

① 나린진
② 리코펜
③ 루테인
④ 제아잔틴
⑤ 아스타신

15 안토시아닌 색소가 가장 많이 함유된 과일은?

① 포도　　② 사과
③ 배　　　④ 감
⑤ 귤

16 안토시아닌 색소에 대한 내용으로 옳은 것은?

① 화황소의 지용성 색소이다.
② 수박, 토마토, 오렌지 등에 다량 함유되어 있다.
③ OH기가 많을수록 적색이 짙어진다.
④ 당질과 결합하여 배당체 형태로 존재한다.
⑤ 산, 알칼리에 모두 안정하다.

17 pH가 산성-중성-알칼리성일 때 적색-자색-청색으로 변하는 색소는?

① 탄닌
② 클로로필
③ 안토시아닌
④ 카로티노이드
⑤ 플라보노이드

18 채소류와 과일류에 존재하는 적자색(보라색)의 수용성 색소는?

① 카로틴(carotene)
② 리코펜(lycopene)
③ 클로로필(chlorophyll)
④ 안토시아닌(anthocyanin)
⑤ 잔토필(xanthophyll)

19 채소를 알칼리성 용액으로 조리한다면 일어날 수 있는 변화로 옳은 것은?

① 수용성 비타민이 보존된다.
② 클로로필 색소가 갈색으로 변한다.
③ 카로티노이드계 색소가 청색으로 변한다.
④ 안토시아닌계 색소가 적색으로 변한다.
⑤ 안토잔틴계 색소가 황색으로 변한다.

20 탄닌(tannin)에 대한 내용으로 옳은 것은?

① 밤의 주된 탄닌 성분은 엘라그산이다.
② 본래 갈색이지만 산화되면 무색이 된다.
③ 과일이 익으면 탄닌이 수용성이 되어 떫은 맛이 난다.
④ 녹차는 탄닌의 산화를 이용한 것이다.
⑤ 녹색 채소에 많이 함유되어 있다.

21 색소와 식품의 연결이 옳은 것은?

① 캡사이신 : 양파
② 케르세틴 : 자두
③ 헤스페리딘 : 감귤
④ 리코펜 : 마늘
⑤ 나린진 : 토마토

22 식품의 색소와 대표 식품의 연결이 옳은 것은?

① 탄닌 : 당근, 오렌지 등의 담황색
② 안토시아닌 : 식물의 잎, 열매, 곡류의 담황 색소
③ 아스타잔틴 : 갑각류의 적색 색소
④ 피코시안 : 고추, 호박 등의 적색 색소
⑤ 플라보노이드 : 홍조류의 청색 색소

23 완두콩 통조림 제조 시 녹색을 유지하기 위해 첨가되는 물질은?

① 소금 ② 설탕
③ 염화칼슘 ④ 황산칼슘
⑤ 황산구리

24 탄닌이 많은 과채류, 통조림 제조 시 제1철과 탄닌의 반응에 의한 색은?

① 무색 ② 회색
③ 갈색 ④ 흑청색
⑤ 청록색

25 밀감 통조림의 백탁의 원인으로 옳은 것은?

① 나린진
② 카로티노이드
③ 클로로필
④ 헤스페리딘
⑤ 탄닌

26 헴(heme) 색소 변화에 대한 내용으로 옳은 것은?

① 산화된 육색소는 Fe^{3+}인 메트미오글로빈이다.
② 가열한 육류의 색은 Fe^{3+}인 옥시미오글로빈이다.
③ 숙성된 육류의 색은 Fe^{3+}인 헤마틴이다.
④ 육류의 저장 중 녹색은 NO_2를 포함한 니트로소미오글로빈이다.
⑤ 육가공품의 선홍색은 콜레미오글로빈이다.

27 다음 중 선명한 붉은색을 띠는 것으로 옳은 것은?

① 메트미오글로빈
② 옥시미오글로빈
③ 미오글로빈
④ 콜레미오글로빈
⑤ 베르도글로빈

28 클로로필과 미오글로빈의 중심부에 존재하는 금속 이온이 짝지어진 것으로 옳은 것은?

① Mg^{2+}, Fe^{2+}
② Mg^{2+}, Cu^{2+}
③ Cu^{2+}, Fe^{2+}
④ Fe^{2+}, Cu^{2+}
⑤ Fe^{2+}, Mg^{2+}

29 햄, 소시지와 같은 육가공품 제조 시 질산염을 첨가하면 생성되는 선홍색의 물질은?

① 미오글로빈
② 옥시미오글로빈
③ 메트미오글로빈
④ 콜레미오글로빈
⑤ 니트로소미오글로빈

30 오징어나 문어의 먹물 색소는 무엇인가?

① 아스타잔틴
② 멜라닌
③ 구아닌
④ 제아잔틴
⑤ 루테인

31 아스코르브산(ascorbic acid)의 산화에 의한 갈변 반응으로 옳은 것은?

① 가열에 의해서 일어난다.
② 효소에 의한 갈변 반응이다.
③ 분말 오렌지 주스에서 일어나는 반응이다.
④ 산소가 없는 경우에는 일어나지 않는다.
⑤ 비타민 C의 함량이 높으면 일어나지 않는다.

32 효소적 갈변에 대한 내용을 옳은 것은?

① 당을 고온에서 가열하면 일어나는 반응이다.
② 감자를 절단하여 공기 중에 방치했을 때 일어나는 반응이다.
③ 기질은 주로 아미노 화합물과 카르보닐 화합물이다.
④ 비타민 C 함량이 높은 감귤류 가공품에서 일어나는 반응이다.
⑤ 식품을 끓는 물에 데치면 갈변 반응이 활성화된다.

33 감자의 갈변 현상에 대한 내용으로 옳은 것은?

① pH 3.0 이하에서 촉진되는 반응이다.
② 열을 가하면 일어나는 반응이다.
③ 갈색의 멜라노이딘을 생성한다.
④ 티로시나아제에 의한 반응이다.
⑤ 폴리페놀 산화 효소에 의한 반응이다.

34 사과, 복숭아 등의 과일을 잘랐을 때 일어나는 갈변 반응의 원인 물질은?

① 당류　　② 펙틴
③ 유기산　④ 효소
⑤ 알칼리

35 마이야르(Maillard) 반응에 대한 내용으로 옳은 것은?

① 당이 고온(160~200℃)에서 분해되어 일어난다.
② 초기 단계에서 아마도리 전위 반응이 일어난다.
③ 최종 갈색 물질로 멜라닌을 생성한다.
④ 자연발생적으로 일어나기 어려운 반응이다.
⑤ 비타민 C의 산화에 의한 반응이다.

36 식품의 갈변을 억제하는 방법으로 옳은 것은?

① 레몬즙, 식초 등을 첨가하여 pH 조절
② 구리, 철 등의 금속용기 사용
③ 40℃에서 보관
④ 산화제 첨가
⑤ 공기와의 접촉

37 온도가 낮아지면 더 강하게 느껴지는 맛의 성분은?

① 단맛　　② 짠맛
③ 신맛　　④ 쓴맛
⑤ 매운맛

38 단것을 먹은 후에 사과를 먹었더니 신맛을 느끼게 되었다. 이러한 현상을 무엇이라 하는가?

① 맛의 대비
② 맛의 상쇄
③ 맛의 억제
④ 맛의 피로
⑤ 맛의 변조

39 단팥죽에 약간의 소금을 첨가했을 때 맛의 변화로 옳은 것은?

① 단맛이 증가
② 단맛이 감소
③ 짠맛이 증가
④ 짠맛이 감소
⑤ 변화 없음

40 미맹(taste blindness)에 대한 설명으로 옳은 것은?

① 단맛에 대한 피로 현상이다.
② 백인보다 황색인에게 많다.
③ 모든 종류의 맛을 느끼지 못하는 현상이다.
④ 특정 물질에 대하여 맛을 느끼지 못하는 현상이다.
⑤ 맛을 가지는 물질을 계속 먹을 때 점차 맛을 느끼지 못하는 현상이다.

41 양파를 가열하여 볶거나 삶으면 단맛이 나는 이유로 옳은 것은?

① 당이 분해되기 때문이다.
② 알리신이 생기기 때문이다.
③ 알리나아제 작용 때문이다.
④ 알리신이 비타민 B_1과 결합하기 때문이다.
⑤ 알리신이 프로필메르캅탄으로 변하기 때문이다.

42 다음 중 단맛이 가장 강한 당은?

① 포도당
② 과당
③ 자당
④ 유당
⑤ 맥아당

43 감초의 단맛 성분으로 옳은 것은?

① 글리시리진(glycyrrhizin)
② 스테비오사이드(stevioside)
③ 아스파탐(aspartame)
④ 페릴라틴(perillartin)
⑤ 필로둘신(phyllodulcin)

44 신맛에 대한 설명으로 옳은 것은?

① 신맛의 강도는 pH와 정비례한다.
② 무기산이 유기산보다 신맛이 강하다.
③ 무기산은 상쾌한 신맛을 내어 식욕을 증진시킨다.
④ 산이 해리되어 생성된 수소이온(H^+)에 의한 맛이다.
⑤ 유기산은 쓴맛, 떫은 맛 등이 혼합되어 불쾌미를 생성한다.

45 조개류의 독특한 국물맛을 내는 유기산으로 옳은 것은?

① 수산(oxalic acid)
② 젖산(lactic acid)
③ 호박산(succinic acid)
④ 주석산(tartaric acid)
⑤ 사과산(malic acid)

46 식품과 유기산의 연결이 옳은 것은?

① 감귤 : 호박산
② 청주 : 수산
③ 식초 : 초산
④ 김치 : 호박산
⑤ 조개 : 구연산

47 짠맛이 강한 순서대로 바르게 연결된 것은?

① $Cl^- > NO_3^- > Br^- > HCO_3^- > I^-$
② $Cl^- > Br^- > I^- > HCO_3^- > NO_3^-$
③ $Br^- > Cl^- > HCO_3^- > I^- > NO_3^-$
④ $Br^- > I^- > HCO_3^- > Cl^- > NO_3^-$
⑤ $I^- > HCO_3^- > NO_3^- > Cl^- > Br^-$

48 소금 대용품으로 무염간장 제조에 사용되는 것은?

① 사과산 소다(disodium malate)
② 시트르산삼나트륨(trisodium citrate)
③ 피루브산 나트륨(sodium pyruvate)
④ 아세트산나트륨(sodium acetate)
⑤ 글루콘산나트륨(sodium gluconate)

49 알칼로이드 성분에 대한 내용으로 옳은 것은?

① 황을 함유한 염기성 물질이다.
② 동물체에 주로 존재한다.
③ 기호성을 떨어트린다.
④ 쓴맛과 강한 생리작용을 갖는다.
⑤ 쿠쿠르비타신이 대표적이다.

50 쓴맛 성분이 바르게 연결된 것은?

① 쑥 : 루풀론
② 양파 : 튜존
③ 맥주 : 후물론
④ 오이 꼭지 : 나린진
⑤ 감귤 과피 : 쿠쿠르비타신

51 감귤 과피의 쓴맛 성분으로 옳은 것은?

① 카페인   ② 사포닌
③ 나린진   ④ 케르세틴
⑤ 쿠쿠르비타신

52 생강의 매운맛 성분으로 옳은 것은?

① 산쇼올(sanchool)
② 캡사이신(capsaicin)
③ 차비신(chavicine)
④ 커큐민(curcumin)
⑤ 쇼가올(shogaol)

53 식품과 매운맛 성분의 연결이 옳은 것은?

① 알리신(allicin) : 산초
② 차비신(chavicin) : 부추
③ 진저롤(gingerol) : 강황
④ 캡사이신(capsaicin) : 후추
⑤ 시니그린(sinigrin) : 흑겨자

54 핵산계 조미료 중 맛의 세기에 대한 순서로 옳은 것은?

① 5′-GMP>5′-AMP>5′-IMP
② 5′-GMP>5′-IMP>5′-XMP
③ 5′-IMP>5′-GMP>5′-XMP
④ 5′-AMP>5′-GMP>5′-XMP
⑤ 5′-XMP>5′-IMP>5′-GMP

55 다음 중 핵산계의 성분으로 감칠맛을 주는 것은?

① 글루탐산 ② 베타인
③ 구아닐산 ④ 아데닌
⑤ 숙신산

56 핵산계 조미료인 5′-GMP가 다량 함유되어 있는 식품은?

① 멸치 ② 김
③ 간장 ④ 다시마
⑤ 표고버섯

57 오징어, 새우, 게 등의 감칠맛을 내는 정미 성분으로 옳은 것은?

① 히스티딘과 이노신산
② 글리신과 베타인
③ 알긴산과 타우린
④ 베타인과 숙신산
⑤ 글루탐산과 아스파라긴

58 글리신, 글루탐산, 이노신산, 구아닐산은 공통적으로 무슨 맛을 주는가?

① 단맛 ② 감칠맛
③ 신맛 ④ 짠맛
⑤ 매운맛

59 폴리페놀성 화합물인 타닌에 속하지 않는 것은?

① 카페인 ② 클로로겐산
③ 시부올 ④ 엘라그산
⑤ 카테킨

60 미숙한 감과 밤의 속껍질에 들어있는 떫은 맛 성분은 각각 무엇인가?

① 시부올, 엘라그산
② 카테킨, 시부올
③ 갈산, 클로로겐산
④ 엘라그산, 카테킨
⑤ 시부올, 갈산

61 식품과 맛 성분의 연결이 옳은 것은?

① 죽순의 아린 맛 : 케르세틴
② 양파껍질의 쓴맛 : 호모겐티스산
③ 쑥의 쓴맛 : 튜존
④ 오이의 쓴맛 : 테오브로민
⑤ 계피의 매운맛 : 진저론

62 토란, 죽순, 우엉 등의 아린 맛 성분으로 옳은 것은?

① 산쇼올　　② 알리신
③ 카테킨　　④ 호모겐티스산
⑤ 커큐민

63 사과, 배, 복숭아 등의 과실류에 함유된 주된 향기 성분은?

① 황화합물류
② 알코올
③ 에스테르류
④ 테르펜화합물
⑤ 질소화합물

64 겨자과 식물의 주된 향기 성분으로 옳은 것은?

① 미르센(myrcene)
② 튜존(thujone)
③ 알리신(akkucub)
④ 세다놀리드(sedanolide)
⑤ 알릴이소티오시아네이트(allyl isothiocyanate)

65 다음 중 정유의 주성분으로 옳은 것은?

① 독신　　② 터르펜류
③ 황류　　④ 유기산
⑤ 알칼로이드

66 마늘 특유의 냄새는 어떤 물질의 분해 과정에서 생성되는가?

① 알린(allin)
② 시니그린(sinigrin)
③ 미르센(myrcene)
④ 시트론(citron)
⑤ 알릴이소티오시아네이트(allyl isothiocyanate)

67 무의 향기 성분은?

① 시트론
② 멘톤
③ 알린
④ 메틸메르캅탄
⑤ 메틸부티레이트

68 동물성 식품과 냄새 성분의 연결이 옳은 것은?

① 우유 : 트리메틸아민
② 해수어 : 카프로산
③ 신선도 저하육 : 아세토인
④ 버터 : 디아세틸
⑤ 치즈 : 피페리딘

69 다음 중 인돌, 스케톨의 원인물질로 옳은 것은?

① 리신(lysine)
② 글리신(glycine)
③ 트립토판(tryptophan)
④ 시스틴(cystine)
⑤ 시스테인(cysteine)

70 담수어(민물고기)의 비린내 성분으로 옳은 것은?

① 디아세틸, 아세트알데히드
② 트리메틸아민, 디아세틸
③ 트리메틸아민, 인돌
④ 피페리딘, 아세토인
⑤ 피페리딘, δ-아미노발레르알데히드

71 어류의 선도를 측정하는 데 주로 사용되는 냄새 성분은?

① 알리신
② 아세톤
③ 카보닐화합물
④ 트리메틸아민
⑤ 피페리딘

CHAPTER 07 | 곡류, 서류 및 당류

해설편 p.110

01 쌀에 대한 내용으로 옳은 것은?

① 쌀의 주된 단백질은 제인(zein)이다.
② 자포니카는 쌀알이 가늘고 길며 찰기가 약하다.
③ 멥쌀은 아밀로펙틴으로만 구성되어 있다.
④ 미음은 곡류에 5~6배의 물을 첨가하여 만든다.
⑤ 현미에서 미강과 배아를 제거하여 배유를 얻는 것을 도정이라 한다.

02 곡류의 입자 중 전분을 가장 많이 함유하고 있는 부분은?

① 과피　　② 종피
③ 호분층　④ 배유
⑤ 배아

03 쌀의 도정에 대한 내용으로 옳은 것은?

① 미강은 배유, 배아를 포함한 부분이다.
② 현미는 외피, 배유, 배아가 모두 제거되어 있다.
③ 도정이란 벼에서 왕겨를 제거하는 것이다.
④ 도정률이 클수록 섬유소, 지방, 무기질, 비타민의 비율이 감소된다.
⑤ 도정도가 높아질수록 탄수화물의 비율이 감소된다.

04 쌀의 도정도가 증가할수록 함께 증가하는 영양소는?

① 탄수화물　② 지질
③ 단백질　　④ 비타민
⑤ 무기질

05 쌀을 세척할 때 많이 손실되는 영양소는?

① 탄수화물　② 단백질
③ 지질　　　④ 비타민
⑤ 무기질

06 전분을 냉수에 푼 후 가열할 때 일어나는 변화로 옳은 것은?

① 진용액에서 교질용액으로 변한다.
② 진용액에서 부유 상태로 변한다.
③ 교질용액에서 부유 상태로 변한다.
④ 교질용액 상태를 계속 유지한다.
⑤ 부유 상태에서 교질용액으로 변한다.

07 콩을 넣어 밥을 지으면 아미노산의 조성이 우수해지는 이유는?

① 쌀에 부족한 글리신이 콩에 많이 함유되어 있기 때문이다.
② 쌀에 부족한 메티오닌이 콩에 많이 함유되어 있기 때문이다.
③ 쌀에 부족한 라이신이 콩에 많이 함유되어 있기 때문이다.
④ 쌀에 부족한 트립토판이 콩에 많이 함유되어 있기 때문이다.
⑤ 쌀에 부족한 히스티딘이 콩에 많이 함유되어 있기 때문이다.

08 밥을 짓는 동안 증발하는 수분의 양을 고려했을 때 밥 짓는 물은 쌀 중량의 몇 배를 가해야 하는가?

① 1.0~1.2배　② 1.2~1.3배
③ 1.3~1.4배　④ 1.4~1.5배
⑤ 1.5~1.6배

09 밥 짓는 물의 양에 대한 설명으로 옳은 것은?

① 밥을 지을 때 필요한 물의 양은 전분 호화에 필요한 물의 양만 고려하여 정한다.
② 햅쌀은 묵은쌀보다 물의 양을 적게 첨가한다.
③ 쌀의 양이 많아질수록 물의 분량 비율도 함께 증가한다.
④ 콩나물밥 등의 채소밥을 지을 때도 보통의 밥 물량과 동일하게 한다.
⑤ 보통 밥을 지을 때는 쌀 무게의 2배가 적당하다.

10 밥맛을 좋게 하는 요소로 옳은 것은?

① 건조가 많이 된 쌀
② pH 4~5의 조리수
③ 재질이 얇고 뚜껑이 가벼운 조리 용구
④ 묵은 쌀
⑤ 0.03%의 소금

11 찹쌀가루를 사용하여 만드는 것은?

① 절편　② 약과
③ 매작과　④ 경단
⑤ 백설기

12 멥쌀과 찹쌀에 대한 내용으로 옳은 것은?

① 멥쌀이 찹쌀보다 점성이 강하다.
② 멥쌀은 요오드 반응에서 적자색을 띤다.
③ 멥쌀은 유백색, 찹쌀은 반투명하다.
④ 찹쌀이 멥쌀보다 아밀로오스 함량이 높다.
⑤ 찹쌀이 멥쌀보다 호화 및 노화가 잘 일어나지 않는다.

13 전분의 노화를 촉진하는 요인으로 옳은 것은?

① 수분 함량이 60% 이상일 때 노화가 촉진된다.
② pH 7.0 이상일 때 노화가 촉진된다.
③ 아밀로펙틴 함량이 높을 때 노화가 촉진된다.
④ 60℃ 이상으로 보관할 때 노화가 촉진된다.
⑤ 0~4℃ 온도에서 노화가 촉진된다.

14 미숫가루, 토스트, 뻥튀기, 루(roux)는 전분의 어떠한 조리 특성으로 만들어지는가?

① 호화　　② 호정화
③ 당화　　④ 젤화
⑤ 노화

15 제조 방법이 같은 떡끼리 짝지어진 것은?

① 인절미, 설기떡
② 인절미, 절편
③ 설기떡, 화전
④ 설기떡, 경단
⑤ 증편, 송편

16 호화와 노화에 대한 설명으로 옳은 것은?

① 전분 입자가 작을수록 호화가 잘 일어난다.
② 유화제를 첨가하면 노화가 촉진된다.
③ 산은 전분의 호화를 방해한다.
④ 찰옥수수 전분은 노화가 잘 일어난다.
⑤ 아밀로오스 함량이 많을수록 호화가 일어나지 않는다.

17 다음 중 전분을 효소로 가수분해하여 만든 식품은?

① 밥　　② 묵
③ 떡　　④ 조청
⑤ 뻥튀기

18 다음 중 전분의 겔화를 이용하여 만든 식품으로 옳은 것은?

① 도토리묵　　② 인절미
③ 미숫가루　　④ 찐빵
⑤ 엿

19 바삭한 질감의 튀김옷을 만드는 방법으로 옳은 것은?

① 강력분을 사용한다.
② 30℃ 정도의 미온수를 사용한다.
③ 소금을 넣어준다.
④ 0.2% 정도의 식소다를 첨가한다.
⑤ 반죽을 많이 저어주면서 섞는다.

20 전분의 성질과 식품의 연결로 옳은 것은?

① 당화 : 떡
② 호화 : 묵
③ 노화 : 누룽지
④ 호정화 : 토스트
⑤ 겔화 : 식혜

21 식혜를 만들 때 β-아밀라아제의 활성을 높일 수 있는 최적의 온도는?

① 25~35℃　　② 35~45℃
③ 45~55℃　　④ 55~65℃
⑤ 65~75℃

22 다음 중 맥아당을 가장 많이 함유하고 있는 식품은?

① 죽
② 떡
③ 식혜
④ 메밀묵
⑤ 토스트

23 화이트소스 제조 시 버터를 먼저 녹이고 전분을 볶은 후 우유를 마지막에 첨가하는 이유는?

① 전분의 호화를 돕기 위하여
② 전분 입자가 덩어리지지 않게 하기 위하여
③ 조리 시간을 단축하기 위하여
④ 보기 좋은 색을 내기 위하여
⑤ 소스의 맛을 향상시키기 위하여

24 다음 중 α-화 상태로 보존된 식품으로 옳은 것은?

① 쿠키, 오블레이트
② 식빵, 라면
③ 국수, 비스킷
④ 밥, 죽
⑤ 물엿, 식혜

25 전분에 산을 첨가하여 탕수육 소스를 만들고자 할 때의 방법으로 옳은 것은?

① 냉수에 전분을 풀고 산을 첨가하여 끓인다.
② 끓는 물에 전분을 넣고 끓인 후 산을 첨가한다.
③ 끓는 물에 산을 넣고 끓인 후 전분을 첨가한다.
④ 냉수에 전분을 풀고 끓인 후 산을 첨가한다.
⑤ 냉수에 산을 넣고 끓인 후 전분을 첨가한다.

26 보리에 대한 설명으로 옳은 것은?

① 보리의 주된 단백질은 제인(zein)이다.
② 쌀보리로 압맥과 할맥을 만든다.
③ 보리에는 비타민 C가 많이 함유되어 있다.
④ 식이섬유가 적어 소화가 잘된다.
⑤ 도정에 의한 영양소 손실이 크다.

27 밀가루에 대한 설명으로 옳은 것은?

① 밀가루의 제1제한아미노산은 라이신이다.
② 강력분은 7~9%의 글루텐을 가지고 있다.
③ 글리아딘은 탄성이 높다.
④ 밀가루의 글리아딘과 글루테닌은 수용성 단백질이다.
⑤ 밀가루에 50~60%의 물을 넣은 반죽을 배터(batter)라고 한다.

28 밀가루의 품질을 결정하는 요인으로 옳은 것은?

① 수분
② 단백질
③ 무기질
④ 당질
⑤ 지질

29 밀가루 반죽 과정에서 제품의 팽창에 도움이 되는 것으로 옳은 것은?

① 밀가루를 체에 친다.
② 식용유를 첨가한다.
③ 유화제를 첨가한다.
④ 소금을 첨가한다.
⑤ 설탕을 첨가한다.

30 제과·제빵 시 수분의 역할로 옳은 것은?

① 글루텐 형성을 억제한다.
② 전분을 당화시킨다.
③ 각 성분들을 용해시킨다.
④ 갈변을 촉진한다.
⑤ 팽창제의 반응을 억제시킨다.

31 밀가루 반죽 시 글루텐 망을 둘러싸서 서로 붙는 것을 방지하여 반죽의 연화 작용을 하는 첨가물로 옳은 것은?

① 우유
② 계란
③ 설탕
④ 지방
⑤ 소금

32 빵 제조 시 밀가루 반죽에 들어가는 재료에 대한 내용으로 옳은 것은?

① 계란이 많이 들어가면 빵이 부드럽다.
② 소금이 많이 들어가면 빵이 부드럽다.
③ 식빵, 마카로니는 박력분으로 만든다.
④ 지방은 버터, 마가린과 같은 가소성 지방을 사용한다.
⑤ 베이킹 파우더를 넣고 만들면 색이 누렇고 맛이 좋지 않다.

33 식빵 반죽 시 설탕의 역할로 옳은 것은?

① 글루텐의 강도를 높여준다.
② 이스트의 성장을 억제한다.
③ 단백질 연화 작용을 한다.
④ 전분의 호화 온도를 낮춘다.
⑤ 영양소가 보충된다.

34 글루텐 형성에 대한 내용으로 옳은 것은?

① 박력분 사용 시 글루텐 형성이 가장 잘 된다.
② 물 온도가 낮으면 글루텐 형성이 빨라진다.
③ 글리아딘과 글루테닌이 물과 결합하여 글루텐을 형성한다.
④ 글리아딘은 탄성을 글루테닌은 신장성을 가지고 있다.
⑤ 기계를 이용하여 반죽을 많이 치댈수록 좋다.

35 밀가루 반죽에 첨가하면 제품을 부드럽게 하는 것은?

① 물, 달걀
② 달걀, 소금
③ 달걀, 유지
④ 설탕, 유지
⑤ 설탕, 이스트

36 유지류가 밀가루 반죽을 연하게 하는 이유로 옳은 것은?

① 글루텐 형성을 도와주기 때문이다.
② 형성된 글루텐 섬유를 끊기 때문이다.
③ 글루텐 섬유가 가지를 치지 못하도록 한다.
④ 글루텐이 처음부터 형성되지 못하도록 한다.
⑤ 반죽 내에 공기가 많이 머물 수 있게 한다.

37 밀가루 반죽 시 소금이 하는 역할로 옳은 것은?

① 글루텐의 형성을 억제한다.
② 이스트의 발효 속도를 조절한다.
③ 단백질의 연화 작용을 한다.
④ 반죽의 점탄성을 감소시킨다.
⑤ 저장 기간을 단축시킨다.

38 다음 중 밀가루 종류와 사용처가 바르게 연결된 것은?

① 국수 : 박력분
② 쿠키 : 강력분
③ 튀김옷 : 강력분
④ 식빵 : 중력분
⑤ 파스타 : 강력분

39 밀가루에 달걀을 넣었을 때의 현상으로 옳은 것은?

① 저장 기간이 길어진다.
② 글루텐 형성을 억제한다.
③ 맛과 색깔이 저하된다.
④ 기포 형성으로 팽창제 역할을 한다.
⑤ 가열에 의해 응고되어 제품 형태의 질감이 저하된다.

40 빵이 질기다면 어떤 재료를 적당량 이상으로 넣었기 때문인가?

① 달걀
② 설탕
③ 버터
④ 식용유
⑤ 베이킹 파우더

41 빵의 색이 누렇게 변했다면 그 이유로 옳은 것은?

① 난황의 카로티노이드에 의해 황변된 것이다.
② 설탕의 캐러멜화 반응에 의해 황변된 것이다.
③ 이스트 발효에 의한 알코올 성분에 의해 황변된 것이다.
④ 안토시아닌이 열에 의해 황변된 것이다.
⑤ 안토잔틴이 식소다의 알칼리 성분에 의해 황변된 것이다.

42 스펀지 케이크를 부풀리는 주된 팽창제로 옳은 것은?

① 공기와 수분
② 공기와 버터
③ 설탕과 수분
④ 설탕과 계란
⑤ 이스트와 수분

43 다음 중 발효빵에 해당하는 것은?

① 카스테라
② 머핀
③ 식빵
④ 마들렌
⑤ 스펀지 케이크

44 발효빵을 만들 때 사용되는 이스트의 최적 온도는?

① 10~15℃ ② 16~20℃
③ 21~26℃ ④ 27~30℃
⑤ 31~40℃

45 스파게티, 식빵, 마카로니를 만들 때 주로 사용하는 밀가루는?

① 강력분 ② 중력분
③ 박력분 ④ 준강력분
⑤ 듀럼밀

46 옥수수를 주식으로 하는 사람들에게서 결핍되기 쉬운 영양소는?

① 글리신 ② 트립토판
③ 라이신 ④ 메티오닌
⑤ 발린

47 감자에 대한 내용으로 옳은 것은?

① 분질 감자는 식용가가 높은 감자이다.
② 점질 감자는 튀김이나 매시드 포테이트용으로 좋다.
③ 감자에는 칼륨이 풍부하지만 비타민 C는 부족하다.
④ 감자의 주된 단백질은 튜베린(tuberin)이다.
⑤ 감자에 싹이 나면 독성 물질인 아미그달린이 생성된다.

48 점질 감자에 대한 내용으로 옳은 것은?

① 볶음, 조림 요리에 적합하다.
② 전분 함량이 높다.
③ 가열하면 윤이 나지 않고 포슬포슬하다.
④ 감자의 색이 흰색을 띤다.
⑤ 수분과 당의 함량이 적다.

49 감자의 갈변 원인과 관련된 것은 무엇인가?

① 전분과 효소
② 당분과 가열
③ 아미노산과 효소
④ 아미노산과 당분
⑤ 비타민 C와 산소

50 감자의 갈변 현상에 대한 설명으로 옳은 것은?

① 감자의 전분이 많을수록 갈변이 잘 일어난다.
② 산소를 만나면 갈변이 억제된다.
③ 물에 담가두면 효소의 활성이 증가한다.
④ 구리, 철 등의 금속 이온에 의해 갈변이 억제된다.
⑤ 티로신과 티로시나아제에 의한 갈변이다.

51 감자를 조리하는 방법 중 비타민 C의 손실 정도가 큰 순서로 옳은 것은?

① 튀김 감자 > 찐 감자 > 물에 삶은 감자
② 찐 감자 > 물에 삶은 감자 > 튀김 감자
③ 찐 감자 > 튀김 감자 > 물에 삶은 감자
④ 물에 삶은 감자 > 찐 감자 > 튀김 감자
⑤ 물에 삶은 감자 > 튀김 감자 > 찐 감자

52 군고구마가 생고구마보다 단맛이 강한 이유는 어떠한 당 때문인가?

① 포도당
② 과당
③ 설탕
④ 맥아당
⑤ 유당

53 군고구마를 더 달게 만드는 효소로 옳은 것은?

① 알파아밀라아제(α-amylase)
② 베타아밀라아제(β-amylase)
③ 글루코아밀라아제(glucoamylase)
④ 리폭시게나아제(lipoxygenase)
⑤ 티로시나아제(tyrosinase)

54 생고구마를 절단하면 나오는 흰색의 점액성 물질은?

① 이포메인(ipomein)
② 얄라핀(jalapin)
③ 이포메아메론(ipomeamerone)
④ 리조푸스 니그리칸스(Rhizopus nigricans)
⑤ 클로로겐산(Chlorogenic acid)

55 흑반병에 걸린 고구마의 쓴맛은 어떠한 성분 때문인가?

① 이포메인(ipomein)
② 얄라핀(jalapin)
③ 이포메아메론(ipomeamerone)
④ 클로로겐산(Chlorogenic acid)
⑤ 리조푸스 니그리칸스(Rhizopus nigricans)

56 서류의 종류와 관련 성분의 연결이 옳은 것은?

① 토란 : 호모겐티스산
② 돼지감자 : 뮤신
③ 마 : 갈락탄
④ 곤약 : 이눌린
⑤ 고구마 : 글루코만난

57 수용성 식이섬유소인 글루코만난을 다량 함유하고 있어 저칼로리 식품으로 각광받고 있는 서류는?

① 돼지감자　　② 마
③ 야콘　　　　④ 곤약
⑤ 카사바

58 뚱딴지로도 불리며 식이섬유와 이눌린을 다량 함유하고 있어 혈당 상승에 영향을 미치지 않는 서류는?

① 곤약감자　　② 마
③ 토란　　　　④ 카사바
⑤ 돼지감자

59 타피오카는 어떤 서류의 전분인가?

① 감자　　　　② 고구마
③ 토란　　　　④ 카사바
⑤ 마

60 토란에 대한 내용으로 옳은 것은?

① 토란 껍질이 미끈거리는 이유는 전분이 많기 때문이다.
② 토란의 아린맛은 갈락탄 때문이다.
③ 토란의 수산은 거품을 생성하고 맛 성분의 침투를 방해한다.
④ 토란의 점액성 물질은 호모겐티스산이다.
⑤ 조리수에 1%의 소금을 첨가하면 점질 물질이 응고되어 맑은 토란탕을 끓일 수 있다.

61 토란에 함유된 점질 물질로 옳은 것은?

① 얄라핀(jalapin)
② 글루코만난(glucomannan)
③ 갈락탄(galactan)
④ 호모겐티스산(homogentisic acid)
⑤ 수산(oxalic acid)

62 점질 물질인 뮤신과 α-아밀라아제 등과 같은 여러 소화 효소를 함유하고 있는 식품은?

① 곤약　　　　② 마
③ 야콘　　　　④ 카사바
⑤ 토란

63 용해성이 낮아 아이스크림 제조 시 부분적으로 거친 느낌을 주는 당류는?

① 유당　　　　② 과당
③ 설탕　　　　④ 포도당
⑤ 맥아당

64 당류의 결정화에 관한 내용으로 옳은 것은?

① 포도당이 설탕에 비해 결정을 빨리 형성한다.
② 캐러멜, 브리틀은 결정화에 의해 만들어진다.
③ 용액을 젓는 속도가 느릴수록 미세한 결정이 생긴다.
④ 결정화를 위하여 당용액은 불포화용액을 사용한다.
⑤ 미세한 결정을 만들기 위해서 물엿, 우유, 크림 등을 첨가한다.

65 다음 중 결정형 캔디로 옳은 것은?

① 폰단트
② 캐러멜
③ 브리틀
④ 태피
⑤ 마시멜로우

66 온도가 상승하면 과당의 단맛은 어떻게 변하는가?

① 변화가 없다.
② 증가하다가 감소한다.
③ 감소하다가 증가한다.
④ 증가한다.
⑤ 감소한다.

67 캐러멜 제조 시 물엿의 역할로 옳은 것은?

① 결정화 억제
② 윤기 감소
③ 단맛 감소
④ 조밀도 감소
⑤ 향 증가

68 설탕의 전화에 대한 내용으로 옳은 것은?

① 전화가 일어나면 선광성은 그대로이다.
② 설탕이 전화되면 흡습성이 감소된다.
③ 설탕 용액을 가열하면 전화당이 된다.
④ 전화가 일어나면 포도당과 과당의 동량 혼합물이 된다.
⑤ 전화가 일어나면 당도가 감소된다.

69 당알코올의 특성으로 옳은 것은?

① 에너지를 내지 않아 혈당을 높이지 않는다.
② 충치를 유발한다.
③ 물에 잘 녹지 않는 불용성이다.
④ 설탕보다 감미도가 크다.
⑤ 인공감미료의 한 종류이다.

70 두 종류의 아미노산이 결합된 감미료로 페닐케톤뇨증 환자가 주의해야 하는 것은?

① 아세설페임 K
② 아스파탐
③ 스테비오사이드
④ 스쿠랄로오스
⑤ 사카린

CHAPTER 08 | 육류

01 육류에 대한 설명으로 옳은 것은?
① 육류의 융점은 닭고기가 제일 높다.
② 쇠고기는 비타민 B_1을 다량 함유하고 있다.
③ 육류를 가열하면 엘라스틴이 콜라겐으로 변화한다.
④ 육류의 주요 단백질은 미오겐이다.
⑤ 돼지고기는 쇠고기보다 지방 함량이 많아 육질이 부드럽다.

02 근육 섬유를 형성하는 주된 단백질은?
① 콜라겐(collagen)
② 미오글로빈(myoglobin)
③ 엘라스틴(elastin)
④ 미오신(myosin)
⑤ 미오겐(myogen)

03 육류의 근원 섬유 단백질에 관한 내용으로 옳은 것은?
① 마블링을 형성한다.
② 액틴과 미오신을 함유한다.
③ 사후 경직에는 관여하지 않는다.
④ 콜라겐과 엘라스틴으로 구성된다.
⑤ 피하, 복부, 장기 주위에 많이 분포한다.

04 육류의 근육 조직에서 주로 식용하는 부위는?
① 골격근
② 평활근
③ 심근
④ 불수의근
⑤ 피근

05 사후 경직 시 일어나는 현상으로 옳은 것은?
① ADP와 인산이 결합하여 ATP가 된다.
② 글리코겐이 더욱 생성된다.
③ 약알칼리성에서 약산성으로 변한다.
④ 액토미오신이 액틴과 미오신으로 분해된다.
⑤ 보수성이 증가한다.

06 육류의 숙성 중에 일어나는 현상으로 옳은 것은?
① 근육의 보수성이 감소하여 질겨진다.
② 유리아미노산 함량이 감소한다.
③ 육색소가 미오글로빈에서 메트미오글로빈으로 변한다.
④ 핵산물질인 이노신산(IMP)이 생성되어 감칠맛이 증가한다.
⑤ 숙성 중의 pH 변화는 적다.

07 사후 경직의 지속시간이 가장 긴 육류는?

① 돼지고기 ② 쇠고기
③ 닭고기   ④ 양고기
⑤ 어육

08 육류의 부드러운 정도에 영향을 주는 인자로 옳은 것은?

① 근육 섬유가 굵을수록 고기가 부드럽다.
② 마블링 형성이 안 된 고기가 부드럽다.
③ 나이가 많은 동물의 고기가 더 부드럽다.
④ 근육에 지방이 적을수록 고기가 부드럽다.
⑤ 결합 조직이 적을수록 고기가 부드럽다.

09 육류의 색소에 대한 설명으로 옳은 것은?

① 미오글로빈은 육류의 혈색소이다.
② 미오글로빈이 산소화되면 선홍색의 메트미오글로빈이 된다.
③ 미오글로빈이 가열하면 선명한 적색의 헤마틴이 된다.
④ 미오글로빈에 아질산을 첨가하면 회갈색의 니트로소미오글로빈이 된다.
⑤ 미오글로빈의 함량은 동물의 종류와 상관없이 동일하다.

10 식육을 공기 중에 방치하였을 때 나타나는 선홍색의 색소는?

① 헤모글로빈
② 옥시헤모글로빈
③ 메트미오글로빈
④ 미오글로빈
⑤ 헤마틴

11 가열 조리 시 육류의 변화로 옳은 것은?

① 중량이 증가한다.
② 풍미가 감소한다.
③ 단백질이 변성된다.
④ 콜라겐이 함량이 증가한다.
⑤ 육색이 진한 선홍색으로 변한다.

12 미오글로빈이 가열에 의해 변화하는 회갈색 성분은?

① 헤마틴
② 헤모글로빈
③ 옥시미오글로빈
④ 메트미오글로빈
⑤ 니트로소미오글로빈

13 육류의 단백질이 응고되기 시작하는 온도는?

① 30℃ 전후   ② 50℃ 전후
③ 70℃ 전후   ④ 90℃ 전후
⑤ 100℃ 이상

14 쇠고기보다 돼지고기에 더 많이 함유된 비타민은?

① 비타민 A   ② 비타민 B
③ 비타민 C   ④ 비타민 D
⑤ 비타민 E

15 다음 중 육류의 단백질이 아닌 것은?

① 미오신(myosin)
② 액틴(actin)
③ 헤모글로빈(hemoglobin)
④ 콜라겐(collagen)
⑤ 글리시닌(glycinin)

16 육류에 함유된 기름의 융점에 대한 설명으로 옳은 것은?

① 고급 포화지방산의 함량이 많을수록 융점이 낮아진다.
② 응고와 융해를 반복해도 융점은 변화하지 않는다.
③ 기름의 융점이 높은 육류는 차갑게 먹는 것이 좋다.
④ 쇠고기의 융점이 돼지고기보다 높다.
⑤ 기름의 융점은 육류의 종류와 관계가 없다.

17 조리에 따른 쇠고기의 부위별 선택으로 옳은 것은?

① 국, 곰탕 : 등심, 안심
② 구이, 볶음 : 사태, 갈비
③ 찜 : 안심, 갈비
④ 장조림 : 우둔육, 홍두깨살
⑤ 스테이크 : 양지, 사태

18 육류의 조리법에 대한 설명으로 옳은 것은?

① 편육을 조리할 때는 찬물에 고기를 넣어 익힌다.
② 가열 조리 시 중량은 감소하지 않는다.
③ 구이를 할 때에는 센불에 빨리 익혀야 육즙의 용출이 적다.
④ 습열 조리에 의해 연해지는 결합 조직은 엘라스틴이다.
⑤ 장조림은 처음부터 간장과 설탕을 넣고 조린다.

19 스튜 조리에 토마토나 사워밀크(sour milk)를 사용하는 이유는?

① 고기의 연화
② 갈변 억제
③ 냄새 제거
④ 맛 향상
⑤ 색 고정

20 육류의 조리법 중 습열 조리에 대한 설명으로 옳은 것은?

① 양지, 사태, 홍두깨살 등은 결합 조직이 많으므로 습열 조리한다.
② 구이, 전, 브로일링, 그릴링 등이 습열 조리에 해당된다.
③ 편육은 찬물에서부터 고기를 넣어 끓인다.
④ 탕은 물이 끓기 시작하면 고기를 넣고 끓인다.
⑤ 물과 함께 가열하면 젤라틴이 콜라겐으로 바뀐다.

21 로스트 비프를 웰던(well-done)으로 조리한다면 내부 온도로 옳은 것은?

① 60℃ ② 67℃
③ 71℃ ④ 77℃
⑤ 83℃

22 돼지고기찜에 토마토를 넣어서 조리하고자 한다면 언제 넣는 것이 좋은가?

① 먹기 바로 직전에 토마토를 넣는다.
② 돼지고기와 토마토를 미리 섞은 후 가열한다.
③ 돼지고기찜을 한 후 식탁에서 토마토를 넣어 섞는다.
④ 돼지고기와 토마토를 동시에 넣고 끓인다.
⑤ 돼지고기를 끓여서 단백질을 응고한 후 토마토를 넣는다.

23 장조림 조리 방법에 대한 설명으로 옳은 것은?

① 등심과 안심을 주로 이용한다.
② 고기가 익은 후 간장을 넣어야 질겨지지 않는다.
③ 처음부터 고기와 간장, 설탕 등을 함께 넣고 가열한다.
④ 결합 조직이 적은 부위를 이용한다.
⑤ 지방을 많이 함유한 부위를 이용한다.

24 다음 중 미오글로빈 함량이 가장 많이 고기는?

① 돼지고기 ② 쇠고기
③ 닭고기 ④ 송아지고기
⑤ 양고기

25 고기의 수용성 단백질, 지방, 엑기스분 등을 최대로 섭취할 수 있는 조리법은?

① 찜 ② 탕
③ 볶음 ④ 조림
⑤ 구이

26 제육볶음을 만들 때 사용하는 돼지고기 부위와 같은 부위를 사용하는 요리는?

① 햄 ② 소세지
③ 베이컨 ④ 폭찹
⑤ 포크커틀렛

27 편육을 만들 때 고기를 끓는 물에서 삶아야 하는 이유는?

① 고기의 형태를 보존하기 위하여
② 고기의 냄새를 제거하기 위하여
③ 맛 성분의 용출을 막기 위하여
④ 지방 성분을 보존하기 위하여
⑤ 고기의 색을 보존하기 위하여

28 육류를 연화시키는 방법으로 옳은 것은?

① 다량의 산성 물질을 첨가한다.
② 단백질 분해 효소를 첨가한다.
③ pH를 5~6으로 맞춰준다.
④ 숙성시키지 않는다.
⑤ 근섬유의 결 방향으로 칼집을 낸다.

29 파인애플에 함유되어 있는 단백질 분해 효소는?

① 파파인(papain)
② 액티니딘(actinidine)
③ 티로시나제(tyrosinase)
④ 피신(ficin)
⑤ 브로멜라인(bromelain)

30 다음 중 육류를 연화시키는 효소로 옳은 것은?

① 아네우리나아제(aneurinase)
② 인버타아제(invertase)
③ 아밀라아제(amylase)
④ 피신(ficin)
⑤ 레닌(renin)

31 쇠고기에서 마블링이 가장 잘 발달되어 있는 부위는?

① 홍두깨살　② 등심
③ 양지육　④ 우둔육
⑤ 사태

32 냉동닭을 해동하는 방법으로 옳은 것은?

① 50℃의 물에 담가 해동시킨다.
② 100℃의 끓는 물에서 해동시킨다.
③ 바로 조리하여 급속 해동시킨다.
④ 하루 전에 냉장실에 넣어 서서히 해동시킨다.
⑤ 전자레인지를 이용하여 해동시킨다.

33 돼지의 뒷다리살에 식염, 설탕, 아질산염, 향신료 등을 섞어서 훈제 가공한 것은?

① 햄　② 소시지
③ 베이컨　④ 콘드비프
⑤ 폭찹

CHAPTER 09 어패류

01 어패류의 성분에 대한 설명으로 옳은 것은?

① 조갯국물의 감칠맛은 호박산 때문이다.
② 가열한 갑각류의 붉은색은 구아닌 때문이다.
③ 근육의 주단백질은 미오겐이다.
④ 해수어의 비린내는 피페리딘 때문이다.
⑤ 어류는 육류보다 결합 조직이 많다.

02 어유에 다량 함유된 지방산으로 옳은 것은?

① 팔미트산　　② 스테아르산
③ 부티르산　　④ 라우르산
⑤ EPA

03 생선의 육질이 쇠고기나 돼지고기보다 연한 이유는?

① 글리코겐의 함량이 많기 때문이다.
② 결합 조직인 콜라겐의 함량이 적기 때문이다.
③ 트릴메틸아민의 함량이 높기 때문이다.
④ 포화지방산이 많기 때문이다.
⑤ 수분 함량이 적기 때문이다.

04 어패류가 수조육에 비해 쉽게 부패하는 이유는?

① 수분 함량이 적어 세균 발육이 쉽다.
② 포화지방산 함량이 많아 산화가 쉽다.
③ 조직이 연해 자기 소화가 빠르게 진행되기 때문이다.
④ 어체 중 세균은 단백질 분해 효소의 생산력이 작다.
⑤ 어체는 몸체가 작아 세균 번식이 어렵다.

05 어패류의 구수한 맛의 성분은?

① 멜라닌　　② 베타인
③ 글리신　　④ 히스티딘
⑤ 히포잔틴

06 해수어 비린내의 주성분으로 옳은 것은?

① 피페리딘
② 암모니아
③ 트리메틸아민(TMA)
④ 히스타민
⑤ 아세트알데히드

07 담수어의 비린내 성분으로 옳은 것은?

① 트리메틸아민(TMA)
② 암모니아
③ 케톤
④ 피페리딘
⑤ 히스타민

08 새우, 게 등을 가열하면 껍질색이 붉은색으로 변하는 이유는?

① 미오글로빈 색소가 메트미오글로빈으로 변했기 때문이다.
② 구아닌 색소가 열에 의해 변했기 때문이다.
③ 아스타잔틴이 아스타신으로 변했기 때문이다.
④ 멜라닌 색소가 열에 의해 변했기 때문이다.
⑤ 카로티노이드 색소가 열에 의해 변했기 때문이다.

09 어류의 사후 경직에 대한 내용으로 옳은 것은?

① 어류는 자기 소화는 일어나지 않는다.
② 사후 경직의 속도는 어류의 종류와 상관없이 똑같다.
③ 어류의 자기 소화 과정은 수육류에 비해 느리게 진행된다.
④ 붉은살 생선이 흰살 생선에 비해 사후 경직이 느리게 시작된다.
⑤ 사후 경직과 자기 소화가 지속되면서 어육의 선도가 저하된다.

10 어류의 신선도가 저하되면 일어나는 변화로 옳은 것은?

① 아민류(amine)의 함량이 증가한다.
② 근육의 pH가 산성으로 변화된다.
③ 휘발성 물질의 양이 감소한다.
④ 근육과 뼈가 잘 밀착되어 쉽게 분리되지 않는다.
⑤ 암모니아 생성이 감소한다.

11 어류의 변질에 대한 설명으로 옳은 것은?

① 사후 경직 후 부패가 바로 일어난다.
② 홍어, 상어는 변질에 의해 암모니아 냄새가 생성된다.
③ 자기 소화가 일어나면서 어체에 미생물이 번식하여 부패하게 된다.
④ 흰살 생선에 많은 히스티딘이 부패세균에 의해 히스타민이 된다.
⑤ 변질에 의해 트리메틸아민옥사이드(TMAO)가 생성되면서 악취가 난다.

12 어류의 신선도 감별에 대한 내용으로 옳은 것은?

① 아가미의 색이 회색빛인 것이 좋다.
② 눈이 조금 꺼져있는 것이 좋다.
③ 살과 뼈가 쉽게 떨어지지 않는 것이 좋다.
④ 비늘이 미끈거리는 것이 좋다.
⑤ 복부를 눌렀을 때 탄력성이 없는 것이 좋다.

13 오징어를 구울 때 껍질이 수축해 동그랗게 말리는 원인은?

① 멜라닌　　② 아스타신
③ 엘라스틴　　④ 콜라겐
⑤ 미오글로빈

14 어패류의 조리 방법으로 옳은 것은?

① 결합 조직이 많으므로 습열 조리가 적당하다.
② 충분히 숙성한 후 조리하는 것이 좋다.
③ 어류는 약간 덜 익혀서 먹는 것이 좋다.
④ 패류는 높은 온도에서 빠르게 가열하는 것이 좋다.
⑤ 국물을 끓인 후 생선을 넣어주면 잘 부스러지지 않는다.

15 전유어에 적합한 생선으로 옳은 것은?

① 고등어　　② 꽁치
③ 연어　　　④ 대구
⑤ 송어

16 어묵의 제조 원리로 옳은 것은?

① 생선살에 염을 넣어 갈고 가열하여 응고시킨다.
② 생선살에 전분을 첨가하여 튀긴다.
③ 생선살에 젤라틴을 첨가하여 겔화시킨다.
④ 생선살의 결합 조직을 연화시켜 제조한다.
⑤ 미오신 단백질을 열에 의해 변성시켜 제조한다.

17 생선을 튀기는 조리법으로 옳은 것은?

① 기름의 온도가 낮으면 흡유량이 많아져 맛이 향상된다.
② 튀김 시간이 길어지면 수분 증발이 감소한다.
③ 튀김 온도는 180℃ 내외에서 2~3분이 적당하다.
④ 튀김 온도는 190℃ 내외에서 1~2분이 적당하다.
⑤ 튀김 온도는 200℃ 내외에서 1~2분이 적당하다.

18 생선 비린내 제거에 대한 설명으로 옳은 것은?

① 트리메틸아민은 흐르는 물로는 제거되지 않으므로 물에 담가둔다.
② 레몬즙은 생선의 비린내 성분을 알칼리화한다.
③ 생선의 내장만 손질하면 비린내가 제거된다.
④ 조리 전 우유에 담가두면 콜로이드 흡착 효과로 비린내가 감소한다.
⑤ 향미가 약한 채소를 사용하는 것이 바람직하다.

19 비린내 제거 효과와 함께 어육을 응고시켜 탄력성을 주는 것은?

① 술　　　② 우유
③ 된장　　④ 식초
⑤ 간장

20 복어 전체 부위에 존재하지만 특히 난소와 간장에 다량 함유되어 있는 독성 물질은?

① 고시폴(gossypol)
② 솔라닌(solanin)
③ 베네루핀(venerupin)
④ 무스카린(muscarin)
⑤ 테트로도톡신(tetrodotoxin)

CHAPTER 10 | 난류

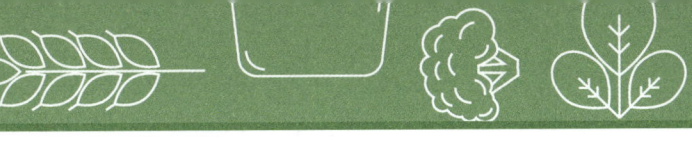

해설편 p.119

01 달걀의 성분에 대한 설명으로 옳은 것은?

① 필수아미노산이 부족하다.
② 지질은 주로 난백에 존재한다.
③ 난백은 철분을 많이 함유하고 있다.
④ 난황의 담황색을 리보플라빈 때문이다.
⑤ 생달걀을 섭취하면 비오틴 결핍을 초래한다.

02 신선한 달걀의 난각을 덮고 있으며 세균의 침입이나 수분 증발을 방지하는 물질은?

① 아비딘 ② 칼라자
③ 큐티클 ④ 오보뮤신
⑤ 리포비텔린

03 난백 단백질과 그 특성이 올바르게 연결된 것은?

① 라이소자임 : 용균 작용
② 카제인 : 난백의 주요 단백질
③ 오보뮤신 : 트립신 저해 작용
④ 오보알부민 : 비오틴과 결합
⑤ 아비딘 : 난백의 거품 형성

04 난백에 함유된 주된 단백질은?

① 액틴 ② 카제인
③ 오보알부민 ④ 글리아딘
⑤ 락트알부민

05 난백에 함유된 단백질 중 용균 작용을 하는 것은?

① 아비딘 ② 오보뮤신
③ 오보알부민 ④ 오보뮤코이드
⑤ 라이소자임

06 난황에 대한 설명으로 옳은 것은?

① 60℃에서 응고되기 시작한다.
② 난황의 pH는 7.6 정도이다.
③ 주 색소는 리보플라빈이다.
④ 레시틴은 유화제의 역할을 한다.
⑤ 기포성을 가지고 있다.

07 다음 중 난황의 색소는 무엇인가?

① 제아잔틴 ② 리보플라빈
③ 헤모글로빈 ④ 클로로필
⑤ 아스타신

CHAPTER 10 난류 255

08 달걀의 열 응고성에 대한 설명으로 옳은 것은?

① 난황이 난백보다 빨리 응고된다.
② 엔젤 케이크는 열 응고성을 이용한 것이다.
③ 달걀을 저온에서 가열하면 조직이 부드러워진다.
④ 산을 넣으면 응고가 덜 된다.
⑤ 설탕을 넣으면 조직감이 단단해진다.

09 난백 단백질의 기포성과 응고성이 최대인 등전점은?

① pH 4.3   ② pH 4.8
③ pH 5.3   ④ pH 5.8
⑤ pH 6.1

10 난백의 기포성과 관련된 내용으로 옳은 것은?

① 소량의 식초는 기포성을 향상시킨다.
② 10℃ 정도의 낮은 온도에서 기포 형성이 잘 된다.
③ 수양난백이 많으면 기포 안정성이 좋다.
④ 중조와 같은 알칼리성 물질을 넣으면 기포 형성이 잘된다.
⑤ 라이소자임이 기포 형성과 관련이 있다.

11 다음 중 기포성을 향상시키는 첨가물은?

① 소금   ② 설탕
③ 지방   ④ 우유
⑤ 중조

12 난백의 거품 형성에 기여하는 단백질은?

① 라이소자임
② 오보글로불린
③ 오보뮤신
④ 오보뮤코이드
⑤ 아비딘

13 난백의 기포성에 영향을 주는 인자는?

① 유화성   ② 융점
③ 비중   ④ 동결점
⑤ 등전점

14 난백 단백질 중 거품 안정화에 기여하는 단백질은?

① 글리시닌
② 글리아딘
③ 오보뮤신
④ 오보글로불린
⑤ 락트알부민

15 머랭, 엔젤 케이크, 스펀지 케이크는 달걀의 어떤 성질을 이용한 것인가?

① 난황의 유화성
② 난황의 결합성
③ 난황의 응고성
④ 난백의 기포성
⑤ 난백의 청정성

16 난황과 관련된 조리 특성으로 옳은 것은?

① 유화성
② 기포 형성력
③ 기포 안정성
④ 용균성
⑤ 트립신 저해 활성

17 난백과 난황이 완전히 응고되는 온도는?

① 난백 55℃, 난황 70℃
② 난백 60℃, 난황 75℃
③ 난백 65℃, 난황 70℃
④ 난백 70℃, 난황 75℃
⑤ 난백 75℃, 난황 75℃

18 다음 중 유화력이 가장 뛰어난 것은?

① 난백의 오보알부민
② 난황의 레시틴
③ 밀가루의 글루텐
④ 감자의 전분
⑤ 대두의 글리시닌

19 달걀을 가열할 때 소화성의 변화로 옳은 것은?

① 소화성에 변화는 없다.
② 소화성이 증가한다.
③ 소화성이 감소한다.
④ 완숙란이 반숙란보다 소화가 잘된다.
⑤ 가열 정도에 따라 감소 또는 증가한다.

20 생달걀을 먹었을 때 소화를 방해하는 난백 단백질은?

① 오보알부민
② 오보뮤코이드
③ 오보뮤신
④ 아비딘
⑤ 라이소자임

21 달걀의 신선도가 떨어지면 나타나는 현상은?

① 껍질이 까끌까끌하다.
② 난백의 pH가 낮아진다.
③ 비중이 높다.
④ 난황계수와 난백계수가 증가한다.
⑤ 수양난백의 양이 증가한다.

22 신선란의 특징으로 옳은 것은?

① 비중이 낮아 소금물에 뜬다.
② 표면이 매끈하다.
③ 난황계수와 난백계수가 낮다.
④ 수양난백이 농후난백보다 많다.
⑤ 난황의 pH는 6.0이다.

23 달걀의 특성을 이용한 조리의 예로 옳은 것은?

① 단백질의 열 응고성 : 마요네즈
② 난황의 유화성 : 머랭
③ 난백의 기포성 : 엔젤 케이크
④ 난백, 난황색의 색 : 달걀찜
⑤ 달걀의 농후제 : 전유어

24 달걀을 이용한 조리에 대한 설명으로 옳은 것은?

① 난황의 녹변 현상을 막기 위해 끓는 물에 15분 이상 가열한다.
② 달걀찜 제조 시 설탕을 넣어주면 조직이 더 단단해진다.
③ 수란 제조 시 식초를 가하면 응고가 더 잘 일어난다.
④ 머랭을 만들 때 소금을 넣어주면 기포가 더 잘 형성된다.
⑤ 달걀후라이에 다량의 소금을 넣으면 부드러워진다.

25 프라이드 에그 중 팬에 오일을 두른 후 달걀의 흰자만 익히는 것은?

① 써니사이드 업(sunnyside up)
② 오버 이지(over easy)
③ 오버 미디움(over medium)
④ 오버 웰(over well)
⑤ 오버 하드(over hard)

CHAPTER 11 우유 및 유제품

01 우유에 대한 설명으로 옳은 것은?
① 카제인은 산과 레닌에 의해 응고된다.
② 버터는 우유의 단백질을 추출하여 만든다.
③ 우유의 비중은 15℃에서 0.90이다.
④ 치즈는 우유가 가열에 의해 응고되는 성질로 만든다.
⑤ 유청 단백질은 열에 안정하다.

02 우유의 성분에 대한 내용으로 옳은 것은?
① 카제인은 열에 불안정하여 응고된다.
② 유청은 산에 의해 응고된다.
③ 우유에 함유된 탄수화물의 대부분은 과당이다.
④ 우유의 주요 단백질은 카제인이다.
⑤ 비타민 C를 다량 함유하고 있다.

03 우유 단백질에 대한 설명으로 옳은 것은?
① 유청 단백질은 레닌에 의해 응고된다.
② 유청 단백질은 미셀 구조를 형성한다.
③ 카제인은 인과 마그네슘이 결합된 복합체이다.
④ 치즈는 카제인을 응고시켜 만든 것이다.
⑤ 우유에서 가장 많은 단백질은 유청 단백질이다.

04 우유의 유청 단백질에 대한 설명으로 옳은 것은?
① 가열 시 피막을 형성한다.
② 치즈 제조에 주로 이용된다.
③ 열에 매우 안정하다.
④ 산과 레닌에 의해 응고된다.
⑤ 레닌에 의해 응고될 때 철분이 필요하다.

05 우유에 많이 함유되어 있으며 광선에 의해 파괴되기 쉬운 것은?
① 비타민 E   ② 칼슘
③ 리보플라빈   ④ 철분
⑤ 카로틴

06 우유의 균질 처리의 목적으로 옳은 것은?
① 크림층 형성을 방지한다.
② 산패를 방지한다.
③ 단백질 함량을 증가시킨다.
④ 지방구의 표면적을 감소시킨다.
⑤ 산패취를 감소시킨다.

07 우유의 균질화에 대한 설명으로 옳은 것은?

① 균질화 과정 중에 세균이 사멸된다.
② 지방 성분을 분리하는 과정이다.
③ 우유의 부족한 영양 성분을 채우는 과정이다.
④ 우유에 압력을 가해 지방구의 크기를 미세하게 조정한다.
⑤ 수분을 제거하여 단백질 함량을 높인다.

08 우유의 살균 방법에 대한 내용으로 옳은 것은?

① 저온 장시간 살균법은 135~150℃에서 1~5초 정도 가열한다.
② 저온 장시간 살균법으로 처리한 우유는 저장 기간이 길다.
③ 저온 장시간 살균법은 국내에서 가장 많이 사용하는 방법이다.
④ 초고온 순간 살균법으로 처리하면 우유 본래의 풍미를 지닌다.
⑤ 초고온 순간 살균법은 영양소 파괴와 화학적 변화를 최소화한 것이다.

09 카제인 단백질에 대한 설명으로 옳은 것은?

① 설탕에 의해 응고된다.
② 가열하면 피막을 형성한다.
③ 치즈 제조 시 응고되는 주된 단백질이다.
④ 우유의 산패를 일으키는 주 원인이다.
⑤ 가열 시 변성되어 냄새를 발생시킨다.

10 치즈 제조 시 응고되는 단백질은 무엇인가?

① 글리시닌　　② 유청
③ 글리아딘　　④ 카제인
⑤ 오보알부민

11 우유 가열 시 피막을 형성하는 단백질은?

① 카제인　　② 유청
③ 오보알부민　　④ 오보뮤신
⑤ 제인

12 우유의 단백질을 응고시키는 조건으로 옳은 것은?

① 젤라틴 첨가
② 레닌 첨가
③ 중탄산나트륨 첨가
④ 설탕 첨가
⑤ 전분 첨가

13 치즈 제조 시 레닌의 최적 작용 온도는?

① 10~15℃　　② 20~25℃
③ 30~35℃　　④ 40~45℃
⑤ 50~55℃

14 우유에 레닌을 첨가하면 일어나는 현상은?

① 갈색을 나타낸다.
② 산패가 빠르게 진행된다.
③ 크림층을 형성한다.
④ 부드러운 응고물이 생긴다.
⑤ 강한 신맛이 난다.

15 레닌을 이용하여 카제인을 응고할 때 관여하는 무기질은?

① 철　　　　② 칼슘
③ 구리　　　④ 칼륨
⑤ 마그네슘

16 우유를 응고하기 위한 첨가물로 옳은 것은?

① 식용유　　② 설탕
③ 소금　　　④ 식초
⑤ 감자 전분

17 치즈 제조 시 응고와 관련된 성질은 무엇인가?

① 융점　　　② 기포성
③ 유화성　　④ 응고성
⑤ 등전점

18 pH 4.6~4.7 사이에서 응고되는 우유 단백질은?

① 액틴　　　② 유청
③ 카제인　　④ 글루테닌
⑤ 오보알부민

19 우유의 색소 성분으로 옳은 것은?

① 라이코펜　　② 안토시아닌
③ 헤모글로빈　④ 미오글로빈
⑤ 리보플라빈

20 우유에 환원당인 과당을 넣고 가열하면 일어나는 갈변 현상은?

① 캐러멜화 반응
② 마이야르 반응
③ 티로신의 산화 반응
④ 폴리페놀 산화 반응
⑤ 아스코르브산 산화 반응

21 연유를 제조할 때 갈색을 띠는 이유는?

① 티로신에 의한 갈변
② 캐러멜화 반응
③ 마이야르 반응
④ 당의 분해 반응
⑤ 비타민 C 산화 반응

22 우유를 가열할 때 발생하는 가열취(익은 냄새)의 원인은?

① 비타민이 파괴되면서 발생한다.
② 락토글로불린이 열변성되면서 발생한다.
③ 지방이 산패되면서 발생한다.
④ 캐러멜화 반응에 의해 발생한다.
⑤ 마이야르 반응에 의해 발생한다.

23 우유의 가열 시 피막과 관련된 내용으로 옳은 것은?

① 피막 형성에 의해 영양성과 맛이 저하된다.
② 카제인이 응고하여 피막을 형성한다.
③ 80℃ 이상 가열 시 피막이 형성된다.
④ 가열 시 저어주지 않아야 피막 형성이 안 된다.
⑤ 피막에는 불순물이 섞여 있으므로 제거한다.

24 유지방을 약 40% 정도 함유하고 있으며 케이크, 과일 샐러드 등의 장식으로 많이 이용되는 것은?

① 사우어 크림
② 커피 크림
③ 휘핑 크림
④ 크림 분말
⑤ 플라스틱 크림

25 다음 중 유지방을 가장 많이 함유한 식품은?

① 사우어 크림
② 커피 크림
③ 휘핑 크림
④ 크림 분말
⑤ 플라스틱 크림

26 크림을 휘핑하는 방법으로 옳은 것은?

① 실온(25℃)에서 휘핑하면 크림이 잘 만들어진다.
② 지방 함량이 많을 때 크림이 잘 만들어진다.
③ 설탕을 많이 첨가할수록 크림이 잘 만들어진다.
④ 지방구의 크기가 작을 때 크림이 잘 만들어진다.
⑤ 갓 만들어진 크림을 이용하면 휘핑이 잘 된다.

27 우유의 칼슘과 인을 감소시키고 췌장 효소를 첨가하여 소화가 잘되게 균질화해 유아용으로 이상적인 우유는 무엇인가?

① 소프트커드유(soft-curd milk)
② 농축유(evaporated milk)
③ 저염유(low-sodium milk)
④ 발효유(fermented milk)
⑤ 증발유(condensed milk)

28 분유가 차가운 물에 잘 녹지 않는 이유는 무엇인가?

① 유지방의 함량이 높기 때문이다.
② 유청이 제거되지 않았기 때문이다.
③ 카제인이 냉수에 녹지 않기 때문이다.
④ 수분 함량이 낮기 때문이다.
⑤ 유당의 용해도가 낮기 때문이다.

29 토마토 크림 수프의 제조 방법으로 옳은 것은?

① 토마토를 살짝 데쳐 유기산을 휘발시킨 후 사용한다.
② 토마토와 함께 레몬즙을 넣어준다.
③ 토마토는 한꺼번에 넣는다.
④ 덜 익어 신맛이 강한 토마토를 사용한다.
⑤ 우유와 섞은 후 장시간 푹 끓여준다.

30 '원유 → 레닌 첨가 → 응고 → 커드 → 성형 → 숙성'의 과정을 거쳐 만드는 유제품은?

① 발효유   ② 버터
③ 크림   ④ 연유
⑤ 치즈

31 치즈에 대한 내용으로 옳은 것은?

① 연질 치즈는 수분 함량이 25~30% 정도이다.
② 에멘탈 치즈는 치즈 눈(cheese eye)으로 불리는 큰 기공이 있다.
③ 경질 치즈는 수분 함량이 50~75% 정도이다.
④ 파르메르산 치즈는 연질 치즈이다.
⑤ 모짜렐라 치즈는 곰팡이로 숙성한 경질 치즈이다.

32 경질 치즈의 수분 함량은?

① 25~30%   ② 30~40%
③ 40~50%   ④ 50~75%
⑤ 80% 이상

33 젓가락을 세워서 회전시키면 연유가 젓가락을 따라 올라오는 성질은?

① 예사성(spinability)
② 신전성(extensibility)
③ 탄성(elasticity)
④ 바이젠베르그(weissenverg) 효과
⑤ 소성(plasticity)

CHAPTER 12 | 두류

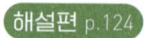

01 두류의 성분에 대한 설명으로 옳은 것은?
① 두류에는 파이토케미컬 함량이 다소 적다.
② 주요 단백질은 글리아딘이다.
③ 풋콩, 풋완두 등에는 비타민 A가 풍부하다.
④ 이소플라본, 사포닌과 같은 생리활성물질을 함유하고 있다.
⑤ 필수아미노산이 다소 부족하다.

02 대두에 대한 설명으로 옳은 것은?
① 주 단백질은 글리시닌이다.
② 탄수화물 대부분은 전분이다.
③ 트립신 저해제가 콩비린내를 생성한다.
④ 리폭시게나아제는 적혈구 응집소이다.
⑤ 포화지방산을 다량 함유하고 있다.

03 두류의 조리 특성으로 옳은 것은?
① 두류는 미리 물에 불려두지 않고 바로 조리한다.
② 산소와 접촉하면 리폭시게나아제에 의해 콩비린내가 생성된다.
③ 두류를 발아시키면 비타민 C 함량이 감소한다.
④ 이소플라본은 거품을 일으킨다.
⑤ 콩을 삶을 때 중조를 첨가하면 맛이 향상된다.

04 건조된 콩을 조리할 때 시간을 단축할 수 있는 방법은?
① 경수를 이용하여 조리한다.
② 조리수에 식초를 첨가한다.
③ 약불에서 서서히 가열한다.
④ 1% 정도의 소금을 첨가한다.
⑤ 다량의 중조를 첨가한다.

05 대두의 주요 단백질은 무엇인가?
① 제인 ② 카제인
③ 글루테닌 ④ 호르데인
⑤ 글리시닌

06 콩을 가열할 때 발생하는 거품의 성분은 무엇인가?
① 이소플라본 ② 올리고당
③ 사포닌 ④ 피틴산
⑤ 트립신 저해제

07 두류의 콩비린내를 생성하는 원인은 무엇인가?

① 이소플라본
② 리폭시게나아제
③ 트립신 저해제
④ 사포닌
⑤ 글리시닌

08 소화를 방해하는 트립신 저해제를 함유하는 식품은?

① 곡류 ② 육류
③ 두류 ④ 채소류
⑤ 과일류

09 콩을 익혀 먹지 않으면 단백질의 소화율이 낮아지는 이유는?

① 사포닌 때문에
② 헤마글루티닌 때문에
③ 글리시닌 때문에
④ 이소플라본 때문에
⑤ 트립신 저해제 때문에

10 콩의 연화를 촉진시키기 위해 넣는 것으로 옳은 것은?

① 0.3% 중탄산나트륨
② 0.3% 염화마그네슘
③ 0.3% 염화칼슘
④ 0.3% 설탕
⑤ 0.3% 식초

11 대두의 조리에 대한 설명으로 옳은 것은?

① 조리수로 경수를 사용하면 콩의 연화가 촉진된다.
② 조리수에 산성 물질을 첨가하면 연화가 촉진된다.
③ 두유에 염화마그네슘 등의 응고제를 넣어 두부를 만든다.
④ 가열에 의해 리폭시게나아제가 활성화된다.
⑤ 가열에 의해 트립신 저해제가 활성화된다.

12 대두를 가열했을 때의 장점으로 옳은 것은?

① 트립신 저해제의 기능 감소
② 사포닌의 기포 형성 증가
③ 이소플라본 함량의 증가
④ 헤마글루티닌의 활성화
⑤ 리폭시게나아제의 활성화

13 두부 제조 시 Mg^{2+}, Ca^{2+} 등의 금속 이온에 응고되는 단백질은?

① 호르데인 ② 글리아딘
③ 글루테닌 ④ 글리시닌
⑤ 제인

14 산을 생성하여 두부를 응고시키며 수율이 좋아 순두부 제조에 이용되는 것은?

① 염화칼슘
② 염화마그네슘
③ 글루코노 δ-락톤
④ 황산칼슘
⑤ 황산마그네슘

15 재래식(한국식) 방법으로 장류를 제조할 경우 그 내용으로 옳은 것은?

① 잡균 번식 억제 가능
② 균일한 품질 생산 가능
③ 제조 기간이 짧음
④ 황국균을 이용하여 발효함
⑤ 메주는 콩으로만 제조함

16 고초균에 의해 발효되어 콩 표면에 실과 같은 흰색의 점액성 물질이 생성되는 식품은?

① 두반장　② 낫토
③ 청국장　④ 춘장
⑤ 템페

17 다음의 두류 중 숙주나물의 재료가 되는 것은?

① 대두　② 팥
③ 강낭콩　④ 녹두
⑤ 완두콩

18 대두가 콩나물로 발아하면 생성되는 영양소는?

① 비타민 A　② 비타민 C
③ 비타민 D　④ 칼슘
⑤ 철분

19 콩나물을 삶을 때 뚜껑을 열면 비린내가 나게 하는 원인은 무엇인가?

① 아스코르비나아제(Ascorbinase)
② 프로테아제(protease)
③ 폴리페놀옥시다아제(polyphenol oxidase)
④ 리파아제(lipase)
⑤ 리폭시게나아제(lipoxygenase)

CHAPTER 13 유지류

01 식물성 유지에 관한 내용으로 옳은 것은?
① 산가에 따라 불건성유, 반건성유, 건성유로 나뉜다.
② 포화지방산 함량이 높다.
③ 샐러드유가 잘 얼지 않는 것은 쇼트닝성 때문이다.
④ 융점이 낮아 상온에서 액체 상태로 존재한다.
⑤ 버터, 라드, 쇼트닝이 해당된다.

02 유지의 조리적 성질에 대한 내용으로 옳은 것은?
① 유지를 넣으면 풍미가 저하된다.
② 글루텐 형성을 도와 베이커리 제품을 더 바삭하게 한다.
③ 열전도율이 낮으므로 튀김이나 볶음에 사용된다.
④ 음식의 맛, 향기 및 색을 부여한다.
⑤ 기포성을 가지고 있으므로 거품 형성에 도움을 준다.

03 다음 중 포화지방산의 함량이 가장 높은 유지는?
① 옥수수유 ② 대두유
③ 들기름   ④ 팜유
⑤ 올리브유

04 다음 중 유중수적형의 유화식품은?
① 우유   ② 아이스크림
③ 마요네즈 ④ 생크림
⑤ 버터

05 유화액의 안정성을 높이는 방법은?
① 분산매와 분산상 중 한쪽의 비중이 커야 한다.
② 분산상의 입자가 커야 한다.
③ 프렌치드레싱은 매우 안정된 유화액이다.
④ 분산상의 표면에 전하를 띠게 한다.
⑤ 계면활성제를 사용하여 계면 장력을 높여야 한다.

06 크리밍성과 쇼트닝성이 뛰어나 페스트리, 파이를 만들기에 적합한 유지는?
① 버터   ② 마가린
③ 쇼트닝   ④ 라드
⑤ 우지

07 밀가루 제품의 질감을 부드럽고 바삭하게 하는 유지의 성질은?
① 가소성   ② 유화성
③ 크리밍성 ④ 쇼트닝성
⑤ 결정성

08 버터, 마가린, 쇼트닝과 같은 지방을 빠르게 저어주면 부피가 증가하고 부드러워짐과 동시에 색이 하얗게 변하는 유지의 성질은?

① 가소성　　② 유화성
③ 크리밍성　　④ 쇼트닝성
⑤ 결정성

09 마요네즈의 분리 현상이 일어나는 경우는?

① 실온에서 저장했을 때
② 뚜껑을 꼭 닫아서 보관했을 때
③ 기름양과 교반 시의 균형이 잘 맞았을 때
④ 신선한 난황을 사용했을 때
⑤ 마요네즈를 냉동실에 보관했을 때

10 분리된 마요네즈를 재생하기 위해 첨가하는 것은?

① 소금　　② 식초
③ 난황　　④ 물
⑤ 젤라틴

11 유지의 쇼트닝 파워에 대한 설명으로 옳은 것은?

① 밀가루 반죽을 오래 치댈수록 쇼트닝 파워가 커진다.
② 유지를 적게 넣으면 쇼트닝 파워가 커진다.
③ 가소성이 큰 유지는 쇼트닝 파워가 작다.
④ 밀가루 반죽에 달걀을 넣으면 쇼트닝 파워가 증가한다.
⑤ 밀가루 글루텐의 길이가 짧아져 쇼트닝 파워가 커진다.

12 유지를 고온에서 계속 가열하면 발생하는 엷은 푸른색의 자극성 물질은?

① 과산화물　　② 아크롤레인
③ 지방산　　④ 글리세롤
⑤ 리놀레산

13 기름의 발연점이 낮아지는 원인으로 옳은 것은?

① 기름에 이물질이 많을 때
② 유리지방산이 적을 때
③ 기름의 사용 횟수가 적을 때
④ 가열 용기의 표면적이 좁을 때
⑤ 신선한 기름을 사용할 때

14 항산화 성분인 세사몰(sesamol)을 함유하고 있어 산패에 안정적인 식물성 유지는?

① 참기름　　② 들기름
③ 면실유　　④ 올리브유
⑤ 코코넛유

15 대두유에 대한 설명으로 옳은 것은?

① 고시폴을 함유하고 있다.
② 필수지방산이 많다.
③ 포화지방산이 많다.
④ 발연점이 낮다.
⑤ 융점이 높다.

16 대두유, 면실유, 어유 등을 경화시켜 만드는 라드의 대용품은?

① 버터　　② 쇼트닝
③ 마가린　④ 우지
⑤ 팜유

17 동물성 지방인 라드에 대한 설명으로 옳은 것은?

① 소의 복부, 내장 등에서 얻어지는 지방이다.
② 산패가 잘 일어나지 않는다.
③ 음식이 부드러워진다.
④ 쇼트닝성이 작다.
⑤ 불포화지방산이 많다.

18 샐러드유를 만들고자 할 때 고체화된 지방을 제거하는 방법은?

① 농축　　② 정제
③ 경화　　④ 동유 처리
⑤ 에스테르 교환

19 경화(수소화)에 대한 내용으로 옳은 것은?

① 트랜스지방이 감소한다.
② 경화를 통해 샐러드유를 만든다.
③ 지방의 융점이 낮아진다.
④ 불포화도가 증가한다.
⑤ 상온에서 고체 상태가 된다.

20 유지의 변향에 대한 내용으로 옳은 것은?

① 유지의 산패가 일어난 후 발생한다.
② 변향이 일어나는 시기는 유지의 종류와 관계없다.
③ 어유에서만 일어난다.
④ 변향 물질은 휘발성이 아니다.
⑤ 대두유에서 가장 흔히 발생한다.

21 유지가 냉장 온도에서 혼탁을 일으키지 않도록 하는 가공처리 방법은?

① 동유 처리　② 경화 처리
③ 탈취 처리　④ 탈색 처리
⑤ 에스테르 교환

22 기름의 산패를 촉진시키는 경우로 옳은 것은?

① 기름은 갈색 병에 보관한다.
② 서늘한 곳에 보관한다.
③ 뚜껑을 꼭 막는다.
④ 사용한 기름과 새 기름은 섞어 쓰지 않는다.
⑤ 햇볕이 잘 드는 창가에 두고 사용한다.

23 지방의 산패를 촉진시키는 요인으로 옳은 것은?

① 금속 이온　② 항산화제
③ 진공 포장　④ 질소 분압
⑤ 비타민 C

24 튀김 냄비로 좋은 재질은?

① 두꺼운 철제 냄비
② 세라믹 냄비
③ 양은 냄비
④ 사기로 된 냄비
⑤ 파이렉스 냄비

25 신선한 기름의 산가는?

① 1.0 이하 ② 1.5 이하
③ 2.0 이하 ④ 2.5 이하
⑤ 3.0 이하

26 다음 중 천연 항산화제에 해당하는 것은?

① BHA(butylated hydroxyanisole)
② BHT(butylated hydroxytoluene)
③ Tocopherol
④ PG(propyl gallate)
⑤ EP(ethyl protocatechuate)

27 유지에 함유된 천연 항산제의 연결이 옳은 것은?

① 면실유 – 레시틴
② 참기름 – 세사몰
③ 대두유 – PG
④ 들기름 – 고시폴
⑤ 옥수수유 – BHT

28 튀김 기름의 조건으로 옳은 것은?

① 고체 지방이 적합하다.
② 발연점이 높은 것이 좋다.
③ 점성이 강한 것이 좋다.
④ 산가가 높은 유지가 좋다.
⑤ 비정제 기름이 좋다.

29 다음 중 가장 낮은 온도에서 튀기는 음식은?

① 감자튀김 ② 닭튀김
③ 크로켓   ④ 도넛
⑤ 약과

30 약과 반죽에 과량의 기름을 넣으면 발생하는 현상은?

① 약과의 켜가 많이 생긴다.
② 조직에 불규칙한 구멍이 생긴다.
③ 조직이 치밀해진다.
④ 둥글게 부푼다.
⑤ 반죽이 풀어진다.

31 가열에 의한 기름의 변화로 옳은 것은?

① 점도의 증가
② 산가 감소
③ 소화율 증가
④ 발연점 증가
⑤ 융점 증가

32 옥수수유를 만들 때 사용되는 옥수수의 주요 부위는?

① 과피　　② 종피
③ 배아　　④ 배유
⑤ 호분층

CHAPTER 14 채소 및 과일류

01 채소의 가열에 의한 변화로 옳은 것은?

① 비타민 강화
② 전분의 당화
③ 효소의 활성화
④ 조직의 연화
⑤ 조직의 경도 증가

02 녹색 채소를 물에 데칠 때 조리수를 많이 첨가하는 이유로 옳은 것은?

① 조리수를 산성화시키기 위해서이다.
② 조리수를 알칼리화시키기 위해서이다.
③ 휘발성 유기산을 휘발시키기 위해서이다.
④ 비휘발성 유기산을 희석시키기 위해서이다.
⑤ 효소를 불활성화시키기 위해서이다.

03 채소를 알칼리성 용액으로 조리한다면 일어날 수 있는 변화로 옳은 것은?

① 비타민 B_1이 파괴된다.
② 클로로필 색소가 황색을 띤다.
③ 수용성 비타민이 보존된다.
④ 안토시아닌 색소가 적색을 띤다.
⑤ 안토잔틴계 색소가 더 선명해진다.

04 익은 오이김치의 올리브색은 클로로필의 어떠한 형태인가?

① 페오피틴
② 페오포바이드
③ 클로로필린
④ 클로로필라이드
⑤ 구리-클로로필

05 시금치, 브로콜리 등의 녹색 채소를 삶으면 조리수가 푸른색으로 변하는 이유는?

① 수용성 색소가 용출되었기 때문이다.
② 유기산이 용출되었기 때문이다.
③ 클로로필라아제에 의해 피톨기가 제거되었기 때문이다.
④ 클로로필의 마그네슘 원자가 유리되기 때문이다.
⑤ 클로로필의 효소가 파괴되었기 때문이다.

06 녹색 채소의 색을 유지할 수 있는 조리 방법으로 옳은 것은?

① 고온에서 장시간 데친다.
② 중조를 약간 넣어 데친다.
③ 냄비뚜껑을 닫고 데친다.
④ 조리수를 조금만 사용하여 데친다.
⑤ 식초를 약간 넣어 데친다.

07 시금치를 끓는 물에 살짝 데치면 녹색이 더욱 선명해지는 이유는?

① 효소가 불활성화되기 때문이다.
② 가열에 의해 클로로필이 안정화되기 때문이다.
③ 유기산이 휘발되기 때문이다.
④ 알칼리에 의해 클로로필라이드를 생성하기 때문이다.
⑤ 세포 내 공기가 제거되어 클로로필이 표면에 노출되기 때문이다.

08 채소를 데친 후 찬물에 바로 헹구어야 하는 이유는?

① 비타민 C의 파괴를 막기 위해서
② 전분의 호화를 막기 위해서
③ 무기질의 용출을 막기 위해서
④ 질감을 연화시키기 위해서
⑤ 효소를 활성화시키기 위해서

09 시금치에 함유되어 있는 유기산으로 칼슘의 흡수를 방해하는 것은?

① 주석산　　　② 구연산
③ 수산　　　　④ 호박산
⑤ 사과산

10 산성-중성-알칼리성에서의 안토시아닌의 색 변화로 옳은 것은?

① 적색 → 자색 → 청색
② 적색 → 청색 → 자색
③ 자색 → 적색 → 청색
④ 자색 → 청색 → 적색
⑤ 청색 → 자색 → 적색

11 생강을 식초물에 절이면 색이 빨갛게 변하는 이유는?

① 생강의 카로티노이드 때문에
② 생강의 안토시아닌 때문에
③ 생강의 플라보노이드 때문에
④ 생강의 라이코펜 때문에
⑤ 생강의 알리신 때문에

12 우엉을 삶을 때 조리수의 색이 푸른색으로 변하는 이유로 옳은 것은?

① 우엉의 유기산이 클로로필 색소와 반응했기 때문이다.
② 우엉의 유기산이 안토잔틴 색소와 반응했기 때문이다.
③ 우엉의 유기산이 안토시아닌 색소와 반응했기 때문이다.
④ 우엉의 무기질이 안토잔틴 색소와 반응했기 때문이다.
⑤ 우엉의 무기질이 안토시아닌 색소와 반응했기 때문이다.

13 안토시아닌 색소에 대한 설명으로 옳은 것은?

① 가지, 자색 양파, 적양배추 등의 채소에 함유되어 있다.
② 식초를 넣으면 청색으로 변한다.
③ 중조를 넣으면 붉은색이 더 진해진다.
④ 기름을 넣으면 색소가 우러나온다.
⑤ 토마토, 수박에 많이 함유되어 있다.

14 각 채소의 성분과 기능으로 옳은 것은?

① 양파 : 베타카로틴 – 시력 보호
② 마늘 : 안토시아닌 – 항산화작용
③ 시금치 : 수산 – 비타민 B_1 파괴
④ 당근 : 아스코르비나아제 – 비타민 C 파괴
⑤ 토마토 : 라이코펜 – 비타민 A 작용

15 조리 과정 중에 황화합물에 의한 자극성의 향미가 나는 식품은?

① 상추　　② 무
③ 당근　　④ 연근
⑤ 시금치

16 양파의 매운맛 성분이 가열에 의해 일부 분해되어 생성되는 단맛 성분은?

① 알리신
② 디메틸디설파이드
③ 시니그린
④ 알릴이소티오시아네이트
⑤ 프로필메르캅탄

17 비타민 B_1의 체내 흡수를 도와주어 돼지고기와 함께 먹으면 좋은 채소는?

① 오이　　② 마늘
③ 당근　　④ 셀러리
⑤ 생강

18 당근, 오이 등에 들어있는 효소로 다른 식품과 함께 조리 시 영양소를 파괴하는 것은?

① 미로시나아제
② 폴리페놀옥시다아제
③ 티로시나아제
④ 아스코르비나아제
⑤ 프로토펙티나아제

19 데친 채소를 냉동 저장했을 때 얻을 수 있는 효과는?

① 효소의 불활성화
② 세균의 증가
③ 비타민 손실
④ 수분의 증발
⑤ 전분의 제거

20 오이에 함유된 쓴맛 성분으로 옳은 것은?

① 카페인(caffeine)
② 나린진(naringin)
③ 사포닌(saponine)
④ 튜존(thujone)
⑤ 쿠쿠르비타신(cucurbitacin)

21 채소의 쓴맛 성분이 바르게 연결된 것은?

① 튜존(thujone) : 쑥
② 쿠쿠르비타신(cucurbitacin) : 차
③ 케르세틴(quercetin) : 감귤류
④ 나린진(naringin) : 오이 꼭지
⑤ 테오브로민(theobromine) : 양파 껍질

22 채소의 맛 성분의 연결로 옳은 것은?

① 캡사이신 : 후추의 떫은맛
② 호모겐티스산 : 토란, 죽순의 아린맛
③ 카테킨 : 감의 떫은맛
④ 차비신 : 고추의 매운맛
⑤ 산시올 : 차의 떫은맛

23 채소를 삶는 방법으로 옳은 것은?

① 가지를 백반이 녹아 있는 물에 삶으면 가지색이 밝아진다.
② 채소는 저온에서 오래 삶아야 비타민 C의 손실이 적다.
③ 시금치를 삶을 때 소량의 중조를 넣으면 녹황색이 된다.
④ 완두콩 통조림 제조 시 황산구리를 넣으면 선명한 녹색이 된다.
⑤ 연근 삶는 물에 식초를 넣으면 황색이 된다.

24 pH의 변화에 의한 채소류의 변색으로 옳은 것은?

① 녹색 채소 : 산성에서 선명한 녹색
② 녹색 채소 : 알칼리에서 녹황색
③ 등황색 채소 : 산성에서 적색
④ 적자색 채소 : 산성에서 적색
⑤ 백색 채소 : 알칼리에서 선명한 백색

25 다음 중 과일에 분포되어 있는 유기산은?

① 피틴산   ② 리놀레산
③ 호모겐티스산   ④ 구연산
⑤ 펙트산

26 과일이 숙성될 때의 변화로 옳은 것은?

① 전분 함량의 증가하여 단맛이 증가한다.
② 불용성 펙틴이 가용성 펙틴으로 변한다.
③ 수용성 탄닌의 증가로 떫은맛이 감소한다.
④ 유기산이 함량이 증가하여 신맛이 상승한다.
⑤ 과일 특유의 색과 향기가 감소한다.

27 과일과 함유된 단백질 분해 효소의 연결이 옳은 것은?

① 파인애플 – 파파인
② 키위 – 티로시나아제
③ 배 – 액티니딘
④ 무화과 – 피신
⑤ 파파야 – 브로멜라인

28 과일의 갈변을 방지하는 방법으로 옳은 것은?

① 껍질을 벗겨 상온에 방치한다.
② 식초, 레몬즙 등의 용액에 담가둔다.
③ pH를 알칼리 상태로 높여주기 위해 중조액에 담근다.
④ 철제 도구를 사용하여 조리한다.
④ 절단한 과일을 밀봉하지 않고 보관한다.

29 잼을 제조하는 방법으로 옳은 것은?

① pH 5~6 정도로 맞춰준다.
② 30%의 당이 필요하다.
③ 성숙한 과일이 좋다.
④ 10%의 펙틴이 필요하다.
⑤ 120℃의 온도에서 가열한다.

30 유기산과 당과의 결합으로 잼과 젤리를 만드는 식이섬유는?

① 알긴산　　② 펙틴
③ 카라기난　④ 한천
⑤ 구아검

31 잼과 젤리를 만드는 원리로 옳은 것은?

① 펙틴은 과일의 껍질보다 과육 부분에 많이 존재한다.
② 산을 첨가하는 이유는 탈수 작용을 하기 때문이다.
③ 성숙한 과일에는 펙틴산이 존재한다.
④ 과숙한 과일을 이용하면 겔이 잘 만들어진다.
⑤ 미숙한 과일에는 갈락투론산이 존재하여 겔을 형성한다.

32 다음 중 식이섬유인 펙틴질에 대한 설명으로 옳은 것은?

① 미숙한 과일에는 펙트산의 형태로 존재한다.
② 과숙한 과일에는 프로토펙틴이 존재하며 불용성이다.
③ 펙트산은 당과 산의 존재 시 겔을 형성한다.
④ 펙틴과 펙틴산은 겔을 형성하기 어렵다.
⑤ 프로토펙틴은 프로토펙티나아제에 의해 펙틴과 펙틴산으로 분해된다.

33 펙틴 함량이 많아 젤리의 재료로 적합한 과일은?

① 배　　　　② 감
③ 바나나　　④ 파인애플
⑤ 사과

34 젤리를 만드는 최적의 조건은?

① 당 35%, pH 2.5, 펙틴 2.5%
② 당 45%, pH 2.5, 펙틴 2.0%
③ 당 55%, pH 3.5, 펙틴 1.5%
④ 당 65%, pH 3.5, 펙틴 1.0%
⑤ 당 75%, pH 4.5, 펙틴 0.5%

35 곶감 가공 시 표면의 흰색 가루의 성분으로 옳은 것은?

① 시부올　　② 아미그달린
③ 엘라직산　④ 탄닌
⑤ 만니톨

36 냉장고에서 보관하지 말고 실온에서 보관해야 하는 과일은?

① 사과　② 배
③ 딸기　④ 바나나
⑤ 복숭아

37 덜 익은 매실과 살구의 씨앗에 함유되어 있는 독성 물질은?

① 두린(dhurrin)
② 리신(ricin)
③ 솔라닌(solanin)
④ 아미그달린(amygdalin)
⑤ 무스카린(muscarine)

38 감귤류의 껍질에 다량 함유되어 있는 쓴맛 성분으로 옳은 것은?

① 테오브로민　② 쿠쿠르비타신
③ 튜존　④ 케르세틴
⑤ 나린진

CHAPTER 15 | 해조류 및 버섯류

해설편 p.131

01 해조류의 분류로 옳은 것은?

① 파래 : 갈조류
② 미역 : 녹조류
③ 우뭇가사리 : 홍조류
④ 매생이 : 홍조류
⑤ 김 : 녹조류

02 해조류에 대한 설명으로 옳은 것은?

① 탄수화물이 많아 열량이 높다.
② 산성 식품이다.
③ 만니톨은 젤 형성력이 뛰어나다.
④ 요오드 함량이 다소 부족하다.
⑤ 다당류의 함량이 높다.

03 해조류에 함유되어 있는 다당류는?

① 펙틴
② 셀룰로오스
③ 리그닌
④ 카라기난
⑤ 아라비아검

04 미역에 많이 함유되어 있는 점조성 다당류는?

① 만니톨
② 알긴산
③ 한천
④ 카라기난
⑤ 피코에리트린

05 다시마의 표면의 흰 가루의 성분은?

① 만니톨
② 알긴산
③ 한천
④ 카라기난
⑤ 피코에리트린

06 갈조류에 대한 설명으로 옳은 것은?

① 김, 우뭇가사리가 갈조류에 해당된다.
② 클로로필 색소에 의해 갈색을 띤다.
③ 다시마의 흰 가루는 당알콜인 라미닌이다.
④ 미역의 만니톨은 변비 예방 효과가 있다.
⑤ 다시마는 글루탐산(MSG)을 함유하고 있어 감칠맛을 준다.

07 한천의 원료는 무엇인가?

① 미역
② 다시마
③ 우뭇가사리
④ 매생이
⑤ 파래

08 한천에 대한 설명으로 옳은 것은?

① 대부분의 푸딩, 케이크 제조에 사용한다.
② 50℃ 정도의 온도에서도 잘 녹는다.
③ 녹조류를 이용하여 제조한다.
④ 아가로오스와 아가로펙틴으로 구성되어 있다.
⑤ 단맛이 강하다.

09 한천의 응고조건에 대한 내용으로 옳은 것은?

① 4℃의 냉장온도에서 젤을 형성한다.
② 일상조리에 사용되는 농도는 0.5~1.5%이다.
③ 한천은 30℃ 정도의 온도에서도 잘 녹는다.
④ 젤화 후에도 온도가 높으면 쉽게 녹는다.
⑤ 0.2~0.3%의 농도에서도 단단한 젤을 만든다.

10 한천 용액에 설탕을 첨가하면 일어나는 현상은?

① 젤화를 저하시킨다.
② 투명도가 감소한다.
③ 설탕 농도가 높을수록 강도가 감소한다.
④ 점성과 탄력성이 증가한다.
⑤ 용액이 분리될 수 있다.

11 한천의 젤 형성 및 강도 증가에 도움을 주는 첨가물은?

① 설탕 ② 우유
③ 과일즙 ④ 레몬
⑤ 난백

12 에르고스테롤(비타민 D_2의 전구체)를 다량 함유한 식품은?

① 돼지고기 ② 건조과일
③ 표고버섯 ④ 다시마
⑤ 시금치

13 버섯의 특징으로 옳은 것은?

① 지질을 다량 함유하고 있다.
② 비타민 A와 C가 특히 많다.
③ 비타민 D_2의 전구체인 에르고스테롤을 함유하고 있다.
④ 항암 효과는 크지 않다.
⑤ 모든 버섯은 자연재배가 가능하다.

14 양송이버섯의 갈변과 관련된 효소는?

① 아밀라아제
② 프로테아제
③ 폴리페놀옥시다제
④ 티로시나아제
⑤ 말타아제

15 송이버섯 특유의 향기 성분은?

① 렌티오닌
② 5′-GMP
③ 레티난
④ 마츠타케올
⑤ 트레할로오스

CHAPTER 16 식품 미생물

01 그람(Gram)염색에 관한 내용으로 옳은 것은?

① 그람염색 결과 붉은색은 그람양성으로 판정한다.
② 그람염색을 이용하여 세균의 편모를 확인할 수 있다.
③ 세균의 연령에 따라 그람염색의 결과는 변할 수 있다.
④ 그람염색의 결과는 세균을 분류하는 데 중요한 기준이 된다.
⑤ 그람염색의 결과는 세균의 세포막의 조성 차이에 의해 구별된다.

02 그람양성균에 대한 내용으로 옳은 것은?

① 초산균과 대장균은 그람양성균이다.
② 크리스탈 바이올렛 색소에 쉽게 염색되지 않는다.
③ 세포벽은 펩티도글리칸으로 얇게 둘러싼 형태이다.
④ 세포벽에 지단백질과 지다당체가 다량 함유되어 있다.
⑤ 라이소자임(lysozyme)에 의해 펩티도글리칸이 분해되면 용균된다.

03 다음 중 세균의 특징으로 옳은 것은?

① 다세포 생물이다.
② 숙주세포에 기생하여 증식한다.
③ 진핵세포이며 출아에 의해 증식한다.
④ 그람염색법으로 세포벽 구조를 구분한다.
⑤ 분열법에 의해 증식하며 알코올 발효한다.

04 다음 중 진핵세포 미생물에 해당하는 것은?

① *Escherichia*
② *Acetobacter*
③ *Lactobacillus*
④ *Streptococcus*
⑤ *Saccharomyces*

05 원핵세포와 진핵세포의 구조에 대한 내용으로 옳은 것은?

① 효모는 원핵세포에 속하는 미생물이다.
② 원핵세포의 세포벽은 셀룰로오스, 키틴으로 구성되어 있다.
③ 진핵세포의 세포벽은 주로 펩티도글리칸으로 구성되어 있다.
④ 원핵세포의 호흡과 관련된 효소들은 미토콘드리아에 존재한다.
⑤ 원핵세포의 호흡 관련 효소들은 세포막 또는 메소좀에 부착되어 있다.

06 페니실린(penicillin)을 공업적으로 생산하는 균주는?

① *Penicillium chrysogenum*
② *Penicillium islandicum*
③ *Penicillium rooquegerti*
④ *Penicillium toxicarium*
⑤ *Penicillium citrinum*

07 다음 중 페니실린(penicillin)이 항균력을 가지는 이유로 옳은 것은?

① 핵산의 합성 저해
② 유전자의 염기 변화
③ 호흡효소의 활성 저해
④ 세균 세포벽의 합성 저해
⑤ 원형질막의 투과성 변화

08 다음 중 그람음성균에 해당하는 것은?

① *Bacillus*
② *Clostridium*
③ *Leuconostoc*
④ *Acetobacter*
⑤ *Streptococcus*

09 세균의 내생포자에 대한 설명으로 옳은 것은?

① 열에 저항성이 약하다.
② 자외선 처리에 쉽게 사멸된다.
③ 화학약품에 대한 저항성이 강하다.
④ 일반 세포에 비해 수분을 충분히 함유하여 장기간의 건조 상태를 견딘다.
⑤ 대부분의 세균들은 생육 환경이 악화되면 세포 내에 내생포자를 형성한다.

10 다음 중 내생포자(endospore)를 형성하는 세균으로 옳은 것은?

① *Bacillus*
② *Salmonella*
③ *Escherichia*
④ *Mucobacterium*
⑤ *Staphylococcus*

11 미생물과 산소 요구도의 관계로 옳은 것은?

① *Clostridium* : 미호기성균
② *Pseudomonas* : 호기성균
③ *Acetobacter* : 혐기성균
④ *Campylobacter* : 미호기성
⑤ *Bifidobacterium* : 통성혐기성균

12 다음 중 편성혐기성 미생물은?

① 납두균(*Bacillus natto*)
② 고초균(*Bacillus subrilis*)
③ 초산균(*Acetobacter aceti*)
④ 낙산균(*Clostridium butyricum*)
⑤ 포도상구균(*Staphylococcus aureus*)

13 냉장온도에서도 잘 증식하는 저온성 세균으로 옳은 것은?

① *Bacillus*
② *Proteus*
③ *Escherichia*
④ *Clostridium*
⑤ *Pseudomonas*

14 곰팡이의 분류에서 제일 먼저 고려되는 사항으로 옳은 것은?

① 질산염의 이용성
② 균사의 격벽 유무
③ 무성포자의 형태
④ 유성포자의 형성 유무
⑤ 뮤코펩티드의 존재 유무

15 다음 중 조상균류와 관련이 있는 것은?

① 위균사를 만든다.
② 균사에 격벽이 있다.
③ 무성생식으로 접합포자를 만든다.
④ 유성생식으로 포자낭포자를 만든다.
⑤ Mucor 속, Rhizopus 속이 여기에 속한다.

16 다음 중 자낭균류로 옳은 것은?

① Mucor
② Absidia
③ Rhizopus
④ Apergillus
⑤ Tamnidium

17 균사에 격벽이 없고 가근과 포복지를 가지며 유성적으로 접합포자를 형성하는 것은?

① Absidia
② Monascus
③ Penicillium
④ Aspergillus
⑤ Eremothecium

18 곰팡이 포자 중 유성생식에 의한 유성포자는?

① 분생포자(conidia)
② 분열포자(oidium)
③ 자낭포자(ascospore)
④ 후막포자(chlamydospore)
⑤ 출아포자(blastospore)

19 다음 중 자낭포자를 만들지 못하는 효모는?

① Pichia
② Candida
③ Hansenula
④ Saccharomyces
⑤ Schizosaccharomyces

20 다음 중 Penicillium 속과 관련이 있는 식품은?

① 청주 ② 치즈
③ 김치 ④ 식초
⑤ 요구르트

21 곰팡이에 대한 설명으로 옳은 것은?

① Mucor 속은 균사에 격벽이 없다.
② Aspergillus 속은 가근과 포복지를 가진다.
③ 자낭균류는 무성생식으로 자낭포자를 형성한다.
④ 접합균류는 무성생식으로 포자낭포자를 형성한다.
⑤ Aspergillus, Monascus, Penicillium 등은 접합균류에 속한다.

22 다음 중 불완전균류에 대한 내용으로 옳은 것은?

① 진균류 중 유성생식한다.
② 조상균류 중 가근이 없다.
③ 순정균류 중 무성생식한다.
④ 자낭과를 형성하지 못한다.
⑤ 균사에 격벽을 가지지 않는다.

23 자낭균류 중 무성생식 시 분생자병 끝에 정낭이 있는 균류는?

① *Mucor* 속
② *Rhizopus* 속
③ *Monascus* 속
④ *Penicillium* 속
⑤ *Aspergillus* 속

24 출아법으로 증식하는 미생물로 옳은 것은?

① *Escherichia coli*
② *Bacillus subtilis*
③ *Aspergillus oryzae*
④ *Leuconostoc cremoris*
⑤ *Saccharomyces cerevisiae*

25 균사에 꺽쇠연결(clamp connection)을 갖는 균류는?

① 난균류
② 담자균류
③ 자낭균류
④ 접합균류
⑤ 불완전균류

26 버섯과 관련된 내용으로 옳은 것은?

① 식용 부분은 2차 균사이다.
② 대부분은 자낭균류에 속한다.
③ 당류로 mannit와 trehalose를 포함한다.
④ 버섯의 균사에는 격막이 없고 세포벽은 섬유질로 되어있다.
⑤ 갓의 밑부분인 주름 안에 담자기가 있고, 담자기는 2개의 담자포자를 갖는다.

27 가열에 대한 저항성이 가장 큰 것은?

① 효모
② 효모의 포자
③ 세균의 포자
④ 곰팡이의 포자
⑤ 세균의 영양세포

28 건조에 대한 저항성이 강한 순으로 나열된 것은?

① 세균＞효모＞곰팡이
② 효모＞곰팡이＞세균
③ 효모＞세균＞곰팡이
④ 곰팡이＞세균＞효모
⑤ 곰팡이＞효모＞세균

29 생육 가능한 수분활성도(A_w)가 가장 낮은 미생물은?

① 일반 세균
② 일반 효모
③ 일반 곰팡이
④ 호염성 세균
⑤ 내삼투압성 효모

30 2% 이상의 소금 농도를 가지는 배지에서만 생육이 가능한 미생물은?

① 통성호염성균
② 편성호염성균
③ 미호염성균
④ 염감수성균
⑤ 내염성균

31 산소가 미량으로 존재할 때 생육이 촉진되는 미생물은?

① 젖산균(*Lactobacillus acidophilus*)
② 낙산균(*Clostridium butyricum*)
③ 초산균(*Acetobacter aceti*)
④ 대장균(*Escherichia coli*)
⑤ 납두균(*Bacillus natto*)

32 *Aspergillus* 속 곰팡이 중 곰팡이독(aflatoxin)을 생산하는 것은?

① *Aspergillus sojae*
② *Aspergillus niger*
③ *Aspergillus flavus*
④ *Aspergillus oryzae*
⑤ *Aspergillus awamori*

33 식염이 미생물의 생육을 저해하는 이유로 옳은 것은?

① 염소의 작용
② 삼투압 감소
③ 산소용해도 증가
④ 세포의 CO_2 감수성 감소
⑤ 호흡관계 효소의 활성 증대

34 다음 중 공기 중의 질소를 질소원으로 이용할 수 있는 미생물은?

① *Bacillus*
② *Listeria*
③ *Azotobacter*
④ *Nitrobacter*
⑤ *Pseudomonas*

35 통성혐기성균으로 유당을 분해하여 가스를 생성하는 오염지표균은?

① *Escherichia coli*
② *Salmonella typhi*
③ *Shigella dysenteriae*
④ *Staphylococcus aureus*
⑤ *Vibrio parahaemolyticus*

36 다음 중 저온균에 해당하는 것은?

① *Escherichia coli*
② *Arthrobacter glacials*
③ *Staphylococcus aureus*
④ *Pseudomonas fluorescens*
⑤ *Streptococcus thermophilus*

37 내열성이 강한 내생포자를 형성하는 균은?

① *Vibrio marinus*
② *Escherichia coli*
③ *Streptococcus lactis*
④ *Clostridium perfringens*
⑤ *Staphyrococcus aureus*

38 내열성이 강한 α-amylase를 생산하는 미생물로 옳은 것은?

① *Bacillus subtilis*
② *Acetobacter aceti*
③ *Clostridium welchii*
④ *Gluconobacter roseus*
⑤ *Lactobacillus acidophilus*

39 쌀에 번식하여 황변미를 일으키고 신경 독소를 생성하는 곰팡이는?

① *Penicillium chrysogenum*
② *Penicillium roqueforti*
③ *Penicillium italicum*
④ *Penicillium expansum*
⑤ *Penicillium citreoviride*

40 청국장 발효에 이용되는 미생물은?

① *Bacillus natto*
② *Bacillus cereus*
③ *Bacillus coagulans*
④ *Bacillus magaterium*
⑤ *Bacillus stearothermophilus*

41 우유에 번식하여 고미화시키며 단백질 분해력이 가장 강한 균은?

① *Proteus vulgaris*
② *Micrococcus roseus*
③ *Morganella morganii*
④ *Pseudomonas fluorecens*
⑤ *Pseudomonas aeruginosa*

42 단백질 분해력이 강한 호기성 부패세균으로 활성이 강한 *histidine decarboxylase*를 생성하기 때문에 알레르기성 식중독의 원인이 되는 세균은?

① *Escherichia coli*
② *Proteus morganii*
③ *Shigella dysenteriae*
④ *Salmonella enteritidis*
⑤ *Alcaligenes viscolactis*

43 간장, 맥주, 포도주 등에 피막을 형성하는 산막효모로 옳은 것은?

① *Pichia* 속
② *Bacillus* 속
③ *Hansenula* 속
④ *Saccharomyces* 속
⑤ *Zygosaccharomyces* 속

44 초산 발효를 통해 생산되는 식품은?

① 치즈　　② 버터
③ 식초　　④ 김치
⑤ 발효유

45 김치 제조 시 설탕을 첨가하면 끈끈한 점짐물을 생성하는 미생물과 그 성분의 연결이 옳은 것은?

① *Leuconocstoc* – dextrin
② *Leuconocstoc* – dextran
③ *Lactobacillus* – dextrin
④ *Lactobacillus* – dextran
⑤ *Streptococcus* – dextran

46 김치의 초기와 중기 이후 발효에 관여하는 각각의 젖산균으로 옳은 것은?

① *Lactobacillus lactis*, *Lactobacillus plantarum*
② *Lactobacillus lactis*, *Lactobacillus bulgaricus*
③ *Lactobacillus bulgaricus*, *Lactobacillus acidophilus*
④ *Leuconostoc mesenteroides*, *Lactobacillus casei*
⑤ *Leuconostoc mesenteroides*, *Lactobacillus plantarum*

47 발효유의 일종인 케피어(Kefir)의 제조에 관여하는 젖산균은?

① *Lactobacillus delbrueckii*
② *Lactobacillus buchneri*
③ *Lactobacillus plantarum*
④ *Lactobacillus acidophilus*
⑤ *Loactobacillus fermentum*

48 발효공업에서 알코올을 기질로 하여 생산되는 식품은?

① 청주 ② 식초
③ 주석산 ④ 글루탐산
⑤ 핵산계 조미료

49 식초 제조에 가장 많이 이용되고 있는 균은?

① *Acetobacter aceti*, *Acetobacter xylinum*
② *Acetobacter aceti*, *Acetobacter suboxydans*
③ *Acetobacter aceti*, *Acetobacter schutzenbachii*
④ *Acetobacter suboxydans*, *Acetobacter liquefaciens*
⑤ *Acetobacter suboxydans*, *Acetobacter schutzenbachii*

50 세균의 이용에 대한 연결로 옳은 것은?

① 스위스 치즈 제조 : *Acetobacter aceti*
② 청국장 제조 : *Propionibacterium shermanii*
③ 요구르트(정장제) 제조 : *Lactobacillus acidophilus*
④ 조미료 원료인 글루탐산 생산 : *Saccharomyces sake*
⑤ 아프리카 술 폼베 제조 : *Corynebacterium glutamicum*

51 청주와 장류 제조에 사용하는 코지(Koji)는 황국균의 어떠한 효소를 이용하는가?

① amylase, protease
② amylase, cellulase
③ protease, cellulase
④ protease, lipase
⑤ lipase, pectinase

52 탁주나 약주 제조 시에 코지(Koji)균으로 이용하는 것은?

① *Aspergillus sojae*
② *Aspergillus oryzae*
③ *Aspergillus usami*
④ *Aspergillus awamori*
⑤ *Aspergillus kazevachii*

53 다음 설명 중 옳은 것은?

① *Penicillium citrium*은 페니실린 생산 균주이다.
② *Acetobacter aceti*는 요구르트를 제조할 때 이용된다.
③ *Aspergillus oryzae*는 흑국균으로서 치즈 제조에 이용된다.
④ *Bacillus subtilis*는 고초균으로서 우리나라 장류 제조에 이용된다.
⑤ *Bacillus natto*는 우리나라 탁주 제조에 이용된다.

54 적색의 색소를 생성하여 홍주나 홍두부의 제조에 이용되는 균은?

① *Monascus anka*
② *Aspergillus niger*
③ *Aspergillus wentii*
④ *Neurospora crassa*
⑤ *Penicillium islandicum*

55 다음 중 제빵에 이용되는 효모는?

① *Candida utilis*
② *Escherichia coli*
③ *Hasenula anomala*
④ *Aspergillus oryzae*
⑤ *Saccharomyces cerevisiae*

56 간장 제조 시 단백질 분해 효소(protease)와 전분분해 효소(amylase)를 생성하여 대두와 전분을 분해시키는 국균은?

① *Bacillus subtilis*
② *Aspergillus oryzae*
③ *Pediococcus halophilus*
④ *Saccharomyces cerevisiae*
⑤ *Zygosaccharomyces rouxii*

57 발효식품과 관련 미생물의 연결이 옳은 것은?

① 포도주 : *Rhizopus nigricans*
② 탁주 : *Penicillium camemberti*
③ 간장 : *Lactobacillus bulgaricus*
④ 요구르트 : *Acetobacter xylinum*
⑤ 김치 : *Leuconostoc mesenteroides*

58 다음 중 포도주 양조에 사용하는 효모는?

① *Saccharomyces sake*
② *Saccharomyces ellipsoideus*
③ *Saccharomyces cerevisiase*
④ *Saccharomyces mali-isler*
⑤ *Saccharomyces carsbergensis*

59 다음 중 단발효주에 속하는 것은?

① 약주 ② 탁주
③ 맥주 ④ 소주
⑤ 포도주

60 곰팡이와 효모를 이용하여 만든 발효식품으로 옳은 것은?

① 약주 ② 간장
③ 청국장 ④ 포도주
⑤ 요구르트

61 하면발효효모로서 독일계 맥주에 관여하는 균은?

① *Saccharomyces cerevisiae*
② *Saccharomyces ellipsodeus*
③ *Saccharomyces carlsbergensis*
④ *Saccharomyces anamensis*
⑤ *Saccharomyces robustus*

62 다음 중 글루탐산(glutamic acid)을 생산하는 균은?

① *Bacillus subtilis*
② *Aspergillus niger*
③ *Aspergillus awamori*
④ *Corynebacterium glutamicum*
⑤ *Streptococcus thermophilus*

63 간장덧에서 생육하며 당류를 발효하여 알코올 등을 생성시키는 내염성 효모는?

① *Bacillus subtilis*
② *Aspergillus sojae*
③ *Pediococcus sojae*
④ *Aspergillus oryzae*
⑤ *Zygosaccharomyces rouxii*

64 청주 등 주류의 후숙에 관여하여 향기를 생성하는 균은?

① *Pediococcus sojae*
② *Hansenula anomala*
③ *Aspergillus kazevachii*
④ *Lactobacillus plantarum*
⑤ *Saccharomyces cerevisiae*

65 스위스 치즈의 숙성과정에서 탄산가스를 생성하여 치즈아이(cheese eye)를 형성하는 것은?

① *Acetobacter aceti*
② *Lactobacillus casei*
③ *Pediococcus cerevisiae*
④ *Saccharomyces cerevisiae*
⑤ *Propionibacterium shermanii*

66 부패된 통조림에서 세균을 분리한 결과, 그람양성이고 포자를 형성하는 혐기성균이라면 다음 중 어느 것인가?

① *Escherichia coli*
② *Aspergillus oryzae*
③ *Saccharomyces rouxii*
④ *Clostridium sporogenes*
⑤ *Pseudomonas fluorescens*

67 아플라톡신(aflatoxin)이라는 발암성 물질은 분비하는 균으로 옳은 것은?

① *Mucor rouxii*
② *Rhizopus delemar*
③ *Aspergillus flavus*
④ *Aspergillus glaucum*
⑤ *Penicillium notatum*

68 다음 중 청주의 변패균으로 옳은 것은?

① *Bacillus natto*
② *Clostridium botulinum*
③ *Acetobacter xylinum*
④ *Lactobacillus homohiochii*
⑤ *Corynebacterium glutamicum*

69 채소류에 연부현상(pectin 분해)을 일으키는 균은?

① *Serratia* 속
② *Bacillus* 속
③ *Erwinia* 속
④ *Proteus* 속
⑤ *Shigella* 속

70 빵의 점질 물질(ropiness)을 생성하여 부패시키는 균으로 옳은 것은?

① *Bacillus subtilis*
② *Bacillus circulans*
③ *Bacillus coagulans*
④ *Streptococcus lactis*
⑤ *Streptococcus thermophilus*

71 청징에 이용하는 펙티나아제(pectinase)를 생산하는 곰팡이는?

① *Aspergillus niger*
② *Aspergillus oryzae*
③ *Aspergillus glaucum*
④ *Absidia lichtheimi*
⑤ *Penicillim citrinum*

72 바실러스(Bacillus) 속에 대한 내용으로 옳은 것은?

① *Bacillus natto*는 식중독 원인균이다.
② *Bacillus subtilis*는 유산균 발효에 관여하는 균이다.
③ *Bacillus anthracis*는 고초균으로 빵 변패의 원인균이다.
④ *Bacillus coagulans*는 인축공통감염병인 탄저병의 원인균이다.
⑤ *Bacillus stearothermophilus*는 통조림이나 병조림의 평면산패의 원인균이다.

73 요구르트 제조에 이용되는 균주로 옳은 것은?

① *Pediococcus halophilus*, *Leuconostoc mesenteroides*
② *Pediococcus halophilus*, *Streptococcus thermophilus*
③ *Lactobacillus bulgaricus*, *Leuconostoc mesenteroides*
④ *Lactobacillus bulgaricus*, *Streptococcus thermophilus*
⑤ *Streptococcus thermophilus*, *Leuconostoc mesenteroides*

74 버터와 치즈 제조 시 스타터(starter)로 사용되는 균은?

① *Streptococcus lactis*
② *Lactobacillus fermenti*
③ *Lactobacillus plantarum*
④ *Lactobacillus bulgaricus*
⑤ *Lactobacillus mesenteroides*

75 통조림의 평면산패(flat sour)의 원인균으로 옳은 것은?

① *Bacillus natto*, *Bacillus subtilis*
② *Bacillus subtilis*, *Bacillus cereus*
③ *Bacillus cereus*, *Bacillus circulans*
④ *Bacillus circulans*, *Bacillus megaterium*
⑤ *Bacillus coagulans*, *Bacillus stearothermophilus*

76 식품에 번식하면서 흙냄새를 유발하는 미생물은?

① *Clostridium* 속
② *Micrococcus* 속
③ *Lactobacillus* 속
④ *Streptomyces* 속
⑤ *Achromobacter* 속

77 고구마 연부병의 원인이 되는 곰팡이는?

① *Bacillus natto*
② *Monascus anka*
③ *Aspergillus niger*
④ *Neurospora crassa*
⑤ *Rhizopus nigricans*

78 사과와 배를 저장할 때 발생하는 푸른 곰팡이병의 원인균은?

① *Penicillium citrinum*
② *Penicillium notatum*
③ *Penicillium expansum*
④ *Penicillium toxicarium*
⑤ *Penicillium chrysogenum*

79 산막 효모로 발효 식품의 변패를 일으키는 것은?

① *Lipomyces starkeyi*
② *Torulopsis versatilis*
③ *Pichia membranaefaciens*
④ *Saccharomyces cerevisiae*
⑤ *Saccharomyces pastorianus*

80 바이러스(virus)에 대한 내용으로 옳은 것은?

① 숙주 특이성이 낮다.
② 숙주세포가 필요하지 않다.
③ 광학 현미경으로 관찰이 가능하다.
④ 식품에 직접 증식하여 식중독을 유발한다.
⑤ 겨울철에 노로바이러스로 인한 식중독이 일어날 수 있다.

81 미생물 생육 곡선에서 정지기에서 일어나는 현상은?

① 세포 성장
② 세포 사멸
③ 영양 물질 고갈
④ 효소단백질 합성
⑤ 균의 대수적인 증가

82 어떠한 세균이 14시간 24분에 36회를 분열했다면 해당 세균의 세대 시간(generation time)으로 옳은 것은?

① 12분 ② 24분
③ 36분 ④ 42분
⑤ 60분

83 호기적 조건에서 유리하게 진행되는 발효는?

① 낙산 발효
② 초산 발효
③ 젖산 발효
④ 알코올 발효
⑤ 아세톤부탄올 발효

84 다음 중 미생물의 보통 염색표본 제작 순서로 옳은 것은?

① 도말 → 건조 → 고정 → 염색 → 수세 → 검경
② 도말 → 건조 → 염색 → 고정 → 수세 → 검경
③ 도말 → 건조 → 고정 → 수세 → 염색 → 검경
④ 도말 → 수세 → 염색 → 건조 → 고정 → 검경
⑤ 도말 → 염색 → 수세 → 고정 → 건조 → 검경

85 간장의 숙성 과정에서 젖산균이 번식하여 산성이 되면 내염성 효모의 번식이 활발해지는 것을 볼 수 있다. 그 이유로 옳은 것은?

① 길항작용 ② 공동작용
③ 호혜공생 ④ 상리공생
⑤ 편리공생

86 백금선이나 도말봉의 살균에 적합한 방법은?

① 간헐살균 ② 건열멸균
③ 화염멸균 ④ 세균여과기
⑤ 고압증기멸균

87 대장균군의 분리 동정에 쓰이는 대표적인 당은?

① glucose ② lactose
③ dextrose ④ raffinose
⑤ rhamnose

88 액체배지에 첨가하여 사면배지(고체배지)를 만들 때 첨가하는 것은?

① 0.5% 한천
② 1.5% 한천
③ 10% 한천
④ 1% 젤라틴
⑤ 10% 젤라틴

MEMO

"

CHAPTER 01 급식 개요
CHAPTER 02 메뉴 관리
CHAPTER 03 구매 관리
CHAPTER 04 생산 및 작업 관리
CHAPTER 05 위생·안전 관리
CHAPTER 06 시설·설비 관리
CHAPTER 07 원가 및 정보 관리
CHAPTER 08 인적자원 관리
CHAPTER 09 마케팅 관리

PART 06

급식관리

CHAPTER 01 급식 개요

01 급식 시설의 관리 및 노사문제에 대한 부담을 경감시키고 단체급식의 전문성이 강화될 수 있는 운영방법은?

① 최대의 비용
② 임대방법
③ 직영방법
④ 위탁방법
⑤ 노조관리운영방법

02 상업성 급식에 속하는 것은?

① 학교급식
② 병원급식
③ 산업체급식
④ 사회복지시설
⑤ 호텔 내 식당

03 산업체급식의 목적으로 옳은 것은?

① 생산성 향상 및 기업의 이윤 증대
② 올바른 식습관 형성
③ 질병에 따른 영양적 필요량 보충
④ 편식 교정을 통한 영양 부족의 보충
⑤ 피급식자의 기능회복 훈련을 위한 체력 회복

04 학교급식의 목적으로 옳은 것은?

① 작업능률 증진을 통한 생산성 향상
② 올바른 식습관 형성 및 편식 개선
③ 성인병 예방을 위한 영양 지도
④ 영양판정 및 식사섭취를 통한 질병의 치료
⑤ 재활능력 증진을 위한 기초 식습관 개선

05 식품위생법상 단체급식의 특징으로 옳은 것은?

① 영리성, 일회성, 일반다수인
② 영리성, 계속성, 일반다수인
③ 비영리성, 일회성, 특정다수인
④ 비영리성, 일회성, 일반다수인
⑤ 비영리성, 계속성, 특정다수인

06 단체급식 평가기능에 해당하는 것은?

① 검식
② 배식
③ 조리
④ 식단 작성
⑤ 식재료 구입

07 영유아보육법에 따라 영양사를 배치하여야 하는 곳은?

① 10명 이상 공립어린이집
② 20명 이상 가정공공형 어린이집
③ 50명 이상 학교병설유치원
④ 100명 미만 유치원
⑤ 100명 이상 어린이집

08 급식업무 위탁 시 기대효과로 옳은 것은?

① 경영진의 급식 업무 부담 경감
② 수익보다는 품질 우선
③ 급식관리자의 감독 강화
④ 노후시설 수리 비용 부담
⑤ 신속한 원가 통제

09 단체급식에서 평가 대상에 따른 평가지표가 옳게 짝지어진 것은?

① 메뉴 – 관능 평가
② 재무 – 구매 관리
③ 운영체계 – 잔반 조사
④ 서비스 – 직무만족도
⑤ 구성원 – 서비스 품질 평가

10 병원급식의 특징으로 옳은 것은?

① 인건비 부담이 적다.
② 다른 급식유형에 비해 생산성이 높다.
③ 단체급식 시장 중 위탁률이 가장 높다.
④ 식수 및 식단내용을 매 식사마다 확인해야 한다.
⑤ 연중무휴 생산해야 하므로 조리기기 및 작업관리는 따로 점검하지 않아도 된다.

11 급식시설에서 영양사의 직무로 옳지 않은 것은?

① 식단 작성
② 급식인사 관리
③ 급식시설 설비 관리
④ 급식원가 관리
⑤ 급식예산 확보

12 조리저장식 급식제도에 대한 설명으로 옳은 것은?

① 연료비 등의 관리비가 적게 들고 음식의 질과 분량통제가 철저하여 낭비가 거의 없다.
② 음식 생산과정 및 분배 및 배식이 동일한 장소에서 가능하다.
③ 특별배식 설비 및 운반을 위한 특별장비가 필요하다.
④ 음식의 조리과정과 소비가 연속적이지 않다.
⑤ 지역 내 근접한 공동조리장에서 준비하고 각 위성급식소로 운반되는 형태이다.

13 급식시스템 모형 중 산출요소는?

① 정보
② 식재료
③ 조리인력
④ 급식시설
⑤ 고객 만족

14 중앙 공급식 급식 제도의 장점으로 옳은 것은?

① 동일지역 내에서 같은 질의 음식을 공급할 수 있다.
② 고객의 다양한 요구에 대응이 쉽다.
③ 식재료의 가격변화에 따라 메뉴를 수정할 수 있다.
④ 최소한의 도구를 사용한다.
⑤ 생산된 음식이 바로 고객에게 제공되어 양질의 음식 제공이 가능하다.

15 급식시스템 모형의 기본 요소로 옳은 것은?

① 변환, 기록, 산출
② 투입, 산출, 기록
③ 투입, 변환, 산출
④ 투입, 변환, 통제
⑤ 투입, 변환, 피드백

16 급식관리 업무 중 생산관리에 해당하는 것은?

① 손익 분석
② 발주 및 검수
③ 메뉴 개발
④ 수요 예측, 표준 레시피 개발
⑤ 예산과 결산 관리

17 피급식자의 건강 유지 및 향상이라는 영양사의 기본 직업윤리와 관련된 업무는?

① 예산관리   ② 생산관리
③ 위생관리   ④ 구매관리
⑤ 영양관리

18 직영급식에서 위탁급식 체계로 변경할 경우 문제점은?

① 경영진의 급식 관리 부담 증가
② 원가 절감의 어려움
③ 급식 시설, 설비의 관리 관련 문제점
④ 급식 품질 통제가 쉬움
⑤ 투자금 회수 등 경비 절감으로 급식 품질 저하

19 위탁계약 방식 중 식단가제에 대한 설명으로 옳은 것은?

① 중·소규모의 급식소에서 많이 채택된다.
② 식수의 변동이 큰 경우에 많이 채택된다.
③ 식단가에 재료비, 인건비, 위탁수수료 등이 포함된다.
④ 일정 기간 동안 사용한 식재료비, 인건비, 기타 경비를 청구하고 위탁수수료를 받는다.
⑤ 대규모 급식소에서는 기간에 따라 손익의 편차가 심해질 수 있다.

20 병원급식에서 영양부서의 소속부서는?

① 진료지원부서   ② 사무부서
③ 임상부서   ④ 간호부서
⑤ 진료부서

21 카츠의 경영 관리 능력 중 경영 관리자의 실무적인 능력, 급식 분야의 표준 레시피 작성, HACCP 관리 등은 어떤 관리 능력에 해당하는가?

① 개념적 능력
② 기술적 능력
③ 의사 결정 능력
④ 인력 관리 능력
⑤ 정보 전달 능력

22 병원 영양사가 일반 영양사 업무 외에 추가로 해야 하는 업무는?

① 식사 회진
② 식품 구매
③ 조리 감독
④ 식품 검수
⑤ 식습관 조사

23 조리저장식 급식체계에 대한 설명으로 옳은 것은?

① 최소한의 조리라는 급식개념이다.
② 고객의 다양한 요구에 대응이 쉽다.
③ 저장하기 위한 생산을 하며 보완, 보관 단계가 없다.
④ 공동조리장에서 음식을 생산하여 단위 급식소로 운반한다.
⑤ 비교적 인건비가 싼 지역과 규모가 작은 급식소에서 효율적인 체계이다.

24 각 급식체계에 대한 설명으로 옳은 것은?

① 조리저장식 급식체계 : 음식을 미리 조리한 후 즉시 냉장·냉동하여 저장하였다가 필요시 재가열하여 사용한다.
② 조합식 급식체계 : 조리법에서 특별한 레시피가 필요하다.
③ 중앙공급식 급식체계 : 생산에서 소비까지의 시간이 가장 빠른 급식체계이다.
④ 전통적 급식체계 : 공동조리장을 두고 다량으로 음식을 생산하여 각 급식소로 운반한다.
⑤ 편의식 급식체계 : 생산과 배식이 한곳에서 이루어진다.

25 경영관리 순환(management cycle)의 순서가 올바른 것은?

① 계획 → 조직 → 지휘 → 통제 → 조정
② 계획 → 조직 → 지휘 → 조정 → 통제
③ 계획 → 지휘 → 조직 → 조정 → 통제
④ 계획 → 조정 → 조직 → 통제 → 지휘
⑤ 계획 → 조정 → 조직 → 지휘 → 통제

26 단체급식의 주된 업무가 지리적으로 광범위하게 퍼져 있어 급식활동을 지역별로 집약하고자 할 때 나타나는 조직의 부문화 방법은?

① 기능적 부문화
② 제품별 부문화
③ 고객별 부문화
④ 지역별 부문화
⑤ 직능적 부문화

27 급식소의 영양사 및 조리원은 급식경영 자원 요소(6M) 중 어디에 속하는가?

① 사람 ② 방법
③ 자본 ④ 물자
⑤ 시장

28 급식시스템 요소 중 변환과정에 속하는 것은?

① 메뉴 ② 급식 설비
③ 급식 생산 ④ 조리원 수
⑤ 재정적 수익성

29 조직의 목표를 달성하기 위한 전략을 수립하고 이에 대한 설계와 구상을 하는 과정은?

① 계획 ② 조정
③ 지휘 ④ 통제
⑤ 조직화

30 상위 경영층에 대한 설명으로 옳은 것은?

① 중기 계획을 수립한다.
② 조직의 목표를 세운다.
③ 운영 계획을 수립한다.
④ 조직의 방침과 절차를 계획한다.
⑤ 상대적으로 정형적 의사결정을 한다.

31 계획의 계층을 올바른 순서대로 나열한 것은?

① 목표 – 방법 – 절차 – 방침
② 목표 – 방침 – 방법 – 절차
③ 목표 – 방침 – 절차 – 방법
④ 목표 – 절차 – 방법 – 방침
⑤ 목표 – 절차 – 방침 – 방법

32 전술 계획 추진을 위해 하급 관리층이 조직 내 수립해야 하는 계획은?

① 통제 계획 ② 특정 계획
③ 작업 계획 ④ 전략 계획
⑤ 운영 계획

33 기업이 우수한 타기업의 제품이나 기술, 경영 방식을 비교·분석하여 이를 적절하게 모방 개선할 수 있는 계획안을 개발하는 방법은?

① 델파이법 ② 목표관리법
③ 벤치마킹 ④ 리엔지니어링
⑤ 스왓분석

34 의사결정에 대한 설명으로 옳지 않은 것은?

① 중간 관리층은 기업의 내부 문제에 관련된 관리적 의사결정을 한다.
② 전략적 의사결정은 최고 경영자가 한다.
③ 기업의 신규 사업 진출, 해외 진출은 전략적 의사결정에 해당한다.
④ 제품의 품질 개선을 위해 관리적 의사결정이 필요하다.
⑤ 구체화된 기업 내 모든 제품의 운영적 의사결정은 중간 관리층에서 한다.

35 조직의 목표 달성을 위해 구성원에게 담당 직무를 배분하는 경영 관리 기능은?

① 계획 ② 조직
③ 지휘 ④ 조정
⑤ 통제

36 급식경영의 생산 관리 기능으로 옳은 것은?

① 메뉴 개발과 작성 ② 영양 계획
③ 보관 및 배식 ④ 구매 계획
⑤ 발주

37 조합급식제도(Assembly foodservice system)의 특징으로 옳지 않은 것은?

① 음식의 질을 동일하게 유지
② 언제나 빠른 서비스
③ 시설 설비의 최소화
④ 편의 식품의 사용
⑤ 조리원의 숙련된 기술

38 권한 위임 시의 장점은?

① 독자적인 행동을 허용한다.
② 관리자의 부담이 증가된다.
③ 조직구성원에 대한 동기부여 효과가 있다.
④ 업무를 가능한 세분화하여 단순화시킬 수 있다.
⑤ 조직의 계층이 줄어들어 조직의 효율을 높이게 된다.

39 케이터링 회사의 상위 경영층에서 회사의 장기적 계획으로 밀키트 산업에 진출하고자 의사결정을 하였다. 이때 의사결정의 유형은?

① 전략적 의사결정
② 관리적 의사결정
③ 업무적 의사결정
④ 전술적 의사결정
⑤ 운영적 의사결정

40 한 사람의 직속상사로부터만 명령, 지시를 받도록 하는 원칙은?

① 기능화의 원칙
② 전문화의 원칙
③ 권한 위임의 원칙
④ 명령 일원화의 원칙
⑤ 감독 범위 적정화의 원칙

41 잔반량, 급식만족도 조사 및 원가계산 등은 어떤 단계의 관리 기능인가?

① 조직 ② 지휘
③ 통제 ④ 조정
⑤ 계획

42 문제 발생 시 명령 계통이 일원화되고 통솔력이 강하며 빠른 의사결정이 가능한 조직은?

① 라인과 스태프 조직
② 팀형 조직
③ 직능식 조직
④ 매트릭스 조직
⑤ 라인 조직

43 삼면등가의 원칙에 해당하는 것은?

① 권한, 명령, 책임
② 권한, 책임, 의무
③ 권한, 명령, 조정
④ 권한, 의무, 협동
⑤ 권한, 위임, 명령

44 감독범위의 적정화를 위한 조직화 원칙 중 옳은 것은?

① 하층 관리자와 상층 관리자의 수는 비슷하게 정한다.
② 통제를 넓혀야 의사전달이 적절히 이루어진다.
③ 상층 관리자가 통제하는 수를 적정하게 제한한다.
④ 통제를 좁혀 하위자의 부담을 덜어준다.
⑤ 통제가 넓어지면 능률이 오른다.

45 라인과 스태프 조직에 관한 설명으로 옳은 것은?

① 관리자들이 독단적으로 의사를 결정할 가능성이 높다.
② 조직 규모가 커질수록 효율성이 떨어진다.
③ 전문적으로 문제 해결이 가능하다.
④ 관리 통제가 수월해진다.
⑤ 조직상의 제도나 절차에서 제약을 적게 받는다.

46 직능적 조직에 대한 설명으로 옳지 않은 것은?

① 관리자 양성이 용이하다.
② 전문적 기능의 합리적 분할이 어렵다.
③ 업무에 대한 책임 저하가 쉽고 사기 저하가 우려된다.
④ 빠른 의사결정과 전달이 가능하다.
⑤ 전문적 지식, 기술, 경험을 더 효과적으로 이용한다.

47 경영상 대부분의 결정권이 상층 부분에 집중되어 있으나 신속한 의사결정은 어려운 조직형태는?

① 위원회 조직
② 집권적 조직
③ 직능식 조직
④ 분권적 조직
⑤ 사업부제 조직

48 기업에서 특정 사업을 단기간에 일시적으로 추진하기 위해 조직되었다가 사업이 종료되면 해체되는 조직의 형태는?

① 네트워크 조직
② 직능식 조직
③ 위원회 조직
④ 프로젝트 조직
⑤ 사업부제 조직

49 급식장의 조리원이 주방장과 영양사의 의견 대립으로 효율적인 통제를 받지 못하고 있다면 조직화의 어떤 원칙에 위배되는 것인가?

① 분업화 원칙
② 명령 일원화 원칙
③ 권한 위임 원칙
④ 계층 단축화 원칙
⑤ 감독 범위 적정화 원칙

50 직능식 조직의 가장 중요한 원칙은?

① 기능화 원칙
② 전문화 원칙
③ 권한위임 원칙
④ 삼면등가 원칙
⑤ 명령일원화 원칙

51 민주적 관리조직의 형태로 상층 관리자의 관리감독이 줄어들고 의사소통이 신속하며 경영자를 양성할 수 있는 조직은?

① 집권적 조직   ② 위원회 조직
③ 직능식 조직   ④ 분권적 조직
⑤ 매트릭스 조직

52 경영관리 축(Wheel)에서 목적 달성의 속도를 좌우하는 것은?

① 통제   ② 조직화
③ 동기부여   ④ 계획수립
⑤ 의사소통

53 급식 경영의 주요 업무적 기능은?

① 지휘 명령
② 계획 수립
③ 판매 촉진과 광고 활동
④ 통제와 평가
⑤ 조직화

54 다음에서 설명하는 급식 경영 활동의 주요 관리적 기능은?

> 담당 직무자가 목표 달성을 위해 일을 잘 수행할 수 있도록 지시, 감독 및 동기 유발

① 지휘   ② 구매
③ 판매   ④ 생산
⑤ 시설 설비 관리

55 사회적인 친분 혹은 자연스럽게 형성되는 네트워크로 심리적인 만족을 주는 조직은?

① 비공식적 조직   ② 분권적 조직
③ 집권적 조직   ④ 사업부제 조직
⑤ 공식적 조직

56 계획과 성과의 차이를 측정하고 필요한 수정 조치를 취하는 경영관리 과정은?

① 계획   ② 결정
③ 조직화   ④ 지휘
⑤ 통제

57 소속된 부서 내에서의 역할을 수행하고, 다른 한편으로는 프로젝트 사업의 구성원으로서 역할을 수행하는 조직은?

① 네트워크 조직　② 매트릭스 조직
③ 위원회 조직　　④ 팀형 조직
⑤ 사업부제 조직

58 민츠버그가 제시한 경영자의 역할 중 연결자로서 사람들과의 관계에 초점을 둔 역할은?

① 대인 간 역할
② 정보 관련 역할
③ 의사결정 역할
④ 동기부여 역할
⑤ 최고 경영자 역할

59 영양사가 급식메뉴에 대한 고객만족도를 조사하는 것은 통제 진행의 어느 단계에 해당하는가?

① 수행목표의 설정
② 업적(수행결과)의 측정
③ 작업의 진행과정
④ 수정조치와 피드백
⑤ 기준과 결과의 비교

60 공식조직에 대한 설명으로 옳은 것은?

① 호손실험에서 중요성이 인정되었다.
② 구성원에게 심리적인 만족을 준다.
③ 자연스럽게 형성되는 네트워크이다.
④ 개인적 접촉으로 우연히 형성된 조직이다.
⑤ 공동의 목표수행을 위해 직무와 권한이 배분된 조직이다.

61 수평적 조직이며 핵심역량 부문에 집중하고 외부환경 변화에 쉽게 대처 가능한 조직은?

① 네트워크 조직　② 위원회 조직
③ 프로젝트 조직　④ 사업부제 조직
⑤ 매트릭스 조직

62 급식소의 영양사가 다음과 같은 업무를 진행하고 있다. 통제의 유형 중 어디에 해당하는가?

> 영양사가 급식메뉴에 대한 고객만족도를 조사한다.

① 사전통제　② 가부통제
③ 진행통제　④ 동시통제
⑤ 사후통제

63 급식소에서 '검수'는 어느 통제 유형에 해당하는가?

① 사전통제　② 동시통제
③ 사후통제　④ 예산통제
⑤ 재고통제

64 직영급식의 단점은?

① 고객사의 관여
② 급식품질 통제의 어려움
③ 인건비 증가
④ 무리한 인건비 삭감으로 인한 잦은 이직
⑤ 투자금 회수 압박에 따른 급식품질 저하

CHAPTER 02 | 메뉴 관리

01 영양 관리의 의의에 옳지 않은 것은?

① 적절한 영양량을 제공한다.
② 가장 중요한 부분은 피급식자의 기호도이다.
③ 경제적인 식단을 제공한다.
④ 기본적인 영양 교육을 제공한다.
⑤ 위생적인 식사 제공한다.

02 영양 관리에서 가장 중요하게 생각해야 할 사항은?

① 식단 주기 결정
② 영양권장량 배분
③ 대상자 파악
④ 식단의 종류 파악
⑤ 영양소 섭취 기준 산출

03 한국인 영양소 섭취 기준 중 건강한 성인이 필요로 하는 하루 필요량의 중앙값으로 과학적인 근거가 충분한 경우에 설정하는 값은?

① 충분섭취량　　② 권장섭취량
③ 평균필요량　　④ 하한섭취량
⑤ 상한섭취량

04 단체급식의 영양 관리가 중요한 이유는?

① 급식기준이 제시되어 있기 때문에
② 특정한 다수인에게 계속적으로 공급되기 때문에
③ 급식대상자를 안심시키기 위하여
④ 식재료의 대량 구입으로 경제적이기 때문에
⑤ 영양사가 있기 때문에

05 한국인 영양소 섭취 기준에 대한 내용으로 옳은 것은?

① 권장섭취량만큼 섭취 시 영양소 결핍 확률은 10% 정도이다.
② 평균필요량은 건강한 사람들의 하루 필요량의 중앙값이다.
③ 권장섭취량은 평균필요량에 3배의 표준편차를 더한 값이다.
④ 충분섭취량은 하루 필요량의 중앙값이다.
⑤ 상한섭취량은 역학조사에서 영양소 섭취 수준을 기준으로 정한 값이다.

06 라면과 밥, 김치로 구성된 식사를 주로 하는 경우 가장 결핍되기 쉬운 영양소는?

① 양질의 단백질, 인(P)
② 칼슘, 비타민 B_1
③ 탄수화물, 비타민 B_2
④ 탄수화물, 인(P)
⑤ 양질의 단백질, 나트륨

07 식단 작성 시 참고자료로 사용되는 것은?

① 시장물가표
② 간단한 레시피
③ 피급식자의 학력
④ 식사 시간
⑤ 급식자의 기호도가 높은 요리 목록

08 식사구성안에 대한 설명으로 옳은 것은?

① 식사구성안은 식습관에 따른 즉각적인 대체는 어렵다.
② 식사구성안에 제시된 식품의 중량은 비가식부를 포함한 무게이다.
③ 식사구성안은 정해진 질병 예방이나 치료를 위해 사용되기도 한다.
④ 식사구성안은 일반인이 사용하기 어려운 부분이 있다.
⑤ 식사구성안은 일반인에게 영양섭취 목표를 실생활에서 실용적으로 사용 가능하도록 한다.

09 권장 식사 패턴을 통한 식단 작성 시 고려사항으로 옳은 것은?

① 곡류 : 잡곡의 형태로 섭취 권장
② 유제품 : 단순 당이 첨가된 제품 권장
③ 채소류 : 가공식품 권장
④ 과일류 : 생과일보다 주스를 권장
⑤ 육류 : 삶기보다 구이 형태로 섭취 권장

10 식단 작성 시 중요한 부분은?

① 급식배급시간
② 구매 방법
③ 비가식부
④ 영양 섭취 기준
⑤ 발주량

11 식품군별 대표 식품의 1인 1회 분량으로 옳은 것은?

① 식용유 10g
② 시금치나물 70g
③ 밥 1공기 100g
④ 오렌지주스 1/2컵 200mL
⑤ 우유 1컵 100mL

12 식사구성안에 대한 설명 중 옳은 것은?

① 에너지를 계산해 놓은 것
② 영양소요량을 수치화한 것
③ 탄수화물량을 계산해 놓은 것
④ 무기질, 비타민 양을 표시해 놓은 것
⑤ 식품군별 대표 식품과 섭취 횟수를 제시한 것

13 메뉴 작성 시 가장 먼저 고려해야 할 사항은?

① 급식횟수 결정
② 영양제공량 결정
③ 식품 단위 변경
④ 주메뉴 결정
⑤ 기타 영양소 고려

14 메뉴 작성 시 부족하지 않도록 비타민과 무기질을 섭취할 수 있는 방법은?

① 비타민 C와 칼슘 공급을 위해 우유를 공급한다.
② 철분 섭취는 식물성 위주로 식단을 구성한다.
③ 비타민 B군의 보급을 위해 강화식품을 주로 이용한다.
④ 카로틴은 지용성 비타민이므로 유지를 이용한 조리법을 사용한다.
⑤ 정제 비타민 복용을 권장한다.

15 노인요양시설의 식단 작성 시 유의해야 할 사항으로 옳은 것은?

① 기호도를 고려해 장아찌, 젓갈을 반드시 제공한다.
② 필수아미노산 섭취를 위해 동물성 지방을 권장한다.
③ 튀김보다는 조림 등의 조리법을 반영한다.
④ 멸치는 칼슘의 섭취를 위해 자주 제공한다.
⑤ 소화를 돕기 위해 죽, 미음을 메뉴로 구성한다.

16 권장 식사 패턴을 활용한 식단 작성 시 고려해야 하는 사항으로 옳지 않은 것은?

① 국의 양은 제한 필요
② 개개인의 기호도를 반영하여 주식은 백미 위주로 제공
③ 당은 되도록 복합당류로 제공
④ 과일류는 주스보다 생과일로 제공
⑤ 김치, 절임류는 나트륨 목표섭취량을 참고하여 제공

17 단체급식 메뉴 작성 식사구성안에 따라 섭취 절제를 해야 하는 영양소는?

① 당류
② 비타민
③ 무기질
④ 식이섬유
⑤ 단백질

18 식단 구성에서 3식의 급여 영양량 배분의 근거는?

① 생활시간조사
② 식품분석표
③ 기초대사량
④ 권장섭취량
⑤ 식품교환표

19 식사 구성안의 영양목표에서 섭취 주의에 해당하는 것은?

① 저염식을 유지한다.
② 트랜스지방산의 사용을 줄여야 한다.
③ 식품첨가물의 사용을 자제해야 한다.
④ 설탕, 물엿 등 첨가당의 섭취를 최소화한다.
⑤ 3세 이상 아동의 지방은 총 에너지의 35%이다.

20 메뉴 구성에서 식재료로 이용할 시 위생 관련 위험성이 높은 것은?

① 조리법이 단순한 식재료
② 생으로 섭취할 수 있는 해산물
③ 가열조리가 된 식재료
④ 비가식부 처리가 쉬운 식재료
⑤ 제조 중 위생 상태가 확인된 완제품

21 학생수가 2,000명이며 곡류 권장식사패턴은 2이다. 곡류를 흰쌀밥 17회, 현미밥 13회 배분하는 경우 백미의 양은?

① 1,110kg ② 6,120kg
③ 8,100kg ④ 17,500kg
⑤ 28,000kg

22 학교급식에서 학생들에게 최소 평균필요량 이상, 권장섭취량 이상 제공되어야 하는 영양소는?

① 비타민 C ② 아연
③ 비타민 D ④ 식이섬유
⑤ 칼륨

23 지역경제를 위한 합리적인 식단 작성이 의미하는 것은?

① 지역민의 영양 상태 조사
② 지역에서 생산되는 식품 구매
③ 지역의 섭취량 조사
④ 지역의 식품 유통과정 조사
⑤ 지역민의 질병 관리

24 초등학생의 급식 점심 메뉴로 적당한 것은?

① 현미밥, 알감자조림, 채소튀김, 백김치, 우유
② 현미밥, 시금치된장국, 콩나물무침, 김치, 우유
③ 밥, 어묵국, 생선구이, 호박전, 깍두기, 요구르트
④ 밥, 무국, 가자미구이, 감자당근볶음, 김치, 우유
⑤ 밥, 돼지갈비구이, 치즈, 바나나, 머스크멜론, 김치, 우유

25 순환 메뉴에 대한 설명으로 옳은 것은?

① 지속적으로 동일한 메뉴가 제공되는 형태이다.
② 재고관리가 용이하다.
③ 병원급식과 같은 피급식자가 변동되는 경우에 적합하다.
④ 사업체 급식은 1달 기준의 순환메뉴를 이용한다.
⑤ 지역 및 계절 식품을 이용하기 어렵다.

26 메뉴엔지니어링 분석 결과 퍼즐(puzzle)로 나온 메뉴에 대한 적절한 조치는?

① 배식량 늘림 ② 그대로 유지
③ 가격 낮춤 ④ 메뉴 변경
⑤ 세트메뉴화

27 식단 작성마다 새로운 메뉴를 계획하여 메뉴의 다양성과 식재료 수급 시 상황 대처가 용이한 메뉴 형태는?

① 따블 도우테 메뉴
② 알라 카르테 메뉴
③ 변동 메뉴
④ 고정 메뉴
⑤ 순환 메뉴

28 학교급식의 영양 관리 기준으로 옳은 것은?

① 칼슘, 철분은 충분섭취량 이상으로 공급한다.
② 단백질 에너지가 20% 이상이여야 한다.
③ 영양 관리 기준은 일주일에 한번 1인당 평균 영양공급량을 평가한다.
④ 탄수화물 : 단백질 : 지방의 비율은 55~65% : 7~20% : 15~30%가 되도록 한다.
⑤ 영양 관리 기준은 하루 식사 기준량으로 제시한다.

29 마케팅적 접근에 의해 메뉴의 인기도와 수익성을 평가하는 마케팅 평가 기법은?

① 메뉴엔지니어링
② 잔반량 조사
③ 기호도 조사
④ 고객만족도 조사
⑤ 조직 몰입도 조사

30 군대 급식의 식재료 예산 배정은 몇 %가 적당한가?

① 40~50%   ② 50~60%
③ 60~70%   ④ 70~80%
⑤ 90~100%

31 메뉴 평가 기준으로 옳지 않은 것은?

① 1인 분량   ② 신선한 재료
③ 균형잡힌 영양소   ④ 조리 상태
⑤ 위생 상태

32 식단 작성의 순서로 옳은 것은?

① 급여 영양량 결정 - 주식 결정 - 부식 결정 - 3식 영양량 배분
② 급여 영양량 결정 - 3식의 영양량 배분 - 주식의 종류와 양 결정 - 부식 결정
③ 주식의 종류와 양 결정 - 부식의 종류와 양 결정 - 3식의 영양량 배분 - 급여 영양량 산출
④ 3식 영양량 배분 - 주식 결정 - 부식 결정 - 급여 영양량 계산
⑤ 3식 영양량 결정 - 급여 영양량 결정 - 주식 결정 - 부식 결정

33 메뉴 평가 방법으로 옳지 않은 것은?

① 기호도 조사
② 고객 만족도 조사
③ 잔반량 조사
④ 메뉴 엔지니어링
⑤ 소비자 조사

CHAPTER 03 | 구매 관리

01 구매의 요소는?
① 최소의 비용　② 최적의 품질
③ 간편한 계약　④ 충분한 공급량
⑤ 정확한 공급처

02 급식운영상 필요한 비용이 가장 높은 것은?
① 인건비　② 광열비
③ 관리비　④ 식품재료비
⑤ 성과급

03 부서에서 각각 필요한 물품을 집중하여 구매하는 방법은?
① 일괄위탁구매　② JIT구매
③ 분산구매　④ 중앙구매
⑤ 공동구매

04 대규모의 급식위탁회사에서 재료의 구입단가 절감을 위해 사용하는 구매방법은?
① 독립구매　② 단독구매
③ 위탁구매　④ 중앙구매
⑤ 창고구매

05 식품구매명세서에 대한 설명으로 옳은 것은?
① 구매담당자가 책임지고 작성한다.
② 납품업자들만 확인 가능하다.
③ 주관적이고 명확한 품질기준을 제시한다.
④ 자세하게 기록하고 새로운 상품명을 기록한다.
⑤ 제품명, 가격, 단위중량, 포장단위당 개수나 구매품목의 규격 및 등급을 기록한다.

06 최근 물류센터를 통한 식재료 유통이 활성화되면서 증가하는 구매 방법으로 급식소에서 필요한 식품의 양을 정확히 파악하여 필요량만을 구입하는 방법은?
① JIT구매　② 중앙구매
③ 공동구매　④ 분산구매
⑤ 독립구매

07 분산구매에 대한 설명으로 옳은 것은?
① 구매 절차가 간단하고 신속하다.
② 특정업자에게 구입하는 방법이다.
③ 구매량이 많아 예산 절감이 가능하다.
④ 규모가 큰 급식소에서 주로 이용한다.
⑤ 경영주나 소유주가 서로 다른 조직체들과 함께 구매한다.

08 구매 관리에 대한 설명으로 옳은 것은?

① 적정한 가격으로 수행하는 공개적이고 공정한 매매방식 활동이다.
② 공급자로부터 소유권을 이전시키는 활동이다.
③ 구매, 검수, 저장, 재고관리 활동을 포함한 조달 과정이다.
④ 물품 가공, 포장, 저장 정보제공의 모든 활동이다.
⑤ 다양한 공급처에 납품해야 하는 행위이다.

09 급식 업무 중 정기적으로 시장조사를 해야 하는 이유는?

① 효율적인 구매 절차를 위해
② 물가 상승률과 동향을 파악하기 위해
③ 식단 구성을 위해
④ 지역 물품 발주를 위해
⑤ 새로운 식품의 표준 레시피 작성을 위해

10 급식소의 효율적인 구매 관리의 효과는?

① 음식 품질 유지
② 영양 교육
③ 고객 만족도 상승
④ 효율적 작업 관리
⑤ 원가 절감

11 다음에서 설명하는 구매시장조사의 원칙은?

> 본 급식소의 식단에 옳은 식재료 수급을 위하여 예산 확인 및 정확한 품목 정리와 해당 품목의 공급체를 확인한다.

① 비용 경제성의 원칙
② 조사 적시성의 원칙
③ 조사 일반성의 원칙
④ 조사 계획성의 원칙
⑤ 조사 정확성의 원칙

12 식품 공급업자 선정 시 유의할 점은?

① 공급자의 과거 거래실적을 본다.
② 주관적 사실에 의해 선정한다.
③ 소독제와 같은 공산품은 짧은 주기로 공급업자를 선정한다.
④ 서류만으로도 충분한 경우 현장실사는 예외로 한다.
⑤ 운송방법이 다양하다면 공급업자의 지리적 위치는 고려하지 않는다.

13 발주서에 대한 설명으로 옳은 것은?

① 구매명세서에 의해 작성한다.
② 보통 1부씩 작성하고 원본은 구매부서에 보낸다.
③ 거래업체에서 공급한 물품의 명세와 대금을 기록한다.
④ 구매청구서 또는 구매요구서라고도 한다.
⑤ 공급업자는 대금을 청구할 수 있는 권한을 가진다.

14 식품재료를 구입할 때 발주량 산출 시 필요한 것은?

① 재고량 ② 공급업체
③ 발주 날짜 ④ 입고 날짜
⑤ 식재료 원가

15 도매시장의 기능 중 옳은 것은?

① 제품의 분산과 공급의 기능
② 상품, 제반 서비스 제공
③ 유통비용 절약
④ 형태 및 유형의 다양화
⑤ 생산자의 판매시장

16 급식인원이 1,200명인 산업체 급식소에서 가자미구이를 하려고 한다. 가자미의 1인분 급식 분량은 100g이고 폐기율은 40%일 때 발주량은?

① 200kg ② 250kg
③ 300kg ④ 350kg
⑤ 400kg

17 수의계약에 대한 설명으로 옳은 것은?

① 간단한 절차로 비용이 절감된다.
② 공평한 입찰 방법이다.
③ 계약 시 의혹이나 부조리를 미연에 방지할 수 있다.
④ 업체 간 담합으로 낙찰이 어려울 수 있다.
⑤ 유능한 공급체와 거래할 기회가 많아진다.

18 육류의 구매명세서에 포함되어야 할 항목은?

① 등급과 부위 ② 원산지
③ 공급업체 ④ 숙성 정도
⑤ 수량

19 송장(invoice)에 대한 설명으로 옳은 것은?

① 거래명세서 또는 납품서라고도 한다.
② 품질에 맞게 물품이 공급되었는지 확인할 때 사용한다.
③ 검수원이 작성하며 급식부서장의 결재 받도록 한다.
④ 검수한 물건의 품질이 구매명세서와 다를 때 작성한다.
⑤ 검수자의 확인도장이 찍힌 것을 구매부서에 제출하면 대금을 지불하게 된다.

20 구매절차에 따른 장표의 순서가 바르게 된 것은?

① 발주서 – 구매청구서 – 견적조회서 – 납품전표
② 견적조회서 – 구매청구서 – 발주서 – 납품전표
③ 구매청구서 – 발주서 – 견적조회서 – 납품전표
④ 발주서 – 견적조회서 – 구매청구서 – 납품전표
⑤ 구매청구서 – 견적조회서 – 발주서 – 납품전표

21 식재료의 품질이 보장되며, 구매량이 많을 경우 최저가로 구입할 수 있는 방법은?

① 일반경쟁입찰
② 여러 업체에 견적문의
③ 수의계약
④ 도매시장
⑤ 지명경쟁입찰

22 경쟁입찰에 대한 설명 중 옳은 것은?

① 절차가 간단하다.
② 신규 공급처와 거래가 가능하다.
③ 입찰 과정에서 예산이 절감된다.
④ 확실한 거래처와 계약이 가능하다.
⑤ 빠른 구매에 유리하다.

23 단체급식에서 식재료 구매 시 가장 일반적인 방법은?

① 경쟁입찰, 적정가격조절
② 품질경쟁입찰, 수의계약
③ 지명경쟁입찰, 수의계약
④ 일반경쟁입찰, 수의계약
⑤ 제한경쟁입찰, 지명경쟁입찰

24 일반경쟁입찰에 적합한 식품은?

① 무
② 두부
③ 소금
④ 감자
⑤ 꽁치

25 발주서 작성 시 반드시 작성해야 하는 항목에 해당하지 않는 것은?

① 재료명, 수량
② 원산지
③ 납품 일시
④ 기타 요구사항
⑤ 납품 장소

26 분산구매의 장점으로 옳은 것은?

① 구매활동의 집중화로 비용 절감
② 거래처 및 품질 관리 용이
③ 재고 관리 용이
④ 소량 구매로 인한 구입 단가 상승
⑤ 긴급 수요의 경우 유리

27 일반경쟁입찰계약 절차의 순서로 옳은 것은?

① 입찰 등록 – 입찰 공고 – 입찰 – 개찰 – 낙찰 – 계약 체결
② 입찰 공고 – 입찰 – 입찰 등록 – 개찰 – 낙찰 – 계약 체결
③ 입찰 공고 – 입찰 – 개찰 – 낙찰 – 입찰 등록 – 계약 체결
④ 입찰 공고 – 입찰 등록 – 입찰 – 개찰 – 낙찰 – 계약 체결
⑤ 입찰 공고 – 입찰 등록 – 입찰 – 낙찰 – 개찰 – 계약 체결

28 식품 등을 수의계약에 의해 공급받았을 때 발생하는 문제점은?

① 구매절차가 복잡하다.
② 공정성 결여 및 경쟁력이 미흡하다.
③ 급하게 필요한 물건을 할 때는 적합하지 않다.
④ 공급업자 간 지나친 경쟁이 나타난다.
⑤ 담합이 이루어질 수 있다.

29 식재료의 검수 시 품질 확인의 기준이 되는 것은?

① 발주서　　② 구매요구서
③ 거래명세서　　④ 구매명세서
⑤ 제조보고서

30 식품 발주 시 대체 식품의 연결로 옳은 것은?

① 우유 – 참기름 – 요거트
② 밥 – 고구마 – 바나나
③ 토마토 – 사과 – 수박
④ 돼지고기 – 두부 – 생선
⑤ 당근 – 순두부 – 청포묵

31 단체급식에서 쌀의 적정발주량 산출에 영향을 주는 비용은?

① 검수비용　　② 재고율
③ 저장비용　　④ 발주량
⑤ 운송비

32 단체급식에서 식재료 발주량을 산출하기 위해 고려해야 하는 항목은?

① 유통기한　　② 구매가
③ 가식부율　　④ 검수일자
⑤ 저장비용

33 발주한 식재료의 수령 시 확인해야 하는 사항은?

① 1인분 필요량
② 품질 및 등급
③ 업체의 운송위생
④ 식품의 가식부율
⑤ HACCP 인증여부

34 식재료 구매 시 정확한 수량 결정을 위해 고려해야 하는 사항은?

① 조리 중 손실 정도, 가식부율
② 권장 식사 패턴, 식사구성안
③ 지역의 공급체, 제철식품
④ 구매 시장 조사, 분산구매
⑤ 조리원 능력, 가식부율

35 정기발주방식으로 발주하는 경우 재고조사 방법은?

① 안전재고시스템
② 최대재고시스템
③ 최저재고시스템
④ 영구재고시스템
⑤ 실사재고시스템

36 축산물 검수 시 품질 확인을 위해 반드시 확인해야 하는 서류는?

① GAP인증서
② HACCP인증서
③ 등급판정확인서
④ 친환경축산물인증서
⑤ 공급업체 거래 실적

37 저장식품 발주 시 확인해야 하는 사항은?

① 발주 방법 확인
② 저장 중 품질 변화
③ 공급체의 창고면적
④ 공급체의 물품목록
⑤ 재고 방법 확인

38 식품의 가식부는 무엇을 의미하는가?

① 식품 전체
② 상한 부분
③ 조리 시 필요한 부위
④ 폐기 부분을 제거한 식품
⑤ 세척한 식품

39 식재료를 구매하기 위해 필요한 부분으로 옳은 것은?

① 유통기한이 임박했지만 저렴한 상품
② 공급 업체의 상품 소개
③ 반품 절차와 규칙
④ 산지 직송
⑤ 식품 감별에 대한 전문성

40 검수원의 자질에 대한 설명으로 옳은 것은?

① 시장조사를 해야 한다.
② 반품 사항은 본사 관리자에게 일임한다.
③ 리더십이 필요하다.
④ 물품의 특성을 알고 품질을 평가할 수 있는 능력이 있어야 한다.
⑤ 상황 발생 시 원리 원칙을 중요하게 생각해야한다.

41 효과적인 검수를 위한 요건으로 옳은 것은?

① 검수대 없이 바닥에서 검수 가능하다.
② 구매와 검수는 동일인이 실시하는 것이 효율적이다.
③ 검수실과 세척 및 전처리실은 되도록 멀게 한다.
④ 검수 장소는 배달 입구 및 저장시설과 가까운 것이 좋다.
⑤ 검수실은 자연조명을 유지하는 것이 유리하다.

42 검수업무에 필요한 설비조건으로 옳은 것은?

① 잠금장치 시설
② 외부인 통제 시설
③ 통풍 및 환기시설
④ 적당한 명도의 조명
⑤ 온습도계 설치

43 식품 감별 시 가장 중요한 요인은?

① 공급체의 정보
② 식품 감별자의 다양한 경험
③ 식품위생검사
④ 이화학적 검사방법
⑤ 참고 문헌

44 단체급식에서 식품 감별법으로 많이 이용되는 검사는?

① 물리적 검사
② 관능적 검사
③ 화학적 검사
④ 생화학적 검사
⑤ 이화학적 검사

45 식재료 검수 시 필요한 서류는?

① 검수일지, 구매명세서
② 거래명세서, 발주서
③ 출고전표, 발주서
④ 원산지증명서, 송장
⑤ 등급판정확인서, 송장

46 식품 감별법 중 관능검사 항목에 해당하는 것은?

① 외관, 색, 당도
② 외관, 산도, 색
③ 외관, 광택, 당도
④ 외관, 중량, 색
⑤ 외관, 색, 냄새

47 어패류의 품질 감별법 중 옳은 것은?

① 육질이 부드럽고 이취가 없는 것
② 깨물어 보아 식감이 단단한 것
③ 눈동자가 맑고 아가미가 선홍색인 것
④ 크기가 일정한 것
⑤ 표면이 거칠며 이취가 없는 것

48 쇠고기의 신선한 지방색은?

① 선홍색   ② 담적색
③ 담황색   ④ 유백색
⑤ 암갈색

49 고등어 선도를 평가하는 방법 중 옳은 것은?

① 비늘이 밀착되어 있지 않다.
② 아가미 색이 선홍색이고 생선의 외형이 확실하다.
③ 껍질이 벗겨지고 생선 특유의 이취가 없다.
④ 손으로 눌러 탄력이 적고 내장이 나와 있다.
⑤ 표면에 광택이 있고 등에 붉은색을 띠고 있다.

50 좋은 감귤류를 선별하는 방법 중 옳은 것은?

① 껍질이 주황색을 띠며, 맑고 윤기가 있는 것
② 잎사귀를 같이 수확한 과실
③ 껍질에 거친 부분이 있는 것이 당도가 높은 것
④ 꼭지가 마르지 않은 것
⑤ 과육 표면에 멍든 것이 없는 것

51 사과나 배 같은 과일류 구매 시 고려해야 할 사항은?

① 과실 품종명과 색상
② 포장 중량, 과실의 개수
③ 포장상자 크기, 과실중량
④ 포장상태와 디자인
⑤ 1상자당 개수, 품종, 산지

52 소고기 검수 시 반드시 확인해야 하는 것은?

① 해동 여부
② 배송 방식
③ 원산지
④ 포장 상태
⑤ 조리 후 감량 비율

53 식품 감별법에 대한 설명으로 옳은 것은?

① 양송이버섯은 이물질이 묻어있는 것
② 꽃게는 형태가 고르고 고유색을 띠는 것
③ 감자는 싹이 났지만 조직이 단단한 것이 좋음
④ 마늘은 단단하고 잘랐을 때 심이 있는 것
⑤ 수박은 꼭지가 마르지 않고 긴 것

54 어육류 가공품 구입 시 가장 먼저 고려할 사항은?

① 색을 확인한다.
② 제조연월일을 본다.
③ 향미를 확인한다.
④ 첨가물을 확인한다.
⑤ 원산지를 확인한다.

55 단체급식소에서 과일류 선택 시 감별하는 방법은?

① 저렴한 가격으로 구입한다.
② 관능검사를 하여 구입한다.
③ 당도검사를 한다.
④ 위생검사를 실시한 후 구입한다.
⑤ 중량이 무거워야 한다.

56 일정량의 식재료를 항상 보관해 두는 것은?

① 긴급재고량
② 기본재고량
③ 보존재고량
④ 표본재고량
⑤ 상시재고량

57 재고자산 평가 방법 중 하나인 후입선출법 (Last-In First-Out, LIFO)에 대한 설명으로 옳은 것은?

① 재고가치를 최소화하여 세금의 혜택을 보기 위한 방법이다.
② 재고가치를 최소화하여 소비자에게 혜택을 주기 위한 방법이다.
③ 재고가치를 최소화하여 원가의 혜택을 보기 위한 방법이다.
④ 식품비를 낮게 책정하여 세금 등의 혜택을 보기 위한 방법이다.
⑤ 식품비를 낮게 책정하여 소비자에게 혜택을 주기 위한 방법이다.

58 급식소에서 재고회전율이 높은 경우의 문제점은?

① 식품이 부정 유출될 가능성이 있다.
② 식재료의 낭비로 이익이 감소된다.
③ 물품을 긴급히 구매해야 하는 상황이 발생한다.
④ 현금이 동결되므로 이익이 줄어든다.
⑤ 고객 만족도를 감소시킬 수 있다.

59 다음 급식소의 식용유 재고 회전율은?

> 학교급식소의 5월 1일 식용유 재고량이 40통이고, 5월 31일 재고량은 8통이었다. 5월에 소비한 식용유는 48통이었다.

① 1회   ② 2회
③ 3회   ④ 4회
⑤ 5회

60 영구재고조사에 관한 설명으로 옳은 것은?

① 전산화되면서 최근에는 활용되는 정도가 적다.
② 시간 소요가 많아 신속하지 못하다.
③ 저가의 품목들에 대해 주로 사용하는 재고조사법이다.
④ 정기적으로 창고 내 재고수량을 검사하는 것이다.
⑤ 물품의 출고 및 입고 시에 물품의 수량을 계속적으로 기록하는 것이다.

61 급식소에서 재고기록을 하는 목적으로 옳지 않은 것은?

① 생산계획의 차질을 최소화
② 출고 관리
③ 최상품질의 물품을 구매
④ 도난 및 손실을 최소화
⑤ 정확한 구매량 산출

62 다음 중 실사재고조사에 대한 설명 중 옳은 것은?

① 어느 시점에서든 재고자산 파악이 용이하다.
② 출고 및 입고 시에 물품의 수량을 계속해서 기록한다.
③ 적절한 재고량 유지에 관한 정보를 제공한다.
④ 정기적으로 보유하고 있는 재고를 확인하는 방법이다.
⑤ 재고관리의 효율적인 통제가 용이하다.

63 재고물품을 가치도에 따라 분류하여 관리하는 방식은?

① 일반 재고 관리법
② 실사 재고 관리법
③ 영구 재고 관리법
④ ABC 관리법
⑤ Minimum – maximum 관리법

64 출고에 관한 설명으로 옳은 것은?

① 출고전표를 작성하여 물품을 수령한다.
② 창고 관리 담당자가 물품의 검수, 수령, 보관 등을 모두 책임지게 한다.
③ 출고 관리는 납품서, 발주량을 확인하여 대략적으로 관리된다.
④ 비저장품은 1일 이상 재고로 유지되는 품목으로 조리가 필요할 때 창고에서 반출한다.
⑤ 저장품은 당일의 식품원가 항목에 계산되는 물품으로 검수 직후 바로 전처리실로 보낸다.

65 ABC 관리법에 관한 설명 중 옳은 것은?

① A형 품목 : 중·고가품목에 적용
② A형 품목 : 총재고량의 40~60%
③ B형 품목 : 단기발주방식 적용
④ C형 품목 : 고가품목에 적용
⑤ B형 품목 : 일반적인 재고관리 시스템 적용

66 효율적인 창고의 관리방법으로 옳은 것은?

① 필요한 물품을 적절하게 공급해야 한다.
② 재고량은 항상 최고를 유지한다.
③ 재고회전율을 감소시키도록 한다.
④ 유통기한이 긴 순으로 사용할 수 있도록 한다.
⑤ 조리담당자가 필요할 때마다 쉽게 출고할 수 있도록 한다.

67 다음 설명에 해당하는 저장관리 원칙은?

> 창고의 저장품들을 과일류, 채소류 등 품목별로 나누어 정해진 위치에 레이블을 작성한 후 정리하였다.

① 분류저장의 원칙
② 선입선출의 원칙
③ 공간 활용 극대화의 원칙
④ 품질보존의 원칙
⑤ 저장위치 표식의 원칙

68 식품을 저장하는 창고에서 반드시 지켜야 할 사항은?

① 통풍, 창고면적, 실내면적
② 습도, 통풍, 정리대 면적
③ 실내면적, 조명, 창문위치
④ 실내환경, 조명, 창문크기
⑤ 온도, 습도, 통풍

69 단체급식에서 비축식품에 해당하는 것은?

① 소금, 다시마
② 설탕, 생칼국수
③ 멸치, 시금치
④ 굴, 국수
⑤ 버터, 달걀

70 식품을 보관할 때 기입해야 하는 것은?

① 가격, 품명, 수요빈도
② 품명, 수량, 구입일자
③ 상표, 품명, 유통기한
④ 상표, 부피, 보관장소
⑤ 상표, 품명, 수량

71 검수한 식재료를 창고에 보관할 때 포장이나 용기에 기록해야 할 사항으로 옳은 것은?

① 발주량
② 사용장소
③ 전처리방법
④ 입고일자
⑤ 출고일자

72 냉장고에 대한 설명으로 옳은 것은?

① 냉장고 용량은 냉기의 원활한 순환을 위해 50%만 채움
② 정기적으로 성애 제거
③ 0℃ 이하 이하로 유지
④ 30~50%의 습도 유지
⑤ 미생물의 사멸에 도움

73 대량구매, 구입 출고 시 사용하는 재고자산 평가 방법은?

① 선입선출법
② 후입선출법
③ 총평균법
④ 실제구매가법
⑤ 최종구매가법

74 도매시장의 기능은?

① 생산자
② 소비자와 가장 가까운 마켓
③ 가격형성
④ 다양한 서비스 제공
⑤ 새로운 마케팅 실현

CHAPTER 04 생산 및 작업 관리

01 병원급식에서 중앙배선방식의 특징은?

① 병동배식방식에 비해 운송비를 절감할 수 있다.
② 식품비가 낭비된다는 단점이 있다.
③ 적온급식이 수월하다.
④ 조리실의 면적이 넓을 필요가 없다.
⑤ 전문적인 중앙 통제가 잘 이루어지며 배식량 조절이 쉽다.

02 분산배선방식의 특징은?

① 식사 온도를 맞추기 위해 소량씩 조리한다.
② 많은 수의 감독자와 종업원 수를 필요로 한다.
③ 큰 용량의 냉장고 및 창고가 필요하다.
④ 작업의 분업이 일정하지 못하나 생산성은 높다.
⑤ 완전조리된 식품을 제조회사로부터 구입하여 사용한다.

03 병원의 건물이 저층이고 병동이 넓게 분산되어 있는 경우에 맞는 배식 방법은?

① 카페테리아 서비스
② 병동배선방식
③ 자동음식 판매기
④ 카운터 서비스
⑤ 중앙배선방식

04 대량조리의 생산품질관리 차원에서 가장 중점적으로 생각해야 할 사항은?

① 조리 온도 및 시간, 제품의 평가, 메뉴 개발
② 산출량·배식량 조절, 고객 기호도, 메뉴 개발
③ 제품의 평가, 서비스 방법, 식단 원가 계산
④ 식단 원가 계산, 조리 온도 및 시간, 잔반 조절
⑤ 조리 온도 및 시간, 제품의 평가, 산출량·배식량 조절

05 배식 지연을 줄이기 위한 방법으로 적절하지 않은 것은?

① 메뉴에 따라 배식 도구를 다양화한다.
② 급식 인원이 많은 경우 직선식 배식이 효율적이다.
③ 자율배식보다 조리사들에 의한 대면배식을 실시한다.
④ 식사 시간 연장 시 배식 시간에 차이를 둔다.
⑤ 1회 1인 분량을 정확하게 배식하는 훈련을 실시한다.

06 일반적인 보존식의 보존 온도는?

① 25℃ 이상
② 0℃ 이상
③ -2℃ 이하
④ -18℃ 이하
⑤ -22℃ 이하

07 급식의 수요 예측 시 시간의 경과에 따른 숫자의 변화로 추세나 경향을 분석하는 방법은?

① 다중회귀분석
② 인과형 예측법
③ 가중이동평균법
④ 외부의견조사법
⑤ 최고경영자기법

08 배식 라인에서 주메뉴 외에 사이드 메뉴 혹은 음료 코너를 분리시켜 급식 시간 내에 많은 사람의 급식이 가능하게 고안된 서비스 방법은?

① 카운터 서비스
② 가정식 서비스
③ 자율배식 서비스
④ 분산식 카페테리아
⑤ 자판기 서비스

09 다음 중 검식에 관한 내용으로 옳은 것은?

① 검식은 모든 배식이 끝난 후 실시한다.
② 검식은 그 시설의 장이 반드시 실시해야 한다.
③ 배식 후에 전체적인 조화 등을 검사한다.
④ 검식의 최종 목적은 식중독 사고 시 원인 규명·판단에 있다.
⑤ 향후 식단 개선 자료로 활용한다.

10 급식 생산과정에서 대량조리의 특징으로 옳은 것은?

① 시간의 제약이 없다.
② 계획적인 생산통제가 필요하다.
③ 기기 사용보다 수작업이 많다.
④ 음식의 맛, 질감의 변화가 적다.
⑤ 맛, 질감의 변화가 적어 조리법에 따른 제약이 없다.

11 개별급식소의 수요 예측에는 적절하지 않으나 전체 급식 산업의 변화 추세 등을 예측하는 경우 전문가들의 경험이나 견해와 같은 주관적 요소로 예측하는 방법은?

① 델파이기법
② 이동평균법
③ 지수평활법
④ 다중회귀분석법
⑤ 최고경영자기법

12 급식생산성 지표 중 투입 요인에 해당되는 것은?

① 고객 후기
② 조리원
③ 서빙수
④ 재정적 수익성
⑤ 종업원의 직무 만족

13 작업관리의 목적으로 옳은 것은?

① 적정인원을 배치하고 직무를 최대한 통합한다.
② 작업 개선을 위한 피급식자의 의견을 수렴한다.
③ 인사고과에 반영하기 위해 작업자의 작업능력을 평가한다.
④ 작업을 개선하거나 표준작업방법을 개발하여 생산성을 향상한다.
⑤ 표준작업을 수행하기 위해 소요되는 표준시간을 되도록 짧게 설정한다.

14 하루 총 1,600식을 제공하는 학교급식소에 8명의 조리원이 근무하고 있다. 이 중 조리원 5명의 작업 시간은 오전 8시부터 오후 4시까지이며 3명은 오전 8시부터 12시까지이다. 이 급식소의 생산성은 얼마인가?

① 3분/식   ② 2.5분/식
③ 2분/식   ④ 1.7분/식
⑤ 1.0분/식

15 병원급식에서 급식생산량을 결정하기 위하여 실질적으로 고려해야 하는 사항은?

① 병상회전율
② 평균입원일수
③ 외래 평균환자수
④ 1일 평균입원환자수
⑤ 입원환자수와 퇴원환자수의 대조

16 영양교사가 영양교육자료 개발에 시간이 많이 소비되어 급식 작업에 지장을 초래하는 경우 올바른 문제 해결법은?

① 기존에 개발되어 있는 교육자료를 활용한다.
② 영양교육자료 개발보다는 급식업무에 전념한다.
③ 조리종사원이 교육자료를 개발하도록 위임한다.
④ 영양교육자료의 사용을 최소화하여 교육을 실시한다.
⑤ 식단 작성은 식단을 활용하도록 하여 조리원에게 위임한다.

17 조리작업 중 불필요한 작업 요소를 제거하기 위하여 작업을 상세히 분석하고 필요한 작업 요소로만 조리작업이 이루어지도록 하는 작업관리기법은?

① 방법연구
② PTS법
③ 시간연구법
④ 실적기록법
⑤ 워크샘플링법

18 단체급식소에서 1인 분량의 통제에 대한 설명으로 옳은 것은?

① 1인 분량은 배식 시에만 잘 조절하면 문제가 없다.
② 경험 있는 조리사들의 주관적인 배식 방법을 권한다.
③ 배식 시 제공량을 매번 측정하여 시간이 지체되더라도 정확하게 배식한다.
④ 학교급식의 경우 학년차, 개인차를 고려하여 적정량이 배분되도록 기준을 설정한다.
⑤ 1인 분량은 식수의 생산량에는 영향이 있으나 원가를 통제하는 요소는 되지 못한다.

19 직무 배분을 조사할 때 유의해야 할 사항은?

① 이윤의 적절성
② 고객 만족도 조사 결과
③ 능숙한 종업원에게 작업 우선 분배
④ 재료비가 적정하게 사용되었는지의 여부
⑤ 각 개인의 기능을 적절히 이용하는지의 여부

20 단체급식소에서 재료 구입 시 전처리된 재료를 사용할 경우의 이점은?

① 염가식품 구입
② 식품 종류의 다양성
③ 조리 시간의 단축
④ 조리 방법의 다양성
⑤ 조리 방법의 연구

21 영양사가 조리원들의 출·퇴근 시간과 근무 시간대별 주요 담당 업무 및 업무 내용을 정확히 기록하여 전체적인 급식 생산성을 향상시키기 위해 작성하는 것은?

① 작업표
② 작업공정표
③ 직무표
④ 작업일정표
⑤ 생산성지표

22 작업측정의 주요 목적은?

① 작업의 장애 요인 개선
② 작업자의 이동 경로 분석
③ 작업의 효과적인 방법 발견
④ 특정 작업에 관한 표준시간 설정
⑤ 작업 내용을 공정 순서에 따라 분석

23 600명에게 콩나물밥을 제공하고자 한다. 콩나물밥에 이용되는 백미의 표준 레시피상 100인분의 중량이 10kg일 때 변환계수를 이용한 대량조리 산출량으로 옳은 것은?

① 40kg
② 45kg
③ 50kg
④ 55kg
⑤ 60kg

24 국내 급식소의 노동시간당 생산 식수(식/시간)가 가장 많은 곳은?

① 직원식을 운영하는 병원급식
② 단독조리방식의 학교급식
③ 환자식만 운영하는 병원급식
④ 공동조리방식의 학교급식
⑤ 단일 메뉴의 산업체급식

25 급식소에서 음식의 품질을 통제하기 위한 목적으로 사용되는 수단으로 옳은 것은?

① 대차대조표
② 손익계산서
③ 식품수불부
④ 표준레시피
⑤ 식품사용일계표

26 식품을 대량조리할 때 주의사항으로 옳은 것은?

① 조리된 식품은 소비될 때까지 여러 번 나누어 제공한다.
② 냉장되었던 조리식품은 급식 전 재가열할 필요가 없다.
③ 찬 두부는 삶아서 따뜻하게 제공한다.
④ 식품 취급 시 마스크를 착용하고 가능한 젓가락, 집게 등의 기구를 사용한다.
⑤ 배식 후 남은 식품은 위생적으로 보관 후 활용한다.

27 기본형 표준조리 레시피의 특징은?

① 왼쪽 상단에 총 생산분량을 기입한다.
② 조리 방법을 순서대로 적거나 도식화한다.
③ 왼쪽 상단에 1인 용량과 개수를 기입한다.
④ 재료 항목의 왼쪽에 빈 공간을 두어 수정된 레시피의 양을 기록한다.
⑤ 모든 식재료의 종류는 상단에, 조리 과정은 번호를 매겨 하단에 기록한다.

28 동작경제의 원칙에 관한 설명으로 옳은 것은?

① 양팔의 동작은 비대칭적으로 동시에 행한다.
② 방향 전환을 할 때는 비연속적으로 재빨리 행한다.
③ 주동작은 가급적 빨리 동작할 수 있게 간단하게 한다.
④ 작업은 가능한 용이하고 직선 동작이 되도록 배열한다.
⑤ 양손은 동시에 동작을 시작하고 완료할 때에는 따로 한다.

29 조리작업 효율화를 위한 조리대 설비의 조건으로 옳은 것은?

① 조리대는 전처리구역의 중심부에 배치한다.
② 동선의 교차가 없도록 배치한다.
③ 작업면은 물을 흡수할 수 있는 목재로 한다.
④ 조리대 너비는 양손이 닿을 수 있는 너비(약 90cm)로 한다.
⑤ 조리대 배치는 오른손잡이를 기준으로 오른쪽에서 왼쪽으로 한다.

CHAPTER 05 | 위생·안전 관리

01 다음 중 온도 관리에 특별히 신경 쓰지 않아도 되는 식품은?

① 초간장
② 달걀
③ 조각 파인애플
④ 요거트
⑤ 양상추 샐러드

02 생선, 조개, 굴 같은 수산물을 익히지 않고 먹을 경우 또는 집단 배식에서 손이 오염이 된 조리사의 음식을 섭취한 경우 식중독 발생 가능성이 높은 것은?

① 살모넬라균
② 병원성대장균
③ 노로바이러스
④ 장염비브리오균
⑤ 황색포도상구균

03 단체급식에서 세균성 식중독 예방을 위해 가장 주의할 점은?

① 조리 시 수분을 감소시킨다.
② 조리 작업대 등의 청결을 유지한다.
③ 조리에서 배식까지의 시간을 단축시킨다.
④ 소도구는 반드시 적외선 살균기에 소독한다.
⑤ 주방 내 온도, 습도를 일정하게 조절한다.

04 단체급식에서 위생 관리를 철저하게 하는 이유는?

① 급식종사자의 건강을 위하여
② 올바른 식습관을 위하여
③ 급식을 제공받는 다수인의 건강을 위하여
④ 올바른 식품취급법을 위하여
⑤ 위생적인 조리환경을 위하여

05 채소, 과일류 세척 시 사용하기 좋은 세척제는?

① 산성 세제
② 합성 세제
③ 1종 세척제
④ 연마성 세제
⑤ 용해성 세제

06 튀김기 주변의 싱크대, 벽 부분의 진한 기름때를 제거할 때 사용하는 세척제는?

① 일반 세제
② 산성 세제
③ 3종 세척제
④ 연마성 세제
⑤ 용해성 세제

07 조리 시 교차오염 예방을 위한 설명으로 옳은 것은?

① 전처리하지 않은 식품과 가열조리 완료된 식품을 같이 보관한다.
② 식품 전처리는 전처리실 바닥에서 취급한 후 세척하면 된다.
③ 식품 취급작업은 식품용 고무장갑을 사용하고 따로 소독할 필요는 없다.
④ 도마는 수산물, 육류, 채소류로 구분해서 사용하고, 사용 전 후에 충분히 세척·소독한다.
⑤ 전처리 시 조리대의 구분이 어려운 경우 채소류 → 가금류 → 수산물 → 육류 순으로 작업한다.

08 집단급식소의 조리사 중 1명이 장티푸스 전염병 보균자로 판명되었을 때 대처요령으로 옳은 것은?

① 즉석 식품이나 간단히 나갈 수 있는 비조리 식품으로 제공한다.
② 보균자 및 조리종사자들의 감염여부를 판단하기 위해 해당 검사를 실시한다.
③ 우선 공급되는 음용수만 충분히 가열하여 제공한다.
④ 과일, 샐러드 등을 충분히 공급한다.
⑤ 보균자는 바로 격리할 필요가 없으며 담당 업무를 마무리한다.

09 급식소에서 사용하는 식기류 세척 후 전분의 세정 여부를 검사하기 위해 사용하는 물질은?

① 3% 역성 비누 희석액
② 0.1N 요오드 용액
③ 0.1% 염소계 용액
④ 70% 에틸알코올 용액
⑤ 0.1N 메틸알코올 용액

10 식기세척기 외 수작업으로 식기를 세척하고 소독하는 경우 옳은 것은?

① 소독제는 빠른 세척을 위해 한 달에 한 번씩 미리 만들어 놓는다.
② 식품 전처리 시 세척하는 곳과 다른 싱크대를 갖춘다.
③ 헹구는 물의 온도는 실온이면 된다.
④ 비눗물에 닦아 헹군 후 행주로 말끔히 닦아둔다.
⑤ 계속 뜨거운 물로 씻으면 기름기도 잘 녹고 잘 건조된다.

11 식기 소독 방법 중 가장 간단하고 보편적으로 사용할 수 있는 방법은?

① 증기 소독   ② 열탕 소독
③ 자외선 소독   ④ 화학 소독
⑤ 건열 소독

12 건열 소독에 적합한 품목은?

① 행주   ② 조리대
③ 조리복   ④ 조리도구
⑤ 청소도구

13 단체급식 대량조리업무에 참여할 수 있는 사람은?

① 손톱이 곪았을 때
② 눈병이 있을 때
③ 장티푸스 보균자
④ 콜레라 보균자
⑤ 비전염 결핵

14 독성이 적고 투명하며 살균력이 강하여 손 소독에 사용하는 것은?

① 과산화수소
② 산성 비누
③ 역성 비누
④ 알카리성 비누
⑤ 차아염소산나트륨

15 샐러드 세척 및 살균에 사용되는 소독제로 옳은 것은?

① 알코올
② 역성 비누
③ 중성 세제
④ 과산화수소
⑤ 차아염소산나트륨

16 행주 소독 방법 중 가장 효과적인 방법은?

① 역성 비누 세척
② 중성 세제 세척
③ 자외선 살균
④ 열풍 건조
⑤ 열탕 소독

17 단체급식 메뉴 중 위해 발생 가능성이 낮은 것은?

① 연두부샐러드
② 유부초밥
③ 오징어젓
④ 시금치된장국
⑤ 마늘종무침

18 교차오염에 의한 식중독이 일어날 수 있는 상황은?

① 전처리용 고무장갑으로 식기 세정작업을 했을 때
② 돼지갈비를 충분히 익히지 않고 배식했을 때
③ 소고기를 다진 칼을 세척한 후 돼지고기를 썰었을 때
④ 양상추 샐러드의 양상추를 세척하지 않고 제공했을 때
⑤ 닭고기를 처리한 도마를 세척한 후 대파를 썰었을 때

19 식재료의 냉장·냉동 저장방법으로 옳은 것은?

① 냉장고의 저장용량은 80% 이상으로 한다.
② 냉동고의 저장용량은 50% 이상으로 한다.
③ 식재료는 최근 들어온 것을 먼저 사용한다.
④ 비조리 음식은 하단, 조리 음식은 상단에 저장한다.
⑤ 생선과 육류는 상단, 채소와 가공식품은 하단에 저장한다.

20 식품을 제조일로부터 판매할 수 있는 법정 기한의 의미를 갖는 것은?

① 소비기한
② 유통기한
③ 식품저장기한
④ 식품보존기한
⑤ 품질유지기한

21 다음 중 괄호 안에 들어갈 숫자를 순서대로 적으면?

> 조리가 완료된 음식 배식 시 뜨거운 음식은 (　　)℃ 이상, 차가운 음식은 (　　)℃ 이하로 보관해야 하며, 조리 후 (　　)시간 이내에 제공하여야 한다.

① 50, 10, 2
② 60, 5, 2
③ 57, 5, 2
④ 270, 5, 1
⑤ 60, 5, 3

CHAPTER 06 시설·설비 관리

01 단체급식소의 시설·설비 계획 시 고려사항으로 옳은 것은?

① 조리종사자의 인건비 확보 여부
② 식품위생법의 시설기준 법규
③ 급식대상자의 취향
④ 도입기기 유통업체 규모
⑤ 영양사의 능력

02 다음 중 검수구역의 시설·설비에 관한 설명으로 옳은 것은?

① 검수구역은 단독공간으로 시공한다.
② 출입 부분에 에어커튼을 설치하는 것이 바람직하다.
③ 검수구역의 위치는 배식구와 가까이 있어야 한다.
④ 하역작업이 편리하도록 지면보다 낮게 설계한다.
⑤ 검수실의 조도는 200lux 이하가 좋다.

03 검수구역과 조리구역 사이에 배치하는 것이 좋으며 재고회전율, 일일평균식수 등을 고려하여 설계해야 하는 작업구역은?

① 물품검수구역　② 저장공간구역
③ 조리구역　　　④ 전처리공간
⑤ 퇴식구역

04 조리장에서 조도가 가장 밝아야 하는 장소는?

① 전처리실　　　② 배식구역
③ 반입·검수 공간　④ 식당
⑤ 조리장

05 급식기기 선정 시 유의해야 할 사항으로 가장 적절한 것은?

① 인건비 절약 효과가 있어야 한다.
② 최신 기기여야 한다.
③ 인력 절감의 효과가 있어야 한다.
④ 디자인이 심플하고 눈에 띄어야 한다.
⑤ 사용법이 간단하다면 고가여도 설치한다.

06 급식시설 위치 선정 시 유의해야 하는 것은?

① 배식 및 퇴식 공간의 면적
② 식재료 반출 및 반입의 편리성
③ 복리후생시설과의 근접성
④ 식수 변동 사항
⑤ 홍보 효과가 있는 장소

07 다음 중 조리실에서 청결구역에 해당하는 곳은?

① 전처리구역
② 세정구역
③ 배선구역
④ 검수구역
⑤ 가열소독 전 식품절단구역

08 기기설비의 설치조건으로 옳은 것은?

① 작업자 동선을 검토 후 기기 배치
② 열기 배출을 위해 가열기구는 반드시 분산 배치
③ 건축설비는 작업 능률을 위하여 고가품 위주로 배치
④ 식품군에 따라 기기를 배치
⑤ 동선을 넓혀 종사원의 피로도를 감소시킴

09 주방시설 설비에 대한 설명으로 옳은 것은?

① 배수로의 너비 : 10cm
② 배수로의 경계면 : 직각 모서리
③ 전기콘센트 : 바닥에서부터 1m 이상
④ 효율적인 후드의 경사각 : 25~35°
⑤ 창의 면적 : 작업장 바닥면적 10% 이하

10 식당 면적 설계 시 필요한 항목은?

① 좌석회전율
② 제공 메뉴 수
③ 조리실 면적
④ 조리원 동선
⑤ 배식 및 퇴식구 위치

11 주방의 면적을 결정할 때 고려사항에 해당하는 것은?

① 검식 인원
② 기기 가격
③ 관리자 인원수
④ 고객의 요구도
⑤ 조리 기기 형태와 수

12 배수관 중 기름기가 많은 오수 제거에 효과적인 것은?

① P트랩
② S트랩
③ U트랩
④ 그리스 트랩
⑤ 벨 트랩

13 후드(hood)에 대한 설명으로 옳은 것은?

① 전체 환기 방식을 말한다.
② 후드의 경사각은 15°를 유지하는 것이 좋다.
③ 후드 크기는 열원보다 15cm 이상 넓어야 한다.
④ 오염원으로부터 조금 더 멀리 설치해야 효율이 좋다.
⑤ 바닥 면적의 20~30% 정도 크기로 한다.

14 주방 배기후드의 역할로 가장 옳은 것은?

① 전체 환기를 시킨다.
② 실내 먼지를 제거한다.
③ 시원한 바람을 보내준다.
④ 증기, 냄새, 연기를 제거한다.
⑤ 화기를 배출하므로 작업을 원활하게 한다.

15 열원 중 열효율이 가장 좋은 것은?

① 가스　　② 갈탄
③ 부탄　　④ 석유
⑤ 전기

16 식기의 설명 중 옳은 것은?

① 폴리카보네이트 : 산성에 약하다.
② 도자기 : 급격한 온도 변화에 강하다.
③ 플라스틱 : 열전도율이 높다.
④ 멜라민수지 : 때가 잘 묻지 않고 변색이 안 된다.
⑤ 스테인리스 : 가볍고 가격이 저렴하다.

17 다음 중 조리장의 형태(가로:세로의 비율)로 가장 적합한 것은?

① 1:1　　② 1:2
③ 2:3　　④ 2:1
⑤ 3:4

18 전처리구역에 관한 설명 중 옳은 것은?

① 작업대는 목재로 처리한다.
② 주 메뉴가 양식인 경우 채소 전처리시설이 확보되어야 한다.
③ 어류, 가금류 작업대는 공동 공간으로 배치한다.
④ 조도는 300lux 정도로 충분히 밝아야 한다.
⑤ 이동식 작업대는 조리 작업대와 배식용의 겸용이 가능하다.

19 다음 조건에 옳은 식당 면적을 고르면?

- 직원이 600명인 사업체이며 점심시간은 1시간이다.
- 좌석 회전은 1회당 20분 정도이다(1좌석당 면적 1.5m²).

① 200m²　　② 225m²
③ 300m²　　④ 400m²
⑤ 650m²

20 작업공정에 따른 기기 및 기구로 옳은 것은?

① 검수 : 식기, 식판, 주걱, 보온고
② 배선 : 도마, 칼, 대형그릇, 튀김기
③ 저장 : 저울, 박피기, 혼합기, 운반차
④ 전처리 : 손 소독기, 오븐기, 브로일러
⑤ 조리 : 도마, 칼, 냄비류, 계량컵, 취반기

21 기계설비를 배치할 때 가장 중요하게 고려해야 하는 것은?

① 조리 순서대로
② 메뉴 순서대로
③ 동력 종류별로
④ 정리 정돈
⑤ 사용법이 간단한 순으로

22 환풍기나 후드의 수를 최소화할 수 있는 주방의 배치형태는?

① 유동형
② 일자형
③ ㄱ자형
④ ㄷ자형
⑤ 아일랜드형

23 식기세척기 중 소규모 급식소에서 사용하기 적합한 것은?

① 랙 컨베이어 타입(2탱크)
② 도어 타입
③ 플라이트 컨베이어 타입(1탱크)
④ 플라이트 컨베이어 타입(2탱크)
⑤ 플라이트 컨베이어 타입(3탱크)

24 식당을 설계할 때 식수가 많을 경우 선택하는 식탁 배치 방법은?

① 변화형(variable)
② 평행형(parallel)
③ 유동형(flexible)
④ 원형(round)
⑤ 사각형(square)

25 급식시설 바닥재에 관한 설명으로 옳은 것은?

① 미끄럽지 않으면 산에 약해도 된다.
② 내수성, 내산성인 재질을 사용한다.
③ 타일, 대리석 등의 재질을 사용한다.
④ 조리공간의 바닥은 일반 타일로 해도 된다.
⑤ 내구성이 높으면 유지비가 많이 들어도 좋다.

26 식기 선정 시 고려 사항 중 잘못된 것은?

① 경제 효과
② 같은 디자인으로 제품으로 계속 납품 가능한지
③ 급식자의 선호도 조사
④ 세정 작업이 쉬운 것
⑤ 배식하는 음식과의 조화

CHAPTER 07 | 원가 및 정보 관리

01 <보기>는 원가의 3요소에 대한 설명이다. 옳은 것을 모두 고른 것은?

> 보기
> ㄱ. 원가의 3요소는 재료비, 노무비, 경비이다.
> ㄴ. 광열비, 관리비, 시설 사용료는 경비에 포함된다.
> ㄷ. 재료비와 세금을 제외한 일체의 비용을 경비라고 한다.
> ㄹ. 노무비는 급식 종사자들의 임금, 각종 수당 등을 의미한다.
> ㅁ. 재료비는 급식소에 필요한 모든 재원을 구매하는 비용이다.

① ㄱ, ㄴ, ㄷ ② ㄱ, ㄴ, ㄹ
③ ㄱ, ㄴ, ㅁ ④ ㄱ, ㄷ, ㅁ
⑤ ㄱ, ㄹ, ㅁ

02 원가 3요소 중 경비의 종류로 묶인 것은?

① 상여금, 통신비
② 소모품, 퇴직금
③ 광열비, 감가상각비
④ 부식비, 공과금
⑤ 보험료, 수도비

03 단체급식의 예산 중 가장 큰 비중을 차지하는 항목은?

① 시설비   ② 시설관리비
③ 인건비   ④ 식재료비
⑤ 시설사용료

04 단체급식 식단의 원가 계산 시 위생교육을 위한 출장에 드는 비용은 어느 항목으로 분류되는가?

① 급료   ② 노무비
③ 재료비   ④ 경비
⑤ 감가상각비

05 원가 종류 중 노무비에 해당하는 것은?

① 회의비   ② 급료
③ 여비   ④ 간접경비
⑤ 보험료

06 다음 중 변동비에 속하는 것은?

① 수선유지비 ② 인건비
③ 감가상각비 ④ 식재료비
⑤ 임대료

07 다음 중 대차대조표 작성 시 자산에 해당하는 것은?

① 부채   ② 자본
③ 외상매입금 ④ 외상매출금
⑤ 렌터카

08 다음 중 재무상태표에서 부채에 해당되는 것은?

① 설비 ② 재고
③ 현금 ④ 외상매출금
⑤ 외상매입금

09 일정 기간 동안의 수익과 비용 발생을 명확히 명시하여 기업의 경영 성과를 나타내는 회계보고서는?

① 매출분석표 ② 재무상태표
③ 자산평가표 ④ 손익계산서
⑤ 회계장부

10 급식 원가의 개념에 대한 설명으로 옳은 것은?

① 음식을 생산하여 제공하기 위해 소비된 재료비
② 음식을 생산하여 제공하기 위해 소비된 인건비
③ 음식을 생산하여 제공하기 위해 소비된 노무비
④ 음식을 생산하여 제공하기 위해 소비된 경제적 가치
⑤ 음식을 생산하여 제공하기 위해 소비된 문화적 가치

11 급식비를 절감시킬 수 있는 방안으로 옳은 것은?

① 폐기율이 높아도 빠르게 전처리한다.
② 급식시설에 적합한 표준 조리 레시피를 사용한다.
③ 식재료비보다 기타 경비 비율을 높인다.
④ 배식 인원을 늘려 배식량을 조절한다.
⑤ 전처리된 제품을 구매하여 처리 시간을 절약한다.

12 대학교 교직원 식당 주간 식단은 4,000원이다. 해당 급식소의 1일 고정비는 100,000원이며 변동비는 2,400원일 때 손익분기점의 매출액은?

① 200,000원 ② 220,000원
③ 240,000원 ④ 250,000원
⑤ 270,000원

13 인건비는 정규직 직원 인건비와 계약직 직원 인건비가 모두 포함된 금액이지만 원가의 변동 여부에 따라 다르게 구분된다. 이에 각각의 비용에 해당하는 것은?

① 고정비, 변동비
② 변동비, 반변동비
③ 변동비, 고정비
④ 반고정비, 변동비
⑤ 반고정비, 반변동비

14 장부와 전표의 기능을 함께 가지고 있는 장표는?

① 식품수불부
② 식품사용일계표
③ 영양출납부
④ 발주전표
⑤ 식수표

15 장표에 관한 설명으로 옳은 것은?

① 식수표, 식단표는 장부에 속한다.
② 전표는 이동성, 집합성이 있다.
③ 검수일지, 검식일지는 장부에 속한다.
④ 운영 의사를 전달하는 것은 장부이다.
⑤ 식품수불부, 영양산출표는 분리성을 가진다.

16 <보기>는 장표 종류에 관한 설명이다. 옳은 것을 고르면?

보기
ㄱ. 급식일지 : 급식으로 제공된 식품의 영양량을 표기
ㄴ. 영영양출납부 : 매일 식품 사용량을 식품군별로 분류하여 표기
ㄷ. 급식일보 : 식단내용, 식수 현황을 기록하는 장표
ㄹ. 식권 : 급식수 파악을 위해 사용되는 전표
ㅁ. 납품전표 : 납품업체에게 급식재료를 주문하기 위한 전표
ㅂ. 식사처방전 : 병원급식에서 의사가 지시하는 식사 급여의 처방전

① ㄱ, ㄴ, ㄷ, ㄹ
② ㄱ, ㄷ, ㄹ, ㅁ
③ ㄱ, ㄴ, ㅁ, ㅂ
④ ㄴ, ㄷ, ㄹ, ㅁ
⑤ ㄴ, ㄷ, ㄹ, ㅂ

CHAPTER 08 인적자원 관리

01 인사고과에 대한 설명으로 옳지 않은 것은?
① 성과 자료가 수집되면 즉시 최종 평가의 절차를 밟는다.
② 조직구성원의 잠재능력, 성격 등을 객관적으로 평가하는 절차이다.
③ 인사고과 평가는 인사이동, 교육훈련, 임금관리에 활용된다.
④ 종업원의 특정적 인상이 현혹효과를 일으켜 문제가 될 수 있다.
⑤ 실제 수행력보다 관대하게 평가되어 관대화의 경향을 나타낼 수 있다.

02 직무기술서에 대한 설명에 해당되는 것은?
① 특정 직무에 관한 개괄적인 정보 제공
② 직무 구성 요건 중 인적 요건 명시
③ 직무담당자가 갖추어야 할 기술, 능력, 지식 등을 명시
④ 직무담당자가 갖추어야 할 신체적 특성 명시
⑤ 임금관리의 기초로 활용

03 인적자원 관리 기능 중 유지기능에 해당하는 것은?
① 연봉관리
② 인사고과
③ 직무평가
④ 교육과 훈련
⑤ 공고모집 및 선발

04 인적자원 관리의 업무적 기능에 해당하는 것은?
① 인적자원의 조직
② 인적자원의 보상
③ 인적자원의 계획
④ 인적자원의 조정
⑤ 인적자원의 통제

05 직무명, 자격 요건, 필요 지식 등이 기술된 인적자원관리를 위한 기초 자료는?
① 직무기술서
② 직무설계서
③ 직무명세서
④ 작업공정서
⑤ 직업기술서

06 다음 중 내부모집에 해당하는 것은?
① 대중매체를 통한 모집
② 게시광고 모집
③ 현직 종업원에서 모집
④ 헤드헌터를 통한 모집
⑤ 학교 등 교육기관의 추천 의뢰 모집

07 면접에 대한 설명으로 옳은 것은?

① 원서만으로 파악할 수 없는 인간적인 측면의 판단이 가능하다.
② 면접은 채용 시 진행되는 객관적인 평가 방법이다.
③ 선발의 타당성을 높여줄 수 있는 주된 방법이다.
④ 면접 문항만 잘 준비하면 면접위원들의 특성과 무관하게 선발할 수 있다.
⑤ 구조화된 면접 방식은 지원자에게 압박을 가해 감정의 안정성과 좌절에 대한 인내를 측정하는 것이다.

08 인적자원 개발을 위한 종업원의 지식, 태도, 기술의 향상과 변화를 위한 회사에서 실시하는 활동은?

① 복리후생
② 교육훈련
③ 인사고과
④ 직무분석
⑤ 직무평가

09 신규 직원 채용 시 우선적으로 고려해야 할 사항으로 옳은 것은?

① 모집공고 규모 및 시기 계획
② 직무별 배치 기준 계획
③ 종업원 직무평가서 개발
④ 직무분석을 통하여 적정인원을 계획
⑤ 직무 분석을 통하여 교육훈련 프로그램 개발

10 강의식 교육방법의 장점에 해당되는 것은?

① 문제해결능력을 위한 실습이 가능하다.
② 대상자의 참여 기회가 많다.
③ 대상자가 다수일 때 효과적이다.
④ 강의자료가 많을수록 흥미를 갖게 된다.
⑤ 강사의 교육 기법에 따른 교육 효과 차이가 적다.

11 직무평가의 목적으로 옳은 것은?

① 공정한 임금 결정을 위하여
② 공정한 고용관리를 위하여
③ 작업능률의 효과를 위하여
④ 직무분석의 효율을 위하여
⑤ 직무기술서의 효과적 작성을 위하여

12 다음 중 임금 결정에 영향을 주는 외부적 요소는?

① 경영단의 운영 태도
② 기업의 임금 지급 능력
③ 직무의 상대적 가치
④ 종업원의 직무 능력
⑤ 동일 직종의 임금 수준

13 성과급에 대한 설명으로 옳은 것은?

① 노조에서 결정한 임금제도이다.
② 직무의 성격에 따라 지급하는 임금제도이다.
③ 노동자의 작업연수에 따라 지급하는 임금제도이다.
④ 노동자의 지급요청에 따라 지급하는 임금제도이다.
⑤ 노동자가 실시한 작업량에 따라 지급하는 임금제도이다.

14 다음 중 인사고과에 대한 설명으로 가장 적절한 것은?

① 피고과자가 수행하는 직무정보를 획득하는 과정이다.
② 피고과자와 그가 맡은 직무와의 관계에서 사람과 직무를 모두 평가한다.
③ 피고과자의 현재뿐 아니라 과거 실적과 앞으로 발휘될 능력도 평가한다.
④ 사람의 능력, 태도, 적성 및 업적 등 조직에 대한 유용성 관점에서 평가한다.
⑤ 직무수행 외에도 피고과자가 지닌 특성은 모두 고과의 대상이다.

15 노조의 기능에 해당하는 것은?

① 공제적 기능, 직무적 기능
② 공제적 기능, 도덕적 기능
③ 경제적 기능, 윤리적 기능
④ 경제적 기능, 공제적 기능
⑤ 직무적 기능, 정치적 기능

16 급식소의 임금구조를 합리적으로 결정하기 위한 직무별 상대적 가치를 결정하기 위해 실시되는 것은 무엇인가?

① 작업분석   ② 작업설계
③ 직무분석   ④ 직무측정
⑤ 직무평가

17 인사고과 평가 시 '조리원이 위생 관념이 좋아 조리 직무도 잘 수행할 것이다'라고 평가하는 것은 어떤 오류에 해당하는 것인가?

① 관대화 경향   ② 현혹효과
③ 정형오류   ④ 상대적 오류
⑤ 중심화 경향

18 제안 제도를 통해 변화될 수 있는 것은?

① 작업 방법의 개선
② 종업원의 복지후생
③ 종업원의 동기 부여
④ 종업원의 임금 상승
⑤ 종업원의 상호 이해 증진

19 다음 중 하향식 의사소통 방법에 해당하는 것은?

① 공문 발송   ② 업무 보고
③ 제안 제도   ④ 고충 처리
⑤ 피드백

20 직무수행의 효율성 증진을 위해 유능한 후계자를 양성하여 적재적소에 배치하고, 종업원의 근로의욕 쇄신을 위해 실행하는 유지적 기능은?

① 인력개발　② 인력계획
③ 인사고과　④ 인사이동
⑤ 임금관리

21 다음 중 승진에 해당하는 설명은?

① 책임이 줄어든다.
② 사기 증진을 결정하는 인자이다.
③ 인간관계 합리화의 목적이 있다.
④ 관리 범위가 좁아진다.
⑤ 수평적 이동이 대표적이다.

22 맥그리거의 XY이론 중 X이론에 대한 설명으로 옳은 것은?

① 조직의 목적 실현을 위해 욕구 통제가 이루어져야 한다.
② 고차원의 욕구에서 동기 부여가 이루어진다.
③ 일은 작업 조건만 맞으면 놀이처럼 자연스러운 것이다.
④ 동기부여가 된다면 업무에 능동적이 된다.
⑤ 사람은 일하기를 좋아한다.

23 인사고과에서의 중심화 경향 오류에 대한 설명으로 가장 적절한 것은?

① 업무 평가 점수가 실제 점수보다 높게 나타난다.
② 평가자 자신의 지각 수준을 기준으로 평가할 때 나타난다.
③ 명확한 평가 기준과 주관을 갖고 평가하지 못할 때 나타난다.
④ 평가자가 전반적인 인상이나 어느 특정 고과 요소가 다른 요소에 영향을 준다.
⑤ 고과 요소끼리 서로 논리적인 상관성이 있는 경우에 나타난다.

24 법정 복리후생으로만 묶인 것은?

① 의료보험, 연금보험, 산재보험, 고용보험
② 의료보험, 연금보험, 생활보조, 주택대여
③ 연금보험, 인센티브, 등록금 지원, 주거비 대출
④ 고용보험, 인센티브, 연금보험, 등록금 지원
⑤ 고용보험, 산재보험, 유급휴가, 급식비 지원

25 사내에서 영양사 면허를 소지한 사람 중 위생사를 채용하고자 할 때 이용되는 방법은?

① 교육기관 추천 의뢰
② 직무 순환
③ 헤드 헌터
④ 구직 광고
⑤ 퇴직자 재채용

26 다음 중 의사 결정이 가장 빠르게 진행될 수 있는 리더의 유형은?

① 민주형 리더
② 온정형 리더
③ 전제형 리더
④ 참여형 리더
⑤ 자유방임형 리더

27 관리자이론의 리더십 유형 중 관리자가 과업과 인간에 대해 모두 관심을 가지며, 구성원들은 상호신뢰적 관계에서 공통의 이해관계를 위해 조직의 목적을 달성해 나가는 유형은?

① 팀형   ② 친목형
③ 과업형   ④ 중도형
⑤ 무기력형

28 영양사가 조리사에게 금일 메뉴에 대한 작업을 지시할 때 전달 매체로 옳은 것은?

① 문서   ② 구두
③ 단체 메신저   ④ 이메일
⑤ 사내 게시판

29 조리, 배식 업무를 분기별로 교체해 동일 작업으로 인해 발생하는 불만을 감소시킬 수 있는 직무설계방법은?

① 재소환   ② 재고용
③ 직무순환   ④ 배치전환
⑤ 기능재고제도

30 관리자가 조직의 이곳저곳을 다니며 종업원들과 대화를 통하여 다양한 정보를 주고받는 의사소통의 방법은?

① 의견수렴   ② 배회관리
③ 성과 피드백   ④ 제안제도
⑤ 피드백

31 허즈버그의 요인 이론 중 동기요인에 해당하는 것은?

① 동료   ② 연봉
③ 승진   ④ 리더
⑤ 작업 조건

CHAPTER 09 | 마케팅 관리

01 <보기>의 마케팅 철학의 변천 과정 중 옳은 항목을 고르면?

> 보기
> ㄱ. 생산 지향적   ㄴ. 제품 지향적
> ㄷ. 고객 지향적   ㄹ. 마케팅 지향적
> ㅁ. 타겟 지양적   ㅂ. 사회 지양적

① ㄱ, ㄴ, ㄷ, ㄹ   ② ㄱ, ㄴ, ㄷ, ㅁ
③ ㄱ, ㄴ, ㄹ, ㅂ   ④ ㄴ, ㄷ, ㄹ, ㅁ
⑤ ㄴ, ㄷ, ㅁ, ㅂ

02 다음에 소개된 기업 마케팅과 관련된 항목을 고르면?

> 비닐 봉투 OUT! CU, 친환경 봉투 전면 도입
> 편의점 CU는 편의점업계 최초로 전국의 모든 점포에서 비닐봉지 사용을 중단하고 친환경 봉투로 전면 교체한다고 8일 밝혔다.
> ※ 출처 : https://www.sedaily.com/NewsVIew/1ZBLRBK49R

① 관계 마케팅   ② 사회적 마케팅
③ 연계 마케팅   ④ 그린 마케팅
⑤ 시스템 마케팅

03 다음 소개된 마케팅 방법과 관련된 항목을 고르면?

> 워커힐호텔은 2000년 초부터 각 지점에서 별도로 관리되는 고객정보를 통합하고, 이를 바탕으로 고객 세분화 작업을 해나가기 시작합니다. 성별/연령/직업/거주지 등으로 고객을 분류하여 각 분야별 고객들에게 맞춤형으로 각기 다른 프로모션을 제공하는 타겟마케팅을 진행하게 됩니다. 뿐만 아니라 기존 회원을 대상으로 생일을 맞이한 고객에게 특별한 혜택을 제공하는 이벤트를 매달 진행하면서 그 반응을 분석하기도 했는데요. 그 결과 이러한 이벤트가 고객들에게 우호적인 반응을 이끌어내고 있다는 사실을 깨닫게 됩니다.

① 고객 마케팅   ② 관계 마케팅
③ 연계 마케팅   ④ 이벤트 마케팅
⑤ 노이즈 마케팅

04 SNS 홍보와 같은 전략에 해당하는 마케팅 믹스는?

① 제품   ② 가격
③ 유통   ④ 촉진
⑤ 사람

05 마케팅 전략 중 구매 성향이 비슷한 소비자들을 그룹으로 나누는 과정은 무엇인가?

① 시장 세분화 ② 마케팅 믹스
③ 포지셔닝   ④ 차별적 마케팅
⑤ 소비자 모집

06 <보기> 중 마케팅 믹스 4P를 고르면?

> 보기
> ㄱ. 촉진(Promotion)
> ㄴ. 프로세스(Process)
> ㄷ. 제품(Product)
> ㄹ. 물리적 증거(Physical environment)
> ㅁ. 가격(Price)
> ㅂ. 유통(Place)
> ㅅ. 사람(People)

① ㄱ, ㄴ, ㄷ, ㄹ   ② ㄱ, ㄷ, ㄹ, ㅁ
③ ㄱ, ㄷ, ㅁ, ㅂ   ④ ㄱ, ㄹ, ㅁ, ㅂ
⑤ ㄱ, ㅁ, ㅂ, ㅅ

07 마케팅 관리 철학 중 고객의 욕구에 초점을 맞춘 것은?

① 생산 지향적 사고
② 제품 지향적 사고
③ 판매 지향적 사고
④ 사회 지향적 사고
⑤ 마케팅 지향적 사고

08 마케팅 전략 중 가장 많은 고객이 원한다고 판단되는 제품과 서비스를 개발하는 마케팅 전략은?

① 감성 마케팅   ② 관계 마케팅
③ 집중적 마케팅 ④ 차별적 마케팅
⑤ 비차별적 마케팅

09 시장 세분화에 의해 만들어진 세분 시장을 타켓으로 확실한 고객 정보와 자료를 얻을 수 있는 마케팅 전략은?

① 비차별적 마케팅 전략
② 차별적 마케팅 전략
③ 집중적 마케팅 전략
④ 포지셔닝 마케팅 전략
⑤ 품질 마케팅 전략

10 촉진(promotion)의 정의를 고려할 때 다음 중 마케팅의 촉진에 해당하는 것은?

① 온라인 판매
② PB 상품
③ 포장 리뉴얼
④ 1＋1 판매
⑤ 인플루언서 블로그

11 소비자가 구매 후 취하는 행동이 아닌 것은?

① 재구매
② 반품 및 환불
③ 컴플레인
④ 구매 정보 수집
⑤ AS

12 <보기> 중 서비스 품질 측정 도구를 고르면?

> 보기
> ㄱ. 대표성　　ㄴ. 확신성
> ㄷ. 무형성　　ㄹ. 공감성
> ㅁ. 신뢰성　　ㅂ. 이질성

① ㄱ, ㄴ, ㄷ　　② ㄱ, ㄷ, ㄹ
③ ㄴ, ㄹ, ㅁ　　④ ㄴ, ㄹ, ㅂ
⑤ ㄹ, ㅁ, ㅂ

13 다음의 서비스의 특성 사례에 해당하는 것은?

> 병원에 가서 진료를 받는 경우 고객은 직접 병원을 방문해서 의사가 제대로 진단하고 처방을 내릴 수 있도록 협조해야 한다.

① 비분리성　　② 무형성
③ 이질성　　　④ 소멸성
⑤ 공감성

14 다음 상황에서 나타나는 서비스 품질의 갭(gap)은?

> 급식만족도 조사 결과, 주메뉴 배식 시 배식을 받는 사람마다 양이 너무 다르다는 컴플레인이 많이 발생했다.

① 서비스 기대와 서비스 인지의 차이
② 서비스 전달과 외부 의사소통의 차이
③ 서비스 품질 표준과 서비스 전달 수준의 차이
④ 고객의 서비스 기대와 경영자 인식의 차이
⑤ 경영자 인식과 서비스 품질 표준의 차이

15 조직의 모든 영역에서 지속적인 개선을 추구하고자 고객중심, 공정개선, 전사적 참여의 원칙을 가지고 품질경영을 하는 방법은?

① 전략적 품질경영
② 기능적 품질경영
③ 기술적 품질경영
④ 종합적 품질경영
⑤ 고객만족경영

MEMO

CHAPTER 01 식품위생 관리
CHAPTER 02 세균성 식중독
CHAPTER 03 화학물질에 의한 식중독
CHAPTER 04 감염병, 위생 동물 및 기생충
CHAPTER 05 식품안전관리인증기준(HACCP)

ure
PART 07

식품위생

CHAPTER 01 | 식품위생 관리

01 식품위생의 목적으로 옳은 것을 모두 고른 것은?

> 가. 식품으로 인하여 생기는 위생상의 위해 방지
> 나. 식품영양의 질적 향상 도모
> 다. 식품 처리에 대한 정보 제공
> 라. 국민보건의 증진에 이바지함
> 마. 식품에 관한 올바른 정보 제공

① 가, 나, 다, 라
② 가, 다, 라, 마
③ 나, 다, 라, 마
④ 나, 다, 라, 마
⑤ 가, 나, 라, 마

02 다음 중 외인성 물질인 것은?

① 복어독
② 바퀴벌레
③ 아플라톡신
④ 버섯독
⑤ 아크릴아마이드

03 다음 중 가열살균법과 그 살균조건이 올바르게 연결된 것은?

① 저온살균법 : 50℃에서 30분간 열처리
② 건열멸균법 : 160℃에서 1시간 열처리
③ 고압증기멸균법 : 110℃에서 15분간 열처리
④ 고온단시간살균법 : 65℃에서 30초간 열처리
⑤ 초고온순간살균법 : 160℃에서 1초간 열처리

04 독성시험방법 중 최소 2종류의 동물로 최대무작용량을 구하고, 개나 원숭이는 1년 이상 사육·관찰해야 하는 시험법은?

① 급성독성시험
② 만성독성시험
③ 아급성독성시험
④ 경구만성독성시험
⑤ 경구아만성독성시험

05 식품첨가물의 안전성을 평가를 위해 사람의 1일 섭취 허용량(ADI)을 구하는 방법은?

① 사람의 최대무작용량에 안전계수 1/10을 곱하여 구한다.
② 동물의 최대무작용량에 안전계수 1/10을 곱하여 구한다.
③ 동물의 최대무작용량에 안전계수 1/100을 곱하여 구한다.
④ 동물의 최대무작용량에 안전계수 1/100을 곱하고 여기에 평균 체중(kg)을 곱한다.
⑤ 사람의 최대무작용량에 안전계수 1/100을 곱하고 여기에 평균 체중(kg)을 곱한다.

06 다음 중 소독제와 그 살균 효과의 관계가 옳은 것은?

① 승홍 : 산화 작용
② 알코올 : 세포벽 파괴
③ 역성 비누 : DNA 파괴
④ 페놀크레졸 : 세포막 손상
⑤ 과산화수소 : 단백질 응고

07 자외선 살균법에 대한 설명으로 옳지 않은 것을 모두 고르면?

> 가. 살균력이 가장 강한 파장은 260nm 부근이다.
> 나. 조사 후 품질에 영향을 미친다.
> 다. 투과력이 약하기 때문에 식품의 살균에는 이용하지 않는다.
> 라. 처리 후 잔류효과가 크다.

① 가, 나   ② 가, 다
③ 가, 라   ④ 나, 다
⑤ 나, 라

08 대장균군 정성시험의 3단계를 순서대로 나열한 것은?

① 추정시험 – 확정시험 – 완전시험
② 추정시험 – 완전시험 – 확정시험
③ 완전시험 – 추정시험 – 확정시험
④ 확정시험 – 완전시험 – 추정시험
⑤ 확정시험 – 추정시험 – 완전시험

09 다음 중 냉동식품의 분변오염지표균은?

① 대장균
② 살모넬라
③ 이질균
④ 장구균
⑤ 장티푸스균

10 식품제조업체의 배관 및 제조 시설을 살균·소독하는 데 적합한 방법은?

① 증기소독법
② 건열살균법
③ 열탕소독법
④ 방사선살균법
⑤ 알코올소독법

11 다음 중 소독제의 살균력을 평가하는 기준이 되는 물질은?

① 대장균
② 석탄산
③ 크레졸
④ 알코올
⑤ 살모넬라균

12 다음 중 우유의 저온살균이 잘 되었는지를 판단하는 방법은?

① fructose test
② casein test
③ flavor test
④ proteinase test
⑤ phosphatase test

13 에틸알코올의 살균력에 대한 설명으로 옳은 것은?

① 단백질 공존 시 살균력이 높아진다.
② DNA에 손상을 주어 살균력이 나타난다.
③ 포자와 사상균에 대해서는 살균력이 적다.
④ 100% 에틸알코올은 손소독제로 이용 가능하다.
⑤ 30% 이하의 농도에서 높은 살균력을 나타낸다.

14 조리를 시작할 때 손 소독에 적합한 살균제와 조리 과정 중 채소·과일 소독 및 조리도구(도마) 표백, 탈취에 적합한 살균제를 각각 고른 것은?

① 역성 비누, 크레졸
② 크레졸, 알코올
③ 치아염소산나트륨, 석탄산
④ 포르말린, 승홍
⑤ 역성 비누, 차아염소산나트륨

15 가열 조리시간을 정확히 지킨 식품에서 대장균군이 다량 검출되었을 경우 어떤 문제가 있었을 것으로 판단할 수 있는가?

① 식재료의 유통기한을 확인하지 않았다.
② 식재료의 보관 방법을 정확히 지키지 않았다.
③ 가열 조리 후 보관 온도를 지키지 않았다.
④ 식재료를 비위생적으로 운반하였다.
⑤ 식재료가 오염되었을 것이다.

16 부패육에 형성되는 물질과 그 측정법으로 옳은 것은?

① 아민 : 휘발성 염기질소 측정법
② 아민 : 과산화물가 측정법
③ 암모니아 : 휘발성 염기질소 측정법
④ 암모니아 : 산가측정법
⑤ 알코올 : 과산화물가 측정법

17 다음 중 저온 보관 중인 육류의 부패에 관여하는 미생물은?

① *Streptococcus*
② *Pseudomonas*
③ *Leuconostoc*
④ *E. coli*
⑤ *Bacillus*

18 다음 중 초기 부패 어육의 트리메틸아민 함량 기준은?

① 1mg% 이하
② 3~4mg%
③ 6~8mg%
④ 10~20mg%
⑤ 30~40mg%

19 식품의 신선도 및 부패의 화학적 판정에 있어 이화학검사 지표에 해당하지 않는 것은?

① 트리메틸아민(Trimethylamine)
② 휘발성 염기질소(Volatile Basic Nitrogen)
③ 관능검사 – 향미(flavor)
④ 히스타민
⑤ 일반세균수

20 식품의 CA 저장에 대한 설명으로 옳지 않은 것은?

① 산소의 영향을 배제하기 위하여 포장용기 내 공기를 불활성 가스로 치환하는 방법이다.
② 포장 기체로 질소, 이산화탄소 등이 있으며 단일 기체를 이용하는 것이 효과적이다.
③ 수확 후의 채소나 과일 저장 시 이용한다.
④ 저장환경에서 산소를 줄이고 이산화탄소의 농도를 높인다.
⑤ 과채류의 호흡작용을 억제시켜 저장성을 높이는 방법이다.

21 다음 괄호에 들어갈 성분으로 적절한 것은?

어류의 부패 판정 시 (　　)의 함량 기준이 3~4mg%인 경우 초기 부패로 판정한다.

① 아르기닌
② 히스티딘
③ 트리메틸아민
④ 암모니아
⑤ 염기질소

22 식품의 초기 부패 판정을 위한 검사 시 pH와 휘발성 염기질소의 수치로 옳은 것을 고르면?

① pH 7, 5~10mg%
② pH 7, 20~30mg%
③ pH 6.5, 20~30mg%
④ pH 6.5, 30~40mg%
⑤ pH 5.5, 30~40mg%

CHAPTER 02 | 세균성 식중독

01 식중독 발생 시 역학조사 순서로 옳은 것은?

① 환자 정보 조사 – 원인균, 원인 물질 검출 – 원인 식품 추구
② 환자 정보 조사 – 원인 식품 추구 – 원인균, 원인 물질 검출
③ 원인 식품 추구 – 원인균, 원인 물질 검출 – 환자 정보 조사
④ 원인균, 원인 물질 검출 – 환자 정보 조사 – 원인 식품 추구
⑤ 원인균, 원인 물질 검출 – 원인 식품 추구 – 환자 정보 조사

02 세균성 식중독 중 감염형에 속하는 것을 모두 고르면?

> 가. 살모넬라
> 나. 황색포도상구균
> 다. 장염비브리오
> 라. 콜레라
> 마. 클로스트리디움
> 바. 퍼프린젠스

① 가, 나, 다 ② 가, 나, 마
③ 가, 다, 라 ④ 나, 라, 바
⑤ 나, 다, 바

03 식중독 발생 가능성이 매우 높아 식중독 예방에 각별한 경계가 요망되는 단계와 지수 범위를 적절하게 연결한 것은?

① 관심 : 55 미만
② 주의 : 55 이상 65 미만
③ 주의 : 55 이상 71 미만
④ 경고 : 71 이상 86 미만
⑤ 위험 : 86 이상

04 다음 중 *Escherichia coli O157:H7*은 어디에 속하는가?

① 장관세균성대장균
② 장관침투성대장균
③ 장관독소성대장균
④ 장관부착성대장균
⑤ 장관출혈성대장균

05 병원성 대장균 예방법으로 옳은 것을 모두 고른 것은?

> 가. 채소류 세척 시 깨끗한 물에 잘 씻기
> 나. 환자, 보균 동물에 의한 직·간접 오염 방지
> 다. 육류 보관, 칼, 도마 등 조리도구 사용 시 교차오염 방지
> 라. 조리과정에서 85℃, 1분 이상 가열(중심온도 확인)
> 마. 보관식품 섭취 전 충분한 가열

① 가, 나, 다
② 가, 나, 다, 라
③ 가, 나, 다, 마
④ 나, 다, 라, 마
⑤ 가, 나, 다, 라, 마

06 진공포장에서 증식할 수 있고 저온발육하는 특성으로 인하여 가을과 초겨울에 발생 가능한 식중독의 원인균으로 옳은 것은?

① 황색포도상구균 ② 캠필로박터
③ 여시니아 ④ 보툴리누스
⑤ 리스테리아

07 인수공통 병원균으로 냉장온도에서도 생존하여 증식할 수 있으나 일반적 냉동온도인 −18℃에서는 증식하지 못하며 원유, 비살균우유 및 식육제품, 비가공훈연생선 등에서 발생할 수 있는 식중독의 원인균으로 옳은 것은?

① 비브리오
② 바실러스 세레우스
③ 여시니아
④ 보툴리누스
⑤ 리스테리아

08 캠필로박터 제주니(Campylobacter jejuni)에 대한 특징으로 옳은 것은?

① 그람음성의 단간균으로 운동성이 있다.
② 잠복기가 매우 짧다.
③ 오염된 식수, 우유, 닭고기 등이 원인식품이다.
④ 돈육 취급에 특히 유의해야 한다.
⑤ 열이나 건조에 강하므로 음식물은 반드시 냉장고에 보관하여야 한다.

09 식중독의 원인 식품은 돈육으로 진공포장으로도 증식 가능하며 설사, 구토 및 심한 복통의 증상이 나타나는 식중독은?

① 세균성 이질
② 여시니아 식중독
③ 살모넬라 식중독
④ 캠필로박터 식중독
⑤ 바실러스 셀레우스 식중독

10 겨울철 생굴과 그 밖의 비가열식품이 원인이 되며 사람의 분변이 오염원이 되는 식중독은?

① 노로바이러스 식중독
② 아스트로바이러스 식중독
③ 로타바이러스 식중독
④ 폴리오바이러스 식중독
⑤ 스타필로코코스 식중독

11 사카자키균에 대한 식중독의 설명으로 옳은 것은?

① 알레르기성 식중독을 일으킨다.
② 조제분유 등 영유아 식품에 존재하여 신생아에게 감염될 가능성이 있다.
③ 유아에 가벼운 구토, 설사 등의 증상을 일으킨다.
④ 감염을 예방하기 위해서는 50℃ 이상의 물로 분유를 조제해야 한다.
⑤ 세균의 속명은 *Bacillus sakazakii*이다.

12 세균성 식중독을 예방하는 방법으로 옳은 것은?

① 가열 조리하면 예방이 가능하다.
② 식품을 해동할 때는 따뜻한 물에 재빨리 해동한다.
③ 음식을 배식하는 사람은 건강검진을 받지 않아도 된다.
④ 섭취하기 전에 끓이면 모든 미생물과 독소가 파괴된다.
⑤ 칼, 도마는 용도에 따라 구분하여 사용해야 교차오염을 방지할 수 있다.

13 다음 중 교차오염에 의한 식중독을 예방하기 위한 방법으로 옳은 것은?

① 도마는 농산물, 수산물, 축산물로 구분하여 사용한다.
② 식품을 냉장 저장한다.
③ 식품을 조리한 후 신속히 섭취한다.
④ 조리 시 중심온도를 확인한다.
⑤ 화농성 질환자의 조리업무를 금지한다.

14 다음 중 노로바이러스 식중독의 주요 증상은?

① 몸살
② 설사
③ 미열
④ 미각·후각 상실
⑤ 피부 질환

15 리스테리아 식중독에 대한 설명으로 옳은 것은?

① 원인균은 *Listeria monocytogenes*이며 청소년들에게 많이 발생한다.
② 증상은 경미하고 치사율은 낮다.
③ 노약자나 임산부, 면역력이 약한 사람에게 많이 발생한다.
④ 식중독이 발병하기 위해 필요로 하는 균의 수가 많은 식중독 중의 하나이다.
⑤ 원인 식품으로 생선회나 생선 초밥이 있다.

16 세균성 식중독의 잠복기가 평균 3시간 정도로 매우 짧은 것은?

① 바실러스세레우스
② 황색포도상구균
③ 캠필로박터균
④ 리스테리아균
⑤ 살모넬라균

17 화농성 염증을 지닌 조리사가 만든 음식물을 먹고 식중독을 일으켰다면 어느 독소에 의한 것인가?

① 삭시톡신(saxitoxin)
② 시큐톡신(cicutoxin)
③ 아플라톡신(aflatoxin)
④ 엔테로톡신(enterotoxin)
⑤ 테트로도톡신(tetrodotoxin)

18 다음 중 식품에서 독소를 생성하여 식중독을 일으키는 균은?

① 콜레라
② 살모넬라
③ 리스테리아 모노사이토제네스
④ 황색포도상구균
⑤ 병원성 대장균

19 음식물을 가열한 직후 섭취한 경우에도 발생 가능한 식중독은?

① 콜레라 식중독
② 포도상구균 식중독
③ 쉬겔라 식중독
④ 리스테리아균 식중독
⑤ 클로스트리움 보투리눔 식중독

20 살균이 불충분한 통조림을 먹고 식중독이 발생한 경우 원인균은?

① *Vibrio parahaemolyticus*
② *Pathogenic E. coli*
③ *Staphylococcus aureus*
④ *Clostridium botulinum*
⑤ *Campylobacter jejuni*

21 클로스트리디움 보툴리늄균 식중독에 관한 사항으로 옳은 것은?

① 장독소(enterotoxin)를 함유한 식품을 섭취할 때 일어나는 독소형 식중독균이다.
② 인수공통 병원균으로 냉장 온도에서도 생존하여 증식 가능하다.
③ 진공포장에서도 증식할 수 있는 특성과 저온발육 특성을 가지고 있다.
④ 현기증, 두통, 시력 장애, 연하 곤란, 호흡 곤란을 일으킨다.
⑤ 가을과 초겨울철 식중독 발생의 원인이다.

22 다음 중 발열이 거의 없는 식중독균은?

① *Vibrio parahaemolyticus*
② *Clostridium botulinum*
③ *Staphylococcus aureus*
④ *Salmonella enteritidis*
⑤ *Morganella morganii*

23 다음 중 내열성이 강한 포자를 생산하는 식중독균은?

① *Vibrio parahaemolyticus*
② *Clostridium botulinum*
③ *Staphylococcus aureus*
④ *Salmonella enteritidis*
⑤ *Bacillus cereus*

24 편성혐기성균으로 치사율이 높은 독소를 생산하는 식중독균은?

① *Campylobacter jejuni*
② *Clostridium botulinum*
③ *Vibrio vulnificus*
④ *Enterobacter sakazakii*
⑤ *Morganella morganii*

25 여름철에 근해산 어패류를 생식하고 피부에 발열, 발적 증세와 함께 패혈증 증상이 일어났다면 원인균으로 추측 가능한 식중독균은?

① *Morganella morganii*
② *Bacillus cereus*
③ *Claviceps purpurea*
④ *Enterobacter sakazakii*
⑤ *Vibrio vulnificus*

CHAPTER 03 화학물질에 의한 식중독

01 항생물질 및 합성항균제의 문제점 중 가장 심각한 문제로 여겨지는 것은?

① 급성 독성
② 알레르기 발현
③ 만성 독성
④ 내성균의 출현
⑤ 균 교대증

02 유기인제보다 독성은 약하지만 잔류기간이 길고 만성중독을 일으켜 1970년대 생산이 중지된 농약은?

① DDT
② DDI
③ DTD
④ BHC
⑤ PCP

03 다음 중 신경조직의 콜린에스테라아제(cholinesteras) 작용을 억제시켜 마비를 일으키는 농약은?

① DDT
② BHC
③ PCP
④ fratol
⑤ parathion

04 다음 중 미나마타병을 유발하는 유해물질은?

① 비소
② 납
③ 구리
④ 수은
⑤ 카드뮴

05 테플론(teflon)을 300℃ 이상으로 고온 가열할 때 분해되어 생성될 수 있는 유해물질은?

① 페놀
② 다이옥신
③ 포르말린
④ 스티렌 단량체
⑤ 헥사플루오로에탄

06 합성수지 용기로 포장하였을 때 식품위생에 가장 문제가 되는 것은?

① 헥사플루오로에탄
② 아황산펄프
③ 포르말린
④ 프탈산에스테르
⑤ N-니트로소 화합물

07 다음 중 통조림과 도자기 등에서 용출될 수 있는 중금속은?

① 납
② 비소
③ 수은
④ 구리
⑤ 아연

08 과일 통조림으로부터 용출되어 다량 섭취 시 구토, 설사, 복통 등을 유발할 가능성이 있는 중금속은?

① 아연
② 카드뮴
③ 주석
④ 비소
⑤ 크롬

09 열가소성 수지인 PVC(PolyVinyl Chloride) 필름 포장 재료에서 검출되는 발암물질로 옳은 것은?

① 비소
② 포르말린
③ 에틸카바메이트
④ 프탈틴옥살산
⑤ 염화비닐 단량체

10 플라스틱에 유연성을 부여하기 위한 물질로 조리 용기 등 다양한 플라스틱 생활용품에 사용되고 있으며 내분비계 장애를 일으키는 물질로 알려진 것은?

① 프탈레이트
② 벤조피렌
③ 비스페놀 A
④ 에틸카바메이트
⑤ 다이옥신

11 육류를 직접 가열할 경우 생성되는 유해물질은?

① 히스타민(histamine)
② 벤조피렌(benzopyrene)
③ 아크릴아마이드(acrylamide)
④ 트리할로메탄(trihalomethane)
⑤ N-니트로스아민(N-nitrosamine)

12 포도당과 아스파라긴을 높은 온도에서 가열하면 생성되는 신경독으로, 생식기능을 저하시키며 최근 감자튀김 등에서 발견되고 있는 물질은?

① 다이옥신(dioxin)
② 비스페놀 A(bisphenol A)
③ 아크릴아마이드(acrylamide)
④ 트리할로메탄(trihalomethane)
⑤ 벤조피렌(benzopyrene)

13 지질 산화 생성물로 발암물질이며 장시간 지나치게 가열된 유지에서 다량으로 검출되는 유해물질은?

① 트리클로로에틸렌(trichloroethylene)
② 벤조피렌(1,2-benzopyrene)
③ 디메틸니트로스아민(dimethylnitrosamine)
④ 개미산(formic acid)
⑤ 말론알데하이드(malonaldehyde)

14 식품 제조·조리 및 물의 소독 과정에서 생성되는 유해물질에 대한 설명으로 틀린 것은?

① 메탄올은 과실주의 알코올 발효 시 펙틴으로부터 생성된다.
② 페오포바이드는 수돗물의 염소소독 과정 중에 생성되는 발암성 물질이다.
③ 아크릴아마이드 생성량을 줄이기 위해서는 120℃ 이하에서 조리하여야 한다.
④ 다환방향족탄화수소류는 육류 등의 단백질 식품을 300℃ 이상의 고온에서 가열할 때 생성되는 불완전연소물질이다.
⑤ 말론알데히드는 주로 지질의 산화 생성물이며 장시간 가열 시 다량 검출된다.

15 다음 중 마비 증상을 일으키는 자연독 식중독의 식품과 원인 물질이 올바르게 연결된 것은?

① 조개 : 삭시톡신(saxitoxin)
② 조개 : 테트라민(tetramine)
③ 버섯 : 테트로도톡신(tetrodotoxin)
④ 버섯 : 시큐톡신(cicutoxin)
⑤ 복어 : 시큐톡신(cicutoxin)

16 다음 중 섭조개, 홍합, 대합 등의 마비성 독성분은?

① 삭시톡신(saxitoxin)
② 무스카린(muscarine)
③ 베네루핀(venerupin)
④ 에르고톡신(ergotoxin)
⑤ 테트로도톡신(tetrodotoxin)

17 중독성 조개류의 일반적 성질로 옳은 것은?

① 원인 독성 물질은 조개의 체내에서 형성된다.
② 조개의 서식지와 독성분의 축적은 관계가 없다.
③ 조개의 독성 물질은 조리 시 열에 의해 파괴된다.
④ 중독성 물질은 중장선이나 흡·배수공에 축적된다.
⑤ 유독 조개류는 외관이나 맛, 냄새로 구별이 가능하다.

18 시구아테라(ciguatera) 중독의 원인 물질로 옳은 것은?

① 베네루핀(venerupin)
② 테트로도톡신(tetrodotoxin)
③ 테트라민(tetramine)
④ 시구아톡신(ciguatoxin)
⑤ 삭시톡신(saxitoxin)

19 곰팡이독(mycotoxin) 중에서 간장독을 일으키는 독소로 옳은 것은?

① 파툴린(patulin)
② 소랄렌(psoralen)
③ 시트리닌(citrinin)
④ 제랄레논(zearalenone)
⑤ 아플라톡신(aflatoxin)

20 곰팡이독 중독증(mycotoxicosis)의 특징으로 옳은 것은?

① 일종의 감염형이다.
② 치료에 항생물질이 효과가 있다.
③ 사람에서 사람으로 이행되지 않는다.
④ 단백질이 풍부한 축산물을 원인 식품으로 하는 경우가 많다.
⑤ 수용성 화합물이 많으므로 급성 중독을 일으키는 경우가 많다.

21 재래식 메주 된장, 간장 등에서 문제가 될 수 있는 독성분은?

① 아플라톡신(aflatoxin)
② 아미그달린(amygdalin)
③ 에르고톡신(ergotoxin)
④ 테트로도톡신(tetrodotoxin)
⑤ 트리코데르민(trichodermin)

22 아플라톡신에 대한 설명으로 옳은 것은?

① 270~280℃ 이상 가열하지 않으면 파괴되지 않는다.
② 상대습도 50% 이하에서 잘 생산된다.
③ 기질 수분 16% 이상에서 생성이 어렵다.
④ 단백질이 풍부한 식품에서 주로 발생한다.
⑤ 아플라톡신 중 G1은 독성이 가장 강한 발암물질이다.

23 저장 중인 쌀에 번식하여 황변미독을 생산하는 곰팡이는?

① *Pen. rubrum, Pen. citrinum*
② *Pen. citrinum, Pen. citreoviride*
③ *Pen. rubrum, Pen. citreoviride*
④ *Pen. patulum, Pen. expansum*
⑤ *Pen. patulum, Pen. islandicum*

24 호밀, 귀리, 보리 등에 서식하는 곰팡이가 생성하는 맥각독은?

① 제랄레논(zearalenone)
② 아플라톡신(aflatoxin)
③ 에르고톡신(ergotoxin)
④ 오크라톡신(ochratoxin)
⑤ 트리코테신(trichothecene)

25 폴리염화비페닐(PCB)의 특징으로 옳은 것은?

① 급성 중독 시 호흡 장애를 일으킨다.
② 지용성 물질로 인체 내 지방 조직에 축적된다.
③ 불안정한 물질로 쉽게 분해된다.
④ 캔 음료의 내부 코팅제로 사용된다.
⑤ 식품 제조 시 첨가물로 이용된다.

26 일본에서 미강유 탈취 공정 중 열매체로 사용하던 물질이 열 교환 파이프 구멍을 통해 미강유에 혼입되어 문제가 된 환경호르몬은?

① 다이옥신(dioxin)
② 프탈레이트(phthalates)
③ 비스페놀 A(bisphenol A)
④ 염화비닐 단량체(vinyl chloride monomer)
⑤ 폴리클로로비페닐(PCB ; PolyChloro Biphenyl)

27 일회용 컵라면 및 도시락 등에 고온의 물을 부어 사용하면 용출될 수 있는 환경호르몬은?

① 스티렌(styrene)
② 프탈레이트(phthalates)
③ 비스페놀 A(bisphenol A)
④ 폴리카보네이트(polycarbonate)
⑤ 폴리클로로비페닐(PolyChloro Biphenyl ; PCB)

28 뼈에 축적이 되어 골수암, 조혈기능장애를 일으키는 방사선은?

① ^{131}I ② ^{137}Cs
③ ^{90}Sr ④ ^{60}Co
⑤ ^{65}Zn

29 화학적 합성품을 식품첨가물로 지정할 때의 심사는 매우 엄격하다. 다음 중 어느 항목에 가장 중점을 두고 있는가?

① 인체에 대한 안전성을 검토하는 것
② 식품첨가물의 각 기준을 정하는 것
③ 식품첨가물로서의 효과를 확인하는 것
④ 식품첨가물의 생산경쟁을 억제하는 것
⑤ 식품의 특성에 미치는 영향을 검토하는 것

30 식품첨가물공전에 수록되어 있는 것 중 사용기준이 정해진 것이 있는 이유는?

① 식품에 대한 보존 효과가 우수하기 때문
② 경제적으로 싸고 식품 제조상 이점이 있기 때문
③ 안정성이 크므로 안심하고 사용할 수 있기 때문
④ 식품첨가물의 종류가 많고 효력이 우수하기 때문
⑤ 생리작용 등으로 보아 사용되는 식품의 종류와 양을 한정하기 위함

31 다음 중 가짜 고춧가루 제조에 자주 쓰였던 색소는?

① 수단(sudan)
② 아우라민(auramine)
③ 로다민 B(rhodamine B)
④ 메틸 바이올렛(methyl violet)
⑤ 인디고 카르민(indigo carmine)

32 체내에서 발암물질로 분해되어 사용이 금지된 유해감미료는?

① 둘신(dulcin)
② 사카린(saccharin)
③ 페릴라틴(perillartine)
④ 시클라메이트(cyclamate)
⑤ 에틸렌글리콜(ethylene glycol)

33 다음 중 유해성 감미 물질이면서 감미도가 가장 강한 것은?

① 둘신(dulcin)
② 사카린(saccharin)
③ 아스파탐(aspartame)
④ 페릴라틴(perillartine)
⑤ 글리시리진(glycyrrhizin)

34 표백은 잘 되지만 폼알데하이드가 식품 중에 유리되어 신장을 자극하는 유해 표백료는?

① 페릴라틴(perillartine)
② 롱갈리트(rongalite)
③ 나프톨(3-naphthol)
④ 로다민 B(rhodamin B)
⑤ 실크 스칼렛(siik scalet)

35 적색의 염기성 타르색소로 주로 토마토케첩, 어육제품 등에 사용되었으며, 전신 착색, 색소뇨 등의 특이 증상을 동반한 화학성 식중독을 일으킨 색소는?

① amaranth
② rhodamine B
③ erythrosine
④ 3-naphthol
⑤ malachite green

CHAPTER 04 감염병, 위생 동물 및 기생충

01 경구감염병의 설명으로 가장 옳은 것은?

① 감염원은 식품이다.
② 감염균량이 많아야 한다.
③ 대량 증식균의 독소를 섭취했을 때 발생한다.
④ 2차 감염 가능성이 있다.
⑤ 잠복기가 짧다.

02 동물에게는 감염성 유산을 일으키고 사람에게는 열병을 일으키는 인축공통감염병은?

① Q열　　　② 결핵
③ 파상열　　④ 야토병
⑤ 광우병

03 제1급 법정 감염병이 아닌 것은?

① 에볼라바이러스　② MERS
③ 야토병　　　　　④ SARS
⑤ 장티푸스

04 인공능동면역에 해당하는 것은?

① 질병이 걸린 후 형성된 면역
② 예방접종을 통하여 형성된 면역
③ 항체주사를 통하여 획득한 면역
④ 태반을 통해 모체로부터 획득한 면역
⑤ 초유를 통해 모체로부터 획득한 면역

05 경구감염병이 식품으로 이환될 경우 발생하는 주요 특징으로 옳은 것은?

① 성별과 연령에 따른 유행의 차이가 나지 않는다.
② 환자의 발생 빈도는 계절에 따라 크게 좌우되지 않는다.
③ 식품의 기호성이나 유행성에 따라 발생에 영향을 준다.
④ 집단 감염이 적고 유행이 잘 되지 않는다.
⑤ 감염병의 발생의 지역, 환경 차이는 보이지 않는다.

06 세균성 이질에 대한 설명으로 옳은 것은?

① 백신으로 예방 가능하다.
② 미열이 있으며 혈변 가능성이 있다.
③ 이질균은 대변으로 배출되며 실온에서도 증식이 매우 빠르다.
④ 4세 이하의 유아나 60세 이상 연령층에서 발병률이 높게 나타난다.
⑤ 다량의 균에 의해 감염되며, 감염력이 비교적 낮아 손 세척으로 예방할 수 있다.

07 분변을 통한 바이러스에 의해 감염되며, 어린이 환자가 많고 심할 경우 소아마비 증상을 일으키는 감염병은?

① 이질　　② 콜레라
③ 일본뇌염　④ 폴리오
⑤ 로타바이러스

08 다음 감염병 중 식재료나 식수에 의해 전파되는 전염병은?

① 홍역　　　② 결핵
③ 장티푸스　④ 렙토스피라증
⑤ 쯔쯔가무시증

09 목장 체험으로 우유 짜기를 한 후 직접 짠 우유를 맛보는 체험을 하게 되었다. 이때 주의해야 하는 것은?

① 세균성 이질　② 돈단독
③ 성홍열　　　④ 야토병
⑤ 결핵

10 탄저균에 대한 설명으로 틀린 것은?

① 사람에게 2차 감염이 가능하다.
② 이환 동물의 폐사 시 땅에 묻는다.
③ 탄저균은 호기성 간균이다.
④ 포자를 함유한 먼지 흡입 시 감염된다.
⑤ 가축에 예방접종을 한다.

11 우리나라에서 가장 많이 발견되는 종으로 집바퀴 중 몸길이가 가장 작은 것은?

① 미국바퀴　② 한국바퀴
③ 중국바퀴　④ 독일바퀴
⑤ 검둥이 바퀴

12 다음 중 쥐에 의해서 전파되는 전염병만으로 묶인 것은?

① 페스트, 장티푸스
② 열창, 두창
③ 쯔쯔가무시증, A형 간염
④ 살모넬라, SARS
⑤ 서교증, 전염성 설사증

13 고양이가 종말숙주이며 발열, 발진, 근육통이 생기고 폐렴이나 뇌염 증상을 초래하여 임신 초기 유산 위험의 원인이 되는 기생충은?

① 광절열두조충
② 톡소플라스마
③ 선모충
④ 동양모양선충
⑤ 유극악구충

14 선모충(Trichinella spiralis)의 감염 예방법으로 최적인 것은?

① 패류 생식 금지
② 가재 생식 금지
③ 쇠고기 생식 금지
④ 다슬기 생식 금지
⑤ 돼지고기 생식 금지

15 다음 중 폐흡충의 중간숙주에 해당하는 것은?

① 다슬기, 붕어 ② 다슬기, 가재
③ 가재, 연어 ④ 우렁이, 연어
⑤ 물벼룩, 붕어

16 담수어류를 생식하거나 덜 조리하여 요코가와흡충을 섭취하였을 경우 인간에게 발생하는 기생충으로 옳은 것은?

① 폐흡충 ② 장흡충
③ 아니사키스 ④ 유극악구충
⑤ 광절열두조충

17 크릴새우가 제1중간숙주이고 고등어, 조기 등이 제2중간숙주이며, 사람은 종말숙주가 아니므로 제2중간숙주가 되어 기생하다가 조직 중에서 죽는 기생충은?

① 폐흡충 ② 유극악구충
③ 요코가와흡충 ④ 긴촌충
⑤ 아니사키스

18 다음 중 초등학생에게 많이 나타나는 기생충은?

① 회충 ② 편충
③ 요충 ④ 선모충
⑤ 간디스토마

19 콜레라에 대한 설명으로 옳지 않은 것은?

① 콜레라 독소에 의해 심한 설사, 체온 저하 등의 전신 증상을 보이는 급성감염병이다.
② 원인균은 비브리오 콜레라(Vibrio cholerae)이며 통성 혐기성이다.
③ 저항력이 강하고 고온 가열 조리를 해도 사멸되기 어렵다.
④ 초여름에 시작하여 7~9월에 걸쳐 많이 발생한다.
⑤ 잠복기는 보통 1~3일이다.

20 식품과 기생충의 연관 관계로 적절하지 않은 것은?

① 연어, 농어 : 장흡충
② 민물가재 : 페디스토마
③ 돼지고기 : 선모충
④ 붕어 : 간디스토마
⑤ 채소 : 구충

CHAPTER 05 식품안전관리인증기준(HACCP)

01 HACCP의 7원칙으로 옳은 것은?

① HACCP팀 구성
② 위해 요소 분석
③ 공정 흐름도 작성
④ 용도 확인
⑤ 제품 및 제품의 유통방법 기술

02 HACCP 7원칙 중 리콜과 관련이 깊은 단계는?

① 위해 요소 분석
② 시정 조치 설정
③ 검증 절차 설정
④ 기록 유지 및 문서화
⑤ 모니터링 시스템의 설정

03 HACCP 적용 업체에서 특별히 규정된 것을 제외한 모든 기록의 최소 보관 기간은?

① 3개월   ② 6개월
③ 1년   ④ 2년
⑤ 3년

04 HACCP을 시행하는 목적으로 옳은 것은?

① 식품의 영양 보충
② 식품으로 인한 질병 치료
③ 식품에 대한 위해성 경고
④ 식품으로 인한 위해 방지
⑤ 식품의 건강성 확보와 사후 관리

05 HACCP 관리의 준비 단계가 아닌 것은?

① 제품의 용도 확인
② 공정흐름도 현장 확인
③ HACCP 팀 구성
④ 제품 설명서 작성
⑤ 문서화 방법 설정

MEMO

CHAPTER 01　식품위생법
CHAPTER 02　학교급식법
CHAPTER 03　기타 관계법규

PART 08

식품위생법규

CHAPTER 01 | 식품위생법

01 식품위생법의 목적으로 옳은 것은?
① 식품의 위생사고 방지, 감염병의 발생과 유행 방지
② 감염병의 발생과 유행 방지, 먹는물에 대한 위생관리
③ 식품영양의 질적 향상 도모, 먹는물에 대한 위생관리
④ 감염병의 발생과 유행 방지, 식품영양의 질적 향상 도모
⑤ 식품으로 인한 위생상의 위해 방지, 식품영양의 질적 향상 도모

02 우리나라 식품위생법에 규정된 내용은?
① 건강기능식품의 정의
② 식품안전관리인증기준 대상 식품
③ 국민영양조사
④ 학교급식의 위생·안전관리기준
⑤ 고열량·저영양 식품의 영양성분 기준

03 다음 중 식품위생법상 '식품첨가물'에 해당하는 것은?
① 식품에 주된 사용을 목적으로 만들어진 물질
② 식품의 착색을 위해 사용되는 물질
③ 식품의 신체 건강기능 증진을 목적으로 식품에 사용되는 물질
④ 인체구조 및 기능에 대하여 기능성에 유용한 효과를 나타내는 성분 물질
⑤ 기구·용기·포장의 살균·소독 시 이용되는 물질

04 식품위생법상 '영업'에 해당하는 것은?
① 양식 전복 채취
② 유정란 생산
③ 복숭아 수확
④ 사과잼 제조
⑤ 영업장 살균·소독

05 식품위생법 정의에 의한 '식품위생'의 대상은?
① 식품포장, 물수건
② 식품포장, 식품조리기구
③ 식품첨가물, 물수건
④ 식품첨가물, 조리원
⑤ 식품조리기구, 조리원

06 식품위생법에서 정의하는 '기구'로 옳은 것은?

① 호미
② 소분용 주걱
③ 탈곡기
④ 일회용 포장 용기
⑤ 스테인레스병

07 식품위생법에서 '집단급식소에서의 식단'은 급식계획서로 작성해야 하는데, 이때 고려해야 하는 사항으로 옳은 것은?

① 음식명, 식재료, 조리시설
② 식재료, 조리방법, 조리시설
③ 음식명, 식재료, 조리 인력
④ 식재료, 영양성분, 예산
⑤ 영양성분, 조리 인력, 예산

08 식품위생법상 판매를 하거나 판매할 목적으로 진열할 수 있는 식품으로 옳은 것은?

① 설익은 식재료로서 인체의 건강을 해칠 우려가 있는 것
② 영업자가 아닌 자가 제조한 것
③ GMO 안전성 검사에서 적합 판정을 받은 것
④ 병원미생물에 오염되어 있는 것
⑤ 수입 신고 없이 수입한 것

09 식품위생법에서 판매가 허용되는 식품은?

① 표시기준에 맞지 않게 표시한 식품
② 영업자가 아닌 자가 제조한 식품
③ 규격이 고시되지 아니한 식품첨가물을 함유한 식품
④ 식품의 제조, 가공 등에 관한 기준 및 규격에 적합한 식품
⑤ 유독, 유해 물질이 들어 있거나 오염 가능성이 있는 식품

10 식품, 식품첨가물의 판매 등 금지에 대한 설명으로 옳은 것은?

① 가축전염병에 걸렸을 염려가 있는 동물의 뼈는 판매할 수 있다.
② 안전성 검사 대상일 경우 안전성 심사 후에도 판매할 수 없다.
③ 기준·규격이 정하여지지 아니한 화학적 합성품인 식품첨가물은 판매를 목적으로 진열할 수 없다.
④ 질병으로 죽은 동물의 식용 부위는 적절한 가공 후 판매가 가능하다.
⑤ 식품의약품안전처장이 인체의 건강을 해칠 우려가 없다고 인정해도 유독·유해물질이 들어 있으면 판매해서는 안 된다.

11 행정처분을 받지 않은 업소에 대한 출입·검사·수거 실시가 이루어지는 시기는?

① 제조자의 요청이 있을 경우
② 분기별로 1회 실시
③ 연차별로 1회 실시
④ 6개월 이내 1회 이상 실시
⑤ 필요한 경우 수시로 실시

12 식품 등의 한시적 기준 및 규격을 인정받을 수 있는 식품의 제조 방법은?

① 농축 · 합성
② 정제 · 합성
③ 정제 · 산화
④ 추출 · 농축
⑤ 추출 · 산화

13 출입 · 검사 등을 할 때 관계 공무원이 할 수 있는 사항으로 옳은 것은?

① 출입 · 검사 결과 기록
② 식품 성분 분석
③ 과대광고 단속
④ 영업장부 또는 서류의 폐기
⑤ 검사에 필요한 시료의 폐기

14 식품위생법상 건강진단 관련 내용으로 옳은 것은?

① 식품접객업의 종업원은 건강진단을 받지 않아도 된다.
② 완전 포장된 식품첨가물을 운반하는 사람은 건강진단을 받아야 한다.
③ 살균소독제를 판매하는 데 종사하는 사람은 건강진단을 받아야 한다.
④ 완전 포장된 식품을 운반하는 데 종사하는 사람은 건강진단을 받아야 한다.
⑤ 식품을 가공 · 조리하는 일에 직접 종사하는 사람은 건강진단을 받아야 한다.

15 건강진단을 받아야 하는 대상자는?

① 샐러드 업체 배달 용역
② 소독제를 제조하는 사람
③ 밀키트 판매업자
④ 호프집 서빙 아르바이트생
⑤ 화학적 합성품을 판매하는 사람

[16~17] 다음 지문을 읽고 물음에 답하시오.

> 경기도 ○○고등학교의 집단 식중독 사고는 살모넬라균이 원인인 것으로 확인됐다. 경기도는 "경기도보건환경연구원의 정밀검사 결과, 식중독 환자들의 가검물과 고등학교에서 채취한 검체 상당수에서 살모넬라균이 검출됐다"고 10일 밝혔다. 해당 고등학교에서 급식에 제공된 김밥을 먹은 276명이 식중독 증상을 보였고 40여 명은 입원 치료를 받았다. 조사 과정에서 조리원이 일부 검체를 인멸하려 했다는 점이 밝혀져 수사에 들어갔다.

16 학생들에게 식중독 증상이 나타날 경우 학교는 사고에 대처하기 위해 보고 등 여러 가지 절차를 진행해야 하는데, 이에 해당하는 사항으로 옳은 것은?

① 전교생의 가검물 분석
② 관할 보건소에 신고
③ 학교에서 직접 식중독 환자나 식중독이 의심되는 자의 혈액 또는 배설물을 보관
④ 지체 없이 관할 특별자치시장 · 시장 · 군수 · 구청장에게 보고
⑤ 해당 급식소의 영양사가 직접 역학조사를 실시함

17 해당 급식소는 식중독 사고에 대한 행정처분(1차 위반)을 받게 된다. 해당 행정처분 기준과 벌칙 사항으로 옳은 것은?

① 조리사 면허 취소, 과태료 1천만원 이하
② 조리사 시정명령, 과태료 1천만원 이하
③ 조리사 업무정지 15일, 과태료 300만원 이하
④ 조리사 업무정지 1개월, 과태료 1,000만원 이하
⑤ 조리사 업무정지 2개월, 과태료 1,000만원 이하

18 식중독 원인 조사 후 식중독 환자에 대한 보고 관련 내용으로 옳지 않은 것은?

① 보고자(의사 또는 한의사)의 주소 및 성명
② 식중독이 의심되는 사람의 주소 및 성명
③ 식중독의 원인
④ 발병 연원일
⑤ 기저 질환과의 인과관계

19 다음 중 식품안전관리인증기준 대상식품에 해당하는 것은?

① 자일리톨
② 단무지
③ 탈지분유
④ 고추장
⑤ 락토프리분유

20 식품안전관리인증기준 적용업소의 지정이 취소되는 경우는?

① 변경신고를 하지 아니한 경우
② 종업원이 교육·훈련을 받지 않은 경우
③ 영업자가 교육·훈련을 받지 않은 경우
④ 위해식품을 판매하여 영업정지 2개월 이상의 행정처분을 받은 경우
⑤ 식품안전관리인증기준에서 정한 제조·가공 방법대로 제조·가공하지 않은 경우

21 건강진단결과 집단급식소에 종사할 수 없는 사람은?

① 비감염성 결핵 환자
② 인플루엔자 환자
③ 홍역 환자
④ 전염성 피부질환 환자
⑤ B형간염 환자

22 집단급식소를 설치·운영하려는 자가 받아야 하는 식품위생교육 시간은?

① 3시간
② 5시간
③ 6시간
④ 8시간
⑤ 12시간

23 다음 중 식품위생교육을 받아야 하는 사람은?

① 식품소분·판매자
② 식품살균기영업자
③ 식용얼음판매자
④ 식품접객업을 하려는 조리사
⑤ 식품접객업을 하려는 영양사

24 식품 관련 영업자가 매년 받아야 하는 식품위생교육 내용은?

① 개인위생관리 방법
② 식품위생검사 방법
③ 식품위생검사 방법 연구
④ 식품안전관리인증기준의 적용 방법에 관한 사항
⑤ 식품안전관리인증기준의 조사·평가에 관한 사항

25 집단급식소 종사자는 장티푸스, 결핵, 감염성 피부 질환에 대한 정기건강진단을 몇 개월마다 1회 받아야 하는가?

① 3개월　② 6개월
③ 9개월　④ 12개월
⑤ 24개월

26 위탁급식영업을 시작하려고 하는 신규영업자의 식품위생교육 시기 및 교육 시간은?

① 영업신고 후 12개월 이내에 4시간을 받아야 한다.
② 6시간의 사전 위생교육을 받아야 한다.
③ 12시간의 사전 위생교육을 받아야 한다.
④ 영업신고 후 4개월 이내에 8시간을 받아야 한다.
⑤ 영업신고 후 3개월 이내에 12시간을 받아야 한다.

27 식품위생교육과 관련하여 옳은 내용은?

① 식품용기제조업자는 식품위생교육을 받아야 한다.
② 식용얼음판매업자는 식품위생교육을 받아야 한다.
③ 용기·포장류 제조업자는 식품위생교육을 받지 않도 한다.
④ 영양사 면허 취득 기간이 10년 이상일 경우 식품접객업을 하려면 식품 위생교육을 받아야 한다.
⑤ 부득이한 사유로 식품위생교육을 받을 수 없는 경우에는 식품위생교육은 면제된다.

28 다음 괄호에 들어갈 내용으로 옳은 것은?

> 식품접객업영업자가 수돗물이 아닌 식수를 식품 조리에 이용하는 경우 모든 항목 수질 검사는 (　　)마다 1회 실시하여야 한다.

① 6개월　② 1년
③ 2년　④ 3년
⑤ 4년

29 영업자가 정당한 사유 없이 몇 개월 이상 휴업할 때에 영업허가를 취소할 수 있는가?

① 없음　② 1개월
③ 3개월　④ 5개월
⑤ 6개월

30 1회 급식 인원이 70명인 집단급식소 중 영양사를 두지 않아도 되는 곳은?

① 병원 식당
② 학교 기숙사
③ 소규모 산업체 식당
④ 사회복지시설
⑤ 지방자치단체

31 영양사와 조리사에 관한 내용으로 옳은 것은?

① 영양사가 아닌 자는 영양사의 명칭을 사용해서는 안 된다.
② 교육의 대상자는 면허증을 받은 모든 조리사와 영양사이다.
③ 교육은 시·도지사가 위탁한 관련 단체 또는 위생교육기관에서 실시한다.
④ 집단급식소의 운영자가 조리사 면허를 가진 경우에도 따로 조리사를 두어야 한다.
⑤ 집단급식소의 영양사가 조리사 면허증을 가진 경우에도 따로 조리사를 두어야 한다.

32 조리사가 되려는 자는 국가기술자격법에 따라 해당 기능 분야의 자격을 얻은 후 누구의 면허를 받아야 하는가?

① 국립보건원장
② 질병관리청장
③ 식품의약품안전처장
④ 한국산업인력관리공단이사장
⑤ 특별자치시장·특별자치도지사·시장·군수·구청장

33 식품위생수준 및 자질의 향상을 위하여 필요한 경우 조리사와 영양사에게 교육을 받을 것을 명할 수 있는 사람은?

① 대통령
② 국무총리
③ 식품의약품안전처장
④ 구청장
⑤ 시장

34 식품위생법상 10년 이하의 징역 또는 1억 원 이하의 벌금에 처하거나 이를 병과할 수 있는 경우는?

① 식품 등의 폐기 명령 위반
② 규격에 맞지 않는 식품의 판매
③ 이물의 발견을 거짓으로 신고한 자
④ 영양사를 두지 않은 집단급식소 운영자
⑤ 허가받아야 하는 영업을 허가를 받지 않고 영업할 때

35 집단급식소 설치·운영자는 조리·제공한 식품을 어떻게 보관해야 하는가?

① 매회 1인분 분량을 섭씨 4도 이하로 72시간 이상 보관
② 매회 1인분 분량을 섭씨 4도 이하로 144시간 이상 보관
③ 매회 1인분 분량을 섭씨 영하 18도 이하로 144시간 이상 보관
④ 매회 1인분 분량을 섭씨 영하 18도 이하로 72시간 이상 보관
⑤ 매회 1인분 분량을 섭씨 영하 18도 이하로 144시간 이내 보관

36 식품위생법에 건강 위해 가능 영양성분으로 규정된 것은?

① 다당류, 나트륨, 콜레스테롤
② 당알코올, 나트륨, 트랜스지방
③ 당류, 나트륨, 트랜스지방
④ 포도당, HDL콜레스테롤, LDL콜레스테롤
⑤ 포화지방, 콜레스테롤, 트랜스지방

37 소비자로부터 이물 발견 신고를 받고 보고하지 않은 영업자에 대한 벌칙은?

① 300만 원 이하의 과태료
② 500만 원 이하의 과태료
③ 1천만 원 이하의 과태료
④ 1년 이하의 징역 또는 1천만 원 이하의 벌금
⑤ 3년 이하의 징역 또는 3천만 원 이하의 벌금

38 건강진단이나 식품의약품안전처장이 명한 교육을 받지 않은 조리사와 영양사의 벌칙은?

① 1천만원 이하의 과태료
② 500만원 이하의 과태료
③ 3년 이하의 징역 또는 3천만원 이하의 벌금
④ 1년 이하의 징역 또는 1천만원 이하의 벌금
⑤ 5년 이하의 징역 또는 5천만원 이하의 벌금

39 마황을 원료로 하여 판매할 목적으로 제품을 제조한 자에 대한 벌칙은?

① 1년 이하의 징역
② 1년 이상의 징역
③ 1년 이하의 징역 또는 1천만 원 이하의 벌금
④ 1년 이상의 징역 또는 1천만 원 이하의 벌금
⑤ 1년 이하의 징역 또는 1천만 원 이하의 벌금과 이를 병과

40 ㉠, ㉡에 해당하는 사항을 순서에 맞게 고른 것은?

식중독 환자를 진단한 의사·한의사는 지체 없이 (㉠)에 보고하고, 보고를 받은 (㉠)은/는 즉시 (㉡)에 보고하여야 한다.

가. 식품의약품안전처장
나. 특별자치시장
다. 시·도지사
라. 질병관리청장
마. 보건복지부장관

	㉠	㉡
①	가	나
②	가	다
③	가	라
④	나	가
⑤	나	라

41 식중독 발생 시 수행하는 원인 조사에 관한 내용으로 옳은 것은?

① 섭취 음식에 대한 빈도 조사
② 섭취 음식에 대한 기호도 조사
③ 환자의 혈액에 대한 물리적 조사
④ 섭취 식품과 환자 간의 식중독 연관성 확인을 위한 설문조사
⑤ 식중독의 원인이라 예상되는 식품에 대한 물성실험에 의한 조사

42 식품접객업소의 조리장 바닥에 배수구 덮개를 설치하지 않았을 경우 시설기준을 위반한 벌칙은 무엇인가?

① 1천만원 이하의 과태료
② 3천만원 이하의 과태료
③ 1년 이하의 징역 또는 1천만원 이하의 벌금
④ 3년 이하의 징역 또는 3천만원 이하의 벌금
⑤ 5년 이하의 징역 또는 5천만원 이하의 벌금

43 유독물질이 들어있는 위해 식품을 판매하여 경제적 이득을 취한 영업자가 받을 수 있는 처분은?

① 품목 제조정지, 영업소 폐쇄명령
② 영업허가의 취소 및 소매가격에 상당하는 과징금 부과
③ 영업허가의 취소, 영업정지 3개월 이상
④ 품목류 제조정지, 영업소 폐쇄 명령
⑤ 품목류 제조정지, 영업정지 3개월 이상

44 조류인플루엔자로 폐사한 닭고기를 유통시킨 업자의 벌칙은 무엇인가?

① 1천만 원 이하의 과태료
② 1년 이하의 징역 또는 1천만원 이하의 과태료
③ 3년 이하의 징역 또는 3천만원 이하의 과태료
④ 5년 이하의 징역 또는 5천만원 이하의 과태료
⑤ 10년 이하의 징역 또는 1억원 이하의 과태료

CHAPTER 02 학교급식법

01 학교급식의 질을 향상시키고 식생활 개선에 기여함을 목적으로 학교에서 급식을 실시하도록 규정하고 있는 법은?

① 학생급식법
② 학교급식법
③ 학생건강법
④ 학교위생법
⑤ 국민건강증진법

02 학교급식 경비에 관한 내용으로 옳은 것은?

① 지방자치단체장이 식품비 및 시설·설비비를 지원하는 것은 불법이다.
② 식재료 비용은 당해 학교의 설립·경영자가 부담하는 것을 원칙으로 한다.
③ 급식시설·설비비는 국가나 지방자치단체가 100% 부담하여야 한다.
④ 급식운영비는 보호자로 하여금 부담하게 할 수 있으며, 급식시설·설비는 당해 학교의 설립·경영자가 부담하는 것을 원칙으로 한다.
⑤ 급식운영비는 급식시설·설비비, 종업원의 인건비, 연료비, 소모품비 등의 경비로 구성된다.

03 학교급식 공급업자가 유전자 변형 농수산물의 표시를 거짓으로 적은 식재료를 납품했을 경우 해당하는 벌칙은?

① 3년 이하의 징역 또는 3천만원 이하의 벌금
② 3년 이하의 징역 또는 3천만원 이하의 벌금
③ 5년 이하의 징역 또는 5천만원 이하의 벌금
④ 7년 이하의 징역 또는 7천만원 이하의 벌금
⑤ 7년 이하의 징역 또는 1억이하의 벌금

04 영양상담의 대상이 되는 학생은?

① 과체중 학생
③ 정상 체중 학생
② 태도 불량 학생
④ 정서 불안 학생
⑤ 충치가 있는 학생

05 학교급식에 공급되는 식재료 중 돼지고기와 가금류(닭, 오리)는 각각 육질 등급이 몇 등급 이상이어야 하는가?

① 1등급, 1등급
② 1등급, 2등급
③ 2등급, 1등급
④ 2등급, 2등급
⑤ 3등급, 1등급

06 학교급식의 영양관리기준에 따라 식단 작성 시 고려하여야 할 사항으로 옳은 것은?

① 다양한 음식 문화를 경험하게 할 것
② 자연 식품과 제철 식품을 사용할 것
③ 식재료 구매의 편이성을 위해 소수의 식품을 반복적으로 사용할 것
④ 잔반율을 줄이기 위하여 기호도 높은 메뉴를 이용할 것
⑤ 학생들이 잔반을 남기지 않게 기호도가 높은 단순당, 유지류 등을 자주 사용하여 조리할 것

07 학교급식 운영의 내실화와 질적 향상을 위하여 실시하는 학교급식의 운영평가 기준이 아닌 것은?

① 급식 예산의 편성 및 운용
② 학생 식생활 지도 및 영양상담
③ 학교급식에 대한 수요자의 만족도
④ 조리 종사자 선발 및 지도 감독
⑤ 학교급식 위생·영양·경영 등 급식 운영 관리

08 조리장과 검수구역의 조명도는 각각 얼마 이상이어야 하는가?

① 220lux, 450lux
② 220lux, 540lux
③ 220lux, 560lux
④ 200lux, 450lux
⑤ 200lux, 560lux

09 학교급식시설에 갖추어야만 하는 시설·설비는?

① 조리장, 식품보관실, 급식관리실, 편의시설
② 식품보관실, 식기보관실, 급식관리실, 편의시설
③ 식품보관실, 식기보관실, 급식관리실, 조리장
④ 조리원 전용화장실, 식품보관실, 급식관리실, 편의시설
⑤ 조리원 전용휴게실, 식품보관실, 급식관리실, 조리장

10 학교급식 시설·설비의 종류와 기준으로 옳은 것은?

① 식품과 소모품은 식품보관실에 같이 보관하여도 된다.
② 외부에서 휴게실을 출입할 때는 조리실을 통하여 출입이 가능하도록 한다
③ 휴게실에는 옷장을 두어 외출복장과 위생복장을 함께 보관할 수 있도록 한다.
④ 샤워실을 설치하는 경우 외부로 통하는 환기시설을 설치하여 조리실 오염이 일어나지 않도록 하여야 한다.
⑤ 조리장의 내부 벽은 표면이 매끈하지 않은 재질로 내구성, 내수성이 있어야 한다.

11 학교급식의 품질 및 안전을 위한 준수사항으로 옳은 것은?

① 학교장은 매달 보호자부담 급식비 중 급식운영비의 사용 비율을 공개해야 한다.
② 학교장은 유전자변형농산물의 표시를 거짓으로 기재한 식재료를 사용해도 된다.
③ 알레르기를 유발할 수 있는 식재료는 식단표 등에 반드시 표시해야 한다.
④ 학교급식 관계 교직원은 식재료 검수일지 및 거래명세표를 비치하고 1년간 보관해야 한다.
⑤ 학교장은 급식 인원과 식단, 영양공급량 등이 기재된 학교급식일지를 비치하고 이를 10년 동안 보관하여야 한다.

12 학교급식의 위생·안전관리기준 이행 여부를 확인 지도하기 위한 출입·검사의 실시 빈도는?

① 연 1회 이상
② 연 2회 이상
③ 연 3회 이상
④ 연 4회 이상
⑤ 2년 1회 이상

CHAPTER 03 | 기타 관계법규

01 괄호에 각각 들어갈 용어를 고른 것은?

> (　　)은 국민의 식생활에 대한 과학적인 조사·연구를 바탕으로 체계적인 국가영양정책을 수립·시행함으로써 국민의 영양 및 건강 증진을 도모하고 삶의 질 향상에 이바지하는 것을 목적으로 한다. 또한 이 법에서 (　　)(이)란 적절한 영양의 공급과 올바른 식생활 개선을 통하여 국민이 질병을 예방하고 건강한 상태를 유지하도록 하는 것을 말한다.

① 국민영양관리법, 영양관리
② 국민영양관리법, 국민영양
③ 국민건강증진법, 영양정책
④ 국민건강증진법, 영양관리사업
⑤ 국민식품영양법, 식생활사업

02 영양지도원의 업무에 관한 내용으로 옳은 것은?

① 지역주민의 영양 지도 및 상담, 식품접객업에 대한 위생 지도
② 지역주민의 영양 지도 및 상담, 임산부나 영·유아의 건강진단
③ 지역주민의 영양상담·영양교육, 집단급식시설에 대한 현황 파악
④ 집단급식시설에 대한 현황 파악, 식품접객업에 대한 위생 지도
⑤ 집단급식시설에 대한 현황 파악, 임산부나 영·유아의 건강 진단

03 다음 중 영양조사원의 자격을 갖춘 사람으로 옳은 것은?

① 의사, 약사
② 의사, 영양사
③ 영양사, 조리사
④ 영양사, 약사
⑤ 간호사, 조리사

04 국민건강증진법에 의한 국민영양조사원의 구분으로 옳은 것은?

① 식품섭취조사원, 식생활조사원, 기호도조사원
② 식품섭취조사원, 식생활조사원, 건강증진조사원
③ 건강상태조사원, 식품섭취조사원, 기호도조사원
④ 건강상태조사원, 식품섭취조사원, 식생활조사원
⑤ 건강상태조사원, 식생활조사원, 건강증진조사원

05 국민영양조사를 실시하는 주기는?

① 수시로 실시
② 분기마다
③ 1년마다
④ 2년마다
⑤ 3년마다

06 식품 섭취조사의 세부내용은?

① 외식 횟수, 식품재료
② 식품의 섭취 횟수, 식품 재료
③ 식품의 섭취 횟수, 외식 횟수
④ 외식 횟수, 식품 섭취 과다 여부
⑤ 식품의 섭취 횟수, 식품 섭취 과다 여부

07 국민영양조사의 세부내용 중 건강상태조사에 해당되는 것은?

① 식품 재료에 관한 사항
② 규칙적인 식사 여부에 관한 사항
③ 식품의 섭취 횟수 및 식품 섭취량에 관한 사항
④ 급성 또는 만성질환을 앓거나 앓았는지 여부에 관한 사항
⑤ 2세 이하 영유아의 수유 기간 및 이유·보충식의 종류에 관한 사항

08 국민영양관리기본계획은 얼마마다 수립하여야 하는가?

① 매년   ② 2년
③ 3년   ④ 5년
⑤ 10년

09 영양사 면허증을 빌려주거나 빌리는 것을 알선한 자에 대한 벌칙은?

① 1천만원 이하의 과태료 부과
② 1년 이하의 징역 또는 1천만원 이하의 벌금
③ 3년 이하의 징역 또는 3천만원 이하의 벌금
④ 5년 이하의 징역 또는 5천만원 이하의 벌금
⑤ 10년 이하의 징역 또는 1억원 이하의 벌금

10 영양사 면허를 받지 아니한 사람이 영양사 명칭을 사용한 경우의 벌칙은?

① 300만원 이하의 벌금
② 1년 이하의 징역 또는 1천만원 이하의 벌금
③ 3년 이하의 징역 또는 3천만원 이하의 벌금
④ 5년 이하의 징역 또는 5천만원 이하의 벌금
⑤ 10년 이하의 징역 또는 1억원 이하의 벌금

11 영양사가 그 업무를 행함에 있어서 식중독이나 그밖에 위생과 관련한 중대한 사고 발생 등에 직무상의 책임이 있는 경우 1, 2, 3차 위반의 행정처분을 차례로 고른 것은?

> 가. 면허정지 1개월 나. 면허정지 3개월
> 다. 면허정지 2개월 라. 면허정지 6개월
> 마. 면허취소

① 가, 나, 다 ② 가, 나, 라
③ 가, 다, 마 ④ 나, 다, 마
⑤ 나, 라, 마

12 국가 및 지방자치단체가 실시하는 영양관리사업은?

① 금주를 위한 교육사업
② 군인을 위한 영양관리사업
③ 운동선수를 위한 영양관리사업
④ 유치원생을 위한 영양관리사업
⑤ 흡연 예방을 위한 홍보사업

13 다음 중 영양사 면허를 받을 수 있는 사람은?

① B형 간염 환자
② 알코올 및 약물 중독자
③ 향정신성의약품 중독자
④ 전문의가 영양사로서 적합하다고 인정하지 않는 정신병 환자
⑤ 영양사 면허의 취소처분을 받고 그 취소된 날부터 6개월이 지난 사람

14 지역주민을 대상으로 하는 영양·식생활 교육 내용으로 옳은 것은?

① 건강기능성 식품의 섭취 방법
② 비만 및 저체중 예방·관리
③ 외국의 식생활 문화
④ 생애주기 등 영양 관리 특성을 고려한 질병의 치료
⑤ 아름답고 맛있는 음식 만들기

15 영양관리를 위한 영양 및 식생활 조사와 관련한 사항으로 옳은 것은?

① 식품의약품안전처장은 국민의 식품 섭취에 관한 국민 영양 및 식생활 조사를 수시로 실시하여야 한다.
② 영양문제에 필요한 조사에는 질병발생률 조사, 사망원인 조사 등이 포함된다.
③ 지역사회의 영양문제에 관한 연구를 위하여 흡연율을 조사할 수 있다.
④ 음식별 식품 재료량 조사는 집단급식소 등에 대해서 매 3년마다 실시한다.
⑤ 집단급식소에서 제공하는 식품에 대해 당·나트륨·트랜스지방 등 건강 위해 가능 영양성분에 대한 실태조사를 매년 실시한다.

16 영양소 섭취 기준 및 식생활지침의 발간 주기는?

① 6개월 ② 1년
③ 2년   ④ 3년
⑤ 5년

17 보수교육 시간과 관계 서류에 관한 설명 중 옳은 것은?

① 교육 시간은 3시간이며 관계 서류는 3년간 보관한다.
② 교육 시간은 6시간이며 관계 서류는 3년간 보관한다.
③ 교육 시간은 6시간이며 관계 서류는 1년간 보관한다.
④ 교육 시간은 6시간이며 관계 서류는 2년간 보관한다.
⑤ 교육 시간은 9시간이며 관계 서류는 3년간 보관한다.

18 다음 중 1차 위반에도 영양사의 면허 취소가 가능한 사항은?

① 보수교육 불참
② 중대한 식중독 사고 시
③ 종업원들의 불만족
④ 영양사 자격증을 타인에게 대여하였을 때
⑤ 면허정지 처분기간 중에 영양사 업무를 했을 때

19 영양사 면허증을 타인에게 대여 금지 조항을 몇 회 이상 위반하면 영양사 면허가 취소되는가?

① 1회　　② 2회
③ 3회　　④ 4회
⑤ 5회

20 영양사의 면허증 교부 및 반납에 관한 내용으로 옳은 것은?

① 면허증 발급 시에 면허대장에 등록한다.
② 면허증을 분실했을 경우는 재발급을 받을 수 없다.
③ 면허증 손상 시 재교부를 받을 수 없다.
④ 영양사 면허의 취소처분을 받은 자는 지체 없이 자체 폐기해야 한다.
⑤ 영양사 면허는 식품의약품안전처장이 발급한다.

21 집단급식소를 설치·운영하는 자가 조리하여 판매 제공할 때 원산지를 표시하여야 하는 것은?

① 메밀국수의 메밀, 우동
② 고등어구이, 순두부의 콩
③ 설렁탕의 소고기, 깍두기의 무
④ 배추김치, 수제비의 밀가루
⑤ 황태국, 꽁치구이

22 농수산물 원산지 표시법의 목적으로 옳은 것은?

① 농수산물 가격 보호
② 농수산물 품질 유지
③ 효율적인 영양 교육
④ 효율적인 조리 방법 제공
⑤ 생산자와 소비자를 보호

23 농수산물 원산지 표시의 심의를 하는 기구는?

① 식품공업협회
② 공정거래위원회
③ 식품위생심의위원회
④ 소비자분쟁조정위원회
⑤ 농수산물품질관리심의회

24 국내산 배추를 원료로 하고 중국산 고춧가루를 사용한 배추김치를 공급받아 집단급식소에서 이를 제공할 때 원산지 표시 방법은?

① 배추김치(국내산)
② 배추김치(중국산)
③ 배추김치(고춧가루 : 중국산)
④ 배추김치(배추 : 국내산)
⑤ 배추김치(배추 : 국내산, 고춧가루 : 중국산)

25 국산 쌀로 국내에서 제조한 누룽지와 미국산 쌀을 사용한 누룽지의 원산지 표시 방법은 각각 어떻게 되는가?

① 누룽지(국내산), 누룽지(미국산)
② 누룽지(국내산), 누룽지(수입산)
③ 누룽지(쌀 : 국내산), 누룽지(쌀 : 미국산)
④ 누룽지(쌀 : 국내산), 누룽지(쌀 : 수입산)
⑤ 가공품이므로 표시하지 않아도 된다.

26 미국에서 수입한 육우를 국내에서 6개월 이상 사육한 후 꽃등심으로 유통하는 경우 원산지 표시는 방법은?

① 꽃등심(미국산)
② 꽃등심(쇠고기 : 호주산)
③ 꽃등심(쇠고기 : 국내산)
④ 꽃등심(쇠고기 : 국내산(출생국 : 미국))
⑤ 꽃등심(쇠고기 : 국내산 육우(출생국: 미국))

27 다음 중 육류의 원산지를 표시하여야 하는 영업자는?

① 위탁급식영업자, 유흥주점영업자
② 일반음식점영업자, 휴게음식점영업자
③ 일반음식점영업자, 식품첨가물제조업자
④ 위탁급식영업자, 즉석판매제조·가공업자
⑤ 즉석판매제조·가공업자, 휴게음식점영업자

28 식품 등의 표시·광고에 관한 법률의 궁극적인 목적은?

① 가공식품 소비증대
② 건전한 유통문화 확립
③ 소비자 보호에 이바지함
④ 식품위생상의 위해 방지
⑤ 국민의 건강증진에 이바지함

29 무글루텐 표시가 가능한 경우에 대한 설명으로 가장 옳은 것은?

① 오트밀 쿠키나 빵
② 밀을 사용하지 않고 호밀로 만든 빵
③ 쌀을 주재료로 사용하여 가공한 식빵
④ 옥수수전분을 첨가하여 만든 빵이나 과자
⑤ 밀, 호밀, 보리, 귀리를 원재료로 사용하지 않고 총 글루텐 함량이 1킬로그램당 20밀리그램 이하인 식품 등

30 특수용도식품의 경우에도 부당한 표시나 과대광고로 볼 수 있는 내용은?

① 영유아 영양 보급
② 임산부 영양 보급
③ 노약자 영양 보급
④ 고혈압 치료에 효과
⑤ 질병 후 회복기 영양 보급

31 식품 등에 관하여 표시 또는 광고하려는 자가 자율심의기구에 미리 심의를 받아야 하는 대상은?

① 레토르트 식품
② 수입 식품
③ 건강기능 식품
④ 갱년기용 식품
⑤ 수제 잼 및 쿠키

32 다음 중 총리령으로 정해진 영양표시 대상 식품에 해당하는 것은?

① 라면
② 홍차
③ 샐러드 드레싱
④ 인스턴트 커피
⑤ 고추장

33 식품 등의 표시·광고에 관한 법률상 영양표시의 대상이 되는 영양소에 해당하는 것은?

① 전분
② 칼슘, 칼륨
③ 트랜스지방
④ 불포화지방
⑤ 식이섬유소

MEMO

MEMO

MEMO

2022 영양사

마무리문제집 정답 및 해설

이민경 · 영양사국가시험연구소 공저

- 최신 출제기준 · 유형 완벽 반영
- 식품위생관리 관련 **최신 법규 반영**

예문에듀 EDU

2022
영양사
마무리문제집 정답 및 해설

이민경 · 영양사국가시험연구소 공저

예문에듀
EDU

PART 01 영양학 및 생화학

CHAPTER 01 | 영양학 기초

문제편 p.10

01	02	03	04	05	06
⑤	⑤	④	②	②	④

01   정답 ⑤

영양성분표시제도는 열량, 나트륨, 탄수화물, 당류, 지방, 트랜스지방, 포화지방, 콜레스테롤, 단백질을 의무적으로 표시하도록 하고 있다.

02   정답 ⑤

수동수송 중 물질이 막에 존재하는 운반체를 매개로 해서 막을 통과하는 촉진확산에 대한 설명이다.

03   정답 ④

1998년 이후로 곡류의 섭취량이 감소되었고 우유류 섭취는 증가하는 추세이다. 권장섭취량 대비 섭취가 가장 부족한 영양소는 칼슘이며, 에너지와 지방의 과잉 섭취자가 증가하고 있다.

04   정답 ②

세포의 구조
- 세포막
  - 지질 이중층 구조로, 인지질, 단백질 등으로 구성되어 있으며 콜레스테롤이 막 유동성을 조절함
  - 세포외액과 세포내액을 구분해주고 세포 내외 물질 운반, 신호전달 등의 역할을 함
- 핵
  - 유전 물질(DNA)을 가지고 있으며 생명 활동 조절 역할을 함
  - 염색체(DNA 유전정보), 핵소체(rRNA 합성 및 저장), 핵막(이중막)으로 구성
- 리보솜 : 단백질과 RNA로 이루어진 과립으로, 물질의 저장과 분비에 관여하며, 단백질 합성에 사용됨

05   정답 ②

정확한 자료가 부족할 경우 충분섭취량을 기준으로 삼는다. 참고로 상한섭취량은 과량을 먹어서 독성 등이 생길 위험이 있는 영양소에 대해 설정한다.

06   정답 ④

영양밀도란 식품의 열량에 대한 영양소 함량을 상대적으로 나타낸 것이다.
③ 동일 칼로리지만 영양소 없이 칼로리만 제공(empty 칼로리)하는 것은 영양 밀도가 낮은 것이다.

CHAPTER 02 | 탄수화물

문제편 p.12

01	02	03	04	05	06	07	08	09	10
③	④	③	①	⑤	③	④	⑤	②	③
11	12	13	14	15	16	17	18	19	20
⑤	③	③	⑤	⑤	③	②	④	⑤	④
21	22	23	24	25	26	27	28	29	30
⑤	②	①	③	②	③	①	⑤	⑤	②
31	32	33	34	35	36	37			
③	①	③	①	③	②	③			

01 정답 ③

탄수화물의 적절한 섭취를 통해 혈당을 유지하여 에너지 공급이 원활하게 되면 단백질 분해가 억제되므로 단백질은 절약된다. 또한 케톤증을 예방할 수 있고 식품에 단맛을 제공한다.

02 정답 ④

포도당은 나트륨 펌프의 도움으로 점막세포 내로 흡수된다. 참고로 포도당의 흡수 속도를 100으로 볼 때 갈락토오스는 110, 과당은 43, 만노오스는 19, 자일로오스는 15이다.

03 정답 ③

입에서 전분류는 알파아밀라아제(프티알린)에 의하여 덱스트린이나 이당류인 맥아당까지 분해될 수 있다.

04 정답 ①

② 포도당의 흡수 속도를 100이라 하면 갈락토오스는 110, 과당은 43, 만노오스는 19, 자일로오스는 15, 아라비노오스는 9이다.
③ 포도당과 갈락토오스는 능동수송 과정인 나트륨 펌프에 의해 흡수되며 그 과정에서 서로 경쟁하나, 과당은 촉진확산에 의해 흡수된다.
④ 흡수된 단당류는 모세혈관을 통하여 간문맥으로 간다.
⑤ 일반적으로 육탄당이 오탄당보다 흡수 속도가 빠르다.

05 정답 ⑤

식사 후 4시간 경과 시, 혈당이 저하된 공복 상태이므로 간에 저장된 글리코겐이 포도당으로 분해되는 작용을 통해 에너지원으로 이용된다. 포도당 신생합성은 아미노산(주로 알라닌과 글루타민), 글리세롤, 피루브산, 젖산 등으로부터 포도당이 합성되는 과정이다.

06 정답 ③

Na^+-K^+ 펌프에 의한 영양소의 흡수
• 탄수화물, 아미노산 등의 능동수송에 관여한다.
• 소장 상피세포의 미세융모에는 Glc-Na+ 수송체가 존재해서 Na^+의 농도 기울기 에너지를 이용해 포도당을 상피세포 내부로 흡수한다.

07 정답 ④

올리고당은 비피더스균의 증식을 자극하여 변비를 방지하고, 인슐린 분비를 촉진하지 않아 혈당치를 개선하며 혈청 콜레스테롤 수준을 저하시킨다.

08 정답 ⑤

뇌 적혈구 및 신경세포는 정상 상태에서 포도당만을 에너지원으로 이용하므로 이들 세포의 기능 유지를 위해 탄수화물 섭취는 필수적이다. 특히 수면 시간 동안 간의 글리코겐이 거의 다 소모되므로 당질이 포함된 아침식사를 하는 것이 합리적이다.

09 정답 ②

① 미량(1% 미만)이지만 체구성 성분으로 존재한다.
③ 리보오스(ribose)는 RNA와 DNA의 구성성분이다.
④ 당질은 혈액에 포도당 형태로 0.1% 함유되어 있다.
⑤ 세포막의 구성성분으로 세포표면에 존재한다.

10 정답 ③

체내에 저장되는 글리코겐의 양은 간에 약 100g, 근육에 200~300g 정도로 제한된다.

11 정답 ⑤

탄수화물 섭취가 부족하고 혈당이 저하되면 뇌, 적혈구, 신경세포 등의 주요 에너지원인 포도당을 공급하기 위해 체조직 단백질 분해로 나온 아미노산으로부터 포도당 신생합성이 이루어진다. 따라서 탄수화물의 적절한 섭취를 통해 혈당을 유지하여 에너지 공급이 원활하면 체단백질 분해는 억제되므로 단백질이 절약된다.

12 정답 ③

탄수화물 부족 시 글리코겐의 합성이 감소한다.
⑤ 옥살아세트산은 피르브산에 의해 생성되는데, 피르브산은 해당과정에서 생성된다. 따라서 당질 섭취 부족 시 피르브산-옥살아세트산 생성이 거의 일어나지 않아 케톤증이 유발된다.

PART 01 영양학 및 생화학

13 정답 ③

탄수화물 대사과정에서 조효소로 작용하는 비타민은 티아민, 리보플라빈 니아신, 판토텐산, 리포산이 있다.

14 정답 ⑤

케토시스는 당질의 섭취 부족으로 지방산의 불완전연소로 생긴 케톤체가 축적되어 일어나며, 당뇨로 혈당이 제대로 조절되지 않아 세포에서의 당질 이용이 감소한 상황이나 심한 기아 상태 등에서도 발생될 수 있다.

15 정답 ⑤

식이섬유는 당, 콜레스테롤, 미네랄 등의 흡수를 지연시키거나 방해한다.

16 정답 ③

단당류 등 수용성 물질은 '모세혈관-문맥-간'을 통해 흡수된다.
※ 지용성 물질 : 유미관-림프계-간

17 정답 ②

공복 시 정상혈당은 100mg/dL 이하이며 혈당치가 170~180mg/d 이상이면 소변으로 당이 배설된다.

18 정답 ④

호르몬	분비기관	기능	혈당
인슐린	췌장 (β-세포)	• 간·근육(글리코겐), 지방(지방 합성) 조직으로 혈당의 유입 촉진 • 포도당 신생합성 억제	↓
글루카곤	췌장 (α-세포)	• 간 글리코겐 분해 촉진 • 포도당 신생합성 촉진	↑
에피네프린	부신 수질		
갑상선호르몬 (티록신)	갑상선		
글루코코르티코이드	부신 피질	• 근육의 포도당 이용 억제 • 포도당 신생합성 촉진	↑
성장호르몬	뇌하수체 전엽	• 간의 혈당 방출 증가 • 근육으로의 혈당 유입 억제 • 체지방 이용 촉진	↑

19 정답 ⑤

유당불내증 환자는 락타아제 부족으로 유당이 포도당과 갈락토오스로 분해되지 못하여 많은 가스를 형성하고 복부 경련, 설사 등을 유발한다. 이는 유전적인 요인 혹은 장기간 유당을 섭취하지 않았을 때 일어난다. 우유를 제한하되 우유의 칼슘과 리보플라빈, 단백질 등 영양가를 생각하여, 우유를 따뜻하게 해서 다른 식품과 같이 섭취하도록 한다. 또한 요구르트 등 유제품은 가공 과정에서 유당이 많이 제거되었으므로 우유를 대체해서 섭취하도록 한다.

20 정답 ④

• 수용성 식이섬유 : 펙틴, 검, 알긴산, 한천, 뮤실리지, 헤미셀룰로오스
• 불용성 식이섬유 : 셀룰로오스, 헤미셀룰로오스, 리그닌, 키틴, 키토산

21 정답 ⑤

식이섬유의 충분섭취량은 12g/1,000cal로 19~29세 남자와 여자는 각각 25g, 20g이다. 고식이섬유를 섭취 시 비타민이나 무기질의 흡수율이 저하될 수 있고, 복부 팽만감 등의 위장관 장애가 나타날 수 있다.

22 정답 ④

인간은 소화 효소가 없어 에너지원으로 사용할 수 없다.

23 정답 ①

과당은 주로 간에서 대사되는데, 프락토키나제에 의해 과당 1-인산으로 전환된 후 알돌라아제에 의해 Dihydroxy aceton phosphate(DHAP)로 분해된다. DHAP는 글리세르알데하이드-3 인산으로 전환되어 해당과정에 합류한다.

24 정답 ②

피브르산 탈탄산반응의 주요 인자는 NAD, FAD, TPP(thiamin pyrophosphate), Lipoic acid, 그리고 CoA이다.

25 정답 ③

호기적 해당으로 생성된 피루브산은 일단 아세틸 CoA로 되고 이것과 옥살로아세트산과 축합하여 시트르산, 아이소시트르산, 숙시닐-CoA, 숙신산, 푸마르산, 말산, 옥살로아세트산으로 되어 TCA 회로가 계속된다.

26 정답 ⑤

TCA 회로로 들어가는 모든 분자는 아세틸 CoA 형태로 변환된다.

27 정답 ①

①, ③ 해당과정의 효소
② 미토콘드리아에서 acetyl-CoA 생성 반응의 효소
⑤ NADH 생성 효소

28 정답 ⑤

오탄당인산경로의 중요한 기능 중 첫째는 오탄당인 ribose-5-인산을 합성하는 것인데 이것은 RNA의 합성에 이용된다. 둘째는 세포질에서 환원력을 나타내는 NADPH의 생성이다. 이 NADPH는 지방산이나 steroid 물질을 생합성하고 환원형 glutathione 및 엽산으로부터 tetrahydrofolate를 만들 때 필요로 한다.

29 정답 ⑤

알라닌회로를 통해 근육의 아미노기가 분해되고 이를 간으로 이동한다.

30 정답 ②

간과 달리 근육에 저장되어 있는 글리코겐은 glucose-6-phosphatase가 존재하지 않아 분해가 되어도 글루코오스를 공급하지 못하고 해당과정을 통해 근육 수축을 위한 ATP를 공급한다.

31 정답 ③

당질의 섭취가 불충분할 때 체내에서 일어나는 반응으로는 간 글리코겐 분해, 포도당 신생작용인 코리회로, 포도당-알라닌 회로, 케톤체 형성 등이 있다.

32 정답 ①

② 글리코겐 가인산분해효소는 PLP를 조효소로 한다.
⑤ 글리코겐 분해효소는 phosphorylase kinase에 의해 인산화되면 활성화된다.

33 정답 ③

해당과정, 오탄당인산경로 지방산생합성은 세포질에서, TCA 회로, 산화적 인산화, 지방산 산화, 케톤체 형성은 미토콘드리아에서, 그리고 당신생 과정과 요소회로는 세포질과 미토콘드리아 모두에서 일어난다.

34 정답 ①

오탄당인산경로(pentose phosphate pathway, HMP shunt)는 주로 피하조직처럼 지방 합성이 활발히 일어나는 곳에서 중요한 역할을 하며, 간, 부신피질, 적혈구, 고환, 유선조직 등에서도 활발히 일어난다. 경로는 '글루코오스-6-인산 → 글루콘산-6-인산 → 리불로오스-5-인산 → 리보오스-5-인산'이다.

35 정답 ③

오탄당인산화회로는 당질의 섭취가 충분할 때 지방조직, 간 등에서 일어나는 반응과정으로 지방산과 스테로이드 합성에 필요한 NADPH를 생성하고 핵산 합성에 필요한 리보오스를 합성하는 과정이다.

36 정답 ②

글리코겐 합성효소에 의해 글리코겐이 합성될 때 UDP-글루코오스가 이용된다.

37 정답 ③

포도당 신생합성은 주로 간과 신장에서 일어나며 해당과정의 최종 산물인 피루브산과 젖산이 당신생(gluconeogenesis)의 주요 기질이다. 4 ATP와 GTP를 소모하며 장시간 운동이나 기아 시 젖산 당원성아미노산, 글리세롤이 주요 기질이 된다. 해당 과정과 다르게 촉매되는 효소는 4개 있다. 당신생 경로의 대부분 효소들은 세포질에 존재하나 피루브산 카르복실화 효소는 미토콘드리아 효소이다.

CHAPTER 03 | 지질

문제편 p.18

01	02	03	04	05	06	07	08	09	10
④	①	②	④	④	①	④	⑤	①	②
11	12	13	14	15	16	17	18	19	20
③	⑤	⑤	①	④	④	①	③	②	③
21	22	23	24	25	26	27	28	29	30
④	④	①	④	⑤	①	⑤	③	⑤	④
31	32	33	34	35					
④	⑤	①	②	④					

01 정답 ④

중성지질은 저장지질로 주로 피하 지방조직에, 인지질과 콜레스테롤은 구성지질로 세포막에, 지단백질은 운반지질로 혈액 내에 존재한다.

02 정답 ①

지질의 소화산물은 대부분 지방산과 모노글리세리드이며, 글리세롤, 다이글리세리드도 있다. 소화된 모노글리세리드와 지방산은 혼합미셀(모노글리세리드, 지방산, 담즙산, 인산, 콜레스테롤 등)을 형성하여 장 점막세포로 이동한다. 장 점막세포 내에 흡수된 지방산과 모노글리세리드는 대부분 다시 중성지질로 합성되며, 킬로미크론을 형성하여 림프관을 통해 혈류로 이동한다.

03 정답 ②

킬로미크론은 중성 지방 함량이 많고 부피가 크고 밀도가 가장 낮으며, LDL 콜레스테롤이 가장 많은 지단백질이다. 흡수된 지방은 킬로미크론 형태로 림프관, 흉관, 간동맥을 거쳐 간으로 운반된다. HDL은 단백질과 인지질 함량이 높아 밀도가 가장 높다. 지질 섭취가 많으면 혈중 킬로미크론이 증가하며, 지질 섭취 비율과 상관없이 열량 섭취가 많으면, 즉 탄수화물과 단백질 섭취량이 많은 경우는 각각 소화되어 단당이나 아미노산 형태로 흡수된 후 체내에서 중성 지방으로 합성되어 VLDL을 통해 운반된다.

04 정답 ④

리놀렌산은 필수지방산으로 세포막의 구조에 필수적인 물질이며 ω-3계 지방산의 전구체이다. 불포화지방산의 다량 섭취는 체내 비타민 E의 요구도를 높인다.

05 정답 ④

콜레스테롤은 간에서 아세틸 CoA로부터 합성되며, 동물성 식품을 통해 섭취된다. 간, 신장, 뇌 등에 많은 양이 포함되어 있으며, 인지질과 함께 세포막의 구성분이 되고 스테로이드계 호르몬, 담즙산, 비타민 D의 전구체가 된다.

06 정답 ①

인지질은 중성지질과 유사한 구조를 갖고 있으나, 글리세롤의 3번째 수신기(-OH)에 지방산 대신 인산이 결합되며 염기가 연결되어 있다.

07 정답 ④

구분	에너지 적정비율(%)
	19세 이상
지방	15~30
ω-6계 지방산	4~10
ω-3계 지방산	1 내외
포화지방산	2 미만
트랜스지방산	1 미만
콜레스테롤	300mg 미만(목표섭취량)

08 정답 ⑤

인지질은 세포막의 구성 성분으로 포스파티딜콜린(레시틴), 포스파티딜에탄올아민(세팔린), 포스파티딜세린, 포스파티딜이노사 등이 있다.

09 정답 ①

NADPH는 주로 피하지방조직, 간, 적혈구, 부신피질, 유선조직, 고환 등에서 오탄당인산회로가 활발히 진행된다.

10 정답 ②

지질의 소화로 생성된 모노아실글리세리드(MG), 다이아실글리세리드(DG), 지방산이 답즙과 함께 미셀을 형성하여 소장점막세포까지 이동한다.

11 정답 ③

지질 소화효소에 의해 분해된 아실글리세롤, 모노아실글리세롤, 유리지방산, 콜레스테롤, 리소인지질 등은 미셀의 형태로 소장세포에 흡수되나 짧은사슬 및 중간사슬지방산은 미셀의 도움 없이 바로 소장세포 내로 흡수된다.

12 정답 ⑤

중성 지방은 소화과정을 거쳐 모노아실글리세롤, 다이아실글리세롤, 지방산으로 분해되어 소장 점막에서 흡수되며, 콜레스테롤 화합물, 인지질 화합물은 소화를 거쳐 콜레스테롤과 리소인지질의 형태로 흡수된다.

13 정답 ⑤

인지질은 구조적으로 극성(친수성)과 비극성(소수성)의 양면성을 나타내므로 미셀을 형성하여 지질 소화를 돕는 유화제 역할을 하고 세포막의 구성성분으로 작용한다.
③ 담즙산은 콜레스테롤로부터 만들어진다.
④ 필수지방산만 호르몬 유사물질의 생성을 돕는다.

14 정답 ①

2020년 개정된 한국인 영양소 섭취기준에서 뇌·심혈관계 질환 예방을 위한 트랜스지방산의 에너지 적정비율은 1% 미만이며 포화지방산의 에너지 적정비율은 3∼18세의 경우 8% 미만, 성인의 경우 7% 미만으로 설정되어 있다.

15 정답 ④

트립신, 키모트립신, 엘라스타아제 등은 췌장에서 분비되는 단백질 가수 분해효소이다.

16 정답 ④

담즙산염은 지방의 유화작용을 유도하여 지방의 소화를 도와준다.

17 정답 ①

콜레스테롤은 스테로이드호르몬인 부신피질호르몬(글루코코르티코이드, 알도스테론)과 성호르몬(에스트로겐, 프로게스테론, 테스토스테론 등)을 합성하며, 비타민 D의 전구체인 7-데하이드로콜레스테롤을 합성하고, 지질의 소화와 흡수에 중요한 담즙을 생성한다.

18 정답 ③

다가불포화지방산(PUFA)의 섭취가 많아질 경우 비타민 E의 요구량을 증가시키며, 암을 일으키기도 한다. 적절한 PUFA의 섭취는 동맥경화를 예방할 수 있다. 담즙 생성의 주요 성분은 콜레스테롤이며, 당질의 충분한 섭취가 단백질 절약작용을 돕는다.

19 정답 ②

콜레스테롤은 간과 소장에서 대부분 합성되는데, 인슐린이나 갑상선호르몬은 콜레스테롤 합성을 증진시키고 글루카곤이나 글루코코르티코이드의 합성을 저해시킨다. 음식으로부터 흡수된 콜레스테롤 양에 따라 간에서의 합성이 조절된다.

20 정답 ③

케톤체는 체내에서 과량의 지방산이 불완전연소되었을 때 생성되는 지방산의 유도체이다. 특히 당질의 섭취 부족, 당뇨병, 기아, 단식 상태일 때 지질 합성과 지질 분해 간의 균형이 깨지면서 과량의 유리지방산이 간에서 케톤체를 형성하여 혈중 농도가 높아지고, 산성이 강하기 때문에 체내에 축적되면 산독증을 일으킨다. 근육, 심장, 신장 등에서 에너지원으로 이용된다.

21 정답 ④

콜레스테롤 생합성 경로
아세틸 CoA → 아세토아세틸 CoA → HMG-CoA(3-hydroxy-3-methyl glutaryl CoA) → L-메발론산 → 스쿠알렌 → 라노스테롤 → 콜레스테롤

22 정답 ④

규칙적인 운동은 HDL을 높여 심혈관 질환의 위험요인을 줄일 수 있다.
① HDL은 일반적으로 남자보다 여자가 높다.
③ 금연은 혈중 콜레스테롤을 낮추고 HDL-콜레스테롤을 정상 수준으로 회복시킨다.

23 정답 ①

지방산의 산화반응에는 NAD^+가 관여하며, 니아신이 전구체이다.

24 정답 ④

지방산 β-산화는 세포질의 지방산을 아실 CoA로 만들고 카르니틴에 의해 미토콘드리아로 운반되어 2 탄소 단위씩 지방산사슬이 연속적으로 짧아지며 ATP를 생성한다.

25   정답 ⑤

지방산 합성에는 지방산 합성효소 및 아세틸 CoA, 말로닐 CoA로 전환하는 데 비오틴, NADPH 등이 필요하다.

26   정답 ①

지방산의 산화에서 아실 탈수 소화효소의 조효소는 FAD이고 3-하이드록시아실 CoA 탈수소화 효소의 조효소는 NAD^+이다.

27   정답 ⑤

아세틸 CoA는 지방산, 케톤체, 콜레스테롤의 시작물질이고 담즙산은 콜레스테롤로부터 유도된다. 비타민 B_9로 알려진 엽산은 테트라하이드로폴레이트(tetrahydrofolate ; THF) 유도를 운반하는 반응 효소의 보조인자로 사용된다. 아세틸 CoA로부터 피르브산으로의 전환이 어려워 아세틸 CoA는 당신생 원료물질로 사용될 수 없다.

28   정답 ③

지질의 소화·흡수에 중요한 역할을 하는 담즙산은 간의 콜레스테롤에서만 합성된다.

29   정답 ⑤

식사 직후 지질 합성이 증가하는 방향으로 진행되어 여분의 포도당을 지질로 저장하는 경로가 촉진된다. 이에 따라 세포 밖의 지질을 분해시키는 LPL 활성이 촉진되어 식사로 공급받거나 간에서 합성된 TG를 분해하여 조직으로 흡수한 후 에너지로 사용하거나 TG로 저장한다.

30   정답 ④

뇌의 회백질이나 망막에는 구성지방산의 50% 이상이 DHA(리놀렌산으로부터 체내 합성되는 ω-3 지방산)이며 DHA는 두뇌발달, 인지기능, 학습능력 및 시각기능과 관련되는 것으로 보인다. 어유, 간유에 다량 함유되어 있다.

31   정답 ④

①, ⑤ 아세토아세틸 CoA(HMG-CoA) : 케톤체와 콜레스테롤 생합성 중간체
② 말로닐 CoA : 지방산 생합성에 관여
③ 숙시닐 CoA : TCA 회로 중간체

32   정답 ⑤

콜레스테롤 생합성을 조절하는 효소인 HMG-CoA 환원효소는 중간산물인 메발론산과 최종 산물인 콜레스테롤, 글루카곤에 의해 억제되고, 인슐린, 갑상선호르몬 등에 의해 촉진된다.

33   정답 ①

지방산 생합성은 세포질에서 일어나며 아세틸 CoA의 카르복실화반응으로 말로닐 CoA가 생성된다. 지방산은 2탄소 단위씩 지방산이 연속적으로 증가하여 18~20개의 사슬 길이를 가지며 환원제로 NADPH를 사용한다.

34   정답 ②

콜레스테롤 생합성을 조절하는 HMG-CoA 환원효소는 중간산물인 메발론산과 콜레스테롤, 글루카곤에 의해 저해된다.

35   정답 ④

아세틸 CoA 카르복실화효소는 아세틸 CoA에 CO_2를 부가하여 말로닐 CoA를 생성하는 효소로, 비오틴을 조효소로 요구한다.

CHAPTER 04 | 단백질

문제편 p.24

01	02	03	04	05	06	07	08	09	10
②	②	⑤	③	⑤	④	②	②	①	④
11	12	13	14	15	16	17	18	19	20
②	④	②	⑤	④	③	①	②	①	⑤
21	22	23	24	25	26	27	28	29	30
⑤	④	⑤	②	④	①	②	②	⑤	⑤
31	32	33	34	35	36	37	38		
①	②	②	④	④	④	④	⑤		

01   정답 ②

신체를 구성하고 있는 아미노산은 약 20여 종으로 신체에서 합성되지 않아 반드시 음식으로 공급되어야 하는 필수아미노산과 신체에서 합성되는 비필수아미노산이 있다. 단백질은 분자 내 질소를 평균 16% 함유하고 있으며, 아미노산은 아미노기를 제거한 뒤 에너지원이나 포도당으로 이용되고 남으면 체내 지방으로 축적된다.

02   정답 ②

단백질의 소화는 위에서 분비되는 펩신에 의해 시작된다. 췌장에서는 트립신, 키모트립신이 분비되며, 소장에서는 아미노펩티다아제, 디펩티다아제가 분비되어 단백질이 아미노산으로 분해된다.

03   정답 ⑤

트립시노겐, 키모트립시노겐, 프로카르복시펩티다아제는 불활성 형태이며, 췌장에서 각각 트립신, 키모트립신, 카르복시펩티다아제의 활성형이 되어야 효소 작용이 가능해진다. 디펩티다아제, 아미노펩티다아제는 소장에 있는 효소이다.

04   정답 ③

- 지단백질 : 킬로미크론, LDL, VLDL, HDL, 달걀노른자 리포비텔린, 리포비텔리닌 등
- 색소단백질 : 색소와 단백질이 결합된 것으로 체내의 산화-환원에 중요한 역할. 헤모글로빈 및 미오글로빈 등

05   정답 ⑤

콰시오커는 단백질 결핍증으로 간에서의 단백질 합성이 어려운 반면 탄수화물이나 지방을 급원으로 하는 지방산 합성은 활발히 일어난다. 따라서 단백질 부족으로 지방운반에 필요한 지단백질이 만들어질 수 없으며, 이로 인해 지방간이 유발된다.

06   정답 ④

헤모글로빈은 혈색소로 산소를 운반하며, 미오글로빈은 근육색소로 근육에 산소를 저장한다.
① 페리틴은 Fe의 저장 형태이다.
② 트랜스페린은 혈액 내에서 Fe을 운반한다.
⑤ 세룰로플라스민은 혈액 내에서 구리를 운반한다.

07   정답 ②

우유의 카제인과 난황의 비텔린은 인단백질이며 킬로미크론은 지단백질이다.

08   정답 ②

- 케톤 생성 아미노산 : 류신, 라이신
- 케톤 생성 및 포도당 생성 아미노산 : 티로신, 트립토판, 이소류신, 페닐알라닌
- 포도당 생성 아미노산 : 아르기닌, 발린

09   정답 ①

평가하고자 하는 식품단백질의 필수아미노산 구성을 기준 단백질의 필수아미노산 조성과 비교하여 가장 낮은 비율의 아미노산을 제한아미노산이라고 하며, 이 아미노산의 함량을 기준 단백질의 아미노산 함량으로 나눈 값의 백분율을 화학가라 한다. 그리고 이를 아미노산 표준구성과 비교한 것을 아미노산가라고 한다.

10   정답 ④

두류에는 메티오닌, 곡류에는 라이신 및 트레오닌, 채소에는 메티오닌, 옥수수에는 트립토판 및 라이신이 부족하다.

11   정답 ②

밀단백질의 제한아미노산은 라이신과 트레오닌이다.

12   정답 ④

세로토닌은 트립토판으로부터 생기는 아민으로 지혈작용과 뇌의 흥분 촉진 작용 등을 한다.

13   정답 ②

- 완전단백질 : 달걀의 알부민, 우유의 카제인, 대두의 글리신
- 부분적 불완전단백질 : 밀의 글레아딘, 보리의 호르데인, 쌀의 오리제인
- 불완전단백질 : 젤라틴, 옥수수의 제인

14 정답 ⑤

건강한 성인은 질소균형이 균형이다. 성장기 임산부, 회복기 환자, 운동선수는 양의 균형을 이루며, 체중 감소, 기아, 수술 환자 등은 음의 균형이다.

15 정답 ④

단백질의 대부분은 아미노산까지 분해된 후 주로 소장의 점막세포로 흡수되어 모세혈관과 문맥을 거쳐 간으로 간다. 사람에 따라 특정 단백질이 그대로 흡수되는 수가 있어 알러지 반응이 나타나기도 한다. 펩티드와 유리아미노산은 서로 다른 기전으로 흡수되며 비슷한 화학적 구조와 성질을 가진 아미노산들은 서로 경쟁적으로 흡수된다.

16 정답 ③

단백질을 과잉 섭취할 경우 칼슘 배설이 증가하고 신장의 부담이 많아지므로 특히 신장 질환자는 단백질 섭취에 주의해야 한다.

17 정답 ①

호르몬은 단백질 호르몬과 스테로이드계 호르몬이 있는데 스테로이드계 호르몬은 프로게스테론, 에스트로겐, 테스토스테론과 같은 성호르몬과 알도스테론, 글루코코르티코이드 등의 부신피질호르몬 등이다.

18 정답 ②

필수아미노산은 체내에서 합성되지 않거나 소량만 합성되므로 꼭 식이로 섭취해야 하는 아미노산이며 성인 기준 총 8개(이소류신, 류신, 라이신, 메티오닌, 페닐알라닌, 트레오닌, 트립토판, 발린)이다.

19 정답 ①

체내는 질소평형을 유지하며 이는 단백질 함량이 일정한 것을 뜻한다. 체내 단백질은 분해 시 질소 배설이 증가되며 이는 음의 질소평형을 뜻하며 영양불량, 질병, 발열, 수술 회복할 때 이런 현상이 나타난다. 반대로 양의 질소평형(기아, 성장, 임신, 신체훈련 등)일 경우 질소섭취량이 많은 상태로 이는 단백질 합성에 이용된다.

20 정답 ⑤

방향족 아미노산인 페닐알라닌, 티로신, 트립토판은 간에서 주로 대사되며, 간질환 시에는 간의 대사활동 저하로 인해 혈액 내 농도가 증가되므로 식이 섭취를 줄이는 것이 좋다.

21 정답 ⑤

2020년 개정된 한국인 영양소 섭취기준의 단백질 권장량은 19~29세 남자의 경우 65g 여자의 경우 55g이며 30~49세 남자는 65g 여자는 50g이다.

22 정답 ④

페닐케톤뇨증은 페닐알라닌 수산화 효소의 유전적인 결함에 의해 페닐알라닌으로부터 티로신을 합성하지 못하여 발생한다. 단풍당뇨증은 이소류신, 류신, 발린 대사의 선천적인 장애, 호모시스틴뇨증은 메티오닌으로부터 시스테인을 합성하는 효소의 유전적 결함에 의해 발생한다.

23 정답 ⑤

혈장 단백질인 알부민과 글로불린은 체내 수분 평형을 도우며 결핍 시 부종이 나타난다.

24 정답 ②

섭취기준은 한국인 영양소 섭취 기준을 고려하며, 적절한 열량 공급은 단백질 필요량과 밀접한 관계가 있다. 열량 공급이 탄수화물과 지방에 의해서 충분하지 않으면 단백질이 열량원으로 이용되기 때문이다.

25 정답 ④

아르기닌은 요소회로에서 최종적으로 가수분해되어 요소와 오르니틴을 생성한다.

26 정답 ①

요소회로에서 1mg의 요소를 합성하기 위해 4 ATP가 소모되는데, 카바모일산과 아르기노숙신산 생성에 각각 2 ATP씩 사용된다.

27 정답 ①

pyridoxal phosphate(PLP)는 아미노기 전달반응의 보조효소로 비타민 B_6 유도체이다.

28 정답 ②

크레아틴은 근육 내 에너지 저장 단백질로 아르기닌, 글리신, 메티오닌에 의해 생성된다. 아르기닌은 글리신과 결합하여 구아니다노아세트산이 되고 이어 메티오닌과 결합하여 크레아틴이 된다.

29   정답 ⑤

mRNA는 유전정보를 DNA로부터 리보솜으로 운반하는 역할을 한다.
③ 리보솜의 구조를 이루는 구성성분은 RNA이다.

30   정답 ⑤

단풍나무시럽병은 선천성 아미노산 대사 이상으로 생기는 질환이며 소변, 땀에서 단풍나무시럽과 비슷한 냄새가 난다. 구토, 경련, 정신발달 지체 등을 유발한다.
④ 테이삭스병은 강글리오시드의 축적으로 인한 중추신경계 손상 질환이다.

31   정답 ①

- 케톤성 아미노산 : 류신, 라이신
- 케톤성 및 당원성 아미노산 : 이소류신, 페닐알라닌, 티로신, 트립토판
- 당원성 아미노산 : 알라닌, 세린, 글리신, 시스테인, 아스파르트산, 아스파라긴산, 글루탐산, 글루타민, 아르기닌, 히스티딘, 발린, 트레오닌, 메티오닌, 프롤린

32   정답 ⑤

RNA에만 있는 피라미딘 염기는 U(우라실)이며 DNA에만 있는 피리미딘 염기는 T(티민)이다.

33   정답 ②

아미노산이 탈아미노되어 생성되는 a-케토산의 주요 예로는 알라닌 → 피루브산, 아스파르트산 → 옥살로아세트산, 글루탐산 → 케토글루타르산 등이 있다.

34   정답 ④

타우린은 시스테인의 산화 생성물로 중간 생성물인 히포타우린을 거쳐 생성된다. 타우린은 담즙산과 결합하여 타우로콜산 등이 되며 담즙의 성분이 되어 분비된다.

35   정답 ④

아미노기 전이반응은 한 아미노산으로부터 탄소골격에 아미노기를 전달하여 새로운 아미노산을 형성하는 과정으로, 조효소로서 아미노기 전달효소인 비타민 B_6(PLP)가 작용한다.

36   정답 ④

티로신은 에피네프린으로부터 생성되는 부신수질호르몬이다.

37   정답 ④

트립토판으로부터 생합성되는 비타민은 니아신이다.

38   정답 ⑤

체내 암모니아(NH_3)의 합성 또는 분해의 목적
- a-케토산과 결합하여 아미노산이 된다.
- NH_3는 유독성이므로 세포에 축적되면 독성작용을 나타내며, NH_3의 해독작용의 하나로 글루타민을 합성한다.
- NH_3가 생리적으로 필요 없을 때 직접 배설하고, 소변 중 NH_3의 40%가 이것에 의한다.
- 요소의 합성에 이용된다.
- 크레아티닌 생성 등에 이용된다.

CHAPTER 05 | 에너지

문제편 p.30

01	02	03	04	05	06	07	08	09	10
④	①	②	③	③	④	④	②	①	②
11	12	13	14	15					
⑤	④	③	③	④					

01   정답 ④

소화흡수율이 탄수화물은 98%인 데 반해 지방은 95%, 단백질이 92%이기 때문이다.

02   정답 ①

지방은 효과적인 에너지원으로 열량을 내는 구성 원소인 탄소와 수소의 함량이 당질보다 훨씬 많은 반면 산소는 더 적기 때문이다.

03   정답 ②

생명이 있는 한 심장박동, 호흡, 순환, 배설, 체온 유지 등의 생리현상은 계속적으로 이루어져야 하는데, 이를 위해 필요한 에너지를 기초대사라 한다.

04   정답 ③

체온이 상승함에 따라 기초대사량은 증가하고, 영양 불량이나 갑상선기능저하일 때는 저하된다.

05   정답 ③

수면 시에는 근육이 이완되고 자신경의 활동이 감소하기 때문에 기초대사량이 약 10% 감소한다.

06   정답 ④

기초대사량은 실내 온도 18~20℃, 식사 후 12~15시간 경과 후 측정한다. 체중만으로 간단히 구할 수도 있는데, 남자는 1.0kcal×체중kg×24h로, 여자는 0.9kcal×체중kg×24h로 구한다.

07   정답 ④

휴식대사량은 휴식을 취하고 있는 상태에서의 에너지 소비량으로, 개인의 제지방량(bean body mees)에 의해 차이가 난다. 또한 식이성 발열효과(thermic effect of food ; TEF)와 이전에 수행한 신체활동의 영향으로 기초대사량보다 높게 나타난다.

08   정답 ②

식이성 발열효과는 식품의 특이동적 작용이라고도 하며, 음식물이 소화·흡수되어 저장되는 데 필요한 에너지로, 식사 직후 체내의 에너지 대사율이 증가하는 것을 말한다. 혼합식을 섭취할 경우 TEF는 약 10%이며 주로 에너지가 열로 발산되므로 체온 상승 효과를 가져오는 많은 양의 식사를 한꺼번에 섭취할 경우 적은 양의 식사를 나누어 먹을 때보다 TEF가 크다. 식이성 발열효과는 지방이 0~5%로 가장 적고 당질은 5~10% 단백질이 20~30% 알코올은 20% 정도가 된다.

09   정답 ①

휴식대사량은 식후 몇 시간이 지나 휴식 상태에서 에너지 소모량을 측정하므로 기초대사량보다 측정하기 편리하나, 기초대사량과 비교하여 10% 이내의 차이가 있다.

10   정답 ②

알코올은 탈수소효소에 의해 아세트알데하이드를 생성하는데, 이 물질이 독성을 나타내어 두통, 세포막 손상 등을 일으킨다.

11   정답 ⑤

식후에는 인슐린 분비가 증가되고, 간과 근육에서 글리코겐 합성이 증가된다.

12   정답 ④

알코올 중독자는 간에서 비타민 전구체가 비타민으로 전환되는 것이 감소하고 비타민 D의 섭취와 활성화가 방해되어 골절의 위험이 증가한다. 또한 무기질의 신장 재흡수가 감소하고 배설이 증가하게 되어 무기질 결핍이 나타날 수 있고 간에서의 중성 지방 합성이 증가된다. 또한 굶은 상태에서 알코올 과다 섭취 시 포도당 신생작용이 저하되어 저혈당을 초래한다.

13   정답 ③

장기간의 음주는 당질, 비타민 및 무기질 대사에 영향을 미쳐 지방간, 통풍, 알부민 부족에 의한 부종, 식도염 및 위장염, 빈혈, 면역 저하에 의한 감염, 신경염 등이 나타날 수 있다.

14   정답 ③

알코올은 알코올 탈수소효소와 아세트알데하이드 탈수소효소에 의해 대사되는데 이때 NAD^+를 $NADH$로 전환시킨다. 니아신은 NAD^+의 전구체이다.

15 정답 ④

생리적 열량가는 식품의 열량에 소화흡수율, 단백질의 불완전연소, 호흡으로 배설되는 알코올의 양 등을 고려하여 계산한다.

CHAPTER 06 | 비타민

문제편 p.33

01	02	03	04	05	06	07	08	09	10
②	③	⑤	②	⑤	②	⑤	④	②	④
11	12	13	14	15	16	17	18	19	20
②	⑤	②	③	⑤	⑤	④	④	②	④
21	22	23	24	25	26	27	28	29	30
③	④	④	③	⑤	④	③	①	⑤	⑤
31	32	33	34	35	36	37	38	39	40
⑤	⑤	①	③	②	④	①	①	⑤	②
41	42	43							
①	④	①							

01 정답 ②

티아민(비타민 B_1)은 해당과정, TCA 회로, HMP 경로와 같은 탄수화물 대사에 작용하는 조효소로 특히 곡류 위주의 식사로 탄수화물 섭취가 많은 사람에게 필요하다.

02 정답 ③

티아민의 급원식품은 돼지고기와 육가공품, 콩, 현미와 통밀, 배아, 효모 등이 있다.

03 정답 ⑤

티아민, 리보플라빈, 니아신의 권장량은 섭취 열량에 따라 달라진다. 따라서 남녀의 영양 섭취 기준이 다르다.

04 정답 ②

티아민은 맥주효모, 돼지고기, 두류에 많이 들어 있으며 체내 요구량은 에너지 섭취량과 밀접한 관계가 있다. 과잉 섭취할 경우 요를 통해 배설되나, 결핍되면 각기병이 나타난다.

05 정답 ⑤

리보플라빈(비타민 B_2)은 FMN, FAD의 구성성분이며 FMN, FAD는 수소전달효소의 조효소로 작용한다.

06 정답 ②

니아신은 산화환원반응의 조효소(coenzyme)로 산화형은 NAD^+, $NADP^+$이며, 생체의 산화·환원에 중요한 비타민이다.

07 정답 ⑤

비타민과 연관된 조효소는 비타민 B_5(판토텐산)-CoA, 비타민 B_1-TPP, 비타민 B_2-FAD, 비타민 B_6-PLP, 비타민 B_{12}-코발아민, 엽산-THF, 비타민 B_3-NAD이다.

08 정답 ④

니아신(비타민 B_3)은 소장 상부에서 주로 흡수된다.

09 정답 ②

트립토판 60mg으로부터 니아신 1mg이 합성되며 비타민 B_1, 비타민 B_2, 비타민 B_6 등을 필요로 한다.

10 정답 ④

니아신 결핍에 의한 임상적인 질환은 펠라그라이며, 이는 피부염(dermatitis), 설사(diarrhea) 정신 질환(demerial), 사망(death) 등을 가져오는 4D 증상으로 나타난다.

11 정답 ②

비타민 B_6의 기능을 갖는 물질에는 피리독신, 피리독살, 피리독사민의 3가지가 있으며, 흡수된 비타민 B_6는 간에서 조효소 형태인 PLP(pyridoxal 5-phosphate)가 되어 아미노산의 대사과정에 다양하게 작용한다. 유황전이반응, 탈아미노반응, 아미노기 전이반응, 탈탄 산반응 등이 대표적이다.

12 정답 ⑤

지방산의 합성과 분해, 콜레스테롤 합성은 아세틸 CoA로부터 이루어진다. CoA는 비타민 B_5(판토텐산)의 조효소 형태이다.

13 정답 ②

식품 중의 엽산은 프테리딘고와 파라아미노벤조닉산, 여러 개의 글루타믹산으로 이루어져 있다. 엽산은 소장에서 모노글루타메이트의 형태로 흡수되고, 엽산의 수송은 주로 능동적 운반에 의한다. 엽산은 청녹색임채소에 특히 풍부하며, 임신기에는 세포분열 속도가 크게 증가하므로 엽산 요구량이 증가되는 시기이다.

14 정답 ③

비타민 B_6는 수용성 비타민이지만 인체 내에 많은 양이 저장되어 있으며, 그 양은 약 167mg 정도로 추정된다. 비타민 B_6는 피리독살인산(PLP)으로 전환되어 아미노산의 대사과정에 다양하게 작용하므로 단백질 섭취량이 많아지면 비타민 B_6의 요구량도 증가한다. 또한 식물성 식품 내의 비타민 B_6는 배당체의 형태로 존재하여 생체 내의 이용률이 낮으므로 비타민 B_6의 섭취기준은 급원식품을 감안하여 산정한다. 결핵 치료제인 이소니아지드(isoniazid) 복용, 과량의 알코올 섭취, 경구피임약의 복용 등은 혈장 PLP 수준을 감소시킨다.

15 정답 ⑤

티아민의 조효소는 TPP, 피리독신은 PP, 판토텐산은 CoA, 엽산은 THF이고, 리보플라빈(비타민 B_6)의 조효소 형태는 FML, FAD이다.

16 정답 ⑤

엽산과 비타민 B_{12}는 대사 과정에서 상호 관련이 있다.

17 정답 ④

엽산은 DNA, RNA 합성에 필요한 퓨린과 피리미딘의 형성 과정에 필요하다. 엽산이 부족하면 DNA 합성 저하로 적혈구의 분화가 제대로 일어나지 못하여 비정상적으로 크고 미숙한 형태의 거대적아구성 빈혈을 초래한다.

18 정답 ④

판토텐산은 조효소 CoA의 구성성분으로 지방산 산화반응에 필요하다.

19 정답 ②

콜린은 신경전달물질인 아세틸콜린과 지단백질 세포막 담즙의 구성성분인 레시틴의 구성물질이다.
① 동물실험을 통해 콜린결핍증은 지방간을 발생시키는 것으로 확인되었으며, 정상인 역시 무콜린 식이섭취 시 간기능 장애가 나타났다.
③ 콜린은 간에서 엽산과 비타민 B_{12}의 도움을 받아 메티오닌으로부터 합성된다.
⑤ 콜린의 금원식품은 난황 및 우유이다.

20 정답 ④

비타민 C는 콜라겐 형성 시 프로린이 하이드록시플로린으로 전환되는 데 관여한다.

21 정답 ③

엽산과 비타민 B_{12}는 호모시스테인에 메틸기를 제공하여 메티오닌을 합성하며, 비타민 B_6는 호모시스테인이 시스타티오닌을 거쳐 시스테인을 형성하는 데 보조효소로 관여한다. 따라서 이들 영양소는 혈중 호모시스테인을 낮추는 데 관여한다.

22 정답 ④

엽산은 소장의 conjugase에 의해 monoglutamate로 가수분해되어 흡수된다. 엽산의 경우 그 형태(식품, 보충제, 강화된 식품 등)에 따라 흡수율이 다르므로 식이엽산당량 (Dietary Folate Equivalent ; DFE)으로 요구량을 표시하며, 영양실조, 고령 알코올 중독, 비스테로이드계의 항소염제 등은 엽산의 흡수를 저해한다.

23 정답 ④

콜라겐은 하이드록시프롤린과 하이드록시라이신이 많은데, 이의 수산화반응은 비타민 C에 의존한다. 또한 카르니틴은 지방산 산화를 위해 지방산이 세포질로부터 미토콘드리아로 이동하는 데 필요한 수송체로서, 라이신과 메티오닌의 수산화반응으로부터 합성된다.

24 정답 ③

비오틴은 황을 가진 수용성 비타민으로, 열이나 알칼리, 산 등에 의해 쉽게 파괴된다.

25 정답 ⑤

비타민 B_{12}의 주요 급원은 간, 조개, 굴, 쇠고기, 달걀, 돼지고기, 우유 등의 동물성 식품이다. 따라서 육류, 어류 및 유제품을 거의 섭취하지 않는 채식주의자의 경우 결핍되기 쉽다.

26 정답 ⑤

비타민 C 1~2g(권장량의 15~30배)을 계속적으로 섭취하면 과잉증이 발생하기 쉽다. 비타민 C는 철분 제2철(Fe^{3+})을 제1철(Fe^{2+})로 환원시켜 Fe의 흡수를 촉진하므로 비타민 C를 알약 등으로 과잉 섭취할 경우 철분의 흡수를 과도하게 하여 철분독성을 초래할 수 있으며, 비타민 C의 대사산물인 수산이 신장에 침착하여 신석증이 생길 수 있다. 비타민 C의 결핍은 괴혈병이며, 만성피로, 우울증 등의 임상증상들이 나타난다.

27 정답 ④

카르니틴은 지방산이 미토콘드리아 내막을 통과하도록 하여 미토콘드리아 기질에서 지방산의 분해가 일어나도록 한다.

28 정답 ③

비타민 E와 Se는 항산화작용에 관여한다.
④ 비타민 K는 혈액 응고에 관여하나 칼륨은 비타민 K와 무관하다.

29 정답 ①

니아신, 리보플라빈, 비타민 B_6, 비타민 B_{12}는 설염, 구내염 및 피부염과 관련이 있는 비타민이다.
③ 비타민 C의 결핍은 괴혈증을 동반한다.

30 정답 ⑤

- 상한섭취량 : 지용성 비타민 A, D, E와 수용성 비타민 니아신, 비타민 B_6, 엽산, 비타민 C
- 충분섭취량 : 지용성 비타민 D, E, K와 수용성 비타민 판토텐산, 비오틴

31 정답 ⑤

비타민 D는 부갑상선호르몬과 함께 혈장의 칼슘 농도를 증가시킨다.

32 정답 ④

비타민 K의 영양 상태를 평가하기 위해 혈중 비타민 K, 혈중 프로트롬빈 농도, 혈액 응고 시간 등을 측정할 수 있다.

33 정답 ①

② 비타민 D의 상한섭취량은 100㎍이다.
③ 65세 이상의 비타민 D 충분섭취량은 15㎍이다.
④ 임산부와 수유부의 비타민 D 추가량은 없다.
⑤ 영아의 충분섭취량은 5㎍이다.

34 정답 ③

비타민 K는 항생제 혹은 약물 장기 복용 시 결핍이 오기 쉬운 영양소이므로 충분한 섭취가 필요하다.

35 정답 ②

비타민 K는 간에서 프로트롬빈의 합성에 관여하며, 합성된 프로트롬빈은 혈액으로 방출되어 혈액 응고에 관여한다. 프로트롬빈이 트롬보플라스틴과 칼슘에 의해 트롬빈으로 활성화되고 활성화된 트롬빈이 가용성 단백질인 피브리노겐을 불용성 단백질인 피브린으로 전환시킴으로써 혈액 응고가 이루어진다.

36 정답 ④

지용성 비타민의 과잉분은 간과 지방조직에 저장되며 쉽게 배설되지 않는다. 결핍증은 서서히 나타나며, 매일 섭취하지 않아도 된다.

37 정답 ⑤

비타민 D 전구체는 7-데하이드로콜레스테롤로 피부에 존재하며 자외선에 의해 비타민 D_3로 전환된다.

38 정답 ①

당근이나 호박에는 카로티노이드 함량이 높은데, 이를 다량 섭취할 경우 카로틴이 피부 및 지방세포에 축적되어 피부가 노랗게 변한다. 이를 고카로틴혈증이라 하며, 증상은 정상인의 경우 카로틴의 섭취를 중단하면 수일 내로 사라지고 건강상의 위해는 없다.

39 정답 ⑤

콜레스테롤의 유도체인 7-데하이드로콜레스테롤은 인체의 피부에 존재하며 자외선을 받으면 고리구조가 열려 비타민 D로의 전환이 가능해진다.

40 정답 ②

비타민 A가 부족하면 야맹증, 각막연화증, 비토반점, 성장지연과 기타 모낭각화증, 설사, 호흡기 염증 등이 발생한다.

41 정답 ①

비타민 D는 과량 섭취 시 독성이 있으며(특히 어린이) 고칼슘혈증과 고칼슘뇨증이 나타나고, 연조직에 칼슘이 축적되어 신장이나 심혈관에 영구적인 손상을 일으킨다. 10 μg이 충분섭취량이며 독성이 심해서 상한섭취량은 100μg으로 설정되어 있다. 또한 간과 신장에서 활성화된다.

42 정답 ④

비타민 K는 프로트롬빈의 형성을 도와 혈액 응고에 관여하며 시금치, 케일 등 푸른잎채소에 다량 함유되어 있다.

43 정답 ①

토코페롤은 비타민 E로 노화를 방지하고 세포막을 보호하는 항산화 비타민이다.

CHAPTER 07 | 무기질

문제편 p.40

01	02	03	04	05	06	07	08	09	10
⑤	③	②	④	④	③	⑤	①	①	⑤
11	12	13	14	15	16	17	18	19	20
②	④	①	②	③	④	⑤	②	⑤	⑤
21	22	23	24	25	26	27	28	29	30
①	①	④	②	②	④	②	②	②	④
31	32	33	34	35	36	37	38	39	
③	③	②	①	①	④	③	①	⑤	

01   정답 ⑤
무기질은 신체조직을 구성하고(마그네슘, 칼슘, 인), 에너지 대사(마그네슘, 망간, 인 등)에 관여한다. 또한 호르몬 조절(칼슘, 요오드 크롬 등)과 보조효소기능(구리, 철, 셀레늄, 아연 등)을 통해 생체기능을 조절하며, 수분평형을 유지하고 항산화기능(아연, 망간 구리 철 셀레늄) 등을 수행한다.

02   정답 ③
글루타티온은 글리신, 글루탐산, 시스테인의 트리펩티드이며 산화환원반응에 관여한다. 황은 시스테인의 구성성분이다.

03   정답 ②
칼슘 흡수를 촉진하는 요인으로는 비타민 D, 유당, 소화관의 산도, 비타민 C 등이 있으며, 흡수를 저해하는 요인은 피틴산, 수산, 섬유소의 과량 섭취 등이 있다.

04   정답 ④
부신피질에서 분비되는 알도스테론은 신세뇨관에서의 나트륨 재흡수를 증가시키고 칼륨의 재흡수를 억제함으로써 체액의 무기이온 농도와 삼투압을 일정하게 유지시킨다.

05   정답 ④
칼륨은 과잉 섭취되면 나트륨과 반대로 혈압을 저하시키는 작용이 있다. 따라서 고칼륨혈증이 유발되면 갑작스러운 심정지를 초래할 수 있다.

06   정답 ③
황은 메티오닌, 시스테인의 구성성분으로 약물 해독작용을 한다.

07   정답 ⑤
마그네슘 결핍 시 신경자극전달과 근육 수축 및 이완의 조절 장애로 마그네슘 테타니가 나타나며, 그 증상으로 신경이나 근육에서 심한 경련증세를 보인다.

08   정답 ①
장내 인의 비율이 과다해지면 많은 양의 인산칼슘을 형성하여 칼슘이 잘 흡수되지 않고 대변으로 배설되므로 칼슘과 인의 비율은 1~2:1을 초과하지 않는 것이 좋다.

09   정답 ①
인은 칼슘과 함께 골격과 치아를 구성하며, 인지질을 구성하여 세포막의 구성분이 된다. 또한 당, 염기, 인산으로 구성되는 DNA 및 RNA의 구성성분이며, 티아민, 니아신 등의 비타민을 활성화하여 조효소로서 당질, 단백질, 지질 등의 대사에 관여한다. ATP 등의 고에너지 인산화합물을 형성하여 에너지의 저장과 이용에 관여하며, 완충제로서 체액의 산, 염기 평형을 조절한다.

10   정답 ⑤
나트륨은 산과 염기의 균형 유지, 수분 평형 조절, 염소 펌프 작용에 의해 능동적 수송을 하여 정상적인 근육의 자극반응을 조절한다.

11   정답 ②
마그네슘(Mg)은 마취제나 항경련제의 성분으로 이용된다.

12   정답 ④
마그네슘은 골격과 치아 구성에 필수적이고 3대 영양소 대사에 관여하며 ATP의 구조적 안정을 유지한다. 또한 신경을 안정시키고 근육을 이완시킨다.

13   정답 ①
동물성 육류 및 어류는 인, 황, 염소와 같은 음이온이 많아서 산성도가 높고 과일과 채소는 마그네슘, 칼슘 등의 양이온이 많아서 알칼리도가 높다.

14 정답 ②
나트륨을 과잉으로 장기간 섭취하면 부종, 고혈압 및 위암과 위궤양의 발병률을 증가시킨다.

15 정답 ③
염소는 수소이온과 결합하여 염산을 만드는데, 이것은 위액의 중요성분이다.

16 정답 ④
불소는 뼈에서 무기질의 용출을 감소시키고 과잉 시 치아에 갈색 반점이 발생한다.

17 정답 ⑤
소장의 위산(산성) 및 비타민 C, 시트르산, 말산, 주석산 등은 철분의 흡수를 증가시킨다.

18 정답 ②
철의 결핍 정도를 가장 민감하게 나타내는 지표는 저장철의 감소, 즉 혈청 페리틴 수준의 감소이다. 그 다음은 혈청 트랜스페린의 감소로 적혈구 생성에 필요한 철을 공급할 수 없게 된다.

19 정답 ⑤
황을 함유하고 있는 물질은 황함 아미노산인 메티오닌, 시스테인, 시스틴과 췌장 호르몬인 인슐린, 티아민, 비오틴, CoA 등의 비타민류가 있다. 또한 산화·환원에 관여하는 글루타티온도 황을 함유하고 있다.

20 정답 ⑤
인의 흡수율은 성인의 경우 50~70%로 높으며, 주로 신장을 통해 소변으로 배설된다.
① 체내 인의 85%가 칼슘과 결합하여 골격과 치아를 구성한다.
② 혈청 칼슘과 인의 균형을 정상으로 유지하기 위해서 식사 내 칼슘과 인의 섭취비율은 1:1로 권장된다.
③ 우리나라 식생활에서 인의 섭취량은 충분하며 오히려 과잉 섭취가 우려된다.
④ 인은 신장의 재흡수를 통해 항상성을 유지한다.

21 정답 ①
감귤류의 시트르산은 철의 흡수를 촉진한다. 어육류는 철의 함량이 많고 흡수율이 높을 뿐만 아니라 같이 섭취하는 비헴철의 흡수도 증대시킨다.

22 정답 ①
아연이 결핍되면 성장이나 근육 발달이 지연되고 생식기 발달이 저하된다. 또한 면역기능의 저하 상처 회복 지연, 식욕 부진 및 미각과 후각의 감퇴 등이 나타난다.

23 정답 ④
비타민 C는 제2철을 제1철로 환원시켜 흡수를 증가시킨다.

24 정답 ②
심장의 수축에 관여하는 이온은 Ca, Na이고, K는 심장의 이완에 관여한다.

25 정답 ②
골다공증은 칼슘부족증으로 폐경기 이후의 여성들에게 많이 발생하므로 칼슘의 섭취와 흡수를 증진시켜야 한다. 칼슘 흡수율을 촉진시키는 영양소에는 락토즈와 비타민 D가 있다.

26 정답 ①
철 저장량이 충분할 경우 여분의 철은 장세포에서 페리틴으로 저장되고, 철 요구도가 높을 경우 트랜스페린을 통해 철을 장에서 조직으로 운반한다.

27 정답 ④
구리를 혈액을 통해 조직으로 운반하는 물질은 셀룰로플라스민이다.

28 정답 ②
모든 영양소 중에서 철의 흡수율이 가장 낮다. 2020년도 한국인 영양소 섭취기준에서는 성인을 비롯한 전 연령층의 철 흡수율이 12%로 조사되었는데, 임산부는 14%, 수유부는 일반 여성과 동일한 12%이다.

29 정답 ②
조혈인자는 철, 구리, 코발트, 엽산, 비타민 B_6, 비타민 B_{12} 등이 있다.

30 정답 ④

셀레늄은 항산화작용을 통해 비타민 E를 절약하는 작용을 한다.
① 요오드는 갑상선호르몬의 성분이다.
②, ⑤ 망간과 몰리브덴은 여러 효소의 구성성분이다.
③ 크롬은 당 내성 인자의 성분이다.

31 정답 ③

크롬은 당 내성 인자(Glucose Tolerance Factor ; GIF)라고 하는 복합체의 성분으로 작용하여 인슐린의 작용을 강화하며, 세포 내로 포도당이 유입되는 과정을 돕는다.

32 정답 ③

다량 무기질 중에서 나트륨, 염소, 칼륨은 충분 섭취량이 제정되어 있으며, 특히 나트륨은 섭취 과다의 문제점 때문에 만성질환 위험 감소 섭취량이 설정되어 있다.

33 정답 ②

칼륨은 골격근과 심근의 활동에 중요한 역할을 담당하는데, 신장기능이 약한 경우 혈중 칼륨 농도가 상승하여 고칼륨혈증을 초래함으로써 심장 박동을 느리게 하고, 이를 빨리 치료하지 않으면 심장마비를 초래할 수 있다.

34 정답 ①

요오드가 결핍되면 단순갑상선종 혹은 크레틴병이 나타날 수 있다. 요오드는 해조류, 해산물에 많이 함유되어 있다.

35 정답 ①

아연의 섭취가 철과 구리에 비해 비율이 높을 경우 철과 구리의 흡수에 지장을 초래한다.

36 정답 ④

① 엽산, 비타민 B_{12}의 결핍은 거대적아구성 빈혈증의 경우이다.
② 철 결핍성 빈혈에서는 헤모글로빈 양과 적혈구 자체의 크기도 감소한다.
③ 가장 좋은 철 급원 식품은 헴철을 함유하고 있는 육류, 어패류, 가금류 등이며 곡류, 콩류, 녹색채소 등에도 어느 정도 함유되어 있지만 흡수율이 낮다.
⑤ 철 결핍증의 초기 단계인 체내 철 저장량의 부족 시 혈청 페리틴 농도가 감소하고, 철 결핍의 마지막 단계에서는 헤모글로빈과 헤마토크리트치가 감소한다.

37 정답 ③

셀레늄은 글루타티온 과산화효소의 구성성분으로서 과산화물질의 생성을 억제하는 항산화제로 작용하여 비타민 E를 절약한다.

38 정답 ①

셀레늄은 항산화작용을 한다.
② 요오드 : 티록신 생성
③ 불소 : 충치 예방
④ 구리 : 셀룰로플라스민 형성
⑤ 크롬 : 당 내성 인자 생성

39 정답 ⑤

대부분의 무기질은 상한섭취량이 설정되어 있으므로 평소 식사 섭취 시 상한섭취량 미만을 섭취하도록 유의하여야 한다. 단, 나트륨, 염소, 칼륨의 경우에는 상한섭취량 없이 충분섭취량을 설정하였다. 특히 나트륨은 건강한 성인의 경우 1일 충분섭취량이 1.5g으로 설정되었으며 생활 습관에 따른 병의 예방 차원에서 과잉 섭취에 대한 대책이 필요하므로 WHO/FAO에서는 2,000mg(소금 5g)을 나트륨의 목표섭취량으로 제시하였다.

CHAPTER 08 | 수분, 효소, 핵산

문제편 p.46

01	02	03	04	05	06	07	08	09	10
①	①	②	③	⑤	①	②	③	④	③
11	12	13	14	15	16	17			
②	①	②	⑤	③	③	①			

01 　　정답 ①

세포외액에는 나트륨(Na^+), 칼슘(Ca^{2+}), 염소(Cl^-)가 존재하며, 이 중 나트륨과 염소는 세포외액에 가장 많이 존재하여 체액량을 일정하게 유지하는 작용을 한다.

02 　　정답 ①

체내 수분의 손실에 따른 증상
- 2% 손실 : 갈증
- 4% 손실 : 근육의 강도와 지구력 저하
- 10~12% 손실 : 근육 경련이나 정신착란
- 20% 이상 손실 : 의식 손실 및 사망

03 　　정답 ②

효소는 생체 내 여러 반응을 촉진하는데, 단순단백질로 구성된 효소와 복합단백질로 구성된 효소로 구분한다.
③ 효소의 단순단백질 부분을 아포효소(apoenzyme)라 한다.
④ 효소는 특정 기질에만 작용하는 특이성을 갖는다.
⑤ 동위효소(isozyme)란 효소의 기능은 동일하나 분자가 다른 효소를 말한다.

04 　　정답 ③

효소의 반응 속도에 영향을 미치는 요인에는 온도, pH, 효소 및 기질의 농도, 이온의 농도, 저해제 등이 있다.

05 　　정답 ⑤

K_m은 효소 반응속도(V)가 $1/2\ V_{max}$에 도달하기 위해 필요한 기질의 농도로, K_m 값이 작을수록 기질 친화성이 높다.

06 　　정답 ①

정상기질과 유사한 구조를 가진 저해제가 효소의 활성 부위에 대해 기질과 경쟁적 관계에서 가역적으로 결합하여 효소의 반응 생성물을 형성하지 못하게 하는 경우를 경쟁적 저해라고 한다.

07 　　정답 ②

레닌은 카제인을 파라카제인으로 변화시키는 응유 작용을 한다. 참고로 펩신 또한 위에서 분비되는 소화효소로 펩시노겐(pepsinogen)의 형태로 분비되며, 레닌과 같은 응유 작용을 한다.

08 　　정답 ③

① oxidase : 산화환원효소(oxidoreductase)
② aldolase : 분해효소(lyase)
④ aminopeptidase : 가수분해효소(hydrolase)
⑤ glucose ketal isomerase : 이성화효소(isomerase)

09 　　정답 ④

판토텐산(pantothenic acid)은 CoA의 전구체이다.

10 　　정답 ③

① 니아신-NAD
② 티아민-TPP
④ 판토텐산-coenzyme A
⑤ 리보플라빈-FAD

11 　　정답 ②

아미노기 전이효소(transaminase)는 alanine, glutamic acid를 요구하는 기질 특이성이 있으며, 보조효소로 비타민 B_6(PLP, PALP)를 필요로 한다.

12 　　정답 ①

핵산의 기본단위는 뉴클레오티드로 이를 가수분해하면 인산, 염기, 오탄당으로 분해된다.
② 핵산(DNA, RNA)을 구성하는 당은 오탄당으로 각각 deoxyribose, ribose이다.
④, ⑤ DNA 구성 염기에는 티민이 있고, RNA에는 우라실이 있다.

13 　　정답 ②

DNA 이중나선 구조에서 cytosine은 guanine과 수소결합에 의해 연결되는 염기 짝짓기를 이룬다.

14 　　정답 ⑤

mRNA(messenger RNA, 전령 RNA)는 DNA를 주형으로 전사하여 유전 정보를 간직하며 단백질 합성에 관여한다. 세포 내 5% 미만을 차지한다.

15 정답 ③

rRNA(리보솜 RNA)는 전체 RNA의 80%를 차지하며, 단백질의 합성 장소인 리보솜을 구성한다.

16 정답 ③

mRNA는 핵에서 유전정보를 받아 핵공을 통해 세포질로 이동하여 리보솜과 결합하고, 세포질에 있는 tRNA가 아미노산을 리보솜으로 운반해 그곳에서 아미노산과 아미노산 간의 펩타이드 결합이 이루어져 단백질이 합성된다.

17 정답 ①

helicase는 DNA의 이중나선을 풀어주는 역할을 한다.
② primase : 지연가닥이 5'→3' 방향으로 불연속적으로 합성되도록 primer를 합성
③ DNA polymerase Ⅲ : 사슬 연장
④ DNA polymerase Ⅰ : 먼저 생성된 primer를 절단하여 그 틈을 deoxyribonucleotide로 채움
⑤ DNA ligase : 단편과 단편 사이를 연결함

PART 02 생애주기영양학

CHAPTER 01 | 임신기·수유기 영양

문제편 p.52

01	02	03	04	05	06	07	08	09	10
④	⑤	①	②	①	④	④	①	⑤	③
11	12	13	14	15	16	17	18	19	20
④	④	④	④	⑤	③	③	②	⑤	④
21	22	23	24	25	26	27	28	29	30
⑤	④	②	③	⑤	④	③	②	③	④
31	32								
①	①								

01 정답 ④
프로락틴은 모유분비 억제 호르몬이다.

02 정답 ⑤
프로게스테론은 임신의 성립과 유지에 필요한 호르몬으로 자궁근의 흥분성을 저하시키며, 특히 자궁을 수축시키는 옥시토신의 감수성을 저하시킨다.

03 정답 ①
임신기에는 평활근의 활동이 느려져 소량의 식사로도 포만감을 느낀다.
③ 적혈구의 양은 임신 초기부터 꾸준히 증가하나 적혈구 증가율이 혈장의 증가율에 미치지 못해 혈액 희석 현상이 나타난다.
⑤ 부신의 알도스테론과 신장의 레닌은 임신 중 증가하는 혈액량을 유지하기 위하여 나트륨과 수분을 보유한다.

04 정답 ②
임신 중 프로게스테론은 자궁 평활근을 이완시켜 임신 유지를 도와주나 위장관 이완으로 장운동을 감소시키고 변비 등을 유발한다. 또한 자궁내막에 수정란이 착상하기 좋게 하고 요를 통한 나트륨 배설을 증가시키며 지방 합성 및 유방 발달을 촉진한다.

05 정답 ①
임신 중독증은 임신 20주 이후 고혈압, 단백뇨(알부민), 두통 등이 특징적으로 나타난다. 증상에 따라 자전증, 자간증(자전증의 증상과 함께 경련 또는 발작을 보이는 경우)이라 한다.

06 정답 ④
임신성 빈혈은 대부분 철 결핍성 빈혈이고, 혈장량은 증가하지만 적혈구수가 상대적으로 적어 빈혈증상이 나타난다. 임신 후기에는 자궁이 커지면서 장기를 압박하고 이에 흉식호흡, 팽만감, 속쓰림, 변비가 나타나며 방광이 압박을 받기 때문에 빈뇨현상이 나타난다.

07 정답 ④
단백질 권장섭취량은 질소평형 유지와 체단백질 축적에 필요한 양을 고려하여 임신 초기에는 0g, 임신 중기에는 15g, 임신 말기에는 30g을 추가하였다. 열량의 경우 임신 초기에는 0kcal, 임신 중기 340kcal, 임신 말기에는 450kcal의 열량이 더 필요하다.

08 정답 ①
흡연하는 임산부는 저체중아 또는 조산아를 낳을 가능성이 많다. 또한 크레틴병은 출생 후 정신 박약, 성장 장애, 왜소증을 나타낸다.

09 정답 ⑤
임신 기간 동안에는 태아와 모체의 대사산물인 크레아티닌, 요소 및 기타 다른 노폐물의 배설을 용이하게 하기 위하여 신장으로 흐르는 혈류량이 30% 이상 증가하고, 사구체 여과율도 50% 정도 증가한다. 따라서 영양소가 사구체를 통하여 다량 여과되지만 세뇨관에서 이를 모두 흡수하지 못한 채 소변으로 배설된다.

10 정답 ③
성인 여성의 철분 권장섭취량은 14mg이고 임신기에는 10mg이 추가되어 24mg의 철분 섭취를 권장한다.

11 정답 ④
엽산은 잎이 많은 채소와 과일류, 두류, 견과류에 많이 함유되어 있다.

12 정답 ④
거대적아구성 빈혈에 관여하는 영양소는 비타민 B_{12}, 엽산 등이다.

13 정답 ④
임신 후반기에는 태아와 태반 형성, 태아와 모체의 순환 혈액량 증가, 태아의 간 내 철분 축적, 분만 시 출혈 예방 등을 위하여 철분의 필요량이 증가한다.

14 정답 ④
임신 중에는 난소와 태반으로부터 에스트로겐과 프로게스테론이 다량 분비되어 프로락틴의 활성이 억제되므로 유즙 생성은 억제된다.

15 정답 ⑤
임신하지 않은 여성의 헤모글로빈 수치가 12mg/dL 이하일 경우, 임산부의 경우 11mg/dL 이하일 때 빈혈로 판정한다.

16 정답 ③
비타민 A, B, C, 티아민, 리보플라빈, 니아신, 엽산, 철, 아연, 구리 등은 임신기에 추가분이 설정되어 있다. 이 중 가장 크게 증가하는 것은 철이고 그 다음은 비타민 B_6와 엽산이다.

17 정답 ②
엽산이 결핍되면 신경관 결손이 발생하는데 이 경우 수정 후 21~27일 사이에 중추신경계의 분화가 방해를 받아 태아의 신경관 표피조직이 제대로 닫히지 않으면서 기형이 발생하게 된다.

18 정답 ②
임신 경험이 많고 노산인 임산부가 초산의 나이 어린 임산부보다 체중 증가가 적다. 비만한 임산부는 약 10kg 이하의 체중 증가가 바람직하며 임신 후기는 태아조직의 증가로 뚜렷한 체중증가가 보인다.

19 정답 ⑤
프로락틴은 유즙생성을 촉진하며, 융모성 성선자극호르몬(gonadotropin)은 황체를 자극함으로써 초기 임신을 유지한다.

20 정답 ④
임신 기간 동안에는 혈액량이 20~30% 증가하고 전혈장량은 45% 증가한다.

21 정답 ⑤
임산부의 체중은 대략적으로 태아(3.1kg), 태반(0.45kg), 양수(0.9kg), 유방과 자궁 증대(1.35kg), 혈액량(1.85kg) 증가, 산모의 지방조직 축적(3.6kg), 세포외액(1.35kg)의 증가 등에 따른 12kg 정도의 증가가 바람직하다.

22 정답 ④
티아민은 당질 대사, 지질 대사 및 수분 대사에 중요한 역할을 한다.

23 정답 ②
비타민 C는 철의 환원을 도와 철의 흡수를 증진시키며 부족 시 임신 유지에 필요한 호르몬 분비가 저하하고 태아의 사망, 유산, 조산을 초래하기 쉽다.

24 정답 ③
갑작스러운 체중 증가를 방지하기 위해 저열량, 저탄수화물, 저동물성지방 식사를 하고, 부종을 방지하기 위해 나트륨과 수분을 제한한다. 또한 고혈압을 예방하기 위해 고칼슘 식이를 하며 단백뇨가 있으므로 양질의 단백질을 섭취한다.

25 정답 ⑤
임신 말기에는 위장기관이 이완되어 속쓰림, 변비 등의 위장장애를 보이므로, 소화가 쉬운 부드러운 음식과 변비를 완화시키는 섬유소가 풍부한 식품을 섭취하는 것이 바람직하다.

26 정답 ④
임신 중 흡연의 경우 태아의 저산소증, 미숙아 출산, 비타민 C 소모 증가 등을 유발할 수 있으며, 임산부의 혈관 수축으로 인한 태반 혈류량 감소로 저체중아 또는 조산아를 낳을 가능성이 많다. 또한 담배의 유해물질(일산화탄소, 니코틴 등)이 태반을 통해 태아에게로 이행된다.

27 정답 ①

임신 후반기에는 인슐린 저항성이 증가하므로 모체에는 고혈당증이 나타날 수 있으나 태아의 당질 이용이 용이해진다.

28 정답 ③

면역글로불린은 음세포 작용에 의해 이동한다.
- 단순 확산 : 능동차에 의한 이동
- 능동 수송 : 에너지를 이용한 물질의 이동
- 음세포 작용 : 세포막에 의해 물질을 집어삼키는 형태의 이동

29 정답 ②

태반에서 분비되는 에스트로겐과 프로게스테론은 유즙 분비 억제 기능을 가지고 있으며, 뇌하수체 전엽에서 분비되는 프로락틴은 유즙 생성을 촉진시킨다. 또한 뇌하수체 후엽에서 분비되는 옥시토신은 유선 내 근육을 수축시켜 유즙 사출을 촉진시킨다.

30 정답 ④

수유부는 340kcal/day을 추가한다. 모유의 에너지 함량은 65kcal/100ml이다.

31 정답 ①

임산부의 비타민 A 추가량은 70μg RAE이며 수유부는 490μg RAE이다.

32 정답 ①

수유는 분만 후 2~3일부터 초유가 분비되어 1주일 정도가 되면 유즙 분비량이 현저히 증가하게 되고, 모유 수유를 계속하는 한 모유 생산은 장기간 유지한다. 즉, 모유를 빨리 물리면 모유 분비가 촉진된다.

CHAPTER 02 | 영아기 · 유아기 영양(학령전기)

문제편 p.57

01	02	03	04	05	06	07	08	09	10
③	⑤	④	③	⑤	③	③	③	③	③
11	12	13	14	15	16	17	18	19	20
①	①	④	⑤	④	⑤	①	⑤	①	①
21	22	23	24	25	26	27	28	29	30
④	③	③	⑤	①	⑤	③	⑤	④	②
31	32	33	34	35					
⑤	①	③	⑤	②					

01 정답 ③

생후 1년경의 가슴둘레와 머리둘레는 같다.

02 정답 ⑤

중기이유식은 식재료가 점차적으로 늘어나 하루에 2회 제공하며, 철 보충을 위하여 소고기 등의 육류를 이용하여 이유식을 제조한다. 무염 및 저염으로 조리하는 것이 좋고 꿀은 영유아의 소화과정 중 보툴리누스균의 성장을 촉진시킬 수 있어 제한하여야 한다.

03 정답 ④

카우프 지수는 생후 3개월까지는 변동이 많고 학동기 이후부터 다시 상승세를 나타내므로 신생아보다는 영유아기에 적합하다.

04 정답 ③

신생아의 탄수화물 소화를 위한 이당류 분해효소(락타아제, 말타아제, 이소말타아제, 수크라아제 등)가 일찍 성인 수준에 도달하며 활성도가 매우 높다.

05 정답 ⑤

영아가 단위체중당 열량 및 여러 영양소의 필요량이 높은 이유는 체격에 비해 체표면적이 넓어서 열손실이 크고 성장률이 높아 에너지 소비량이 많으며 어른에 비해 활동적이기 때문이다.

06 정답 ③

수분과 함께 전해질이 공급되어야 계속적인 설사를 막을 수 있다.

07 정답 ③

카제인은 유청단백질에 비해 단단한 커드(curd)를 형성하는데, 모유는 우유에 비해 카제인 함량이 적다. 또한 모유에는 우유에 비해 유당이 많은데, 유당은 비피더스균의 증식을 촉진한다.

08 정답 ③

모유영양아의 철분 흡수율은 50~70%, 칼슘 흡수율은 약 65%로 인공영양아의 30~40%에 비해 높다.

09 정답 ⑤

모유영양아의 변은 황금색을 띠고 비피더스균이 많으며 보통 pH 5.6~6.0이다. 반면, 인공영양아의 변색은 담황색이며 냄새가 심하게 나고 pH는 대부분 알칼리성이다. 인공영양아의 변속 세균은 주로 대장균으로 알려져 있다. 하루의 배변 횟수는 모유영양아가 인공영양아보다 많다.

10 정답 ③

체중 1kg당 1일 수분 충분섭취량은 0~3개월 영아의 경우 150ml, 6~12개월은 120~135ml, 성인은 30~40ml이다.

11 정답 ①

초유는 분만 후 처음 1~5일 분비되는 유즙이다. 초유는 성숙유에 비해 당질(유당), 지방이 적어 에너지 함량은 낮으나 무기질과 단백질은 3배가량 많고 베타카로틴이 10배 정도 더 많아 황색빛을 띤다. 또한 락토페린 등 면역성분이 풍부하여 신생아를 감염으로부터 보호한다.

12 정답 ①

초유는 성숙유에 비해 당질(유당) 및 지방이 더 적게 함유되어 있다.

13 정답 ④

모유에는 1.1g/100ml, 우유에는 3.3g/100ml의 단백질이 들어 있다.

14 정답 ⑤

모유의 칼슘과 인의 비율은 2:1이고 우유의 칼슘과 인의 비율은 1.2:1이다. 칼슘 흡수율은 모유가 더 우수하다.

15 정답 ④

모유의 면역성분
- 비피더스인자, 면역글로불린(IgA) : 림프구에서 분비 합성
- 항포도상구균 인자, 락토페린 : 철과 결합하여 세균증식 억제
- 락토페록시다아제 : 연쇄상구균 등 세균 사멸
- 라이소자임 : 세균의 세포벽 파괴하여 용해
- 프로스타글란딘, 인터페론 : 바이러스 억제 물질

16 정답 ⑤

라이소자임은 세균의 세포벽을 파괴하여 용해시킨다.

17 정답 ①

생애주기 중 태아기>영아기>사춘기 순으로 성장률이 높다.

18 정답 ⑤

우리나라 아동의 성장, 발육을 나타내는 발육 곡선(대한소아과학회)은 개인의 성장 속도를 백분위로 알아볼 수 있고 성장이 정상적으로 꾸준히 이루어지고 있는지 알 수 있다.

19 정답 ①

두뇌 세포의 증가는 태아 시기에 거의 직선적인 성장을 보이고, 출생 후 증가량이 둔화되었다가 출생 후 8~12개월 사이에 성인 수준에 도달한다.

20 정답 ①

태변은 태반에서 떨어진 상피, 양수의 잔사 등으로 구성된 변으로서, 흑갈색이며 냄새가 별로 나지 않는 것이 특징이다. 출생 후부터 약 3~4일 동안 배설된다.

21 정답 ④

영아는 호흡수가 많고 체표면적이 크기 때문에 불감성 수분 손실량이 많다. 성인에 비해 신장의 요농축 능력이 떨어져 고열, 구토, 설사 시 탈수가 나타나기 쉬우므로 유의해야 한다.

22 정답 ③

이행유는 초유에서 성숙유로 변화되는 과정에서 나오는 모유로, 유당, 지방 및 수용성 비타민의 농도가 높다.

23 정답 ③

용해성이 적어 소장에서 서서히 소화, 흡수되며 장내를 산성화하여 유해세균을 억제하고 자극하여 변비를 예방한다. 모유의 유당은 설탕, 포도당, 과당에 비하여 단맛은 약하다.

24 정답 ⑤

우유단백질인 카제인의 가수분해물로 이루어진 조제유는 펩티드와 아미노산의 혼합물로 구성되어 있어 우유 및 두유에 특히 반응을 보이는 유아에게 적절하다.

25 정답 ①

비타민 A, B군, C, D 등과 유당을 첨가하고 단백질과 다량 무기질을 감소시켜주며 포화지방산은 줄이고 리놀렌산을 첨가하여 전지분유를 모유 성분에 가깝도록 만든다.

26 정답 ⑤

우유 알레르기는 주로 유당을 분해하지 못하는 경우로, 유단백질에 의한 알레르기의 원인이 될 수 있으므로 두유로 대체하는 것이 좋다.

27 정답 ③

모유에는 중추신경계와 망막의 신경 전달물질로 작용하며 백혈구의 항산화작용을 돕는 타우린 함량이 높으며, 이에 해로울 수 있는 페닐알라닌과 티로신의 함량은 적다.

28 정답 ⑤

건강한 신생아는 상당량의 철을 간에 보유하고 태어나, 생후 6개월이 되면 저장량이 다 소모된다. 따라서 철을 보충해줄 수 있는 음식을 주는 것이 좋다.

29 정답 ④

우유, 달걀 흰자, 고등어, 꽁치, 복숭아, 토마토 새우, 돼지고기, 땅콩, 밀 등은 알레르기 반응을 일으킬 위험이 있는 식품으로 생후 8~9개월부터 섭취하도록 권한다. 또한 꿀은 보툴리누스균의 포자가 있어서 영아에게 부적합하다.

30 정답 ②

이유 시기가 빠르면 소화기능 미숙에 의한 설사, 장벽 미성숙에 의한 알레르기 질환, 삼킴운동 미숙과 위식도 역류에 의한 호흡기 증상, 지방세포수 증가에 의한 비만 등이 나타날 수 있다.

31 정답 ⑤

비타민 E는 적혈구 세포막의 산화를 막아 용혈성 빈혈을 예방할 수 있다.

32 정답 ①

단백질 필요량은 1~3세의 경우 1.40g/kg, 4~6세는 1.24g/kg, 7~9세는 1.20g/kg이다. 그리고 10~12세의 경우 남녀 모두 1.31g/kg, 13~15세는 남녀가 각각 1.28g/kg과 1.21g/kg이고 16~19세는 남녀가 각각 1.17g/kg 및 1.09g/kg이다.

33 정답 ③

간식은 정규 식사에 영향을 주지 않아야 하며, 전분 중심의 간식보다는 무기질과 비타민 등 정규 식사에 부족하기 쉬운 영양소를 중심으로 간식의 양이나 종류를 선택해야 한다. 간식의 양은 하루 에너지 필요량의 10~15% 정도로 하며, 과자 등의 가공식품에는 염분과 식품첨가물 등이 많이 함유되어 있으므로 가능하면 자연식품을 이용하도록 한다.

34 정답 ⑤

일반적으로 만 3세가 되면 출생 시 체중의 약 5배 이상으로 증가하는데, 이 아이의 경우 체중 미달 등 성장 부진을 보이고 있다. 채식으로 인해 동물성 단백질 식품이 주요 급원인 비타민 B_{12}의 섭취가 부족할 가능성이 높다.

35 정답 ②

단백질 식품에 속하는 육류, 난류, 어패류와 우유 및 유제품은 충치 유발 가능성이 낮고, 건조 과일, 과일 통조림 등 가공된 과일류는 충치 유발지수가 높다.

CHAPTER 03 | 학령기 · 청소년기 영양

문제편 p.63

01	02	03	04	05	06	07	08	09	
④	④	④	②	⑤	②	⑤	①	③	

01 정답 ④

남자는 근육량(미오글로빈) 증가, 여자는 월경으로 인해 혈액(헤모글로빈)이 손실되므로 철 요구량이 증가한다.

02 정답 ④

부신에서 분비되는 안드로겐은 단백질 합성을 촉진하고 질소, 칼륨인, 칼슘 등의 체내 보유를 증가시켜 신체 성장에 관여한다. 또한 고환에서 분비되는 테스토스테론과 결합하여 남성 생식기 발육을 촉진하고 남성의 제2차 성장을 발현시켜 성숙에도 관여한다.

03 정답 ④

이 외에 우리나라 학령기의 영양 문제로는 아침 결식률, 정크푸드 위주의 간식과 외식 증가 등이 있다.

04 정답 ②

신경성 식욕부진증은 극도로 음식을 제한하며 말랐음에도 불구하고 살이 쪘다고 느껴 표준체중을 거부한다. 본래 체중의 15~25%가 감소되며 체중감소를 설명할 신체적 질병은 나타나지 않는다.
①, ⑤ 마구먹기장애

05 정답 ⑤

우유나 유제품을 전혀 소화시키지 못할 경우에는 대체 식품으로 두유 등을 이용할 수 있는데 이때는 칼슘과 리보플라빈을 보충해 주어야 한다.

06 정답 ②

식품알레르기란 어떤 식품에 대해 면역학적으로 일어나는 과민반응으로 특히 위장관이 미숙한 영아 또는 어린이에게서 자주 나타난다. 우유, 밀, 달걀 등이 가장 흔한 알레르기 유발 식품이다.

07 정답 ⑤

비만의 치료 방법은 식사요법, 운동요법, 행동수정요법 등이 있다. 무리한 체중 감량보다는 식사량을 조절하고 잘못된 식습관을 수정하도록 하는 것이 바람직하다.
①, ⑤ 마구먹기장애

08 정답 ①

학령기 아동의 주의력결핍과다행동장애(ADHD)의 경우 남아가 여아보다 3~4배 발생률이 높다. ADHD 어린이는 지능은 정상이나 집중시간이 짧고 수업 시 침착하지 못하며 쉽게 산만해지고 충동적인 행동을 보인다.

09 정답 ③

청소년기(15~18세)의 에너지 필요추정량(kcal)과 단백질 권장섭취량(g)은 각각 남자 2,700kcal, 65g, 여자 2,000kcal, 50g이며, 남자의 2,700kcal는 생애 중 가장 많은 에너지 필요추정량이다.

CHAPTER 04 | 성인기 · 노인기 영양

문제편 p.65

01	02	03	04	05	06	07	08	09	10
②	③	④	④	③	④	②	③	①	④
11	12	13	14	15					
②	④	③	①	⑤					

01 　　　　　　　　　　　　　정답 ②

성인 여성의 경우 칼슘 권장섭취량은 700mg/day(2020년 한국인 영양소 섭취기준)이나 50세 이상부터는 800mg/day로 증가한다. 이는 골다공증 등의 예방을 위해서인데, 골다공증은 노화와 함께 초래되는 가장 흔한 질병 중 하나로 특히 폐경 이후 여성에게서 자주 나타난다.

02 　　　　　　　　　　　　　정답 ③

중년 여성은 골다공증 예방을 위해 적당한 수준의 운동과 함께 칼슘, 이소플라본 등의 섭취를 늘리고, 알코올, 카페인 및 탄산음료의 섭취를 줄여야 한다.

03 　　　　　　　　　　　　　정답 ④

에스트로겐은 난소에서 LDL 콜레스테롤을 이용하여 생성되는데, 폐경으로 에스트로겐의 생성이 저하되면 혈중 LDL 콜레스테롤의 농도가 높아지게 된다.

04 　　　　　　　　　　　　　정답 ④

폐경으로 뼈의 칼슘 손실을 막는 에스트로겐 등의 호르몬 분비가 감소하면 골다공증 위험이 급격히 증가한다. 따라서 에스트로겐을 보충하면 골 용출을 감소시킬 수 있다.

05 　　　　　　　　　　　　　정답 ③

고혈압, 고지혈증, 동맥경화, 심장병, 뇌졸중 등을 예방하기 위해서는 나트륨과 콜레스테롤을 비롯한 지질 섭취를 줄이고 식이섬유 섭취는 증가시켜 체내 콜레스테롤을 감소시켜야 한다.

06 　　　　　　　　　　　　　정답 ④

암 예방을 위한 식생활 지침
- 비만을 피하고 정상 체중을 유지
- 총 지방의 섭취를 20% 이내로 제한하고 n-3계 지방산이나 단일 불포화지방산을 많이 섭취
- 식이섬유의 섭취를 위해 정제되지 않은 곡류나 신선한 야채(감귤류의 과일과 녹황색 채소, 십자화과 채소)를 많이 섭취
- 염장이나 질산염으로 보존된 식품의 섭취를 줄임
- 식품 첨가제가 많이 들어간 가공식품의 섭취를 줄임
- 알코올은 적당량만 섭취
- 높은 온도에서 튀긴 식품의 섭취를 제한, 탄 음식이나 곰팡이가 핀 음식 제한

07 　　　　　　　　　　　　　정답 ②

대부분의 신체기능은 20대 중반까지 발달하여 최대가 된다.
① 신체 구성성분의 분포는 성, 비만 정도, 근육과 골격근의 발달 정도 등에 따라 달라진다.
③ 성인기는 다른 생애주기에 비하여 거의 변화가 없는 안정된 시기이다.
④ 성인기의 신체적 특징은 체중에서 차지하는 체지방 비율이 증가하며 체지방 비율은 남자보다 여자가 높다.
⑤ 성인기 동안 신체기능은 약간 감소 및 퇴화하기 시작하나 그 변화의 정도는 개인마다 다르고 영양상태, 운동 및 활동 정도에 따라서도 다르다.

08 　　　　　　　　　　　　　정답 ③

대사증후군 진단 기준 중 혈압은 130/85mmHg 이상이다.

09 　　　　　　　　　　　　　정답 ①

노화 이론에는 세포분열제한설, 텔로미어설, 산화적 스트레스설, 가교설, 유해물질축적설 등이 있으나, 어느 가설도 노화현상을 완전히 규명하지는 못하고 있다. 이 중 가교설은 나이가 들어감에 따라 콜라겐 같은 단백질 분자 사이에 비가역적인 가교결합이 생성되고 결합조직의 용해성, 탄력성 등이 저하되어 물질의 투과가 저하되면서 각 조직이나 기능이 저하되어 노화가 진행된다는 학설이다.

10 　　　　　　　　　　　　　정답 ④

노인기는 타액선의 위축으로 타액의 분비가 감소되고 치근이 위축되어 치아가 빠지기 쉬우며 미각이 감퇴된다. 또한 위액 분비량이 감소하고 점막이 위축되어 소화와 흡수능력이 저하된다.

11 　　　　　　　　　　　　　정답 ②

노인기가 되더라도 칼슘, 인, 비타민 A와 C의 필요량은 성인기의 필요량과 동일하다. 그러나 기초대사량 및 활동량의 감소로 열량 필요량은 감소되고 철의 필요량도 감소된다.

12 정답 ④

나이가 들면 갈증을 예민하게 느끼지 못하여 수분 섭취량이 적어져 탈수가 생기기 쉽다. 또한 노인들은 항이뇨호르몬의 분비가 감소하기 때문에 소변을 농축시키는 능력이 저하되므로 수분의 섭취가 중요하다.

13 정답 ③

노인의 식사는 음식의 양은 적게 하고 짠 음식과 동물성 지방은 피해야 한다. 신선한 채소와 과실을 많이 섭취하며 소화가 쉬운 음식으로 한다.

14 정답 ①

아연은 생체 내 금속 효소의 구성분이며 생체막의 구조와 기능에 관여한다. 또한 상처의 회복을 돕고 성장이나 면역기능을 원활히 하는 데에도 필요하다.

15 정답 ⑤

비타민 D의 충분섭취량은 성인기에는 10μg이나 65세 이후부터는 15μg으로 성인보다 높다.

CHAPTER 05 | 운동과 영양

문제편 p.68

01	02	03	04	05	06	07	08
①	③	⑤	④	①	⑤	③	⑤

01 정답 ①

운동 시 열량원의 사용 순서는 ATP → 크레아틴인산 → 글리코겐과 포도당 → 지방산 순이다.

02 정답 ③

경기 전 식사관리의 목적은 경기 전과 경기 중에 배고픔을 느끼지 않도록 하면서 경기하는 동안 체력을 충분히 발휘하기 위함이다. 경기 전 식사는 운동선수가 좋아하는 음식을 우선으로 해야 하며, 주로 소화되기 쉬운 당질 위주로 지질과 단백질이 적게 들어 있는 식사를 하게 한다. 또한 경기 직후에는 글리코겐 합성 효소의 활성이 증가되므로 당질을 섭취하는 것이 가장 좋다.

03 정답 ⑤

운동선수는 경기 전에는 소화되기 쉬운 당질 위주의 식사를 하는 것이 좋다. 지질과 단백질이 많이 들어 있는 식사는 피한다.

04 정답 ④

격렬한 운동으로 인해 적혈구가 파괴되어 헤모글로빈 농도가 일시적으로 낮아지기도 한다. 또한 철분은 땀과 월경으로 배설되므로 젊은 여자 선수들에게서 특히 빈혈이 심한 경향이 있다.

05 정답 ①

운동 시 에너지 필요량이 증가되므로 티아민, 리보플라빈, 니아신 등의 요구량도 증가한다.

06 정답 ⑤

운동선수들에게 특히 부족하기 쉬운 무기질은 칼슘과 철분이다.

07 정답 ③

글리코겐 부하법은 글리코겐을 저장하여 운동수행능력을 향상시키는 방법으로, 마라톤과 같은 지구력 운동에서 특히 효과가 크다. 단, 글리코겐은 3~4배의 물과 함께 저장되므로 체중 증가가 올 수 있다.

08 정답 ⑤

단백질은 운동의 주된 에너지원이 되지 못하고 지방산 또는 포도당이 부족할 때 이용된다. 단백질은 호기 대사 과정에서만 이용되므로 운동 강도가 낮거나 중간 정도의 운동을 하는 동안만 에너지를 제공한다. 격렬한 운동 시 당질은 해당 과정을 통해 생성된 피루브산이 젖산으로 전환되며 에너지를 공급하게 되나 지속적인 에너지 공급은 불가능하다.

PART 03 | 영양 교육

CHAPTER 01 | 영양 교육과 사업의 요구 진단

문제편 p.72

01	02	03	04	05	06	07	08	09	10
⑤	①	②	⑤	⑤	④	④	②	⑤	⑤
11	12	13	14	15	16	17	18	19	
⑤	⑤	⑤	④	②	③	①	④	⑤	

01　　　　　　　　　　　정답 ⑤

- 영양 교육은 개인이나 집단이 건강한 식생활을 실천하는 데 필요한 지식을 이해하여 실제 자신의 의지를 스스로 행동으로 옮겨 식생활을 개선하도록 하는 것을 의미한다.
- 영양 교육의 목표는 식생활과 관련된 지식(knowledge)·태도(attitude)·행동(behavior)의 개선을 의미하며, 특히 스스로 실천하는 행동의 변화가 가장 중요하다.

02　　　　　　　　　　　정답 ①

영양 교육의 궁극적 목적은 국민의 질병 예방 및 건강 증진, 바람직한 식생활 영위, 개개인의 체위와 체력 향상 도모, 국민 건강을 통한 사회적 의료비용 절감, 국민의 체력 향상과 함께 국가경제의 안정 도모, 국민 전체의 복지와 번영에 기여 등이다.

03　　　　　　　　　　　정답 ②

영양 교육은 '실태 파악 → 문제 발견 → 문제 진단 → 대책 수립 → 실시 → 효과 판정' 순의 일반 원칙에 따라 실시한다.

04　　　　　　　　　　　정답 ⑤

영양 교육 실시의 어려운 점
- 영양 교육에 대한 인식이나 적극성 결여
- 대상자 구성이 단일하거나 획일적이지 않음
- 대상자의 식습관 변화가 어려움
- 교육 대상자가 다양함(성별, 나이, 가치관, 식습관 등)
- 교육 효과가 즉시 나타나지 않음(장기적)

05　　　　　　　　　　　정답 ⑤

삼국 시대 이전에는 곡물을 재배하였으며, 토기와 불이 사용되었다. 삼국 시대에는 본격적인 농업 국가로 발전하였으며, 고구려는 벼보다 조를 재배하였고, 백제는 벼농사와 쌀밥이 가장 먼저 전파되었으며, 신라는 보리를 주로 재배하면서 벼농사를 겸하였다. 고려 시대에는 중농 정책을 실시하여 양곡의 수확이 늘었으며, 조선 시대에는 식생활 문화가 발달하면서 칠첩반상, 구첩반상 등의 상차림과 식사 예법이 정착되었다. 또한 조선 시대에는 시절식, 향토 음식, 반가 음식, 궁중 음식 등도 발달하였다.

06　　　　　　　　　　　정답 ④

영양사 제도의 역사적 변천
- 1950년대 후반 : 국립중앙의료원 영양과 설치(영양사 명칭 사용)
- 1961년 : 한국영양사양성연합회 발족(영양사 면허제도 건의)
- 1962년 : 식품위생법 제정 시에 영양사 면허제도와 집단급식소에서의 영양사 배치를 명시
- 1964년 : 영양사 면허증 발급
- 1969년 : 대한영양사협회 창립
- 1981년 : 학교급식법 제정, 초등학교 급식에서 영양사 배치 명시
- 1982년 : 의료법 시행규칙 제정 시 입원시설을 갖춘 병원에 영양사 배치 의무화
- 1991년 : 영유아보육법 제정 시 영·유아 보육 시설에 영양사 배치를 명시

07　　　　　　　　　　　정답 ④

- 1962년 식품위생법 시행령 제정 시 상시 1회 100인 이상인 집단급식소에 영양사 배치 명시
- 2013년 개정 시 상시 1회 급식 100인 이상 산업체의 영양사 의무고용을 재명시
- 2020년 영유아보육법 개정 시 영유아 200명 이상 보육 어린이집 영양사 1명 배치 의무 명시

08 정답 ②

가정의 경제력 향상에 따라 동물성 식품과 유제품의 소비 증가, 외식 증가, 수입식품, 즉석 식품과 편의식품 등의 소비가 증가하고 있다.

09 정답 ⑤

경제 성장에 따라 인스턴트 및 기호 식품의 소비가 증가하고 있으므로 학교 급식과 영양 교육을 통해 균형 잡힌 올바른 영양 섭취 및 편식 교정 등의 지도를 강화해야 한다.

10 정답 ⑤

현대 사회는 저출산과 고령화와 같은 인구 동태적 변화와 여성의 사회 진출, 외식의 증가 등에 따른 가정 역할의 사회화에 의해 영양 교육의 필요성이 강조된다.

11 정답 ⑤

영양 교육이 평생 교육이 되어야 하는 이유
- 국민의 식생활 양식의 서구화
- 국민의 식품 소비 패턴의 변화
- 식생활과 관련된 만성 질환 발생 증가
- 다양한 식품의 지속적인 개발 및 보급
- 소외계층의 바람직한 식품 선택 방법 지도

12 정답 ⑤

향후 영양 교육의 방향은 건강수명 연장과 건강 형평성 제고이므로 개인의 영양 관리뿐만 아니라 모든 국민의 영양 관리가 이루어지도록 건강 형평성에 알맞은 식생활 지도가 요구된다.

13 정답 ⑤

저소득층과 같은 사회적 소외 집단의 영양 교육을 위해 급식센터나 영양 개선 지구를 선정하여 영양 교육을 시키는 등 모든 국민의 영양 관리가 이루어지도록 영양 교육을 수행해야 한다.

14 정답 ④

질병예방
- 1차 예방 : 건강 증진을 통한 질병 예방 단계(예방 접종, 운동 등)
- 2차 예방 : 건강 검진을 통한 질병의 조기 발견 및 치료
- 3차 예방 : 질병의 악화 방지 및 사회 복귀를 위한 재활 치료

15 정답 ②

2020년 한국인 영양소 섭취 기준의 설정 목적은 만성 질환의 위험 감소와 국민의 건강 증진이다.

16 정답 ③

평균섭취량, 권장섭취량, 충분섭취량은 결핍의 위험을 예방하는 것이다.
① 2020 한국인 영양소 섭취 기준의 설정 목적은 만성 질환의 예방 및 국민 건강 증진에 있다.
④ 상한섭취량은 과잉섭취의 위험을 예방하는 것이다.
⑤ 2015 영양소 섭취 기준과 비교했을 때 탄수화물, 리놀레산, α-리놀렌산, EPA, DHA 등이 추가되었다.

17 정답 ①

식사구성안은 각 식품군에 속하는 식품을 중심으로 한 번에 섭취하는 1인 1회 분량을 정한 후, 각 식품군에 속한 식품을 하루에 섭취해야 할 횟수로 정해주는 것으로 일반인이 균형 잡힌 건강한 식생활을 영위할 수 있도록 도와준다.

18 정답 ④

식품군별 대표 식품의 1인 1회 분량
- 곡류 : 쌀밥(210g) – 300kcal
- 채소류 : 시금치(70g) – 15kcal
- 과일류 : 사과(100g) – 50kcal
- 우유 및 유제품류 : 우유(200mL) – 125kcal
- 고기, 생선, 달걀, 콩류 : 달걀(60g) – 100kcal

19 정답 ⑤

지역 사회 영양의 요구 진단은 지역 사회의 영양 문제를 조사하고 이들 문제에 영향을 주는 요인과 영양 위험 대상자들을 파악하는 과정이다. 지역 사회 영양의 요구 진단을 위해 팀을 구성하여 예산 계획, 세부 추진 일정 등을 설정한다.

CHAPTER 02 | 영양 교육과 사업의 이론 및 활용

문제편 p.76

01	02	03	04	05	06	07	08	09	10
①	④	②	④	⑤	①	①	③	②	①
11	12	13	14	15					
⑤	⑤	③	④	④					

01   정답 ①

- 건강신념모델은 질병에 걸릴 위험성을 지닌 사람이 질병을 진단하고 예방하는 프로그램에 참여하지 않는 이유를 알기 위해 개발된 이론이다.
- 건강신념모델은 개인이 질병에 걸릴 가능성과 질병의 심각성에 따라 인식 정도가 달라지며, 행동 변화를 실천했을 때 얻을 수 있는 이득과 장애 요인을 비교하여 행동 변화가 이루어진다고 보는 이론이다.

02   정답 ④

합리적 행동이론이란 건강과 관련된 행동들은 대부분 행동 의도(개인의 의지)에 의해 결정되며, 이러한 행동 의도는 자신의 특정 행동에 대한 태도와 주관적 규범(주변 사람들의 영향력)에 의해 결정된다고 보는 것이다.

03   정답 ②

- 사회학습론에서 발전한 사회인지론은 인간의 행동이 개인의 인지적 요인, 행동적 요인, 환경적 요인이 서로 상호작용을 하면서 결정된다는 상호결정론에 기반을 둔다.
- 인지적 요인에는 인식, 결과기대, 자아효능감이, 행동적 요인에는 행동수행력, 자기통제력이, 환경적 요인에는 강화, 환경, 관찰학습 등이 있다.

04   정답 ④

사회인지론에서의 자아효능감은 특정 행동을 수행하는 데 있어서 개인이나 집단이 수행 능력에 대해 어느 정도 자신감을 갖고 있는지를 의미한다.

05   정답 ⑤

사회인지론에서의 행동수행력은 주어진 행동을 실천하는 데 필요한 지식과 기술 습득에 도움을 주는 것을 의미한다.

06   정답 ①

사회인지론에서의 강화란 스스로에게 주는 상 또는 인센티브 설정 등과 같이 행동 변화 실천의 지속 가능성이 달라지게 하는 구성 요소이다.

07   정답 ①

자아(자기)효능감은 특정 행동을 수행할 수 있을 것이라는 스스로의 자신감을 포함하며, 자아효능감을 증진시키기 위해서는 실천에 필요한 지식과 기술에 대한 교육이 필요하다.

08   정답 ③

행동 변화 단계 모델의 5단계는 '고려 전 단계 → 고려 단계 → 준비 단계 → 행동 단계 → 유지 단계'이다.

09   정답 ②

'고려 단계'는 향후 6개월 안에 행동을 바꿀 의향이 있는 단계이다.
① 고려 전 단계 : 향후 6개월 안에 행동을 바꿀 의향이 없는 단계
③ 준비 단계 : 향후 1개월 안에 행동을 바꾸려는 의향이 있고, 시작하고 있는 단계
④ 행동 단계 : 행동을 바꾸기 위한 노력 및 실천을 시작한 지 6개월 이내인 단계
⑤ 유지 단계 : 6개월 이상 변화된 행동을 실천하고 있는 단계

10   정답 ①

고려 전 단계는 향후 6개월 내에 행동을 바꿀 의향이 없는 단계로, 문제의 사례는 자신의 식행동에 문제가 있다고 인식하지 못하는 고려 전 단계이므로 현재 행동의 위험성에 대한 정보를 제공해야 한다.

11   정답 ⑤

- PRECEDE-PROCEED 모델은 영양 교육이나 사업에 필요한 모든 과정으로 구성된 포괄적인 건강증진계획에 관한 모형이다.
- PRECEDE(요구진단) 단계 : 사회적 진단-역학적 진단-교육 및 생태학적 진단-행정 및 정책적 진단
- PROCEED(실행 및 평가) 단계 : 실행-과정 평가-효과 평가-결과 평가

12 정답 ⑤

지역 사회 영양학의 개념적 모델
- 지역 사회 영양학의 대상
  - 주로 집단에 초점
  - 환자보다는 건강한 사람, 반 건강인, 경미한 질병을 가지고 있는 사람 등을 대상으로 함
- 지역 사회 영양학의 목표 : 지역 사회인의 영양과 건강 증진이며, 이를 위한 정책 결정도 포함됨 → 지역 사회인의 영양과 건강 증진을 위해 지역 사회 영양의 대상, 목표, 영양 활동의 세 가지 요소 간의 상호작용이 이루어져야 함

13 정답 ③

지역 사회 영양 사업에서 영양 상태를 직접 판정하는 방법에는 신체 계측 검사, 생화학적 검사, 임상 검사, 식사 조사 등이 해당된다.

14 정답 ④

개인 또는 지역 사회의 건강 상태에 영향을 주는 4가지 건강 증진 요소는 생물학적 배경, 건강관리체계, 생활 습관, 환경이다.

15 정답 ④

영양사의 업무
- 영양 서비스 : 영양 교육, 영양 치료, 영양 상태 평가 업무, 보건영양 사업 관련 업무 등
- 급식관리 : 식단 관리, 식재료 구매 및 관리, 식재료 보관 및 재고 관리, 배식 관리, 인력 관리 및 작업 관리, 위생 관리, 급식 경영 관리 등

CHAPTER 03 | 영양 교육과 사업의 과정

문제편 p.79

01	02	03	04	05	06	07	08	09	10
②	④	①	③	③	⑤	④	②	④	④
11	12	13	14	15					
①	②	⑤	⑤	③					

01 정답 ②

영양 교육 실시 과정의 일반 원칙은 '대상의 교육 요구 진단 → 계획 → 실행 → 평가'의 4단계로 진행한다.

02 정답 ④

영양 교육 대상의 교육 요구 진단에서는 대상자의 영양 문제 발견, 영양 문제 원인 파악, 대상자의 특성 파악, 교육 요구도 확인 등의 과정이 포함된다.

03 정답 ①

영양 교육 대상자의 진단 과정에서는 대상자의 영양 문제 발견, 영양 문제 원인 분석, 대상자가 요구하는 영양 서비스의 파악, 기존의 영양 서비스에 대한 검토 등이 포함되어야 한다.

04 정답 ③

영양 교육 대상의 교육 요구 진단에는 대상자의 영양 문제 발견, 영양 문제 원인 파악, 대상자의 특성 파악, 교육 요구도 확인 등이 포함된다.

05 정답 ③

영양 교육을 계획하기 전에 교육 대상에 대한 진단이 이루어져야 하므로 대상 또는 집단에 대한 신체 계측, 식품 섭취 실태 조사, 생화학적 조사 및 임상 영양학적 조사, 지역사회의 특성, 사회 문화 자료, 보건 통계 자료 등의 수집 등을 실시한다.

06 정답 ⑤

영양 교육 대상자의 영양 문제를 파악하기 위해서는 직접적 방법(신체 계측 조사, 생화학적 조사, 식품 섭취 실태 조사, 임상 영양학적)과 간접적 방법(지역사회의 특성, 사회 문화 자료, 보건 통계 자료 등) 등을 이용하여 자료를 수집·분석한다.

07 정답 ④

기존의 영양 서비스 검토 방법
- 대상 집단의 영양 문제를 다룬 기존의 영양 서비스가 있는지
- 추후 실시하고자 하는 영양 서비스가 기존의 것과 중복되지 않는지
- 다른 조직이나 기관과 연계하여 협력이 가능한지
- 기존의 영양 서비스의 문제점을 보충할 수 있는지

08 정답 ②

영양 교육 대상자의 계획 단계에는 '영양 문제의 선정(우선순위 정하기), 영양 교육 목적 및 목표 설정, 영양 중재 방법의 선택, 영양 교육 활동 과정 설계, 영양 교육 홍보 전략 개발, 영양 교육 평가 계획' 등이 포함된다.

09 정답 ④

'영양 교육 실행 시 활동점검사항 평가'는 영양 교육 대상자의 계획 과정에 포함되지 않는다.

10 정답 ④

영양 문제의 우선순위 선정 기준은 '영양 문제의 중요도(크기, 심각성, 긴급성, 필요성 등), 영양 문제의 발생 빈도, 영양 교육의 효과성, 관련 기관의 정책적 지원, 대상자들의 교육 요구 정도' 등이다.

11 정답 ①

- 영양 교육 목표의 진행 순서 : 영양 지식의 이해와 변화 → 식태도의 변화 → 식행동의 변화
- 영양 교육의 목표는 구체적이고 세부적인 단기계획이어야 한다.

12 정답 ②

영양 중재 방법에는 식품 직접 제공, 캠페인, 홍보, 무상급식, 보충식품 제공, 식품 선택의 폭을 넓히는 환경적 변화 등이 있다.

13 정답 ⑤

영양 교육 계획 후 사전 예비 실시를 진행하여 수정·보완 후 영양 교육을 실행하며, 현장 상황을 고려한 융통성과 적절한 관리 능력이 필요하다.

14 정답 ⑤

영양 교육이 끝난 후에 효과를 평가하기 위해서는 영양 교육 전과 후의 영양 지식, 태도, 식행동, 건강 상태 등을 비교한다.

15 정답 ③

영양교육이 끝난 후 교육 대상자의 식품 섭취 상태 변화를 사전 검사 수준과 교육 후 지식, 태도의 수준을 비교함으로써 교육의 효과를 단시일 내에 파악할 수 있다.

CHAPTER 04 | 영양 교육의 방법 및 매체 활용

문제편 p.82

01	02	03	04	05	06	07	08	09	10
⑤	③	②	①	③	②	②	①	③	②
11	12	13	14	15	16	17	18	19	20
④	①	⑤	③	①	⑤	②	⑤	④	②
21	22	23							
④	③	②							

01 　정답 ⑤

영양 교육방법의 유형
- 개인형 : 교육자와 대상자가 1:1 접촉으로 긴밀한 상호작용이 이루어짐
- 강의형 : 교육자가 다수의 대상자들에게 동시에 교육내용을 전달
- 토의형 : 교육자와 대상자 간에 충분한 토의를 통해 정보와 의견을 교환
- 실험형 : 대상자가 원교육자료(raw material)를 토대로 스스로 학습
- 독립형 : 교육 대상자가 교육자의 직접적인 도움을 받지 않고 정보를 얻음

02 　정답 ③

대상자가 원교육자료(raw material)를 토대로 스스로 학습하는 형태인 영양 교육 방법의 유형은 '실험형'이다.

03 　정답 ②

B형간염과 같이 감염력이 높은 질환의 진단을 받은 경우 개인 지도를 통해 개인의 위생과 식사 방법 등을 지도한다.

04 　정답 ①

지도의 유형
- 개인 지도 : 가정 방문, 상담소 방문, 임상 방문(병원, 보건소), 전화 상담, 인터넷 상담, 편지 등
- 집단 지도 : 강의형(강연), 집단토의형(강의식 토의, 심포지엄, 좌담회, 워크숍 등), 실험형(역할놀이, 인형극, 시뮬레이션, 실험 등), 기타(견학, 캠페인 등)

05 　정답 ③

가정 방문, 상담소 방문, 임상 방문, 전화 상담, 인터넷 상담, 편지 등은 개인 지도 방법에 해당한다.

06 　정답 ②

강의나 집단토의 실험 등은 집단 지도 방법에 해당한다.

07 　정답 ②

캠페인은 짧은 기간 내에 다수에게 영양과 건강에 관한 특수한 내용을 집중적으로 반복, 강조하여 실천하게 하는 영양 교육 방법이다.

08 　정답 ①

견학은 실제 현장을 방문하여 오감을 사용해 스스로 관찰하고 학습하는 방법으로, 주로 어린이들을 대상으로 진행하며, 식품의 소중함과 영양 등에 대해 교육할 때 많이 사용한다.

09 　정답 ③

역할극(역할놀이)은 현실적으로 일어날 수 있는 상황을 연출하고 극화하여 연극을 함으로써 간접 경험을 통해 문제나 상황의 해결 방안을 모색하는 방법이다.

10 　정답 ②

패널 토의(배석식 토의)는 한 가지 주제에 대해 배심원 간 자유로운 토의를 하며 토의 후 청중을 토의에 참여시켜 종합 정리를 하는 집단 지도 방법이다.

11 　정답 ④

인형극은 어린이들에게 친밀한 인형을 소재를 이용하여 흥미를 유발하고 집중력을 향상시킬 수 있으므로 유아나 초등학교 저학년 어린이들의 교육 매체로서 효과적이다.

12 　정답 ①

ASSURE 모형은 교육 매체를 체계적으로 개발하고 활용하기 위하여 각 절차를 6단계로 구분하여 제시하였으며, 이는 '교육 대상자의 특성 분석(Analyze) → 교육 목표의 설정(State), 매체 선정 및 제작(Select) → 매체의 활용(Utilize) → 교육 대상자의 반응 확인(Require) → 매체의 총괄평가(Evaluate)' 순으로 진행된다.

13 　정답 ⑤

영양 교육 매체는 교육 시간과 장소의 효율성 및 편리성이 좋고, 매체를 선택할 때에는 매체의 종류, 용어의 수준, 내용의 난이도 등이 교육 대상자의 수준에 적절한지 검토해야 한다.

14 정답 ③

교육 매체 활용 시 유의사항
- 교육자 대용으로 사용하지 말 것
- 질적으로 불량한 매체는 사용하지 말 것
- 내용보다 시청각 테크닉에 중점을 두지 말 것
- 기능에 대한 적절한 사전점검 없이 사용하지 말 것
- 교육 대상자들이 사용 매체에 적응하지 못하는 경우에는 사용하지 말 것

15 정답 ①

영양 교육 매체의 종류
- 인쇄 매체 : 팸플릿, 리플릿, 전단지, 책자, 신문, 만화, 포스터, 스티커 등
- 전시, 게시 매체 : 전시, 게시판, 괘도, 도판, 그림, 사진, 패널 등
- 입체 매체 : 실물, 표본, 모형, 인형, 디오라마 등
- 영상 매체 : 슬라이드, 실물화상, OHP, 영화 등
- 전자 매체 : 텔레비전, 라디오, 컴퓨터, 녹음자료 등

16 정답 ⑤

전자 매체에는 라디오, 텔레비전, 컴퓨터, 녹음자료(테이프, 레코드), CD-rom 등이 해당된다.

17 정답 ②

리플릿은 반드시 알아야 할 몇 가지 주안점을 사진이나 그림과 함께 간단한 설명을 넣어서 제작한다.

18 정답 ⑤

매스미디어는 다량의 의사소통 수단으로, 대국민 영양 교육의 효율적인 매체로서 활용할 수 있다.

19 정답 ④

모형은 실물 모양의 원형을 재현하여 대상자가 교육내용을 습득할 때까지 직접 반복하여 교육하므로 효과적이다. 특히 비만환자들에게 실제 음식과 똑같은 식품 및 식단모형을 이용하여 식단 구성의 예시와 식품교환방법을 교육하면 이해도가 높아진다.

20 정답 ②

모형은 나무, 진흙, 파라핀, 플라스틱 등의 재료를 이용하여 실물이나 표본으로 경험하기 어려운 사물을 그대로 재현하여 제작한 입체물이다.

21 정답 ④

포스터 제작 시 주의사항
- 목적을 분명히
- 단순한 디자인
- 필요한 문안만 간단히 기재
- 밝은 색채를 사용하여 주의를 끔
- 그림과 문자의 크기와 위치의 조화로움
- 내용은 구체적으로
- 읽은 방향을 통일
- 발행 주체명은 작은 글씨
- 행사장을 알리는 경우에는 명료하게

22 정답 ③

대중매체는 대량의 의사소통 또는 의사전달 수단으로서 텔레비전(TV), 라디오, 신문, 인터넷 등이 해당된다. 대중매체는 시간과 공간의 장벽을 극복하여 정보를 전달하며 수용자는 특정 집단이 아닌 일반 대중이 된다.

23 정답 ②

영양 모니터링 활동의 원칙
- 공익성 : 공공의 이익과 국민문화에 기여하는가?
- 공정성 : 공공 생활과 관련된 문제는 공정한 가치판단에서 보도하였는가?
- 객관성 : 제공하고자 하는 내용을 공정하고 객관적으로 다루었는가?
- 전문성 : 풍부한 지식과 정보를 제공하고 있는가?
- 해설성 : 수용자가 이해하기 쉽게 구성 및 제작되었는가?
- 시의성 : 필요한 정보를 제때 전달하였는가?
- 윤리성 : 윤리적으로 어긋나는 점은 없는가?
- 신뢰성 : 정보의 출처가 정확하고 신뢰할 수 있는가?

CHAPTER 05 | 영양 상담

문제편 p.86

01	02	03	04	05	06	07	08	09	10
③	①	①	③	⑤	①	②	②	③	④

01 정답 ③

영양 상담자는 내담자의 말을 주의 깊게 경청하고 내담자의 입장을 이해하며 공감대를 형성해야 한다. 또한 충고, 명령, 훈계, 권고, 설득 등은 피하고 객관성을 가지고 대상자에 따라 일정한 기준을 가져야 한다.

02 정답 ①

영양 상담의 기술
- 경청 : 내담자의 말을 가로막지 말고 잘 들어주는 것
- 수용 : 내담자의 이야기를 이해하고 받아들이고 있다고 공감하는 것
- 반영 : 내담자의 말을 상담자가 다른 참신한 언어로 부연해 주는 것
- 조언 : 타당한 정보를 제공하며 내담자의 정보 욕구를 충족시켜 주는 것
- 직면 : 내담자가 내면에 지닌 자신의 나쁜 감정을 드러내어 인지하도록 하는 것
- 명료화 : 내담자의 말 속에 내포되어 있는 것을 내담자에게 명확하게 해주는 것

03 정답 ①

영양 상담 시 상담자의 역할 중 가장 중요한 것은 '경청'이다.

04 정답 ③

영양 상담 기술 중 내담자의 말과 행동에서 표현된 기본적인, 생각 및 태도를 상담자가 다른 참신한 언어로 부연해주는 것은 반영이고, 내담자가 내면에 지닌 자신에 대한 그릇된 감정 등을 인지하는 것은 직면이다.

05 정답 ⑤

영양 상담의 기본 원칙은 내담자에 대한 긍정적인 태도, 상담내용의 기밀성 유지 보장, 현재 영양 문제에 대한 공감대 형성, 내담자의 신뢰를 얻을 수 있는 신중한 태도, 내담자의 부정적 감정 표시에 대한 적절한 지지 및 수용, 내담자에게 지시, 충고, 명령, 훈계 및 직접적인 권고 등은 가능한 피하고 대답을 강요하지 말 것 등이다.

06 정답 ①

영양 상담의 실시 과정
영양 상담 시작 → 친밀 관계 형성 → 자료 수집 → 영양 판정 → 목표 설정 → 실행 → 효과 평가

07 정답 ②

SOAP(Subjective, Objective, Assessment, Plan) 형식
- S : 내담자의 주관적인 정보(식사량, 식습관, 심리 상태, 사회경제적 여건 등)
- O : 객관적 정보－과학적 자료, 수치화된 자료(신체 계측치, 생화학적 검사치 등)
- A : 주관적·객관적 정보의 평가
- P : 다음 치료를 위한 계획과 조언

08 정답 ②

영양 상담 기록표에는 SOAP 기록법을 활용하여 주관적 정보(S), 객관적 정보(O), 평가(A), 계획(P)을 기록한다.

09 정답 ③

영양 상담 시 사용하는 도구 중 국민의 건강 증진을 위해 다빈도 식품을 중심으로 1인 1회 분량과 섭취 횟수를 설정해 둔 것은 식사구성안이라고 한다.

10 정답 ④

영양 상담 결과에 영향을 주는 요인
- 내담자 요인 : 상담에 대한 동기 및 기대, 문제의 심각성, 정서 상태, 지적 수준, 방어적 태도, 자아 강도 등
- 상담자 요인 : 상담자의 경험과 숙련성, 성격, 지적 능력 및 내담자에 대한 호감도 등
- 상담자와 내담자의 상호작용 요인 : 성격 측면의 상호 유연성, 상담자와 내담자의 공동협력 및 의사소통 양식 등

CHAPTER 06 | 영양 정책과 관련 기구

문제편 p.88

01	02	03	04	05	06	07	08	09	10
②	②	⑤	②	⑤	④	③	④	④	③
11	12	13	14	15	16	17	18	19	20
①	①	③	①	③	①	④	②	③	③
21	22	23	24	25	26	27	28	29	30
⑤	⑤	④	③	⑤	③	②	②	④	⑤

01 정답 ②

영양 정책은 국민의 건강 상태를 증진시키고 바람직한 식품 환경을 조성하여 삶의 질을 향상시키기 위한 국가 정책을 뜻한다.

02 정답 ②

영양 정책 입안 과정은 '문제 확인 → 목표 설정 → 정책 선정 → 정책 실행 → 정책 평가 및 종결' 순으로 진행된다.

03 정답 ⑤

최근 여성들의 경제활동 참여가 증가함에 따라 대두되고 있는 자녀의 육아문제를 해결하기 위해 영유아 보육 시설의 확충과 이에 따른 영유아의 영양 관리가 이루어져야 한다.

04 정답 ②

- 1967년 WHO, FAO, UNICEF가 공동으로 한국의 영양 사업 추진에 관한 협약을 통해 영양 사업을 시작하였고 전문가의 단기파견 지원(WHO, FAO), 물자·기구 및 훈련 지원(UNICEF) 등이 이루어졌다.
- 1968년에는 농촌진흥청에서 농촌의 식생활 개선, 영양 식품의 생산 증가, 국민의 체위 향상과 식량 자급 모색 등의 응용 영양 사업을 시작하여 1986년에 성공적으로 종료되었다.

05 정답 ⑤

우리나라 초기 농촌진흥청의 영양 프로그램인 '응용영양사업'의 내용은 응용영양시범마을육성, 아동영양지도마을 육성, 조리실 겸 단체급식장 설치 운영 등이다.

06 정답 ④

우리나라 건강증진법에 기초한 영양 교육의 방향은 질병 발생 이전의 건강 증진과 질병의 예방이다.

07 정답 ③

국민영양관리기본계획은 1차(2012~2016), 2차(2017~2021)로 진행 중에 있으며 2차에서는 국민영양관리법에 근거하여 취약 계층에 대한 맞춤형 영양 관리를 강화하고자 한다.

08 정답 ④

우리나라 영양감시체계의 자료는 식품수급표와 국민건강영양조사이다.

09 정답 ④

국민건강영양조사의 목적은 국민 건강 및 영양 상태 파악, 정책적 우선순위를 두어야 하는 건강취약집단의 선별, 보건정책이 효과적인지를 평가하는 데 필요한 통계 자료 산출, WHO와 OECD 등에서 요청하는 흡연, 음주, 비만 등의 통계 자료 제공 등이다.

10 정답 ③

국민건강영양조사는 1995년 공표된 국민건강증진법에 의거하여 1998년부터 3년 주기로 실시되었으며, 2007년부터는 매년 실시로 변경되었다.

11 정답 ①

국민건강영양조사는 제1기~3기까지는 3년 주기로 실시되었지만, 제4기(2007년)부터는 질병관리청 설문조사 수행팀을 구성하여 매년(1년 주기) 실시되고 있다.

12 정답 ①

국민건강영양조사에는 검진 조사(신체 계측, 혈압 및 맥박, 이비인후과 검사, 안 검사, 구강 검사 등), 건강 설문 조사(가구 조사, 건강 면접 조사, 건강 행태 조사), 영양 조사(식생활 조사, 식품 섭취 조사, 식품 섭취 빈도 조사, 식품 안정성 조사) 등이 있다.

13 정답 ③

국민건강영양조사에서 식품 섭취 상태를 조사하는 방법
- 1998년 이전 : 가구별 칭량법을 통해 식품 섭취 상태 조사
- 1998년 이후 : 24시간 회상법(1일)과 식품섭취빈도법을 통해 조사

14 정답 ①

국민건강영양조사의 결과 보고 시 영양소별 영양 섭취 기준
- 에너지 : 필요추정량
- 나트륨, 칼륨 : 충분섭취량
- 단백질, 칼슘, 인, 철, 비타민 A, 티아민, 리보플라빈, 니아신, 비타민 C : 권장섭취량

15 정답 ③

국민건강영양조사의 결과 보고 시 영양소별 영양 섭취 기준 미만 섭취자 분율
- 에너지 : 필요추정량의 75% 미만
- 지방 : 지방에너지 적정비율의 하한선
- 단백질, 칼슘, 인, 철, 비타민 A, 티아민, 리보플라빈, 니아신, 비타민 C : 평균필요량 미만

16 정답 ①

학교급식의 운영 원칙 및 관리 기준, 위생 및 안전 점검, 학교급식 영양교사 제도 관리 등은 교육부 주관하에 시행되고 있다.

17 정답 ④

식품의약품안전처는 영양안전정책, 건강기능성 식품정책, 식생활 안전 등에 대해 관장한다.

18 정답 ②

보건소는 지역주민을 대상으로 직접적인 보건 서비스 제공, 전염병 및 질병의 예방과 진료, 보건 교육, 영양 개선 사업, 식품 위생 및 공중 위생, 구강 보건, 정신 보건, 노인 보건, 기타 국민 건강 증진에 관한 업무를 담당한다.

19 정답 ③

- 보건소에서의 영양 교육은 대상자에 대한 진단, 영양 교육의 계획, 영양 교육 실행, 교육 효과 평가 등을 통해 지역주민의 영양 개선을 도모한다.
- 대표적인 보건소 영양 교육 사업으로는 영양 섭취 상태의 개선을 통한 건강 증진을 위한 '영양플러스사업'이 있다.

20 정답 ③

보건복지부를 중심으로 전개되는 국민건강증진종합계획 모형의 사업 과제에는 건강 생활 실천 확산(금연, 절주, 운동 및 영양), 예방 중심 건강 관리(암, 만성병 관리, 전염병 관리, 정신과 구강 보건), 인구 집단별 건강 관리(모자보건, 노인보건, 학교보건), 건강 환경 조성(식품 안전, 공기, 음료수, 지역 사회 환경) 등이 있다.

21 정답 ⑤

제5차 국민건강증진종합계획(Health Plan 2030)의 목표는 2021년부터 2030년까지 건강수명을 연장하고 소득 및 지역 간 건강 형평성을 제고할 수 있는 건강 증진 정책을 강화하는 것이다.

22 정답 ⑤

한국보건산업진흥원은 보건복지부 산하 기관으로 보건의료 지원 인프라 및 보건 산업 생태계 구축을 통한 국민 보건 향상에 관여한다.
① 영양사 국가고시 관장 : 한국보건의료인국가시험원(국시원)
② 학교급식의 제도적 관리 : 교육부
③ 국민건강영양조사 : 질병관리청
④ 음식물 쓰레기 줄이기 : 환경부

23 정답 ④

식품의약품안전처는 식품(농수산물 및 그 가공품, 축산물 및 주류 포함), 건강기능식품, 의약품, 의약외품, 마약류, 화장품, 의료기기 등에 관한 검정 및 평가 업무를 관장한다.

24 정답 ⑤

교육부에서는 학교급식법 관장 및 학교급식의 제도적 관리, 학교에서의 영양 및 식생활 교육 내용에 대한 연구·계획, 학교급식 영양교사 제도 관리 등을 관장한다.

25 정답 ⑤

농림축산식품부는 식생활교육지원법을 만들어 식생활에 대한 국민적 인식을 높이고 국민의 삶의 질 향상에 대한 기여를 목표로 하며, 농산, 축산, 식량, 농지, 수리, 식품 산업 진흥, 농촌 개발 및 농산물 유통 등에 관한 업무를 관장한다.

26 정답 ③

국민 공통 식생활 지침은 국민의 건강하고 균형 잡힌 식생활을 위하여 보건복지부, 식품의약품안전처, 농림축산식품부에서 2016년 공통으로 제정 및 발표하였다.

27 정답 ②

국제 영양 정책 관련 기구
- 세계보건기구(WHO) : 전 인류의 보건 향상에 이바지
- 국제연합식량농업기구(FAO) : 인류의 영양 상태와 생활 수준 개선
- 국제연합아동기금(UNICEF) : 개발 도상국의 영양 문제 조사 및 원조

28 정답 ②

건강강조표시란 어떠한 식품이나 그 식품이 함유한 영양소 혹은 성분이 질병 및 건강과 관련된 증상 간에 어떤 관계가 있음을 표현하거나 암시하는 표현을 뜻한다.

29 정답 ④

식품영양표시제도는 소비자들이 식품에 대한 영양 정보를 제공받을 수 있도록 하며, 식품업계로 하여금 국민 건강에 유용한 제품을 개발하도록 유도할 수 있다.

30 정답 ⑤

새로운 식품 개발 프로그램은 미래 식량난에 장기적으로 대처하기 위하여 단백질원(플랑크톤, 곤충류 등)을 이용하는 방법을 연구하거나 개발하는 것을 말한다.

CHAPTER 07 | 영양 교육과 사업의 실제

문제편 p.94

01	02	03	04	05	06	07	08	09	10
①	①	②	④	④	②	④	③	⑤	④
11	12	13	14	15	16	17	18	19	20
⑤	①	②	③	⑤	⑤	③	④	②	①
21	22	23	24	25	26	27	28	29	30
③	⑤	④	⑤	④	④	④	④	③	④
31	32	33	34						
②	⑤	①	④						

01 정답 ①

교수 · 학습 과정안은 교사가 학습지도를 할 때의 체계적인 계획서로서 수업 설계의 계획 단계에서 작성된다.

02 정답 ①

수업 설계는 '계획 단계 → 진단 단계 → 지도 단계 → 발전 단계 → 평가 단계'로 진행된다.

03 정답 ②

영양 교육 설계는 학습 목표 제시 → 학습 동기 유발 → 교육자의 학습 상태 분석 → 수준별 학습 내용 제시 → 학습과정 확인과 전 시간의 피드백 등의 순으로 진행된다.

04 정답 ④

학습 목표는 영양 교육자의 행동이 아닌 학습자의 입장에서 진술하고 학습자의 변화 내용과 행동을 구체적으로 진술해야 한다. 또한, 학습 결과에 초점을 맞추어 행동을 진술하고 하나의 학습 목표에는 1가지 학습성과만을 진술해야 한다.

05 정답 ④

학습목표 진술방식은 구체적인 내용과 행동을 진술해야 한다. 학습자의 입장에서 진술하고 학습결과에 초점을 맞추어 행동을 기술하고 하나의 학습목표에는 한 가지 학습성과만을 진술해야 한다.

06 정답 ②

학습 목표 진술의 필요성
- 학습평가의 타당도와 신뢰도 상승
- 교육 매체 선정이 명확해짐
- 교육자는 무엇을 가르쳐야 하는지 명확해짐
- 학습자는 좋은 수업 태도를 가지게 되어 학습효과를 높일 수 있음

07 정답 ④

- 임신기의 영양 교육은 적당한 열량과 단백질 섭취, 칼슘·엽산·철분 보충제 복용, 변비와 빈혈, 적절한 체중 증가의 중요성, 흡연 및 음주 등에 관한 내용을 교육한다.
- 수유부는 특히 단백질, 칼슘, 철분, 티아민, 리보플라빈, 비타민 C가 부족하기 쉬우므로 다양한 식품 섭취를 권장한다.

08 정답 ③

- 수유부의 식사 내용은 모유를 통해 아기에게 전달되어 아기의 상태에 영향을 줄 수 있다.
- 술과 초콜릿은 설사를, 양파는 가스 생성을 일으키며, 커피는 아기를 불안정하게 한다.

09 정답 ⑤

유아의 간식은 정규 식사 외에 3끼 식사로 부족한 영양소(단백질, 비타민, 무기질 등)를 보충하는 의미이므로 결식의 원인이 되지 않도록 정해진 분량만큼만 제공한다.

10 정답 ④

아동을 위한 식습관 지도 내용에는 일관성이 있어야 하며, 아동의 식습관은 가족의 식습관에 많은 영향을 받으므로 가족의 식습관 개선이 필요한 경우 이에 해당하는 교육이 필요하다.

11 정답 ⑤

어린이급식관리지원은 식품의약품안전처에서 지원하는 영양 교육 사업이다.

12 정답 ①

초등학생의 영양 문제에는 칼슘과 비타민 D 부족, 철분 결핍성 빈혈, 비만, 충치, 과다행동증, 열량 위주의 간식 섭취와 편의식 선호, 과다한 염분 및 지방 섭취, 잘못된 다이어트 등이 있다.

13 정답 ②

- 청소년기에는 칼슘, 철 등 영양소의 섭취 부족, 지질 섭취 증가, 식행동의 문제, 비만과 다이어트 등의 영양 문제를 가지고 있다.
- 청소년의 식생활 지침에는 각 식품군을 매일 골고루 먹자, 기름지고 짠 음식을 적게 먹자, 건강 체중을 유지하자, 물이 아닌 음료를 적게 마시자, 위생적인 음식을 선택하자 등이 있다.

14 정답 ③

직장인 영양 교육은 질병 예방과 건강 증진을 목표로 하여 올바른 식습관 실천, 정상 체중 유지, 만성 퇴행성 질환의 발병률 저하, 흡연율의 감소, 음주율의 감소, 규칙적인 운동 습관 등에 대한 내용을 교육한다.

15 정답 ⑤

성인 여성의 영양교육은 폐경 후 여성호르몬의 농도가 현저히 감소함에 따라 발생할 수 있는 골다공증과 심혈관계 질환의 예방 및 관리가 가장 중요하므로 칼슘의 섭취방법, 만성 퇴행성 질환의 예방 및 관리, 정상체중 유지, 바람직한 식습관의 실천 등을 교육한다.

16 정답 ⑤

성인 대상 영양 교육은 건강 증진을 위한 주제를 정하고, 이에 대해 기억하기 쉽고 실천 가능한 내용을 구체적으로 제시해야 한다.

17 정답 ③

노인들의 뼈 건강을 유지하기 위해서는 노년기에 뼈의 감소를 최소화하도록 필요한 수준의 칼슘을 섭취하는 것이다.

18 정답 ④

노년기 영양 교육은 노년기의 생리적 변화 및 영양 상태에 영향을 주는 요인들을 고려한다.

19 정답 ②

노년기에는 미각둔화, 식욕부진, 소화흡수율 저하, 만성변비 등 신체의 영양상태에 영향을 주는 요인들을 고려해야 한다. 규칙적인 식사와 다양하고 소화되기 쉬운 음식을 섭취하도록 하고 음주와 흡연은 절제하며 노인의 기호보다는 건강한 식습관을 심어주도록 한다.

20 정답 ①

보건소 영양플러스 사업은 영양상태에 문제가 있는 임산부, 수유부 및 영유아를 대상으로 빈혈, 저체중, 영양불량 등의 영양문제를 해소하고 스스로 식생활을 관리할 수 있는 능력을 배양시키는 것을 목표로 한다.

21 정답 ③

식품안전나라에서는 식품안전성을 위하여 부적합 식품에 대해 공지하고 있다.

22 정답 ⑤

병원에서의 영양 교육은 질병의 유형 및 환자의 연령, 직업, 교육수준, 생활환경에 맞는 영양 지도 방법이 필요하다. 환자 스스로 병을 치료하고자 하는 강한 의지를 얻고 식사 요법을 실천할 수 있도록 영양 교육과 상담을 진행한다.

23 정답 ④

병원 영양교육은 환자의 치료 및 회복, 재발 방지에 도움이 되는 식사요법을 중심으로 이루어진다. 따라서 당뇨병, 신장병과 같이 식사요법을 통한 치료 및 관리가 중요한 질환자들에게는 영양교육이 필요하다.

24 정답 ⑤

산업체 급식시설에서는 근무자의 연령층과 노동 강도 등을 고려한 열량을 제공하여 근무자들의 작업능률을 올리고, 과중한 업무, 불규칙한 식사, 잦은 외식, 스트레스, 음주 및 흡연, 운동부족 등으로 인한 질병을 예방하고 건강을 증진하는 프로그램으로 구성한다.

25 정답 ④

식사구성안은 영양학을 전공하지 않은 일반인이 균형 잡힌 건강한 식생활을 영위할 수 있도록 도움을 주기 위한 영양도구이다.

26 정답 ③

비만은 섭취 열량이 소비 열량보다 많을 경우에 발생하므로 섭취 열량과 소비 열량의 균형을 유지해야 한다.

27 정답 ④

고혈압 조절을 위한 교육 내용에는 정상 체중 유지, 식이 나트륨 제한, 과일, 채소, 저지방 유제품 섭취, 매일 규칙적인 유산소 운동, 알코올 섭취 제한 등이 있다.

28 정답 ④

고혈압의 영양 교육은 고혈압에 대한 심각성과 위험요인, 체중 관리, 저염식 식품 선택과 조리 방법, 저지방식과 열량 제한식, 운동과 생활습관 등의 내용으로 실시한다.

29 정답 ③

통풍은 붉은색 육류, 간, 내장, 생선 대신 달걀, 우유, 채소 등과 같은 저퓨린 식품을 통해 단백질을 섭취해야 한다.

30 정답 ④

골다공증은 주로 폐경기 이후의 여성에게 많이 나타나므로 골다공증 예방을 위한 교육은 청소년기부터 중년기까지의 여성에게 특히 필요하다.

31 정답 ②

골다공증 예방을 위해서는 칼슘 섭취가 중요하므로 칼슘 섭취를 증가시킬 수 있는 우유 및 유제품 섭취, 녹색 채소 섭취, 운동 등을 권장하며, 카페인 음료는 제한하는 것이 좋다.

32 정답 ⑤

환자를 대상으로 하는 영양 교육의 가장 중요한 내용은 환자 스스로 병을 치료하고자 하는 강한 의지를 갖도록 하고, 식사 요법이 반드시 필요하면서도 실천하기에 어렵지 않다는 생각을 갖게 하는 것이다.

33 정답 ①

만성 신부전증 환자의 영양 교육으로는 환자 상태에 따른 적절한 수준으로 단백질을 제한하고 염분과 칼륨, 인의 섭취를 제한한다. 적절한 단백질 제한은 체단백 손실을 일으킬 수 있으므로 체중 유지를 위해 열량을 충분히 공급하며, 수분은 개인의 요구량에 따라 적정량 섭취한다.

34 정답 ④

생활습관병은 고열량, 고지방 식사를 포함하여 흡연, 음주, 운동, 스트레스 등의 생활습관을 개선하여 만성 퇴행성 질환의 발병 및 진행을 예방하는 것이며, 건강증진을 위하여 비타민과 무기질 섭취방안, 고단백·저지방 식사 섭취방법 등을 교육한다.

PART 04 식사요법 및 생리학

CHAPTER 01 | 영양 관리 과정

문제편 p.102

01	02	03	04	05	06	07	08	09	10
③	③	②	①	⑤	③	④	⑤	⑤	④
11	12	13	14	15	16	17	18	19	20
②	⑤	⑤	①	①	④	④	③	②	⑤
21	22	23	24	25	26	27			
③	⑤	①	④	①	③	④			

01 정답 ③

- 영양 진단 단계의 영역 : 섭취 영역, 임상 영역, 행동환경 영역
- 영양 중재 단계의 영역 : 식품/영양소 제공 영역, 영양 교육 영역, 영양 상담 영역, 영양 관리를 위한 타 분야와의 협의 영역

02 정답 ③

영양 중재는 문제 해결을 위한 실행 단계로, 식품/영양소 제공 영역, 영양 교육 상담, 영양 관리를 위한 타 분야와의 협의 영역이 포함된다.

03 정답 ②

영양 중재는 문제 해결을 위한 목표 설정, 실행계획 및 실행 단계로 영양 교육 및 상담, 식사 처방 목표 설정 및 식사 제공 등이 포함된다.

04 정답 ①

영양 판정은 자료(정보) 수집 단계로 식사력, 신체 계측, 생화학적 자료, 일반 사항 및 과거력 등이 해당된다.

05 정답 ⑤

영양 판정 방법 선정 시 고려사항
- 조사자의 훈련을 통해 측정 오차를 줄임
- 목적과 현실에 적합한 장비, 기구, 경비 등을 고려
- 평가 방법에 대해 대상자가 느끼는 거부감을 최소화하도록 보상 또는 기술적 배려 제공
- 선정된 방법이나 기구의 부적절함으로 인한 오차를 없애기 위해 조사 방법을 표준화

06 정답 ③

신체 계측 조사는 신장, 체중, 체질량 지수, 허리/엉덩이 둘레비 등이 해당되며, 과거의 장기간에 걸친 영양 상태나 한 세대에 걸친 영양 상태를 반영하여 신뢰성 있는 정보를 제공한다.

07 정답 ④

생화학적 검사는 혈액, 소변, 머리카락의 영양소 함량을 측정하여 체단백, 면역기능, 질소 균형 및 혈액학적 상태를 파악하는 가장 객관적이고 정량적인 영양 판정이다.

08 정답 ⑤

생화학적 검사는 기능 검사(면역 기능, 시료의 효소 활성 등)와 성분 검사(혈액, 소변, 조직 검사 등)로 나뉜다.

09 정답 ⑤

24시간 회상법, 식품 섭취량 조사, 식품 섭취 빈도 조사 등의 식사 섭취 조사는 예방적 관점에서 미래의 영양 결핍을 예측할 수 있는 방법이다.

10 정답 ④

회상법은 주로 24시간 또는 조사 전날 하루 동안 섭취한 모든 식품의 종류와 섭취량 등을 기억하여 조사하는 방법으로, 개인의 기억에 의존한다는 문제점이 있다.
① 실측법 : 모든 음식과 음료의 양을 저울로 실측하여 기록하므로 가장 정확한 조사 방법이다.
② 식사 기록법 : 대상자 스스로 식품의 종류와 양을 기록하는 방법으로 섭취량을 의도적으로 많거나 적게 기록할 수 있다.
③ 식사력 조사법 : 과거 식사 상태를 조사하는 방법으로 장기간의 식사 섭취 형태를 알 수 있다.
⑤ 식품 섭취 빈도법 : 과거 일정 기간 내 특정 식품 섭취 경향을 파악하는 방법으로 질적 평가에 해당한다.

11 정답 ②

식사 기록법은 대상자 스스로 식품의 종류 및 양을 기록하는 방법으로, 의도적으로 많이 혹은 적게 섭취하였다고 기록할 가능성이 있다.

12 정답 ⑤

식품 섭취 빈도법은 과거 일정 기간 내 특정 식품의 섭취 경향을 파악하기 위한 방법이다.

13 정답 ⑤

- 양적 평가 : 실측법, 식사 기록법, 24시간 회상법
- 질적 평가(일정 기간 특정 식품의 섭취 경향을 파악) : 식품 섭취 빈도법, 식사력 조사, 영양밀도지수, 식사 다양성, 식습관 조사 등

14 정답 ①

영양 관리 과정(NCP)은 임상에서 이루어지는 영양 관리와 관련된 업무의 전 과정을 표준화한 것으로 영양 판정, 영양 진단, 영양 중재, 영양 모니터링 및 평가의 4단계로 이루어진다.

15 정답 ①

영양 밀도 지수는 개인의 식사의 적합성을 평가하기 위해 개발된 질적 평가 방법으로, 에너지 1,000kcal에 해당하는 식이 내 영양소 함량을 1,000kcal당 그 영양소의 권장량에 대한 비율로 나타낸 것이다.

16 정답 ④

권장섭취량은 개인의 식사 섭취 평가 시 사용하며, 집단의 영양 섭취 상태를 평가하는 데는 사용하지 않는다.

17 정답 ④

영양 검색은 영양 위험도가 높은 환자를 선별하는 과정으로 혈청 알부민(3.5g/dL 이하), 헤모글로빈(남자 14.0g/dL 이하, 여자 12.0g/dL 이하), 림프구 수(1,200cell/mm^3 이하)와 같은 생화학적 검사지표를 이용한다.

18 정답 ③

두위는 출생 후 2세까지의 영유아에 대한 성장 및 영양 판정의 평가 도구로 적합하다.

19 정답 ②

철의 영양 상태는 적혈구 수, 혈청 페리틴 농도, 헤모글로빈 농도, 헤마토크리트치 등으로 산출할 수 있는데, 체내 철 저장량을 나타내는 혈청 페리틴은 가장 빨리 감소되므로 초기 빈혈 판정에 쓰인다.

20 정답 ⑤

빈혈을 판정하는 지표에는 MCV(평균 적혈구 용적), MCH(평균 적혈구 혈색소량), MCHC(평균 적혈구 헤모글로빈 농도), TIBC(총 철결합능)가 있다.

21 정답 ③

트랜스페린은 철 운반 단백질로 철분과 단백질의 영양 상태를 알려준다.

22 정답 ⑤

성인 여성의 헤모글로빈 정상 범위는 12~16g/dL이므로 빈혈 시의 식사 지도를 한다.

23 정답 ①

뢰러 지수는 학령기 아동의 비만 판정에 사용하는 지수이다.
② 카우프 지수 : 주로 영유아의 비만 판정
⑤ 폰더럴 지수 : 수치가 높을수록 마른 것을 의미

24 정답 ④

복부 비만을 나타내는 지표는 허리/엉덩이 둘레비이다.

25 정답 ①

이상지혈증의 진단 기준은 중성 지방, 총 콜레스테롤, LDL-콜레스테롤, HDL-콜레스테롤의 농도이다.

26 정답 ③

당뇨병의 검사 항목으로는 혈당 검사, 소변 검사, 소변 케톤체 검사, 경구 내당능 검사 등이 있다.

27 정답 ④

- 포도당 부하 검사는 12시간 공복 후 일정량의 포도당을 경구로 공급하여 당의 연소 능력을 측정하는 것이다.
- 정상인의 공복혈당은 70~100mg/dL인데, 식후 상승(120~160mg/dL)하나 약 2시간 후 정상치로 돌아온다.

CHAPTER 02 | 병원식과 영양 지원

문제편 p.107

01	02	03	04	05	06	07	08	09	10
③	④	②	⑤	③	③	④	⑤	②	③
11	12	13	14	15	16	17	18	19	20
②	④	④	②	①	①	③	①	④	③
21	22	23	24	25	26	27	28	29	30
①	④	②	④	⑤	②	④	②	⑤	①
31	32	33	34	35	36	37	38	39	40
③	②	⑤	①	①	②	⑤	③	⑤	①
41	42	43	44	45	46	47	48	49	50
③	④	⑤	③	①	②	②	⑤	⑤	⑤
51	52								
②	②								

01 정답 ③

식사 요법의 제공 방법에는 경구, 경관, 정맥 영양이 있으며, 일반식은 음식의 질감 변화를 주고 치료식은 영양소의 양을 조절하는 것이다. 환자에 따라 필요 에너지의 요구가 증가하기도 한다.

02 정답 ④

식사 구성안은 생활 습관병을 예방하고 건강을 최적의 상태로 유지시키기 위한 영양 교육을 실시할 목적으로 만든 것으로 6가지 식품군에 따른 1인 1회 분량과 1일 섭취 횟수를 제시한다.

03 정답 ②

식감은 냄새, 맛, 입속에서의 감촉 등이 혼합되어 나타나며, 식사 구성상 질감의 대비, 즉 부드러움과 씹힘성, 색의 배합과 모양 등이 고려되어야 한다.

04 정답 ⑤

① 남자 단백질 권장섭취량 : 65g
② 남자 식이섬유 충분섭취량 : 30g
③ 여자 칼슘 권장섭취량 : 700mg
④ 여자 에너지 필요추정량 : 2,000kcal

05 정답 ③

골절, 수술 등으로 인해 추가로 요구되는 영양소는 에너지와 단백질이며, 에너지 요구 증가에 따라 비타민 B군 등이 필요한 경우도 있다.

06 정답 ③

달걀, 메추리알, 오징어, 새우, 불고기 등은 콜레스테롤 함량이 높은 식품이다.

07 정답 ④

단백질을 제한하는 저단백 식사일수록 단백가가 높은 양질의 단백질을 사용한다.

08 정답 ⑤

견과류는 단백질을 풍부하게 함유하고 있으므로 고기·생선·달걀·콩류에 속한다. 단, 견과류 중 깨는 지질 함량이 높으므로 유지·당류에 속한다.

09 정답 ②

① 땅콩 – 지방군
③, ④ 굴과 병어 – 저지방 어육류군
⑤ 두부 – 중지방 어육류군

10 정답 ③

햄, 달걀, 고등어는 중지방 어육류군에 해당하며, 닭 간, 소 간은 저지방 어육류군에 해당한다.

11 정답 ②

햄, 고등어, 검정콩은 중지방 어육류군에 속하며, 베이컨은 고지방 어육류군에 속한다.

12 정답 ④

① 두부 1교환은 단백질 8g을 제공한다.
② 햄(로스) 1교환은 단백질 8g을 제공한다.
③ 저지방 우유 1컵은 단백질 6g을 제공한다.
⑤ 달걀 1교환은 단백질 8g, 지방 5g을 제공한다.

13 정답 ④

달걀은 어육류군 중 중지방군에 해당하며, 60g이 1교환 단위로 단백질 8g, 지방 5g, 열량 75kcal를 가지고 있다.

14 정답 ②

기름기가 없는 사태나 홍두깨살은 어육류군 중 저지방군에 속한다. 저지방 어육류군은 1교환 단위당 단백질 8g, 지방 2g, 열량 50kcal를 함유하고 있다.

15 정답 ①

단백질 8g, 지방 5g, 열량 75kcal를 제공하는 것은 중지방 어육류군이며, 선지 중 중지방 어육류군에 속하는 것은 두부 80g이다.

16 정답 ①

② 식빵 35g
③ 감자 140g
④ 시루떡 50g
⑤ 국수 삶은 것 90g

17 정답 ③

① 쌀밥 – 1/3공기
② 꽁치 – 작은 한 토막(50g)
④ 오렌지 주스 – 1/2컵
⑤ 옥수수기름 – 1작은술

18 정답 ①

토스트 1쪽(100kcal) + 달걀 반숙 1개(75kcal) + 버터 1작은 스푼(45kcal) + 우유 1컵(125kcal) = 총 345kcal

19 정답 ④

백미밥 1공기(300kcal) + 조기구이 50g(50kcal) + 깍두기 50g(20kcal) + 사과주스 1/2컵(50kcal) = 420kcal

20 정답 ③

고구마 70g(중 1/2개, 100kcal) + 우유 200mL(1컵, 125kcal) + 귤 120g(1개, 50kcal) = 275kcal

21 정답 ①

환자의 식사는 개개인의 영양과 질병 상태에 따라 영양권장량에서 에너지 및 필요한 영양소의 양을 가감하는 등의 조절이 필요하며, 특히 소화가 잘되는 음식을 선택해야 한다.

22 정답 ④

상식(일반식)은 특정 영양소나 질감상의 조절이 필요치 않은 일반 환자들에게 제공되는 식사이며, 활동량이 적고 소화력이 떨어지므로 다양한 식품과 조리법을 사용하여 소화가 잘되도록 해야 한다.

23 정답 ④

연식(죽식)은 쌀 도정도가 높고 지방 함량이 적으며 위에서 머무르는 시간이 짧은 식품을 선택한다. 결합 조직이 많은 식품, 기름기가 많은 식품, 강한 향신료(고춧가루, 카레 가루, 겨자, 생강 등), 견과류, 파이, 섬유질 식품 등은 제한한다.

24 정답 ②

연식 조리 시 섬유질 식품은 제한해야 한다.

25 정답 ⑤

연하 곤란(삼킴장애) 환자는 흡인의 위험성이 있으므로 액체는 걸쭉하게 제공해야 한다. 묽은 액체 음식이나 거칠고, 질기고, 바삭거리고, 끈적이는 음식은 제한한다.

26 정답 ②

퓨레식은 모든 음식을 갈아서 제공하는 식사이다.
⑤ 블랜드식(bland diet)은 산 분비를 억제하는 식사로 구성된다.

27 정답 ④

맑은 유동식은 수술 직후 수분과 전해질을 공급하기 위한 식사로, 주로 당질과 물로 구성된 맑은 액상식이다. 보리차, 맑은 주스, 맑은 육즙, 연한 홍차 등이 해당하며, 우유, 요구르트, 잣 미음, 탄산음료, 채소 주스 등은 제한한다.

28 정답 ④

맑은 유동식은 수술 후 위장관의 자극을 최소화하며 수분과 전해질을 공급하기 위해 맑은 액체 상태의 음식물로 구성된다. 각종 영양소가 부족할 수 있으므로 1일~3일 사이로 단기간만 제공한다.

29 정답 ⑤

일반 유동식(전유동식)은 주식이 미음이므로 3일 이상 공급 시 모든 영양소가 부족할 수 있다. 따라서 이 경우 영양 보충액이나 혼합 영양 식품을 공급할 수 있다. 환자에게 소화되기 쉬운 당질과 단백질 식품을 주로 선택하고 지방 식품은 최소화한다.

30 정답 ①

일반 유동식은 상온에서 액체 또는 반액체인 식품으로 구성되며, 중등도의 소화기 염증 환자, 고형식을 씹고 삼키고 소화하기 어려운 환자, 급성 질환자 등에게 공급한다.

31 정답 ③

① 당뇨병 : 열량조절식
② 골다공증 : 고칼슘식
④ 신장 결석 : 저칼슘식, 저인산식
⑤ 간성 혼수 : 무단백식

32 정답 ⑤

저잔사식은 음식물의 소화·흡수 후 남은 찌꺼기인 잔사를 줄이는 식사를 말한다. 잔사량이 많은 순서는 '당질 → 지방 → 단백질' 순이며, 잔사량을 많이 내는 우유까지도 제한하는 식사이다. 대신 과일과 채소 등을 주스로 제공할 수 있다.

33 정답 ⑤

저잔사식에는 우유까지도 제한되며, 대신 과일과 채소 등을 주스로 제공할 수 있다.

34 정답 ①

글루텐 함유 식품에는 밀, 호밀, 메밀, 보리, 귀리, 기장, 오트밀 등이 있다.

35 정답 ①

저퓨린식에는 달걀, 우유, 치즈, 버터, 땅콩, 채소, 과일 등을 제공할 수 있다.

36 정답 ②

경관 영양은 인체 내 장기능은 정상이지만 입으로 영양을 공급할 수 없는 경우에 실시한다.

37 정답 ③

경관 급식(튜브 급식)이란 소화기관은 정상이나 의식 불명, 연하 곤란, 위장관 수술, 식도 장애 등으로 인해 구강으로 음식을 섭취할 수 없는 환자 및 의식이 없는 환자에게 적용되는 영양 지원이다.

38 정답 ⑤

소화기관은 정상이나 구강으로 음식을 섭취할 수 있는 경우 경관 급식을 실시한다.

39 정답 ④

경장 영양은 심한 설사, 심한 장출혈, 염증성 장질환, 장폐색, 장누공 등 장 기능이 비정상적인 경우에는 제한해야 한다.

40 정답 ①

비위관(코를 통한 관 삽입)은 수술 없이 쉽게 삽입 및 제거가 가능하고 6주 이내 단기에 이용할 환자에게 적합하다.

41 정답 ③

경장 영양의 공급 예상 기간에 따라 단기간(6주 이내)인 경우 비위관, 비장관을 이용하며, 장기간(6주 이상)의 경우 위 조루술, 공장 조루술을 이용한다.

42 정답 ④

공장 조루술은 흡인 위험이 있는 경우 장에 관을 넣는 방법으로 장기적 영양 지원이 필요한 경우에 적합하다.

43 정답 ⑤

① 변비 예방을 위해 0~22g/L의 식이섬유소를 함유해야 한다.
② 지방은 총 에너지의 15~35%를 공급한다.
③ 대사성 스트레스 환자는 고단백 영양액을 제공해야 한다.
④ 표준 영양액의 에너지 밀도는 1.0kcal/mL이다.

44 정답 ③

흡수 불량의 문제가 있을 경우 가수분해 영양액(정제 영양액, 성분 영양액)을 공급한다. 즉, 당질은 포도당이나 덱스트린류로, 단백질은 아미노산이나 펩티드 형태로, 지방은 MCT oil과 소량의 필수지방산으로 구성된 영양액을 제공한다.

45 정답 ①

경장 영양 시 설사의 원인은 유당불내증, 차가운 영양액, 너무 빠른 주입 속도, 부적절한 관의 위치 등이다.

46 정답 ②

정맥 영양액의 당질은 덱스트로스 형태가, 단백질은 류신과 같은 아미노산 결정체가 주성분이다. 철분은 과민반응을 일으킬 수 있고 비타민 K는 혈전을 초래할 수 있으므로 정맥 영양액에 첨가하지 않고, 근육 주사로 따로 공급한다.

47　정답 ④

중심정맥영양(TPN)은 위장관 기능 불능으로 인한 심한 영양불량 환자, 심한 화상 등으로 인해 영양불량이 심하거나 장기간 정맥영양공급이 예상될 경우 중심정맥을 이용한 공급방법이다.

48　정답 ④

MCT oil
- 지방의 가수분해와 흡수가 잘됨
- 탄소수가 8~10개인 중쇄지방산으로 이루어진 기름
- 소화나 흡수를 위해 담즙의 도움 없이 문맥을 거쳐 흡수
- 다량 복용 시 설사 등의 부작용 발생

49　정답 ⑤

재급식증후군은 금식, 기아 상태로 심한 영양 불량인 환자에게 과도한 영양 공급을 급하게 할 경우 K, mg, P 등이 세포 내부로 이동하여 전해질 불균형이 일어나는 현상이다.

50　정답 ⑤

정맥 영양의 가장 흔한 합병증은 카테터 삽입 부위의 감염, 호흡기와 요도 등의 감염, 수액 감염 등으로 인한 패혈증이다.

51　정답 ②

레닌 검사식은 고혈압 환자의 레닌 활성도를 알아보기 위해 나트륨 섭취를 제한하는 식사이다.

52　정답 ②

티라민은 단백질 식품 중 오래 저장하거나 발효시킨 식품에서 많이 생성된다.

CHAPTER 03 | 위장관 질환의 영양 관리

문제편 p.115

01	02	03	04	05	06	07	08	09	10
③	②	③	⑤	④	④	①	①	①	③
11	12	13	14	15	16	17	18	19	20
②	①	②	①	②	①	③	④	①	③
21	22	23	24	25	26	27	28	29	30
④	③	②	③	①	④	②	④	⑤	①
31	32	33	34	35	36	37	38	39	40
③	③	⑤	⑤	①	④	③	②	⑤	①
41	42	43	44	45	46	47	48	49	50
⑤	②	⑤	④	⑤	④	④	②	②	④
51	52	53	54	55	56	57	58	59	60
⑤	③	①	⑤	②	③	③	⑤	④	③
61	62	63	64	65	66	67	68	69	70
①	⑤	④	④	④	②	①	⑤	③	⑤
71	72	73	74	75	76	77	78	79	80
⑤	④	④	⑤	②	②	⑤	③	④	③

01　정답 ③

① 식도와 위의 경계는 분문, 위와 십이지장의 경계를 유문이라고 한다.
② 이당류의 분해 효소는 소장에서 분비된다.
④ 식도에서 항문까지의 위장관 벽은 점막층, 점막 하부층, 근육층, 장막층의 4층으로 구성된다.

02　정답 ②

위액은 음식물을 보거나 상상하거나 냄새를 맡을 때 가장 많이 분비되는데, 이 시기를 뇌상 시기라 하며 시간당 약 500mL 정도 분비된다(대부분 펩신).
③ 위상은 위 내에 음식물이 들어 온 후를 말하는 것으로, 이때 위액은 시간당 약 80mL가, 장상 시기에는 약 50mL 정도가 분비된다.

03　정답 ③

위장에서는 위액 분비 촉진 호르몬인 가스트린을 분비하고, 위 내용물은 연동 운동으로 위액 중의 소화액과 섞여 유미즙이 되어 십이지장으로 이동된다.

04 정답 ⑤

소화란 음식물 중 고분자들을 소화관 벽을 통과할 수 있는 크기의 저분자로 잘라주는 작용이다. 그중 기계적 소화란 저작 작용으로 음식물을 잘게 부수어 연동 운동으로 내려 보내는 것이고, 화학적 소화란 소화효소에 의해, 생물학적 소화란 장내 세균에 의해 음식물이 분해되는 과정이다.

05 정답 ④

타액은 조건반사에 의해 분비되는데, 구강 내 수분 공급, 혀의 움직임 용이, 음식물 삼킴 용이, 구강 내 pH 유지, 점막보호 및 살균작용 등을 한다.

06 정답 ④

타액에는 프티알린(α-아밀라아제)이 있어 전분을 덱스트린이나 맥아당까지 분해한다.

07 정답 ①

이하선(장액선)은 프티알린 효소를 가장 많이 함유한 타액 분비선이다. 설하선은 묽은 타액을 많이 분비하고 악하선은 끈끈한 타액을 분비한다.

08 정답 ①

연하, 구토 또는 타액 분비 중추는 연수에 있다.
⑤ 시상하부에는 음식물의 섭취를 조절하는 섭식 중추(외측)와 포만 중추(내측핵)가 존재한다.

09 정답 ①

위장의 주된 운동은 연동 운동과 공복기 수축이며 소장은 연동 운동, 분절 운동, 융모 운동을 한다. 대장은 팽기 수축과 집단 반사 등의 운동을 한다.

10 정답 ③

내적 인자는 위의 벽 세포에서 분비되며, 비타민 B_{12}의 운반과 흡수에 필수적이다.

11 정답 ②

G세포는 가스트린을, 주세포는 펩시노겐을, 벽 세포는 위산과 내적 인자를 분비한다. 내적 인자는 비타민 B_{12}의 흡수에 관여한다.

12 정답 ①

뮤신은 위나 장점막에 얇게 덮여 물리적으로 위산과 표면 세포와의 접촉을 방해하기 때문에 위궤양 발생을 억제하고 펩신에 의한 위점막의 자기 소화를 방지한다.

13 정답 ②

뮤신은 위선의 점액 세포에서 분비된다.

14 정답 ①

레닌은 우유 단백질인 카제인을 파라카제인과 펩티드로 분해함으로써 유화 상태를 깨트려 응고물을 형성한다.
② 가스트린은 강한 산성 환경인 위장에서는 작용하지 않는다.

15 정답 ②

세크레틴은 십이지장에서 분비되는 호르몬으로, 췌장에서 중탄산염 분비를 촉진시켜 알칼리성 췌장액을 분비시킨다.

16 정답 ①

가스트린은 위산 및 펩시노겐의 분비를 촉진하는 호르몬이다.
②~⑤는 십이지장에서 분비되는 호르몬이다.

17 정답 ③

고섬유소식은 위의 운동을 촉진하는 반면, 유동식, 고당질식, 고지방식, 차가운 음식, 산성 음식, 삼투압이 높은 음식 등은 위장 운동을 억제한다.

18 정답 ④

정신적 스트레스는 뇌하수체를 자극하여 부신피질호르몬의 분비를 촉진하고 이는 위벽을 자극하여 위산 분비를 증가시킨다.

19 정답 ①

지방은 위의 소화 운동을 억제하여 위 체류 시간이 가장 길다.

20 정답 ③

위산 분비가 감소하면 펩신 활성화 감소로 단백질 소화력이 떨어지고 살균작용이 저하되어 음식물이 부패하거나 발효된다. 또한 Fe^{3+}이 Fe^{2+}로 환원되지 못해 철 흡수율이 떨어지고 내적 인자 분비 감소로 비타민 B_{12}의 흡수가 저하된다.

21 정답 ④

엔테로가스트론은 십이지장 점막에서 분비되는 호르몬으로 위 운동, 위산 분비 및 위 배출을 억제한다.

22 정답 ③

소장은 십이지장, 공장, 회장으로 구성되어 있으며 공장은 영양소의 소화와 흡수를, 회장은 비타민 B_{12}와 담즙 흡수를 담당한다. 십이지장은 총담관이 열리는 곳으로 췌액과 담즙이 분비된다.

23 정답 ②

소장의 분절 운동은 윤상근에 의한다.

24 정답 ③

소장은 위의 내용물을 받아 담즙, 췌액, 장액을 혼합시켜 소화를 완료하고 영양분을 흡수하는 곳으로, 그중 십이지장과 공장의 1/2 부위에서 대부분의 영양소 흡수가 일어난다.

25 정답 ①

공장 및 회장의 90%를 절제하더라도 남은 장으로 충분한 수분과 전해질을 흡수할 수 있다.

26 정답 ④

소장 점막의 포도당 운반체가 나트륨의 농도차에 따라 세포 안으로 이동될 때 포도당도 함께 이동되므로 세포 밖의 나트륨 농도가 높아지면 포도당의 이동이 촉진된다.

27 정답 ②

담즙은 간에서 합성되어 담낭에 저장되며 담즙산염에 의해 지방을 유화시킨다.

28 정답 ④

담즙은 장관 내 발효를 억제하고, 알칼리로서 위산을 중화시켜 십이지장의 산도를 약산성 상태로 유지하기 때문에 철, 칼슘의 흡수를 촉진한다. 또한 담즙색소 등의 배설 작용을 한다.

29 정답 ⑤

담즙은 수분, 담즙산염, 빌리루빈, 콜레스테롤, 각종 전해질, 레시틴 등으로 구성되어 있다.

30 정답 ①

콜레스테롤은 간에서 합성된다. 또한 담즙의 80%가 콜레스테롤인데, 담즙 또한 간에서 합성된다.

31 정답 ③

췌장의 외분비선은 소화액(아밀라아제, 리파아제, 트립시노겐, 키모트립시노겐)을 분비하고, 내분비선은 호르몬(인슐린, 글루카곤)을 분비한다.

32 정답 ③

① 트립신은 단백질 분해 효소이다.
② 수크라아제는 설탕을 포도당과 과당으로 분해시킨다.
④ 엔테로키나아제는 단백질 분해 효소인 트립시노오겐을 트립신으로 활성화한다.
⑤ 아미노펩티다아제는 폴리펩티드를 아미노산, 디펩티드, 트리펩티드로 분해시킨다.

33 정답 ⑤

비만, 보정 속옷, 카페인 섭취, 임신, 식후 바로 눕기, 알코올 등은 식도 역류를 증가시키는 요인이며, 하부식도괄약근의 압력이 증가하면 식도 역류는 감소한다.

34 정답 ⑤

식도 역류증 환자의 식사 요법은 되도록 저지방 단백질 식품이나 저지방 당질 식품을 위주로 섭취하도록 한다. 반면, 하부식도괄약근을 약화시킬 수 있는 고지방 식품, 술, 초콜릿이나 식도 점막을 자극할 수 있는 신 음식, 향신료, 커피, 탄산음료, 차갑거나 뜨거운 음식 등은 제한한다. 과식이나 취침 전 식사 및 간식도 제한한다.

35 정답 ①

식도 역류염 환자가 제산제를 사용하면 위장 산도가 알칼리 쪽으로 올라가 2가의 양이온인 철의 흡수가 감소되어 철이 부족하기 쉽다.

36 정답 ④

연하 곤란 시 흡인의 위험성이 있으므로 액체는 걸쭉하게 제공하고 너무 차거나 뜨거운 음식은 피하며, 음식을 부드럽게 조리해야 한다. 거칠고, 질기고, 바삭거리고, 점성이 강하고 끈적이는 음식은 제한한다. 식후에는 곧은 자세를 유지하여 음식이 잘 내려가도록 한다.

37 정답 ③

연하 곤란증 환자에게는 부드럽게 조리된 음식을 제공해야 하며, 찬 음식이나 점성이 강해 끈적이는 음식 등은 피해야 한다. 액체는 걸쭉하게 제공한다.

38 정답 ②

급성 위염의 초기 1~2일에는 금식을 통해 위를 휴식하게 하고, 통증이 줄어들면 맑은 유동식, 일반 유동식, 연식, 회복식순으로 이행한다.

39 정답 ⑤

급성 위염 시 소화가 잘되고 자극이 적은 무자극성 음식을 소량씩 공급한다.

40 정답 ①

급성 위염 시 1~2일은 금식하고 차츰 유동식(미음)에서 죽식, 상식으로 이행한다. 3분죽은 미음에 죽을 30%, 5분죽은 미음에 죽을 50% 첨가한 것이다.

41 정답 ⑤

위축성(저산성) 만성 위염은 위액 분비가 감소되어 식욕이 저하되므로 소화·흡수가 잘되는 식사로 구성하고 1회 식사량을 줄이면서 식사 횟수를 늘린다. 위산을 촉진하는 멸치 국물, 진한 고기 국물, 죽, 우동 등을 먹고 고섬유소 식품은 제한한다.

42 정답 ②

위계양 시 위액 분비를 적게 하는 무자극 식품(정제한 곡류, 우유, 두부, 흰살 생선, 반숙 달걀, 감자, 익힌 채소 등)이 적당하고 기름에 튀긴 음식, 생채소, 강한 향신료, 자극적인 식품, 훈제식품 등은 제한한다.

43 정답 ⑤

소화성 궤양의 원인은 정신적 스트레스, 위산 분비 과다, 위점막 방어 기능 결함, 자극적인 음식의 과다 섭취, 불규칙한 식사, 커피, 술, 흡연, 헬리코박터 파일로리균 감염 등이다.

44 정답 ④

소화성 궤양 환자에게는 상처 회복을 위한 적당량의 단백질과 비타민 C를 제공하고, 자극적인 향신료와 튀김 등의 조리법은 피한다. 음식은 하루 세 끼로 균형 있는 식사를 제공하며, 제산제를 복용할 경우 변비 예방을 위해 적절한 식이섬유를 공급한다.

45 정답 ⑤

소화성 궤양 환자는 위산 분비를 촉진하는 식품(강한 향신료, 알코올, 카페인 등)을 피해야 한다. 토마토는 유기산이 많고, 우유는 단백질과 칼슘이 많아 위산 분비를 촉진하므로 자주 섭취해선 안 된다.

46 정답 ②

소화성 궤양은 위산의 과다 분비로 발생되므로 산 분비를 억제할 수 있는 식품을 제공한다. 이때, 궤양 치료를 위하여 양질의 단백질과 비타민 C를 적당량 공급해야 한다.

47 정답 ④

소화성 궤양 환자의 식사는 산 분비를 적게 하는 음식, 섬유소가 적은 음식, 유기산이 적은 음식, 소화가 잘되는 음식으로 구성하고 튀긴 음식은 피해야 한다.

48 정답 ②

알코올, 커피, 홍차, 녹차, 탄산음료 등은 위산 분비를 촉진시키고 궤양의 상처 치유를 더디게 한다.

49 정답 ②

고춧가루, 후추, 부추, 생강, 파, 겨자 등 강한 향신료는 위산 분비를 촉진하며, 그 외 구운 고기, 붉은 살 생선, 고기 국물, 알코올 음료, 카페인 음료, 튀긴 음식 등도 위벽을 자극하여 위액 분비를 촉진시킨다.

50 정답 ②

꿀, 설탕 등의 농축당을 섭취하면 위장에서 당을 희석시키기 위해 위액의 분비가 많아지고, 또 당이 체내에서 발효될 때 산이 많이 생긴다.

51 정답 ⑤

위하수증은 위가 아래로 길게 늘어져 위의 기능이 저하되므로 소화가 잘되고 위 체류 시간이 짧은 식품을 소량씩 섭취한다. 수분이 많은 죽 종류는 제한하고 수분이 많은 음식은 식간에 섭취한다. 또한 위의 근육 강화를 위해 단백질을 충분히 섭취해야 한다.

52 정답 ③

덤핑 증후군은 위 절제 후 나타나는 증상으로, 장내 삼투압을 높일 수 있는 단순당이나 농축당은 피하고 저당질식·고단백식·고지방식을 해야 한다. 식사 시 물, 음료 섭취는 제한하고 식사 1시간 전후로 섭취한다. 섬유소는 저혈당을 방지하므로 충분히 섭취하고 식후 20~30분 정도 후에 눕는 것이 좋다.

53 정답 ①

위 절제 수술 후 위산의 부족으로 칼슘, 철분의 흡수가 저하되고 체단백 분해로 소변의 질소 배설량은 증가하며 혈중 수분의 장내 이동으로 혈액량은 감소된다.

54 정답 ⑤

비타민 B_{12}는 위에서 분비되는 내적 인자와 결합하여 회장에서 흡수되므로, 위나 회장을 절제한 환자에게 부족하기 쉽다.

55 정답 ②

저잔사식은 식이섬유를 1일 8g 이하로 제한하여 장관 내 자극과 대변량을 줄이는 식사이다. 지방, 우유, 결합 조직이 많은 육류는 식이섬유 함량이 낮아도 대변의 용적을 늘릴 수 있으므로 제한한다.

56 정답 ②

이완성 변비는 충분한 수분 공급과 고섬유소식을 권장하며, 타닌 함유 식품은 제한한다. 또한 지방은 적당량 섭취해야 한다.

57 정답 ③

이완성 변비는 운동 부족 등으로 대장의 연동 운동이 저하되어 변이 장 속에 머무는 시간이 길어지는 것이므로 기계적·화학적 자극이 있는 식품을 제공한다.
① 우유의 유당은 유산균에 의해 젖산으로 전환되어 연동 운동을 촉진한다.

58 정답 ⑤

꿀물과 과즙에는 당분과 유기산이 많아 장 운동을 촉진하고, 탄산 음료와 알코올 음료 또한 장벽을 자극하여 변비에 효과적이다.

59 정답 ④

꿀에는 당분과 유기산이 많아 장 운동을 자극하여 배변을 촉진한다.

60 정답 ③

경련성 변비는 장의 불규칙한 수축으로 장의 신경 말단이 지나치게 수축하여 발생한다. 저섬유소식, 저지방식, 저잔사식을 권장하며, 배변 횟수가 많아도 양이 적고 불쾌감 등이 있으면 변비라고 정의한다.

61 정답 ①

경련성 변비는 대장이 긴장하거나 흥분된 상태가 되어 발생하므로 기계적·화학적 자극이 적은 식품, 저산사식(부드러운 음식)을 선택한다.

62 정답 ⑤

경련성 변비는 장벽을 자극하지 않는 식품을 섭취해야 하므로 섬유소가 적은 부드러운 음식을 제공한다.

63 정답 ④

이완성 변비는 고섬유소식, 경련성 변비는 저잔사식이 바람직하다.

64 정답 ④

급성 설사 시 설사로 인해 손실된 수분과 전해질을 보충해 주어야 한다. 설사가 심한 경우 저섬유소 식사를 제공하고 지방, 우유, 결합 조직이 많은 육류 등은 제한한다.

65 정답 ③

만성 설사 환자에게는 고열량·고단백·저지방·저섬유소·저잔사식을 공급하고 수분과 전해질 손실을 보충해야 하며 따뜻한 음료를 주어야 한다. 구강으로 급식이 어려울 경우 정맥 주입으로 보충한다.

66 정답 ②

저섬유소·저잔사식을 권장하며 생채소, 생과일, 콩 등의 식품과 튀기거나 볶은 음식도 제한한다.

67 정답 ①

만성 장염으로 인해 오랫동안 설사를 할 경우 영양 결핍이 심하게 되므로, 고열량, 고단백식을 주되 장점막에 기계적·화학적 자극은 피한다. 구강으로 섭취가 어려우면 정맥 주입을 통해 보충한다.

68 정답 ⑤

궤양성 대장염은 혈액이 섞인 설사, 복통이 주 증상이므로 수분과 전해질을 우선적으로 보충해야 한다.

69 정답 ③

장 점막을 치료하고 염증 부위의 자극을 최소화하기 위해 고열량·고단백·고비타민과 무기질·저섬유소·저잔사식 위주로 섭취한다. 지방은 제한하고, 공급 시 중쇄 지방으로 공급한다.

70 정답 ⑤

크론병은 모든 소화 기관에 비연속적으로 발생하며 특히 회장과 결장에서 흔히 발생한다. 증상으로는 복통, 장협착, 폐색 등이 나타나고, 식사 요법으로는 저지방·저잔사식을 제공한다. 비타민 B_{12}, 칼슘, 아연 등의 영양 불량이 나타날 수 있다.

71 정답 ⑤

글루텐 과민성 장 질환은 글루텐 구성 성분인 글리아딘(gliadin)을 소화시키는 효소가 없거나 부족할 때 발생한다. 지방성 설사로 단백질, 탄수화물, 지방, 칼슘, 철분, 지용성 비타민 등의 흡수 불량이 일어나 골다공증, 빈혈, 구토, 체중 감소 등이 나타난다. 글루텐이 함유된 밀, 보리, 귀리, 오트밀, 메밀 등을 제한해야 한다.

72 정답 ④

글루텐을 함유한 식품은 밀, 보리, 호밀, 귀리, 오트밀, 메밀, 기장 등이다.

73 정답 ④

비열대성 스프루는 글루텐 과민성 장 질환을 말하며 글루텐을 함유한 밀, 보리, 귀리, 메밀 등은 제한한다.

74 정답 ⑤

지방변증은 지방성 설사로 단백질, 탄수화물, 지방, 칼슘, 철분, 마그네슘, 아연, 지용성 비타민 등의 흡수 불량이 일어난다. 영양소를 충분히 공급하고 지방은 중쇄지방(MCT에)을 이용하여 공급한다.

75 정답 ②

스프루는 지방변증이 있으므로 저지방식을 하고, 엽산과 비타민 B_{12} 결핍으로 인한 거대적아구성 빈혈이 발생하므로 고단백식, 고비타민식을 한다.

76 정답 ②

열대성 스프루는 소장 점막의 융모가 위축되어 지방변을 본다. 설사로 인한 탈수 방지를 위해 수분과 전해질을 공급하고 고에너지, 고단백, 저지방식(MCT), 글루텐 제한식을 해야 한다. 또한 철, 엽산, 비타민 B_{12} 등 비타민과 무기질을 충분히 섭취한다.

77 정답 ⑤

게실염은 장기간의 변비, 저섬유소식, 대장 내 압력 증가 등에 의해 발생되므로 고섬유소식을 제공한다.

78 정답 ③

유당불내증은 우유를 빈속에 단독으로 마시거나 차갑게 마시는 것보다 크림 수프, 케이크, 푸딩, 커스터드 형태로 먹으면 증상이 완화된다. 치즈와 요구르트는 발효 과정에서 유당 함량이 낮아져 섭취할 수 있으나 유당 함량이 높은 제품은 주의한다.

79 정답 ④

① 크론병 – 저섬유소식
② 만성 설사 – 유당 제한
③ 이완성 변비 – 고섬유소식
⑤ 글루텐 과민성 장 질환 – 밀, 보리, 호밀, 오트밀, 메밀 등 제한

80 정답 ③

오심, 구토 시 건조하고 짭짤한 음식이 좋고 온도는 차가운 것이 좋으며 소량씩 자주 먹는다. 반면 우유나 향이 강한 음식은 오심을 유발하므로 주의한다.

CHAPTER 04 | 간·담도계·췌장 질환의 영양 관리

문제편 p.126

01	02	03	04	05	06	07	08	09	10
②	⑤	①	③	④	④	②	⑤	③	①
11	12	13	14	15	16	17	18	19	20
④	①	⑤	③	①	⑤	③	④	⑤	④
21	22	23	24	25	26	27	28	29	30
⑤	④	⑤	③	②	③	①	⑤	⑤	⑤
31	32	33	34	35	36	37	38	39	40
⑤	④	①	⑤	③	④	②	④	②	④
41	42	43	44	45	46	47	48	49	50
①	①	①	①	③	④	②	①	①	②
51	52	53	54	55	56	57	58	59	60
②	②	④	④	④	①	①	①	④	④

01 　　　　　　　　　　　　　　　정답 ②

간의 기능은 당 대사, 단백질 대사, 지질 대사, 담즙 생성 및 분비, 비타민과 무기질 대사, 혈액 응고, 방어 및 해독작용, 혈액량 조절, 재생 능력 등이다.

02 　　　　　　　　　　　　　　　정답 ⑤

담즙은 간에서 생성되나 담낭에서 농축하여 저장한다. 간에 저장된 글리코겐은 혈당원으로 이용되며, 간은 문맥과 간동맥을 통해 혈액을 공급받는다. 조혈인자인 에리트로포이에틴은 신장에서 분비된다.

03 　　　　　　　　　　　　　　　정답 ①

간문맥은 소장에서 흡수된 영양소를 간으로 운반하는 혈관이며, 소장의 모세혈관을 이미 한 번 거친 정맥혈로서 압력이 낮은 편이다.

04 　　　　　　　　　　　　　　　정답 ③

지방간은 간에 중성 지방이 과도하게 축적된 것으로, 정상인의 간에는 2~5%의 지방이 저장되어 있으며 5% 이상 저장 시 지방간으로 진단한다. 지방간은 과도한 음주, 비만, 양질의 단백질 부족, 당뇨 등에 의해 발생할 수 있다.

05 　　　　　　　　　　　　　　　정답 ④

지방간의 식사성 원인은 저단백식, 고지방식, 항지방간성 인자 부족, 과도한 음주, 영양 불량 등이며 항지방간 인자에는 콜린, 메티오닌, 레시틴, 비타민 E, 셀레늄 등이 있다. 영양 불량 환자의 지방간 식사 요법은 고열량, 고단백식이다.

06 　　　　　　　　　　　　　　　정답 ④

항지방간 인자는 콜린, 메티오닌, 레시틴, 비타민 E, 셀리늄 등으로, 이들은 간에 지방이 비정상적으로 축적되는 것을 예방하는 역할을 한다.

07 　　　　　　　　　　　　　　　정답 ②

콜린, 메티오닌, 레시틴, 비타민 E, 셀리늄 등이 항지방간성 인자에 해당한다.

08 　　　　　　　　　　　　　　　정답 ⑤

① A형 간염은 식품이나 음료수를 통해 경구적으로 감염된다.
② B형 간염은 혈액이나 체액에 접촉되어 감염된다.
③ C형 간염은 보존적 치료 및 약물 치료를 해야 한다.
④ 간염 환자가 식사를 못 할 경우에는 경관 또는 정맥으로 영양을 공급한다.

09 　　　　　　　　　　　　　　　정답 ③

급성 감염은 간염 바이러스에 의해 발병하여 간에 염증을 일으키는 질병으로, A, B, C, D 및 E형으로 분류된다.

10 　　　　　　　　　　　　　　　정답 ①

간염 초기에는 발열, 피로, 구토, 두통, 근육통, 식욕 부진, 체중 감소 등이 나타나지만, 증상이 심해지면 황달과 갈색뇨 등의 증상이 발생한다.

11 　　　　　　　　　　　　　　　정답 ④

황달은 적혈구 용혈 증가로 빌리루빈이 과잉 생산되거나, 간 질환에 의해 혈중 빌리루빈이 간으로 유입되지 못하거나 혹은 담석증이나 담낭염으로 인해 담관이 폐쇄되어 혈중 빌리루빈 농도가 상승하면 발생한다.

12 　　　　　　　　　　　　　　　정답 ①

황달은 담즙으로 배설되어야 할 빌리루빈이 혈액에 축적되어 발생하며, 이 경우 지방 섭취를 제한해야 한다.

13 정답 ⑤

간 질환 시 요중 빌리루빈과 우로빌리노겐은 증가한다. 또한 혈청 빌리루빈, AST, ALT 등은 상승하고, 혈청 알부민, 글로불린, 피브리노겐 등은 감소한다.

14 정답 ③

급성 간염의 식사 지침은 고열량, 고당질, 고단백, 중등지방, 고비타민, 저섬유소, 저염식이다. 단, 고열량식을 주되 비만이 되지 않게 조절한다.

15 정답 ①

급성 감염 시 기름기가 많은 식품은 제한하고 잡곡류는 장내 가스를 발생시키므로 금한다. 섬유소가 많은 채소나 건조 과일도 제한하고 우유, 크림, 달걀 등 소화되기 쉬운 지방을 섭취한다.

16 정답 ⑤

간염은 열량을 충분히 섭취해야 체내 단백질의 소모를 방지하고, 간세포의 재생에도 도움이 된다.

17 정답 ③

만성 간염 환자에게 복수가 있을 때는 나트륨 섭취를 제한하고, 지나친 열량 공급은 삼간다. 단백질은 양질로 1.5g/kg을 충분히 공급하되 간성 혼수가 있을 때는 저단백질 식사를 공급한다.

18 정답 ④

간염 환자는 유화 지방을 통해 적당한 지방을 섭취하고 충분한 비타민과 무기질을 섭취해야 한다. 탄수화물은 단백질 절약 작용과 간 기능 유지에 도움이 되는 글리코겐의 급원이 되므로 하루 300~400g 정도로 충분히 섭취한다.

19 정답 ⑤

간염 환자가 지방 섭취를 할 때는 튀긴 음식이나 쇠기름 등을 사용하지 말고 우유, 크림, 버터, 달걀 등 소화되기 쉬운 유화 지방으로 섭취하는 것이 좋다. 황달이 나타나면 저지방식을 한다.

20 정답 ④

당질은 열량을 공급하여 단백질 절약 작용을 하고, 간에서 글리코겐을 합성하여 혈당을 조절하므로 다른 영양소와 균형을 맞추기 위해 당질을 충분히 섭취하여야 한다. 간 질환 환자는 가스 발생 식품을 제한한다.

21 정답 ⑤

간 질환 시 혈장 단백질의 합성이 저하되어 저단백혈증이 되며 알부민, 피브리노겐, 글로불린(A/G)비 등은 저하된다. 또한 요소 합성이 감소하여 혈중 암모니아 함량이 증가하고 비필수 아미노산의 합성이 감소한다.

22 정답 ④

간 질환 환자에게 복수와 부종이 발생하면 우선적으로 저나트륨 식사를 시행한다.

23 정답 ⑤

복수와 부종이 있을 경우 저나트륨식을 권장한다. 보통 500mg의 저나트륨 식사가 중증 환자의 복수와 부종을 예방한다.

24 정답 ④

부종이나 복수가 나타나는 질병은 간경변증, 심장 질환, 신장 질환, 임신 중독증 등이다.

25 정답 ④

간경변증은 만성 알코올 중독, 대사질환, 자가면역질환, 약물 중독, 만성 감염 등에 의해 발병할 수 있다.

26 정답 ①

초기 증세는 피로, 위장장애, 식욕 부진 등이며, 병세가 진행되면 출혈, 부종, 복수, 문맥압 항진, 저알부민혈증, 저콜레스테롤혈증, 프로트롬빈 합성 저하, 담즙 생성 저하, 간성혼수, 고암모니아 혈증, 위와 식도정맥류 등이 나타난다.

27 정답 ③

간경변증이 진행되면 프로트롬빈, 알부민, 콜레스테롤, 요소의 합성이 저하되어 출혈, 저알부민혈증, 저콜레스테롤혈증, 저암모니아혈증이 발생한다. 또한 문맥압 항진으로 부종, 복수, 식도정맥류가 발생한다.

28 정답 ①

간경변 시 복수와 부종이 발생하는 원인은 간이 섬유화되면서 문맥고혈압이 증가하고 혈중 알부민 농도가 낮아져서 교질삼투압이 낮아지기 때문이다. 또한, 항이뇨 호르몬 분비가 증가하여 신장에서 수분 재흡수가 증가하면 복수를 악화시킨다.

29 정답 ⑤

간경변 환자에게 복수나 부종이 생기면 우선적으로 나트륨을 제한하고, 단백가가 높은 단백질을 섭취하여 간의 조직을 보수시키도록 한다.

30 정답 ⑤

간성 혼수가 시작되면 암모니아가 순환계에 들어가 혈중 암모니아를 증가시키며, 중추신경계의 중독을 일으키므로 단백질 섭취를 제한해야 한다.

31 정답 ⑤

간경변증 환자에게 복수와 부종이 있으면 나트륨을 제한하고, 간성 혼수를 동반하면 단백질을 제한한다. 지방은 소화가 잘되는 중간사슬지방을 공급하는 것이 좋다.

32 정답 ④

문맥압 항진으로 인한 식도 및 위정맥류 발생 시에는 출혈을 방지하고 기계적인 자극을 피하기 위하여 부드러운 연식 및 저섬유소식을 제공하는 것이 좋다.

33 정답 ①

간경변 시 측쇄 아미노산(발린, 류신, 이소류신)의 혈중 농도가 낮아지므로 이를 보충해야 하고, 방향족 아미노산(티로신, 페닐알라닌, 트립토판)의 혈중 농도가 높으므로 이는 제한해야 한다.

34 정답 ⑤

알코올성 간경변증일 때 티아민(비타민 B_1)이 결핍되면 다발성 신경염이 나타난다.

35 정답 ⑤

알코올의 대부분은 소장에서 흡수되고 알코올 대사는 젖산 생성을 증가시킨다. 알코올은 간에서 알코올 탈수소효소(ADH)에 의해 산화된다.

36 정답 ④

단백질을 제한해야 하는 질환에는 간성 혼수, 신부전증, 요독증 등이 있다.

37 정답 ②

간성 혼수는 혈액 중의 암모니아와 아민류의 증가로 중추신경계통에서 독성을 일으켜 뇌를 손상시키는 질환이다. 현기증으로 시작해 혼수 상태로 빠지게 된다.

38 정답 ④

복수 발생 시 나트륨과 수분을 제한하며, 간성 혼수 환자에게는 무단백질식(단백질 20~30g)을 제공해 단백질을 제한한 후 증상이 호전될수록 조금씩 증가시켜야 한다.

39 정답 ②

간성 혼수 환자는 저단백질 식사를 해야 하며 단백질을 1일 20~30g으로 제한한다.

40 정답 ④

간 손상 시 요소 합성이 감소되어 혈중 암모니아 농도가 상승하며 간성 뇌증, 부종, 복수 등이 발생한다.

41 정답 ①

간에서 생성된 담즙은 음식을 섭취할 때 바로 소화관으로 배출되어 소화에 사용되지만, 그렇지 않을 경우 담낭에 저장·농축되었다가 새로 음식을 섭취할 때 배출되어 소화작용을 한다.

42 정답 ①

담즙은 간에서 합성되어 담낭에 저장된다.

43 정답 ①

담즙은 간에서 콜레스테롤을 이용해 생성되며, 간 질환 시 담즙 생성이 원활하지 못하게 된다.

44 정답 ①

담즙은 간에서 합성되어 담낭에 저장된다.
② 담즙은 고지방 음식 섭취 시 분비가 촉진된다.
③ 담즙 분비를 촉진시키는 호르몬은 콜레시스토키닌이다.
④ 담즙은 회장에서 재흡수된다.
⑤ 담즙은 지방을 유화시키지만 리파아제는 함유하지 않는다.

45 정답 ①
담즙은 장쇄 지방의 유화작용을 한다.
②~⑤ 담즙이 아닌 위산의 역할이다.

46 정답 ④
담즙은 수분, 담즙산염, 빌리루빈, 콜레스테롤, 각종 전해질, 레시틴 등으로 구성되어 있다.

47 정답 ②
담즙산염은 소장 운동 촉진, 지방 유화, 지용성 비타민의 흡수, 소장 상부에서의 비정상적인 세균 번식 억제, 담즙 색소 및 노폐물과 이물질 배설, 콜레스테롤 용해 작용 등을 한다.

48 정답 ①
지방은 담낭을 수축시켜 담즙 분비를 증가시킨다.

49 정답 ①
담낭염 환자에게는 저열량식, 고당질식, 저지방식을 주고, 단백질은 급성기에는 제한하나 회복에 따라 점차 증량한다. 비타민과 무기질을 보충하고 자극성이 강하거나 가스를 발생시키는 식품은 피한다.

50 정답 ②
지방은 담낭을 수축시켜 담즙 분비를 증가시키므로 저지방 식사를 해야 한다.

51 정답 ②
담석증은 고당질, 저지방 식사를 공급하고, 포화지방, 콜레스테롤, 섬유소, 가스 발생 식품, 자극성 식품 등은 제한한다.

52 정답 ②
담석증일 경우 가스 발생 식품은 제한한다. 가스를 발생시키는 식품에는 콩류, 양파, 배추, 풋고추, 옥수수, 콜리플라워, 오이, 무, 사과, 참외, 멜론 수박, 견과류, 베이컨 등이 있다.

53 정답 ④
콩류, 양파, 배추, 풋고추, 옥수수, 콜리플라워, 오이, 무, 사과, 참외, 멜론 수박, 견과류, 베이컨 등은 가스를 발생시킨다.

54 정답 ④
십이지장에 음식물이 유입되면서 담즙 분비를 촉진시키는 콜레시스토키닌(담낭수축호르몬)이 분비되어 담낭을 수축시키고, 이로 인해 통증이 발생한다.

55 정답 ④
인슐린은 랑게르한스섬 β-세포에서 분비되며 포도당 사용과 지방산 합성을 촉진한다. 또한 간 글리코겐 합성과 골격근 내로의 포도당 유입을 촉진한다.

56 정답 ①
세크레틴은 십이지장에서 분비되는 호르몬으로 췌장에서 중탄산염 분비를 촉진시켜 알칼리성 췌장액을 분비시킨다. 콜레시스토키닌은 담즙 분비를 촉진시키는 호르몬이며 동시에 효소가 많은 췌장액의 분비를 증가시킨다.

57 정답 ①
췌장염은 발병 후 3~5일간 금식하고 정맥으로 수분과 영양 공급을 한다. 고지방 식품, 알코올 음료, 커피, 향신료 등의 사용은 금한다. 채소와 과일은 삶아 걸러서 제공하고 통증이 완화될 때까지 수분을 포함한 모든 음식을 제한한다.

58 정답 ①
만성 췌장염의 식사 요법은 급성 췌장염에 준한다. 즉, 당질 위주의 식사로 공급하되 회복되면 단백질을 증가시킨다. 저지방식을 주고 유화된 지방이 바람직하며 지방변증이 발생하면 지용성 비타민을 보충한다.

59 정답 ④
중쇄 중성 지방(MCT 에)은 췌장효소에 의존하지 않고 장액의 리파아제에 의해 쉽게 분해되어 흡수된다.

60 정답 ④
췌장염 환자는 췌액의 분비를 억제하기 위해 저지방식을 해야 한다.

CHAPTER 05 | 체중 조절과 영양 관리

문제편 p.135

01	02	03	04	05	06	07	08	09	10
④	⑤	④	③	①	④	②	③	⑤	④
11	12	13	14	15	16	17	18	19	20
③	②	④	⑤	③	③	②	④	③	①
21	22	23	24	25	26	27	28	29	
⑤	③	③	①	⑤	④	③	②	①	

01 정답 ④

비만의 원인으로는 에너지 과잉 섭취, 유전, 시상하부 질환, 갑상선 기능 저하, 고인슐린혈증, 성장호르몬 결핍, 약물, 운동 부족, 심리적 요인, 환경 요인 등이 있다.

02 정답 ⑤

소아 비만은 지방 세포의 수가, 성인 비만은 지방 세포의 크기가 증가하는 것이며, 이미 생성된 지방 세포의 수는 감소되지 않는다. 1일 총 섭취 열량은 식사 횟수를 늘려 섭취하는 것이 좋다.

03 정답 ④

- 지방 세포 증식형 비만 : 주로 유년기와 아동기에 결쳐 발생, 지방 세포 수 증가
- 지방 세포 비대형 비만 : 성인에게서 발생, 지방 세포 크기 증가

04 정답 ③

허리둘레가 남성은 90cm 이상인 경우, 여성은 85cm 이상인 경우 복부 비만으로 판정한다. 남성형 비만은 주로 복부 비만(사과형)이고 여성형 비만은 주로 하체 비만(서양배형)이나 폐경기 이후 여성은 주로 복부 비만이 된다.

05 정답 ①

정상 체중보다 20% 이상 초과하면 비만으로 판정한다. 성인 비만은 지방 세포의 크기가 증가하며, 소아 비만은 지방 세포의 수가 증가한다. 남성형 비만과 폐경기 여성은 복부에 지방이 축적되는 반면, 일반적인 여성형 비만은 엉덩이 및 허벅지에 지방이 축적된다.

06 정답 ④

소아 비만은 지방 세포 수가 증가하며 대부분 성인 비만으로 이행되기 쉽고 치료가 어렵다. 반면, 성인 비만은 지방 세포의 크기가 증가한다.

07 정답 ②

- 체질량 지수(Body Mass Index ; BMI)는 성별, 연령에 관계없이 적용 가능하고 간편하여 비만도 판정에 매우 유용하게 쓰이는 지표이다.
- BMI=체중(kg)/신장^2(m)=63/1.7^2=21.8

08 정답 ③

체질량 지수(BMI)=체중(kg)/신장^2(m)

09 정답 ⑤

캘리퍼(caliper)는 피하 지방 두께를 측정하는 신체 계측기이다.

10 정답 ④

과체중
- 체중 : 정상 체중보다 10~20% 초과할 경우
- 체질량 지수(BMI) : 23~24.9
- 이상 체중비(IBW) : 110~120 이상
- 피부 두께 측정법 : 95와 같거나 그보다 큰 경우

11 정답 ③

비지방 성분(lean body mass ; LBM)은 신체 조직의 성분 중 수분과 고형물을 합한 것을 뜻하며, 정상인과 LBM이 동일한 경우 비만자의 지방량은 증가하므로 체중에 대한 수분의 비율이 감소한다.

12 정답 ②

비만의 합병증은 제2형 당뇨병, 지방간, 고혈압, 고지혈증, 고중성 지방혈증, 동맥경화, 수면 무호흡증, 천식, 암, 관절염, 담석증, 통풍 등이 있다.

13 정답 ④

비만 환자는 저열량식을 기본으로 하며 질소 평형 유지를 위해 양질의 단백질을 섭취해야 한다.

14 정답 ⑤

체중 감소를 위해 양질의 단백질을 섭취하여 체세포의 소모를 방지해야 한다. 당질과 수분을 너무 엄격히 제한하면 케톤증(ketosis)과 탈수를 유발할 수 있다.

15 정답 ③

열량 제한식에서도 질소 균형을 평형 상태로 유지하기 위해서는 양질의 단백질을 충분히 섭취하도록 하며, 체중 1kg당 단백질은 1.0~1.5g을 섭취하도록 권장한다.

16 정답 ③

- 체지방 1kg은 7,700kcal
- 체중 감소량(kg)은 전체 에너지 부족량을 계산한 후 체지방의 열량(7,700kcal)으로 나누어 준다. 즉, 500kcal×30일=15,000kcal, 15,000kcal/7,700kcal=1.95kg

17 정답 ②

저열량식을 통한 체중 감소 시 하루 500~1,000kcal씩 열량을 줄여 1주일에 0.5~1kg을 감량하는 것이 바람직하다.

18 정답 ④

케톤증 예방을 위해 당질은 하루 100g 이상 섭취해야 한다.
①, ③ 단순당의 섭취는 제한하고 수분은 충분히 섭취한다.
② 저열량식을 통한 감량은 1주일에 0.5~1kg 감량이 바람직하다.
⑤ 체지방 1kg은 7,700kcal에 해당한다.

19 정답 ③

비만과 지방간 증상이 있으므로 적당한 운동과 고에너지 섭취를 제한해야 하며, 통풍 증상이 있으므로 퓨린이 많이 함유된 동물성 식품을 제한하고 잡곡, 채소 및 과일을 적당량 섭취하는 것이 좋다.

20 정답 ①

- 단식 또는 저당질식 → 에너지원으로 지질 사용 → TCA cycle의 원활한 진행이 어려움 → 불완전 연소물인 케톤체 과잉 생성 → 혈중 케톤체 농도 상승 → 케톤증(ketosis)
- 케톤체는 중화되기 위해 알칼리와 결합하여 알칼리 보유물질을 감소시켜 산혈증(acidosis) 유발

21 정답 ⑤

단식 초기에 나타나는 체중 감소의 원인은 수분 감소와 나트륨의 배설에 의한 것이다.

22 정답 ③

① 운동은 열량 제한에 비해 열량 소비가 쉽지는 않으나 지속적인 운동은 근육량 증가의 수용력 한계로 인해 지방량을 감소시킨다.
② 운동 초기에는 근육량의 증가와 비지방 성분의 밀도가 높아지므로 체중 변화가 없다.
④ 체지방을 줄이기 위해서는 달리는 것보다 꾸준히 걷는 것이 좋다.
⑤ 격렬한 운동은 당질을 연소시켜 에너지를 소모하지만 중강도의 운동은 체지방을 소모한다.

23 정답 ③

고강도 운동은 주로 근육에서, 중등강도 이하의 운동은 피하 지방에서 열량이 주로 공급된다. 따라서 비만의 운동 요법으로는 중간 이하 강도의 운동을 지속적으로 하는 것이 바람직하다.

24 정답 ①

- 신경성 식욕 부진증은 주로 사춘기 소녀에게 많이 발생하고, 극도로 수척할 때까지 굶으며 본인의 저체중 상태의 심각성을 인정하지 않는다.
- 신경성 폭식증은 폭식과 장 비우기를 비밀리에 반복적으로 진행하며 자신의 행동에 문제가 있음을 인정한다.
- 마구 먹기 장애(폭식 장애)는 다이어트에 실패한 경험이 많은 비만인에게 발생하며 장 비우기를 하지 않는다.

25 정답 ⑤

신경성 식욕 부진증(거식증)은 자신의 체형에 대해 왜곡된 이미지를 갖고 극도로 수척할 때까지 굶는 질병이다. 사춘기 소녀에게 많이 발생하며 장기간 지속되면 무월경, 골다공증, 빈혈, 갑상선 기능 저하, 맥박수 감소 등의 부작용을 초래할 수 있다.

26 정답 ④

신경성 식욕 부진증(거식증)이 장기간 지속될 경우 무월경, 골다공증, 빈혈, 맥박수 감소, 갑상선 기능 항진 등의 부작용이 나타날 수 있다.

27 정답 ③

마구 먹기 장애(폭식 장애)는 다이어트에 실패한 경험이 많은 비만인에게 나타나며, 인위적으로 장 비우기를 하지 않는다는 특징이 있다.

28 정답 ②

체중 증가를 위해서는 고열량의 음식과 아이스크림, 바나나와 같이 자체 열량이 높은 식품을 제공한다.

29 정답 ①

대사증후군 판정 기준(아래 5가지 기준 중 3가지 이상에 해당)
- 혈압 : 130/85mmHg 이상
- 공복혈당 : 100mg/dL 이상
- 허리둘레 : 90cm 이상(남), 85cm 이상(여)
- 중성 지방 : 150mg/dL 이상
- 혈청 HDL : 40mg/dL 미만(남), 50mg/dL 미만(여)

CHAPTER 06 | 당뇨병의 영양 관리

문제편 p.140

01	02	03	04	05	06	07	08	09	10
③	③	①	④	⑤	①	①	③	⑤	③
11	12	13	14	15	16	17	18	19	20
④	⑤	①	⑤	④	①	⑤	④	④	③
21	22	23	24	25	26	27	28	29	30
②	②	③	②	②	③	①	⑤	③	②
31	32	33	34	35	36	37	38	39	40
④	⑤	④	⑤	③	④	②	②	③	②
41	42	43	44	45	46	47	48	49	50
③	⑤	①	④	①	⑤	④	④	④	②
51	52	53	54	55	56	57	58		
⑤	④	①	③	⑤	⑤	④	④		

01 정답 ③

① 인슐린 민감성 저하로 제2형 당뇨병이 발생한다.
② 인슐린은 지방 합성을 증진시킨다.
④ 당질 대사 저하로 지방산의 산화가 촉진되어 케톤체가 생성되고 산독증이 발생한다.
⑤ 인슐린 결핍 시 질소 평형이 음(−)이 되어 근육과 체중이 감소한다.

02 정답 ③

당뇨병은 공복 혈당, 식후 2시간 이후 측정 혈당, 당화혈색소, 인슐린 농도, 내당 능력 검사, C−펩티드 농도, 요당 측정 등을 통해 진단한다.

03 정답 ①

혈당을 저하시키는 호르몬은 인슐린뿐이며, ②~⑤의 호르몬은 인슐린 길항 호르몬이다.

04 정답 ④

당뇨병의 대사 변화로는 당신생 항진, 간 글리코겐 분해 증가, 체단백·체지방 분해 증가, 혈중 지질 농도 증가, 케톤체와 당 배설로 소변의 수분 배설 증가, 케톤증 생성으로 산독증 발생 등이 있다.

05   정답 ⑤

당 대사 이상으로 고혈당이 되어 당이 소변으로 배설되므로 탈수 현상이 일어난다. 지질 대사 이상으로 케톤체가 생성되어 산독증이 발생하고, 단백질 대사 이상으로 질소 평형이 음(−)이 된다. 또한 체단백질 분해로 근육과 체중이 감소하고 질병에 대한 저항력이 약해진다.

06   정답 ①

당질 대사
- 간에서 글리코겐 합성이 저하되고 분해는 증가
- 혈액으로의 포도당 방출 증가
- 말초 조직에 포도당의 이동과 이용률이 저하되어 고혈당과 포도당 내성의 저하 초래
- 소변으로의 포도당 배설
- 해당계의 효소 활성이 저하되어 TCA 회로가 장애를 받아 에너지 생성 저해
- 혈중 피루빈산과 젖산이 상승하고 간의 당신생 항진

07   정답 ①

당 대사 장애 → 체지방 분해 촉진 → 혈중 지질 농도 상승, 지방산의 산화 촉진 → 다량의 아세틸 CoA로부터 케톤체 다량 상승 → 케톤증 → 산독증(산혈증) 발생

08   정답 ③

당질 대사 장애로 체단백질 분해 증가, 간에서 요소 합성 증가, 체단백 감소로 인한 질병에 대한 저항력 약화 등이 일어난다.

09   정답 ⑤

인슐린 결핍은 지방 분해 및 지방산 산화를 촉진한다. 즉, 체지방이 분해되면 혈중 유리지방산 농도가 상승하고 혈액으로 유입된 지방산은 콜레스테롤 합성에 기여하므로 결과적으로 혈청 지질 농도가 증가된다. 또한, 인슐린 결핍 시 지방산 산화가 불완전하여 케톤체가 과잉 생성된다.

10   정답 ③

특징	제1형 당뇨병 (인슐린 의존형)	제2형 당뇨병 (인슐린 비의존형)
유병률	전체 당뇨병의 5~10%	전체 당뇨병의 90~95%
주 발생 연령	유년기 및 청소년기	40세 이상 비만인
발병 형태	췌장의 β−세포 파괴에 의한 인슐린 결핍	인슐린 저항성
치료	인슐린 치료	경구 혈당 강화제, 식사·행동·운동 요법

11   정답 ④

제1형 당뇨병의 경우 인슐린 치료를 실시한다. ①~③, ⑤는 제2형 당뇨병에 대한 설명이다.

12   정답 ⑤

제2형 당뇨병은 인슐린 저항성에 문제가 발생하여 발병하는 당뇨병이다. ①~④는 제1형 당뇨병에 대한 설명이다.

13   정답 ①

제1형 당뇨는 자가면역으로 췌장의 β−세포가 파괴되어 인슐린이 분비되지 않는 당뇨병이다.

14   정답 ⑤

임신성 당뇨병은 임신 중 모체의 말초 조직에서 인슐린 저항성이 발생하여 포도당 불내성을 나타내는 것이다. 임신성 당뇨병의 선별검사는 50g 포도당 경구 당부하 검사로 실시한다.

15   정답 ④

인슐린은 세포 내로 포도당을 이동시켜 에너지원으로 이용하게 함으로써 혈당을 저하시킨다. 그러나 당뇨 환자는 인슐린이 부족하므로 세포 내로의 혈액 포도당의 이동이 감소하여 혈당이 상승하게 된다.

16   정답 ①

수술, 감염 시 간에서 글리코겐이 분해되어 고혈당이 발생할 수 있다.

17   정답 ⑤

당뇨 환자에게서 빈발하는 급성 합병증에는 저혈당증, 당뇨병성 산독증 등이 있다.

18 정답 ④

당뇨병의 만성 합병증에는 미세혈관 병변(신증, 신경변증, 망막병증), 말초 신경 손상, 뇌혈관 장애, 동맥경화증과 같은 심혈관계 질환이 있다.

19 정답 ④

저혈당증(인슐린 쇼크)은 주로 제1형 당뇨 환자에게 발생하며 혈당이 50mg/dL 이하일 때 나타난다. 유발 요인으로는 공복 및 식사량 감소, 불규칙한 식사 시간 및 지연, 구토나 설사, 과다한 술 섭취, 운동 과잉, 인슐린의 과다 사용 등이 있다.

20 정답 ③

알코올은 간에서 포도당 신생을 방해하여 저혈당을 유발할 수 있다.

21 정답 ②

당뇨 환자가 심한 운동을 할 경우 저혈당이 올 수 있으며, 즉시 흡수가 빠른 설탕물, 꿀물, 청량음료 등을 공급해야 한다.

22 정답 ④

제1형 당뇨병(인슐린 의존형 당뇨)은 유년기 및 청소년기에 발병하며, 췌장 β-세포 파괴에 의한 인슐린 결핍이 원인이므로 반드시 인슐린 주사를 맞아야 한다.

23 정답 ③

저혈당증(인슐린 쇼크)이 일어났다면 즉시 흡수되기 쉬운 당질 음료를 먹여야 한다. 반면, 고혈당으로 인한 혼수 시에는 인슐린 주사를 제공한 후 탈수 예방을 위해 수분과 염분이 있는 맑은 국물과 보리차 등을 공급한다.

24 정답 ②

저혈당으로 의식을 잃은 경우는 정맥 주사를 통해 포도당을 공급한다.

25 정답 ②

산독증은 인슐린 부족에 따른 지질의 불완전 연소에 의해 나타나는 것으로 당뇨병의 당질 대사 장애로 발생한다. 따라서 당뇨병을 치료하지 않았을 때 발생할 수 있으며 기아, 금식 등으로 당질 공급이 차단되었을 때에도 나타날 수 있다.

26 정답 ③

산독증은 인슐린 부족에 따른 지질의 불완전 연소에 의해 나타나는 것으로 인슐린이 부족하면 에너지 생성을 위해 체지방이 분해되나 당질 이용 부족으로 불완전 연소하여 케톤체가 생성된다. 그리고 케톤체가 소변으로 배설될 때 체내의 알칼리성이 함께 배설되어 산독증이 발생한다. 저당질·고지방식을 할 경우 불완전 연소되는 지질의 양이 많으므로 케톤체가 많이 생성된다.

27 정답 ①

인슐린 부족 시 포도당이 에너지원으로 이용되지 못하고 지방이 이용된다. 이 과정에서 불완전 연소가 되어 케톤체가 과잉 생성되고 이것이 소변으로 배설되는 것이다. 이때 케톤체는 아세톤, 아세토 아세테이트, β-하이드록시뷰티레이트를 말한다.

28 정답 ⑤

당질 대사 저하 → 지방산의 산화 촉진(간) → 아세틸-CoA 다량 생성 → 옥살로아세트산 부족 → 혈중 아세틸-CoA가 TCA 회로로 들어가지 못하고 혈중에 축적 → 케톤체 다량 전환 → 케톤증 → 산독증

29 정답 ③

당뇨병성 케톤증은 고혈당이 심해지면 나타나는 증세로, 지방이 불완전 연소하면서 케톤체가 증가하여 소변으로 배설되는 것이며 산독증이라고도 한다. 케톤체가 증가하면 호흡 시 아세톤 냄새가 난다.

30 정답 ②

1일 100g 이하로 당질을 제한하면 옥살로아세테이트 부족으로 케톤증이 유발되므로 당질은 1일 100g 이상 섭취해야 한다.

31 정답 ④

당뇨병 환자 → 인슐린 부족 → 당질 대사 이상 → 지방분해 촉진 → 지방의 불안전 연소 → 중간 분해 산물인 '케톤체' 생성 → 케톤증 발생 → 소변으로 케톤체 배설 시 체내의 알칼리성 전해질도 함께 배설 → 산독증 초래 → 당뇨병성 혼수 발생

32 정답 ⑤

혈액 내에 케톤체가 축적되면 이것이 소변으로 배설되면서 체내 알칼리성 전해질도 함께 배설되고 산독증이 나타난다. 그리고 산독증으로 인해 당뇨병성 혼수가 발생할 수 있다.

33   정답 ④

당뇨병성 혼수는 인슐린 부족이 심해지면 나타나는 증세로 갈증, 산성 호흡, 현기증, 심한 피로감, 식욕 부진 등의 증상이 나타난다. 발생 시 우선 인슐린 주사를 공급하고 탈수 예방을 위해 수분과 전해질을 공급한다.

34   정답 ⑤

복합 당질은 소화·흡수가 느려 혈당을 서서히 증가시키므로 단순당보다는 복합 당질을 섭취하는 것이 좋다. 혈당과 체중 증가를 예방하기 위해서는 설탕 대신 비영양 감미료를 소량 사용하는 것도 바람직하다.

35   정답 ③

케톤증에 의한 산독증을 예방하기 위해서는 최소 1일 100g 이상의 당질을 섭취해야 한다.

36   정답 ④

포도당은 혈중으로 즉시 흡수되어 혈당을 빠르게 상승시킨다. 반면 과당, 갈락토오스 등은 간에서 포도당으로 전환된 후에 혈당을 상승시킨다.

37   정답 ②

과당은 간에서 대사될 때 인슐린을 필요로 하지 않으며, 혈중 중성 지방의 합성을 촉진할 수 있다.

38   정답 ②

당뇨병의 식사 요법에서 당질은 총 열량의 50~60%를 기준으로 하되 1일 100g 이하로 섭취하면 케톤증이 일어나므로 주의해야 한다. 또한 이상적인 체중 유지를 위해 열량, 단백질, 지방, 비타민, 무기질을 정상인과 동일하게 공급할 수 있다. 당뇨 환자는 고지혈증도 발생하므로 불포화 지방산, ω-3 지방산과 같은 지방산의 섭취를 권한다.

39   정답 ③

- 조정 체중=표준 체중+(실제 체중-표준 체중)×0.25
- 표준 체중=실제 체중×100/비만도=90×100/150=60kg
- 조정 체중=60+(90-60)×0.25=60+7.5=67.5kg

40   정답 ②

당뇨병 환자는 당질은 제한하고 식이섬유는 충분히 섭취해야 한다. 당질을 다량 함유한 식품으로는 빵, 케이크, 비스킷, 파이, 사탕, 과일, 꿀, 아이스크림, 감미가 강한 가공식품 등이 있다.

41   정답 ③

연근의 당질 함량은 15%로 채소 중 당질 함량이 높은 편이라 당뇨병 환자에게는 제한해야 한다.

42   정답 ⑤

당 지수(GI)는 탄수화물 함유 식품의 식후 혈당 상승도를 나타낸 것으로 당 지수가 높을수록 소화·흡수가 빨라 혈당을 빠르게 높이고 인슐린이 더 많이 분비된다. 반면, 당 지수가 낮으면 소화·흡수가 느려 혈당이 천천히 올라가고 인슐린을 더 많이 분비하지 않는다. 섬유소가 많은 식품들이 당 지수가 낮다.

43   정답 ①

식사 요법을 통해 혈당을 조절하는 당뇨 환자는 당 지수가 낮은 식품을 위주로 선택하여야 하며 백미, 흰빵, 구운 감자, 가공된 주스, 잼 등은 당 지수가 높아 주의해야 한다. 우유, 사과, 대두, 호밀빵 등이 당 지수가 낮은 식품들이다.

44   정답 ④

당뇨병 환자는 단순당, 지나치게 짠 음식, 고열량 음식은 제한하고 식이섬유가 풍부한 음식을 섭취해야 한다. 특히, 우무는 열량이 없는 식품으로 자유롭게 먹어도 영향이 없다.

45   정답 ①

수용성 식이섬유소는 소장 내 당 흡수를 지연시켜 혈당 상승을 억제하므로 당뇨병 환자는 잡곡, 채소, 해조류, 생과일 등으로 1일 1,000kcal당 14g 이상을 섭취하도록 한다.

46   정답 ⑤

고지혈증을 지닌 당뇨 환자의 경우 기본적인 당뇨식과 함께 불포화지방산, 오메가-3 지방산을 섭취해야 한다.

47   정답 ④

제2형 당뇨병의 경우 단백질은 총 에너지의 15~20%를 권장하나 신부전이 있는 경우 에너지 섭취 제한과 함께 저단백식, 저나트륨식, 저칼륨식, 저인산식, 고칼슘식을 해야 한다.

48   정답 ④

쌀밥의 1교환양은 70g이므로 2교환양은 140g이다.

49   정답 ④

동태와 멸치가 저지방 육류군에 속하는데, 동태 1교환양은 50g이고, 멸치 1교환양은 15g이다. 햄, 두부, 달걀은 중지방 어육류에 해당한다.

50   정답 ②

인슐린을 맞지 않는 당뇨 환자의 당질 배분은 아침 1/3, 점심 1/3, 저녁 1/3이지만, 아침에 혈당이 높을 경우 아침 1/5, 점심 2/5, 저녁 2/5로 아침을 적게 배분한다.

51   정답 ⑤

당뇨병 환자는 맞고 있는 인슐린 작용의 지속성에 따라 열량 및 식사량을 배분한다.

52   정답 ④

우유 1팩(200mL)의 당질은 10g, 고구마 70g의 당질은 23g이다.

53   정답 ①

경구용 혈당 강하제는 췌장의 β-세포를 자극하여 인슐린 분비를 촉진시키고 말초 조직의 인슐린 감수성 증가, 장내 당질 소화와 당 흡수 억제 등의 작용을 한다.

54   정답 ⑤

제1형 당뇨병 환자의 약물 요법으로는 인슐린을 사용하고, 제2형 당뇨병 환자는 보통 경구용 혈당 강하제를 사용하지만 심한 경우에는 인슐린을 사용하기도 한다.

55   정답 ③

합병증이 심하거나 혈당이 300mg/dL 이상 또는 100mg/dL 이하인 경우 운동에 주의가 필요하며, 식후 1~2시간 후나 인슐린 투여 후 1시간 이후에 운동을 실시하는 것이 안전하다. 고강도의 운동은 저혈당을 유발할 수 있으므로 주의한다.

56   정답 ⑤

혈당 300mg/dL 이상, 허혈성 심장 질환, 과도한 고혈압 등이 있는 경우는 운동을 삼간다.

57   정답 ④

성인 당뇨는 보통 경구용 혈당 강하제를 투여하므로 약물에 대해 설명하고, 섬유소가 많은 잡곡을 먹도록 지도한다. 또한 에너지 섭취를 줄여 비만하지 않도록 하고 케톤증 예방을 위해 당질은 하루 최소 100g 이상을 섭취하거나 하루 에너지량의 55~60%를 섭취하도록 권장한다.

58   정답 ④

① 총 지방은 열량의 20~25%를 넘지 않도록 한다.
② 포화지방은 총 열량의 7% 미만으로 섭취한다.
③ 콜레스테롤은 1일 200mg 이내로 섭취한다.
⑤ ω-3 지방산의 섭취를 늘린다.

CHAPTER 07 | 심혈관계 질환의 영양 관리

문제편 p.149

01	02	03	04	05	06	07	08	09	10
③	③	②	①	⑤	②	②	②	②	⑤
11	12	13	14	15	16	17	18	19	20
②	③	③	①	②	①	⑤	④	③	③
21	22	23	24	25	26	27	28	29	30
①	②	①	③	②	③	②	③	①	③
31	32	33	34	35	36	37	38	39	40
⑤	⑤	①	⑤	④	④	④	②	④	②
41	42	43	44	45	46	47	48	49	50
③	④	④	④	④	①	③	③	②	①
51	52	53	54	55	56	57	58	59	60
②	④	①	①	④	④	②	④	⑤	②
61	62								
①	①								

01 정답 ③

교감 신경은 심장 활동을 촉진하고 부교감 신경은 억제하므로 부교감 신경 전달 물질인 아세틸콜린은 심장박동수를 감소시킨다.

02 정답 ③

심방은 정맥과 연결되어 혈액을 받아들이고, 심실은 동맥과 연결되어 혈액을 전신으로 내보낸다. 판막은 혈액의 역류를 막아 주고 관상동맥은 심장 근육에 혈액을 공급한다.

03 정답 ②

삼첨판은 우심방과 우심실 사이에 있는 판막으로 좌심실 수축 시 혈액의 역류를 방지하기 위해 닫힌다.
① 난원공 : 태아 시 우심방과 좌심방의 구멍
③ 이첨판 : 좌심방과 좌심실 사이
⑤ 대동맥판 : 좌심실과 대동맥 사이
※ 폐동맥판 : 우심실과 폐동맥 사이, 대동맥판막과 폐동맥판막은 반월판이라고도 함

04 정답 ①

심장의 자동능이 시작되는 곳은 동방결절로서 우심방에 위치한다.

05 정답 ⑤

심근은 횡문근으로 불수의근이며 교감 신경에 의해 수축력이 커진다. 또한 강축은 잘 일어나지 않고 절대적 불응기가 길다. 심근세포는 파괴되면 재생이 잘되지 않는다.

06 정답 ②

동방결절에서 발생한 흥분이 방실결절로 전도되면 방실결절에서 흥분의 전달 속도가 지연되어, 심방 수축이 완료되고 심실 수축이 일어나 효율적으로 심장의 펌프 작용이 일어나게 된다.

07 정답 ②

안정 시 정상적인 박동량은 70mL, 박동수는 70회이다.

08 정답 ②

혈관을 축소시키는 신경은 교감 신경이며 부교감 신경은 혈관 운동에 큰 영향을 미치지 않는다. 모세혈관을 제외한 모든 혈관에 교감 신경이 분포하고 있다.

09 정답 ②

심장의 자극이 전달되는 흥분 전도계의 순서는 '동방결절 → 방실결절 → 방실 줄기 → 히스속 → 푸르키네 섬유' 순이다.

10 정답 ⑤

스탈링의 심근법칙이란 어느 한도 내에서 심장근 섬유의 길이가 길어질수록 심근 수축력이 증가한다는 법칙으로, 심장으로 들어오는 혈류량이 많으면 내보내는 심박출량이 증가한다.

11 정답 ②

모세 혈관은 혈액과 조직 사이에서 수분, 영양 물질, 노폐물을 교환하는 교환성 혈관이다. 그물 모양의 가느다란 혈관으로 약 100억 개에 달하여 단면적이 넓다.
③ 정맥은 용량성 혈관으로 혈액 대부분이 이곳에 존재한다.

12 정답 ③

혈관 운동의 조절 중추는 연수에 위치하며, 연수는 뇌신경 기능을 담당하고 호흡, 순환, 운동 조절을 한다.

13 정답 ③

체순환에서의 혈액량은 61%가 정맥에 분포되어 있고, 11%는 소동맥에, 7%는 동맥 및 모세 혈관에 분포되어 있다. 심장에는 9%, 폐에는 12%의 혈액이 분포되어 있다.

14 정답 ①

정맥은 압력이 낮아서 중력의 영향을 받으면 역류가 나타나 오래 서 있으면 부종 현상이 발생하여 이를 막기 위해 판막이 존재한다.

15 정답 ②

폐정맥혈은 폐에서 기체 교환이 이루어져 산소가 풍부한 혈액이 심장의 좌심방으로 들어가는 혈관으로, 산소 함량이 가장 높다.

16 정답 ①

폐동맥은 심장에서 폐로 가는 동맥으로 산소 농도가 낮고 이산화탄소가 높다.

17 정답 ⑤

오랫동안 서 있는 경우 중력에 의해 혈액이 하반신에 머물게 되면 정맥에서 심장으로 돌아오는 혈액량인 정맥혈의 환류량이 감소하여 동맥혈압 또한 감소하게 된다.

18 정답 ④

폐순환계의 혈압은 체순환계에 비하여 낮아 폐동맥의 수축기 혈압은 약 20mmHg, 확장기 혈압은 약 12mmHg 정도이다.

19 정답 ③

혈류량=혈압/혈류 저항. 즉, 혈류량은 혈압에 비례하고 혈류 저항에 반비례하므로 혈관벽에 가해지는 압력인 동맥 혈압이 높아야 혈류량이 증가한다.

20 정답 ③

심장의 우심방이 이완되어 심장 내 압력이 낮아지면 정맥 혈액을 심장으로 빨아들이는데, 이때 골격근의 수축을 통해 심장으로 환류된다.

21 정답 ①

체순환은 '좌심실 → 대동맥 → 동맥 → 모세 혈관 → 정맥 → 대정맥 → 우심방' 순으로 이루어진다.

22 정답 ③

문맥 순환계는 체순환 중 장으로 들어간 동맥이 융모 속의 모세 혈관으로 퍼졌다가 간문맥으로 모여 간으로 들어간다. 간 내에서 모세 혈관으로 갈라지고 다시 집합하여 간정맥으로서 간을 지나가는 혈관계의 순환을 말한다.

23 정답 ①

림프계는 정맥계를 보조하여 체순환 혈액을 심장으로 돌려보내는 보조 순환계 역할을 하며, 림프구를 생산하여 림프절. 림프액 속에 함유된 백혈구들이 신체 방어 작용을 담당한다. 문맥 순환계로 흡수되지 못하는 장쇄 지방산, 지용성 비타민, 콜레스테롤 등을 흡수하는 경로이기도 하다.

24 정답 ①

대사 증후군은 복부 비만, 고혈압, 이상지질혈증, 인슐린 저항성 증가 등의 위험 요인을 한꺼번에 가지고 있는 질환이므로, 체중을 감량하고 질환과 관련된 식사 요법을 진행한다.

25 정답 ②

캠프너식이란 고혈압과 신장 질환의 치료를 위해 쌀, 과일과 과즙, 설탕으로 이루어진 저콜레스테롤, 저염식 및 저단백식으로 구성된 식단이다.

26 정답 ③

고혈압의 대부분은 본태성 고혈압으로, 과식, 비만, 소금의 과잉 섭취, 저칼륨, 붉은색 육류 섭취 등으로 발생한다. 증후성 고혈압은 신장 질환 등에 의해 발생하며, 최고·최저 혈압 중 한쪽만이라도 높다면 고혈압으로 진단한다.

27 정답 ③

정상 혈압은 수축기 혈압 120mmHg, 이완기 혈압 80mmHg이고 이때의 맥박은 40mmHg이다.
① 저혈압에 해당하는 수치이다.

28 정답 ②

혈압을 높이는 요인에는 심박출량 상승, 교감 신경 흥분, 에피네프린 분비 증가, 혈중 나트륨 증가에 의한 혈장 부피 증가, 혈관 수축, 혈액 점성 증가, 카테콜아민 분비, 아드레날린 분비, 노르아드레날린 분비, 알도스테론 분비, 레닌-안지오텐신계 활성 등이 있다.

29 정답 ①

혈관이 수축될 경우 혈압이 높아지고, 혈관이 이완될 경우 혈압이 낮아진다.

30 정답 ③

증후성 고혈압은 본태성 고혈압과 달리 신장 질환, 내분비 질환 등에 의해 발생할 수 있다. 본태성 고혈압의 원인은 불분명하지만 스트레스, 과음, 과식, 식염 과잉 섭취 등의 생활 습관이 큰 영향을 미친다고 알려져 있다.

31 정답 ⑤

혈압 자동 조절 기전은 레닌-안지오텐신-알도스테론계이다.

32 정답 ⑤

고혈압 환자는 저열량 식사로 섭취 열량을 줄이고 고염식, 폭음, 폭식, 자극성 식품 섭취 등은 제한한다. 식사 중 지방량이 많으면 혈청 지질이 증가하므로 동물성 지방과 콜레스테롤의 섭취를 제한하고, 칼륨, 마그네슘, 칼슘 및 식이섬유소 섭취를 증가시킨다.

33 정답 ③

고혈압 환자는 조리·가공 시 염분이 들어가는 조림, 염장 제품, 훈제 제품, 통조림 제품 등과 다량의 염분이 함유된 해산물을 제한해야 한다.

34 정답 ⑤

DASH 식단은 고혈압 예방 및 치료를 위한 식단으로서 칼륨, 칼슘, 마그네슘, 식이섬유소가 혈압 강하 효과가 있으므로 이를 많이 함유한 채소, 과일, 저지방 우유 및 유제품을 강조하고 전곡류, 생선, 가금류 및 견과류 등의 섭취를 권장하는 식단이다.

35 정답 ④

칼륨은 나트륨의 혈압 상승에 대해 길항작용을 하므로 고혈압 환자는 충분히 섭취해야 하며 과일류, 종실류, 채소류 등이 칼륨의 좋은 급원이다. 이뇨제를 복용하는 환자는 Na/K의 섭취비를 1 또는 1 이하로 유지하는 것이 좋다.

36 정답 ④

이상지질혈증(hyperlipidemia)은 혈중 콜레스테롤 또는 중성 지방량이 비정상적으로 증가한 상태를 말하며, type Ⅰ~type Ⅴ 등의 5가지로 분류된다.

37 정답 ④

VLDL은 간에서 합성된 내인성 중성 지방을 조직으로 운반한다.
② LDL : 콜레스테롤을 말초 조직으로 운반한다.
③ HDL : 콜레스테롤을 간으로 운반하여 체외로 배설한다.
⑤ 킬로미크론 : 식이 지방을 체내 조직으로 운반한다.

38 정답 ②

혈액 내 대부분의 콜레스테롤은 LDL의 형태로 존재하며, 중성 지방은 VLDL 형태로 존재한다.

39 정답 ④

초저밀도 지단백질(VLDL) 혈증은 혈장에 중성 지방량이 증가하는 것으로 발생 조건은 당뇨병, 선천적 요인, 고당질식, 비만 등이다.

40 정답 ②

간의 LDL 수용체 이상으로 혈청 LDL이 간으로 유입되지 않아 혈청 콜레스테롤의 농도가 높아진다.

41 정답 ③

혈청 콜레스테롤 수치를 낮출 수 있는 유지는 필수 지방산인 불포화 지방산이 다량 함유되어 있는 대두유, 옥수수유, 면실유, 참기름 등이다. 팜유와 코코넛유는 식물성 유지이나 포화 지방산 함량이 높아 부적합하다.

42 정답 ①

고콜레스테롤 식품이란 100g의 식품에 200mg 이상의 콜레스테롤을 함유한 식품을 말하며, 동물성 지방에 많이 포함되어 있다. 달걀은 노른자에만 콜레스테롤이 있고 흰자에는 들어 있지 않다.

43 정답 ④

식이섬유소는 총 콜레스테롤과 LDL 콜레스테롤을 낮춰주고, 장내 세균에 의해 분해되어 생성된 단쇄 지방산이 콜레스테롤 합성을 저해시킨다.

44 정답 ④

고콜레스테롤혈증은 지방의 과잉 섭취를 피하고 콜레스테롤은 하루 200mg 미만으로 섭취한다. 총 에너지 섭취량을 줄이고 오메가-3 지방산을 함유한 식품을 섭취한다.

45 정답 ④
다가 불포화 지방산이 풍부한 식물성 기름은 혈중 콜레스테롤을 낮추는 반면, 동물성 식품에는 포화 지방산 함량이 높아 콜레스테롤을 상승시킨다. 팜유와 코코넛 기름은 식물성 기름이지만 포화 지방산 함량이 높다.

46 정답 ①
고중성 지방혈증은 고당질식으로 유도되므로 탄수화물 중 단순당을 제한하는 저당질식을 해야 한다.

47 정답 ④
고중성 지방혈증의 경우 저당질식을 기본으로 하여 저포화지방식과 저열량식을 제공하고 충분한 식이섬유소를 섭취하도록 해야 한다.

48 정답 ②
LDL은 동맥경화증의 위험도를 판단하는 지표이다. 동맥경화증의 혈장 지질 변화는 중성 지방 상승, 콜레스테롤 증가, HDL 감소, LDL 증가 등이다.

49 정답 ③
고밀도 지단백질(HDL)은 말초 조직의 콜레스테롤을 간으로 운반하여 처리하므로 혈중 HDL 농도가 증가하면 동맥경화를 예방할 수 있다.

50 정답 ①
동맥경화증은 가족력, 흡연, 비만, 고혈압, 고지혈증, 스트레스, 운동 부족 등에 의해 발생할 수 있다.

51 정답 ②
동맥경화증 환자는 식물성 스테롤이 풍부한 표고버섯을 섭취하는 것이 좋고 저지방 우유, 달걀 흰자, 두부, 참기름, 들기름과 같이 양질의 단백질과 식물성 기름을 섭취해야 한다. 반면, 당질을 많이 섭취하면 혈중 중성 지방 농도가 높아지므로 주의해야 한다.

52 정답 ④
동맥경화증 환자에게는 식물성 스테롤이 풍부한 표고버섯이나 양질의 단백질인 달걀 흰자, 식물성 기름인 들기름 등을 권장할 수 있다. 단, 달걀의 경우 노른자 1개에 240mg의 콜레스테롤이 함유되어 있으므로 주의한다.

53 정답 ①
ω-3 지방산인 DHA, EPA 등은 등푸른 생선(고등어, 삼치 등)에 다량 함유되어 있어 동맥경화증을 개선하는 데 도움이 된다.

54 정답 ①
동맥경화를 예방하기 위해서는 식이섬유를 충분히 섭취하고 표준 체중을 유지하며 단순당, 나트륨, 커피, 알코올 섭취는 제한한다. HDL 농도는 높고 LDL 농도는 낮아야 동맥경화증을 예방할 수 있다.

55 정답 ④
심장 질환을 악화시키는 식사성 요인은 열량, 염분, 콜레스테롤, 포화지방산의 과잉 섭취 등이다.

56 정답 ④
협심증 환자는 포화 지방과 콜레스테롤이 많은 동물성 지방과 에너지, 나트륨, 카페인 및 알코올을 제한하고 식이섬유 섭취는 늘린다.

57 정답 ②
협심증이나 심근경색증 환자는 동맥경화를 예방하기 위해 에너지 섭취와 나트륨, 카페인은 제한하고 식이섬유 섭취를 늘린다. 식사는 소량씩 자주 섭취한다.

58 정답 ④
칼륨은 나트륨 배설을 촉진하고 혈압 강하 작용을 한다. 맛소금, 베이킹 파우더, 복합 조미료에는 나트륨이 들어 있으므로 사용을 제한하되, 나트륨을 심하게 제한하면 저염증후군이 나타날 수 있으므로 주의해야 한다.

59 정답 ⑤
울혈성 심부전은 비정상적인 혈액순환으로 부종과 호흡곤란이 발생하므로 저염식을 해야 한다.

60 정답 ②
나트륨 제한식에 좋은 식품은 설탕, 식초, 계핏가루, 커피, 참기름, 감자, 고구마 등이다.

61

정답 ①

울혈성 심부전은 심장에서 신체가 필요로 하는 혈액을 충분히 내보내지 못하는 질환으로, 부종과 호흡곤란 등을 유발하므로 저염식을 해야 한다. 식사량과 식사 횟수는 늘리고 양질의 단백질을 공급한다.

62

정답 ①

쌀에는 100g당 1mg의 나트륨이 들어있다.

CHAPTER 08 | 비뇨기계 질환의 영양 관리

문제편 p.158

01	02	03	04	05	06	07	08	09	10
④	③	③	③	①	①	①	①	②	④
11	12	13	14	15	16	17	18	19	20
②	④	①	④	④	④	②	④	⑤	③
21	22	23	24	25	26	27	28	29	30
②	⑤	⑤	②	②	⑤	②	②	⑤	⑤
31	32	33	34	35	36	37	38	39	40
④	④	②	③	②	③	⑤	④	②	①
41	42	43	44	45	46	47	48	49	50
①	④	②	②	③	⑤	①	④	②	③
51	52	53	54	55	56	57	58	59	60
①	⑤	⑤	⑤	④	①	⑤	③	④	④
61	62								
②	⑤								

01

정답 ④

신장은 요 형성, 혈압 조절이 주된 기능이며, 원위세뇨관에서 체내 요구에 따라 나트륨, 칼륨, 수분의 재흡수와 분비를 조절한다. 사구체 여과율은 보통 이눌린으로 측정하며 사구체에서 여과된 수분의 약 99%가 세뇨관에서 재흡수된다.

02

정답 ③

신장의 단면 구조에서 바깥쪽은 피질, 안쪽은 수질이며 신장의 흡수 물질 중 가장 많은 양을 차지하는 것은 수분이다.

03

정답 ③

신장의 기능은 체액량 조절, 노폐물 배설, 전해질 및 산·알칼리 평형 조절, 혈압 조절, 적혈구 생성 촉진, 칼슘의 재흡수 등이다.

04

정답 ③

어떤 물질의 신장 혈장 제거율이 1보다 작으면 세뇨관에서 재흡수됨을, 1보다 크면 세뇨관에서 분비됨을 의미한다. 혈장 제거율이 0이라는 것은 사구체에서 여과된 양이 전량 재흡수되어 소변에서 발견되지 않는다는 것을 뜻한다.

05 정답 ①

포도당의 혈장 제거율이 0이라는 것은 사구체에서 여과된 포도당의 양이 전량 재흡수되어 요중에서 발견되지 않는다는 것을 뜻한다.

06 정답 ①

신장 질환의 일반적인 증상에는 다뇨, 단백뇨, 혈뇨, 핍뇨, 부종, 고혈압, 빈혈, 고질소혈증 등이 있다.

07 정답 ①

당뇨 환자는 재흡수되지 못한 포도당이 여과액의 삼투 농도를 증가시켜 물의 재흡수를 억제시킴으로써 삼투성 이뇨 증상이 나타난다.

08 정답 ①

알부민(혈청단백질)이 소변으로 배설되면 저단백혈증으로 부종이 발생한다.

09 정답 ②

정상적인 요중에는 알부민과 같은 단백질이 들어 있지 않아야 한다.

10 정답 ④

사구체를 형성하는 모세 혈관은 분자량이 큰 단백질이 통과하지 못하는 작은 구멍으로 되어 있으므로 정상적인 요중에는 단백질이 들어있지 않아야 한다.

11 정답 ②

신장 내부는 피질, 수질, 신우로 구분되며 피질에는 사구체와 보우만 주머니가 존재하고 수질에는 세뇨관이 존재한다.

12 정답 ④

원위세뇨관과 집합관에서는 항이뇨 호르몬(ADH)을 통해 체내 수분 필요량에 따라 물의 재흡수를 조절하고, 근위세뇨관에서는 체내 수분 필요량이 아닌 삼투질 농도에 따라 물의 재흡수를 조절한다.

13 정답 ①

사구체의 모세 혈관막은 지름이 작은 다공성으로, 혈액이 이를 통과할 때 지름이 큰 물질인 혈구와 혈장 단백질은 통과하지 못하고 지름이 작은 물, 포도당, 전해질, 아미노산은 여과되어 세뇨관 내로 들어간다.

14 정답 ④

단백질, 혈구 등과 같이 지름이 큰 물질은 사구체의 모세 혈관막을 통과하지 못한다.

15 정답 ④

사구체 여과 형성 요소	mL/분
심박출량	5,000
신혈류량	1,250(심박출량의 약 25%)
신혈장유량	600(신혈류량의 1/2 정도)
사구체 여과율	125(신혈장유량의 20%)
요 형성	1(사구체 여과 후 1%만 요로 배설)
여과액 재흡수	124 (사구체 여과율 후 99%는 세뇨관에서 재흡수)

16 정답 ④

정상인의 사구체 여과율은 분당 평균 110~120mL(평균 125mL)이며, 사구체 여과율을 표시할 때는 항상 $1.73m^2$의 체표면적을 기준으로 한다.

17 정답 ②

신장은 20~25%의 많은 혈액을 공급받아 노폐물 제거, 삼투압 조절, 수분과 전해질의 조절, 산·염기 평형 조절 등의 기능을 한다.

18 정답 ④

혈당이 180mL% 이상이면 근위세뇨관의 재흡수 능력을 초과하여 포도당이 요중으로 배설되는데, 이 수준을 포도당의 신장 역치(문턱)이라고 한다.

19 정답 ⑤

알도스테론은 부신피질에서 분비되는 호르몬으로 원위세뇨관과 집합관에서 혈압 조절에 관여하는 나트륨의 재흡수와 칼륨의 분비를 촉진한다.

20 정답 ③

알도스테론은 신장에서 나트륨의 재흡수를 증가시키고, 칼륨을 소변으로 배출시키는 역할을 한다.

21   정답 ②

알도스테론은 원위세뇨관과 집합관에서 나트륨의 재흡수와 칼륨의 분비를 촉진시킨다. 혈중 칼륨 농도가 높으면 알도스테론의 분비가 촉진되며 저농도의 나트륨 농도 역시 알도스테론 분비를 간접적으로 촉진시킨다.

22   정답 ⑤

항이뇨 호르몬은 뇌하수체 후엽에서 분비되며, 술을 마시면 소변량이 많아지는 것은 알코올이 항이뇨 호르몬의 분비를 억제하기 때문이다. 항이뇨 호르몬은 원위세뇨관에서 체내 필요량에 따라 수분의 재흡수에 관여한다.

23   정답 ⑤

근위세뇨관	• 포도당과 아미노산의 흡수 • 삼투질 농도에 따라 수분과 나트륨의 재흡수(수분의 대부분 재흡수)
원위세뇨관	• 항이뇨 호르몬(ADH)에 의해 체내 요구에 따라 수분의 재흡수 • 알도스테론에 의해 나트륨의 재흡수와 칼륨의 분비 조절

24   정답 ②

심장은 혈압을 조절하여 사구체의 혈장 여과 기전에 관여한다. 부신피질에서 분비된 알도스테론은 나트륨 흡수를 촉진하고 뇌하수체 후엽에서 분비된 항이뇨 호르몬은 수분의 재흡수를 촉진한다.

25   정답 ②

사구체 여과율이 저하되면 나트륨과 수분 배설이 저하되어 나트륨 축적으로 부종과 혈압 상승이 나타나고 혈뇨, 단백뇨 등이 나타난다. 핍뇨기에는 신장의 칼륨 제거율 손상으로 고칼륨혈증이 나타나므로 칼륨을 제한하고 체단백질의 분해를 막기 위해 충분한 에너지를 공급해야 한다. 식사 요법으로는 염분과 단백질을 제한해야 한다.

26   정답 ②

급성 사구체신염의 증상에는 핍뇨, 혈뇨, 단백뇨, 고혈압, 신기능 장애 등이 있고, 나트륨 축적으로 세포외액이 증가하여 부종이 나타난다.

27   정답 ③

급성 사구체신염으로 사구체 여과율이 저하되면 혈장 단백질이 새어 나오므로 신장 기능을 보호하기 위해 단백질을 제한해야 한다. 또한 나트륨과 수분 배설이 저하되어 나트륨 축적으로 인해 부종이 발생하거나 혈압이 상승할 수 있으므로 염분도 제한한다.

28   정답 ②

식빵에는 베이킹 파우더가 함유되어 있어 나트륨 함량이 높다.

29   정답 ⑤

신증후군의 증상은 단백뇨, 저단백혈증, 저알부민혈증, 부종, 고지혈증, 혈중 콜레스테롤 증가, 구루병 등이다.

30   정답 ⑤

신증후군은 사구체 모세 혈관 기저막의 투과성 항진으로 알부민이 배설되어 저단백혈증, 저알부민혈증 등이 나타나는 것이다. 신증후군은 단백뇨가 심하므로 단백질 섭취를 증가(1~1.5g/kg)시키고 부종이 나타나면 나트륨과 수분을 제한한다. 고지혈증이 나타날 수 있으므로 포화 지방산과 콜레스테롤을 조절해야 한다.

31   정답 ④

핍뇨기에는 사구체 여과율 감소로 칼륨 배설이 저하되어 고칼륨혈증이 되고 혈중 요소, 크레아티닌, 인산 농도는 상승한다.

32   정답 ④

만성 신부전은 인산, 황산, 유기산 등의 배설장애로 산혈증이 나타나고, 혈중 요소와 크레아티닌 농도가 상승되어 요독증이 나타난다. 칼슘의 장내 흡수를 돕는 비타민 D의 활성화 장애로 칼슘흡수가 저하되고 골격의 칼슘 용출이 촉진된다. 내분비기능 장애에 에리트로포이에틴 분비가 감소되어 골수에서 적혈구 생성이 감소하여 빈혈이 나타난다.

33   정답 ②

만성 신부전 시 체조직 분해를 방지하기 위해 단순당(사탕, 꿀, 잼 등)과 식물성 지방을 통해 에너지를 충분히 섭취한다. 또한 요독증 방지를 위해 저단백질 식사를 하고, 채소와 과일을 통한 칼륨 섭취를 제한하여 심장에 부담을 주지 말아야 한다.

34 정답 ③

신부전 환자의 혈중 칼륨 농도가 상승하면 심장마비를 초래할 수 있다.

35 정답 ②

신부전 환자의 열량 공급을 위해서는 열량이 높은 단순당(사탕, 꿀 등)과 식물성 지방을 공급하고, 신장 기능을 보존하기 위해 저단백질 식사를 공급해야 한다.

36 정답 ③

요독증이 발생하면 네프론이 90% 손상되고 사구체 여과율이 5~10mL/분 이하로 감소한다. 신기능이 정상의 1/10~1/5 이하로 떨어지고 혈중 요소 질소의 농도가 60mg/dL 이상이다. 요독증의 증상은 핍뇨, 결뇨, 고질소혈증, 호흡 시 암모니아 냄새 발생, 오심, 구토, 설사, 빈혈 등이 있다.

37 정답 ⑤

요독증의 식사 요법 시 체내 암모니아 축적을 방지하기 위해 단백질을 제한한다.

38 정답 ④

요독증 환자는 당질과 지방을 적당량 섭취하여 열량을 충분히 공급받고, 체내 암모니아 축적 방지를 위해 단백질은 제한한다.

39 정답 ②

요독증의 증세가 심할 경우 단백질은 완전히 제거한다.

40 정답 ①

혈액 투석을 통해 신부전 말기에 발생하는 요독증을 방지할 수 있다.

41 정답 ①

비투석 신부전 환자는 혈중 인 농도의 상승과 혈장 칼슘 농도의 저하로 골다공증이 발생할 수 있고 열량 섭취량의 불균형, 고질소혈증, 나트륨과 수분의 불균형 등이 나타날 수 있다.

42 정답 ④

① 부종, 고혈압 이외의 경우 수분 제한은 필요치 않다.
② 소화력 저하로 단백질 섭취가 부족하므로 단백질을 충분히 공급한다.
③ 투석액(포도당 용액)을 통해 열량이 공급되므로 열량 공급을 증가시키지 않는다.
⑤ 부종, 갈증, 혈압을 조절하기 위해 나트륨을 제한한다.

43 정답 ②

대부분의 비뇨기 질환은 수분 섭취를 제한하지만, 신결석증의 경우 1일 3L 이상의 수분을 섭취하여 요관의 결석을 배설시키도록 한다.

44 정답 ②

결석증 환자는 요관의 결석을 배설시키기 위하여 다량의 수분을 섭취한다. 수산 결석은 비타민 C를 제한하고 칼륨염은 결석과 관련이 없다. 고식이섬유소는 칼슘 결석의 형성을 예방하고 요산 결석과 시스틴 결석은 산성 결석이므로 알칼리성 식품을 섭취한다.

45 정답 ③

비타민 D 과잉 섭취, 갑상선 기능 항진, 골다공증, 운동 부족으로 인해 혈중 칼슘 농도가 높아지면 칼슘 결석 생성을 초래한다.

46 정답 ⑤

비타민 C는 체내에서 수산으로 전환되므로 수산 칼슘 결석의 식사 요법에서는 비타민 C를 제한한다.

47 정답 ①

수산 칼슘 결석 환자에게는 수산 함량이 적은 식품을 공급한다. 시금치, 아스파라거스, 근대, 두부, 고구마, 견과류, 무화과, 초콜릿, 코코아, 홍차 등은 수산 함량이 높다.

48 정답 ④

시스틴 결석은 산성 결석이므로 알칼리성 식품(과일, 채소 등)을 보충한다.

49 정답 ②

퓨린체는 요산을 형성하므로 요산 결석증 환자는 저퓨린식을 해야 한다. 퓨린 함량이 적은 식품은 국수, 빵, 우유, 달걀, 치즈, 채소, 과일 등이며, 동물의 내장, 쇠고기, 고기국물, 멸치, 청어, 고등어, 연어, 조개, 효모 등은 퓨린 함량이 높은 식품이다.

50 정답 ③

멸치는 퓨린 함량이 높아 요산 결석증 환자에게는 제한해야 한다. 이 외에도 동물의 내장, 쇠고기, 청어, 고등어, 조개, 효모 등은 퓨린 함량이 높으므로 주의한다.

51 정답 ①

알칼리성 결석증 환자에게는 산성 식품을 제공해야 하는데 산성 식품에는 곡류, 육류, 달걀, 생선 등이 해당되고 알칼리성 식품에는 우유, 과일, 채소가 해당된다.

52 정답 ⑤

결석을 배설하기 위해 1일 3L의 수분 섭취를 권장하고 과량의 동물성 단백질 식품과 칼슘은 신결석을 발생시킬 수 있으므로 제한한다. 요산 결석증은 저퓨린식과 알칼리성 식품을 권장하고, 수산 결석증은 시금치와 같이 수산 함량이 높거나 비타민 C가 많이 함유된 과일 등은 제한한다.

53 정답 ⑤

단백질의 질소 성분 중 약 70~80%가 신장을 통해 배설되는데, 급성 신염과 같은 신질환 시 신장의 기능 저하로 질소 대사물의 배설이 어렵기 때문에 단백질을 제한한다.

54 정답 ⑤

만성 신장염의 경우 질 좋은 단백질을 섭취하여 신장 조직을 재생시켜야 한다. 지방은 적당량을 공급하고 수분과 식염의 섭취량은 약간 자유로우며 열량은 충분히 공급하되 당질을 권한다.

55 정답 ④

일반적으로 비뇨기계 질환은 신장에 부담을 주는 단백질의 섭취를 제한한다. 급성 신염은 단백질 대사 산물의 배설이 어렵고 간성 혼수는 혈액 중 암모니아, 아민류의 증가로 혼수 상태가 나타나므로 저단백질 식사를 해야 한다.

56 정답 ①

저단백식은 1일 30g의 단백질을 섭취하는 것으로 1교환단위당 우유(1컵)에는 단백질이 6g, 치즈·고등어·베이컨에는 단백질이 각 8g씩 함유되어 있다.

57 정답 ⑤

급성 신염일 때 고도의 핍뇨가 지속되면 혈중 칼륨 농도가 증가하므로 저칼륨식을 해야 한다.

58 정답 ③

칼륨은 수용성이라 물에 용출되므로 채소를 잘게 썰어 물에 데치거나 끓이는 것이 좋고, 육류도 편육처럼 물에 장시간 조리하면 칼륨의 용출이 가능하다. 저염 소금과 간장에는 칼륨이 다량 함유되어 있으므로 사용하지 않는다.

59 정답 ④

신증후군(네프로제)과 만성 신염을 제외한 신장 질환은 저단백식을 공급하지만 환자의 상태에 따라 조절해야 한다. 고단백질 식품은 대체로 식염을 많이 함유하고 있으며, 단백질을 제한하는 경우 생물가가 높은 양질의 단백질을 공급해야 한다.

60 정답 ④

- 칼륨 함량이 많은 과일 : 바나나, 참외, 토마토, 멜론, 곶감, 키위 등
- 칼륨 함량이 많은 채소 : 아욱, 시금치, 근대, 부추, 미나리, 쑥 등

61 정답 ②

신장 질환 환자의 식품 교환표를 작성할 때 단백질, 나트륨, 칼륨, 인 등의 조절이 필요하므로 이를 고려해야 한다.

62 정답 ⑤

이뇨제는 수분, 염분, 전해질의 배설을 증가시키므로 이뇨제를 사용한 경우 그 변동에 주의해야 한다.

CHAPTER 09 | 암의 영양 관리

문제편 p.167

01	02	03	04	05	06	07	08	09	10
⑤	③	④	③	⑤	④	④	⑤	④	③
11	12	13	14	15	16	17	18	19	
①	③	⑤	②	③	③	④	②	④	

01 정답 ⑤

- 암 발생 촉진 인자 : 흡연, 과음, 훈연 제품, 곰팡이, 고지방식, 저섬유식, 고질산 화합물, 스트레스 등
- 암 발생 억제 인자 : 과일, 채소, 고섬유식, 우유 및 유제품, 비타민 A, 카로틴, 비타민 C, 비타민 E 등

02 정답 ③

발암성 인자는 흡연, 과음, 저섬유식, 고열량식, 고지방식, 곰팡이, 훈제 식품, 고질산 화합물, 방부제, 대기오염, 뜨거운 음식 등이 있다.

03 정답 ④

위암 환자에게는 충분한 열량과 양질의 단백질을 공급하고 저섬유식, 무자극성식, 지방이 적고 맛이 담백한 음식을 제공한다. 또한 식욕이 없으므로 식욕을 촉진하는 향미를 지닌 음식을 제공할 수 있다.

04 정답 ③

지방의 과잉 섭취는 유방암, 대장암, 직장암, 전립선암, 자궁내막암 등과 관련이 있으며, 고지방식의 섭취, 포화 지방산 함량이 높은 음식의 섭취는 암 발생 위험을 증가시킨다. 또한 담즙산을 과잉 분비시키고 암 발생을 촉진시킨다.

05 정답 ⑤

암환자의 악액질은 종양이 진행됨에 따라 흔히 나타나는 에너지-단백질 영양 불량 상태로 식욕 부진, 체중 감소, 대사와 호르몬 이상, 영양소 흡수 불량, 체조직의 합성 감소, 빈혈, 쇠약, 조직 기능의 손상, 무기력, 근육 소모, 수분과 전해질 불균형, 면역 기능 저하 등의 증상이 나타난다.

06 정답 ④

암 악액질은 암환자에게서 일어나는 대사 이상으로, 암세포에서 지방 분해를 촉진하는 사이토카인이 분비되며 에너지 소모량이 증가한다. 또한 포도당 신생이 활발하면 체단백질이 분해되므로 근육 소모가 크고, 근육 손실은 면역체계 손상 및 체중 감소의 원인이 된다.

07 정답 ④

암 환자의 대사 이상

- 암 세포에서 지방 분해를 촉진하는 사이토카인 분비 → 에너지 소모량 증가
- 기초대사량 증가 → 에너지 소모량 증가 → 체중 감량
- 당신생 활발 → 근육 소모 큼
- 당질이 지방으로 잘 전환되지 않음 → 체내 저장지방 고갈

08 정답 ⑤

- 암 발생 예방 인자 : 표준 체중 유지, 충분한 식이섬유 섭취, 비타민 A, C 및 E 섭취 등
- 암 발생 촉진 인자 : 흡연, 과음, 체중 증가, 고지방식, 염장식, 훈연 제품, 질산염 함유 식품, 그 외 가공 식품 등

09 정답 ④

- 위암의 발생 요인 : 고염식, 뜨거운 음식, 다량의 쌀밥, 훈연 제품, 고질산 함유식 등
- 위암의 예방 요인 : 신선한 녹황색 채소 및 과일, 우유 및 유제품 등

10 정답 ③

암과 원인 식품

- 위암 : 자극성 식품, 고염식, 훈제 식품, 고질산 함유 식품 등
- 간암 : 알코올, 곰팡이, 타르 색소 등
- 대장암 : 저섬유소식, 고지방식, 알코올, 탄 음식에서 생성된 벤조피렌 등
- 방광암 : 가공 식품의 식품 첨가물인 둘신, 시클라메이트 등
- 식도암 : 고염식, 소시지·베이컨 등 아질산염 함유 식품 등
- 유방암 : 고지방식, 고열량식, 탄 음식에서 생성된 벤조피렌 등

11 정답 ①

암 치료 시 발생한 부작용의 해결 방법
- 식욕 부진 : 소량씩 자주 공급, 간식과 야식을 통한 열량보충, 향기·맛·색 등을 조절
- 구토, 메스꺼움 : 소량씩 자주 공급, 항메스꺼움제를 식사 30분~1시간 전에 제공, 뜨거운 음식보다는 차가운 음식 제공
- 이미각증 : 차갑거나 상온의 온도의 음식 제공, 베이킹 소다를 물에 희석하여 식전에 가글
- 연하 곤란 : 조리한 후 간 음식, 삼키기 쉬운 묽은 점성, 인공 타액 등을 제공
- 면역 기능 저하 : 조리 도구는 반드시 소독, 모든 음식은 익혀서 제공, 통조림·두유·멸균 우유 등을 제공

12 정답 ③

구토 방지법
- 음식은 소량씩 천천히 자주 공급
- 항구토제를 식전에 복용
- 식사 전 또는 식사 도중 수분을 주지 않음
- 조미가 강한 식품이나 고지방 식품은 피함
- 식후 1시간 정도는 앉아서 휴식
- 식사 장소는 환기가 잘되는 곳

13 정답 ⑤

식이섬유의 대장암 예방 효과
- 대변량이 증가하여 배변 횟수가 많아짐
- 장내 통과 시간의 단축으로 발암 물질에 노출되는 시간이 짧아짐
- 수분을 흡수하는 보수성을 가지고 있으므로 대장 내의 발암 물질이 희석됨

14 정답 ②

유방암은 고지방식, 고열량식, 알코올, 탄 음식에서 생성된 벤조피렌, 유전적 요인 등으로 인해 발병된다.

15 정답 ③

비타민 A, 비타민 C, 비타민 E는 항암 효과를 가진다.

16 정답 ③

위 절제 수술 후 덤핑 증후군으로 인한 체중 감소, 영양소 흡수 불량 등의 문제점이 발생한다.

17 정답 ④

골수 이식 수술 후 의식이 회복되지 않은 환자는 경관 급식을 통해 필요한 영양소를 공급하며, 면역 기능이 저하되어 감염되기 쉬우므로 무균식을 제공한다.

18 정답 ②

폐암은 최근 우리나라에서 사망률이 가장 높은 암으로 알려져 있으며, 흡연, 미세먼지 등의 공해가 주 발병 원인이다. 폐암은 기관지로부터 폐포까지 상피세포 조직에서 발생한다.

19 정답 ④

폐경 후 에스트로겐 호르몬 요법을 장시간 지속하면 유방암과 자궁암의 발생률이 높아진다.

CHAPTER 10 | 면역·수술 및 화상·호흡기 질환의 영양 관리

문제편 p.170

01	02	03	04	05	06	07	08	09	10
③	④	④	⑤	②	③	②	④	⑤	⑤
11	12	13	14	15	16	17	18	19	20
④	⑤	⑤	④	③	③	①	③	②	③
21	22	23	24	25	26	27	28	29	30
①	③	④	②	③	②	⑤	①	⑤	④
31	32	33	34	35	36	37	38	39	40
③	③	①	③	④	①	③	⑤	②	③
41	42	43	44	45	46	47	48	49	50
①	④	④	⑤	②	⑤	④	②	③	④
51	52								
③	④								

01 정답 ③

발열 시에는 대사 속도가 증가하는데, 체온이 1℃ 상승할 때 기초 대사율은 13% 증가한다.

02 정답 ④

발열, 감염 시 체내 대사 변화
- 기초 대사율(BMR) 증가(체온 1℃ 상승 시 13% 증가)
- 수분과 전해질 손실 증가
- 에너지 필요량 증가
- 당질 대사와 단백질 대사 항진
- 글리코겐 저장량과 영양소 흡수력 감소
- 세균 감염에 의한 체단백질 소모가 증가
- 그 외 식욕 부진, 혈당 상승 등

03 정답 ④

감염성 질환 발생 시 수분과 전해질의 손실이 증가하고, 체단백질의 소모 역시 증가한다. 또한 글리코겐 저장량이 감소하며, 혈당이 상승한다.

04 정답 ⑤

감염 질환 발생 시 대사 속도가 증가하여 당질과 단백질의 대사 항진, 수분 및 전해질 손실, 체내 글리코겐 저장량 감소 등이 일어난다. 따라서 농축 열량 식품을 공급하고 단백질과 수분, 전해질을 충분히 보충한다.

05 정답 ②

장티푸스는 발열로 인한 신진대사 증가(40~50%), 설사와 장궤양 및 장출혈 등의 증상이 있으므로 고열량, 고단백, 무자극, 저잔사식을 제공하고 충분한 수분 공급이 이루어져야 한다.

06 정답 ③

콜레라의 주 증상은 급작스러운 대량 설사이고 극심한 설사로 인해 탈수 증세를 보인다. 또한 호흡이 빨라지며 소변량이 감소한다.

07 정답 ②

선천성 면역은 감염에 대한 1차 방어선으로 침, 콧물, 대식세포, 보체계가 작용하고 후천성 면역에는 B-림프구, T-림프구가 작용한다.

08 정답 ④

림프구는 후천성 면역에 관여하는 백혈구로 T-림프구(세포성 면역)와 B-림프구(체액성 면역)가 있다.

09 정답 ⑤

T-림프구는 골수의 줄기세포에서 분화하여 성숙된 후 흉선에서 분리되며, 직접 림포카인, 사이토카인 등의 물질을 분비하여 항원을 파괴한다.

10 정답 ⑤

후천성 면역은 림프구의 기능으로 이 중 세포성 면역은 T세포가 각종 림포카인을 분비함으로써 여러 면역 기능을 조절한다.

11 정답 ④

B-림프구는 체액성 면역에 관여하며 골수의 줄기세포에서 형성된다. 항원과 접촉하면 형질 세포(plasma cell)로 변하여 면역글로불린(immunoglobulin ; Ig)이라 불리는 여러 항체를 생산한다.

12 정답 ⑤

알레르기는 영유아기에 많이 나타나며 성장함에 따라 알레르기 과민성은 감소한다. 어떠한 질병에 걸려 항원이 침입한 다음에는 특정 식품에 예민해지기도 하며, 부모가 알레르기가 있으면 자녀의 75%에게서 나타나기도 한다.

13 정답 ⑤

알레르기의 경우 부모가 알레르기가 있으면 자녀의 75%가 알레르기를 가지고 있을 정도로 유전적 요인이 강하게 작용하며, 영유아기에 특히 많이 나타난다. 식품 알레르기가 있을 경우 해당 음식 섭취 후 즉각 반응이 나타날 수 있는데, 조리 혹은 가공 과정에 따라 반응이 나타나지 않을 수도 있다.

14 정답 ④

① 식품 알레르기의 대부분은 IgE가 매개한다.
② 가열한 음식이 알레르기를 덜 유발한다.
③ 유아의 알레르기 예방을 위해 이유 시기를 4~6개월 늦추는 것이 좋다.
⑤ 같은 식품군 내에서 항원 간 교차 반응이 나타나기도 한다.

15 정답 ③

IgE는 혈액이나 조직에 존재하며 대부분의 식품 알레르기 반응에 관여한다.

16 정답 ③

식품 속의 단백질은 식품 알레르기의 주된 원인이다.

17 정답 ①

동물성 단백질뿐만 아니라 메밀이나 옥수수 등에 포함된 식물성의 단백질 역시 알레르기를 유발할 수 있다.
② 가열할 경우 알레르기 반응성이 떨어진다.
③ 담수어보다 붉은 살 생선이 항원이 되기 쉽다.
④ ω-3 계열 불포화 지방산이 알레르기를 완화시킬 수 있다.
⑤ 같은 식품을 매일 먹으면 알레르겐이 되기 쉽다.

18 정답 ③

소아들에게 알레르기 발생 빈도가 높은 식품은 '우유>초콜릿>옥수수·달걀>두류>토마토>밀>사과>바나나>감자' 순이다.

19 정답 ②

요구르트에는 달걀이 포함되어 있지 않다.

20 정답 ③

대두유를 이용하여 제조한 마가린의 경우는 대두 알레르기 반응을 일으킬 수 있다.

21 정답 ①

동·식물에 함유된 단백질에는 알레르겐이 강한 식품이 많고 모든 식품은 알레르기를 일으키는 식품으로 작용할 수 있다. 곡류 중에서 쌀은 알레르기를 잘 일으키지 않는다.

22 정답 ③

알레르기 유발 식품으로는 우유, 달걀, 땅콩, 대두, 견과류, 밀, 돼지고기, 갑각류, 조개류, 생선 등이 있으며, 동물성 단백질 식품에는 알레르겐이 강한 식품이 많다.

23 정답 ④

수술 전 일반적인 식사 요법으로 고당질 식사를 제공하는데, 이는 체내 단백질 절약, 간 글리코겐 저장 증가, 산독증과 구토증 방지를 위함이다.

24 정답 ④

수술 후에는 새로운 조직의 보수를 위해 단백질, 철, 아연, 비타민 C 등의 필요량이 증가하는데, 특히 부종 방지, 조직 재생, 출혈로 인한 혈구를 보충하기 위해서는 단백질을 충분히 공급해야 한다.

25 정답 ②

수술 후 회복기에는 환자의 체중 증가, 칼륨 보유 및 장 기능의 정상화, 양의 질소 평형, 스트레스 호르몬의 분비 감소로 나트륨과 수분 배설이 증가한다.

26 정답 ③

수술이나 화상 등 심한 스트레스 상황에서는 글루카곤, 코르티솔, 에피네프린 및 노르에피네프린 등의 호르몬이 증가한다.

27 정답 ②

스트레스 시 체온, 호흡률과 맥박수가 증가하고 글리코겐, 체지방 및 체단백이 분해된다. 글루카곤, 에피네프린, 코르티솔 등의 호르몬은 증가한다.

28 정답 ⑤

비타민 B_{12}는 위에서 분비되는 내적 인자와 결합하여 회장에서 흡수되므로 위나 회장을 절제한 환자에게 결핍되기 쉽다.

29 정답 ①

수술 후 소화 기능이 완전하지 못하므로 소량씩 자주 먹는 것이 좋고 금식은 오래 하지 않는다. 덤핑 증후군 예방을 위해 삼투압을 높일 수 있는 단순당이나 농축당은 피하고 식후 20~30분 정도는 누워있는 것이 좋다.

30 정답 ④

덤핑 증후군 환자의 경우 단순당질의 섭취량을 낮추고 중정도의 지방과 고단백으로 섭취한다. 식사 도중 수분 섭취는 음식물이 장으로 내려가는 속도를 촉진시키므로 식후 2시간 후에 공급한다.

31 정답 ③

담낭 절제술 후에는 지방 함량이 높은 식품은 제한하고 유자차, 꿀차, 시원한 보리차 등을 통해 수분을 조금씩 보충한다.

32 정답 ③

수술 후 환부의 출혈을 막고 염증을 없애기 위해 차갑고 부드러운 음료(우유, 주스, 아이스크림 등)를 제공한다.

33 정답 ①

수술 후 식사 요법
② 담낭 절제 수술 : 지방이 많은 음식 제한
③ 편도선 수술 : 우유나 아이스크림 등과 같이 차가운 식품 섭취
④ 위 절제 수술 : 소량씩 자주 섭취 및 당질 식품 제한
⑤ 덤핑 증후군 : 식사 중 수분의 양 최대한 줄이기

34 정답 ④

화상 시 호르몬의 변화로 에너지 요구량이 증가하고 면역 기능이 저하되어 감염에 특히 민감하다. 심한 화상 후에는 질소 평형이 음(−)이 된다.

35 정답 ①

체중 감소율이 화상 전 체중의 10%를 초과하게 되면 환자의 질병 감염률과 사망률을 증가시키게 된다.

36 정답 ④

열량 필요량은 상처 범위에 따라 결정되지만 심한 화상의 경우 에너지 요구량이 증가하므로 고당질·고단백·고비타민식을 권장한다. 또한 환자가 쇼크 상태에 있을 경우 많은 양의 체액과 전해질이 손실되므로 즉각적인 수분과 전해질 공급이 필요하다.

37 정답 ①

화상 환자가 쇼크 상태에 있을 경우 체액 및 전해질의 보충을 위해 즉각적인 수분 및 전해질 공급을 해야 한다.

38 정답 ③

화상 환자에게는 충분한 수분과 전해질, 고비타민식이 필요하다. 특히 비타민 C는 콜라겐을 합성하고 상처를 치유하며, 아연은 매일 충분히 공급해야 한다.

39 정답 ②

폐렴은 대사 항진으로 인해 영양소 보충이 필요하므로 고에너지, 고단백질, 고비타민 식사를 해야 한다. 발열로 인해 손실될 수 있는 수분과 전해질을 보충해주고, 칼슘은 결핵 병소를 석회화하여 세균 활동을 억제하므로 충분히 섭취하도록 해야 한다.

40 정답 ③

결핵 환자의 공동의 석회화를 위해서는 칼슘이 필요하다.

41 정답 ①

폐결핵은 소모성 질환이므로 고단백·고에너지식을 통해 영양을 충분히 공급하며, 각혈이 있는 경우 조혈 성분이 부족하지 않도록 철분, 구리 등을 보충한다.

42 정답 ④

폐결핵은 만성 감염성 질환이므로 저항력을 증진시키기 위해 고에너지·고단백질식을 공급하고, 특히 무기질과 비타민을 충분히 공급한다. 항결핵제인 이소니아지드 복용 시 비타민 B_6가 배설되므로 보충이 필요하다.

43 정답 ④

결핵치료제인 이소니아지드는 비타민 B_6의 배설을 초래하므로 이를 보충해줘야 한다.

44 정답 ⑤

호흡 부전 시에는 숨이 차고 기침, 두통, 부종 등이 발생한다. 열량은 적정량을 공급하고 CO_2를 발생시키는 당질은 제한하되 지방과 단백질은 증가시킨다.

45 정답 ②

흡기 시 산소의 통과 경로
비강 → 인두 → 후두 → 기관 → 기관지 → 세기관지 → 종말세기관지 → 호흡세기관지 → 폐포관 → 폐포낭 → 폐포

46 정답 ⑤

가스 교환은 호흡세기관지인 폐포관, 폐포에서 일어난다.

47 정답 ④

혈액 중의 CO_2 농도가 정상보다 높으면 연수에 있는 호흡 중추를 자극하여 호흡 속도를 빠르게 한다. 호흡 중추는 H^+, O_2, 체온 변화 등에 의해서도 자극을 받는다.

48 정답 ②

폐에서 CO_2가 배출되지 못해 혈액 내 CO_2 농도가 상승하면 H^+가 많아져 혈액의 액상은 산증을 나타낸다.

49 정답 ③

가스 교환은 각종 가스분압의 차이에 의한 확산 현상이며, O_2와 CO_2의 용해도도 관여한다.

50 정답 ④

잔기량은 최대 호흡 후 폐 속에 남아 있는 공기량으로 정상 성인의 잔기량은 1,200mL이다.

51 정답 ③

폐포 환기량은 깊고 느리게 호흡할 때 가장 크다.

52 정답 ④

산소 해리 곡선은 산소와 헤모글로빈의 결합을 나타내는 S자형 곡선으로, 혈액의 pH가 낮아지거나 체온이 상승하면 산소 해리 곡선은 오른쪽으로 이동하여 헤모글로빈의 산소 포화도는 감소한다.

CHAPTER 11 | 빈혈의 영양 관리

문제편 p.177

01	02	03	04	05	06	07	08	09	10
①	④	①	①	④	④	④	②	④	⑤
11	12	13	14	15	16	17	18	19	20
④	⑤	②	⑤	④	③	①	②	③	①
21	22	23	24	25	26	27	28	29	30
④	④	⑤	④	④	④	⑤	⑤	②	⑤
31	32	33	34	35	36	37	38	39	40
⑤	①	③	⑤	⑤	⑤	③	②	④	⑤
41	42	43	44	45					
⑤	④	③	④	③					

01 정답 ①

② 세포 외액은 체중의 약 20%를 구성한다.
③ 동물 세포의 세포 외액에 가장 많이 존재하는 양이온은 Na^+이다.
④ 총 체액량의 차이는 체내 지방 함량의 차이에서 비롯된다.
⑤ 체액과 등장액인 생리 식염수의 농도는 0.9%이다.

02 정답 ④

체액의 정상적인 삼투질 농도는 300mOsm/L이다.

03 정답 ①

혈장은 혈액을 원심분리하면 얻어지는 투명한 담황색의 상층액을 말하며, 혈장 단백질의 대부분은 간에서 합성된다.

04 정답 ①

혈장 단백질의 대부분은 간에서 합성된다.

05 정답 ④

혈장 단백질에는 알부민(체액량 조절), 글로불린(면역에 관여), 피브리노겐(혈액 응고), 프로트롬빈(혈액 응고) 등이 있다.

06 정답 ④

영양 부족 시 혈장 알부민 양이 감소하면 혈장 교질 삼투압이 감소하며, 수분이 혈장에서 조직액으로 이동하여 부종이 발생한다.

07 정답 ④
모세 혈관과 조직 사이의 액체 이동은 혈장 교질 삼투압, 조직 내 교질 삼투압, 혈압, 조직압 등이 관여한다.

08 정답 ②
혈액을 원심분리하면 얻어지는 위층의 녹황색 액체를 혈장이라 하고, 혈액이 응고되어 피브리노겐(혈액 응고 단백질)이 제거된 상층액을 혈청이라 한다.

09 정답 ④
헤모글로빈은 적혈구에 함유되어 있는 단백질이고, 트랜스페린은 혈청 중 철분을 운반하는 단백질이다.

10 정답 ⑤
① 적혈구의 수명은 120일이다.
② 혈장 단백질에는 알부민(55%), 글로불린(38%), 피브리노겐(7%)이 있다.
③ 총 체액 중 혈장이 차지하는 비율은 약 5%이다.
④ 헤모글로빈은 글로빈과 4개의 헴으로 구성되어 있다.

11 정답 ④
혈액은 체중의 약 8%를 차지하며 정상 성인의 혈액 pH는 7.4 정도이다.

12 정답 ⑤
혈액은 영양소·노폐물·호르몬 등의 운반 작용, 수분·체온·pH 조절 작용, 방어 및 지혈 작용, 식균 작용 등을 한다.

13 정답 ②
백혈구(8~15μ)>적혈구(평균 7.7μ)>혈소판(2~5μ)

14 정답 ⑤
적혈구 수는 정상 성인 남자는 평균 약 500만개/mm^3, 정상 성인 여자는 평균 450만개/mm^3이다. 정상 성인의 백혈구 수치는 평균 6,000~9,000개/mm^3이고, 혈소판은 25만~50만개/mm^3이다.

15 정답 ④
에리트로포이에틴은 신장에서 분비되어 골수에서 적혈구 생성을 자극하는 조혈 촉진 인자이다.

16 정답 ③
적혈구 조혈 인자인 에리트로포이에틴은 신장에서 분비된다.

17 정답 ①
60세 이상의 연령층은 주로 골반, 척추, 늑골, 흉골 등에서만 적혈구가 생성되므로 골반 등에 골절이 생기면 빈혈이 발생할 수 있다.

18 정답 ②
헤마토크리트(Hematocrit; HCT)치란 혈액량 100에 대한 적혈구의 백분비율을 말하며, MCV(평균 적혈구 용적)를 계산하기 위해 필요하다.

19 정답 ③
MCV(평균 적혈구 용적)=헤마토크리트치÷적혈구 수/mm^3

20 정답 ①
빈혈의 판정 지표
- MCV : 평균 적혈구 용적
- MCH : 평균 적혈구 혈색소량
- MCHC : 평균 적혈구 헤모글로빈 농도
- TIBC : 총철결합능

21 정답 ④
혈청 페리틴 농도는 체내 철 저장 상태(페리틴)를 알아보기 위한 지표로 철 영양 상태를 평가하는 데 중요한 초기 지표이다.

22 정답 ④
적혈구의 평균 수명 120일 → 적혈구 파괴 → 혈색소인 헤모글로빈은 헴(heme)과 글로빈(globin)으로 분해 → 헴에서 철 분리 → "빌리루빈"을 생성하여 간으로 이동 → 빌리루빈은 간에서 담낭을 거쳐 소장 내로 배설됨

23 정답 ⑤
용혈이란 적혈구 속의 혈색소(헤모글로빈)가 혈구 밖으로 나오는 현상으로 저장액에 적혈구를 담그면 용혈을 일으킬 수 있다.

24　정답 ④
체온이 상승(발열)하면 체내의 대사 요구가 커지고 조직의 산소 요구는 많아지므로, 헤모글로빈의 산소 해리 곡선은 오른쪽으로 이동하여 산소가 쉽게 해리되어 조직에 산소를 공급하게 된다.

25　정답 ④
백혈구는 혈구 중 크기가 가장 크고 수는 가장 적다. 백혈구는 혈액, 골수 및 림프 조직, 세포간질액, 림프액에 존재하여 작용한다.

26　정답 ④
급성 염증 시에는 호중성 백혈구(호중구)가 급증하며, 만성 염증 시에는 단핵구가 급격히 증가한다.

27　정답 ⑤
γ-글로불린은 항체 작용을 하는 항체 단백질로서, 면역 글로불린이라고도 한다.

28　정답 ⑤
림프액은 우측 상체(머리·목·가슴·팔 등)에서 모이며 우측 림프관을 통해 우측 쇄골하정맥으로 합류되고, 나머지 부위에서 모인 림프액은 흉관을 거쳐 좌측 쇄골하정맥으로 유입된다.

29　정답 ②
혈액 응고에 관여하는 영양소는 비타민 K와 칼슘(Ca)이다.

30　정답 ③
비타민 K는 혈액 응고 단백질인 프로트롬빈 및 혈액 응고 인자의 생산에 필요한 조효소로서, 부족하면 혈액 응고가 지연된다.

31　정답 ⑤
트롬보키나아제는 프로트롬빈이 트롬빈으로 변하도록 촉매 역할을 한다.

32　정답 ①
철 결핍성 빈혈은 체내의 철 부족으로 적아구의 헤모글로빈 합성이 장애를 받아 발생하며, 적혈구 크기가 작고 헤모글로빈 양이 적어 소적혈구 저색소성 빈혈이라고도 한다.

33　정답 ③
철 결핍성 빈혈은 체내의 철 부족으로 적아구의 헤모글로빈 합성이 장애를 받아 발생하므로 가임기 여성이나 월경으로 인해 혈액을 손실하는 사춘기 소녀들에게서 발병하기 쉽다.

34　정답 ⑤
난황을 제외한 동물성 단백질 식품에는 헴(heme) 형태의 철을 다량 함유되어 있어 흡수율이 좋다. 동물성 단백질과 비타민 C는 철의 흡수를 촉진하지만, 파래를 비롯한 식물성 식품에 함유된 철은 비헴철로서 흡수율이 낮다.

35　정답 ⑤
난황을 제외한 동물성 식품에는 헴(heme) 형태의 철이 다량 함유되어 있어 흡수율이 좋다. 난황과 식물성 식품에 함유된 철은 주로 비헴철로 흡수율이 낮다.

36　정답 ⑤
철분의 생체 이용에 영향을 주는 요인
- 촉진 인자 : 동물성 단백질, 비타민 C, 유기산, 유당, 위산 분비, 헴철 식품 등
- 저해 인자 : 피틴산(곡류 외피), 수산(시금치, 근대, 코코아 등), 탄닌(차, 와인, 감, 도토리묵 등), 제산제 섭취, 감염 및 위장 질환, 위산 감소 등

37　정답 ③
철 함량이 많은 식품은 간, 콩팥, 쇠고기, 내장, 난황, 완두콩, 강낭콩, 땅콩, 말린 과일(복숭아, 살구, 건포도 등), 녹색 채소류, 당밀 등

38　정답 ②
철 결핍성 빈혈 환자에게는 철 함량이 많은 식품인 난황을 권장할 수 있다.

39　정답 ④
간의 불쾌한 냄새를 제거하기 위해서는 우유에 침지하거나 향신 채소(양파, 파, 생강 등) 혹은 마요네즈와 같은 소스를 사용하면 효과적이다.

40　정답 ⑤
동물성 단백질과 비타민 C는 철 흡수율을 증가시키므로 비타민 C가 많이 함유된 식품을 함께 섭취한다.

41 정답 ⑤

거대 적아구성 빈혈은 엽산과 비타민 B_{12} 결핍에 의해 발생하며, 특히 흡수 불량증후군 환자는 엽산이 결핍될 수 있어 거대 적아구성 빈혈에 걸리기 쉽다.

42 정답 ④

선천적으로 위산과 내적 인자의 부족에 의해 발생되는 거대 적아구성 빈혈을 악성 빈혈이라 한다. 특히 비타민 B_{12} 결핍 시 적혈구의 합성과 성숙이 불완전하면 거대 적아구성 빈혈이 발생한다.

43 정답 ③

재생 불량성 빈혈은 적혈구뿐만 아니라 백혈구 및 혈소판도 감소한다. 혈청 철이 높은 상태이므로 철분이 적은 식품을 선택하고 체중 kg당 단백질은 1.5~2g, 비타민 B_{12}는 40~50mg, 엽산은 400~455mg, 비타민 C는 200~250mg까지 제공한다.

44 정답 ④

비타민 B_{12}는 위의 내인자가 필요하며 회장에서 흡수된다.

45 정답 ③

빈혈에 관여하는 영양소는 엽산, 철분, 단백질, 비타민 B_6, 비타민 B_{12}, 비타민 C, 비타민 E, 아연, 구리 등이다.

CHAPTER 12 | 신경계 및 골격계 질환의 영양 관리

문제편 p.184

01	02	03	04	05	06	07	08	09	10
①	⑤	③	⑤	③	③	②	①	①	⑤
11	12	13	14	15	16	17	18	19	20
④	⑤	⑤	①	⑤	①	②	④	①	②
21	22	23							
②	④	⑤							

01 정답 ①

신경 조직은 뉴런을 위한 연료로서 포도당을 요구하므로 정상적인 뇌기능을 유지하기 위해 혈당은 일정하게 조절되고 있다.

02 정답 ⑤

신경은 역치를 넘은 자극 강도에서만 흥분하고 역치 이하의 자극에서는 흥분하지 않는다.

03 정답 ③

자극을 받아 흥분이 전달되면 Na^+이 일시적으로 세포 내로 이동한다. 이때 세포 내부는 '양', 세포 외부는 '음'으로 하전되면서 전압의 파동이 발생하여 신경정보로서 전달된다.

04 정답 ⑤

화학적 신경 전달 물질 중 억제성 전달 물질로 작용하는 것은 글리신과 GABA가 있고, 흥분성 전압을 유발시키는 것에는 에피네프린, 노르에피네프린, 아세틸콜린, 도파민, 세로토닌, 글루탐산 등이 있다.

05 정답 ③

- 소뇌 : 운동 조정(자세와 평형 통제, 팔과 다리의 움직임 조절 등)
- 중뇌 : 동공 반사, 시각 반사, 청각 반사 등
- 대뇌 : 기억, 판단과 같은 고등한 정신 기능, 특수 감각과 운동을 담당하는 연합 기능 등
- 연수 : 호흡 중추, 심장 중추, 타액 분비 중추, 연하 중추, 구토 중추 등
- 시상하부 : 자율신경 중추, 체온 조절 중추, 포만 중추, 공복 중추, 혈당 조절 중추 등

06   정답 ③

파킨슨병은 신체 운동과 자세 조정의 보조적 역할을 하는 기저핵의 손상으로 발병할 수 있으며 발병 시 경직, 운동 장애 및 자세 불안정 등의 증상이 나타난다.

07   정답 ②

중뇌는 동공 반사와 같은 시각 반사와 청각 반사를 담당한다. 연수는 연하 반사, 척수는 발목 반사와 슬개건 반사를 담당한다.

08   정답 ①

대뇌는 판단, 기억, 언어, 이성, 인격 등의 기능을 담당한다.

09   정답 ①

소뇌는 운동 학습 기능이 있어 연습, 훈련에 의한 운동 패턴을 기억하여 숙련된 운동을 통제한다. 또한, 움직임을 계획하고 자세와 평형을 통제하며 팔다리의 움직임을 조절하는 기능을 담당한다.

10   정답 ⑤

시상하부는 대뇌와 중뇌 사이에 있는 간뇌의 한 부분으로 생체 내부 환경의 항상성을 관장하는 자율신경계 최고 중추이다.

11   정답 ④

대뇌피질은 고등 정신 기능을 담당하는 곳으로 기억, 판단, 언어, 의지, 이해, 이성, 인격 등의 기능을 담당한다.

12   정답 ⑤

시상하부는 체온 조절 중추와 더불어 포만 중추, 공복 중추, 체온과 삼투압, 혈당 조절 중추 등이 있다.

13   정답 ⑤

교감 신경의 말단에서는 노르에피네프린이 분비되고, 부교감 신경의 말단에서는 아세틸콜린이 분비된다.

14   정답 ①

교감 신경 흥분 시 동공 확대, 모양체근 이완, 타액 분비 억제, 혈관 수축으로 인한 혈압 상승 및 심박동 증가, 기관지 확장, 소화액 분비 감소, 글리코겐의 포도당으로의 변환, 방광 괄약근 수축 등이 일어난다.

15   정답 ⑤

부교감 신경의 흥분 시 심박동수가 느려지고 동공 수축, 모양체근 수축, 타액 분비 촉진, 기관지 수축, 소화액 분비 증가 등이 일어난다.

16   정답 ①

케톤식은 발작을 보이는 간질 환자에게 공급하는 저당질·고지방 식사로 항경련성 효과가 크다. 케톤식은 당질을 총 에너지의 10% 미만으로 극히 소량 공급하는 식사이다.

17   정답 ②

간질(뇌전증) 환자는 케톤식을 통해 산과 알칼리 균형에 변화를 초래하여 케토시스 상태를 만들도록 한다. 즉, 저당질·고지방식을 통해 지방의 불완전 연소에 의한 케토시스를 유발하도록 한다.

18   정답 ④

간질 환자는 항경련 효과가 있는 케톤체를 생성하기 위해 고지방, 저당질로 구성된 케톤식을 해야 한다.

19   정답 ①

골격은 인체의 지지 작용, 내장의 보호 작용, 근육의 운동 작용, 골수에서의 조혈 작용의 기능을 한다.

20   정답 ②

- 칼시토닌 : 혈중 칼슘 농도 증가 시 분비되어 체내 칼슘의 항상성 유지
- 부갑상선 호르몬 : 혈중 칼슘 농도 감소 시 분비되어 체내 칼슘의 항상성 유지

21   정답 ②

구루병은 비타민 D 섭취 부족, 자외선 차단, 칼슘 섭취 부족, 부갑상선 호르몬 감소, 인 섭취 부족, 구리 결핍, 비타민 K 부족, 신장 기능 장애 등에 의해 발생한다.

22   정답 ④

칼슘은 1일 1,200~1,500mg 정도 공급하고, 칼슘과 인의 섭취 비율은 1:1을 유지한다. 동물성 단백질과 식이섬유는 칼슘 배설을 촉진하므로 적정량으로 제한한다.

23 정답 ⑤

골연화증은 구루병과 동일하게 비타민 D 부족, 칼슘 섭취 부족, 햇빛 조사량 부족, 저인산혈증 등으로 발생하며 성장기 이후에 발생하는 성인 구루병이다.

CHAPTER 13 | 선천성 대사 장애 및 내분비 조절 장애의 영양 관리

문제편 p.188

01	02	03	04	05	06	07	08	09	10
③	⑤	②	①	⑤	④	⑤	③	②	⑤
11	12	13	14	15	16	17	18	19	20
⑤	④	⑤	③	④	①	②	③	③	①
21	22	23	24	25	26	27	28	29	30
②	④	④	③	②	④	③	③	④	②
31									
①									

01 정답 ③

페닐케톤뇨증(PKU)은 페닐알라닌 수산화효소(phenylalanine hydroxylase)의 부족으로 페닐알라닌이 티로신으로 전환되지 못하여 발생한다.

페닐케톤뇨증(PKU) 증상
- 티로신 합성 장애로 멜라닌 색소 형성 저하 : 모발 탈색(금발), 백색 피부
- 기초 대사율 저하 : 지능 저하, 성장 부진, 운동 발달 저하
- 도파민 합성 저하 : 흥분 고조
- 부신수질 호르몬 합성 저하 : 혈압 저하
- 중추신경계 손상 : 경련

02 정답 ⑤

페닐케톤뇨증은 티로신의 합성 장애로 인해 발생하는 질병으로, 기초 대사율이 저하되어 지능 저하 및 성장 부진 등이 나타날 수 있으며, 부신수질 호르몬의 합성 저하로 혈압이 저하되는 등의 증상이 나타난다. 또한 티로신 합성 장애로 인해 멜라닌 색소 형성이 저하된다.

03 정답 ②

페닐케톤뇨증의 주요 증상은 모발 탈색, 백색 피부, 지능 저하, 성장 부진, 운동 발달 저하, 흥분 고조, 혈압 저하, 경련 등이 있다.

04 정답 ①

페닐케톤뇨증(PKU)은 페닐알라닌 수산화효소(phenylenanine hydroxylese)가 결핍되어 페닐알라닌이 티로신으로 전환되지 못하므로 단백질 함유 식품을 제한해야 한다.

05 정답 ⑤

페닐케톤뇨증(PKU)은 페닐알라닌 수산화효소(phenylalanine hydroxylase) 결핍이나 불활성화로 페닐알라닌이 티로신으로 전환되지 못하는 질병이므로, PKU 환자는 페닐알라닌이 함유된 단백질을 제한한다.

06 정답 ④

단풍당밀뇨증은 측쇄아미노산인 류신, 이소류신, 발린의 대사 장애로 발생하며 증상으로는 저혈당, 케톤성 산독증으로 소변에서 단풍 당밀 냄새(메이플 시럽 냄새)가 난다.

07 정답 ⑤

갈락토오스혈증(galactosemia)은 갈락토오스가 포도당으로 전환될 때 필요한 효소(galactose-1-phosphate uridyl transferase)가 부족하여 전환되지 못할 때 발생한다.

08 정답 ③

갈락토오스혈증은 간에서 갈락토오스가 포도당으로 전환될 때 필요한 효소가 결핍되어 혈중 높은 농도의 갈락토오스를 함유하므로, 우유 및 유제품과 같이 갈락토오스가 함유된 식품을 제한한다.

09 정답 ②

갈락토오스혈증 환자에게는 우유 및 유제품과 같이 갈락토오스가 함유된 식품을 제한해야 한다.

10 정답 ⑤

호모시스테인뇨증은 함황아미노산 대사에 관여하는 효소의 결핍으로, 혈액이나 요중에 메티오닌 중간 대사산물인 호모시스테인 농도가 증가하는 선천성 대사 이상이다.

11 정답 ⑤

뇌하수체 호르몬
- 뇌하수체 전엽 호르몬 : 성장 호르몬(GH), 갑상선 자극 호르몬(TSH), 부신피질 자극 호르몬(ACTH), 황체 형성 호르몬(LH), 난포 자극 호르몬(FSH), 프로락틴(PRL)
- 뇌하수체 중엽 호르몬 : 멜라닌세포 자극 호르몬(MSH)
- 뇌하수체 후엽 호르몬 : 옥시토신(Oxytoxin), 항이뇨 호르몬(ADH)

12 정답 ④

부신피질 자극 호르몬은 뇌하수체 전엽에서 분비되는 호르몬으로 아미노산으로 구성된 폴리펩타이드 호르몬이다. 코르티솔의 합성과 분비를 촉진시키며 당류 코르티솔이 과다하게 분비되면 쿠싱 증후군이 나타날 수 있다.

13 정답 ⑤

당류코르티코이드(글루코코르티코이드)의 분비는 뇌하수체 전엽 호르몬인 부신피질 자극 호르몬(ACTH)에 의해 촉진된다.

14 정답 ③

부신수질 호르몬은 에피네프린, 노르에피네프린 등을 분비하며, 교감 신경의 자극 시에 더욱 분비되므로 교감 신경계의 작용이 항진된다.

15 정답 ④

요붕증은 항이뇨 호르몬의 결핍으로 초래되는 수분 대사 질환으로, 비정상적으로 소변량이 증가하여 수분 손실 및 탈수를 초래할 수 있다.

16 정답 ①

요오드(I)는 갑상선 호르몬의 구성 성분으로 요오드가 부족하면 단순갑상선종을 일으킨다.

17 정답 ②

갑상선 호르몬은 글리코겐의 분해를 상승시켜 혈당을 상승시킴과 동시에 지방합성과 분해를 촉진하다. 갑상선이 비대해지면서 갑상선 호르몬의 과잉 분비되는 것을 '갑상선 기능 항진증'이라고 한다.

18 정답 ③

갑상선 기능 항진증은 갑상선이 비대해지면서 갑상선 호르몬의 과잉 분비에 의해 발생하며, 안구 돌출, 체중 감소, 식욕 증진, 심계 항진, 떨림, 불안 등의 증상이 나타난다.

19 정답 ③

에프네프린이 분비되면 대사 속도가 증가하고 글리코겐 분해 촉진으로 인한 혈당량 증가, 심장 활동 촉진으로 인한 심박수와 혈압 증가 등이 나타난다.

20 정답 ①

췌장의 랑게르한스섬 β-세포에서 인슐린이 분비되어 포도당의 섭취 및 사용량을 증가시켜 혈당량을 낮춤으로써 혈액 내 포도당 농도를 조절하는데, 췌장에서 인슐린의 분비가 부족하면 당뇨병이 발생한다.

21 정답 ②

혈당을 상승시키는 호르몬에는 에피네프린, 글루카곤, 글루코코르티코이드, 갑상선 호르몬, 성장 호르몬 등이 있다. 인슐린은 혈당을 낮추는 호르몬으로 혈액 내 포도당 농도의 감소와 간장 이외의 조직 내 당질 저장량의 증가 등의 효과를 일으킨다.

22 정답 ④

인슐린은 혈당을 낮추고 갑상선 호르몬인 티록신은 신진대사를 촉진시킨다. 부신피질 호르몬인 당류코르티코이드는 당 신생 작용에 관여하여 혈액 내 포도당 농도를 높인다.

23 정답 ④

① 호르몬은 단백질 성분(단백질계)과 지질 성분(스테로이드계)이 있다.
② 성호르몬은 스테로이드 성분으로 경구 투여가 가능하다.
③ 신경섬유에 비해 반응시간이 느리다.
⑤ 분비되는 곳과 작용하는 부위가 다르다.

24 정답 ③

통풍, 요산 결석증과 같은 퓨린 대사 이상의 경우 퓨린 대사 산물인 요산의 혈중 농도가 상승하여 고요산혈증이 일어나고, 불용성 요산염이 관절, 신장 등에 침착되어 염증을 일으키므로 퓨린 함량이 높은 식품을 제한해야 한다.

25 정답 ②

통풍은 주로 40세 이상의 남성, 폐경기 이후의 여성, 비만 환자, 당뇨 환자, 과식, 과음 및 심한 운동을 하는 사람에게서 발병할 수 있다. 특히 당뇨병성 신증은 요산 배설 감소로 인해 통풍을 유발한다.

26 정답 ②

통풍이란 체내 퓨린 대사장애로 내인성 요산(세포의 분해 촉진, 퓨린의 생합성 등)과 외인성 요산(식사 중 퓨린 섭취 증가)에 의해 혈중 요산치가 상승하여 발생한다. 따라서 혈중 요산 배설을 위해 다량의 수분 섭취와 소변의 요산을 중화하기 위해 알칼리성 식품인 채소와 과일을 권장하며 탄수화물, 단백질, 지방은 피한다.

27 정답 ③

통풍 환자의 식사 요법은 저퓨린식, 고당질식, 중단백식, 저지방식, 수분 섭취 증가, 식염 제한, 알코올 제한 등이 있다.
① 급격한 체중 감소는 요산 배설을 방해한다.
② 고지방식은 케톤체 생성으로 인해 요산 배설을 감소시킨다.
④ 퓨린 함량이 적은 식품은 달걀, 우유, 치즈 등이다.
⑤ 요산 배설을 위해 다량의 수분 섭취가 필요하다.

28 정답 ③

통풍 환자는 퓨린 섭취를 제한하고 수분 섭취를 늘린다. 또한 요산의 침전을 촉진하므로 나트륨(K)과 칼륨(K) 등 식염을 제한한다.

29 정답 ④

- 고퓨린 식품 : 멸치, 고기 국물, 어란, 정어리, 간, 콩팥, 쇠고기, 청어, 조개 등
- 저퓨린 식품 : 우유, 달걀, 아이스크림, 치즈, 국수, 버터, 치즈, 땅콩 등

30 정답 ②

- 퓨린 함량이 높은 식품 : 고깃국물, 어란, 정어리, 멸치, 내장, 간, 고등어, 연어, 효모 등
- 퓨린 함량이 적은 식품 : 우유, 달걀, 아이스크림, 흰빵, 치즈, 채소, 버터, 곡류, 땅콩, 과일 등

31 정답 ①

- 알코올 섭취는 요산 배설을 방해하고 요산의 생합성을 촉진하므로 제한한다.
- 커피, 차는 적당량 공급하고 알칼리성 음료인 우유와 오렌지 주스도 권장된다.

PART 05 | 식품학 및 조리원리

CHAPTER 01 | 개요

문제편 p.196

01	02	03	04	05	06	07	08	09	10
③	⑤	②	①	⑤	④	②	①	⑤	③
11	12	13	14	15	16	17	18	19	
①	④	③	③	②	⑤	③	③	⑤	

01   정답 ③

조리의 목적
- 소화성 향상 : 가열 조리하여 섭취하면 소화 효소의 작용이 쉬워짐
- 영양성 보존 : 영양소가 효율적으로 흡수되어 영양적 가치가 높아짐
- 저장성 향상 : 조리 후 자체 효소에 의한 변질, 조직 연화 등을 예방함
- 안전성 향상 : 식품의 유해 물질, 오염 미생물, 해충, 농약 등을 제거함
- 기호성 향상 : 풍미, 향, 색, 질감 등을 향상시킴

02   정답 ⑤

경수는 칼슘, 마그네슘 등의 무기염류를 비교적 많이 함유한 물로 지하수, 우물물 등이 해당된다. 경수로 커피나 차를 끓이면 탄닌 성분이 경수에 함유된 칼슘, 마그네슘 등과 작용하여 적갈색의 침전물을 형성한다.

03   정답 ②

콜로이드용액이란 일반적으로 1nm~1㎛ 크기의 입자들이 브라운 운동을 통해 비교적 안정하고 균일하게 분산되어 있는 상태이다. 졸(sol)은 사골국, 곰국, 우유, 두유 등과 같이 흐르는 상태이며, 겔(gel)은 족편, 묵, 달걀찜, 젤리 등과 같이 굳어진 상태이다. 사골국은 냉각에 의해 겔 상태로 변화지만 다시 가열하면 졸 상태가 된다.

04   정답 ①

- 수중유적형(Oil in Water emulsion, O/W형) : 물 속에 기름이 분산된 형태(예 우유, 마요네즈, 아이스크림 등)
- 유중수적형(Water in Oil emulsion, W/O형) : 기름 속에 물이 분산된 형태(예 버터, 마가린 등)

05   정답 ⑤

조리용 기구의 표면이 검고 거칠수록 열을 잘 흡수하므로 조리 시간이 단축된다.
① 전도는 열에너지가 높은 온도에서 낮은 온도로 이동하는 현상
② 열전달 속도는 '복사>대류>전도' 순이다.
③ 달걀 프라이나 팬케이크 등은 전도를 이용한 조리이다.
④ 파이렉스 유리는 복사열의 좋은 전도체이다.

06   정답 ④

계량 단위
- 1컵(1Cup, 1C)=약 13큰술+1작은술=200mL
- 1큰술(1 Tablespoon, 1Ts)=15g=15mL
- 1작은술(1 teaspoon, 1ts)=5g=5mL

07   정답 ②

①, ⑤ 밀가루와 같은 가루 식품은 계량 전 체에 쳐 입자를 고르게 한 후 계량컵에 수북이 담고 컵의 위를 스패츌러로 깎아 측정한다.
③ 흑설탕, 황설탕은 계량컵에 꾹꾹 눌러 담고 스패츌러로 컵 위를 수평으로 깎은 후 뒤집어 컵 모양이 나오도록 한 후 계량한다.
④ 버터, 마가린, 쇼트닝과 같은 지방 식품은 실온에 방치하여 반고체 상태로 만든 뒤 계량컵에 꾹꾹 눌러 담고 컵 위를 수평으로 깎아 계량한다.

08   정답 ①

조미료의 침투 속도는 분자량이 작을수록 더 빨리 침투되므로 분자량이 큰 설탕(M.W. 342.2)을 소금(M.W. 58.5)보다 먼저 첨가한다. 또한 식초는 산성으로 시금치의 엽록소를 황록색으로 변하게 하고 휘발성이므로 마지막에 넣는 것이 좋다.

09 정답 ⑤

삼투압
- 조미료를 사용할 때는 분자량이 작은 것이 세포막을 통해 빠르게 침투되므로 분자량이 큰 것부터 넣음
- 농도차가 클수록 삼투 작용에 의해 탈수 현상이 많이 일어남
- 고농도 용액에 콩을 불리면 쪼그라드는 현상
- 배추나 오이 등의 채소에 소금을 뿌리면 물이 생김
- 생선은 반투막으로 되어 있어 분자 크기가 큰 것은 통과하기 어려움

10 정답 ③

식품을 절단하면 비가식 부분을 제거할 수 있고 표면적 증가에 따른 열전도율이 상승한다. 또한 조미료의 침투가 쉬워지며 가열 시간이 단축되고 소화율이 증가한다.

11 정답 ①

교반의 목적으로는 재료의 균질화, 거품 내기, 조미료 침투의 용이, 점탄성 증가, 열전도의 균일화 등이 있다.

12 정답 ④

식육, 생선류, 과일류는 냉장고, 실온, 흐르는 물에 완만 해동하는 것이 좋으며, 조리 및 반조리된 식품은 그대로 가열하여 급속 해동하는 것이 바람직하다.

13 정답 ③

습열 조리법에는 끓이기(boiling), 데치기(blanching), 찌기(steaming), 시머링(simmering), 포우칭(poaching) 등이 있다.

14 정답 ③

데치기는 끓는 물에 재료를 넣어 순간적으로 익혀 내는 방법으로, 효소를 불활성화시켜 채소의 변색을 방지하거나, 어패류 특유의 불쾌한 냄새나 불순물을 제거할 수 있다.

15 정답 ②

찌기는 물이 100℃로 끓을 때 발생하는 수증기의 기화열을 이용한 조리법으로 식품의 형태 유지가 가능하고, 식품의 맛 성분과 수용성 영양 성분의 손실이 적다. 하지만 조리 중에 조미하기가 어렵고 가열 시간이 길어 연료비가 많이 든다는 단점이 있다.

16 정답 ⑤

기름을 이용하여 고온에서 단시간 조리하면 수용성 영양 성분 및 비타민의 파괴가 적고 식재료의 색과 질감, 향과 풍미가 향상된다.

17 정답 ①

복합조리에는 큰 고기나 채소를 볶은 후 소량의 물로 끓이는 브레이징(braising)과 크기가 작은 고기나 채소를 볶은 후 다량의 물로 끓이는 스튜잉(stewing) 등이 있다.

18 정답 ③

- 전자레인지 사용 가능 : 유리, 도자기류(금속 테 없는), 세라믹, 나무, 내열 플라스틱 등
- 전자레인지 사용 불가능 : 금속제 용기, 칠기, 법랑제 그릇, 열에 약한 플라스틱류(비닐, 멜라닌 등)

19 정답 ⑤

쌀 침수 시 수용성 비타민이 물 밖으로 용출되므로 밥물로 이용하면 영양소의 손실을 줄일 수 있다.

CHAPTER 02 | 수분

문제편 p.200

01	02	03	04	05	06	07	08	09	10
④	③	⑤	②	④	③	②	④	①	⑤
11									
⑤									

01　정답 ④

조리 시 수분은 건조된 식품을 팽윤시키고 삼투압 조절을 통해 식품에 맛이 들게 한다. 또한 열 전달 수단으로서 가열 조건을 일정하게 유지시켜주며 전분의 호화를 도와 물리적 변화를 돕는다.

02　정답 ③

결합수는 식품 중의 구성 성분(탄수화물, 단백질 등)과 단단히 결합되어 있어 용매로서 작용하지 못하는 물로, -18℃ 이하에서도 액상으로 존재한다.

03　정답 ⑤

자유수는 당류, 염류, 수용성 단백질 등의 용매로서 작용하며 압착 및 건조에 의해 쉽게 제거된다. 0℃ 이하에서 쉽게 동결되고 미생물의 번식 및 생육에 사용된다.

04　정답 ②

염장에 의해 자유수가 탈수되면 상대적으로 결합수의 양은 증가한다.

05　정답 ④

수분활성은 그 식품이 나타내는 수증기압을 그 온도에서 순수한 물의 수증기압으로 나눈 것이다. 순수한 물의 수분활성도는 1이며, 식품의 수분활성도는 1 이하이다.

06　정답 ③

지질의 산화 반응은 A_w 0.30~0.40 사이에서 가장 안정적이며 A_w가 높을수록 반응속도가 증가한다. 식품의 A_w는 1보다 작고, 건조 곡류는 A_w 0.60~0.70, 과일 및 채소는 A_w 0.97 이상, 건조 과일은 A_w 0.72~0.80이다. 참고로 비효소적 갈변 반응은 A_w 0.60~0.70에서 최대이며 A_w 0.80 이상에서는 억제된다.

07　정답 ②

$$수분활성도(A_w) = \frac{물의\ 몰\ 수(M_w)}{물의\ 몰\ 수(M_w) + 용질의\ 몰\ 수(M_s)}$$
$$= \frac{15/18}{15/18 + 10/342} = \frac{0.83}{0.83 + 0.03} = 0.97$$

08　정답 ④

수분활성도가 높을수록 세균>효모>곰팡이 순으로 번식하는데 보통 세균은 수분활성도가 0.90 이상, 보통 효모는 0.88 이상, 보통 곰팡이는 0.80 이상에서 번식한다. 또한 내삼투압성 효모의 수분활성도(A_w)는 0.60, 내건성 곰팡이는 0.65이다.

09　정답 ①

내건성 곰팡이는 A_w 0.65 이상에서 생장한다.

10　정답 ⑤

내삼투압성 효모가 생장할 수 있는 수분활성도는 0.60이다. 참고로 세균은 0.90 이상, 효모는 0.88 이상, 곰팡이는 0.80 이상, 내건성 곰팡이는 0.65이다.

11　정답 ⑤

히스테리시스 효과(이력 현상)는 등온흡습곡선과 탈습곡선이 불일치하는 현상으로, 동일한 수분활성에서 수분 함량은 탈습이 흡습보다 더 높다.

CHAPTER 03 | 탄수화물

문제편 p.202

01	02	03	04	05	06	07	08	09	10
⑤	③	②	①	②	①	③	①	④	③
11	12	13	14	15	16	17	18	19	20
②	⑤	③	①	⑤	③	②	②	⑤	③
21	22	23	24	25	26	27	28	29	30
①	②	③	②	⑤	⑤	②	①	⑤	③
31	32	33	34	35	36	37	38	39	40
③	②	④	②	①	②	②	①	③	④
41	42	43	44	45	46	47	48	49	50
②	①	⑤	②	④	③	③	④	②	③
51	52	53	54	55	56	57	58	59	60
⑤	②	④	③	①	③	①	⑤	③	④
61	62	63	64	65	66	67	68		
⑤	④	②	②	③	①	④	③		

01 정답 ⑤

탄수화물은 탄소(C), 수소(H), 산소(O)로 구성되며 물분자(H_2O)를 함유하지 않는다. 분자 중에 2개 이상의 수산기(-OH)와 하나의 알데히드기(-CHO) 또는 케톤기(C=O)를 갖는다.

02 정답 ③

부제탄소가 n개이면 입체이성체의 수는 2^n개가 된다. 따라서 2^3개, 즉 8개이다.

03 정답 ②

- 과당은 케톤기(=CO)를 가지고 있는 케토오스로 3개의 부제탄소(3, 4, 5번)를 가지고 있으므로 $2^n \to 2^3 = 8$개의 입체이성체를 갖는다.
- 포도당은 알데히드기(-CHO)를 가지고 있는 알도오스로 4개의 부제탄소(2, 3, 4, 5번)를 가지고 있으므로 $2^n \to 2^4 = 16$개의 입체이성체를 갖는다. 갈락토오스도 동일하다.

04 정답 ①

포도당(알도오스형)은 C_1, 과당(케토오스형)은 C_2의 -OH기의 위치에 따라 α, β가 결정된다. C_1 또는 C_2의 -OH기는 환원성, 글리코시드성, 헤미아세탈성, 아노머성 -OH기이다.

05 정답 ②

과당은 케톤기(=CO)를 가지고 있는 케토오스이다.

06 정답 ①

에피머(epimer)란 부제탄소에 의해 생기는 입체이성질체 중 부제탄소에 결합된 수산기가 모두 같은 방향이나 오직 1개만이 다른 방향일 때 성립된다. 포도당은 만노오스, 갈락토오스 등과 에피머의 관계이다.
- D-포도당과 D-갈락토오스는 C_4의 -OH 하나만 그 위치가 다르다.
- D-포도당과 D-만노오스는 C_2의 -OH 하나만 그 위치가 다르다.

07 정답 ③

부제탄소 1개를 가지고 있는 가장 간단한 단당류를 표준당으로 한다.

08 정답 ①

당의 환상구조를 형성할 때 첫 번째 부제탄소에 결합된 -OH의 위치에 따라 입체 이성질체(α형, β형)가 존재하게 된다. 즉, 아노머란 같은 당의 α와 β의 이성질체 관계를 말한다. α-포도당과 β-포도당은 아노머의 관계이다.

09 정답 ④

변선광은 시간이 경과함에 따라 선광도가 변하는 현상으로 즉, α형 또는 β형인 당을 용해하면 광회전도가 변화하는 현상이다. 단당류 및 환원성 이당류 등에서 일어나고 글리코시드성 OH기가 에테르 결합을 했을 때는 변선광이 나타나지 않는다.

10 정답 ③

아라비노오스는 오탄당(pentose)이며 환원당으로 아라반(araban)의 구성당이다. 효모에 의해 발효되지 않으며 인체 내에 소화 흡수가 되지 않으므로 영양적 가치가 없고 유리 상태로 존재하지 않는다.

11 정답 ②

리보오스는 오탄당으로 효모에 의해 발효되지 않고 동·식물세포의 핵산을 구성한다. 또한, ATP, 비타민 B2, NAD, CoA, 5'-GMP의 구성 성분으로 동물 체내의 에너지 대사에 관여한다.

12 정답 ⑤

변성광이란 결정성 환원당을 물에 녹이면 각각의 고유한 선광도를 나타내지만(α형 또는 β형), 점차 α형과 β형의 이성체 사이에 일정한 비율로 평형을 이루면서 선광도가 처음과 달리 변하는 현상을 말한다.

13 정답 ③

단당류의 일반적인 성질은 감미성, 용해성, 결정성, 환원성, 발효성, 갈변화, 유도체 형성성이다.

14 정답 ①

펠링(Fehling) 반응은 환원당을 검사하는 침전 반응으로 환원당에 펠링 용액(황산구리의 알칼리 용액)을 가하면 적색 침전이 생성되지만, 비환원당은 적색 침전이 생성되지 않는다. 환원당에는 단당류와 이당류(설탕, 트레할로오스 제외)가 해당된다.

15 정답 ⑤

설탕, 트레할로오스, 라피노오스, 스타키오스 등은 글리코시드성 -OH가 결합에 참여하고 있어 환원력이 없는 비환원당이다.

16 정답 ③

만니톨은 버섯, 해조류 등에 함유되어 있으며 특히 곶감과 다시마 표면의 백색 분말에 많이 함유되어 있다. 설탕보다 감미도가 약하지만 에너지를 내지 않아 당뇨병 환자에게 좋다.

17 정답 ②

① 만니톨 : 만노오스가 환원된 것으로 설탕의 70% 단맛
③ 리비톨 : 리보오스가 환원된 것으로 비타민 B의 구성 성분
④ 자일리톨 : 자일로오스가 환원된 것으로 충치 예방 효과가 있음
⑤ 이노시톨 : 동물의 내장과 근육에 존재하여 근육당이라고도 함

18 정답 ②

아미노당은 6탄당의 C_2의 -OH기가 아미노기($-NH_2$)로 치환된 것으로 글루코사민, 갈락토사민 등이 해당된다.
① 자일리톨 : 당알코올
③ 갈락투론산 : 우론산
④ 글루콘산 : 알돈산
⑤ 데옥시리보오스 : 데옥시당

19 정답 ⑤

포도당산은 C_1과 C_6의 알코올기($-CH_2OH$)가 카르복실기(COOH)로 산화된다.
①, ② 당알코올(둘시톨, 리비톨) : C_1의 알데히드기(-CHO)가 알코올기($-CH_2OH$)로 환원
③ 글루콘산 : C_1의 알데히드기(-CHO)가 카르복실기(-COOH) 산화
④ 글루쿠론산 : C_6의 알코올기($-CH_2OH$)가 카르복실기(COOH)로 산화

20 정답 ③

이노시톨은 환상구조의 당알코올로 근육당이라고도 하며, 동물의 내장과 근육에 존재한다.
① 솔비톨 : 포도당의 환원체, 비타민 C의 합성 원료, 과실에 함유
② 만니톨 : 만노오스의 환원체, 버섯, 곡류, 해조류 등에 함유
④ 리비톨 : 리보오스의 환원체, 비타민 B_2의 구성 성분
⑤ 자일리톨 : 자일로오스의 환원체, 충치 예방 효과

21 정답 ①

단당류의 유도체는 데옥시당, 당알코올, 아미노당, 티오당, 우론산, 당산, 알돈산, 배당체이다.

22 정답 ②

리보오스는 오탄당으로 감칠맛 성분인 5'-GMP, 5'-IMP의 구성에 관여한다. 또한 효모에 의해 발효되지 않고 동·식물세포의 핵산을 구성한다.

23 정답 ③

자연계에 존재하는 대부분의 당은 D형으로 존재하지만 아라비노오스는 L형으로 존재한다.

24 정답 ④

오탄당은 모두 환원당으로 자연계에서 유리 상태로 존재하지 않으며 효모에 의해 발효되지 않는다. 또한 체내 소화 효소가 없어 소화 흡수가 되지 않으므로 영양적 가치가 없다.
- D-자일로스 : 볏짚, 밀짚 등에 함유, 저칼로리 감미료로 사용
- L-아라비노오스 : 식물의 검질 성분, 식품첨가물로 이용
- D-리보오스 : 동·식물체의 핵산 및 조효소의 구성 성분

25 정답 ⑤

갈락토오스는 자연계에 거의 존재하지 않으며 포도당과 결합하여 이당류인 유당을 구성한다. 동물의 뇌, 신경조직 내의 지질인 세레브로시드의 구성 성분이며 설탕보다 감미가 낮다. 참고로 설탕의 감미도가 100이라면 갈락토오스는 33~60이다.

26 정답 ⑤

포도당은 과일, 꿀, 혈액, 설탕, 전분, 곡류 등에 많이 존재하고 전분과 셀룰로오스의 구성 성분이다. 동물의 혈액에 약 0.1% 존재하며 감미도는 설탕의 70% 정도이다. α형이 β형보다 1.5배 정도 단맛이 강하며 알데히드기를 가진 알도헥소오스(aldohexose)이다.

27 정답 ②

과당은 과일과 꿀에 다량 함유된 천연 당으로 이당류인 설탕과 다당류인 이눌린의 구성 성분이다. 천연 당류 중 단맛이 가장 강하고 β형이 α형보다 3배 정도 단맛이 강하다. 점도는 설탕이나 포도당보다 낮고, 수분을 흡수하여 녹는 흡습·조해성이 강하다.

28 정답 ①

포도당을 포도당 이성화효소(isomerase)로 반응시키면 포도당이 과당으로 전환되어 감미도가 증가하고 결정화되지 않으므로 가공품에 많이 이용된다.

29 정답 ⑤

전화당의 특징
- 설탕을 산이나 인버테아제(invertase)로 가수분해하여 생성됨
- 포도당과 과당의 1:1 동량 혼합물
- 감미도 증가(설탕보다 높은 감미도)
- 용해도 증가
- 환원당
- 광학활성은 우선성 → 좌선성
- 벌꿀의 주성분(65~85% 함유)

30 정답 ③

전화당액, 벌꿀, 설탕은 과당이 들어 있어 캐러멜화가 되기 쉽고 포도당은 캐러멜화가 비교적 어렵다.

31 정답 ③

이당류에는 설탕(포도당+과당), 맥아당(포도당+포도당), 유당(포도당+갈락토오스) 등이 있다.
④ 라피노오스 : 포도당+과당+갈락토오스

32 정답 ②

이당류에는 설탕, 맥아당, 유당, 트레할로오스, 셀로비오스, 겐티오비오스, 루티노오스, 멜리비오스가 있다. 참고로 라피노오스와 겐티아노오스는 3당류, 스타키오스는 4당류이다.

33 정답 ④

설탕은 비환원당으로 α, β형의 이성체가 존재하지 않아 단맛의 변화가 없으므로 감미도의 기준물질이다. 포도당은 α형이 β형보다 더 달며, 과당은 온도가 낮을수록 β형으로 바뀌어 더 달게 느껴진다. 과당은 설탕보다 감미도가 높다.

34 정답 ②

전화당은 설탕을 산이나 인버테아제(invertase)로 가수분해하여 생성된다.

35 정답 ①

감미도
과당>전화당>설탕>포도당>맥아당>갈락토오스>유당

36 정답 ③

맥아당(포도당+포도당)은 전분을 β-아밀라아제로 가수분해하면 생성되며, 감미도는 설탕보다 낮다. 또한 글리코시드성 -OH기가 있는 환원당으로 엿기름, 물엿에 다량 함유되어 있다. 참고로 맥아당은 α-1,4-글리코시드 결합, 셀룰로오스는 β-1,4-글리코시드 결합이다.

37 정답 ②

유당(포도당+갈락토오스)은 환원당으로서 포유류의 유즙에 다량 함유되어 있으며 보통 효모에 의해 잘 발효되지 않는다. 정장작용과 칼슘 흡수를 좋게 하고 영·유아의 악성 발효나 설사를 막는다. 천연당류 중 단맛이 제일 약하고 용해성이 낮아 아이스크림 제조 시 모래와 같은 질감을 준다.

38 정답 ①

설탕은 α형과 β형의 광학적 이성체가 존재하지 않으므로 온도의 변화에 의한 단맛의 변화가 적어 감미도의 기준이 된다.

39 정답 ③

글리코겐은 D-포도당의 α-1,4와 α-1,6 결합의 중합체이다.
① 설탕 : 포도당+과당
② 이눌린 : 과당으로 구성된 다당류
④ 라피노오스 : 포도당+과당+갈락토오스
⑤ 스타키오스 : 포도당+과당+두 분자의 갈락토오스

40 정답 ④

트레할로오스, 멜리비오스, 셀로비오스는 2당류이고, 스타키오스는 4당류이다.

41 정답 ②

스타키오스는 사당류(포도당+과당+갈락토오스 두 분자)이며 비환원당이다. 트레할로오스와 셀로비오스는 이당류, 라피노오스와 겐티아노오스는 삼당류이다.

42 정답 ①

이눌린은 과당의 중합체로 산, 인슐린 등에 의해 가수분해된다.

43 정답 ⑤

전분은 포도당만으로 결합된 단순다당류이며 식물성 저장탄수화물이다. 찬물에 녹으나 비중이 커서 현탁액을 형성한다. 포도당의 결합방식에 따라 아밀로오스와 아밀로펙틴으로 구성되어 있다.

44 정답 ④

아밀로오스는 200~1,000개의 포도당이 α-1,4 직쇄상 결합으로 포도당이 6~8개의 분자마다 한 번씩 회전하는 α-나선구조를 이룬다. 보통 전분 속에 10~20% 존재하며 요오드 반응에서 청색을 띤다. 아밀로오스 함량이 높을수록 호화와 노화가 잘 일어난다.

45 정답 ②

아밀로오스는 α-나선형 입체구조의 내부에 적당한 공간이 생겨 요오드와 포접화합물을 형성함으로써 청색을 띤다.

46 정답 ③

아밀로펙틴은 포도당의 α-1,4 결합(직쇄상)에 α-1,6 결합으로 가지를 친 분지상 구조이다. 아밀로오스에 비해 구조가 복잡하고 분자량이 커서 물에 잘 녹지 않고 호화와 노화가 어렵다. 멥쌀에 80%, 찹쌀에는 100% 함유되어 강한 찰기를 준다.

47 정답 ③

전분을 묽은 산, 효소로 분해할 때 생성되는 덱스트린은 분해정도에 따라 아밀로덱스트린(청색) → 에리트로덱스트린(적갈색) → 아크로모덱스트린(무색) → 말토덱스트린(무색)으로 분류된다. 참고로 아밀로덱스트린은 포도당의 중합도가 가장 크며 말토덱스트린은 포도당의 중합도가 가장 적다.

48 정답 ④

찹쌀(강한 찰기)은 유백색이며 아밀로펙틴으로만 구성되어 있다. 또한 호화 및 노화가 잘 일어나지 않고 요오드반응 시 적자색을 띤다.
③ 멥쌀(적당한 찰기) : 반투명, 아밀로오스 20~25%, 아밀로펙틴 75~80%, 호화 및 노화가 잘 일어남, 요오드반응 청색

49 정답 ②

전분의 호화란 생전분(β-전분)에 물을 넣고 가열하면 점도가 큰 콜로이드 용액(α-전분)이 되는 현상을 말한다. 밥, 빵, 떡 등이 대표적인 호화식품이다.
① 전분의 노화
③ 전분의 당화
④ 전분의 겔화
⑤ 전분의 호정화의 예시

50 정답 ③

호화된 전분의 특징
- 용해도 증가
- 점도 및 부피 증가
- 콜로이드 용액 형성
- 미셀 구조의 파괴
- 소화율 증가(소화 효소에 대한 반응성 증가)
- 수분흡수력 증가
- 투명도 상승
- 광선의 투과율 증가
- 전분 종류에 관계 없이 X-ray 회절도가 모두 동일
- 복굴절성 감소

51 정답 ⑤

전분의 호화는 전분 입자 크기가 클수록, 아밀로오스 함량이 많을수록, 수분 함량이 많을수록, 알칼리성일수록 호화가 촉진된다. 반면, 산성, 황산염, 당류 및 지방은 호화를 억제한다. 호화의 개시온도는 60~65℃이다.

52 정답 ②

전분 입자의 크기가 클수록 호화가 쉽다.
① 호화는 60~65℃에서 시작된다.
③ 수분 함량이 많을수록 호화가 촉진된다.
④ 아밀로펙틴 함량보다 아밀로오스 함량이 많을수록 호화가 촉진된다.
⑤ 알칼리성에서 호화가 촉진된다.

53 정답 ④

생전분의 회절도는 A형(옥수수, 밀 등), B형(감자, 밤 등), C형(고구마, 타피오카 등)이 있으며, 호화전분의 회절도는 V형, 노화전분의 회절도는 B형이다.

54 정답 ③

전분은 60~65℃에서 호화가 시작되고 100℃에서 20분 정도 가열하면 완전히 호화된다.

55 정답 ①

노화는 전분 입자의 크기가 작거나 아밀로오스 함량이 많을 경우, 수분 함량이 30~60%인 경우, 산성 상태이거나 온도가 0~5℃일 때 가장 잘 일어난다. 반면, 알칼리성, 지방과 당류는 노화를 억제한다.

56 정답 ③

노화 방지법
- 수분 함량을 30% 이하 또는 60% 이상으로 유지(건조, 냉동, 보온 등)
- 냉동 보관(0℃ 이하)
- 보온(60℃ 이상)
- 당 첨가
- 지방 첨가
- 유화제 첨가

57 정답 ①

전분의 노화 속도에 영향을 주는 요인은 온도, pH(산성일 경우 노화 속도 증가), 수분 함량, 입자의 크기(종류) 등이 있다. 조리 시간은 전분의 노화 속도에 거의 영향을 미치지 않는다.

58 정답 ⑤

호정화란 전분에 물을 첨가하지 않고 150~190℃의 건열을 가하면 글리코시드 결합이 끊어지면서 가용성 덱스트린으로 분해되는 현상이다. 호정화에 의해 용해성와 소화율이 증가하지만 점성은 감소한다. 미숫가루, 뻥튀기, 누룽지, 토스트, 루(roux) 등이 호정화 식품에 해당된다.

59 정답 ③

전분의 당화는 전분을 산이나 효소로 가수분해하면 단당류(포도당), 이당류(맥아당), 올리고당으로 가수분해되어 단맛이 증가하는 현상으로 식혜, 조청, 엿 등이 대표적인 당화 식품이다.

60 정답 ④

①, ② α-아밀라아제(액화효소) : α-1,4 결합을 무작위로 분해, 덱스트린, 맥아당, 포도당 등으로 분해, α-아밀라아제 한계 덱스트린 생성
③ β-아밀라아제(당화효소) : α-1,4 결합의 비환원성 말단부터 맥아당 단위로 순차적 분해, 맥아당으로 최종 분해, β-아밀라아제 한계 덱스트린 생성
⑤ γ-아밀라아제(글루코아밀라아제) : 비환원성 말단부터 α-1,4와 α-1,6 결합을 순차적으로 분해, 포도당으로 최종분해, 전분을 거의 100% 분해

61 정답 ⑤

식혜, 물엿, 조청, 고추장 등은 전분의 β-아밀라아제 효소를 이용하여 맥아당으로 가수분해한 당화 식품이다.

62 정답 ④

과당은 케톤기를 지니는 케토헥소오스(ketohexose)로 자연계에 결합상태로 존재할 때는 β-형을 유지한다. 또한 전분이 α-D-글루코피라노오스의 중합체라면 이눌린은 β-D-프락토푸라노오스가 β-1,2 결합으로 연결된 중합체이다.

63 정답 ②

셀룰로오스는 포도당의 β-1,4 결합으로 직쇄상의 구조를 가진 중합체이며, 체내 소화 효소가 없어 영양소로 이용할 수는 없으나 장 운동을 촉진하고 변비를 예방한다.

64 정답 ②

펙틴질은 세포벽을 구성하는 물질로 과일 가공품의 점탁질의 원인 물질이다. 고메톡실펙틴은 산과 당이 존재하면 겔 상태가 되지만, 저메톡실펙틴은 칼슘 등 다가 이온이 있어야 겔이 된다. 과일은 과숙할수록 메톡실기의 중량 비율이 낮아져 잼과 젤리를 만들기 어렵다.

65 정답 ③

프로토펙틴은 펙틴의 전구체로서 Ca이나 Mg을 매개로 섬유소나 헤미셀룰로오스 등과 결합하여 거대한 3차원의 망상구조를 이루며, 가수분해되어 펙틴과 펙틴산을 생성한다.
① 펙틴산 : 펙틴에 존재하는 복합 다당류
② 펙트산 : 주로 폴리갈락투론산으로 이루어지고 대부분 메틸에스터기를 지니지 않으며, 산성에서는 물에 녹지만 칼슘염 등은 침전됨
④ 갈락투론산 : 펙틴의 주성분으로 글루쿠론산의 이성체이며 갈락토오스의 산화형
⑤ 메톡실펙틴 : 과일이나 채소의 세포벽에 있는 비결정성 다당류

66 정답 ①

프로토펙틴은 불용성이므로 겔 형성이 어렵고 메틸기 함량이 7% 이상인 고메톡실펙틴은 산과 당이 존재하면 겔을 형성한다. 반면, 저메톡실펙틴은 당이 없어도 칼슘 이온 등이 존재하면 겔을 형성한다.
③ 미숙한 과일에는 프로토펙틴이 존재한다.
④ 과숙한 과일의 갈락투론산은 겔 형성이 어렵다.
⑤ 저케톡실펙틴은 칼슘 등의 다가이온에 의해 겔을 형성한다.

67 정답 ④

키틴(chitin)은 N-아세틸글루코사민이 β-1,4 결합한 직쇄상의 다당류이다.

68 정답 ③

① 한천 : 홍조류에서 추출되는 복합다당류로 미생물의 고체 배지로 이용
② 알긴 : 알긴산의 무기염으로 미역, 다시마 등 갈조류의 구성 성분
④ 카라기난 : 돌가사리와 홍조류에서 얻어지는 황산기가 결합된 다당류
⑤ 헤파린 : 고등 동물의 각종 조직에 널리 분포된 다당류, 혈액 응고 저지 작용

CHAPTER 04 | 지질

문제편 p.212

01	02	03	04	05	06	07	08	09	10
④	③	②	①	④	③	②	⑤	⑤	⑤
11	12	13	14	15	16	17	18	19	20
④	③	⑤	③	①	③	②	④	①	②
21	22	23	24	25	26	27	28	29	30
④	④	④	②	④	②	③	⑤	③	③
31	32	33	34	35	36	37	38	39	40
②	④	③	⑤	⑤	④	②	④	①	④
41	42	43	44	45	46	47	48	49	50
②	⑤	①	②	②	⑤	④	⑤	①	①
51	52								
⑤	⑤								

01 정답 ④

지방산과 고급알코올은 유도지질이고, 레시틴과 세팔린은 복합지질이다.

02 정답 ③

단순지질(Simple lipid)은 주로 피하조직에 존재하며 에너지원으로 이용된다.
• 중성 지방 : 고급지방산과 글리세롤(glycerol)의 에스테르 결합
• 왁스 : 고급지방산과 고급알코올의 에스테르 결합

03 정답 ②

유지(중성 지방)는 물에 녹지 않고 유기용매에 녹는다. 식품 중의 유지는 보통 15~20개의 탄소수를 지닌 고급지방산과 글리세롤의 에스테르(ester) 결합이다.
⑤ 왁스 : 고급지방산과 고급알코올의 에스테르 결합

04 정답 ①

유도지질
• 비누화성 지질 : 유지, 왁스, 인지질(레시틴, 세팔린, 스핑고마이엘린), 당지질(세레브로시드, 강글리오시드) 등
• 비비누화성 지질 : 스테롤류, 지용성 비타민, 탄화수소(지방족 탄화수소, 카로티노이드, 스쿠알렌), 고급알코올 등

05 정답 ④

유도지질에는 지용성 비타민(A, D, E, K)이 해당되는데 에르고스테롤은 자외선에 의해 비타민 D_2로 변하는 프로비타민 D이다.
① 단순지질
②, ③, ⑤ 복합지질

06 정답 ③

① 단순지질 : 중성 지방, 왁스
② 유도지질 : 스테롤류, 탄화수소, 지용성 비타민, 스쿠알렌 등
④, ⑤ 복합지질 : 인지질(레시틴, 세팔린, 스핑고마이엘린), 당지질(세레브로시드, 강글리오시드), 단백지질

07 정답 ②

① 유지 : 고급지방산과 글리세롤의 에스테르 결합
② 왁스 : 고급지방산과 고급알코올의 에스테르 결합
③ 레시틴 : 인지질로 고급지방산, 글리세롤, 인산, 염기가 결합
④, ⑤ 세레브로시드, 강글리오시드 : 당지질에 해당하며 고급지방산, 글리세롤 또는 스핑고신, 당이 결합

08 정답 ⑤

인지질
- 레시틴 : 지방산, 글리세롤, 인산, 콜린으로 구성, 천연 유화제로 이용
- 세팔린 : 에탄올아민 또는 세린을 함유, 친수기가 없어 유화력이 없음
- 스핑고마이엘린 : 스핑고신을 함유, 동물체의 뇌, 신경, 간장 등에 존재

09 정답 ⑤

① 스핑고마이엘린은 N/P=2:1이다.
② 인지질은 레시틴, 세팔린, 스핑고마이엘린이 해당된다.
③ 당지질에 대한 설명이다.
④ 왁스에 대한 설명이다.

10 정답 ⑤

당지질은 복합지질에 해당하며 비누화성 지질이다. 알칼리에 의해 가수분해되며 갈락토오스로 구성된 세레브로시드와 강글리오시드가 있다.

11 정답 ④

지질은 열량영양소(9kcal/g)이며 물에는 녹지 않고 에테르, 벤젠 등과 같은 유기용매에 용해된다. 지질의 대부분은 중성 지방 형태이며 동물성 식품에는 포화지방산, 식물성 식품에는 불포화지방산이 다량 함유되어 있다. 필수지방산은 체내에서 합성되지 않거나 합성량이 적어 식사를 통해 섭취해야 하는데, 리놀레산, 리놀렌산, 아라키돈산 등이 이에 해당된다.

12 정답 ③

① EPA(eicosapentaenoic acid) : 어유
② 부티르산(butyric acid) : 버터
④ 라우르산(lauric acid) : 야자유
⑤ 아라키돈산(arachidonic acid) : 간유, 난황유

13 정답 ⑤

팜유, 코코넛유는 식물성 식품이지만 포화지방산이 많다. 포화지방산의 종류로는 팔미트산(C_{16}), 스테아르산(C_{18}) 등이 있다.
① 육류에는 팔미트산(C_{16})과 스테아르산(C_{18})과 같은 고급 포화지방산이 많다.
② 우유에는 저급 지방산이 많다.
③ 어유에는 올레산과 고도 불포화지방산인 EPA와 DHA가 많다.
④ 우유, 버터, 육류와 같은 동물성 식품에는 포화지방이 많다.

14 정답 ③

다가불포화지방산의 종류로는 이중결합이 2개 이상 있는 리놀레산, 리놀렌산, 아라키돈산 등이 있다.

15 정답 ①

대두유의 지방산 함유량은 리놀레산 → 올레산 → 팔미트산 순으로 많다.

16 정답 ⑤

필수지방산은 불포화지방산 중 리놀레산, 리놀렌산, 아라키돈산을 말하는 것으로, 체내에서 합성되지 않거나 합성량이 적어 식품을 통해 섭취해야 한다. 생체막의 중요한 구성 성분으로 혈중 콜레스테롤 함량을 낮춘다.

17 정답 ④

- 오메가-3 지방산 : α-리놀렌산, EPA, DHA
- 오메가-6 지방산 : 리놀레산, γ-리놀렌산, 아라키돈산

18 정답 ④

아라키돈산에 대한 설명이다.
②, ③ 리놀레산, 리놀렌산은 식물유이다.

> **TIP 식물유와 동물유**
> - 식물유 : 리놀레산, 리놀렌산
> - 동물유 : 아라키돈산

19 정답 ①

유지식품에 가장 널리 함유된 지방산은 스테아르산, 팔미트산, 올레산, 리놀레산이다.

20 정답 ②

불포화지방산은 지방산의 탄소사슬 간에 이중결합이 있어 포화지방산보다 산패되기 쉽다.

21 정답 ④

포화지방산보다 불포화지방산의 융점이 낮으며, 긴 탄소사슬(고급지방산)보다 짧은 탄소사슬(저급지방산)의 융점이 낮다. 대두유는 이중결합 2개 이상인 불포화지방산이 많아 융점이 낮다.

22 정답 ④

이중결합의 수가 많을수록 융점이 낮다. 팔미트산과 스테아르산은 이중결합이 없는 포화지방산이며, 올레산은 1개, 리놀레산은 2개, 리놀렌산은 3개의 이중결합을 가지고 있다.

23 정답 ④

에르고스테롤은 비타민 D의 전구체로 자외선에 의해 비타민 D_2로 변화한다.

24 정답 ③

유화작용이 있는 지질로는 인지질(레시틴, 세팔린, 스핑고마이엘린), 단백질, 담즙산, 스테롤 등이 있다.

25 정답 ④

수중유적형과 유중수적형
- 수중유적형(O/W형) : 물속에 기름이 분산된 형태(예 우유, 생크림, 마요네즈, 아이스크림 등)
- 유중수적형(W/O형) : 기름 속에 물이 분산된 형태(예 버터, 마가린 등)

26 정답 ②

유화액의 형태에 영향을 미치는 요인
- 기름의 성질
- 유화제의 성질
- 물과 기름의 비율
- 전해질의 유무와 그 종류 및 농도
- 물과 기름의 첨가 순서

27 정답 ⑤

식용유지는 반건성유(요오드가 100~130)이고 발연점이 높으며 융점이 낮은 것이 좋다. 또한, 유리지방산의 함량이 적어 산가가 1.0 이하인 것이 좋다.

28 정답 ②

식용유지
- 산가 1.0 이하
- 요오드가 100~130(반건성유)
- 발연점이 높은 것(대두유는 195~230℃)
- 과산화물가 2.0 이하
- 융점이 낮은 것
- 점도가 크지 않은 것

29 정답 ③

유지를 고온에서 가열하면 지방산과 글리세롤이 분해되고 지방산은 저급지방산과 알데히드 등의 휘발성 물질을 생성하지만, 글리세롤은 탈수되어 아크롤레인(acrolein)을 생성하면서 자극취를 낸다.

30 정답 ③

인화점이란 유지가 발화하는 온도이며, 발연점은 유지를 가열할 때 엷은 푸른 연기가 발생할 때의 온도를 말한다.

31 정답 ②

발연점은 유지 가열 시 유지 표면에 엷은 푸른색의 연기(아크롤레인)가 발생할 때의 온도이며, 아크롤레인이 식품에 흡수되면 풍미가 저하되므로 튀김 시 발연점이 높은 유지가 좋다.

32　정답 ④

기름의 발연점은 사용 횟수가 증가할수록, 유리지방산의 함량이 많을수록, 가열 용기의 표면적이 넓을수록, 기름 속에 이물질이 많을수록 낮아진다.

33　정답 ③

유지의 경화란 식물성 기름(액체유)의 불포화지방산에 니켈(Ni)을 촉매로 하여 수소(H_2)를 첨가하면 고체 상태의 포화지방산으로 변하는 반응이며, 대표적으로 마가린이나 쇼트닝 제조에 사용된다.

34　정답 ⑤

경화에 의한 변화
- 융점 상승
- 시스(cis)형에서 트랜스(trans)형으로 변화
- 불포화도 감소로 요오드가 저하
- 가소성 부여
- 물리적 성질 개선
- 산화안전성 향상

35　정답 ⑤

에스테르(ester) 교환 반응이란 유지의 물리적 성질을 사용 목적에 맞게 변화시키는 것으로, 중성 지방의 지방산을 분자 간 또는 분자 내 반응에 의해 재배열하여 유지의 물성을 개선하는 방법이다. 라드의 품질 개량에 주로 사용된다.

36　정답 ④

요오드가
- 건성유(130 이상) : 아마인유, 대마유, 호두기름, 정어리유 등
- 반건성유(100~130) : 대두유, 옥수수유, 면실유, 참기름 등
- 불건성유(100 이하) : 올리브유, 땅콩기름, 피마자유, 팜유 등

37　정답 ④

가열에 의한 유지 변화
- 유리지방산 증가
- 산가 증가
- 점도 증가
- 요오드가 감소(이중결합 감소에 의함)
- 검화가 감소(평균 분자량 증가에 의함)
- 향미와 소화율 감소
- 착색

38　정답 ④

유지의 유도 기간은 급격한 산패가 발생하기 전까지의 기간으로 산소 흡수 속도가 느린 일정한 기간을 말하며, 이 기간 중에는 산패가 이루어지지 않는다.

39　정답 ①

자동산화는 비교적 낮은 온도에서 공기 중의 산소에 의하여 자연적으로 서서히 산패되는 것을 말한다.

40　정답 ④

유지의 자동 산화는 불포화도가 높을수록 잘 일어나며 리놀렌산은 3개의 이중결합을 가지고 있으므로 산화가 가장 쉽게 일어난다.
① 이중결합을 한 개 가지고 있다.
②, ③, ⑤ 포화지방산이다.

41　정답 ②

이중결합이 많을수록 산패가 촉진되며 산소, 금속 이온, 광선에 의해서도 산패가 촉진된다. 수분 함량이 지나치게 적으면 단일분자막을 형성할 수 없어서 산패가 촉진되나, 적정량의 수분은 유지의 산패를 억제시킨다. 식물성 유지에는 토코페롤과 같은 천연 항산화제가 들어있다.

42　정답 ③

유지는 유도 기간이 끝나고 산소흡수량이 급격히 증가하면, 알데히드나 케톤이 생성되어 산패취가 나며, 중합체를 형성하여 점도나 비중이 증가한다.

43　정답 ①

유지의 자동 산화는 개시 단계 → 전파 단계 → 종결 단계 순으로 진행된다. 이때 개시 단계에서는 지방산의 수소가 이탈되면서 각종 유리라디칼(free radical, R·)을 형성한다.
② 전파 단계(연쇄 반응 단계) : 유리라디칼과 산소가 결합하여 각종 화합물을 형성하면서 산패취를 발생시킨다.
③ 종결 단계(유리기의 감소) : 연쇄 반응 단계에서 생성된 각종 라디칼 및 화합물들이 서로 결합하여 중합체를 형성하고, 지방산의 분자량을 증가시켜 유지의 점도가 증가한다.

44　정답 ②

유지가 산패되면 유리지방산 증가에 따른 산가 증가, 점도 증가, 요오드가 감소(이중결합 감소에 따름), 검화가 감소(평균분자량 증가에 따름), 향미와 소화율 감소, 착색 등이 일어난다.

45 정답 ⑤

유지에 수소를 첨가하여 이중결합 수를 줄이면 산패가 억제된다.

46 정답 ②

항산화제는 유지의 산소 흡수 속도를 억제하고 전파 과정에서 안정된 화합물을 생성하여 과산화물의 생성 속도를 억제해줌으로써 유도 기간을 연장시킨다.

47 정답 ⑤

천연 항산화제의 종류
- 참기름의 세사몰(sesamol)
- 면실유의 고시폴(gossypol)
- 식물성 기름의 토코페롤(tocopherol)
- 미강유의 오리자놀(oryzanol)
- 케르세틴(quercetin), 레시틴(lecithin) 등

48 정답 ④

상승제는 자신은 항산화력이 없지만 항산화제에 수소를 제공하여 항산화제의 기능을 복원하고 금속의 촉매 작용을 차단함으로써 항산화 효과를 증대시켜준다. 비타민 C, 구연산, 인산, 주석산 등이 해당된다.

49 정답 ①

변향은 리놀렌산, 이소리놀렌산에 의해 발생하며, 정제 과정에서 제거되었던 원재료의 콩비린내가 저장 과정 중에 다시 나는 현상으로, 대두유에서 잘 일어난다. 빛, 고온, 금속에 의해 촉진되며, 산패와 달리 과산화물가가 낮은 상태에서도 일어난다.

50 정답 ①

산가는 유지 중의 유리지방산의 함량을 측정하며, 유지 1g 중의 유리지방산을 중화하는 데 필요한 KOH의 mg 수로 나타낸다.
② 검화가 : 지방산의 평균분자량을 측정하며, 유지 1g을 완전히 검화하는 데 필요로 하는 KOH의 mg 수로 나타낸다.
③ 요오드가 : 불포화빌산의 양을 측정한다.
④ 과산화물가 : 유지의 초기 산패도를 측정하며, 유지 1kg당 함유되어 있는 과산화물의 mg 당량수로 나타낸다.
⑤ 폴렌스케가 : 불용성의 휘발성 지방산의 함량을 측정하며, 유지 5g에 존재하는 불용성의 휘발성 지방산을 중화하는 데 필요한 KOH 용액의 양(mL)으로 나타낸다.

51 정답 ⑤

과산화물가(PV값)
- 유지의 초기 산패도 측정
- 산소 흡수 속도를 측정하여 유도 기간을 알 수 있음
- 산패되면 과산화물가 높음
- 초기 산패도만 측정 가능

52 정답 ⑤

라이헤르트-마이슬가(Reichert-Meissl Value ; RMV)
- 수용성의 휘발성 지방산 함량 측정
- 유지 5g을 분해하여 생성하는 수용성의 휘발성 지방산을 중화하는 데 사용하는 KOH의 mL 수
- 버터의 진위 판단에 이용

CHAPTER 05 | 단백질

문제편 p.219

01	02	03	04	05	06	07	08	09	10
④	②	④	③	②	②	①	⑤	⑤	⑤
11	12	13	14	15	16	17	18	19	20
④	③	②	③	⑤	⑤	⑤	⑤	④	⑤
21	22	23	24	25	26	27	28	29	30
③	③	④	⑤	①	②	①	③	⑤	①
31	32	33	34	35	36	37	38	39	40
②	④	④	②	①	③	②	③	③	①
41	42	43	44	45	46	47	48		
②	④	①	③	④	④	⑤	②		

01   정답 ④

① 아미노산은 단백질을 산, 알칼리, 효소로 가수분해하여 얻어지는 것으로 약 20여 종이 있고 그중 필수아미노산은 성인 8개, 성장기 어린이 9개이다.
② 물에는 잘 녹으나 유기 용매에는 녹지 않는다.
③, ⑤ 천연 단백질을 구성하는 아미노산은 L형이며 대부분 α-아미노산 형태이다.

02   정답 ②

시스틴은 시스테인의 −SH기가 상호결합한 disulfide(−S−S−) 결합을 하고 있다.

03   정답 ④

지방족 함황아미노산에는 시스테인, 메티오닌이 있으며, 그중 필수아미노산은 메티오닌이다.

04   정답 ③

수산기(−OH)를 가지고 있는 아미노산으로는 트레오닌과 세린이 있으며, 그중 필수 아미노산은 트레오닌이다.

05   정답 ②

트립토판은 광선에 매우 불안정하여 광분해되기 쉬운 아미노산이다. 옥수수 단백질(제인, zein)에는 트립토판이 함유되지 않아 옥수수를 주식으로 할 경우 결핍으로 인해 피부병의 일종인 펠라그라(pellagra)가 유발될 수 있다.

06   정답 ②

수박에는 유리형 아미노산인 시트룰린(citrulline)이 다량 함유되어 있어 이뇨 작용을 한다.

07   정답 ①

글루탐산, 아스파르트산 등의 산성 아미노산들은 감칠맛을 낸다.
② 밀가루 반죽 형성에 관여하는 결합은 S−S 결합이다.
③ 필수아미노산은 체내에서 합성되지 않거나 합성되는 양이 적다.
④ 부제탄소가 없는 글리신(glycine)을 제외한 아미노산은 광학적 활성을 갖는다.
⑤ 감자의 갈변에 관여하는 아미노산은 티로신(tyrosine)이다.

08   정답 ⑤

히스타민은 아미노산이 탈탄산 반응을 일으켜 생성되며 알레르기를 일으키는 독성 물질로 썩은 생선, 변패된 간장에서 생성된다.

09   정답 ⑤

단백질을 구성하지 않는 비단백성 아미노산으로는 오르니틴, β−알라닌, 알린, 타우린, 시트룰린, γ−아미노부티르산 등이 있다.

10   정답 ⑤

- 산성 아미노산 : 아스파르트산, 글루탐산 등
- 염기성 아미노산 : 라이신, 아르기닌, 히스티딘 등

11   정답 ④

함황아미노산에는 메티오닌, 시스테인, 시스틴이 있다.

12   정답 ③

곡류 단백질은 라이신, 트레오닌, 트립토판, 메티오닌 등의 필수아미노산이 부족하기 쉽다.

13   정답 ②

쌀에는 필수아미노산인 라이신(lysine)과 트레오닌(threonine)이 부족하다.

14 정답 ④

대두 단백질에는 메티오닌(methionine)과 시스틴(cystine) 등 함황아미노산의 함량이 적다.

15 정답 ⑤

단백질
- 구성원소 : 탄소(C), 수소(H), 산소(O), 질소(N), 황(S)
  ※ 질소 함량은 평균 16%(단백질 함량 계산 : 질소 함량×질소계수 6.25(100/16))
- 20여 종의 아미노산들이 펩티드(peptide) 결합한 고분자 화합물
- 효소, 호르몬, 항체, 유전자를 구성하는 필수 요소로서 생명활동 유지에 중요
- 동물성 식품에 다량 함유
- 단백질 가수분해 시 펩티드 결합이 분해되어 유리 아미노기 증가

16 정답 ⑤

단백질은 가수분해하면 펩티드 결합이 끊어지면서 유리된 아미노기와 카복시기가 증가된다.

17 정답 ⑤

다수의 아미노산이 펩티드 결합한 폴리펩티드에 의해 단백질 분자를 형성한다. 펩티드 결합(peptide)은 두 개의 α-아미노산에서 한쪽 아미노산의 카르복실기(-COOH)와 다른 한쪽 아미노산의 아미노기($-NH_2$)가 탈수축합하는 결합이다.

18 정답 ⑤

조단백질은 '질소계수×질소량'이므로 주어진 시료의 조단백질 함량은 6.25×6.4=40%이다.

19 정답 ④

식물성 식품에 주로 함유된 단순단백질은 프롤라민과 글루텔린이며, 그중 프롤라민은 60~70%의 알코올에 녹는다.

20 정답 ⑤

오리제닌은 글루테닌계 단백질로 곡류 종자에 다량 함유되어 있다. 참고로 글루테닌(밀), 오리제닌(쌀), 호르데닌(보리) 등은 글루텔린계 단백질이다.

21 정답 ③

2차 유도 단백질(분해 단백질)에는 프로테오스(proteose), 펩톤(peptone), 펩티드(peptide)가 있다. 참고로 젤라틴(gelatin), 프로티안(protean), 메타프로테인(metaprotein), 파라카제인(paracasein) 등은 1차 유도 단백질(변성 단백질)에 해당한다.

22 정답 ③

유도 단백질은 단순 또는 복합 단백질이 물리적·화학적·효소적 작용에 의해 가수분해되어 생성되는 2차 분해 단백질이다.

23 정답 ④

등전점은 아미노산 용액의 양전하와 음전하가 함께 존재하여 전하가 0이 될 때의 pH로, 용해도, 삼투압, 점도, 팽윤, 표면장력 등이 최소화되는 반면, 기포성, 흡착성은 최대이다.

24 정답 ⑤

구상 단백질에는 알부민, 글로불린, 헤모글로빈, 인슐린, 효소단백질 등이 있다. 참고로 콜라겐, 엘라스틴, 케라틴, 피브로인은 섬유상 단백질이다.

25 정답 ①

물에 용해되는 가용성 단백질로는 알부민, 히스톤, 프로타민 등이 있다.

26 정답 ②

라이소자임은 난백에 함유된 글로불린계의 단백질이며 용균 작용을 한다.

27 정답 ①

생난백을 섭취하면 난백에 함유된 아비딘이 비오틴과 결합하여 흡수를 억제하고 탈피 현상, 권태, 식욕 감퇴 등을 유발한다.

28 정답 ③

트립토판은 콜라겐에 전혀 함유되어 있지 않다.

29 정답 ⑤
색소 단백질은 단순 단백질과 색소가 결합한 것으로 헤모글로빈(혈액), 미오글로빈(근육), 필로클로린(녹색잎), 로돕신(시홍) 등이 있다.

30 정답 ①
알부민은 물, 묽은 산, 묽은 알칼리, 염류 용액에 용해되며 가열에 의해 응고된다. 동물성 식품에는 락토알부민(우유), 오보알부민(달걀), 미오겐(근육), 세럼알부민(혈청) 등이 있고, 식물성 식품에는 레구멜린(두류), 류코신(맥류), 파세올린(강낭콩) 등이 있다.

31 정답 ②
콜라겐은 결합 조직을 구성하는 불용성의 단백질로, 물과 함께 장시간 가열하면 가용성의 젤라틴으로 변화한다.

32 정답 ④
핵산과 결합하고 있는 염기성 단백질은 히스톤(histone)과 프로타민(protamin)이다.

33 정답 ④
단백질의 구조
- 단백질의 1차 구조 : 펩티드 결합(공유 결합)
- 단백질의 2차 구조 : 수소 결합
- 단백질의 3차 구조 : disulfide 결합(S-S), 아미노기간의 염 결합, 소수성 결합, 수소 결합, 이온 결합 등

34 정답 ②
단백질의 2차 구조는 폴리펩티드 사슬이 직선이 아닌 구성 아미노산끼리의 수소 결합에 의해 안정화된 입체 나선형의 α-helix 구조(코일 모양으로 회전), 병풍 모양의 주름진 β-sheet 구조이다.

35 정답 ①
단백질의 구조
- 단백질의 1차 구조 : 펩티드 결합(공유 결합)
- 단백질의 2차 구조 : 수소 결합
- 단백질의 3차 구조 : disulfide 결합(S-S), 아미노기간의 염 결합, 소수성 결합, 수소 결합, 이온 결합 등

36 정답 ③
아미노산은 등전점에서 양전하와 음전하가 함께 존재한다. 등전점은 아미노산의 전하가 0인 상태로, 분자 간의 전하가 같은 상태의 pH를 말한다.

37 정답 ②
단백질은 등전점에서 쉽게 침전되며 용해도, 삼투압, 점도, 팽윤, 표면장력 등은 최소화되고, 기포성과 흡착성은 최대화된다.

38 정답 ③
단백질 수용액에 산을 가하면 아미노기가 수소 이온(H^+)을 받아 양이온이 된다. 산성 pH에서는 음극으로, 알칼리성 pH에서는 양극으로 이동한다.

39 정답 ③
단백질 변성은 단백질의 1차 구조를 제외한 고차구조(2차, 3차, 4차)가 변화하는 현상이다. 소수성기와 같은 여러 작용기들이 표면으로 이동하여 다른 화학 물질에 대한 반응성이 증가하고 용해도가 감소하여 응고된다.

40 정답 ①
설탕은 열응고를 방해하여 열변성을 억제한다.

41 정답 ②
변성된 단백질의 특징으로는 용해도 감소, 생물학적 활성의 상실, 화학 반응성 증가(반응기의 노출), 효소 작용 용이성 증가, 점도 증가, 응고, 침전, 등전점 변화 등이 있다.

42 정답 ④
물리적 변성 요인으로는 가열, 동결, 교반, 자외선 조사, 고압, 초음파, 계면 흡착 등이 있다.

43 정답 ①
대두단백질인 글로불린의 약 80% 정도가 글리시닌이다. 즉, 대두의 주된 단백질인 글리시닌은 열에는 안정하지만 산과 금속염에는 불안정하여 응고 및 침전되는데 이러한 성질을 이용하여 두부를 제조한다.

44 정답 ②

쌀에는 오리제닌이 함유되어 있다.
① 콩 : 글리시닌
③ 난백 : 오브알부민, 오보글로불린, 라이소자임
④ 난황 : 비텔린, 비텔리닌
⑤ 옥수수 : 제인

45 정답 ④

단백질과 탄수화물을 함께 가열하면 아미노-카보닐 반응이 일어나 라이신과 아르기닌은 다른 아미노산보다 쉽게 손실될 수 있다.

46 정답 ④

어육의 자기 소화는 사후 강직 후 시간이 경과함에 따라 근육이 연화되는 것으로, 근육조직 중에 있는 카텝신(cathepsin) 효소에 의하여 근육 단백질이 분해되면서 발생한다.

47 정답 ⑤

①, ③, ④는 탄수화물에 대한 정성 반응이며, ② 뷰렛 반응은 펩티드 결합을 확인하는 방법이다.

48 정답 ②

뷰렛 반응은 단백질을 알칼리 용액(NaOH)에 녹이고 황산구리($CuSO_4$) 용액을 1~2방울 넣어 2개 이상의 펩티드 결합이 있는 단백질에서 적자색~청자색을 나타내는 반응이다.

CHAPTER 06 | 식품의 색과 향미

문제편 p.226

01	02	03	04	05	06	07	08	09	10
④	①	②	②	④	①	①	⑤	①	③
11	12	13	14	15	16	17	18	19	20
③	④	⑤	②	①	④	②	④	⑤	①
21	22	23	24	25	26	27	28	29	30
③	②	⑤	②	④	①	②	①	⑤	②
31	32	33	34	35	36	37	38	39	40
③	②	④	④	②	①	②	⑤	①	④
41	42	43	44	45	46	47	48	49	50
⑤	②	①	④	③	③	②	①	④	③
51	52	53	54	55	56	57	58	59	60
③	⑤	⑤	②	③	⑤	④	②	①	①
61	62	63	64	65	66	67	68	69	70
③	④	③	⑤	②	①	②	④	③	⑤
71									
④									

01 정답 ④

-OH(수산기), -NH_2(아미노기)는 조색단으로서 발색단을 돕는다.

02 정답 ①

카로티노이드는 이소프레노이드(isoprenoid)의 유도체이다. 참고로 클로로필, 미오글로빈, 헤모글로빈은 테트라피롤(tetrapyrrole) 유도체로 포트피린(porphyrin) 구조를 지니며 안토잔틴, 안토시아닌은 benzo-γ pyrane 유도체이다.

03 정답 ②

클로로필과 헴(hem) 색소는 피롤 핵 4개가 서로 메틴(methine)기로 연결된 포르피린 구조로 이루어져 있다.
① 카로티노이드는 이소프레노이드(isoprenoid)의 유도체이다.
④, ⑤ 안토잔틴, 안토시아닌은 benzo-γ pyrane 유도체이다.

04 정답 ②

클로로필은 고리의 중앙에 마그네슘(Mg^{2+})이 결합된 구조로 산, 알칼리, 금속, 가열, 효소에 의해 영향을 받는다.

클로로필
- 약산에 의해 페오피틴(녹갈색) 형성
- 강산에 의해 페오포비드(갈색) 형성

- 알칼리에 의해 클로로필리드(청록색) 및 클로로필린(청록색) 형성
- 효소에 의해 클로로필리드(청록색) 형성
- 황산구리에 의해 구리-클로로필(진한 청록색) 형성

05   정답 ④

클로로필 구조에서 마그네슘이 수소로 치환되면 페오피틴(녹갈색)이 되고, 다시 산에 의해 피톨이 제거되면 페오포비드(갈색)가 된다. 그러나 중심에 있는 마그네슘이 그대로 유지되면서 피톨만 떨어져 나간 구조는 클로로필라이드(선명한 녹색)이다.

06   정답 ①

녹색 채소의 클로로필은 산에 의해 페오피틴(녹갈색)이나 페오포비드(갈색)로 변하면서 갈색화된다.

07   정답 ①

지용성 색소에는 클로로필, 카로티노이드가 있으며 수용성 색소에는 탄닌, 안토잔틴, 안토시아닌이 있다.

08   정답 ⑤

카로티노이드는 식물성 식품(당근, 호박, 토마토, 수박 등)과 동물성 식품(난황, 우유, 연어, 송어 등)에 포함되어 있는 색소이다.

09   정답 ①

오이소박이의 숙성 중에 생성되는 초산, 젖산 등이 오이의 클로로필과 작용하여 녹갈색의 페오피틴으로 변한다.

10   정답 ③

카로틴(carotene)계에는 α-카로틴, β-카로틴, γ-카로틴, 리코펜 등이 있고, 잔토필(xanthophyll)계에는 루테인, 제아잔틴, 크립토잔틴, 아스타잔틴 등이 있다.

11   정답 ③

카로티노이드는 isoprene이 결합된 구조로 보통 자연계에서 trans형이고 공액이중결합이 빛깔의 원인이 된다. 또한 이중결합이 많을수록 적색을 나타낸다.

12   정답 ④

분자 중에 β-ionone핵을 가지고 있지 않은 리코펜은 비타민 A로 작용할 수 없으므로 프로비타민 A가 아니다.

13   정답 ⑤

새우, 게, 도미류에는 아스타잔틴이 단백질과 결합되어 회록색으로 존재하지만 가열하면 열에 의해 아스타잔틴에 결합되어 있는 단백질이 분리되고 산화되어 붉은색의 아스타신(astacin)이 된다.

14   정답 ②

수박과 토마토의 붉은 색은 카로티노이드계의 리코펜(lycopene)에 의해 나타나며, 노화 방지 및 항암 효과를 가지고 있다.

15   정답 ①

안토시아닌은 적자색(보라색)으로 포도, 자두, 블루베리, 가지 등에 다량 함유되어 있다.

16   정답 ④

안토시아닌은 화청소의 수용성 색소로 포도, 가지, 블루베리, 적양배추 등에 다량 함유되어 있다. 구조 내에 OH기가 많을수록 청색이 짙어지고 메톡실기(-OCH₃)가 많을수록 적색이 짙어진다. 당질과 결합한 배당체 형태로 존재하며 산성에서는 적색, 중성에서는 자색, 알칼리에서는 청색으로 색이 변한다.

17   정답 ③

안토시아닌은 매우 불안정하여 pH에 따라 색이 변화한다(산성-적색, 중성-자색, 알칼리성-청녹색).

18   정답 ④

안토시아닌은 화청소의 수용성 색소로 포도, 가지, 블루베리, 적양배추 등에 다량 함유되어 있다.

19   정답 ⑤

알칼리성 상태에서 클로로필은 선명한 녹색으로 변하지만 수용성 비타민의 손실이 크다. 카로티노이드계 색소는 알칼리에 비교적 안정하며 안토시아닌계 색소는 청색으로 변한다. 안토잔틴계 색소는 알칼리에 의해 황색으로 변한다.

20 정답 ①

탄닌은 일반식품에 널리 분포하며 떫은 맛을 지닌다. 탄닌 자체는 무색이나 산화되면 갈색에서 흑색을 띠며, 홍차는 탄닌의 산화를 이용하여 만든 것이다. 과일이 익으면 탄닌은 불용성으로 바뀌어 떫은 맛이 사라진다. 밤 속껍질의 떫은 맛은 엘라그산, 감의 떫은 맛은 시부올 때문이다.

21 정답 ③

① 캡사이신 : 고추
② 케르세틴 : 양파, 메밀
④ 리코펜 : 수박, 토마토
⑤ 나린진 : 감귤류

22 정답 ③

① 탄닌 : 차류의 산화에 의한 갈색
② 안토시아닌 : 포도, 가지, 과채류의 꽃
④ 피코시안 : 김, 우뭇가사리 등의 홍조류의 청색
⑤ 플라보노이드 : 식물의 잎, 열매, 곡류의 담황색

23 정답 ⑤

완두콩 통조림 제조 시 소량의 황산구리($CuSO_4$)를 첨가하면 변색을 막을 수 있다.

24 정답 ②

탄닌과 제1철에 의한 반응색은 회색이며, 탄닌과 제2철에 의한 반응색은 흑청색, 청록색이다.

25 정답 ④

헤스페리딘은 감귤류의 껍질에 다량 함유되어 있는 플라보노이드계 색소이다.

26 정답 ①

미오글로빈이 산소를 만나면 옥시미오글로빈(Fe^{2+}, 선명한 적색), 제2철 이온으로 산화되면 메트미오글로빈(Fe^{3+}, 갈색), 메트미오글로빈의 단백질인 글로빈이 분리되고 변성되면 헤마틴(회갈색)으로 변한다.

27 정답 ②

① 메트미오글로빈 : 갈색
③ 미오글로빈 : 적자색
④ 콜레미오글로빈 : 녹색
⑤ 베르도글로빈 : 녹색

28 정답 ①

클로로필은 포르피린의 중앙에 Mg^{2+}이 존재하며, 미오글로빈은 헴의 중앙에 Fe^{2+}이 존재한다.

29 정답 ⑤

육가공품 제조 시 선홍색의 육색을 보존하기 위하여 미오글로빈에 질산염이나 아질산염을 첨가하여 니트로소미오글로빈 형태로 변화시킨다.

30 정답 ②

멜라닌은 어류의 표피나 오징어의 먹물주머니에 존재하는 색소이다.
① 아스타잔틴 : 새우, 게에 함유된 색소로 가열하면 아스타신이 되어 붉은 색을 띰
③ 구아닌 : 갈치의 은색

31 정답 ③

아스코르브산 산화 반응은 비효소적 갈변 반응으로 산소가 없거나 가열을 하지 않아도 일어나며 비타민 C 함량이 높은 감귤류 가공품(분말 오렌지 주스 등)에서 일어난다.

32 정답 ②

티로시나아제(tyrosinase)에 의한 갈변 반응은 감자에 존재하는 티로신이 티로시나아제에 의해 산화되어 갈색의 멜라닌 색소를 만드는 반응으로 절단하거나 껍질을 깎은 감자에서 흔히 일어나는 반응이다.

33 정답 ④

감자에 존재하는 티로신이 티로시나제에 의해 산화되면서 갈색의 멜라닌 색소를 만들어낸다.

34 정답 ④

과일에서 흔히 일어나는 갈변 반응은 폴리페놀 산화 효소에 의한 갈변이다. 폴리페놀 산화 효소가 식품 속의 기질(폴리페놀)을 공기 중의 산소를 이용해 산화시켜 갈색의 멜라닌 색소를 만드는 반응이다.

35 정답 ②

마이야르 반응(아미노–카보닐 반응)
- 당류(환원당)와 단백질류가 만나 갈색물질인 멜라노이딘(melanoidine)을 생성
- 자연발생적으로 일어나며 식품가공이나 저장에서 가장 많이 볼 수 있는 갈변 반응

- 초기 단계 : 당류와 아미노 화합물의 축합 반응과 아마도리 전위 반응
- 중간 단계 : 리덕톤류, 하이드록시메틸푸르푸랄(HMF) 등이 생성
- 최종 단계 : 알돌형 축합 반응, 스트레커 반응 등으로 갈색의 멜라노이딘 생성

36 정답 ①

식품의 갈변 억제 방법
- 가열 처리
- 레몬즙, 식초, 오렌지즙 등의 산성 용액에 침수
- 효소의 최적온도인 40℃를 벗어나 냉각 또는 냉동 보관
- 효소는 구리(Cu^{2+})와 철(Fe^{2+})에 의해 활성이 촉진 → 금속 용기의 사용 제한
- 공기 차단(산소 차단)
- 환원성 물질의 첨가 : 황화수소 화합물인 시스테인, 글루타티온 등

37 정답 ②

미각은 10~40℃에서 가장 잘 느껴진다. 이때 온도가 상승하면 단맛은 강하게, 짠맛과 쓴맛은 약하게 느끼며, 신맛과 매운맛은 영향이 없다. 반대로 온도가 내려가면 짠맛을 강하게 느낀다.

38 정답 ⑤

한 가지 맛을 느낀 직후 다른 종류의 맛 성분이 혼입되면 정상적인 미각이 일어나지 않고 다른 종류의 맛을 느끼는 현상을 맛의 변조라 한다. 예를 들어 오징어를 먹은 직후 밀감을 먹었더니 쓴맛이 느껴지는 경우가 이에 해당된다.

39 정답 ①

맛의 강화 현상(대비 현상)
- 서로 다른 맛이 혼합되었을 때 주된 정미 성분의 맛이 강하게 느껴지는 현상
- 단맛 성분+소량의 짠맛=단맛 증가
- 짠맛 성분+소량의 신맛=짠맛 증가

40 정답 ④

미맹이란 쓴맛 성분인 PTC(phenyl thiocarbamide)를 정상적인 사람과 달리 느끼지 못하는 현상으로 유전적 원인에 의해 백인에게서 가장 많이 발생한다.

41 정답 ⑤

양파를 가열하면 양파의 매운맛 성분인 알리신이 단맛을 내는 프로필 메르캅탄(propyl mercaptane)으로 변화되기 때문이다.

42 정답 ②

과당은 단맛과 용해도가 가장 크다.

43 정답 ①

② 스테비오사이드 : 스테비아 식물에 존재
③ 아스파탐 : 아스파르트산이 결합된 인공감미료
④ 페릴라틴 : 청소엽(차조기) 중에 존재
⑤ 필로둘신 : 감차 중에 존재

44 정답 ④

신맛의 강도는 pH에 반드시 비례하는 것이 아니고 식품 전체의 산도에 영향을 받는다. 무기산은 탄산, 염산, 인산 등으로 신맛 외에 쓴맛, 떫은 맛이 혼합된 불쾌미를 생성하고 유기산보다 신맛이 약하다. 유기산은 젖산, 구연산, 주석산 등으로 감칠맛과 상쾌한 신맛이 있어 식욕을 증진시킨다.

45 정답 ③

호박산은 조개류, 청주 등에 함유되어 있다.

46 정답 ③

① 감귤류, 토마토 : 구연산
②, ⑤ 청주, 조개류 : 호박산
④ 김치, 발효유제품 : 젖산

47 정답 ②

짠맛은 무기염류, 유기염류의 해리된 이온의 맛으로 음이온은 짠맛, 양이온은 부가적인 맛을 낸다. 음이온의 경우 짠맛의 강도는 $Cl^->Br^->I^->HCO_3^->NO_3^-$ 순서이다.

48 정답 ①

유기산염은 일반적으로 식염에 가까운 짠맛을 낸다. 그중 사과산 소다는 식염 대용으로 신장염, 고혈압, 간염 환자의 음식이나 무염간장 제조에 사용한다.

49
정답 ④

알칼로이드는 식물체에 존재하는 함질소 염기성 물질로 쓴맛, 약리작용 등 강한 생리작용이 있고 알칼로이드 시약에 의해 침전된다. 커피의 카페인과 코코아의 테오브로민이 대표적이며 알칼로이드의 쓴맛은 기호성을 향상시킨다.

50
정답 ③

맥주의 쓴맛을 내는 성분은 후물론(humulon)과 루풀론(lupulon)이다.
① 쑥 : 튜존(thujone)
② 양파 : 케르세틴(quercetin)
④ 오이 꼭지 : 쿠쿠르비타신(cucurbitacin)
⑤ 감귤 과피 : 나린진(naringin)

51
정답 ③

① 카페인 : 커피, 차
② 사포닌 : 콩, 도토리
④ 케르세틴 : 양파 껍질
⑤ 쿠쿠르비타신 : 오이 꼭지

52
정답 ⑤

생강의 매운맛 성분은 진저론(zingerone), 쇼가올(shogaol), 진저롤(gingerol) 등이다.
① 산쇼올 : 산초
② 캡사이신 : 고추
③ 차비신 : 후추
④ 커큐민 : 강황

53
정답 ⑤

시니그린(흑겨자, 고추냉이)은 미로시나제에 의해 가수분해되어 알릴이소티오시아네이트를 생성하면서 매운맛을 낸다.
① 알리신 : 마늘, 양파 등. 알린이 알리나아제에 의해 가수분해되어 매운맛을 냄
② 차비신 : 후추
③ 진저롤 : 생강
④ 캡사이신 : 고추

54
정답 ②

5′ 뉴클레오티드 계통의 조미료 중 맛의 세기는 5′-GMP(표고, 송이버섯)>5′-IMP(육류, 어류)>5′-XMP(고사리) 순서이다.

55
정답 ③

핵산계 감칠맛 성분은 구아닐산(guanylic acid ; GMP), 이노신산(inosinic acid ; IMP), 잔틸산(xanthylic acid ; XMP) 등이 있으며, 감칠맛의 세기는 5′-GMP(표고, 송이버섯)>5′-IMP (어육류), 5′-XMP(고사리) 순서이다.

56
정답 ⑤

표고버섯, 송이버섯에는 구아닐산(5′-GMP)가 다량 함유되어 있어 감칠맛이 강하다.

57
정답 ②

오징어, 새우, 게, 조개류, 김 등의 감칠맛 성분은 여름에는 베타인, 겨울에는 글리신에 의한 것이다.

58
정답 ②

글리신(김, 오징어, 게 등), 글루탐산(다시마 등), 이노신산(육류, 어류), 구아닐산(표고, 송이버섯) 등은 감칠맛을 내는 성분들이다.

59
정답 ①

타닌의 성분에는 차잎에 함유된 카테킨과 갈산, 감에 함유된 시부올과 콜린, 밤에 함유된 엘라그산, 커피에 함유된 클로로겐산 등이 있다. 카페인은 커피, 차에 들어있는 알칼로이드로 쓴맛을 가진다.

60
정답 ①

미숙한 감에는 시부올, 밤의 속껍질에는 엘라그산이 들어 있어 떫은 맛을 준다.

61
정답 ③

① 죽순의 아린 맛 : 호모겐티스산
② 양파껍질의 쓴맛 : 케르세틴
④ 오이의 쓴맛 : 쿠쿠르비타신
⑤ 계피의 매운맛 : 시남알데히드

62
정답 ④

토란, 죽순, 우엉, 가지 등의 아린 맛은 호모겐티스산(homogentistic acid) 때문이다.

63 정답 ③

식물성 식품의 냄새 성분은 에스테르류, 알코올류, 터르펜류, 황화합물 등이 있다. 사과는 에스테르류의 amyl formate, methyl butyrate, isoamyl acetate를 함유하고 배는 isoamyl formate, isoamyl acetate, 복숭아는 amyl formate 등의 성분을 함유하고 있다.

64 정답 ⑤

겨자, 배추, 무 등의 겨자과 식물에는 글루코시놀레이트(glucosinolate) 또는 티오글루코시드(thioglucoside)가 함유되어 있어 이들 화합물이 중요한 향기 성분을 이룬다. 겨자씨의 글루코시놀레이트 성분인 시니그린(sinigrin)은 미로시나아제(myrosinase)에 의해 가수분해되어 자극성이 강한 알릴이소티오시아네이트와 알릴티오시아네이트 등을 생성한다.

65 정답 ②

정유류의 주성분은 isoperene의 중합체인 터르펜 및 그 유도체이다. 즉, 알코올, 에스테르, 알데히드, 케톤 등이 해당된다.

66 정답 ①

알린은 알리나아제(allinase)에 의해 알리신(allicin)으로 분해되어 냄새가 발생한다.

67 정답 ④

① 시트론 : 생강
② 멘톤 : 박하
③ 알린 : 마늘
⑤ 메틸부티레이트 : 사과

68 정답 ④

식품과 냄새 성분
- 신선도 저하육 : 암모니아, 황화수소, 메틸 메르캅탄, 인돌, 스카톨 등
- 해수어의 비린내 : 트리메틸아민(TMA)
- 담수어의 비린내 : 피페리딘, δ-amino valeric acid, δ-amino valeraldehyde
- 신선한 우유 : 저급 지방산(프로피온산, 뷰티르산, 카프로산 등), 아세톤 등
- 버터 : 아세토인(acetoin), 디아세틸(diacetyl)
- 치즈 : ethyl-β-methyl mercaptopropionate, diacetone, methyl ketone 등

69 정답 ③

수육이 부패하면 트립토판에서 인돌과 스케톨이 생성된다.

70 정답 ⑤

담수어의 비린내는 피페리딘, δ-아미노발레르산, δ-아미노발레르알데히드 등이 주된 냄새 성분이다. 참고로 해수어의 비린내는 트리메틸아민(trimethyl amine ; TMA) 등이다.

71 정답 ④

트리메틸아민 측정법은 사후 어류의 선도가 떨어지면서 트리메틸아민옥사이드(TMAO)로부터 생성되는 트리메틸아민(TMA)의 양을 기준으로 선도를 측정하는 방법이다.

CHAPTER 07 | 곡류, 서류 및 당류

문제편 p.236

01	02	03	04	05	06	07	08	09	10
⑤	④	④	①	④	⑤	③	④	②	⑤
11	12	13	14	15	16	17	18	19	20
④	⑤	⑤	②	②	③	④	①	④	④
21	22	23	24	25	26	27	28	29	30
④	③	②	①	④	②	①	③	①	③
31	32	33	34	35	36	37	38	39	40
④	④	③	③	④	③	②	⑤	④	①
41	42	43	44	45	46	47	48	49	50
⑤	①	③	④	①	②	④	①	③	⑤
51	52	53	54	55	56	57	58	59	60
④	②	②	②	⑤	②	⑤	④	⑤	④
61	62	63	64	65	66	67	68	69	70
③	②	①	⑤	①	③	①	④	①	②

01
정답 ⑤

① 쌀의 주된 단백질은 오리제닌이다.
② 자포니카(단립종)형은 쌀알이 둥글고 작고 밥의 찰기가 강하다.
③ 멥쌀에는 아밀로오스와 아밀로펙틴이 2:8의 비율로 존재한다.
④ 미음은 곡류에 8~10배의 물을 넣고 끓여서 체에 거른 유동식이다.

02
정답 ④

도정을 통해 전분을 다량 함유한 배유 부분이 남는다.

03
정답 ④

도정이란 현미에서 미강과 배아를 제거하여 배유를 얻는 과정으로 도정률이 클수록 탄수화물 비율은 증가하고 나머지 영양소들의 비율은 감소한다. 미강(쌀겨)은 배유, 배아를 제외한 부분이다.

04
정답 ①

도정이란 현미에서 미강과 배아를 제거하여 배유를 얻는 것을 말한다. 도정도가 증가할수록 탄수화물의 비율이 증가한다.

05
정답 ④

쌀 세척 시 수용성 비타민(비타민 B와 비타민 C)이 쉽게 손실되므로 문질러 씻지 않고 가볍게 세척해야 한다.

06
정답 ⑤

냉수에 푼 전분은 부유 상태(현탁액)에서 가열에 의해 호화되어 교질용액으로 변한다.

07
정답 ③

쌀에 부족한 제1제한아미노산인 라이신은 콩에 많이 함유되어 있고 콩에 부족한 제1제한아미노산인 메티오닌은 쌀에 많이 함유되어 있으므로 아미노산의 상호 보완작용이 된다.

08
정답 ④

밥물은 보통 쌀 중량의 1.4~1.5배, 부피의 1.2배가 적당하다.

09
정답 ②

햅쌀은 수분 함량이 높아 묵은쌀보다 물의 양을 적게 첨가한다. 밥물은 전분 호화에 필요한 물과 증발되는 물을 합하여 정하고 보통 쌀 무게의 1.5배, 부피의 1.2배를 가한다. 콩나물밥 등의 채소밥은 물의 양을 줄여야 하고, 가열에 의한 증발량은 거의 비슷하기 때문에 밥의 분량이 많을수록 물의 비율은 감소한다.

10
정답 ⑤

밥맛을 향상시키는 요인
- 수분 함량이 높은 햅쌀
- pH 7~8의 알칼리성 조리수(산성일수록 맛이 저하됨)
- 0.03% 정도의 소금 첨가
- 재질이 두껍고 뚜껑이 무거운 조리용구(돌솥, 무쇠)

11
정답 ④

경단은 찹쌀가루를 주재료로 만들어 찰기를 가지고 있으며 절편과 백설기는 멥쌀가루, 약과와 매작과는 밀가루를 주재료로 하여 만든다.

12
정답 ⑤

멥쌀과 찹쌀
- 멥쌀(적당한 찰기) : 반투명, 아밀로오스 20~25%, 아밀로펙틴 75~80%, 호화 및 노화가 잘 일어남, 요오드 반응 청색

- 찹쌀(강한 찰기) : 유백색, 아밀로펙틴으로만 구성, 호화 및 노화가 잘 일어나지 않음, 요오드 반응 적자색

13 정답 ⑤

전분의 노화는 수분 함량이 30~60%, 온도가 0~4℃일 때 가장 쉽게 일어난다.

14 정답 ②

전분의 호정화는 전분에 물을 첨가하지 않고 150~190℃의 건열을 가하면 글리코시드 결합이 끊어지면서 가용성 덱스트린으로 분해되어 용해성이 증가하고 점성이 감소하는 현상이다. 미숫가루, 뻥튀기, 누룽지, 토스트 등이 이를 이용한 음식이다.

15 정답 ②

제조 방법에 따른 떡의 분류
- 찐떡류 : 백설기, 시루떡 등
- 친떡류 : 인절미, 절편 등
- 빚는떡 : 송편, 경단 등
- 지진떡 : 화전, 부꾸미 등
- 발효떡 : 증편

16 정답 ③

산은 전분의 호화를 방해하며, 전분 입자의 크기가 크고 아밀로오스 함량이 많을수록 호화가 잘 일어난다. 또한 유화제는 전분 용액의 안정도를 증가시켜 노화를 억제한다. 찰옥수수 전분은 아밀로펙틴으로 구성되어 있어 노화가 잘 일어나지 않는다.

17 정답 ④

전분을 산이나 효소로 가수분해하여 단당류, 이당류, 올리고당을 생성함으로써 단맛이 증가하는 것을 당화라고 하며, 물엿, 식혜, 조청, 시럽 등이 이에 해당된다.

18 정답 ①

전분의 겔화란 전분액을 가열하여 호화시킨 후 냉각하면 굳어지는 현상으로 묵, 과편, 푸딩 등이 이를 이용한 식품이다.

19 정답 ④

바삭바삭한 질감의 튀김옷 제조 방법
- 글루텐 함량이 낮은 박력분을 이용한다.
- 15℃ 찬물을 이용하면 글루텐 형성이 억제되어 바삭해 진다.
- 베이킹소다(식소다, 중탄산나트륨) 등 팽창제를 첨가하면 바삭해진다.
- 반죽을 많이 저어주지 않아야 글루텐 형성이 억제되어 바삭해진다.

20 정답 ④

전분의 성질과 그 식품의 예
- 호화 : 밥, 죽, 국수, 떡 등
- 호정화 : 뻥튀기, 미숫가루, 누룽지, 토스트, 루 등
- 겔화 : 도토리묵, 청포묵, 메밀묵, 오미자편, 푸딩 등
- 당화 : 식혜, 엿, 조청, 고추장 등
- 노화 : 식은밥, 굳은 떡, 굳은 빵 등

21 정답 ④

식혜를 만들 때 사용되는 엿기름에 함유된 베타아밀라아제(β-amylase)는 55~65℃ 범위에서 가장 활성이 강하다.

22 정답 ③

식혜는 전분의 당화를 이용한 식품으로, 많은 맥아당을 함유하고 있다.

23 정답 ②

소스를 만들 때 기름(버터)을 먼저 녹이고 전분 입자를 분산시킨 후 우유를 넣고 가열하여야 덩어리가 생기지 않는다.

24 정답 ①

노화를 억제(α-화)시킨 식품으로는 건조밥, 쿠키, 비스킷, 오블레이트, 냉동 건조미, 밥풀 튀김 등이 있다. α-화는 전분의 노화를 막기 위해 80℃ 이상으로 유지하면서 수분을 제거하거나, 0℃ 이하로 얼려서 급속히 탈수한 후 수분 함량을 15% 이하로 해주는 것을 말한다.

25 정답 ④

산은 전분의 호화를 방해하므로 점도가 낮아진다. 따라서 전분에 산을 첨가하여 소스를 만들고자 한다면 전분을 먼저 호화시킨 후 산을 첨가해야 한다.

26 정답 ②

보리의 주된 단백질은 호르데인(hordein)으로 껍질이 쉽게 분리되는 쌀보리로 압맥과 할맥을 만든다. 보리에는 비타민 B군은 많은 반면 비타민 C는 거의 없고 식이섬유를 다량 함유하고 있어 소화율이 떨어진다. 보리는 백미와 달리 도정에 의한 영양소 손실이 적다.

27 정답 ①

밀가루의 제1제한아미노산은 라이신이다. 강력분에는 11% 이상의 단백질을 가지고 있으며, 글리아딘(신장성, 점성)과 글루테닌(탄성)은 불용성 단백질이다. 밀가루의 50~60%의 물을 넣은 반죽을 도우(dough), 100~400%의 물을 넣은 반죽을 배터(batter)라고 한다.

28 정답 ③

밀가루는 무기질(회분)이 많을수록 품질이 좋지 않으므로 무기질이 적은 밀가루의 등급이 높다.

29 정답 ①

밀가루 반죽 과정에서 제품을 팽창시키려면 밀가루를 체에 치거나 난백의 기포를 형성하여 공기가 들어가 팽창되도록 한다. 또한 이스트, 베이킹파우더 등의 팽창제를 첨가하거나 물, 우유 등의 액체 재료를 첨가하면 가열 시 증기로 인해 제품이 팽창된다.

30 정답 ③

제과·제빵 시 수분을 첨가하는 이유는 각 성분의 용해, 전분의 호화, 글루텐의 형성, 팽창제와 반응하여 탄산가스 생성 촉진 등을 위해서이다. 갈변은 설탕에 의한 것이다.

31 정답 ④

밀가루 반죽에 지방을 첨가하는 주된 목적은 쇼트닝 작용 때문이다. 즉, 지방을 첨가하면 글루텐 표면을 둘러싸 글루텐의 망상구조 형성을 억제함으로써 반죽의 연화 작용을 한다.

32 정답 ④

가소성이 적은 지방은 반죽할 때 밖으로 흘러나오므로 좋지 않다.
② 소금은 글루텐 망을 적당하게 굳히는 역할을 하므로 많이 들어가면 빵이 질기다.
⑤ 베이킹 소다를 넣은 빵은 탄산나트륨에 의해 색깔이 나쁘고 맛이 좋지 않지만, 베이킹 파우더는 탄산나트륨을 중화시킬 수 있는 물질이 함유되어 있으므로 색과 맛이 나쁘지 않다.

33 정답 ③

설탕은 단백질 연화 작용, 촉촉한 질감 및 단맛 제공, 이스트 발효 촉진, 갈변 반응 촉진 등의 효과를 일으킨다.

34 정답 ③

① 글루텐 형성은 강력분>중력분>박력분 순서로 잘된다.
② 물 온도가 높을수록 단백질 수화 속도가 증가하여 글루텐 생성이 빨라진다.
④ 글리아딘은 신장성과 점성을, 글루테닌은 탄성을 가지고 있다.
⑤ 기계를 이용하여 반죽을 너무 많이 치대면 글루텐 섬유가 늘어나 가늘어지고 끊어진다.

35 정답 ④

설탕은 반죽 내 수분을 흡수하여 글루텐 형성을 저해하고 수분 증발을 억제하여 촉촉한 질감을 준다. 유지는 글루텐 표면을 둘러싸 글루텐의 망상 구조 형성을 억제함으로써 반죽이 부드럽고 연해진다.

36 정답 ③

지방이 글루텐의 표면을 코팅하여 글루텐의 망상 구조의 결속을 억제한다.

37 정답 ②

소금은 단백질 분해 효소의 활성을 억제시켜 글루텐 구조를 치밀하게 하고 반죽의 점탄성을 증가시킨다. 또한 이스트 사용 시 발효 속도를 조절하고 맛을 향상시키며, 저장 기간을 연장시킨다.
③ 밀가루 반죽 내에서 단백질의 연화 작용을 하는 것은 설탕이다.

38 정답 ⑤

밀가루 종류와 사용처
- 강력분(글루텐 11% 이상) : 식빵, 파스타, 마카로니, 퀵 브레드 등
- 중력분(글루텐 9~10%) : 소면, 우동 등의 국수류, 패스트리 등
- 박력분(글루텐 7~9%) : 케이크, 튀김옷, 쿠키 등

39 정답 ④
달걀의 기능적인 역할은 글루텐 구조 형성, 팽창제 역할, 유화성 향상, 액체의 공급원 역할, 색과 풍미 향상 등이다.

40 정답 ①
달걀의 단백질은 가열에 의해 응고됨으로써 구조를 형성하는 글루텐을 돕는 역할을 하지만 너무 많이 첨가하면 조직이 단단해져 빵이 질겨진다.

41 정답 ⑤
베이킹소다 사용 시 밀가루 색소인 안토잔틴이 알칼리 성분(중탄산나트륨)에 의해 황변된다.

42 정답 ①
스펀지 케이크(sponge cake)는 난백 거품을 이용하여 공기를 개입시킴으로써 부풀리고, 난백 중의 수분이 증기로 변하면서 팽창한다.

43 정답 ③
발효빵은 이스트가 반죽 내의 단당류를 분해하여 알코올과 탄산가스를 생성하며, 알코올은 독특한 향기를 주고 탄산가스는 빵을 부풀게 한다. 주로 사카로마이세스 세레비지에(Saccharomyces cerevisiae)를 이용하여 최적 온도는 27~30℃, 최적 pH 4~6에서 발효한다. 식빵, 난, 하드롤 등이 이에 해당된다.

44 정답 ④
발효빵은 이스트가 반죽 내의 단당류를 분해하여 알코올과 탄산가스를 생성하며, 발효 최적 온도는 27~30℃이다.

45 정답 ①
밀가루 종류와 사용처
- 강력분(글루텐 11% 이상) : 식빵, 파스타, 마카로니, 퀵브레드 등
- 중력분(글루텐 9~10%) : 소면, 우동 등의 국수류, 패스트리 등
- 박력분(글루텐 7~9%) : 케이크, 튀김옷, 쿠키 등

46 정답 ②
옥수수의 주된 단백질인 제인(zein)에는 트립토판의 함량이 적으므로 옥수수를 주식으로 섭취할 경우 펠라그라의 발병 위험이 높다.

47 정답 ④
감자의 주 단백질은 튜베린(tuberin)이며 감자껍질에는 비타민 C가 많이 함유되어 있다. 저장 시 햇볕을 쬐면 독성 물질인 솔라닌이 생성되며, 감자가 썩기 시작하면 셉신이 생성된다.

점질 감자와 분질 감자의 차이

구분	점질 감자	분질 감자
식용가 (단백질량/ 전분량)×100	높음	낮음
외관	노랑색	흰색
전분	적음	많음
가열 후 질감	가열 후 끈기가 있고 촉촉한 느낌	가열 후 윤기가 없고, 보슬보슬하거나 파삭파삭한 느낌
조리 방법	볶기, 샐러드, 조림, 삶기, 끓이기, 수프	찌기, 오븐 굽기, 튀기기, 매시드 포테이토

48 정답 ①
점질 감자는 외관이 노란색을 띠고 전분 함량은 적은 반면 수분과 당의 함량이 높아 찌거나 삶아도 잘 부서지지 않고 촉촉한 느낌을 준다. 점질 감자는 볶음, 조림, 삶기, 끓이기 등에 적합하다.

49 정답 ③
감자에 함유된 효소인 티로시나아제(tyrosinase)가 공기 중의 산소에 의해 활성화되어 방향족 α-아미노산인 티로신(tyrosine)을 산화시킴으로써 갈색의 멜라닌 화합물을 생성한다.

50 정답 ⑤
감자에 함유된 티로시나아제(tyrosinase)는 공기 중의 산소에 의해 활성화되어 티로신(tyrosine)을 산화시켜 갈색의 멜라닌 화합물을 생성한다.

51 정답 ④
감자는 조리 방법에 따라 비타민 C의 손실 정도가 다른데, 물에 넣고 끓이는 방법이 수용성 비타민의 손실이 제일 크고 튀기는 방법이 가장 작다.

52 정답 ④

고구마를 서서히 가열하면 고구마의 내부 온도가 β-아밀라아제의 최적 온도(55~65℃)를 오래 유지하므로 β-아밀라아제의 당화작용에 의해 맥아당의 단맛이 난다.

53 정답 ②

고구마에 함유된 전분을 맥아당으로 분해하여 단맛을 증가시키는 효소는 β-아밀라아제이다.

54 정답 ②

얄라핀은 고구마 단면을 자르면 나오는 유백색의 점액성 물질이다.
① 이포메인 : 고구마의 주 단백질
③ 이포메아메론 : 흑반병에 걸린 고구마의 쓴맛 성분
④ 리조푸스 니그리칸스 : 고구마 연부병의 원인균
⑤ 클로로겐산 : 고구마에 함유된 폴리페놀로 폴리페놀산화 효소에 의해 산화되어 갈색의 멜라닌 생성

55 정답 ③

이포메아메론은 흑반병에 걸린 고구마의 쓴맛 성분이다.
① 이포메인 : 고구마의 주 단백질
② 얄라핀 : 고구마 단면을 자르면 나오는 유백색의 점액성 물질
④ 클로로겐산 : 고구마에 함유된 폴리페놀로 폴리페놀산화 효소에 의해 산화되어 갈색의 멜라닌을 생성
⑤ 리조푸스 니그리칸스 : 고구마 연부병의 원인균

56 정답 ①

토란의 아린 맛은 호모겐티스와 관련이 있다. 참고로 토란의 점질 물질은 갈락탄이다.
② 돼지감자 : 이눌린
③ 마 : 뮤신
④ 곤약 : 글루코만난
⑤ 고구마의 단백질 : 이포메인, 고구마의 점액성 물질 : 얄라핀

57 정답 ④

곤약은 곤약감자 또는 구약감자의 전분으로 제조하며 수용성 식이섬유소인 글루코만난을 다량 함유하고 있다. 글루코만난은 물과 만나면 팽창하여 반투명성 묵이나 국수를 만들 수 있다.

58 정답 ⑤

돼지감자는 뚱딴지라고도 불리며 전분이 적고 식이섬유와 이눌린이 풍부하여 혈당 상승에 영향을 미치지 않아 당뇨병에 좋은 식품이다.

59 정답 ④

카사바의 뿌리에서 추출한 전분을 타피오카라고 하며, 이는 전분 제조나 주정의 원료 등으로 사용된다.

60 정답 ⑤

토란의 미끈거리는 점성 물질은 갈락토오스의 중합체인 갈락탄(galactan)이며, 가열 시 물 밖으로 녹아 나와 거품을 생성하고 맛 성분의 침투를 방해한다. 따라서 토란을 쌀뜨물 또는 1% 소금물에 끓이면 점질 물질이 응고되어 점성이 낮고 맑은 토란탕을 끓일 수 있다. 참고로 토란의 아린 맛은 호모겐티스산(homogentisic acid)이며 토란의 껍질을 벗길 때 손에 가려움증을 유발하는 것은 수산(oxalic acid)이다.

61 정답 ③

① 얄라핀 : 고구마의 점액성 물질
② 글루코만난 : 곤약의 수용성 식이섬유
④ 호모겐티스산 : 토란의 아린 맛 성분
⑤ 수산 : 토란의 껍질을 벗길 때 가려움증을 유발

62 정답 ②

마의 끈적이는 점질 물질은 글로불린과 만난이 결합된 뮤신(mucin)이다. 마는 α-아밀라아제 등과 같은 여러 소화 효소를 함유하고 있어 소화에 도움을 준다.

63 정답 ①

당의 용해도는 '과당>설탕>포도당>맥아당>유당' 순으로 크다. 유당은 용해도가 가장 낮아 모래 씹는 것과 같은 거친 질감을 준다.

64 정답 ⑤

설탕 용액은 고농도의 과포화가 되어야 결정체가 생기며 우유, 버터, 물엿, 크림 등을 첨가하면 이들이 핵과 용질 사이에 끼어서 용질이 핵에 부착되는 것을 방해하여 미세한 결정이 형성된다.
② 캐러멜과 브리틀은 비결정형 캔디이다.
③ 용액의 젓는 속도가 빠를수록 결정이 미세해진다.

65 정답 ①

결정형 캔디에는 폰단트, 퍼지, 디비니티가 있고 비결정형 캔디에는 캐러멜, 브리틀, 태피, 누가, 마시멜로우가 있다.

66 정답 ⑤

과당은 온도가 상승하면 β형보다 단맛이 1/3 적은 α형으로 변하기 때문에 단맛이 감소한다.

67 정답 ①

물엿, 포도당 등의 점성이 강한 물질은 당의 결정 형성을 억제하는 반면, 윤기, 단맛, 캐러멜의 조밀도 등을 증가시키고 굳기에 관여한다.

68 정답 ④

전화당은 설탕을 산이나 효소로 분해하여 얻어진 포도당과 과당의 동량 혼합물이다. 전화가 일어나면 선광성은 변하고 흡습성과 당도는 증가된다.

69 정답 ①

당알코올은 단당류의 알데하이드기가 환원되어 생성되며 가용성으로 설탕의 0.4~1.0배의 감미도를 갖는다. 충치 예방 효과, 청량감 제공, 에너지를 내지 않아 혈당을 높이지 않으며 솔비톨, 자일리톨, 만니톨 등이 해당된다.

70 정답 ②

아스파탐은 페닐알라닌과 아스파르트산이 결합된 인공감미료로서 설탕의 약 180~200배의 단맛을 가진다. 산 첨가하거나 가열하면 단맛이 사라지므로 베이커리 제품에 사용하기는 어려우며, 페닐케톤뇨증 환자는 섭취에 주의해야 한다.

CHAPTER 08 | 육류

문제편 p.246

01	02	03	04	05	06	07	08	09	10
⑤	④	②	①	③	④	②	⑤	①	②
11	12	13	14	15	16	17	18	19	20
③	①	②	②	⑤	④	④	③	①	①
21	22	23	24	25	26	27	28	29	30
④	⑤	②	②	②	③	③	②	⑤	④
31	32	33							
②	④	①							

01 정답 ⑤

돼지고기는 쇠고기보다 결합 조직은 적고 지방 함량이 많아 육질이 부드럽다.

02 정답 ④

근육을 구성하는 근육 섬유의 단백질은 액틴(actin)과 미오신(myosin)이다.

03 정답 ②

근원 섬유 단백질은 근육의 수축과 이완에 관여하며 사후 경직 시 함유하고 있던 액틴과 미오신을 결합해 액토미오신을 생성한다.

04 정답 ①

주로 식용하는 부위는 횡문근 중 골격근이다.

05 정답 ③

사후 경직 시 약알칼리성에서 약산성(pH 저하)으로 변한다.
① ATP → ADP+인산
② 글리코겐 → 젖산으로 분해
④ 액틴+미오신 → 액토미오신
⑤ 수화력과 보수성 감소

06 정답 ④

육류 숙성 시 변화
- 근육 내 효소에 의해 단백질이 분해된다.
- 보수성이 증가한다.
- 근육의 길이가 짧아져 육질이 부드러워진다.
- 이노신산(IMP) 및 유리아미노산이 생성되어 감칠맛이 생긴다.
- pH가 다시 상승한다.
- 육색소가 미오글로빈에서 옥시미오글로빈으로 변한다.

07　정답 ②

쇠고기는 사후 경직 시간이 12~24시간이다. 사후 경직의 지속시간은 '쇠고기>돼지고기>닭고기' 순으로 길다.

08　정답 ⑤

운동량이 적어 콜라겐과 같은 결합 조직이 적은 부위(등심, 안심, 갈비 등)가 부드럽다.

09　정답 ①

미오글로빈은 육색소로 동물의 종류와 근육의 부위 등에 따라 함량이 다르다. 미오글로빈은 산소화되면 옥시미오글로빈(선홍색), 산화되면 메트미오글로빈(갈색), 가열하면 헤마틴(회갈색)으로 변화한다. 또한 기호성이 좋은 식육의 색을 만들기 위하여 아질산염, 질산염 등으로 처리하면 적색의 니트로소미오글로빈이 된다.

10　정답 ②

고기를 절단한 후 공기 중에 방치하면 미오글로빈이 산소와 결합하여 선홍색의 옥시미오글로빈으로 변화한다.

11　정답 ③

육류를 가열하면 육색 변화(회갈색), 중량 감소, 수축, 결합조직의 변화(콜라겐 → 젤라틴), 지방조직의 변화, 근원섬유의 변화, 단백질 변성, 풍미의 증가 등이 일어난다.

12　정답 ①

육색소인 미오글로빈은 가열에 의해 단백질 부분이 변성되어 회갈색의 메트미오크로모겐과 헤마틴으로 변화한다.

13　정답 ②

육류 단백질인 미오신(myosin)은 40~50℃에서 응고되기 시작한다.

14　정답 ②

돼지고기는 쇠고기에 비해 비타민 B의 함량이 높으며, 특히 돼지고기의 뒷다리에는 비타민 B_1(티아민)이 많이 함유되어 있다.

15　정답 ⑤

글리시닌은 대두 단백질이다.

16　정답 ④

기름의 융점은 육류의 종류와 관계가 있으며 '양지(44~55℃)>우지(40~50℃)>돈지(33~46℃)>닭의 지방(30~32℃)' 순으로 융점이 높다. 또한 융점이 높은 육류는 따뜻하게 먹는 것이 좋다.

17　정답 ④

- 국, 곰탕 : 사태육, 족, 도가니
- 구이, 볶음 : 등심, 안심
- 찜 : 사태, 갈비
- 탕 : 양지, 사태

18　정답 ③

① 편육을 할 때 끓는 물에 고기를 넣어 익히고 고기를 장시간 가열하면 단백질의 과변성에 의해 조직이 질겨진다.
② 육류를 가열하면 중량은 감소한다.
④ 습열 조리 시 결합 조직인 콜라겐이 젤라틴으로 되어 연해진다.
⑤ 장조림은 고기를 먼저 끓이다가 간장과 설탕은 나중에 넣고 조린다.

19　정답 ①

스튜 조리에서 토마토나 사워밀크를 사용하면 산에 의해 콜라겐의 젤라틴화가 빨라져 연화가 잘 된다.

20　정답 ①

습열 조리는 물과 함께 가열하는 방법으로 양지머리, 사태, 업진육 등 결합 조직이 많은 부위의 조리법으로 좋다.
② 구이, 전, 브로일링, 그릴링 등은 건열 조리의 조리법이다.
③ 편육은 물이 끓을 때 고기를 넣는다.
④ 탕은 찬물에서부터 고기를 끓여야 맛 성분이 우러난다.
⑤ 물과 함께 가열하면 질긴 부위의 콜라겐이 수용성의 젤라틴으로 연화되면서 부드러워진다.

21　정답 ④

로스트 비프(roast beef)의 내부 온도는 레어(rare)가 약 60℃, 미디엄(medium)은 약 71℃, 웰던(well-done)은 약 77℃이다.

22　정답 ⑤

돼지고기를 먼저 익혀 단백질을 응고한 다음에 토마토를 넣어야 한다. 처음부터 토마토를 넣으면 돼지고기의 단백질이 토마토의 라이코펜 색소와 결합하여 불쾌한 붉은색을 나타낸다.

23 정답 ②

장조림은 습열 조리로 결합 조직을 많이 가지고 있는 우둔육, 홍두깨살 등을 주로 이용하며 고기의 단백질이 응고된 후 간장을 넣어야 질겨지지 않는다.

24 정답 ②

미오글로빈은 근육의 적색 색소로 쇠고기, 말고기 등과 같이 적색이 짙은 고기에 많이 함유되어 있으며 돼지고기, 송아지고기, 닭고기, 양고기에는 비교적 함량이 적다.

25 정답 ②

탕을 끓이는 동안 고기의 수용성 단백질, 지방, 무기질, 엑기스분 등이 용출되어 국물의 맛을 낸다.

26 정답 ③

우리나라에서는 제육을 만들 때 돼지의 복부 지방이 많은 삼겹살 부위를 사용하며, 베이컨 또한 같은 부위를 사용한다.

27 정답 ③

편육은 맛 성분이 국물 밖으로 빠져나가지 않게 해야 하므로 찬물이 아닌 끓는 물에서 삶아내야 한다.

28 정답 ②

단백질 분해 효소를 함유하는 과일(예 파인애플, 키위, 파파야, 무화과, 배 등)을 이용하면 육류가 연화된다. 약산성 상태에서는 수화력이 증가하여 연화되지만, 다량의 산을 첨가하면 등전점에 의해 조직이 단단해진다. 근섬유의 결 반대 방향으로 칼집을 내어 근섬유를 끊어주면 연화된다.

29 정답 ⑤

① 파파인 : 파파야
② 액티니딘 : 키위
③ 티로시나아제 : 감자
④ 피신 : 무화과

30 정답 ④

① 아네우리나아제 : 고사리에 함유된 비타민 B 분해 효소
② 인버타아제 : 자당 분해 효소
③ 아밀라아제 : 전분 분해 효소
⑤ 레닌 : 응유 효소

31 정답 ②

마블링이란 작은 지방이 고기 근육 사이에 대리석 무늬처럼 산재되어 있는 것을 말하며 등심, 안심 등에 많이 발달되어 있다.

32 정답 ④

냉동된 닭의 해동 시 냉장 해동이 드립(Drip)을 덜 생성하지만 시간적 여유가 없을 때에는 흐르는 찬물에 해동한다.

33 정답 ①

육가공품의 종류 및 특징
- 햄 : 돼지의 뒷다리 살에 식염, 설탕, 아질산염, 향신료 등을 섞어서 훈제 가공
- 소시지 : 돼지고기나 쇠고기를 다져 소금, 설탕, 향신료 등을 섞어 봉지에 담아서 훈연
- 베이컨 : 돼지고기의 삼겹살 부위를 소금에 절여서 훈제
- 콘드비프 : 쇠고기를 소금에 절인 후 삶아서 통에 눌러 넣은 것

CHAPTER 09 | 어패류

문제편 p.251

01	02	03	04	05	06	07	08	09	10
①	⑤	②	③	②	③	④	③	⑤	①
11	12	13	14	15	16	17	18	19	20
③	③	④	⑤	④	①	③	④	④	⑤

01 정답 ①

조개류를 넣어 끓인 국물 맛의 주성분은 호박산이다.
② 가열한 갑각류(새우, 게 등)의 붉은색은 아스타신(astacine) 때문이다.
③ 근육의 주단백질은 미오신(myosin)이다.
④ 해수어의 비린내 성분은 트리메틸아민(trimethylamine ; TMA)이다.
⑤ 어류는 육류보다 결합 조직(콜라겐, 엘라스틴)이 적어 조직이 연하다.

02 정답 ⑤

어유는 ω-3계열의 고도불포화지방산인 DHA, EPA를 다량 함유하고 있다.

03 정답 ②

생선은 수육류보다 결합조직인 콜라겐과 엘라스틴의 함량이 적어 육질이 연하다.

04 정답 ③

어패육은 수조육에 비해 조직이 연해 자기 소화가 빠르게 진행되어 부패하기 쉽다. 어패류는 수육과 달리 내장과 아가미를 제거하지 않은 상태로 취급하므로 세균의 번식이 쉽다.

05 정답 ②

베타인은 단맛과 구수한 맛을 내며 연체동물과 갑각류의 조직에 많이 함유되어 있다.

06 정답 ③

해수어는 세균에 의해 트리메틸아민옥사이드(TMAO)가 트리메틸아민(TMA)으로 환원되면서 비린내가 생성된다.

07 정답 ④

담수어의 주된 비린내 성분은 피페리딘이다.

08 정답 ③

새우와 게의 껍데기에는 아스타잔틴이 단백질과 결합하여 청색으로 존재하지만 가열에 의해 단백질로부터 유리되어 붉은색의 아스타신으로 변한다.

09 정답 ⑤

어육은 사후 1~7시간 사이에 사후 경직이 시작되어 어느 정도 지속된 후 자기 소화가 일어나는 데, 이때 어육의 선도가 같이 저하된다.

10 정답 ①

생선의 신선도가 저하되면 아민류 함량 증가, pH 변화(약알칼리성), 휘발성 물질의 증가, 핵산계 물질의 변화, 세균 수의 증가 등이 일어난다.

11 정답 ③

① 어류는 사후 경직 후 자기 소화를 거치면서 부패하게 된다.
② 홍어, 상어 등은 신선한 상태에서도 암모니아 냄새가 난다.
④ 붉은살 생선에 많이 함유된 히스티딘은 부패균에 의해 유독 물질인 히스타민이 된다.
⑤ 세균에 의해 TMAO는 환원되어 TMA가 됨으로써 악취를 낸다.

12 정답 ③

신선한 어류 선별법
- 아가미 : 밝고 선명한 붉은색 또는 선홍색
- 안구 : 투명하고 외부로 돌출
- 표피 : 비늘이 미끈거리지 않고 광택이 있음. 밀착되어 있고 배열이 규칙적임. 복부를 눌렀을 때 탄력성이 느껴짐
- 근육 : 육질이 단단하고 살이 뼈와 쉽게 떨어지지 않음
- 냄새 : 바닷물 냄새 또는 생선 특유의 취기를 가짐

13 정답 ④

결합 조직인 콜라겐이 가열에 의해 응고되면서 껍질의 수축 및 외형의 변화가 일어난다.

14 정답 ⑤

생선찌개 조리 시 국물이 끓은 후 생선을 넣어주면 생선 자체의 맛도 살리고 부스러지지도 않는다.

15 정답 ④

전유어는 흰살 생선을 이용하는 것이 적합하다.
- 흰살 생선 : 도미류, 조기류, 대구류, 가자미류, 넙치, 농어, 광어 등 활동량이 적은 생선
- 붉은살 생선 : 가다랑어류, 고등어, 방어, 꽁치, 연어, 송어 등 활동량이 비교적 많은 생선

16 정답 ①

어묵은 생선살의 단백질인 미오신에 소량의 식염을 첨가하여 걸쭉하게 갈아 가열하여 겔화(응고)한 것이다.

17 정답 ③

생선을 튀길 때 시간이 길거나 기름의 온도가 낮으면 수분 증발이 심해지고 흡유량이 증가하여 맛이 감소된다. 따라서 180℃ 내외의 온도에서 2~3분간 튀기는 것이 적당하다.

18 정답 ④

생선 비린내 제거 방법
- 세척 : 비린내의 주 성분인 트릴메틸아민은 수용성이므로 물로 세척하면 제거된다.
- 산성 물질 첨가 : 식초, 레몬즙 등은 알칼리성의 트릴메틸아민을 중화시켜 비린내를 감소시킨다.
- 강한 향신료 사용 : 마늘, 생강, 파, 겨자, 고추냉이 등은 비린내를 감소시킨다.
- 술, 미림 : 술에 함유된 숙신산은 비린내를 제거한다.
- 우유, 간장, 된장 : 콜로이드의 흡착 효과로 비린내를 감소시킨다.

19 정답 ④

식초, 레몬즙 등의 산성 물질은 알칼리성의 TMA 성분을 중화시켜 비린내를 제거하고 단백질을 응고시켜 어육의 탄력성을 준다.

20 정답 ⑤

복어의 난소와 간장에 다량 함유되어 있는 테트로도톡신(tetrodotoxin)은 강력한 독성을 지니고 있어 치사율이 높다.

CHAPTER 10 | 난류

문제편 p.255

01	02	03	04	05	06	07	08	09	10
⑤	③	①	③	⑤	④	①	③	②	①
11	12	13	14	15	16	17	18	19	20
②	②	⑤	③	④	①	③	②	⑤	②
21	22	23	24	25					
⑤	⑤	③	③	①					

01 정답 ⑤

아비딘 단백질로 인해 생달걀을 섭취하면 비오틴 결핍을 초래하므로 가열하여 섭취한다.

02 정답 ③

신선한 달걀의 난각(껍질)은 큐티클 층으로 덮여 있어 수분 증발이나 세균 침입을 막아주며, 신선할수록 큐티클에 의해 껍질이 까끌까끌하다.

03 정답 ①

② 카제인 : 우유 단백질
③ 오보뮤신 : 난백의 거품 안정성
④ 오보알부민 : 난백의 주된 단백질
⑤ 아비딘 : 비오틴과 결합하여 흡수 억제

04 정답 ③

① 액틴 : 육류 단백질
②, ⑤ 카제인, 락트알부민 : 우유 단백질
④ 글리아딘 : 밀 단백질

05 정답 ⑤

라이소자임은 용균 작용을 하는 난백 단백질이다.

06 정답 ④

난황은 65℃부터 응고되기 시작하며 신선한 난황은 pH가 6.0 정도이다. 난황의 주 색소는 제아잔틴, 루테인이며 레시틴에 의한 유화성을 가지고 있다.

07 정답 ①

난황의 색소는 카로티노이드계 색소인 제아잔틴과 루테인이다. 참고로 난백의 색소는 리보플라빈이다.

PART 05 식품학 및 조리원리 119

08 정답 ③

① 난백은 60℃, 난황은 65℃에서 응고가 시작된다.
② 엔젤 케이크는 기포성을 이용한 것이다.
④ 산과 소금을 넣으면 응고가 잘 일어난다.
⑤ 설탕은 조직감을 부드럽게 한다.

09 정답 ②

난백 단백질의 등전점은 pH 4.8이다. 단백질은 등전점에서 기포성과 응고성이 최대이므로 pH를 등전점에 맞춰주면 기포 형성이 잘되고 침전 및 응고된다.

10 정답 ①

소량의 식초는 등전점인 pH 4.8에 가깝도록 만들어 기포성을 도와준다. 난백은 30℃에서 기포성이 잘 일어나며 수양난백이 많으면 기포성은 좋으나 안정성은 낮다. 기포성과 관련된 단백질은 오보글로불린이다.

11 정답 ②

설탕은 기포 안정성을 향상시킨다.

12 정답 ②

① 라이소자임 : 용균 작용
③ 오보뮤신 : 거품 안정화
④ 오보뮤코이드 : 트립신 작용 저해
⑤ 아비딘 : 비오틴의 흡수 억제

13 정답 ⑤

난백의 기포성은 단백질의 등전점인 pH 4.8에서 가장 높다.

14 정답 ③

오보뮤신은 난백의 거품 안정화에 기여하며, 오보글로불린은 난백의 거품 형성과 관련 있다.
① 글리시닌 : 대두 단백질
② 글리아딘 : 밀 단백질
⑤ 락트알부민 : 우유 단백질

15 정답 ④

달걀의 다양한 성질과 관련 식품
• 난백의 기포성 : 엔젤 케이크, 머랭, 스펀지 케이크 등
• 난황의 유화성 : 마요네즈
• 달걀의 응고성(청정성) : 콘소메, 맑은 국물 등
• 달걀의 응고성(결합성) : 전(전유어), 만두소, 크로켓 등
• 달걀의 응고성(농후성) : 달걀찜, 푸딩, 커스터드 등
• 난백, 난황의 색 : 달걀 지단

16 정답 ①

난황의 인지질인 레시틴은 친수성과 소수성을 동시에 가지고 있으므로 물과 기름을 섞이게 하는 유화성을 지닌다.

17 정답 ③

난백은 60℃ 전후에서 응고가 시작되어 65℃에서 완료되고, 난황은 65℃ 부근에서 응고가 시작되어 70℃에서 완료된다.

18 정답 ②

난황의 레시틴은 분자 내에 친수기와 수소기를 동시에 갖고 있으므로 기름과 물로 형성된 에멀전을 안정화한다.

19 정답 ⑤

달걀은 가열 정도에 따라 소화성이 감소 또는 증가하는데, '반숙란>완숙란>생달걀' 순으로 소화가 잘된다.

20 정답 ②

생달걀의 난백 속 오보뮤코이드는 트립신의 작용을 저해하여 소화를 방해한다. 따라서 가열에 의해 오보뮤코이드 활성을 저해해야 한다.

21 정답 ⑤

달걀의 신선도가 떨어질 경우 난백은 알칼리화가 되어 수양화가 이루어진다(pH 증가). 또한 큐티클이 마모되어 껍질이 매끈해지고 난각막에 공기가 들어가 기실이 커지는데, 기질이 커짐에 따라 비중은 낮아지고 난황계수 및 난백계수가 감소한다.

22 정답 ⑤

신선란의 특징
• 큐티클 층에 의해 표면이 까끌까끌함
• 난황의 pH 6.0
• 농후난백이 수양난백보다 많음
• 기실의 크기가 작음
• 비중 1.08~1.09으로 높음
• 난황계수와 난백계수가 높음
  - 신선란의 난황계수 0.36~0.44(오래된 달걀은 0.25 이하)
  - 신선란의 난백계수 0.14~0.17

- pH
  - 신선한 난백은 pH 7.6 정도(오래될 경우 pH 9.6까지 상승)
  - 신선한 난황은 pH 6.0 정도

23 정답 ③

난백의 기포성을 이용한 조리 예로는 머랭, 엔젤 케이크, 스펀지 케이크 등이 있다.
① 마요네즈 : 난황의 유화성
④ 달걀찜 : 달걀의 응고성(농후제)
⑤ 전유어 : 달걀의 응고성(결합제)

24 정답 ③

식초, 소금은 달걀의 응고를 도와주고, 설탕은 조직감을 부드럽게 한다.
① 끓는 물에 15분 이상 가열하면 녹변 현상이 발생한다.
④ 지질, 우유, 소금은 기포 형성을 방해한다.

25 정답 ①

프라이드 에그의 종류
- 써니사이드 업(sunnyside up) : 팬에 오일을 두른 후 달걀의 흰자만 익힌 것
- 오버 이지(over easy) : 흰자가 어느 정도 익었을 때 뒤집는 것
- 오버 미디움(over medium) : 오버 이지에서 노른자를 반 정도 익힌 것
- 오버 웰(over well) : 오버 이지에서 노른자를 완전히 익힌 것
- 오버 하드(over hard) : 오버 이지에서 뒤집기 전 노른자를 깨뜨려 완전히 익히는 것

CHAPTER 11 | 우유 및 유제품

문제편 p.259

01	02	03	04	05	06	07	08	09	10
①	④	④	①	③	①	④	⑤	③	④
11	12	13	14	15	16	17	18	19	20
②	②	④	④	②	④	⑤	③	⑤	②
21	22	23	24	25	26	27	28	29	30
③	②	①	③	⑤	②	①	⑤	①	⑤
31	32	33							
②	②	④							

01 정답 ①

치즈는 우유 단백질인 카제인이 산이나 레닌(응유효소)에 의해 응고되는 원리로 만든다.
② 버터는 우유의 지방을 분리하여 제조한다.
③ 우유의 비중은 15℃에서 1.027~1.034이다.
⑤ 유청 단백질은 열에 불안정하여 피막을 형성한다.

02 정답 ④

우유의 주된 단백질은 카제인으로 열에 안정하지만 산과 레닌에는 응고된다. 유청 단백질은 열에 불안정하여 응고되며 탄수화물 중 대부분은 유당이고 비타민 C와 비타민 E는 함유량이 적다.

03 정답 ④

카제인은 우유의 주단백질로 인과 칼슘이 결합하여 미셀 구조를 형성하고 있으며 산이나 레닌에 의해 응고되어 치즈를 만든다. 참고로 유청 단백질은 열에 불안정하므로 가열하면 피막을 형성하고 산과 레닌에 의해 응고되지 않는다.

04 정답 ①

카제인이 응고되고 남은 맑은 용액을 유청 또는 유장이라 하고 유청에 용해되어 있는 단백질을 유청 단백질이라 한다. 유청은 열에 약하여 가열 시 피막을 형성한다.

05 정답 ③

리보플라빈(비타민 B_2)은 빛(광선)에 의해 쉽게 파괴된다.

06　정답 ①

우유의 균질화의 목적
- 크리밍 현상을 방지한다.
- 균일화로 맛이 부드러워진다.
- 지방구의 표면적이 넓어져 소화 효소의 작용이 쉬워진다.

우유 균질화의 단점
- 지방구의 표면적이 넓어져 지질의 산패가 쉽게 일어난다.
- 산패취가 발생할 수 있다.

07　정답 ④

우유에 압력을 가해 작은 구멍을 통과시켜 지방구의 크기를 미세하게 조정하는 과정이다.

08　정답 ⑤

- 저온 장시간 살균법(LTLT) : 62~65℃에서 30분 가열, 우유 본래의 풍미를 지님, 비병원성 세균이 존재함, 저장 기간이 짧음
- 초고온 순간 살균법(UHT) : 135~150℃에서 1~5초 가열, 영양소 파괴와 화학적 변화를 최소화, 살균 효과가 극대화, 국내에서 가장 많이 이용함. 우유 본래의 풍미가 감소, 저장 기간이 긺

09　정답 ③

카제인은 산과 레닌(응유 효소)에 의해 응고되며 치즈 제조에 사용된다.

10　정답 ④

카제인은 치즈 제조에 사용되는 단백질로 산과 레닌(응유 효소)에 의해 응고된다.

11　정답 ②

우유를 가열하면 락토글로불린과 락토알부민 등의 유청 단백질과 지방구, 소량의 유당 등이 서로 엉겨 피막을 형성한다.

12　정답 ②

우유의 단백질인 카제인은 레닌에 의해 응고된다.

13　정답 ④

레닌은 포유동물의 위에서 분비되는 응유 효소로서 최적 작용 온도는 40~45℃이며 15℃ 이하, 60℃ 이상에서는 응고가 일어나지 않는다.

14　정답 ④

레닌(응유 효소)은 포유동물의 위점막에서 체취한 것으로 우유에 첨가하면 카제인을 응고시켜 부드러운 응고물이 생긴다.

15　정답 ②

카제인은 인과 칼슘이 결합된 복합체로 미셀 구조를 형성하고 있으나 레닌이 첨가되면 미셀 구조가 파괴되면서 카제인을 구성하는 칼슘에 의해 응고된다.

16　정답 ④

우유 단백질인 카제인의 등전점은 pH 4.6~4.7이므로 식초와 같은 산을 넣어 등전점에 맞추어주면 우유가 응고된다.

17　정답 ⑤

우유 단백질인 카제인의 등전점은 pH 4.6~4.7이므로 산을 첨가하여 등전점에 맞추어 치즈를 제조한다.

18　정답 ③

카제인의 등전점은 pH 4.6~4.7이다.

19　정답 ⑤

우유는 리보플라빈과 카로틴에 의해 노르스름한 색을 띤다.

20　정답 ②

마이야르 반응(아미노-카보닐 반응)은 우유의 카제인과 과당 사이에서 일어나는 갈변 반응이다.

21　정답 ③

연유 제조 시 가열에 의해 아미노기를 가진 카제인과 카르보닐기를 가진 유당 사이에 마이야르 반응이 일어나면서 갈색화된다.

22　정답 ②

우유를 74℃ 이상 가열 시 β-락토글로불린이 열에 의해 변성되면서 황화수소가 형성되어 가열취가 발생한다. 즉, 변성 단백질의 SH기에 의해 가열취가 발생한다.

23 정답 ①

우유를 60℃ 이상 가열하면 유청 단백질, 지방 및 유당이 뭉쳐 피막을 형성하며 피막을 제거하면 영양성과 맛이 저하된다. 따라서 우유를 가열할 때는 침전물이 피막이 형성되지 않도록 계속 저어주거나 우유에 물을 섞어 묽게 만든다.

24 정답 ③

휘핑 크림에 설탕을 첨가할 경우 거품성을 저하시키므로 어느 정도 거품이 형성된 후에 설탕을 첨가하는 것이 좋다.
① 사우어 크림 : 유지방 약 18%
② 커피 크림 : 유지방 약 18~20%
④ 크림 분말 : 유지방 50% 이상
⑤ 플라스틱 크림 : 유지방 약 80%

25 정답 ⑤

플라스틱 크림은 유지방을 80% 정도 함유하고 있다.
① 사우어 크림 : 유지방 약 18%
② 커피 크림 : 유지방 약 18~20%
③ 휘핑 크림 : 유지방 약 40%
④ 크림 분말 : 유지방 50%

26 정답 ②

크림을 휘핑할 때 부피를 증가시킬 수 있는 방법
- 휘핑 크림은 차가운 온도(7℃ 정도)에서 잘 만들어진다.
- 지방구의 크기가 크거나 지방 함량이 많을수록 잘 만들어진다.
- 금방 만든 크림보다는 시간이 약간 지난 것이 잘된다.
- 설탕을 첨가하면 휘핑하는 데 시간이 오래 걸린다.

27 정답 ①

소프트커드유는 우유의 칼슘과 인을 약 20% 정도 감소시켜 부드러운 응고를 할 수 있게 하고 췌장 효소를 첨가하여 소화가 잘되도록 균질화한 제품으로, 유아용으로 적합하다.

28 정답 ⑤

우유의 탄수화물 대부분은 유당이며 유당은 용해도가 낮아 찬물에 잘 녹지 않는다.

29 정답 ①

토마토의 유기산이 우유의 단백질을 응고시키므로 토마토를 넣을 때 살짝 데쳐 유기산을 휘발시켜 제거한 후 사용하는 것이 좋다.

30 정답 ⑤

치즈는 우유에 산, 레닌 또는 젖산균을 첨가하여 카제인을 응고시킨 후 응고물을 발효 또는 숙성시킨 것이다.

31 정답 ②

① 연질 치즈의 수분 함량은 50~75% 정도이다.
③ 경질 치즈의 수분 함량은 30~40% 정도이다.
④ 파르메르산 치즈는 초경질 치즈이다.
⑤ 모짜렐라 치즈는 비숙성 연질 치즈이다.

32 정답 ②

치즈의 수분 함량
- 연질 치즈 : 50~75%
- 반경질 치즈 : 40~50%
- 경질 치즈 : 30~40%
- 초경질 치즈 : 25~30%

33 정답 ④

① 예사성 : 난백이나 청국장을 숟가락으로 떠 올리면 실처럼 따라 올라오는 성질
② 신전성 : 국수나 밀가루 반죽이 늘어나는 성질
③ 탄성 : 묵처럼 외부로부터 힘을 받아 변형된 후 원상태로 되돌아가려는 성질
⑤ 소성 : 생크림이나 버터처럼 외부로부터 힘을 받아 변형된 후 원래 상태로 되돌아가지 않는 성질

CHAPTER 12 | 두류

문제편 p.264

01	02	03	04	05	06	07	08	09	10
④	①	②	④	⑤	③	②	③	⑤	①
11	12	13	14	15	16	17	18	19	
③	①	④	③	⑤	③	④	②	⑤	

01 정답 ④

① 두류에는 이소플라본, 사포닌 등의 파이토케미컬이 함유되어 있다.
②, ⑤ 두류의 주요 단백질은 글리시닌이며, 필수아미노산 중 리신 함량이 높고 시스테인과 메티오닌이 다소 부족하다.
③ 풋콩, 풋완두 등에는 비타민 C가 풍부하다.

02 정답 ①

②, ⑤ 대두의 탄수화물은 대부분 올리고당이며 불포화지방산 함량이 높다.
③, ④ 리폭시게나아제는 콩비린내를 생성하며, 트립신 저해제는 단백질 분해 효소인 트립신의 작용을 방해한다. 적혈구 응집소는 헤마글루티닌이다.

03 정답 ②

두류의 불포화지방산이 공기 중 산소를 만나면 리폭시게나아제의 효소 활성에 의해 산화되어 비린내를 생성한다. 따라서 뚜껑을 닫아 조리하면 산소를 차단하여 콩비린내 생성을 막을 수 있다.

04 정답 ④

1% 정도의 소금물을 첨가하거나 묽은 소금물에 침지한 후 삶으면 시간을 단축할 수 있다.
⑤ 중조 등의 알칼리성 물질은 0.3% 정도를 첨가하면 연화가 잘되지만 다량을 첨가하면 비타민 B_1 등의 영양소 파괴와 함께 콩이 쉽게 물러진다.

05 정답 ⑤

대두에 함유된 단백질의 약 80% 정도는 글리시닌이다.
① 제인 : 옥수수 단백질
② 카제인 : 우유 단백질
③ 글루테닌 : 밀 단백질
④ 호르데인 : 보리 단백질

06 정답 ③

사포닌은 기포성을 가지고 있어 대두와 팥을 삶을 때 거품을 형성한다.

07 정답 ②

리폭시게나아제는 콩비린내를 생성하는 효소이므로 100°C에서 5분 정도 가열하여 불활성화시킨다.

08 정답 ③

두류에 함유된 트립신 저해제는 단백질 분해 효소인 트립신의 작용을 억제하여 소화를 방해하므로 가열을 통해 제거해야 한다.

09 정답 ⑤

트립신 저해제는 단백질을 분해하는 효소인 트립신의 작용을 억제한다. 따라서 가열을 통해 제거해야 한다.

10 정답 ①

콩을 삶을 때 중탄산나트륨(식소다)을 첨가하여 가열하면 식이섬유인 셀룰로오스와 헤미셀룰로오스가 연화되어 수분의 흡수 및 팽윤이 촉진된다.

11 정답 ③

두유에 염화마그네슘($MgCl_2$), 염화칼슘($CaCl_2$) 등의 응고제를 70~90°C의 온도에서 첨가하면 두부를 제조할 수 있다.

12 정답 ①

대두에 함유된 유독 성분인 트립신 저해제, 헤마글루티닌, 사포닌 등과 콩비린내를 생성하는 리폭시게나아제는 가열에 의해 변성 및 불활성화된다.

13 정답 ④

콩의 주 단백질인 글리시닌은 열에는 안정하지만 금속염과 산에는 불안정하므로 금속 이온에 의해 응고 및 침전된다. 이러한 성질을 이용하여 두부를 제조한다.

14 정답 ③

- 글루코노 δ-락톤은 글루콘산을 생성하여 글리시닌을 응고시킨다.
- 두부 제조 시 Mg^{2+}, Ca^{2+} 등의 금속 이온을 이용하여 콩단백질인 글리시닌을 응고시킨다.

15 정답 ⑤

개량식은 메주 제조 시 콩, 쌀, 밀가루 등을 혼합한다.

재래식 장류의 특징
- 메주는 콩으로만 제조
- 고초균과 자연계의 여러 균들이 발효에 관여
- 제조 기간이 김
- 여러 잡균에 의해 균일한 품질 제조가 어려움

16 정답 ③

청국장의 흰색 점액성 물질은 프락탄 혼합물로 점성이 강하다.
① 두반장 : 콩과 잘게 썬 고추 등을 넣어 제조
② 낫토 : 삶은 콩에 낫토균(Bacillus natto)을 접종하여 발효한 후 숙성한 것
④ 춘장 : 콩·쌀·보리·밀 등을 원료로 소금과 종국을 넣어 발효 숙성시킨 후 캐러멜 등을 첨가한 것
⑤ 템페 : 삶은 대두에 균을 접종시켜 생수에 발효시킨 것

17 정답 ④

녹두가 발아하면 숙주나물이 된다. 녹두의 주성분은 전분이므로 떡소, 녹두죽, 청포묵, 녹두빈대떡 등을 만들 때 사용된다.

18 정답 ②

대두가 발아하면 비타민 C의 함량이 증가한다.

19 정답 ⑤

리폭시게나아제는 콩비린내 생성에 관여하는 산화 효소이다.
① 아스코르비나아제 : 비타민 C 산화 효소
② 프로테아제 : 단백질 분해 효소
③ 폴리페놀옥시다아제 : 폴리페놀 산화 효소
④ 리파아제 : 지방 분해 효소

CHAPTER 13 | 유지류

문제편 p.267

01	02	03	04	05	06	07	08	09	10
④	④	④	⑤	④	③	④	③	⑤	③
11	12	13	14	15	16	17	18	19	20
⑤	②	①	①	②	②	③	④	⑤	⑤
21	22	23	24	25	26	27	28	29	30
①	①	①	①	①	②	②	②	⑤	⑤
31	32								
①	③								

01 정답 ④

팜유, 코코넛유를 제외한 대부분의 식물성 유지는 융점이 낮아 상온에서 액체 상태이다.
① 요오드가에 따라 불건성유, 반건성유, 건성유로 나뉜다.
② 대부분의 식물성 유지는 불포화지방산의 함량이 많다.
③ 샐러드유는 동유 처리 공정에 의해 냉각해도 잘 얼지 않는다.
⑤ 버터, 라드, 쇼트닝은 동물성 유지이다.

02 정답 ④

유지는 식품에 열을 전달하는 매개체로서 음식의 맛, 향기 및 색을 부여하고 유화제와 연화제 등으로도 사용된다.

03 정답 ④

식물성 유지 중 팜유와 코코넛유는 포화지방산의 함량이 높아 상온에서 반고체 형태이다.

04 정답 ⑤

- 유중수적형(water in oil ; W/O) : 기름에 물이 분산
  예) 버터, 마가린 등
- 수중유적형(oil in water ; O/W) : 물에 기름이 분산
  예) 우유, 생크림, 아이스크림, 마요네즈 등

05 정답 ④

유화액의 안정성을 높이는 방법
- 분산상의 입자를 작게 한다.
- 분산매와 분산상의 비중이 비슷하도록 한다.
- 계면활성제(유화제)를 사용하여 두 물질 사이의 계면 장력을 낮춘다.
- 분산상의 표면에 전하를 띠게 한다.

06 정답 ③

쇼트닝은 라드의 대용품으로, 가소성이 크고 크리밍성과 쇼트닝성이 뛰어나 페스트리, 파이 등과 같은 제빵 제품을 만들 때 많이 이용한다.

07 정답 ④

유지의 쇼트닝 작용은 유지가 밀가루 반죽 시 글루텐 사이에 끼어 들어가 글루텐의 길이를 짧게 함으로써 밀가루 제품의 질감을 부드럽고 바삭바삭하며 부스러지기 쉽게 한다.

08 정답 ③

크리밍성은 버터, 마가린, 쇼트닝 등의 고체나 반고체 지방을 빠르게 저어주면 지방 안으로 공기가 들어가 부피가 증가하고 부드럽고 하얗게 변하는 것이다.
※ 크리밍성 : 쇼트닝>마가린>버터

09 정답 ⑤

마요네즈의 분리 요인
- 오래된 달걀을 사용한 경우
- 마요네즈를 얼렸을 경우
- 기름의 양과 교반 시의 힘이 맞지 않을 경우
- 고온에서 저장할 경우
- 뚜껑을 열어놓아 건조되었을 경우
- 운반 중의 지나친 진동이 있었을 경우

10 정답 ③

신선한 난황을 조금씩 넣어주면 마요네즈가 다시 재생된다.

11 정답 ⑤

쇼트닝 파워는 유지(쇼트닝)가 글루텐을 연화하는 능력을 의미한다. 즉, 유지가 밀가루 글루텐 사이에 끼어 들어가 글루텐의 길이를 짧게 함으로써 밀가루 제품의 질감을 부드럽게 한다. 유지의 첨가량이 많고 가소성이 클수록 쇼트닝 파워도 커지며, 반죽에 달걀을 넣으면 유지의 일부가 유화 상태를 이루기 위해 사용되므로 쇼트닝 파워는 감소한다.

12 정답 ②

발연점이란 유지를 높은 온도에서 가열했을 때 유지의 표면에서 엷은 푸른색의 연기(아크롤레인)가 발생하는 온도이다. 아크롤레인은 자극성이 강한 발암성 물질로 튀김 요리에는 발연점이 높은 기름을 사용해야 한다.

13 정답 ①

기름의 발연점이 낮아지는 요인
- 사용 횟수가 증가할수록
- 유리지방산의 함량이 많을수록
- 가열 용기의 표면적이 넓을수록
- 기름 속의 이물질이 많을수록

14 정답 ①

참기름에는 천연 항산화 성분인 세사몰(sesamol)이 함유되어 있어 산패에 안정적이다.

15 정답 ②

대두유는 불포화지방산을 다량 함유하고 있으며 필수지방산인 리놀레산, 리놀렌산, 아라키돈산을 함유하고 있다.
① 고시폴은 면실유에 함유된 천연 항산화 성분이다.

16 정답 ②

쇼트닝은 대두유, 면실유, 어유, 고래기름 등을 이용하여 경화 과정을 통해 제조한 라드의 대용품이다.
③ 마가린 : 버터의 대용품이다.

17 정답 ③

라드는 쇼트닝화가 커서 빈대떡 부침이나 제과제품에 많이 사용되며 음식을 부드럽게 한다.

18 정답 ④

동유 처리란 식물성 기름을 냉각시켜 결정체를 여과 처리함으로써 기름의 혼탁이나 결정화를 방지하는 방법이다. 샐러드유는 동유 처리에 의해 냉각온도에서도 잘 얼지 않는다.

19 정답 ⑤

경화(수소화)란 식물성 기름의 불포화지방산의 이중결합에 수소를 첨가하는 과정이다. 경화 과정을 통해 포화도 증가, 트랜스지방 증가, 지방의 융점 상승 등이 일어나며 상온에서 고체 상태로 존재하게 된다. 마가린, 쇼트닝과 같은 가공유지 제조에 이용된다.

20 정답 ⑤

변향이란 유지의 산패가 일어나기 전에 빛, 온도, 산소, 금속 이온 등과 같은 촉매에 의해 이취가 발생하는 현상으로 대두유(콩기름)에서 쉽게 발생한다.

21 정답 ①

동유 처리란 액체유를 7℃까지 냉각시켜 결정체를 여과 처리함으로써 기름의 혼탁이나 결정화를 방지하는 것이다.

22 정답 ⑤

광선 및 자외선을 쏘이면 유지의 산패가 촉진된다.

23 정답 ①

지방은 빛, 산소, 열, 효소, 수분 또는 금속 이온 등에 의해 산패가 촉진된다.

24 정답 ①

튀김을 할 때는 기름의 온도를 일정하게 유지시켜야 하므로 두꺼운 금속으로 된 지름이 좁은 냄비를 사용하는 것이 좋다.

25 정답 ①

신선한 유지의 산가는 보통 0.05~0.07이며 산패가 진행될수록 산가가 높아진다.

26 정답 ③

토코페롤(Tocopherol)은 식물성 기름에 함유되어 있는 천연 항산화제이다.

27 정답 ②

면실유에는 고시폴, 대두유와 옥수수유에는 레시틴이 함유되어 있어 항산화 효과가 있다. PG, BHT, BHA, EP 등은 합성 항산화제이다.

28 정답 ②

튀김 기름으로는 정제 과정을 거쳐 불순물을 제거하여 발연점이 높은 식물성 기름이 적합하다.

29 정답 ⑤

약과는 140~150℃의 낮은 온도에서 가열하여 흡유량이 많아 촉촉하다.
① 감자튀김 : 195~200℃
②, ④ 닭·생선·도넛 : 160~180℃
③ 크로켓 : 190~195℃

30 정답 ⑤

약과 반죽 시 과량의 기름을 사용하면 튀길 때 반죽이 풀어진다.

31 정답 ①

유지를 가열하면 중합체가 형성되어 점도가 증가한다.

32 정답 ③

옥수수의 배아 부분은 지방 함량이 높다.

CHAPTER 14 | 채소 및 과일류

문제편 p.272

01	02	03	04	05	06	07	08	09	10
④	④	①	①	③	②	⑤	①	③	①
11	12	13	14	15	16	17	18	19	20
②	⑤	①	④	②	⑤	②	④	①	⑤
21	22	23	24	25	26	27	28	29	30
①	②	④	②	④	②	④	②	③	②
31	32	33	34	35	36	37	38		
③	⑤	⑤	④	⑤	④	④	⑤		

01 정답 ④

채소를 가열하면 조직이 연화되어 물러지고 수용성 비타민(비타민 B_1, 비타민 C 등)이 파괴된다.

02 정답 ④

녹색 채소의 클로로필은 산성 상태에서 녹갈색으로 색이 변하기 때문에 뚜껑을 열어 채소에 함유된 휘발성 유기산을 휘발시키거나 조리수를 많이 넣어 비휘발성 유기산을 희석시켜 산성 상태를 방지해주면 초록색을 유지할 수 있다.

03 정답 ①

알칼리성 물로 조리하면 수용성 비타민의 파괴가 일어나는데, 특히 비타민 B_1과 비타민 C의 파괴가 크다.
② 클로로필은 선명한 녹색, 안토시아닌은 청색, 안토잔틴은 황색으로 변한다.

04 정답 ①

오이의 클로로필은 산성에서 페오피틴으로 변하여 녹갈색 또는 올리브색을 띤다.

05 정답 ③

시금치를 오래 삶으면 클로로필의 피톨기가 효소(클로로필라아제)에 의해 제거되면서 수용성이 되어 조리수가 푸른색을 띤다.

06 정답 ②

클로로필은 알칼리 상태에서는 청록색의 클로로필라이드와 클로로필린을 생성하기 때문에 중조를 첨가하면 녹색이 선명해진다.

07 정답 ⑤

녹색 채소를 끓는 물에 살짝 데치면 세포 내 공기가 제거되어 클로로필 색소가 표면화되면서 녹색이 선명해진다.

08 정답 ①

채소는 끓는 물에 데치면 비타민 C가 지속적으로 파괴되기 때문에 빨리 찬물에 헹궈준다. 특히 근대, 시금치, 아욱과 같은 엽채류는 끓는 물에서 뚜껑을 열고 단시간에 데친 후 헹궈준다.

09 정답 ③

시금치에 함유된 수산은 체내에서 칼슘과 결합하여 결석을 형성하므로 시금치는 데쳐서 사용한다.

10 정답 ①

안토시아닌은 수용성 색소로 pH의 변화에 매우 불안정하여 산성에서는 적색, 중성에서는 자색, 알칼리성에는 청색을 띤다.

11 정답 ②

생강에 함유된 안토시아닌은 산성 상태에서 적색으로 변한다.

12 정답 ⑤

우엉의 알칼리성 무기질인 마그네슘, 칼륨, 나트륨 등이 물 밖으로 용출되어 우엉의 안토시아닌 색소와 반응하여 청색을 띤다.

13 정답 ①

안토시아닌은 수용성 색소로 산성(적색), 중성(적자색), 알칼리성(청색) 조건에 따라 색이 변화한다. 가지, 자색 양파, 적양배추, 흑미, 블루베리 등의 식품에 함유되어 있다.

14 정답 ④

당근, 오이, 호박 등에는 비타민 C를 파괴하는 아스코르비나아제(Ascorbinase) 효소가 함유되어 있으므로 다른 식품과 함께 저장 시 주의해야 한다.

15 정답 ②

백합과 채소(파, 마늘, 달래, 양파, 부추 등)와 겨자과 채소(배추, 무, 양배추, 브로콜리 등)에는 황 또는 황화합물이 존재하기 때문에 썰거나 자르는 조리조작을 통해 강한 자극성의 냄새가 난다.

16 정답 ⑤

양파의 매운맛 성분은 가열에 의해 일부 분해되어 단맛의 프로필메르캅탄을 생성한다.

17 정답 ②

마늘의 알리신은 체내에서 비타민 B1과 결합하여 알릴티아민(allithiamin)으로 변하며 체내흡수율을 증가시킨다.

18 정답 ④

당근, 오이, 호박 등에는 비타민 C를 파괴하는 아스코르비나아제(Ascorbinase)가 함유되어 있어 다른 식품과 함께 조리하거나 보관할 때 주의해야 한다.

19 정답 ①

채소를 냉동 저장하기 전에 끓는 물에 데치면 효소의 불활성화, 세균의 감소, 엽록소의 표출, 비타민 C 파괴 효소의 불활성화 등의 장점이 있다.

20 정답 ⑤

① 카페인 : 커피, 차
② 나린진 : 감귤류 과피
③ 사포닌 : 콩, 인삼 뿌리
④ 튜존 : 쑥

21 정답 ①

② 쿠쿠르비타신 : 오이 꼭지
③ 케르세틴 : 양파 껍질
④ 나린진 : 감귤류 과피
⑤ 테오브로민 : 커피, 코코아

22 정답 ②

① 캡사이신 : 고추의 매운맛
③ 카테킨 : 차의 떫은 맛
④ 차비신 : 후추의 매운맛
⑤ 산시올 : 산초의 매운맛

23 정답 ④

완두콩의 클로로필 색소의 마그네슘과 구리가 치환되어 녹색이 안정화된다.
① 가지의 안토시안 색소인 나스닌이 알루미늄과 만나 가지색이 안정화된다.
② 채소는 고온에서 짧게 삶아야 비타민 C의 손실이 적다.
③ 시금치의 클로로필 색소가 알칼리에 의해 선명한 녹색이 된다.
⑤ 연근은 플라보노이드계의 색소를 가지고 있어 산성에서는 백색, 알칼리에서는 황색을 띤다.

24 정답 ④

적자색 채소(안토시아닌)는 산성에서 적색, 중성에서 자색, 알칼리성에서 청색을 띤다.
①, ② 녹색 채소(클로로필) : 산성-갈색, 알칼리-선명한 청록색
③ 등황색 채소(카로티노이드) : 산성, 알칼리, 가열 등에 안정
⑤ 백색(담색) 채소(안토잔틴) : 산성-선명한 백색, 중성-무색 또는 담황색, 알칼리성-황색

25 정답 ④

감귤류와 토마토에는 구연산, 사과와 복숭아에는 사과산, 포도에는 주석산이 함유되어 있다.

26 정답 ②

과일은 숙성될수록 크기의 증가, 과일 특유의 색과 향 생성, 유기산의 함량 감소(신맛 감소), 전분의 분해로 인한 당 함량 증가(단맛 증가), 수용성 탄닌의 감소(떫은 맛 감소), 불용성 프로토펙틴에서 가용성 펙틴으로의 전환(잼과 젤리 제조 가능) 등의 현상이 일어난다.

27 정답 ④

① 파인애플-브로멜라인
② 키위-액티니딘
③ 배-프로테아제
⑤ 파파야-파파인

28 정답 ②

과일의 갈변은 효소에 의해 발생하므로 효소의 불활성화를 위한 가열처리, 냉각 및 냉동보관, 설탕물과 소금물에 보관, 오렌지나 레몬즙 등의 산성 용액에 보관, 밀봉을 통한 산소와의 접촉 차단 등으로 방지할 수 있다. 또한 철제 금속 용기를 사용하지 않고 비타민 C와 같은 환원성 물질을 첨가해 주는 것도 갈변을 방지할 수 있는 방법이다.

29 정답 ③

성숙한 과일에는 펙틴과 펙틴산이 있고, 당과 산이 존재할 때 젤이 잘 형성된다. 잼은 펙틴 1%, 당 60~65%, 산 0.3%(pH 3.0~3.3), 가열 시 과즙의 온도 103~104℃에서 잘 만들어진다.

30 정답 ②

펙틴은 과일과 채소에 널리 존재하며 유기산과 당의 존재 하에 겔을 형성하므로 잼과 젤리를 만들 때 사용한다.

31 정답 ③

펙틴은 과일의 껍질에 많이 존재하며 잼과 젤리의 제조 시 당은 탈수 작용을 하고 산은 펙틴 분자끼리의 결합과 침전을 도와준다. 과일의 성숙도에 따라 펙틴질의 형태가 달라지는데, 미숙한 과일에는 프로토펙틴, 성숙한 과일에는 펙틴과 펙틴산, 과숙한 과일에는 펙트산이 존재하며 미숙하거나 과숙한 과일로는 겔을 형성하기 어렵다.

32 정답 ⑤

① 미숙한 과일에는 프로토펙틴의 형태로 존재한다.
② 과숙한 과일에는 펙트산으로 존재한다.
③ 펙트산은 산성에서 수용성을 띠므로 겔 형성이 어렵다.
④ 펙틴과 펙틴산은 당과 산의 존재 시 겔을 형성한다.

33 정답 ⑤

배, 감, 바나나 등은 펙틴과 산이 부족하여 젤리를 형성하기 어렵다. 반면, 사과, 포도, 귤, 오렌지 등은 펙틴과 산의 함량이 많아 젤리의 재료로 적합하다.

34 정답 ④

젤리 제조의 최적 조건은 펙틴 1~1.5%, 당 60~65%, pH 3.0~3.5이다.

35 정답 ⑤

곶감을 가공할 때 표면의 흰색 가루는 당알콜인 만니톨 성분이다.

36 정답 ④

바나나, 파인애플, 코코넛, 아보카도 등의 열대과일은 냉장고의 차가운 온도에서 보관하면 저온 장해(ching injury)를 입으므로 실온에서 보관해야 한다. 바나나는 냉장 보관 시 색이 검게 변한다.

37 정답 ④

① 두린 : 수수
② 리신 : 피마자
③ 솔라닌 : 감자
⑤ 무스카린 : 독버섯

38 정답 ⑤

① 테오브로민 : 코코아, 커피 등
② 쿠쿠르비타신 : 오이 꼭지
③ 튜존 : 쑥
④ 케르세틴 : 양파 껍질

CHAPTER 15 | 해조류 및 버섯류

문제편 p.278

01	02	03	04	05	06	07	08	09	10
③	⑤	④	②	①	⑤	③	④	②	④
11	12	13	14	15					
①	③	③	④	④					

01 정답 ③

- 홍조류 : 김, 우뭇가사리
- 녹조류 : 파래, 매생이, 청각, 클로렐라 등
- 갈조류 : 미역, 다시마, 톳, 모자반 등

02 정답 ⑤

해조류에는 다당류인 만니톨, 알긴산, 한천, 카라기난 등이 다량 함유되어 있다.

03 정답 ④

카라기난은 홍조류, 펙틴은 과일류, 셀룰로오스는 곡류, 리그닌은 식물의 줄기, 아라비아검은 아카시아 나무 수액에 존재한다.

04 정답 ②

알긴산은 미역에 많이 함유되어 있는 점조성 다당류이다.
① 만니톨 : 다시마의 흰 가루 성분
③ 한천 : 우뭇가사리 추출물
④ 카라기난 : 홍조류의 다당류
⑤ 피코에리트린 : 홍조류의 색소성분

05 정답 ①

다시마의 표면에 있는 흰 가루의 성분은 만니톨이다
② 알긴산 : 미역의 점조성 다당류
③ 한천 : 우뭇가사리의 추출물
④ 카라기난 : 홍조류의 다당류
⑤ 피코에리트린 : 홍조류의 색소 성분

06 정답 ⑤

갈조류는 글루탐산을 함유하고 있어 감칠맛이 있다.
① 갈조류는 미역, 다시마, 톳, 모자반 등을 말한다.
② 갈조류는 푸코잔틴 색소를 지닌다.
③ 다시마 표면의 흰 가루는 당알콜인 만니톨이다.
④ 미역의 알긴산은 점성이 있고 변비 예방 효과가 있다.

07 정답 ③

한천은 홍조류인 우뭇가사리를 열수추출한 후 동결 건조하여 제조한다.

08 정답 ④

한천은 아가로오스와 아가로펙틴이 7:3 비율로 구성되어 있으며 이 중 아가로오스가 젤화의 특성을 가진다.
① 일상적으로 0.5~1.5% 정도 사용하며 양갱, 과일젤리, 미생물 배양배지 등에 사용된다.
③ 한천은 우뭇가사리로 제조한다.

09 정답 ②

한천은 30℃ 전후에서 젤을 형성하며, 80~100℃에서 녹는다. 또한 젤화 후에는 온도가 높아도 잘 녹지 않는다.

10 정답 ④

한천에 설탕을 첨가하면 투명도, 점탄성, 젤의 강도 등이 증가한다.

11 정답 ①

산성 물질, 우유, 난백, 기타 고형물(앙금 등) 등은 젤의 강도를 저하시킨다.

12 정답 ③

에르고스테롤은 버섯류에 다량 함유되어 있으며 특히 건조한 표고버섯에 많다.

13 정답 ③

에리고스테롤은 버섯에 다량 함유되어 있는 비타민 D_2의 전구체로, 자외선에 의해 비타민 D_2로 변화한다.

14 정답 ④

양송이버섯은 티로시나아제에 의해 갈변되기 쉬우므로 데친 후에 사용하는 것이 좋다.

15 정답 ④

송이버섯의 향기 성분은 메틸신나메이트(methy cinnamate), 마츠타케올(matsutakeol), 메틸에스테르(methy ester) 등이다.

CHAPTER 16 | 식품 미생물

문제편 p.280

01	02	03	04	05	06	07	08	09	10
④	⑤	④	⑤	⑤	①	④	④	③	①
11	12	13	14	15	16	17	18	19	20
④	④	⑤	②	⑤	④	①	③	②	②
21	22	23	24	25	26	27	28	29	30
①	③	⑤	⑤	②	③	③	⑤	⑤	②
31	32	33	34	35	36	37	38	39	40
①	③	①	③	①	④	④	①	⑤	①
41	42	43	44	45	46	47	48	49	50
①	②	①	③	②	④	②	③	③	②
51	52	53	54	55	56	57	58	59	60
①	⑤	④	①	⑤	③	⑤	②	⑤	①
61	62	63	64	65	66	67	68	69	70
③	④	⑤	②	④	③	④	③	④	①
71	72	73	74	75	76	77	78	79	80
①	⑤	④	②	④	⑤	④	②	③	⑤
81	82	83	84	85	86	87	88		
③	②	②	①	⑤	②	②	②		

01 정답 ④

① 염색 결과 보라색이면 그람양성, 붉은색이면 그람음성으로 판정한다.
② 그람염색으로는 편모를 확인할 수 없다.
③ 그람염색의 결과는 세균의 연령에 영향을 거의 받지 않는다.
⑤ 그람염색의 양성과 음성은 세균의 세포벽의 구조적 차이에 의해 구별된다.

02 정답 ⑤

① 초산균과 대장균은 그람음성균이다.
② 그람양성균은 크리스탈 바이올렛 색소에 쉽게 염색된다.
③ 그람양성균의 세포벽은 펩티도글리칸(peptidoglycan)과 테이코산(teichoic acid)이 1개 층으로 두껍게 세포를 둘러싼 형태이다.
④ 세포벽에 지질성분이 적고 라이소자임에 의해 펩티도글리칸이 불해되면 용균된다.

03 정답 ④

세균은 원핵세포로 이루어진 단세포 생물로 분열법에 의해 증식하며, 세포벽의 조성 및 구조 차이에 따라 그람염색법으로 세균을 분류한다. 그람양성균과 그람음성균으로 나뉜다.

04 정답 ⑤

세균류는 원핵세포 미생물이며, Saccharomyces와 같은 효모들은 진핵세포의 고등미생물이다.

05 정답 ⑤

- 원핵세포 : 세포벽의 주성분은 펩티도글리칸이며 호흡 관련 효소들은 세포막 또는 메소솜에 부착되어 있다.
- 진핵세포 : 세포벽의 주성분은 셀룰로오스, 키틴 등이며 호흡 관련 효소들은 미토콘드리아에 존재한다.

06 정답 ①

페니실린 생산균으로서 최초로 알려진 것은 P. notatum이고 P. chrysogenum은 공업적인 페니실린 생성균으로 알려져 있다.

07 정답 ④

페니실린은 세균의 세포벽을 구성하는 펩티도글리칸의 합성을 저해함으로써 항균작용을 한다.

08 정답 ④

- 그람양성균 : 포자형성균(Bacillus, Clostridium), 젖산균(Leuconostoc, Streptococcus 등), 프로피온산균 등
- 그람음성균 : 초산균(Acetobacter, Gluconobacter), 식중독균(Escherichia 등), 부패균(Pseudomonase 등) 등

09 정답 ③

세균의 내생포자는 열, 자외선, 화학약품, 방사선에 저항성이 강하며, 일반세포(영양세포)에 비해 충분한 수분을 함유하고 있지 않다.

10 정답 ①

Bacillus 속, Clostridium 속, Sporosarcina 속 등과 같은 간균들은 내생포자를 형성한다.

11 정답 ④

①, ⑤ Clostridium, Bifidobacterium : 편성혐기성균
②, ③ Pseudomonas, Acetobacter : 호기성균

12 정답 ④

편성혐기성균은 산소가 없는 환경에서만 생육 가능한 균이다. *Clostridium butyricum* 등은 이에 속한다.
①, ②, ⑤ *Bacillus natto, Bacillus subrilis, Staphylococcus aureus* : 통성혐기성균
③ *Acetobacter aceti* : 호기성균

13 정답 ⑤

Pseudomonas, *Flavobacterium*, *Achromobacter* 속은 저온성 세균으로 냉장식품의 부패에 관여한다.

14 정답 ②

곰팡이는 균사의 격벽 유무에 따라 격벽이 없는 조상균류와 격벽이 있는 순정균류로 분류된다.

15 정답 ⑤

조상균류는 균사에 격벽이 없다. 또한 유성생식으로 접합포자를 만들고 무성생식으로 포자낭포자를 만든다. *Mucor* 속, *Rhizopus* 속, *Absidia* 속 등이 이에 속한다.

16 정답 ④

자낭균류는 *Aspergillus*, *Penicillium*, *Neurospora*, *Monascus*, *Eremothecium* 등이다.
①, ②, ③ *Mucor*(털곰팡이), *Absidia*(활털곰팡이), *Rhizopus*(거미줄곰팡이) : 조상균류인 접합균류

17 정답 ①

조상균류인 *Absidia*, *Rhizopus*, *Mucor*는 균사에 격벽이 없고 가근과 포복지를 가지며 유성적으로 접합포자를 형성한다.

18 정답 ③

- 유성포자 : 난포자, 접합포자, 자낭포자, 담자포자
- 무성포자 : 포자낭포자, 분생포자, 후막포자, 분열포자, 출아포자

19 정답 ②

- 무포자 효모 : *Candida* 속, *Rhodotorula* 속, *Torulopsis* 속
- 자낭포자 효모 : *Saccharomyces* 속, *Schizosaccharomyces* 속, *Pichia* 속, *Hansenula* 속, *Debaryomyces* 속

20 정답 ②

- *Penicillium roquefort* : 로크포 치즈 제조
- *Penicillium chrysogenum, Penicillium notatum* : 항생 물질인 페니실린 생성
- *Penicillium expansum* : 과일의 부패
- *Penicillium citrium* : 황변미의 원인 물질인 시트리닌 생성

21 정답 ①

- 자낭균류 : 유성생식으로 자낭포자를, 무성생식으로 분생포자를 형성(*Aspergillus*, *Monascus*, *Penicillium* 등)
- 접합균류 : 유성생식으로 접합포자를, 무성생식으로 포자낭포자를 생성
- 조상균류 : 균사에 격벽이 없는 것(*Mucor*, *Rhizopus*, *Absidia* 등)
- 수정균류 : 균사에 격벽이 있는 것

22 정답 ③

순정균류에는 불완전균류, 자낭균류, 담자균류가 있다. 이 중 불완전균류는 무성생식하는 수정균류로 균사에 격벽을 가지며 자낭과를 형성한다.

23 정답 ⑤

자낭균류는 유성생식 시에는 자낭포자를 형성하고 무성생식 시에는 분생포자를 형성한다. 자낭균류에는 *Monascus* 속, *Penicillim* 속, *Aspergillus* 속, *Neurospora* 속, *Ashbya* 속 등이 해당하며, 그중 *Aspergillus* 속은 분생자병 끝에 정낭이 있다.

24 정답 ⑤

효모인 S. cerevisiae는 출아법으로 증식하고 나머지는 분열법으로 증식한다.

25 정답 ②

담자균류는 균사에 꺽쇠연결을 가지고 있으며 대부분의 버섯이 담자균류에 해당한다.

26 정답 ③

① 버섯의 식용부분은 3차 균사인 자실체이다.
② 버섯의 대부분은 담자균류에 속하며 일부만 자낭균류에 속한다.
④ 버섯의 균사에는 격막이 있고 세포벽은 키틴(chitin)질로 구성되어 있다.
⑤ 담자기는 4개의 담자포자를 갖는다.

27 정답 ③

세균의 포자는 100℃에서 수십 분~수 시간 가열하여도 생존하는 수가 있다.

28 정답 ⑤

미생물이 생육할 수 있는 최저 수분활성도(A_w)는 곰팡이 0.8, 효모 0.88, 세균은 0.90이다.

29 정답 ⑤

내삼투압성 효모의 생육 가능 수분활성도(A_w)는 0.60으로 가장 낮다.
① 일반 세균 : A_w 0.90
② 일반 효모 : A_w 0.88
③ 일반 곰팡이 : A_w 0.8
④ 호염성 세균 : A_w 0.75

30 정답 ②

편성호염성균은 2% 이상의 소금 농도가 있어야 생육이 가능하다. 장염비브리오균(*Vibrio parahaemolyticus*)이 대표적이다.

31 정답 ①

젖산균(*Lactobacillus acidophilus*)은 1~10% 낮은 산소 농도에서만 생육 가능한 미호기성이다.

32 정답 ③

*A. flavus*는 곰팡이독(아플라톡신)을 생성한다.

33 정답 ①

일반적으로 미생물은 5~10%의 식염에서 생육이 저지된다. 그 이유는 염소(Cl^-) 이온 등의 독작용, 삼투압 증가, 산소용해도 감소, 세포의 CO_2 감수성 증대, 호흡 저하로 인한 호흡관계 효소의 활성 저하 등이다.

34 정답 ③

Azotobacter, *Rhizobium*, 남조류 등은 공중질소 고정균이다.

35 정답 ①

E. coli(대장균)는 유당을 분해하여 가스를 생성하며 분변에 의한 오염을 파악할 수 있는 오염지표균이다.
② *S. typhi* : 장티푸스균
③ *S. dysenteriae* : 이질균
④ *S. aureus* : 황색포도상구균
⑤ *V. parahaemolyticus* : 장염비브리오

36 정답 ④

저온균은 최적 생육온도가 20~30℃인 균으로, 최적 온도는 중온이나 저온(냉장)에서도 생육 가능한 균을 말한다. 대표적으로 *Pseudomonas fluorescens*, *Listeria monocytogenes* 등이 이에 해당한다.
①, ③ *Escherichia coli*, *Staphylococcus aureus* : 중온균
② *Arthrobacter glacials* : 호냉균
⑤ *Streptococcus thermophilus* : 고온균

37 정답 ④

*C. perfringens*는 편성혐기성 간균으로 100℃에서 균수가 1/10으로 감소하는 데 최대 20분까지 소요된다.

38 정답 ①

Bacillus subtilis(고초균)는 건토 및 토양에 많이 존재하며 85~95℃에서 활성을 나타내는 α-amylase와 단백질분해 효소인 protease를 생산한다.

39 정답 ⑤

P. citreoviride, *P. citrinum*, *P. toxicarium* 등은 쌀의 황변미를 일으키고 신경 독소를 생성한다.
① *P. chrysogenum*, *P. notatum* : 페니실린 생산균주
② *P. roqueforti* : 치즈
③ *P. italicum* : 감귤류 부패
④ *P. expansum* : 사과, 배 부패

40 정답 ①

*B. natto*는 청국장 제조에 이용되는 납두균으로 독특한 냄새와 점질 물질을 생성하며, 비오틴 요구성을 갖는다.

41 정답 ①

*Proteus vulgaris*는 그람음성균으로 자연에 널리 분포하며 단백질 분해력이 강한 호기성 부패세균의 하나이다.

42 정답 ②

*Proteus morganii*는 히스티딘(histidine)으로부터 히스타민(histamine)을 생성시켜 알레르기성 식중독을 일으키는 균이다.

43 정답 ①

산막효모에는 *Pichia* 속, *Candida* 속, *Hansenula* 속, *Debaryomyces* 속 등이 있으며, 그 중 간장, 주류 등의 발효액 표면에 피막을 형성하는 산막효모는 *Pichia* 속이다. *Hansenula* 속은 산막효모나 청주 등에 *ester*향(과일향)을 생성하며 숙성에 관여한다.

44 정답 ③

①, ②, ⑤ 치즈, 버터, 발효유 : *Lactobacillus* 속과 *Streptococcus* 속의 작용에 의한 젖산발효이다.
④ 김치 : *Leuconostoc* 속(초기)과 *Lactobacillus* 속(중기 이후)의 작용에 의한 젖산 발효이다.

45 정답 ②

*Leu. mesenteroides*는 김치 발효의 초기 및 중기에 관여하는 젖산균으로 설탕으로부터 점질 물질인 덱스트란(dextran)을 생성하여 김치나 깍두기의 점도를 끈적하게 만든다.

46 정답 ⑤

김치는 *Leu. mesenteroides*(초기와 중기), *L. plantarum*(후기), *L. brevis*(후기)에 의해 젖산 발효된다.

47 정답 ①

케피어는 주로 *L. delbrueckii*를 이용하여 제조한다.

48 정답 ②

식초는 알코올(에탄올)을 기질로 만들어지며 *Acetobacter* 속과 *Gluconobacter* 속의 초산균이 작용한다.

49 정답 ③

A. aceti, *A. schutzenbachii*는 식초 양조에 가장 많이 이용되는 초산균이다.
- *A. xylinum*, *A. suboxydans*, *A. pasteurianus*는 식초 양조 시 두꺼운 피막을 형성하는 유해균이다.
- *A. liquefaciens*는 포도당으로부터 2,5-diketogluconic acid를 생성한다.

50 정답 ③

① 스위스 치즈 : *Propionibacterium shermanii*
② 청국장 제조 : *Bacillus natto*
④ 글루탐산 제조 : *Corynebacterium glutamicum*
⑤ 아프리카 술 폼베 제조 : *Schizosaccharomyces pombe*

51 정답 ①

청주 및 장류 제조에는 보통 *Aspergillus oryzae*(황국균)를 이용하는데, 황국균은 전분당화 효소인 아밀라아제(amylase)와 단백질 분해 효소(protease)를 생산한다.

52 정답 ⑤

A. kazevachii(백국균)는 탁주나 약주 제조에 이용된다.
① *A. sojae*(간장국균)은 장류 제조에 이용된다.
② *A. oryzae*(황국균)는 청주나 장류 제조에 이용된다.
③, ④ *A. usami*와 *A. awamori*는 흑국균으로 알코올과 소주 제조에 이용된다.

53 정답 ④

① 페니실린 생산균주는 *Penicillium chrysogenum*, *Penicillium notatum*이다.
② *Acetobacter aceti*는 식초 양조에 이용된다.
③ *Aspergillus oryzae*는 황국균이다.
⑤ *Bacillus natto*는 청국장 제조에 이용된다.

54 정답 ①

*Monascus anka*는 홍색 색소인 monascorbine을 생성하며, 홍국이라는 곡자를 이용하여 홍주를 만든다.

55 정답 ⑤

*Saccharomyces cerevisiae*는 제빵용 이스트로 많이 이용된다.

56 정답 ②

*A. oryzae*는 황국균으로 전분당화효소(amylase)와 단백질 분해효소(protease)을 생산한다.

57 정답 ⑤

① 포도주 : *S. ellipsoideus*
② 탁주, 약주 : *A. kazevachii*
③ 간장 : *A. oryzae*, *A. sojae*, *B. subtilis*, *P. halophilus*, *P. sojae*, *Z. rouxii*
④ 요구르트 : *L. bulgaricus*, *S. thermophilus*

58 정답 ②

① *S. sake* : 청주효모
③ *S. cerevisiase* : 상면발효효모
④ *S. mali-risler* : 사과주효모
⑤ *S. carsbergensis* : 하면발효효모

59 　　　　　정답 ⑤

- 단발효주 : 효모가 직접 과즙 중의 포도당을 알코올로 발효(예 포도주와 같은 과일주)
- 복행복발효주 : 누룩 등의 전분분해 효소로 전분의 당화와 동시에 효모의 알코올발효가 동시에 진행(예 약주, 탁주 등)
- 단행복발효주 : 당화와 발효공정이 분명하게 나누어져 이루어짐(예 맥주)

60 　　　　　정답 ①

복행복발효주는 누룩 등의 전분분해 효소로 전분의 당화와 동시에 효모의 알코올 발효가 동시에 진행된다(예 약주, 탁주 등).

②, ③ 간장, 청국장 등의 장류는 주 단계에서는 주로 곰팡이와 세균의 작용을 받지만 숙성 과정에서는 효모의 영향을 받는다.

⑤ 요구르트는 Lactobacillus 속의 세균 작용에 의해 발효된다.

61 　　　　　정답 ③

상면발효효모(영국)는 Saccharomyces cerevisiae이며, 하면발효효모(한국, 일본, 독일, 미국, 덴마크)는 Saccharomyces carlsbergensis(ubarum)이다.

62 　　　　　정답 ④

Corynebacterium glutamicum, Brevibacterium lactofermentum, Breviacterium flavum 등은 글루탐산(glutamic acid)을 생성한다.

63 　　　　　정답 ⑤

① Bacillus subtilis : 내열성이 강한 α-amylase를 생성하는 고초균
②, ④ Aspergillus sojae, Aspergillus oryzae : 단백질분해 효소(protease)와 전분분해 효소(amylase)를 생성하여 대두와 전분을 분해시키는 국균
③ Pediococcus sojae : 내염성 세균으로 젖산을 생성하여 유해균의 증식을 억제시킴

64 　　　　　정답 ②

Hansenula anomala는 주류의 후숙에 관여하고 과일향의 ester를 생성하여 주류의 향기를 생성한다.

65 　　　　　정답 ⑤

Pro. shermanii는 스위스 에멘탈 치즈의 숙성에 관여하고 CO_2를 생성하여 치즈의 눈으로 불리는 구멍(치즈아이)을 만든다.

66 　　　　　정답 ④

Clostridium sporogenes는 그람양성으로 혐기조건에서 육류를 부패시킨다. 또한 내열성이 강한 포자를 형성하며 통조림의 부패에 관여한다.

67 　　　　　정답 ③

아플라톡신을 분비하는 곰팡이에는 Aspergillus flavus와 Aspergillus parasiticus가 있다.

68 　　　　　정답 ④

Lactobacillus homohiochii는 청주 변패균으로 저장중인 청주에 증식하여 백탁과 산패를 발생시키고 향기를 나쁘게 한다.

① Bacillus natto : 청국장균
② Clostridium botulinum : 식중독균
③ Acetobacter xylinum : 식초의 변패균
⑤ Corynebacterium glutamicum : 아미노산 생산균

69 　　　　　정답 ③

Erwinia 속 미생물은 식물병원균으로서 펙티나아제(pectinase)를 만들어 과일이나 채소의 조직을 분해하여 무르게 한다.

70 　　　　　정답 ①

Bacillus subtilis, Bacillus licheniformis 등과 같은 내열성 포자가 빵의 내부에서 발아하여 번식하면 빵을 잘랐을 때 끈끈한 점질 물질이 나타나 변패된다.

71 　　　　　정답 ①

Aspergillus niger는 A. awamori, A. usamii 등과 함께 흑국균에 속하며 구연산을 생산하기도 하며 펙티나아제(pectinase)를 생산하므로 과즙 청징에 이용되기도 한다.

72 　　　　　정답 ⑤

B. coagulans, B. stearothermophilus는 고온에서 생육하며 내열성이 강한 포자를 형성한다. 통조림이나 병조림 식품의 평면산패(flat sour)의 원인균이다.
① B. natto : 청국장 제조

② *B. subtilis* : 장류 및 주류 제조
③ *B. anthracis* : 탄저균
④ *B. coagulans* : 통조림과 병조림 식품, 포장가열 식품에서 부패 일으킴

73 정답 ④

*Lactobacillus bulgaricus*와 *Streptococcus thermophilus*를 이용하여 요구르트를 제조한다.

74 정답 ①

버터와 치즈의 스타터(starter)로 사용되는 균은 *Streptococcus lactis*와 *Streptococcus cremoris*가 있다.

75 정답 ⑤

Bacillus coagulans, *Bacillus stearothermophilus*는 고온균으로 통조림의 외관상 변화는 없으나 내용물이 신맛을 내는 평면 산패(Flat sour)의 원인균이다.

76 정답 ④

Streptomyces 속은 방선균으로 토양에 서식하며 식품에 번식하여 흙냄새가 나게 한다. *Micromonospora* 속 또한 대표적인 방선균에 해당한다.

77 정답 ⑤

*Rhizopus nigricans*는 고구마 연부병의 원인이 되는 곰팡이로 과일이나 빵에도 잘 번식한다.

78 정답 ③

*P. expansum*은 사과, 배 등을 부패시킨다.
①, ④ *P. citrinum*과 *P. toxicarium*은 황변미와 관련이 있다.
②, ⑤ *P. notatum*과 *P. chrysogenum*은 항생 물질인 페니실린의 생산균주이다.

79 정답 ③

*Pichia membranaefaciens*는 산막 효모로 발효 식품의 변패를 일으킨다. *Pichia* 속, *Candida* 속, *Hansenula* 속, *Debaryomyces* 속 효모들도 산막 효모이다.

80 정답 ⑤

바이러스는 크기가 매우 작아 전자 현미경으로 관찰이 가능하고 살아있는 동·식물 혹은 세균과 같은 미생물 숙주 세포에 기생하여 증식한다. 식품에서 직접 증식하지 않지만 식품 및 환경에 오염된 바이러스를 섭취했을 때 식중독을 유발한다. 겨울철에는 노로바이러스로 인한 식중독이 일어날 수 있다.

81 정답 ③

정지기는 영양 물질이 고갈되는 시기로 포자를 형성하고 대사 생성물이 축적된다.

82 정답 ②

세대 시간(generation time)은 미생물이 1회 분열하는 데 걸리는 시간을 뜻한다. 즉, 한 마리의 세균이 두 마리로 될 때 걸리는 시간을 의미한다. '세대 시간=시간(분)/분열 횟수'이므로 864/36=24분이다.

83 정답 ②

초산 발효는 초산균의 작용으로 에탄올이 산화하여 초산으로 되는 호기적 발효이다. 낙산 발효, 젖산 발효, 알코올 발효, 아세톤부탄올 발효는 EMP 경로를 거치는 대표적인 혐기적 발효이다.

84 정답 ①

미생물의 보통 염색표본 제작 순서는 '도말 → 건조 → 고정 → 염색 → 수세 → 검경'이다.

85 정답 ⑤

서로 다른 종의 미생물이 공존했을 때 한쪽이 유리하게 작용하는 경우를 편리공생이라 한다.

86 정답 ③

백금선과 같은 금속 기구의 살균은 화염멸균법을 이용한다.
① 간헐살균 : 유포자 세균의 살균
② 건열멸균 : 유리 기구의 살균
④ 세균여과기 : 혈청과 같은 배지 살균
⑤ 고압증기멸균 : 미생물 배지 살균
※ 자외선 : 물과 공기

87 정답 ②

대장균은 유당(lactose)을 발효하여 가스를 생성하는 세균으로 이를 이용하여 대장균군의 분리 동정에 이용한다.

88 정답 ②

고체배지를 만들 때에는 주로 한천(agar)을 1.5~2.0% 사용한다.

PART 06 급식관리

CHAPTER 01 | 급식 개요

문제편 p.296

01	02	03	04	05	06	07	08	09	10
④	⑤	①	②	⑤	①	⑤	①	①	④
11	12	13	14	15	16	17	18	19	20
⑤	④	⑤	①	③	④	⑤	⑤	③	①
21	22	23	24	25	26	27	28	29	30
②	①	③	①	②	②	③	①	①	②
31	32	33	34	35	36	37	38	39	40
③	⑤	③	④	②	③	⑤	③	①	③
41	42	43	44	45	46	47	48	49	50
③	⑤	②	③	③	④	②	④	②	②
51	52	53	54	55	56	57	58	59	60
④	③	④	①	①	⑤	②	①	④	⑤
61	62	63	64						
①	⑤	①	③						

01
정답 ④

단체급식 운영방법은 급식운영을 직접 운영하는 직영방법과 급식전문업자에게 맡기는 위탁방법으로 구분된다. 이 중 위탁방법은 위탁 시 급식경영의 합리화, 급식에 대한 부담 경감, 노사문제로부터의 해방, 유능한 관리자 활용 등의 장점이 있으나 투자자본의 회수 압박 및 급식 품질 저하 등의 우려가 있다.

02
정답 ⑤

비상업성 급식은 비영리급식인 단체급식시설을 말하며, 상업성 급식(외식업)은 일반음식점, 휴게음식점, 출장외식업, 교통기관 자동판매기, 패스트푸드점, 도시락 업소, 스포츠 및 레저시설 호텔 및 숙박시설 식당 등의 급식을 말한다.

03
정답 ①

산업체 급식의 목적
- 근로자 개인의 영양 관리와 건강 유지
- 급식을 통한 생산성 향상
- 기업의 이윤 증대 등을 통한 국가경제 발전에 기여
- 집단의 원만한 인간관계 유지와 긍정적인 직장 분위기 형성
- 근로자의 영양 교육과 상담을 통한 질병 예방

04
정답 ②

학교급식의 목적
- 합리적인 영양 섭취로 건전한 심신 발달 및 편식 교정
- 급식을 통한 영양 교육 실현
- 생활 예절 교육 및 식생활 개선
- 올바른 식습관 지도 및 형성 지원
- 국가 식량 정책 개선

05
정답 ⑤

'단체급식소(집단급식소)'라 함은 영리를 목적으로 하지 아니하고 계속적으로 특정 다수인에게 음식물을 공급하는 기숙사, 학교, 병원 기타 후생기관 등의 급식시설로서 대통령령이 정하는 것을 말한다(「식품위생법」 제2조 12호).

06
정답 ①

단체급식관리 기능
- 계획기능 : 영양계획, 인력계획, 운영계획, 식재료 구입계획, 조리작업계획, 예산수립 등
- 실시기능 : 식단 작성, 구매, 검수, 저장, 조리생산 및 배식관리, 인력 관리, 기기 및 설비 관리 등
- 평가기능 : 식단평가, 위생점검, 급식수관리, 검식일지, 검수일지, 재고조사, 생산성분석, 직무만족도 조사, 대차대조표, 손익계산서 등

07
정답 ⑤

영유아 100명 이상을 보육하는 어린이집의 경우에는 영양사 1명을 두는 것을 원칙으로 하며, 영유아 100명 이상 200명 미만을 보육하는 어린이집이 단독으로 영양사를 두는 것이 곤란한 경우에는 같거나 인접한 시·군·구의 2개 이내 어린이집이 공동으로 영양사를 둘 수 있다(「영유아보육법」 시행규칙 [별표 2]).

08 정답 ①

급식업무 위탁 시 기대효과
- 재정적인 측면 : 원가 절감, 자본 투자 유치
- 인적자원 관리 측면 : 유능한 관리자 활용, 인건비 절감, 노사문제로부터 해방, 직원들의 훈련 및 교육 프로그램의 선진화
- 급식운영 측면 : 서비스 불평 감소, 위생 관리 통제 강화
- 감독 측면 : 경영진의 급식관리 부담 감소, 급식관리자의 업무 수행 개선
- 설비 측면 : 낙후된 시설 및 설비 개선, 보수 및 수리를 위한 자본금 부족 문제 해결

09 정답 ①

급식평가 대상에 따른 평가지표
- 제품(메뉴) : 식수 평가, 관능 평가, 잔반 조사, 식단 평가, 영양가 분석
- 재무 : 작업 측정 및 생산성 재무성과(손익관리)
- 운영체계 : 검식 관리, 구매 관리, 위생 관리 시설점검표, 정보시스템 관리
- 서비스 : 고객만족도, 서비스 품질 평가
- 구성원 : 직무만족도, 조직몰입도, 직원 업적

10 정답 ④

병원급식 운영의 특징
- 일반식을 포함하여 다양한 치료식을 생산하므로 다른 급식유형에 비해 생산성이 낮다.
- 공휴일에도 급식이 이루어져야 하므로 인건비 부담이 크다.
- 계속되는 입원과 퇴원으로 매 식사마다 식수 및 식사내용을 확인하여야 한다.
- 기기 및 작업 관리에 세심한 주의가 필요하다.
- 저항력이 약한 환자를 대상으로 하므로 위생적으로 안전한 식사를 제공해야 한다.

11 정답 ⑤

영양사의 직무는 식단 작성, 식재료관리, 시설·설비관리, 위생작업, 인력, 원가관리 등 사람, 시설 및 운영에 관한 사무이며, 급식단가의 최종 결정 및 예산 확보는 경영진이 한다.

12 정답 ④

조리저장식 급식제도(Ready prepared food service system)
- 식품을 조리한 직후 냉동해 얼마간 저장한 후 급식하는 것
- 국내 기내식 급식에서 사용
- 음식이 급식되기 오래전에 이미 조리 과정이 끝난 것으로, 미리 조리하여 냉동시키고 쉽게 작업할 수 있도록 노동력을 아끼는 방법
- 생산과 소비가 시간적으로 분리됨
- 음식을 바로 배식하기 위하여 생산하는 것이 아니라 저장하기 위하여 생산하며, 일정 기간 동안 냉장, 냉동 저장한 후 배식하고자 할 때 간단한 열처리를 거친 후 급식 대상자에게 제공함
- 저장하는 방법 : 조리-냉장(cook-chill) 방식, 조리-냉동(cook-freeze) 방식, 수-비드(sou-vide) 방식
- 장단점

장점	• 생산을 계획적으로 함 • 인력을 효율적으로 배치 • 노동시간의 20% 절감 효과 • ACCP의 도입 가능 • 보온·보관 단계 없음
단점	• 관리가 부적절할 경우 대형 사고의 위험성이 높음 • 특수설비 및 기기 필요 • 냉장, 냉동, 해동, 재가열 과정에서 질의 변화 있음 • 정확한 수요 예측 및 생산계획 필요 • 저장에 따른 철저한 품질관리와 통제프로그램이 필요함

13 정답 ⑤

산출요소는 고객의 요구를 충족시키는 음식과 고객 만족 및 종업원 만족과 재정적 수익성이다.

14 정답 ①

중앙 공급식 급식 제도는 지역적으로 인접한 몇 개의 급식소를 묶어서 공동 조리장(central kitchen)을 두어 그곳에서 대량으로 음식을 생산한 후, 1인분씩 담아 운송하거나 대량(bulk)으로 인근의 급식소(satellite kitchen)로 운송하여 음식의 배선과 배식이 이루어지는 방식이다.

15 정답 ③

급식시스템 모형의 기본 요소는 투입(input), 변환(transformation), 산출(output)의 과정으로 구성되어 있다. 확장시스템 모형에는 기본시스템 모형에 통제(control), 기록(memory), 피드백(feedback)의 3가지 요소가 추가된다.

16 정답 ④

급식관리의 업무 범위
- 영양관리(메뉴관리) : 영양 계획, 메뉴 개발과 작성, 메뉴평가
- 구매관리 : 구매 계획, 발주, 검수, 저장, 재고관리
- 생산관리 : 수요 예측, 표준 레시피 개발과 작성, 대량조리, 보관과 배식
- 작업관리 : 급식생산성 증대, 작업일정 계획, 작업 효율화, 안전 관리
- 위생관리 : HACCP 시스템, 식재료 조리인력·시설 위생관리
- 시설·설비관리 : 시설·설비의 설계, 기기, 집기 및 식기관리
- 급식정보 관리 : 사무관리, 급식업무 전산화
- 원가관리 : 원가 분석, 손익 분석, 손익분기 분석, 예산과 결산관리

17 정답 ⑤

영양사 업무의 기본 직업윤리는 영양관리이다.

18 정답 ⑤

위탁급식의 제약사항은 전문성이 부족한 업체와 계약할 경우 급식 품질의 문제, 급식시설 설비 개보수가 필요할 때 책임 소재 분쟁 가능성, 계약기간이 짧은 경우 안정적인 급식경영이 어려움 등이 있다.

19 정답 ③

급식위탁 계약 방법에는 크게 식단가제 계약과 관리비제 계약이 있다. 식단가제 급식위탁 계약 방법은 식단가에 재료비, 인건비, 기타 경비와 위탁수수료가 포함된 계약방법으로 식수 변동이 적고 급식 규모가 큰 급식소에서 많이 채택되며, 관리비제 급식위탁 계약 방법은 일정 기간 동안 사용한 식재료비, 인건비, 기타 경비 등을 사용 내역에 따라 실비로 위탁 의뢰기관에 청구하여 정산하는 방식으로, 중소 규모의 산업체나 기숙사 급식 등에서 많이 채택된다.

20 정답 ①

급식이 치료의 일환으로 제대로 자리를 잡기 위해 영양사는 진료지원부서에 소속되는 것이 바람직하다.

21 정답 ②

카츠의 경영관리 능력
- 기술적 능력(하부 경영자의 능력) : 전문 분야에서 맡은 바 업무를 이해하고 능숙하게 수행하는 실무적 능력
- 인력 관리 능력(중간 경영자의 능력) : 조직 구성원의 원만한 관계 유지 및 업무를 통솔하고 지휘하는 능력
- 개념적 능력(최고 경영자의 능력) : 거시적 안목에서 조직을 파악하고 각 부문 간의 상호관계를 인식하는 능력
- 관리 계층에 따른 관리 능력 : 상위계층으로 갈수록 개념적 능력, 하위계층으로 갈수록 기술적 능력, 모든 계층에서는 인력 관리 능력을 갖추는 것이 중요함

22 정답 ①

병원 영양사는 약물 치료와 함께 특별 병인식을 요하는 환자의 기호 조사, 영양 교육이 필요하므로 병실 순회(식사 회진)를 해야 한다.

23 정답 ③

조리저장식 급식제도(Ready prepared foodservice system)
- 식품을 조리한 직후 냉동해 얼마간 저장 후 급식하는 것
- 음식이 급식되기 오래 전에 이미 조리과정이 끝난 것으로 미리 조리하여 냉동시키고, 쉽게 작업할 수 있도록 노동력을 아끼는 방법
- 생산과 소비가 시간적으로 분리됨
- 음식을 바로 배식하기 위하여 생산하는 것이 아니라 저장하기 위하여 생산하며, 일정기간 동안 냉장, 냉동 저장 후 배식하고자 할 때 간단한 열처리를 거친 후 급식대상자에게 제공
- 저장하는 방법 : 조리-냉장(cook-chill) 방식, 조리-냉동(cook-freeze) 방식, 수-비드(sou-vide) 방식

24 정답 ①

②는 조리 저장식 급식체계, ③, ⑤는 전통식 급식체계, ④는 중앙 공급식 급식체계에 대한 설명이다.

25 정답 ②

경영관리의 순환체계
- 계획 : 조직의 목표, 방침, 절차, 방법을 결정, 통제기준 제공
- 조직화 : 수립된 계획의 목표를 위해 구성원에게 담당 직무 배분
- 지휘 : 담당 직무자가 목표 달성을 위해 일을 잘 수행할 수 있도록 지시, 감독 및 동기 유발
- 조정 : 직무자 간의 상호 협력과 갈등을 조절하고 문제 해결을 위한 조화를 이루도록 하는 기능

- 통제 : 계획과 성과를 비교하여 계획이 표준에 일치하도록 하는 것, 계획 수립 시 수정 자료를 제공해주는 기능, 사전통제, 가부통제, 진행(동시)통제, 사후통제 등이 있음

26 정답 ④

대규모 조직에서는 기업 환경 변화에 적응하기 위해 목적, 인원수나 시간대, 직능, 지역, 제품에 의해 조직을 직능적, 단위적 등으로 부문화할 수 있다.
- 직능적 부문화 : 전형적인 방법으로, 경영 기능에 의한 부문화(구매부, 생산부, 판매부, 재무부, 마케팅부 등)
- 단위적 부문화
  - 지역별 : 특정 지역, 지역관리자 책임 활동(경인지역, 경남지역 등)
  - 제품별 : 한식, 양식 등
  - 고객별 : 사업체 급식, 군인 급식, 학교 급식 등
  - 공정별 : 제품 생산 흐름(전처리, 저장공정 등)

27 정답 ①

급식경영의 지원 요소(6M)
- 사람 : 급식소에 필요한 노동력, 기술, 경영자
- 물자 : 식재료, 공산품 등
- 자본 : 급식소 운영 예산
- 방법 : 표준화된 조리법, 품질 통제 방법
- 기계 : 급식실의 설비, 시설
- 시장 : 피급식자(급식서비스를 받는 사람)

28 정답 ③

급식시스템 변환과정에는 경영관리 기능(계획 수립, 조직화, 지휘, 조정, 통제하는 활동), 연결과정, 기능적 하부 시스템(구매, 급식 생산, 분배와 배식, 위생과 유지 등)이 있으며, 세 부문은 상호 관련되어 시너지 효과를 발휘하게 된다.

29 정답 ①

계획 수립은 조직의 목표를 설정하고 설정된 목표를 달성하기 위한 전반적인 전략을 수립하며, 이를 위해 조직구성원들의 행동을 통합하고 조정하기 위한 방법을 모색하는 포괄적인 과정이다.

30 정답 ②

상위 경영층은 조직 전체의 장기적 방침이나 방향을 설정하며 전략 계획(장기 계획)을 수립한다.

31 정답 ③

계획의 첫 단계로 설정되는 조직의 목표는 하위부문 목표 설정의 기초가 되어 이로부터 방침, 절차, 방법 등이 구체화된다.

32 정답 ⑤

전술 계획은 중·단기 경영 계획으로 조직의 목적을 성취하기 위해 필요한 활동과 자원분배를 결정하는 계획이다. 이를 추진하기 위해서는 하급 관리층이 운영 계획(단기 계획)을 수립해야 한다.

33 정답 ③

벤치마킹(benchmarking)은 특정 분야의 우수한 상대를 기준으로 삼아 자기 기업과 성과 차이를 비교하고, 이를 극복하기 위해 그들의 뛰어난 운영과정을 배우면서 자기혁신을 추구하는 새로운 경영기법이다.

34 정답 ④

의사결정은 조직의 목표 달성 또는 문제해결 과정에 있어서 다양한 대안을 탐색하고 평가하는 가장 최선의 안을 선택하는 과정이다. 의사결정자는 기업가, 문제해결사, 자원배분자, 협상자이며, 수집한 정보에 기초한 의사결정 역할을 한다. 제품의 품질 개선을 위해서는 운영적(업무적) 의사결정이 필요하다.

35 정답 ②

조직화란 경영 관리 기능의 두 번째 단계로서 수립된 계획을 실행하기 위해 인적 자원과 물적 자원을 분배하며 조직 내 다양한 작업들을 그룹화하고 종적, 횡적관계를 조정하는 기능이다. 전체 조직수준에서의 조직화란 사업부 부서 팀 등의 대단위로 조직구조를 설계하여 업무를 효과적으로 배분·조정하는 일이며, 실무부서 수준에서는 개인의 직무를 적절하게 설계·배분함으로써 사람과 일을 결합시키는 기능이다.

36 정답 ③

생산 관리는 수요 예측, 표준 레시피 개발과 작성, 대량 조리, 보관 및 배식의 역할을 한다.

37 정답 ⑤

조합급식제도(Assembly foodservice system)
- 편의식 급식제도(convenience-food foodservice system)
- 전처리 과정이 거의 필요하지 않은 가공 및 편의 식품을 식재료로 대량 구입하여 조리를 최소화
- 저장, 조립, 가열배식의 기능만 필요
- 완전히 조리된 음식을 식품제조회사로부터 구입하는 것으로 음식을 녹이거나 데우고 분량을 조정하므로 '최소한의 조리'만 필요한 급식제도

38 정답 ③

권한 위임의 장점
- 관리자의 부담이 경감됨
- 신속한 의사결정 가능
- 조직원들의 태도와 도덕성을 향상
- 조직구성원의 교육과 개발에 기여
- 조직구성원에 대한 동기부여 효과

39 정답 ①

계층과 범위에 따른 분류
- 상위 경영층 : 전략적 의사결정
- 중간 관리층 : 관리적 의사결정
- 하급 관리층 : 업무적 의사결정

40 정답 ④

명령 일원화
- 한 사람의 직속상사로부터만 명령, 지시를 받도록 함
- 상위자가 전체적인 조정을 하기 용이
- 하위자는 명령, 보고 관계의 일원화 가능
- 권한과 책임의 명료화로 하위자의 효율적인 통제 가능

41 정답 ③

경영의 관리 기능에는 계획, 조직화, 지위, 조정, 통제가 있으며, 이 중 통제는 시점에 따라 사전통제, 동시통제, 사후통제로 나눌 수 있다. 잔반량, 급식 조사 및 원가 계산, 1인당 매출액 등은 사후통제에 속한다.

42 정답 ⑤

라인 조직은 가장 오래되고 단순한 조직이며, 명령 일원화의 원칙으로 모든 직위가 명령 권한의 라인으로 연결된다.

43 정답 ②

삼면등가의 원칙은 권한, 책임, 의무가 서로 동등하게 부여되어야 한다는 것을 말한다.

44 정답 ③

감독범위(한계) 적정화
- 상위자가 통제하는 수를 적정하게 제한
- 상층 관리 4~8명, 하층 관리 8~15명
- 통제가 좁아지면 하위자의 부담 가중, 관리비 증가
- 통제가 넓어지면 의사 전달 및 조정이 힘들고 능률 저하

45 정답 ③

라인과 스태프 조직(직계참모조직)은 라인 조직에 이를 지원하는 스태프 전문가를 결합시킨 형태이다. 전문적인 기술이나 지식을 가진 사람들이 스태프가 되어 보다 효과적으로 경영활동을 할 수 있도록 협력한다.

46 정답 ④

직능적 조직은 전문화의 원칙에 따라 다수의 기능적 전문가가 각 업무를 관리하는 기능적 조직을 말한다.

47 정답 ②

집권적 조직의 단점은 최고 경영층이 모든 결정을 하려는 경향이 커서 하위 관리자의 창의성 발휘가 어렵고, 조직의 규모가 커지면 관리 계층의 단계가 증가되어 명령과 지시가 신속·정확성을 잃게 되고 보고가 늦어지게 되는 것이다.

48 정답 ④

프로젝트 조직은 특정한 목표를 이루기 위해 형성되는 조직으로 필요한 인원은 탄력적으로 구성되며 일정 기간 팀을 형성했다가 목표 달성 후 해체되는 조직이다.

49 정답 ②

명령 일원화 원칙은 한 사람의 관리자로부터 명령과 지시를 받아야 한다는 원칙으로 이 경우 영양사가 주방장을 라인 조직으로 지휘하여야 하며 조리원은 한 사람, 즉 주방장에게 명령을 받아야 한다.

50 정답 ②

직능식 조직은 전문화의 원칙에 따라 다수의 기능적 전문가가 각 업무를 관리하는 기능적 조직이다.

51 정답 ④

분권적 조직은 권한이 분산되어 하부 관리자의 자주성·창의성이 증가하고, 동기 유발, 책임감도 강해진다. 또한 관리계층의 단계가 감소되므로 의사소통이 신속 정확하게 이루어질 수 있으며, 최고 경영층은 일상적 업무에 대한 부담이 경감되므로 보다 중요한 업무에 몰두할 수 있다.

52 정답 ③

경영관리의 기능은 상호의존적이기 때문에 관리 기능을 독립적으로 구분하지 않고 전체적인 관점에서 보아야 한다는 점을 강조하기 위해 축으로 나타낸다. 축의 바깥부분의 동기부여 기능은 목적 달성의 속도를 좌우하고, 축의 중심에 있는 관리자 주위의 의사소통 기능은 경영기능을 원활하게 진행되도록 하는 역할을 한다.

53 정답 ③

급식 경영의 업무적 기능은 구매, 생산(조리작업), 급식마케팅, 회계, 급식품질경영 등 단체급식의 운영 기능을 말한다. 판매 촉진과 광고 활동은 업무적 기능에 해당되고, 지휘 명령, 계획 수립, 조직화, 통제와 평가는 관리적 기능이다.

54 정답 ①

지휘는 담당 직무자가 목표달성을 위해 일을 잘 수행할 수 있도록 관리, 지시, 감독하는 것을 의미한다.

55 정답 ①

비공식적 조직
- 권한이나 직무와 무관하게 친교나 감정에 의한 자연발생적 조직
- 사회적 친분이나 감정의 논리에 따라 움직이는 조직
- 호손실험에서 중요성 인정

56 정답 ⑤

통제는 경영 관리 과정 중 계획, 조직화, 지휘 다음에 오는 과정으로 실제의 행동과 본래의 계획된 행동이 일치하는지 여부를 확인하고 필요한 수정 조치를 취하는 과정이다.

57 정답 ②

매트릭스 조직은 소속된 부서에서의 역할과 프로젝트 구성원의 역할을 동시에 수행하는 조직이다. 매트릭스 조직은 새로운 변화에 보다 융통성 있게 대처할 수 있으며, 구성원들의 기능상 전문성이 발휘되고 자기개발의 기회를 갖게 된다.

58 정답 ①

민츠버그의 경영자 역할
- 대인 간 역할 : 대표자, 지도자, 연결자로서 사람들과의 관계에 초점
- 정보 관련 역할 : 정보전달자, 정보탐색자, 대변인으로서 의사결정을 위해 정보를 수집하여 조직 내 전달 및 대변하는 역할
- 의사결정 역할 : 기업가, 문제해결사, 자원배분자, 협상자로 수집한 정보에 기초한 의사결정 역할이나 감정의 논리에 따라 움직이는 조직이며, 호손실험에서 중요성이 입증됨

59 정답 ④

고객만족도는 통제 4단계 중 수정조치 및 피드백에 속한다.
- 통제의 4단계 : 수행목표의 설정 → 실제 수행도 측정 → 설정한 기준과 성과의 비교 → 수정조치 및 피드백
- 통제기준의 종류 : 물리적 기준(노동시간당 생산량 등), 원가 기준(제품당 인건비, 재료비 등), 자본기준(투자수익률 등), 수익기준(1인당 매출액 등)

60 정답 ⑤

공식조직
- 조직도상에 나타난 조직으로, 인위적으로 형성된 조직
- 공동의 목표 수행을 위해 직무와 권한이 배분된 조직
- 권한과 책임관계, 구성원 간 의사 전달 방식, 직무한계 등을 분류하고 있음

61 정답 ①

네트워크 조직은 핵심역량 부문에 집중하고 나머지는 아웃소싱이나 전략적 제휴를 통해 외부환경 변화에 유연하게 대처하기 위한 조직으로 시너지 효과를 위한 수평적 조직이다. 단, 종업원의 충성심 약하고 외부기업에 의해 통제력이 약화된다.

62 정답 ⑤

통제의 유형에는 사전통제, 동시통제, 가부통제, 사후통제 등이 있으며, 어떤 활동이 완료된 후에 결과를 측정하고 평가하여 수정조치를 취하는 통제 활동을 말한다. 이 중 사후통제는 계획이 합리적이었는지 여부를 확인하여 실적과 계획 간에 차이가 있으면 그 원인을 분석하고 다음 계획을 수립할 때 기초자료로 이용하게 된다.

63 정답 ①

사전통제는 업무가 진행되기 전의 통제과정이며 목적에서 이탈될 수 있는 가능성을 미리 예측하고 가능성을 제거하는 것으로 식재료 검수, 영양기준량 등이 해당된다.

64 정답 ③

급식을 직영으로 운영할 경우 고용이 안정되어 있기 때문에 서비스의 결여가 따를 수 있으며, 수년 후에는 인건비 상승으로 경비 절감의 실현이 어려울 수 있다.

CHAPTER 02 | 메뉴 관리

문제편 p.305

01	02	03	04	05	06	07	08	09	10
②	③	③	②	②	②	①	⑤	①	④
11	12	13	14	15	16	17	18	19	20
②	⑤	②	④	③	②	①	①	④	②
21	22	23	24	25	26	27	28	29	30
②	①	②	④	③	③	③	④	①	⑤
31	32	33							
⑤	②	⑤							

01 정답 ②

영양 관리는 피급식자에게 적절한 영양소의 구성을 계획하며 미각적으로 우수하고 기호에 맞는 경제적인 식단을 작성하여 과학적·능률적·위생적으로 조리해 공급하고 그 효과를 판정하며 교육을 행하는 일련의 관련 체계이다.

02 정답 ③

적절한 영양관리를 위해 가장 우선적으로 고려해야 할 사항은 대상자의 파악(연령, 성별, 활동수준, 기호도, 건강상태, 급식대상자의 인원수 등)이다.

03 정답 ③

한국인 영양 섭취 기준
- 평균필요량 : 건강한 사람이 필요로 하는 하루 필요량의 중앙값으로 과학적인 근거가 충분한 경우에 설정
- 권장섭취량 : 평균필요량에 표준편차의 2배를 더하여 계산된 값으로 97~98%의 건강한 사람들의 영양소 필요량을 충족시킬 수 있는 수준
- 충분섭취량 : 건강한 사람들이 필요한 섭취 수준을 토대로 값을 정하며 과학적인 근거가 부족할 경우에 설정
- 상한섭취량 : 인체에 유해한 영향이 나타나지 않는 최대 영양소 섭취 기준으로 사람들이 과량 섭취할 때 유해한 영향이 나타날 수 있다는 과학적인 근거가 있을 때 설정

04 정답 ②

단체급식은 특정한 다수인에게 계속적으로 급식하여 피급식자의 영양 및 건강에 대한 책임이 따르기 때문에 이에 대한 영양 관리가 중요하다.

05 정답 ②

한국인 영양 섭취 기준
- 평균필요량 : 건강한 사람이 필요로 하는 하루 필요량의 중앙값으로 과학적인 근거가 충분한 경우에 설정
- 권장섭취량 : 평균필요량에 표준편차의 2배를 더하여 계산된 값으로 97~98%의 건강한 사람들의 영양소 필요량을 충족시킬 수 있는 수준
- 충분섭취량 : 건강한 사람들이 필요한 섭취 수준을 토대로 값을 정하며 과학적인 근거가 부족할 경우에 설정
- 상한섭취량 : 인체에 유해한 영향이 나타나지 않는 최대 영양소 섭취 기준으로 사람들이 과량 섭취할 때 유해한 영향이 나타날 수 있다는 과학적인 근거가 있을 때 설정

06 정답 ②

곡류를 주식으로 하고 있기 때문에 칼슘(Ca), 비타민 B군, 단백질 등은 부족하지만 가공식품 섭취로 인(P)은 부족하지 않다.

07 정답 ①

식단 작성 시에는 파급식자의 영양소요량, 식재료의 균형 있는 배합, 피급식자의 식습관과 기호, 예산에 옳은 소비와 다양한 조리법을 고려하여 영양적, 경제적, 기호적, 위생적, 시간적, 지역적인 부분 등이 배려되어야 한다.

08 정답 ⑤

식사구성안은 건강인의 건강 증진을 위하여 영양 섭취 기준에 충족할 수 있는 식사를 쉽게 제공할 수 있도록 영양소 단위를 식품 단위로 변경하여 고안되었으며, 사용자의 생활습관에 따른 변화와 대체가 가능하다. 식사구성안에 제시된 식품의 중량은 가식부 기준이며, 어떤 1가지 질병의 예방이나 치료를 위한 것이어서는 안 된다.

09 정답 ①

권장 식사 패턴을 활용한 식단 작성 시 고려사항
- 곡류 : 잡곡류 섭취 권장
- 채소류 : 매끼 2가지 이상 제공
- 과일류 : 생과일 제공을 권장
- 우유 및 유제품 : 단순당질이 적게 함유된 제품을 권장
- 나트륨 : 국, 찌개의 경우 건더기 위주로 섭취

10 정답 ④

식단 작성 시 가장 먼저 연령, 성별, 생활강도에 따라 영양 섭취 기준을 산출해야 한다.

11 정답 ②

식품군별 1인 1회 분량
- 유지, 당류 : 식용유 1작은술(5g)
- 채소류 : 시금치나물 1접시(생 70g)
- 곡류 및 전분류 : 밥 1공기(210g)
- 과일류 : 오렌지주스 1/2컵(100mL)
- 우유 및 유제품 : 우유 1컵(200mL)

12 정답 ⑤

식사구성안은 함유된 영양소의 특성에 따라 식품을 곡류, 고기·생선 달걀·콩류, 채소류, 과일류, 우유·유제품류, 유지·당류 총 6가지 식품군으로 구분하고 각 식품군에 속하는 대표 식품의 1인 1회 분량을 정한다.

13 정답 ②

메뉴 작성 순서
영양제공량 결정 → 3식의 영양량 배분 → 주식과 부식의 결정 → 식량구성 결정 → 미량 영양소 보급 → 조리의 배합

14 정답 ④

미량 영양소의 섭취 방법은 우선적으로 식품 자체의 영양소를 이용해야 한다. 부족이 우려될 시에는 추가적으로 영양소를 강화시킨 식품(칼슘강화미 등)을 이용하면 좋다. 베타 카로틴은 지용성 비타민으로 지질과 같이 섭취 시 흡수율이 증가된다.

15 정답 ③

노인에게는 생선, 두부 등 소화가 잘되는 단백질 식품을 제공하며, 부드러운 조리법을 많이 사용하고 염장식품은 피해야 한다. 수분이 많은 식품은 영양 밀도가 낮아 꼭 필요한 경우가 아니면 추천하지 않는다.

16 정답 ②

식단 작성 시 개개인의 기호도 반영은 불가능하다.

17 정답 ①

섭취의 절제

지방	• 1~2세 : 총 에너지의 20~35% • 3세 이상 : 총 에너지의 15~30%
당류	설탕, 물엿 등의 첨가당은 최소한으로 섭취
나트륨	소금 5g 이하

18 정답 ①

3식의 급여 영양량 배분
- 1일 식품군의 양에 대한 아침·점심·저녁의 3회, 또는 점심 1회 등의 급식에서 어떤 비율로 배분할지를 결정. 이때 급식 대상자들의 생활시간을 조사하여 그 결과로부터 소비량의 비율을 산출
- 노동 강도가 심할 경우 1:1.5:1.5로 배분
- 간식은 하루 에너지 목표량의 10~15% 이내로 함

19 정답 ④

섭취의 절제

지방	• 1~2세 : 총 에너지의 20~35% • 3세 이상 : 총 에너지의 15~30%
당류	설탕, 물엿 등의 첨가당은 최소한으로 섭취
나트륨	소금 5g 이하

20 정답 ②

메뉴 구성에서 식재료로 이용할 시 주의해야 하는 식재료는 육내장류, 삭히는 공정, 생굴 등 날 것 상태의 식품, 족발 등 제조 공정 위생 상태 확인이 어려운 완제품 등이다.

21 정답 ②

백미의 2회 분량은 90g으로 1일 1회 30일이면 90g×2×17회×2,000명=6,120,000g=6,120kg이다.

22 정답 ①

학교급식에서 영양 관리 기준의 권장섭취량 이상을 공급하며, 최소 평균필요량 이상 제공되어야 하는 영양소는 비타민 A, 티아민, 리보플라빈, 비타민 C, 칼슘, 철이다.

23 정답 ②

지역경제를 위한 합리적인 식단 작성은 합리적인 식단 작성을 위해 지역에서 생산되는 식품을 활용함으로써 가격도 싸고 신선한 식품을 구입함을 말한다. 즉, 지역의 다산품, 소비의 상황, 식습관 및 식생활의 실태를 고려한다.

24 정답 ④

급식 아동의 메뉴는 영양적 균형을 위하여 곡류, 채소 및 과일류, 고기 생선, 달걀 및 콩류, 우유 및 유제품, 유지 및 당류 등의 모든 식품군이 고루 포함되어야 한다.

25 정답 ③

순환 메뉴(사이클 메뉴)
- 일정한 주기에 따라 반복되는 형태로 병원급식처럼 급식대상자가 자주 바뀌는 곳에서 적합하며, 계절식품을 적절히 사용하여 메뉴의 변화를 주면 고객만족도가 향상된다.
- 학교급식, 회사원 급식 등은 중식 1끼이므로 1개월 주기가 바람직하며, 병원급식은 환자의 입원일수 평균값을 기준하여 10일 주기 이상의 식단을 사용하는 곳이 많으며, 사업체 급식은 10일, 15일 주기를 많이 사용한다.

26 정답 ③

메뉴엔지니어링 분석 결과 퍼즐은 공헌 이익은 높으나 메뉴 믹스가 낮은 음식이다. 이에 대한 적절한 조치 방법으로는 메뉴표에서 위치를 변경해 보기, 가격 낮추기, 메뉴명 바꾸기 등이 있다.

27 정답 ③

변동 메뉴
- 매 식단 새로운 메뉴를 계획하는 것
- 학교 급식 등 단체급식소에서 가장 많이 사용됨
- 메뉴에 대한 단조로움을 줄일 수 있고, 식자재 수급 상황에 대처하기 쉬움
- 식자재 재고 관리나 작업 통제가 어려움

28 정답 ④

학교급식의 영양 관리 기준
- 1끼 기준량을 제시
- 연속 5일씩 1인당 평균 영양공급량을 평가
- 에너지±10%
- 탄수화물:단백질:지방의 비율은 55~65%:7~20%:15~30%
- 단백질 : 영양관리 기준의 단백질량 이상 공급
- 열량 : 단백질 에너지가 20%를 넘지 않도록 함
- 비타민 A, 티아민, 리보플라빈, 비타민 C, 칼슘, 철은 영양관리기준의 권장섭취량 이상으로 공급(최소한 평균필요량 이상일 것)
- 주간별 메뉴계획의 기본 형태를 제시

29 정답 ①

메뉴엔지니어링
- 마케팅적 접근에 의해 메뉴의 인기도와 수익성을 평가하는 기법
- 식재료비를 제외한 금액으로 메뉴의 마진과 급식 대상자의 메뉴에 대한 인기도를 기준으로 메뉴를 분석하여 메뉴의 수익성을 반영한다는 의미

30 정답 ⑤

식재료비 적정 예산 비율
- 호텔, 식당 : 40% 이하
- 대학급식 : 50~55%
- 학교급식, 산업체 등 직영 단체급식 : 60~70%
- 군대급식 : 90~100%

31 정답 ⑤

메뉴 평가 기준
- 음식의 영양적인 가치(충분한 영양소 함유, 영양소의 균형)
- 사용한 식품 등급(식품 신선도, 좋은 품질)
- 맛(조리 상태, 익힘 정도, 온도, 양념, 식감 등)
- 외관(색, 농도, 형태, 1인 분량)

32 정답 ②

식단 작성은 연령, 성별, 노동 강도에 따라 1인 1일당 평균 급여 영양량을 결정한 후 1일 3식의 영양량을 배분하고, 이들 영양량을 만족시키기 위하여 어떤 식품을 얼마큼 사용할 것인지 식재료 구성을 한다. 이때 식량 구성은 대상, 식비, 지역성, 기호 등이 참작되어야 하며 주식의 종류와 양을 먼저 결정하고 부식을 결정한다.

33 정답 ⑤

급식소 내 고객은 이미 정해져 있으므로 소비자 조사를 할 필요는 없다.

CHAPTER 03 | 구매 관리

문제편 p.310

01	02	03	04	05	06	07	08	09	10
②	④	④	④	⑤	①	①	③	②	⑤
11	12	13	14	15	16	17	18	19	20
④	①	⑤	①	③	①	①	①	①	⑤
21	22	23	24	25	26	27	28	29	30
①	②	③	③	②	⑤	④	②	④	④
31	32	33	34	35	36	37	38	39	40
③	③	②	①	⑤	③	③	④	⑤	④
41	42	43	44	45	46	47	48	49	50
④	④	②	②	②	⑤	③	④	②	①
51	52	53	54	55	56	57	58	59	60
⑤	⑤	③	②	③	②	③	③	③	⑤
61	62	63	64	65	66	67	68	69	70
③	④	④	①	⑤	①	⑤	⑤	②	②
71	72	73	74						
④	②	③	③						

01 정답 ②

구매는 필요한 물품을 적정 납품업자로부터 최적의 품질로 확보하여 필요한 시기에 필요한 수량만큼을 최소의 비용으로 구입하고자 하는 것을 목적으로 한다.

02 정답 ④

급식운영비 중 식품재료비의 비중이 가장 높고, 그 다음으로는 인건비, 경비 순으로 높다.

03 정답 ④

중앙구매(집중구매)는 구매부서가 각 부서에서 필요한 물품을 집중하여 구매하는 방법을 말한다.
① 일괄위탁구매 : 소량의 물품을 다양하게 구매할 때 특정 업자에게 일괄위탁하여 구매하는 방법
② JIT구매 : 특정 기간의 급식생산에 필요한 식품의 양을 정확히 파악하여 필요량만을 구입하는 방법
③ 분산구매(독립구매) : 각 부서 또는 각 업장마다 필요한 물품을 따로 구매
⑤ 공동구매 : 운영자나 소유주가 다른 급식소들이 모여서 공동으로 물품을 구매

04   정답 ④

대형 급식회사에서는 비용 절감을 위해 각 업장에서 필요한 식재료를 분산구매하지 않고 본사나 지역별 구매부서에서 구입하는 집중구매(중앙구매) 방법을 사용한다.

05   정답 ⑤

식품구매명세서는 영양사, 조리사, 구매부서장, 구매담당자 등이 함께 작성하는 것이 좋다. 구매부서와 납품업자, 검수 담당자 등 모두 사용하며, 간단명료하게 반드시 필요한 사항만을 기록하고 객관적이고 현실적인 품질기준을 제시한다.

06   정답 ①

JIT(Just In Time)구매는 특정 기간의 급식생산에 필요한 식품의 양을 정확히 파악하여 필요량만을 구입하는 방법이다.

07   정답 ①

분산구매는 독립구매, 현장구매라고도 하며 각 사업소나 조직 내 부문별로 필요한 물품을 분산하여 독립적으로 구매하는 방법이다. 구매 절차가 간단하고 신속하지만 구입단가가 높아지는 단점이 있다.

08   정답 ③

구매란 일반적으로 소비자가 상품을 구입하기 위해 계약을 체결하고 이에 따라 상품을 인도받고 대금을 지불하는 과정으로 구매, 검수, 저장, 재고 관리 활동을 포함한 조달과정을 말한다.

09   정답 ②

시장조사는 급식구매 계획 수립을 위한 물가 상승 및 동향 파악, 계절 식품의 출하 파악, 새로운 식품 정보 수집 등의 목적으로 수행된다. 이를 통해 원가 계산을 위한 구매 예정 가격 결정과 구매 방법 개선을 통한 비용 절감을 가능하게 한다.

10   정답 ⑤

효율적인 구매 관리는 물품의 원활한 공급과 물품의 품질 유지를 통해 식품의 원가나 투자비용을 줄이는 효과를 거둘 수 있다.

11   정답 ④

구매시장조사 원칙
- 비용 경제성의 원칙 : 시장조사에 소요되는 비용을 최소화하는 것
- 조사 적시성의 원칙 : 구매업무를 수행하는 소정의 시기 안에 완료하는 것
- 조사 탄력성의 원칙 : 시장상황 변동에 탄력적으로 대응하는 것
- 조사 정확성의 원칙 : 시장조사 시에 정확히 행하는 것
- 조사 계획성의 원칙 : 조사 착수 전에 계획을 수립하는 것

12   정답 ①

과거 거래실적, 신용도, 견적가, 품질, 서비스, 시설 기준, 영업자 신고사항, 준수사항, 냉동 · 냉장차량 확보 여부, 납품업체 영업배상 책임보험가입, HACCP 인증여부, 업체의 위생관리 능력, 업체의 운영능력, 운송위생 등을 고려하며 현장실사를 통해 식품 공급업자를 선정하는 것이 바람직하다.

13   정답 ⑤

발주서는 주문서, 구매표, 발주전표라고도 한다. 구매요구서에 의하여 작성되고, 보통 3부가 작성되며 거래처에 발주서를 송부함으로써 법적인 거래 계약이 성립된다.

14   정답 ①

식품재료를 구입할 때에는 식품의 폐기율, 1인 분량, 전체 식수를 고려하여 필요 수량을 결정하고, 반드시 재고량을 조사하여 최종 발주량을 결정한다.

15   정답 ③

①, ②, ④ 소매시장의 기능이다.
⑤ 산지시장의 기능이다.

16   정답 ①

- 폐기 부분이 있는 식품의 발주량 = 1인 분량 × 예상 식수 × 출고계수
- 출고계수 = 100/(100 − 폐기율)
- 100g × 1,200명 × {100/(100−40%)} = 200,000g = 200kg

17 정답 ①

수의계약은 비용 절감, 구매절차의 간편성, 신용거래처 선정 용이, 거래처의 안정성 및 신속한 거래 등의 장점을 가진다.
②, ③, ④, ⑤ 경쟁입찰제 : 공평하고 경제적이며 구매 계약 시 생길 수 있는 의혹이나 부조리를 미연에 방지할 수 있다.

18 정답 ①

구매명세서에는 물품명 품질등급, 포장규격 및 단위 단가 등이 명시되어야 하고 특히 육류는 등급, 부위, 연령, 절단 형태 및 크기, 지방 함량 등이 명시되어야 한다.

19 정답 ①

송장은 납품서 또는 거래명세서라 하며, 물품명수량, 단가, 공급가액, 총액 공급업자명 등이 기재된다. 검수한 물건의 품질이 구매명세서와 달라서 반품을 해야 할 경우에는 반품사유서를 작성하고, 검수원이 작성하는 검수일지에 기록을 남기고 급식부서장과 회계부서의 결제를 받는다.

20 정답 ⑤

구매청구서(구매요구서)는 생산부서에서 구매부서로 필요한 품목과 수량을 기재하여 청구하는 장표이며 구매청구서를 작성한 구매부서에서는 거래처를 선정하기 위해 견적조회를 실시하게 된다. 공급처가 정해지면 발주서를 이용하여 물품을 발주하고 거래처에서는 물품과 함께 납품전표를 가져와야 한다.

21 정답 ①

식재료 품질에 대해 안심할 수 있는 경우에는 일반경쟁입찰이 가장 저렴하게 구입할 수 있는 방법이다.

22 정답 ②

경쟁입찰
- 장점 : 구매물량이 많을 때, 시간이 충분할 때, 업체의 규모가 커서 공식구매가 필요할 때, 물품 납품업지기 많을 때 경쟁입찰방법을 주로 사용하며, 절차가 공정하고 새로운 업자를 발견할 수 있으며, 저렴한 가격으로 구입이 가능하다.
- 단점 : 공고일로부터 낙찰까지 수속이 복잡하며, 긴급을 요하는 식품의 구입에 불리하다.

23 정답 ③

단체급식에서는 일반경쟁입찰보다는 과거 거래실적이 확실한 업체를 대상으로 지명경쟁입찰을 하거나, 수의계약 방식으로 거래하는 것이 통상적이다.

24 정답 ③

경쟁입찰방법은 일반경쟁입찰과 제한경쟁입찰로 구분되며 저장식품(조미료, 곡류, 건어물 등)을 정기적으로 구매할 때 주로 사용한다. 비저장식품(채소, 생선, 육류)을 수시로 구매할 때에는 수의계약을 주로 사용한다.

25 정답 ②

발주서 작성 시 유의사항
- 재료명, 수량, 납품 일시, 납품 장소, 기타 요구사항을 기입하여 공급자 측에 송부하도록 하며, 긴급 시 전화로 발주하게 될 경우에도 전달 내용을 반드시 확인함
- 납품 시 확인의 근거가 되므로 송부하기 전에 반드시 사본을 남김

26 정답 ⑤

분산구매는 독립구매, 현장구매라고도 하며, 각 사업소나 조직 내 부문별로 필요한 물품을 분산하여 독립적으로 구매하는 방법이다. 구매절차가 간단하고 신속하지만 구입단가가 높아지는 단점이 있다.
①, ②, ③ 집중구매의 장점이다.
④ 분산구매의 단점이다.

27 정답 ④

일반경쟁입찰계약 절차는 '입찰 공고-입찰 등록-입찰-개찰-낙찰-계약 체결' 순이다.

28 정답 ②

수의계약은 비공식적 구매방법이라고도 하며 공급업자들 간에 경쟁을 붙이지 않고 계약내용을 이행할 자격을 가진 특정 업체와 계약을 체결하는 방법이다. 따라서 구매공정성이 결여되거나 경쟁력이 미흡할 수 있으며, 불리한 가격으로 계약될 수 있고, 유능하고 경제적인 거래처 발굴이 어려울 수 있다.

29 정답 ④

단체급식에서 식재료 검수 시 발주서는 품목과 수량을 대조하기 위해, 구매명세서는 품질 확인을 위해 필요하다.

30 정답 ④

대체 식품은 주된 영양소가 공통으로 함유되어 있으며 한국인 영양 섭취 기준의 같은 식품군에 포함되어야 한다. 한국인 영양 섭취 기준의 식품군별 대표 식품으로 토마토는 채소류에, 버터는 유지 당류에, 도토리묵은 곡류에 포함된다.

31 정답 ③

저장품목의 식재료인 경우 적정발주량은 저장비용과 주문비용의 영향을 받는다.

32 정답 ③

식재료 발주량 산출 시 1인 분량, 출고계수, 예정식수가 필요하며 출고계수 계산을 위해 폐기율이나 가식부율이 필요하다.

33 정답 ②

단체급식에서 식품재료 수령 시 신선도, 품질 및 등급, 단가, 단위 등 구매명세서에 기재된 내용의 숙지 등이 필요하다. 또한 선도, 위생, 수량 등이 주문내용과 일치하는지 검사하여 수령 여부를 판단해야 한다.

34 정답 ①

식재료 구매 시 정확한 수량을 결정하기 위해 재고량, 폐기율 및 가식부율, 조리 중 손실 정도를 알아두어야 한다.

35 정답 ⑤

정기발주방식은 실사재고로, 정량발주방식은 영구재고로 재고조사를 하게 된다.

36 정답 ③

축산물 품질 확인을 위해서는 등급판정확인서와 도축검사증명서를 확인해야 한다. 이 외에 축산물 이력제 홈페이지에서 개체 식별 번호로도 품질 확인이 가능하다.

37 정답 ②

저장식품의 발주량을 결정하기 위해서 비용-효과분석을 통해 대량 구입 시 경비절감 효과와 창고 관리 및 시설 등의 저장비용을 비교하고, 저장 중 품질 변화 및 냉장, 냉동시설 등의 저장고의 크기를 확인한다.

38 정답 ④

식품의 가식부는 식품재료 중에서 식용이 가능한 부분을 말하며, 식품 재료 전체로부터 식용이 불가능한 부분(폐기 부분)을 빼고 구한다. 식품의 가식부율은 신선도, 부위 조리법, 전처리된 상태에 따라 달라진다.

39 정답 ⑤

식재료 구매 시 식품 구매에 대한 지식 및 전문성을 요한다.

40 정답 ④

검수원은 배달 물품의 품질명세에 관한 내용을 파악하고 있어야 하며 검수절차와 문제 발생 시 업무처리 능력을 갖춰야 한다. 청렴결백, 신용구매 관련 지식, 임기응변의 대처능력 및 융통성은 구매담당자의 인적요건에 해당한다.

41 정답 ④

구매담당자와 검수담당자는 분리하는 것이 좋으며 검수 시 조명은 540lux 이상 필요하다. 검수실과 전처리실, 냉동, 냉장 저장고와는 가까운 것이 좋다.

42 정답 ④

효과적인 검수를 위해 검수장소는 검수대, 조명시설이 있고, 이동에 충분한 넓이와 안전성이 확보되고, 청소가 쉬운 곳이어야 한다.

43 정답 ②

식품 감별에서는 감별자의 풍부한 경험이 가장 중요하다.

44 정답 ②

식품 감별법에는 이화학적 검사와 관능적 검사가 있는데 특정 장치나 전문지식을 요구하는 이화학적 검사보다 외관적인 관찰이나 관능적 검사가 가장 많이 이용되고 있다.

45 정답 ②

재료 검수 시 필요한 서식으로는 발주서와 납품서(송장, 거래명세서), 구매명세서가 있다.

46 정답 ⑤

관능검사 항목은 외관, 색, 냄새(향기), 맛 등이다.

47 정답 ③

품질 감별은 주로 시각으로 감별하며 싱싱한 어패류는 이취가 없고 눈동자가 맑고 아가미의 색이 선홍색이다.

48 정답 ④

쇠고기의 신선한 지방색은 유백색이고, 신선한 육색은 선홍색 또는 일부 암적색을 띤다.

49 정답 ②

양질의 어류는 아가미가 선홍색이고, 살은 탄력성이 있으며 껍질과 비늘이 밀착되어 있고, 눈알이 맑고 눈이 표면보다 싱싱하게 튀어나와 있으며, 비늘에 광택이 있고 선명하여야 한다.

50 정답 ①

감귤류의 경우 과육이 밀착되어 있거나 탄력적이고, 껍질이 주황색을 띠고 맑고 윤기가 있어야 좋은 감귤류로 판정된다.
④ 수박에 해당하는 감별법이다.
⑤ 사과에 해당하는 감별법이다.

51 정답 ⑤

사과나 배 같은 과실은 1상자당의 개수, 크기, 품종, 산지를 확인하여야 한다.

52 정답 ③

육류는 「농산물품질관리법」에 따라 원산지를 반드시 확인하며 품질등급판정서를 확인한 후 육색, 등급, 부위, 지방점유율 등으로 품질을 감별하여야 한다.

53 정답 ②

꽃게는 형태가 고르며, 이취가 나지 않고 고유의 색깔을 띠는 것이어야 한다.
① 양송이버섯 : 흰색이며 버섯 특유의 향이 있는 것, 이물질이 묻어 있지 않은 것, 버섯 갓과 자루 사이의 피막이 떨어지지 않은 것
③ 감자 : 싹이 나지 않고 표면이 매끄러우며 흠집이 적고 단단한 것
④ 마늘 : 짜임이 단단하며 알차고 싹이 돋거나 썩은 부분이 없는 것
⑤ 수박 : 모양이 고르고 검은 줄무늬가 뚜렷한 것, 꼭지가 마르지 않은 것

54 정답 ②

가공식품을 구입할 때에는 가장 먼저 제조연월일을 보아야 한다.

55 정답 ②

관능검사는 색, 맛, 향기, 광택, 촉감 등을 알아보는 방법이다. 단체급식소에서 과일류 선택 시 주로 관능검사를 이용해 감별한다.

56 정답 ②

일정량의 식품을 항시 보관하는 것을 표준재고량 또는 기본재고량이라 한다.

57 정답 ①

후입선출방식은 연중 물가 상승 등으로 인해 대개의 경우 나중에 들어온 물건의 가격이 높아지게 되므로 재고가를 낮게 책정하여 업체의 재고자산액을 낮춤으로써 소득세를 줄이기 위한 방법이다.

58 정답 ③

재고회전율이 표준보다 높게 되면 재고가 빨리 소진되어 고가로 긴급히 물품을 구매해야 하는 경우가 생긴다.

59 정답 ②

- 재고회전율=총매출원가(총사용량)/평균재고액(평균재고량)
- 평균재고액=(월초재고+월말재고)/2

따라서, 평균재고액=(40+8)/2=24, 재고회전율=48/24=2

60 정답 ⑤

영구재고조사는 창고의 물품의 입·출고를 계속적으로 기록하는 방법으로서 고가의 품목에 주로 적용하며, 수작업 기록 체계에 의한 부주의가 있을 수 있지만 최근 전산시스템 도입으로 정확한 재고수량 파악에 도움을 주고 있다.

61 정답 ③

재고기록은 식품의 원가 통제, 재고량 파악을 통한 정확한 구매량 산출, 물품 도난 및 손실 방지를 위해 필요하다.

62　정답 ④

실사재고조사
- 주기적으로 창고에 보유하고 있는 물품의 수량과 목록을 기록, 영구재고의 정확성을 점검하기 위해 실시
- 장점 : 사용한 품목비의 산출에 필요한 정보를 제공(재고자산의 총가치를 평가)
- 단점 : 많은 시간 소요, 신속하지 못함, 가끔 재고량이 부정확하게 파악될 수 있음

63　정답 ④

ABC 관리법은 재고를 물품의 가치도에 따라 A, B, C 세 등급으로 분류(파레토 분석을 이용)하여 차별적으로 관리하는 방식이다.

64　정답 ①

출고전표를 작성하여 물품을 수령하고 관리한다.

65　정답 ⑤

ABC 관리법

품목	분류
A형 품목	• 고가품목에 적용 • 총재고량의 10~20%(재고액의 70~80% 차지) • 정기발주방식 적용 • 소요량과 보유량을 확인하여 발주량을 정확히 산출해야 함
B형 품목	• 중가품목에 적용 • 총재고량의 15~30%(재고액의 20~40% 차지) • 일반적인 재고관리 시스템 적용
C형 품목	• 저가품목 • 총재고량의 40~60%(재고액의 5~10% 차지)

66　정답 ①

재고회전율은 적정 수준을 유지할 수 있게 관리하며 유통기한은 짧은 순으로 선입선출의 원칙을 지키기 쉽도록 보관한다.

67　정답 ⑤

저장위치 표식의 원칙은 창고의 저장품들을 품목별, 규격별, 품질특성별로 분류하여 저장고 내의 일정한 위치에 표식화한 후 적재한다.
① 분류저장의 원칙 : 재고회전, 진열 위치, 사용빈도 등을 고려
② 선입선출의 원칙 : 먼저 입고된 물품은 먼저 출고, 물품낭비의 가능성을 줄이고 신선도 유지로 인해 좋은 품질의 급식 생산을 가능하게 함
④ 품질보존의 원칙 : 품질 변화를 최소화
⑤ 공간 활용 극대화의 원칙 : 확보된 공간을 최대한 경제적으로 활용할 수 있는 방안 마련

68　정답 ⑤

식품 보관용 창고는 온도, 습도, 통풍 등을 관리하여야 한다.

69　정답 ②

상비식품(비축식품)은 저장성이 높은 곡류, 조미료, 콩류, 건조식품, 통조림 등을 말한다.

70　정답 ②

식품 보관 시 식품의 품명, 수량과 구입일자 등을 기록하거나 표시해 두어야 선입선출이 가능해진다.

71　정답 ④

보관 시 입고일자, 품명 및 간단한 명세, 포장 내 중량, 수량, 납품업체명 등을 기록한다.

72　정답 ②

냉장고
- 개요
  - 항상 0~10℃ 이하의 온도를 유지
  - 채소류, 생선류 등의 일시적인 보관에 사용
  - 미생물의 성장을 억제할 수 있지만 사멸시킬 수는 없음
  - 식품 입고 후 사용 직전까지 냉장고에 계속 보관하여 식품의 품질이나 영양가의 손실을 최소화해야 함
- 사용 시 유의사항
  - 냉장고 유지·관리 중요 : 냉장고 외부, 내부 선반, 냉장고 문에 부착된 고무 가스킷을 따뜻한 물과 세제를 이용하여 자주 세척하고 성애를 제거
  - 너무 많은 식품을 한꺼번에 보관하지 말고, 물품 사이에 적당한 공간을 두어 냉장 공기가 식품에 고루 접촉할 수 있도록 함(냉장고의 70% 정도를 사용)
  - 선입선출의 원칙을 지킴

- 식재료에 따라 적절한 온도를 유지 및 습도 유지 (75~95%)
- 개봉한 통조림류는 깨끗한 용기에 옮겨 담아 보관
- 오염 방지를 위해 날 음식은 냉장실 하부에, 가열 조리 식품은 위쪽에 보관
- 냉장고는 5℃ 이하, 냉동고는 −18℃ 이하의 내부 온도가 유지되는가를 확인. 대형 냉장실(walk-in refrigerator)의 경우에는 외벽에 온도계를 부착하여 내부 온도를 정기적으로 점검
- 냉장, 냉동고 문의 개폐는 신속하고 최소한으로 함
- 보관 중인 재료는 덮개를 덮거나 포장하여 식재료 간 오염이 일어나지 않도록 함

73 정답 ③

총평균법은 일정 기간의 총구입액과 이월액을 그 기간의 총입고수량과 이월수량으로 나누어 평균 단가를 계산하고 반출할 때 이 평균단가로 계산하는 방식으로 물품이 대량으로 입출고되는 곳에 적합하다.
① 선입선출법 : 먼저 입고된 물품을 먼저 사용했다는 가정하에 재고자산을 산출하는 방법으로 물가가 인상되는 상황에서 재고가치를 높게 책정하고자 할 때 사용한다.
② 후입선출법 : 최근에 구입한 물품부터 사용하였다는 가정하에 재고자산을 평가하는 방법으로 선입선출법의 반대 개념이다.
④ 실제구매가법 : 개별법이라고도 하며 재고조사 시 남아있는 물품들을 실제 구입 단가로 계산하여 자산을 평가하는 방법으로 소규모 급식소에서 많이 사용한다.
⑤ 최종구매가법 : 최종매입원가법이라고도 하며, 가장 최근 구입한 단가를 이용하여 재고가를 산출하는 방법으로 계산이 간단하면서 신속하므로 급식소에서 널리 사용한다.

74 정답 ③

도매시장의 기능으로는 가격형성, 수급 조절, 배급기능, 유통경비 절감, 거래상의 안전기능, 세수증대 등이 있다.

CHAPTER 04 | 생산 및 작업 관리

문제편 p.321

01	02	03	04	05	06	07	08	09	10
⑤	②	②	⑤	②	④	③	④	⑤	②
11	12	13	14	15	16	17	18	19	20
①	②	④	④	④	①	①	④	⑤	③
21	22	23	24	25	26	27	28	29	
④	④	⑤	④	④	④	⑤	③	②	

01 정답 ⑤

중앙배선방식은 1인당 배식량을 조절하기 쉬우므로 식품비와 인건비를 절약할 수 있으나, 주방면적이 넓어야 하고 적온급식을 위해 고가의 배식차를 구비해야 하는 단점이 있다.

02 정답 ②

병동(분산)배선방식은 중앙배선방식보다 식기 저장고와 종업원 및 감독자 수가 많이 필요하다. 주조리실 면적이 협소하여도 급식이 가능하고 적온급식이 용이하지만 각 층의 병동배선실이 필요하여 시설비와 인건비 증가, 식품비 낭비 등의 단점이 있다.

03 정답 ②

병동(분산)배선방식은 주조리실에서 병동 단위로 배분된 음식을 병동 배선실에서 상차림하여 환자에게 공급하는 방법이다. 병동이 넓게 분산되어 있는 경우 적절하다.

04 정답 ⑤

대량조리의 가장 기본이 되는 생산관리는 급식 품질의 일관성과 그 양의 적절성이다. 즉, 효율적인 생산 조절을 통해 비용의 낭비를 최소화할 수 있기 때문에 급식의 생산관리 측면에서 온도와 소요 시간, 산출량·배식량 조절, 제품 평가 등이 고려되어야 한다.

05 정답 ②

직선식 배식은 가장 흔히 볼 수 있는 배식 형태로 고객들이 앞사람을 따라 움직이기 때문에 이동 속도가 느리며 다양한 메뉴가 제공될수록 흐름은 더 느려진다.

06 정답 ④

보존식은 식중독 사고 발생 시 원인 규명을 위한 검체용으로 음식을 냉동보존해 두는 것으로, 배식 직전 소독된 보존식 전용 용기 또는 위생비닐봉지에 제공된 음식별로 각각 100g 이상씩 담아 144시간(6일) 이상 −18℃ 이하에서 냉동보관한다.

07 정답 ③

수요 예측 유형
- 시계열 분석 : 시간의 경과에 따른 숫자와 변화로 추세나 경향을 분석하는 방법(단순이동평균법, 가중이동평균법, 지수평활법)
- 인과형 분석 : 환경이나 내부조건에 대한 수학적 인과관계를 나타내는 모델을 만들어 예측하는 방법(선형회귀분석, 다중회귀분석)
- 주관적 예측법 : 경험이 많은 전문가의 주관적 판단에 의한 방법(최고경영자기법, 외부의견조사법, 델파이기법)

08 정답 ④

분산식 카페테리아는 전통적인 카페테리아 방식과 달리 파급식자들이 줄을 서지 않고 마음대로 음식을 선택하여 식사하는 방식으로 free flow cafeteria 또는 scramble system cafeteria라고 하며, 샐러드와 음료 코너를 주메뉴 배식 라인에서 분리시킨 형태이므로 많은 고객에게 배식할 수 있다는 장점이 있다.

09 정답 ⑤

검식은 음식의 질감, 색깔, 맛, 농도, 모양, 온도, 위생 상태 등의 식단 됨됨이를 총괄적으로 판단하여 향후 식단 개선의 자료로 활용할 수 있다. 검식은 생산 완료 후부터 배식하기 직전에 실시하고, 시설의 장, 영양사 또는 책임이 충분하고 지식이 있는 자가 대신 하기도 한다. 검식 내용은 검식일지로 작성·보관한다.

10 정답 ②

단체급식에서의 조리 작업은 대량 조리이므로 대형 조리기기 및 가구를 사용해야 하며, 조리 시간이나 조리 방법에 주의해야 한다. 또한 조리 후 미생물적·관능적·영양적 품질 관리를 위해 조리 시간과 온도 통제가 필수적이다. 아울러 단체급식소에서의 음식 생산은 소규모 가정식에 비해 계획적인 생산통제가 필요하다.

11 정답 ①

주관적 수요예측방법은 최고경영자기법, 델파이기법 등이 있다. 최고경영자기법은 장기적인 계획 수립이나 신상품 개발에서 최고경영자의 풍부한 경험에 의해 수요를 예측하는 방법이고, 델파이기법은 전문가 집단에 1차 설문조사를 한 후 이를 종합하고 합의된 결과가 도출될 때까지 의견 조사를 반복하여 실시하는 방법이다.

12 정답 ②

생산성 지표는 투입의 결과로 나타난 산출의 비율이다. 투입 요인은 인력, 기술, 비용, 자본, 기기, 설비 등이며 산출은 음식(식수, 서빙수), 고객 만족, 종업원 직무 만족, 재정적 수익성 등이다.

13 정답 ④

작업관리의 주목적은 작업 개선, 표준화 등을 통한 생산성 향상이다.

14 정답 ④

생산성(1식에 소요되는 작업시간)은 '(5명×8시간+3명×4시간)×60분÷1,800식=1.7분/식'이다.

15 정답 ④

병원급식에서 생산량을 결정하기 위해서는 1일 평균입원 환자수를 파악하는 식수 파악이 합리적이다.

16 정답 ①

기존에 개발되어 있는 교육자료를 잘 활용하면 개발에 걸리는 시간을 절약하여 효율적으로 급식업무를 수행할 수 있다.

17 정답 ①

방법연구는 불필요한 작업요소를 제거하고 필요한 작업요소만으로 이루어진 가장 빠르고도 효과적인 방법을 발견하는 기법으로, 공정분석, 작업분석, 동작 분석 등의 기법을 이용한다. 작업측정 기법에는 시간연구법, 표준자료법, PTS법, 실적기록법(실적자료법), 워크샘플링법 등이 있다.

18 정답 ④

1인 분량은 메뉴의 생산량과 원가를 통제하는 요소로 이를 조절하기 위해 조리단계에서부터 1인 분량에 대한 개념을 확립하고 표준 레시피를 활용하며, 배식 도구의 용량을 파악하고 일정량씩 배분하도록 훈련이 필요하다. 이때 학교급식의 경우 학년차 및 개인차를 고려하여야 한다.

19 정답 ⑤

직무배분표는 각 개인의 일에 대하여 분명하고 알기 쉽게 표로 정리한 것으로서 작업 개선의 기초자료로 사용한다. 작성 시 유의점은 다음과 같다.
- 어떤 직무에 가장 많은 시간과 요원이 필요한가?
- 기능이 적절히 이용되고 있는가?
- 연관성이 없는 작업을 하고 있지는 않은가?
- 작업이 지나치게 세분화되어 있지는 않은가?
- 작업이 평균적으로 할당되어 있는가?

20 정답 ③

단체급식에서는 한정된 시간 내에 조리가 행해져야 하므로 전처리된 식재료를 사용함으로써 조리 시간을 단축시킬 수 있으며, 이는 궁극적으로 인건비 절감을 가져온다.

21 정답 ④

작업일정표(작업배치표)에는 각각의 작업원별 출·퇴근 시간과 근무 시간대별 주요 담당 업무 등의 내용이 기록되어 있다. 이는 신입사원의 훈련에 유용하고 관리자와 조리원 간의 의사소통의 자료가 되며, 조리원의 작업을 효과적으로 수행하는 데 필요하다.

22 정답 ④

작업측정의 주요 목적은 특정 작업에 관한 표준시간을 설정하는 데 있다.

23 정답 ⑤

- 변환계수 구하기 : 600/100=6
- 표준 레시피의 식재료량에 변환계수 곱하기 : 10kg×6=60kg
- 측정하기 편리한 단위로 식재료 단위를 변경

24 정답 ④

- 노동시간당 식수 : 학교급식(공동조리방식)>학교급식(단독조리방식)>산업체 급식(단일 메뉴)>병원급식(환자식, 직원식)>병원급식(환자식만 운영)
- 식당 노동시간 : 병원급식(환자식)>병원급식(환자식, 직원식)>산업체 급식(단일 메뉴)>학교급식(단독조리방식)>학교급식(공동조리방식)

25 정답 ④

표준레시피는 음식의 양과 조리법, 조리시간 등의 표준을 정해 기록한 것으로, 단체급식에서 음식의 품질을 통제하는 데 가장 적합한 수단이다.
② 손익계산서는 기업의 경영성과를 보고하는 일정 회계기간 동안의 수익, 비용, 순이익의 관계를 보여주며, 음식의 품질을 통제하기 위한 목적보다는 생산의 비용을 통제하기 위한 목적으로 사용된다.

26 정답 ④

식품의 대량조리 시 주의점
- 조리된 식품은 매끼마다 처리하고 다음 급식까지 보관하여 사용하지 않는다.
- 조리 후 배식까지 시간은 가급적 단축시키며, 2시간을 초과하지 않도록 한다.
- 조리한 식품의 담기 및 배식은 위생적으로 하며 반드시 마스크를 착용하고, 집게나 일회용 위생장갑을 사용한다.
- 가능한 가열한 요리를 제공한다.
- 찬 두부요리는 삶아서 살균 후 차게 공급한다.
- 가공식품, 소시지 등은 가열조리한다.
- 날달걀은 껍질을 제거한다.
- 병조림, 통조림, 건어물, 가공식품 등의 제조일을 확인 후 사용한다.
- 겨울 채소의 세척에 주의한다.
- 식중독이 많이 발생하는 시기의 어패류 조리는 제한한다.
- 완성된 음식은 반드시 뚜껑을 덮어둔다.
- 식품 보관 시 보관온도 관리에 유의한다.

27 정답 ⑤

레시피의 형태
- 가정용(기본형) : 모든 식재료의 종류가 상단에 쓰여 있고 조리 과정은 번호를 매겨 하단에 쓰는 형태이다. 이는 계속해서 두 곳을 주시해야 하므로 조리과정이나 재료를 누락할 수 있는 위험이 있다.
- 구술형 : 조리과정이나 재료를 레시피에서 필요한 순간 기입한다. 즉, 단락의 형태로 쓰여 있다.
- 블록형 : 재료들이 레시피의 왼쪽에 적혀 있고 조리 과정은 재료와 관련지어 오른쪽에 적혀있다. 이 형태는 읽기 쉽고 간단한 표현으로 명확하게 제시되고 있다.

28 정답 ③

바안즈(Barnz)의 동작경제의 원칙은 신체 사용에 관한 원칙, 작업장에 관한 원칙, 기기 및 설비에 관한 원칙 등이 있다. 이 중 신체 사용의 원칙에 따르면 양팔의 동작은 대칭적으로 동시에 행하며, 방향 전환을 할 때는 연속적이며 율동적으로 하도록 배열하며, 양손은 동시에 동작을 시작하고 완료하여야 한다.

29 정답 ②

① 조리대는 조리구역의 중심부에 위치하여야 한다.
③ 조리대의 작업면은 물을 흡수하지 않는 소재로 하여야 한다.
④ 조리대 높이는 85~90cm, 너비는 약 55cm 정도가 적절하다.
⑤ 조리대의 배치는 오른손잡이를 기준으로 할 때 왼쪽에서 오른쪽으로 한다.

CHAPTER 05 | 위생·안전 관리

문제편 p.326

01	02	03	04	05	06	07	08	09	10
①	③	③	③	③	⑤	④	②	②	②
11	12	13	14	15	16	17	18	19	20
②	④	⑤	③	⑤	③	④	⑤	④	②
21									
③									

01 정답 ①

잠재적 위험식품(Potentially Hazardous Foods ; PHF)은 가열하지 않은 것(생것), 가열한 동물성 식품(우유 및 유제품, 달걀, 육류, 가금류, 생선류, 패류, 갑각류), 가열한 식물성 식품(밥, 익힌 감자, 두부 및 콩단백 식품, 양념 및 소스), 샐러드류, 절단 과일(수박, 멜론), 장아찌류 및 소스(드레싱)이다. 비잠재적 위험식품은 식초 첨가 소스(드레싱)이다.

02 정답 ③

노로바이러스의 주원인 식품은 굴 등의 패류, 오염수 등이며 환경저항성이 강하고, 10~100개 바이러스 입자로도 감염이 유발되며 사람과 접촉 또는 배설물에 의해서 2차 감염이 발생한다. 60℃에서 30분의 일반 살균에서는 사멸되지 않고 85℃ 이상의 가열이 필요하다.

03 정답 ③

대량조리의 경우 식중독 예방에 가장 중요한 요인은 조리에서 배식 시간을 단축시키고 조리 후 2시간 이내에 반드시 배식하도록 하는 것이다.

04 정답 ③

위생 관리 시 영양사는 대량 식중독의 위험과 기생충의 피해를 방지하여 피급식자의 건강 유지를 위해 노력한다.

05 정답 ③

세척 용도별 종류
- 1종 세척제 : 채소, 과일용(흐르는 물에 과일·채소를 30초 이상 담갔다가 반드시 먹는 물로 세척, 5분 이상 담그는 것은 절대 안 됨)
- 2종 세척제 : 식기용
- 3종 세척제 : 식품 가공기구용, 조리기구용

06 정답 ⑤

세제 성분에 따른 분류
- 일반 세제 : 손 세척, 식기세척 등 모든 것에 사용
- 산성 세제 : 세제 찌꺼기 제거에 사용
- 용해성 세제(솔벤트) : 진한 기름때, 오븐, 가스레인지 세척
- 연마성 세제 : 바닥, 천장 등 오염 물질 제거(플라스틱 제품에는 부적절)

07 정답 ④

① 전처리되지 않은 식품과 전처리된 식품은 분리하여 보관한다.
② 식품 취급 작업은 바닥의 오염물이 튀지 않도록 바닥의 60cm 이상에서 실시한다.
③ 식품용 고무장갑은 세척, 소독 후 작업해야 한다.
⑤ 전처리 시 조리대의 구분이 어려운 경우 '채소류 → 육류→ 어패류 → 가금류' 순으로 작업한다.

08 정답 ②

장티푸스는 수인성 전염병으로 보균자의 형태로 균을 계속 전파하는 경향이 있다. 보균자를 격리하여 조리에 종사하지 못하게 하며, 다른 급식관계자의 분변검사에서 병균이 검사되지 않을 때까지는 가열조리한 식품만을 신속히 급식토록 한다.

09 정답 ②

잔류물 확인
- 전분 : 0.1N 요오드 용액이나 묽은 요오드 팅크액에 물을 가해 식기 표면에 묻히고 살짝 헹구어 식기 표면이 푸른색이 되는지 검사
- 지방 : 0.1% 옐로버터 알코올 용액에 물을 가해 식기 표면에 묻히고 살짝 헹구어 식기 표면이 황색이 되는지를 검사

10 정답 ②

식기 세척 방법
- 작업구역을 구분 : 식품 전처리 장소와 분리되는 싱크대 구비, 세척, 헹굼, 소독을 위한 3단계로 구분
- 세척 : 중성 세제(0.2~0.3%)를 사용
- 헹굼 : 반드시 흐르는 물에 3회 정도 헹굼(물 온도 : 49℃ 정도)
- 소독 : 77℃ 이상의 물에 30초 침지, 살균 소독제는 1일 1회 이상 제조
- 건조 : 행주로 닦지 말고 자연 또는 열풍 건조

11 정답 ②

자외선 소독, 증기 소독은 소독을 위한 기기가 따로 필요하며 화학 소독은 약물 사용에 대해 정확하게 숙지하고 있어야 한다. 건열 소독은 160~180℃의 식기 소독기 또는 식기세척기 내에서 30~45분간 소독해야 한다.

12 정답 ④

소독 품목
- 자비(열탕) 소독, 증기 소독 : 식기, 조리기구, 행주
- 건열 소독, 자외선 소독 : 식기, 조리도구
- 염소 소독 : 생채소, 과일, 발판, 식품접촉면
- 70% 에탄올 : 손

13 정답 ⑤

식품위생법상 조리원으로 종사할 수 없는 경우
- 제1군 전염병 중 소화기계 전염병(콜레라, 장티푸스, 파라티푸스, 세균성이질, A형간염 등)
- 제3군 전염병 중 결핵(비활동성 결핵의 경우 제외)
- 피부병, 화농성 상처가 있을 때
- 후천성면역결핍증

14 정답 ③

역성 비누는 무색·무취·무자극성, 세정력이 약하나 살균력 강하여 조리종사원의 손 또는 조리기구 소독제로 사용한다. 다만 일반 비누와 병용하면 살균력이 없어진다.

15 정답 ⑤

생채소·과일은 100ppm 이상의 염소계 용액(차아염소산나트륨)에서 5분간 침지한다.

16 정답 ⑤

행주는 열탕 소독 후 완전히 건조해야 한다.

17 정답 ④

단체급식 생산 메뉴 중 위해 발생 가능성이 낮은 것은 가열조리공정의 메뉴이다.
- 비가열조리공정 : 생채류, 젓갈류, 샐러드류
- 가열 후 처리공정 : 숙채류, 비빔밥류, 냉면류 등
- 가열조리공정 : 밥류, 국류, 찌개류, 볶음류, 조림류, 구이류, 튀김류

18 정답 ⑤

교차오염으로 인한 식중독 사고는 오염되지 않은 식재료나 음식이 이미 오염된 식재료·기구·조리자와의 접촉 또는 작업 과정으로 인해 미생물의 전이가 일어날 때 발생한다.

19 정답 ④

① 냉장고의 저장용량은 70% 이상으로 한다.
② 냉동고의 저장용량은 50% 이하로 한다.
③ 선입선출 방법을 이용한다.
⑤ 하단에는 생선, 육류을 상단에는 채소, 가공식품을 저장한다.

20 정답 ②

① 소비기한 : 섭취해도 이상 없을 것으로 인정되는 소비 최종 기한
⑤ 품질유지기한 : 식품의 특성에 옳은 적절한 보존방법이나 기준에 따라 보관할 경우 식품 고유의 품질이 유지될 수 있는 기한

21 정답 ③

뜨거운 음식(57℃ 이상)은 상차림 직전에 조리 완료하여 뜨거운 음식은 뜨겁게, 차가운 음식(5℃ 이하)은 배식까지 보냉하고 조리 후 2시간 이내에 공급해야 한다.

CHAPTER 06 | 시설·설비 관리

문제편 p.330

01	02	03	04	05	06	07	08	09	10
②	②	②	③	③	②	③	①	③	①
11	12	13	14	15	16	17	18	19	20
⑤	④	③	④	⑤	④	④	⑤	②	⑤
21	22	23	24	25	26				
①	⑤	②	②	②	③				

01 정답 ②

단체급식소에서 새로운 시설을 도입하고자 할 때는 계획 단계부터 급식의 규모, 급식 제공 방법(제공 메뉴, 식재료 형태, 배식 형태), 예산, 설치 장소, 도입 기기의 종류, 관련 법규, 조리종사원 상황, 복리후생시설 등의 모든 요소를 살펴보고 검사해야 한다.

02 정답 ②

검수구역의 조도는 540lux 이상이어야 하며 그 크기는 급식시설의 규모에 따라 달라질 수 있다. 하역작업이 쉽도록 지면보다 높아야 하며, 출입 부분에는 에어커튼을 설치하는 것이 바람직하다.

03 정답 ②

저장공간구역은 검수구역과 조리구역 사이에 위치하는 것이 좋고 일일평균식수, 메뉴의 수, 식재배달 빈도, 재고 회전율 등을 고려하여 설계한다. 건조창고, 냉장창고, 냉동창고 등이 저장공간이다.
① 물품검수구역 : 물품의 배달이 용이하도록 차량 접근이 쉬우며 저장구역과 전처리실에 가까운 곳에 위치해야 하며 검수에 필요한 기기와 많은 양의 식품이 이동할 수 있는 공간이 있어야 한다.
③ 조리구역 : 작업 순서에 따라 준비실과 주조리구역으로 분류한다. 음식을 안전하고 신속하며 효율적으로 생산할 수 있도록 고객의 수, 종업원의 수와 동선, 메뉴, 음식의 생산량, 조리 방법, 식재료의 가공 정도에 따른 기기의 수와 형태 등을 고려하여 설계하여야 하며 기기나 내장재 등은 열과 기름에 잘 견딜 수 있는 재질을 사용하여야 한다.

04   정답 ③

급식시설의 적정 조도

구역	조도(lux)	구역	조도(lux)
반입·검수 공간	540 이상	조리장	220 이상
전처리실	220 이상	기타	110

05   정답 ③

조리기기 도입의 유의사항
- 취급하기 간단하고, 안전하고, 작업 정의가 확실할 것
- 유지비 등의 제경비가 적을 것
- 위생적 세척 소독이 쉬운 것
- 인력 절감, 시간 단축 효과가 있는 것
- 사용 빈도가 높은 것
- 수리하기 간단하고 AS가 쉬운 회사의 물건일 것

06   정답 ②

급식소의 위치
- 식수 및 세정을 위한 양질의 물이 충분하고, 급배수가 편리해야 한다.
- 채광, 환기, 통풍이 좋아야 한다.
- 화장실 및 폐기물처리장까지 적당한 거리가 있어야 한다.
- 식품의 반입, 조리실에서의 반출이 편리해야 한다.
- 급식관리자의 이용이 편리하고, 식사의 배급이 편리해야 한다.
- 소음, 이취 등 다른 부문의 영향이 적어야 한다.

07   정답 ③

청결구역은 식품절단구역(가열소독 후), 조리구역(가열·비가열 처리), 정량 및 배선구역, 식기보관구역이다.

08   정답 ①

설비의 설치조건
- 건축설비와의 관계 고려
- 작업 동선에 따라 기기 배치
- 작업 공간의 확보
- 작업 공간의 입체적 이용
- 가열기기, 물 사용기기의 집약적 배치
- 위생적 조건의 고려
- 관리의 용이성 고려

09   정답 ③

전기콘센트는 바닥에서부터 1m 이상 떨어진 위치에 설치하여 물청소나 세정 시 감전이나 오염이 되지 않도록 한다.
①, ② 배수로 : 청소하기 쉽도록 너비는 20cm 이상, 깊이는 최저 150cm는 되어야 하고 배수로의 경계는 청소하기 쉽게 반지름 5cm 이상의 곡면 구조로 설치하는 것이 좋다.
④ 효율적인 후드의 경사각 : 10~25°
⑤ 창문 : 아랫부분은 먼지가 쌓이지 않도록 45° 이하로 하는 것이 좋으며 외부의 창문턱은 60° 경사를 이루어 먼지가 쌓이는 것을 방지할 수 있도록 한다. 자연 채광을 위해서는 작업장 바닥면적의 20~30%가 바람직하다.

10   정답 ①

- 식당 면적=급식자 1인의 필요한 면적×총 급식자 수 (총 고객 수:좌석회전율)
- 좌석회전율=급식대상자 인원÷좌석수(좌석회전율은 일반적으로 2.5 정도)
- 일반적으로 필요한 면적 : 급식자 1인당 1.2~1.7m²

11   정답 ⑤

조리 공간의 면적은 이용고객의 수, 종업원의 수와 동선, 메뉴(단일, 뉴, 복수메뉴 등), 음식의 생산량, 조리방법, 식재료의 가공 정도, 가공식품의 이용 정도, 기기의 수와 형태 등에 의해 결정된다.

12   정답 ④

배수관은 악취 방지, 방서, 방충 목적으로 트랩을 설치한다.
- 곡선형 : S트랩, P트랩, U트랩
- 수조형 : 벨 트랩, 드럼 트랩, 그리스 트랩(기름기가 많은 오수 제거에 효과적) 등

13   정답 ③

배기용 후드
- 열발생원보다 15cm 이상 넓어야 하며 청소가 가능해야 하고 흡기량이 배기량보다 10~20% 적어야 함
- 후드 외곽의 각도는 35° 및 45°형이 이상적이며 레인지, 튀김기 등 기름 요리 사용구역에는 그리스 필터(grease filter)가 부착된 후드를 설치해야 함
- 삿갓형, 박스형이 있음

14   정답 ④

후드는 열기와 냄새를 발생원 근처에서 직접 배출시키는 기기이다. 창문은 자연환기장치이고, 팬이나 후드는 기계적 환기장치이다. 후드는 사방 개방형이 가장 효율적이다.

15 정답 ⑤

각 열원의 열효율은 도시가스 60~65%, LPG 55~65%, 등유 55~65%, 전기 65~70%이다. 전기는 열효율(65~70%)이 가장 높고 냄새나 그을음이 없으며 취급하기 간편하지만 고가이다.

16 정답 ④

식기재질의 종류 및 특성

종류	특성
도자기, 유리	급격한 온도 변화, 충격에 약함
플라스틱	충격, 열, 세제에 강함, 가볍고 견고함, 열전도율이 낮고 냉각 시 잘 견딤, 착색에 주의
스테인리스	부식되지 않고 영구적, 열전도가 고르지 못함, 무겁고 가격이 비쌈
폴리카보네이트	내구성, 가벼움, 냄새가 배지 않고 산성에 강함
멜라민수지	가격이 저렴함, 디자인과 색상이 다양, 견고한 편, 때가 잘 묻지 않고 변색 안 됨

17 정답 ④

조리장의 형태는 설계상 가로와 세로의 비가 2:1 또는 3:2가 되는 것이 유리하다.

18 정답 ⑤

작업대는 스테인리스 스틸이 적합하며 한식인 경우 채소류 처리구역이 넓어야 한다. 어류, 육류, 채소류 작업대는 분류되어야 하고 조도는 220lux 정도가 되어야 한다.

19 정답 ②

- 식당의 면적=총고객수÷좌석회전율×1좌석당 면적
- 좌석회전율=1시간(60분)÷20분(1회전)=4회
- 좌석수=600명÷4회=150
- 식당면적=150×1.5m²=225m²(약 70평)

20 정답 ⑤

작업공정에 따른 기기 및 기구

- 반입·검수 : 저울, 온도계, 운반차
- 전처리 : 구근탈피기, 슬라이서, 세미기
- 가열조리 : 레인지, 그릴, 오븐, 국솥, 취반기
- 배선 : 콜드테이블, 웜테이블, 배선차
- 세정, 소독 : 식기세정기, 식기소독보관고, 칼·도마살균고

21 정답 ①

식재료의 반입 → 조리 → 식사제공 → 식기세척까지의 일련의 작업이 최소한의 공간 내에서 이루어지도록 편의와 용도에 맞는 기구 배치로 능률적이고 위생적으로 안전하게 행해질 수 있도록 해야 한다.

22 정답 ⑤

아일랜드형은 조리기기를 한곳에 모아 놓아 환풍기와 후드의 수를 최소화할 수 있다.

23 정답 ②

소규모 급식소는 도어 타입이나 1탱크 랙 컨베이어 타입을 사용하는 것이 적합하다.

24 정답 ②

식탁 배치 방법

- 변화형 : 식사시간 이외에 회의 장소 사용 가능, 1명, 2명, 그룹 등 이용자 수에 쉽게 대응
- 평행형 : 많은 사람 수용 시 효율적, 산업체·대학에 유용
- 유동형 : 독특한 형태로 여러 가지로 조합, 개성적, 즐거운 식사 환경 조성에 적합
- 사각형 : 외국 식당에서 흔히 보임, 적은 수의 식탁, 외부고객이 이용하는 식당

25 정답 ②

급식시설 바닥재료의 조건

- 물청소를 할 수 있는 내수재를 사용할 것
- 기름음식의 오물 등이 스며들지 않을 것
- 미끄럽지 않고 산, 염유기용액에 강할 것
- 영구적으로 색상을 유지할 수 있을 것
- 유지비가 저렴할 것
- 바닥용 타일 등이 좋고 피로하지 않을 것

26 정답 ③

식기의 재질, 기능, 디자인, 가격 등을 고려해야 한다.

CHAPTER 07 | 원가 및 정보 관리

문제편 p.334

01	02	03	04	05	06	07	08	09	10
②	③	④	④	②	④	④	⑤	④	④
11	12	13	14	15	16				
②	④	①	②	③	⑤				

01 정답 ②

원가의 3요소
- 재료비 : 음식생산을 위해 소비되는 식재료 구입에 소요된 비용(주식비, 부식비 포함)
- 노무비 : 제품 제조를 위해 소비된 노동의 가치, 급식종사자들의 임금, 급료, 각종 수당, 상여금, 퇴직금 등
- 경비 : 재료비와 노무비 이외의 가치로 계속적으로 소비되는 일체의 비용. 수도광열비, 전력료, 보험료, 감가상각비 등

02 정답 ③

경비는 재료비와 노무비 이외의 가치로 계속적으로 소비되는 일체의 비용을 말하며 수도광열비, 전력료, 보험료, 감가상각비 등이 해당된다.

03 정답 ④

단체급식의 예산 중 식재료비와 인건비가 급식운영 비용의 대부분을 차지하므로 이 2가지를 합하여 기초원가(주요 원가)라고 한다. 특히 일반 단체급식소의 식재료비의 비율은 60~70%이다. 이처럼 식품 구입이 가장 큰 지출을 차지하므로 식재료비의 절감은 원가 절감에 매우 중요하다.

04 정답 ④

위생비, 여비교통비, 통신비, 회의비, 교육훈련비 등은 경비에 속한다.

05 정답 ②

노무비(인건비)는 제품 제조를 위해 소비된 노동의 가치, 급식종사자들의 임금, 급료, 각종 수당, 상여금, 퇴직금 등을 말한다.

06 정답 ④

변동원가(생산원가)는 생산과 직접 관계되는 비용을 의미하며 식재료비, 연료비, 직접노무비, 매출액에 따라 지급되는 판매수수료 등이 있다.

07 정답 ④

자산은 개인이나 기업이 소유하고 있는 물건과 권리로서 금전적 가치가 있는 것으로 유동자산(현금, 외상매출, 재고), 고정자산(토지, 건물, 기구)이 있다.

08 정답 ⑤

부채는 빚을 의미하며 부채로 기업이 필요로 하는 각종 물건이나 권리를 취득하기 때문에 부채도 일종의 재산으로 본다. 크게 유동부채와 고정부채로 구분한다.

09 정답 ④

손익계산서는 일정 기간 동안의 기업의 경영 성과, 수익·비용, 순이익의 관계를 보여주는 회계보고서이다.

10 정답 ④

급식 원가란 급식을 생산하고 급식 대상자에게 제공하기 위해 소비된 경제적 가치이다.

11 정답 ②

급식비 절감을 위해 이용되는 표준 레시피는 균일한 품질의 식사 제공, 조리종사자의 교육 및 직무수행에 만족 부여, 시간 절약, 재료의 낭비를 막아 재고액을 조절함으로써 비용을 절약할 수 있다.

12 정답 ④

손익분기점 매출액=고정비/공헌이익 비율(공헌이익 비율=1−변동비율)
4,000원 중 변동비가 2,400원이므로 변동비율은 0.6이며, 공헌이익 비율은 0.4이다. 따라서 100,000÷0.4%=250,000원이다.

13 정답 ①

정규직 직원 인건비는 고정비, 계약직 직원 인건비는 변동비에 해당한다.

14 정답 ②

식품사용일계표와 식단표는 장부와 전표의 기능을 함께 가지고 있다.

15 정답 ③

구분	장부	전표
기능	기록, 현상의 표시, 대상의 통제	경영 의사 전달, 대상의 상징화
성질	원가 및 정보 관리	이동성, 분리성
종류	식품수불부, 영양출납부, 영양소요량 산출표, 검수일지, 검식일지, 급식일지	발주서, 납품서, 식수표
	식단표, 식품사용일계표	

16 정답 ⑤

ㄱ은 영양가분석, ㅁ은 발주전표에 대한 설명이다.

CHAPTER 08 | 인적자원 관리

문제편 p.337

01	02	03	04	05	06	07	08	09	10
①	①	②	②	③	③	①	②	④	③
11	12	13	14	15	16	17	18	19	20
①	⑤	⑤	④	④	⑤	②	①	①	④
21	22	23	24	25	26	27	28	29	30
②	①	③	①	②	③	①	①	③	②
31									
③									

01 정답 ①

인사고과 절차는 '인사고과 제도 설계 → 성과 자료 수집 → 성과 평가 → 고과 면담 → 최종 평가' 순이다.

02 정답 ①

직무 기술서는 특정 직무에 관한 개괄적인 정보를 제공한다.

03 정답 ②

① 보상기능
③, ④ 개발기능
⑤ 확보기능

04 정답 ②

인적자원 관리는 관리적 기능과 업무적 기능으로 나누는데 관리적 기능이란 계획, 조직, 지휘, 조정, 통제의 과정이며, 업무적 기능은 확보, 개발, 보상, 유지의 과정이다.

05 정답 ③

직무명세서는 직무를 수행하는 데 필요한 능력, 기술·교육 여건, 경험 및 숙련 요건 등 직무에 요구되는 인적요건을 중심으로 기술한 것이다.

06 정답 ③

모집은 내부모집과 외부모집으로 나뉜다. 내부모집은 사내공모, 내부 승진, 배치전환, 직무순환, 재고용, 재소환 등이 있고, 외부모집은 교육기관을 이용한 모집, 매스컴을 통한 모집, 게시광고 모집이 있다.

07 정답 ①

면접은 원서만으로 파악할 수 없는 인간적인 측면의 판단이 가능하나, 주관적인 평가이므로 평가에 대한 오류를 최소화함으로써 선발의 신뢰도를 높일 수 있도록 해야 한다.
⑤ 지원자에게 압박을 가해 감정의 안정성과 좌절에 대한 인내를 측정하는 방법은 스트레스 면접이다.

08 정답 ②

교육훈련의 목적은 적절한 능력을 갖춘 인재 양성, 기술 개발, 인력 부족의 해소, 사기 앙양, 동기 유발, 잠재능력 개발, 업무변동에 따른 높은 수준의 지식·기술·태도의 신장 등을 위함이다. 교육훈련의 종류는 대상·장소·훈련 내용에 의한 분류 등으로 구분한다.

09 정답 ④

종업원을 채용할 때에는 직무분석을 통한 적정인원 계획이 먼저 이루어져야 한다.

10 정답 ③

강의식 교육방법은 일시에 동일한 내용을 다수에게 전달할 수 있는 장점이 있으나, 강사의 강의 기법이나 능력에 따라 그 효과가 현저히 다를 수 있고 피교육자의 이해 수준을 파악하기 어렵다는 단점이 있다. 강의 시간이나 양에 따라 참여도가 저하되고 문제해결능력을 기르기 힘들다는 점도 단점으로 지적된다.

11 정답 ①

직무평가는 직무기술서와 직무명세서를 기초로 직무의 중요성, 위험성, 책임성, 난이성, 복잡성 등을 평가하여 다른 직무와 비교함으로써 직무의 상대적 가치를 결정하는 방법으로, 가장 큰 목적은 조직 내 공정한 임금구조를 위한 기준을 마련하는 것이다.

12 정답 ⑤

임금 결정에 영향을 주는 외부적 요소는 정부의 임금 통제, 노동조합의 요구, 국가의 경제상황, 조직 간 경쟁 정도, 노동시장의 영향, 동일 산업 내 임금 수준 등이다.

13 정답 ⑤

성과급이란 노동자가 실시한 작업량에 따라 임금을 지급하는 제도이다.

14 정답 ④

인사고과는 직무수행과 관련하여 고과 기간 동안 피고과자가 지닌 능력, 태도, 적성, 업적 등을 평가하는 것이다.

15 정답 ④

노동조합은 노동자의 경제적 권리와 이익 신장을 위한 경제적 기능과 조합원 간의 상호부조를 위한 공제적 기능 그리고 노동 관계법 제정 등의 국가, 사회에 노동조합이 영향력을 행사하는 정치적 기능을 가지고 있다.

16 정답 ⑤

직무평가는 업무 간 상대적 가치를 결정하기 위해 실시된다.

17 정답 ②

현혹효과는 피고과자의 전반적인 인상이나 특정한 고과요소가 다른 고과요소에 영향을 주는 현상을 말한다.
① 관대화 경향 : 실제보다 관대하게 평가하는 경향
⑤ 중심화 경향 : 평가자가 대부분의 피평가자를 보통으로 평가함으로써 평가 결과 분포도가 중심에 집중되는 경향

18 정답 ①

제안 제도는 창의 제도라고도 하며, 작업 과정 전반의 개선에 대해 종업원의 창의적 의견을 듣고 우수한 안에 대해서는 포상을 하는 제도이다.

19 정답 ①

하향식 의사소통 방법은 조직의 상층에서 하층으로 의사가 전달되는 것으로 조직 내의 회의, 공문 발송, 편람, 지시, 구내방송, 핸드북, 게시판 등이 있다.

20 정답 ④

인사이동은 유능한 후계자 양성, 적재적소 배치, 승진 요구의 자극에 의한 높은 동기의 형성, 동일 직위에 의한 정착화 배제와 종업원의 근로 의욕 쇄신 등의 효과가 있다.

21 정답 ②

승진은 인사고과의 결과로 이루어지며 승진 시 권한과 책임이 커지고 관리 범위가 넓어진다.

22 정답 ①

X이론은 인간의 본성에 대해 부정적인 견해를 갖고 있는 전통적인 인간관에 입각한 것이고, Y이론은 긍정적인 견해를 갖는 현대적인 인간관에 입각한 것이다.

23 정답 ③

중심화 경향은 집중화·평균화 경향이라고도 하며 평가 결과가 평가척도상의 중심에 집중되는 현상이다. 이 현상은 평가자가 평가 대상을 잘 모르거나 평가 방법에 대해 회의적일 때, 인사고과자의 평가 능력이 부족할 때, 또는 낮게 평가할 경우 피고과자와의 대립이 우려될 때 나타난다. 직무수행에 필요한 종업원의 능력, 자질 및 특성을 척도에 근거하여 평가하는 방법인 평가척도법에서 중심화 경향이 평가자의 오류로 가장 발생하기 쉽다.

24 정답 ①

법정 복리후생은 법에 의해 종업원 및 그의 가족에게 사회보장을 제공하는 것으로 의료보험, 산재보험, 고용보험, 연금보험 등이 있다. 비법정 복리후생은 조직체가 자발적으로 또는 노동조합과 협의하에 제공하는 것으로 주택 대여, 교육비 지원, 급식 제공 등의 서비스 제공 등이 있다.

25 정답 ②

- 내부모집 : 사내공모, 내부 승진, 배치 전환, 직무 순환 등
- 외부모집 : 구직 광고(게시 광고), 헤드헌터, 교육기관 추천 의뢰

26 정답 ③

전제형 리더는 인간적 요소를 배제하고 과업을 중시한다. 빠른 의사결정을 요구할 때는 여러 사람들의 의견을 수렴하거나 종업원의 논의, 결정에 맡기기보다는 1인의 결정이 이루어지는 전제적 리더십이 적합하다.

27 정답 ①

블레이크와 유톤의 관리자이론은 X축(9개 눈금)을 직무에 대한 관심, Y축(9개 눈금)을 종업원에 대한 관심으로 표시하여 팀형, 중도형, 과업형, 무기력형, 친목형의 5가지 리더십 스타일로 나타낸 것이다. 제시된 문제는 팀형에 대한 설명이다.

28 정답 ①

중요하고 반복적인 경우나 메시지 내용이 명확해야 하는 경우는 문서로 전달해야 한다.

29 정답 ③

직무순환은 여러 직무를 주기적으로 순환하게 하여 다양한 경험과 기회를 제공한다.

30 정답 ②

비공식적 의사소통은 조직 내에서 자연스럽게 생겨난 비공식적 조직을 통해서 의사소통이 이루어지는 것으로 풍문, 배회관리 등이 있다. 수직적 의사소통은 공식적 의사소통으로, 상향적 의사소통(제안제도 등)과 하향적 의사소통(성과 피드백, 주입식 교육 등)이 있다.

31 정답 ③

- 동기요인 : 직무에 대한 성취감, 인정, 승진, 직무 자체, 성장 가능성, 책임감 등
- 위생요인 : 임금, 동료, 감독자, 고용 안정성, 작업 조건, 회사 정책 등

CHAPTER 09 | 마케팅 관리

문제편 p.342

01	02	03	04	05	06	07	08	09	10
③	④	④	④	①	③	⑤	⑤	③	⑤
11	12	13	14	15					
④	③	①	③	④					

01　정답 ③

마케팅 사고는 '생산 지향적 → 제품 지향적 → 판매 지향적 → 마케팅 지향적 → 사회 지향적' 사고 과정으로 변하였다.

02　정답 ④

사회 지향적 사고에 해당하는 그린 마케팅은 환경 보호, 자원의 보조 등 환경을 고려하는 마케팅 움직임이다.

03　정답 ④

관계 마케팅은 고객과의 장기적 관계 구축을 위해 고객에 대한 내·외부 자료를 분석하고 통합하여 고객의 특성에 기초한 서비스 마케팅 활동을 말한다.

04　정답 ④

촉진(Promotion)은 기업이 마케팅 목표 달성을 위해 사용되는 모든 수단. 광고, 인적 판매, 판매 촉진 활동 등을 말한다.

05　정답 ①

시장 세분화(Segmentation)와 표적시장의 선정(Targeting), 그리고 포지셔닝(Positioning)은 마케팅 활동 과정에서 가장 중요한 부분으로 STP라 한다. 시장세분화는 전체 시장을 고객들이 기대하는 제품 또는 마케팅 믹스에 따라 다수의 집단으로 나누는 활동이다.

06　정답 ③

ㄴ, ㄹ, ㅅ은 확장된 마케팅 믹스(7Ps)의 요소이다.

07　정답 ⑤

마케팅 관리 철학은 마케팅을 수행할 때 어느 부분에 의미와 중요성을 부여하는가에 따라 5가지로 구분된다. 이 중 생산이나 판매에만 집중하던 과거의 방식에서 벗어나 고객의 욕구에 관심을 가지기 시작하는 것을 마케팅 지향적 사고라 한다.

08　정답 ⑤

비차별적 마케팅은 고객 수요가 많다고 판단되는 제품과 서비스를 개발하는 전략이다.
③ 집중적 마케팅 : 시장 세분화 후 가장 목표에 적합한 시장에 활동 집중
④ 차별적 마케팅 : 다수의 세분시장으로 나눠 시장별 마케팅 활동 수행

09　정답 ③

집중적 마케팅 전략은 마케팅 기업의 목표 달성에 적합한 하나 또는 소수의 세분 시장을 선정하고 이들 시장에 마케팅을 집중시키는 것이다.

10　정답 ⑤

촉진은 모든 수단의 광고 홍보(PR), 인적 판매, 판매 촉진 활동을 의미하며, 최근에는 SNS를 통한 인플루언서 광고가 증가하고 있다. 마케팅 믹스 중 ①은 유통, ②, ③, ④는 제품에 해당하는 내용이다.

11　정답 ④

구매 후 행동은 재구매 혹은 반품, 환불, 컴플레인, AS 등이 있다.

12　정답 ③

ㄷ, ㅂ은 서비스의 특성에 해당한다.

서비스 품질 측정 도구
- 대응성 : 종업원이 즉각적인 서비스를 제공해 줄 수 있는 반응 능력
- 확신성 : 종업원의 교육 수준이 고객들에게 신뢰와 확신을 갖도록 하는 것
- 신뢰성 : 소비자가 기대한 서비스를 믿을 수 있고 정확히 수행할 수 있는 것
- 공감성 : 고객 각각에 대한 관심과 배려
- 유형성 : 시설, 설비, 매장 인테리어, 직원들의 외양 등

13　정답 ①

비분리성(동시성)은 서비스의 생산 과정에서 소비가 동시에 이루어지는 것을 말한다.
② 무형성 : 유형의 제품과 달리 형태가 없음
③ 이질성 : 같은 서비스도 전달자의 숙련도나 상황에 따른 차이가 존재함
④ 소멸성(저장 불능성) : 생산 후 바로 소비되어 재고나 저장이 불가능
⑤ 공감성 : 고객 각각에 대한 관심과 배려

14 　　　　　　　　　　정답 ③

배식원의 능력 부족에서 오는 현상이므로 GAP 3 '서비스 품질 표준과 서비스 전달 수준의 차이'에 해당한다.

GAP
- 1 : 서비스에 대한 고객 기대와 경영자의 인식 차이
- 2 : 경영자 인식과 서비스 품질 표준의 차이
- 3 : 서비스 품질 표준과 서비스 전달 수준의 차이
- 4 : 서비스 전달과 외부 의사소통의 차이
- 5 : 서비스에 대한 고객의 기대와 서비스 인식의 차이

15 　　　　　　　　　　정답 ④

종합적 품질경영은 조직의 모든 영역에서 지속적인 개선을 추구하는 종합적인 경영철학이며 고객중심, 공정개선, 전사적 참여가 원칙이다.

PART 07 식품위생

CHAPTER 01 | 식품위생 관리

문제편 p.348

01	02	03	04	05	06	07	08	09	10
⑤	②	②	④	④	④	⑤	①	④	①
11	12	13	14	15	16	17	18	19	20
②	⑤	③	⑤	③	③	②	②	③	②
21	22								
③	④								

01 정답 ⑤

식품위생은 식품으로 인하여 생기는 위생상의 위해를 방지하고 식품영양의 질적 향상을 도모하며 식품에 관한 올바른 정보를 제공하여 국민보건의 증진에 이바지함을 목적으로 한다.

02 정답 ②

식품의 위해요소 중 외인성이란 식품의 원료 자체에는 함유되지 않고 그들의 생육, 생산, 제조, 유통 및 과정에서 외부로부터 유입되거나 이행된 것을 말한다. 경구감염병, 세균성 식중독, 곰팡이독, 기생충 등과 같은 생물학적인 것과 의도적인 유해 식품첨가물, 잔류농약, 환경오염물질, 방사능물질, 용기 및 포장재 용출물질 등이 이에 속한다.

03 정답 ②

① 저온살균법 : 63~65℃에서 30분
③ 고압증기멸균법 : 121℃에서 15~20분
④ 고온단시간살균법 : 72~75℃에서 15~16초
⑤ 초고온순간살균법 : 130~150℃에서 0.5~2초

04 정답 ④

경구만성독성시험은 최대무작용량을 구하는 시험법으로 흰쥐 2~2.5년, 생쥐(마우스) 1.5~2년, 개, 원숭이는 1년 이상 사육해야 한다.

05 정답 ④

ADI(Acceptable Daily Intake)
- 사람이 일생 동안 섭취하여도 어떠한 건강장해가 일어나지 않을 것으로 예상되는 독성물질의 양
- ADI=동물의 최대무작용량(MNEL)×안전계수(1/100)×평균 체중
- 안전계수 : 인체에 미칠 수 있는 영향에 대하여 최소한의 안전성 확보를 위한 조치
- 안전계수(1/100)=사람과 동물의 감수성차(1/10)×남녀 및 건강한 사람과 노약자의 개인차(1/10)

06 정답 ④

소독제의 살균 효과
- 단백질 응고(승홍, 포르말린, 석탄산, 크레졸, 알코올)
- 산화 작용(과산화수소, 과망간산칼륨)
- 단백질과 화합물 형성(염소, 요오드)
- 강산 및 강알칼리의 작용에 의한 단백질 변성(중금속의 염류)
- 세포막 손상(역성 비누, 페놀크레졸)

07 정답 ⑤

자외선의 살균작용은 미생물의 균체 내 감수성이 민감한 DNA에 타격을 주어 미생물 세포를 사멸시키는 것이며, 사용법이 간편하고, 조사 후 식품에 변화가 일어나지 않는다. 살균력이 가장 강한 파장은 2,537A(약 2,600A=260nm)으로 모든 균종을 대상으로 살균할 수 있으나 투과력이 약하여 유기물이 존재하면 효과가 떨어진다. 또한 조사하고 있는 동안만 효과가 있고 잔류효과가 없으며, 장시간 조사하면 지방산류의 산패가 일어난다. 자외선은 주로 공기, 물, 식기류 등의 표면살균에 이용하고 있다.

08 정답 ①

대장균 정성시험의 순서는 '추정시험 – 확정시험 – 완전시험'이다.

09 정답 ④

장구균은 대장균군에 비해 동결에 대한 저항성이 강하므로 냉동식품의 오염지표균으로 이용된다.

10 정답 ①

증기소독법은 식품공장에서 발효조와 배관 등의 사설을 살균·소독하는 데 적합하다.

11 정답 ②

석탄산은 소독제의 살균력을 평가하는 기준 물질로, 석탄산계수로 살균력을 나타낸다.

12 정답 ⑤

우유 중의 phosphatase는 61.7℃에서 30분간 가열하면 대부분 파괴되고 62.8℃에서 30분 또는 71.1℃에서 약 5초간 가열하면 완전히 파괴되어, 우유의 저온살균이 잘 되었는지를 판단하는 데 이용된다.

13 정답 ③

70% 이상의 에틸알코올은 일반 세균의 생세포와 결핵균 및 다수의 바이러스에 강한 살균력을 나타내지만, 포자와 사상균에 대해서는 살균효과가 적다.
① 단백질 공존 시 살균력은 저하된다.
② 에틸알코올은 효소 및 균체 단백질의 변성과 탈수에 의해 미생물을 살균한다.
④, ⑤ 70% 에틸알코올이 가장 높은 살균력을 나타내며, 손, 접종 시, 조리 도구, 작업대를 소독할 때 이용된다.

14 정답 ⑤

- 역성 비누는 의약용으로도 광범위하게 이용되며, 식품 제조시설의 공장 소독, 종업원의 손 소독, 용기 및 기구 소독 등으로 이용된다. 석탄산과 크레졸은 방향족 화합물로서 3~5%를 사용하며, 알코올(70%)과 포르말린(0.1%)은 지방족 화합물로서 소독제로 사용한다.
- 채소 과일 및 식기류 등의 소독에 적합한 살균제는 차아염소산나트륨이다.

15 정답 ③

대장균군은 가열 처리로 쉽게 사멸되기 때문에 조리 후 보관 온도가 적절하지 않고 취급이 비위생적이었을 시 검출될 수 있다.

16 정답 ③

단백질 식품이 부패할 때 생성되는 물질은 암모니아, 아민, 메르캅탄, 페놀, 크레졸, 인돌, 스카톨, 황화수소 등이다. 부패육 측정법으로는 암모니아법, pH 측정법, 휘발성 염기질소(TMA, DMA) 측정법, 황화수소법, 에벨법(어육의 신선도 측정법) 등이 있다.
⑤ 에틸알코올은 탄수화물이 발효되었을 때 주로 생성된다.

17 정답 ②

저온성 *Pseudomonas*는 거의 모든 종류의 냉장·냉동식품에서 발견되며 *Pseudomonas fluorescens*는 분포가 가장 넓은 호냉성의 부패균이다.

18 정답 ②

해산어류의 부패 판별 시 트리메틸아민 함량이 3~4mg%인 경우 초기 부패로 판정한다.

19 정답 ③

관능검사는 시각, 미각, 후각, 촉각, 청각 등을 이용하여 빠르고 간단하게 검사하는 방법으로 식품의 일반적인 품질검사를 위한 방법이다.

20 정답 ②

CA 저장에 이용되는 기체는 질소, 이산화탄소 등이며, 각 기체를 일정 비율로 혼합하여 사용하는 것이 효과적이다.

21 정답 ③

어류의 부패 판정 시 트리메틸아민의 함량 기준이 3~4mg%인 경우 초기 부패로 판정한다.

22 정답 ④

초기 부패의 pH는 6.2~6.5, 휘발성 염기질소는 30~40mg%이다.

CHAPTER 02 | 세균성 식중독

문제편 p.352

01	02	03	04	05	06	07	08	09	10
②	③	⑤	⑤	⑤	③	⑤	③	②	①
11	12	13	14	15	16	17	18	19	20
②	⑤	①	③	③	②	④	④	②	④
21	22	23	24	25					
④	②	⑤	②	⑤					

01 정답 ②

식중독 발생 시 역학조사 순서는 '환자 정보 조사(검병조사)-원인 식품 추구-원인균, 원인 물질 검출'이다.

02 정답 ③

세균성 식중독

감염형	살모넬라, 장염비브리오, 콜레라, 리스테리아, 모노사이토제네스, 병원성대장균(EHEC, EPEC, EIEC, ETEC, EAEC), 여시니아, 엔테로콜리티카, 캠필로박터 제주니, 비브리오 불니피쿠스, 바실러스세레우스(설사형), 쉬겔라, 캠필로박터 콜리
독소형	황색포도상구균, 클로스트리디움, 바실러스세레우스(구토형), 퍼프린젠스, 클로스트리디움 보툴리눔

03 정답 ⑤

식중독 지수

단계	지수 범위	주의사항
관심	55 미만	식중독 발생 가능성은 낮으나 식중독 예방에 지속적인 관심이 요망됨
주의	55 이상 71 미만	• 식중독 발생 가능성이 중간 단계이므로 식중독 예방에 주의가 요망됨 • 조리 음식은 중심부까지 75℃(어패류 85℃)로 1분 이상 완전히 익히고 외부로 운반할 때에는 가급적 아이스박스 등을 이용하여 10℃ 이하에서 보관 및 운반
경고	71 이상 86 미만	• 식중독 발생 가능성이 높으므로 식중독 예방에 경계가 요망됨 • 조리도구는 세척, 소독 등을 거쳐 세균 오염을 방지하고 유통기한, 보관 방법 등을 확인하여 음식물 조리, 보관에 각별히 주의하여야 함
위험	86 이상	• 식중독 발생 가능성이 매우 높으므로 식중독 예방에 각별한 경계가 요망됨 • 설사, 구토 등 식중독 의심 증상이 있으면 의료기관을 방문하여 의사 지시에 따름 • 식중독 의심 환자는 식품 조리 참여를 즉시 중단하여야 함

04 정답 ⑤

병원성대장균은 장관침투성대장균, 장관병원성대장균, 장관출혈성대장균, 장관독소원성대장균, 장관부착성대장균의 5가지로 분류되며, *Escherichia coli O157:H7*는 장관출혈성대장균에 속한다.

05 정답 ⑤

모두 적절한 예방법이다.

06 정답 ③

여시니아는 그람음성의 간단균으로 운동성이 있으며 다른 장내세균은 증식할 수 없는 0~5℃의 냉장고에서도 발육이 가능한 전형적인 저온 세균이다.

07 정답 ⑤

리스테리아는 인수공통 병원균으로 냉장온도에서도 생존하여 증식할 수 있으나, 일반적으로 냉동온도인 −18℃에서는 증식하지 못한다.

08 정답 ③

캠필로박터 제주니(Campylobacter jcuni)는 그람음성의 S자형 간균으로 소량의 균으로도 발병이 가능하다. 주요 감염경로는 덜 익힌 가금류 또는 원재료로부터 조리해둔 식품으로의 교차오염이다. 42℃의 온도에서 활발하게 생육 가능하며 잠복기는 2~7일로 다른 식중독에 비해 길다.

09 정답 ②

여시니아는 돼지장염균으로 알려져 있었으나 최근 들어 식중독 발생 건수가 점차 증가하고 있으며, 잠복기는 다른 식중독균에 비하여 긴 2~3일 정도로 알려져 있다. 그람음성의 통성혐기성균으로 생육 최적 온도는 25~30℃이다. 5℃ 이하의 저온에서도 생육이 가능하여 가을 및 겨울에도 문제가 될 수 있다. 돼지고기가 주 오염원이지만 오염된 우유, 아이스크림, 식육 등 다양한 식품에서 식중독이 발생할 수 있다.

10 정답 ①

노로바이러스는 식품이나 물속에서 증식하지 않고 사람의 장내에서 증식하는 바이러스로, 오염원은 사람의 분변이며 식품의 경우 생굴과 그 밖의 비가열 식품이 원인이 된다.

11 정답 ②

최근에 조제분유에서 발견된 *Cronobacter sakazakii*균은 4주 미만의 신생아, 미숙아 저체중아, 또는 면역력이 약한 영아들에게 감염 위험이 있다. 사카자키균의 감염은 주로 병원의 신생아실에서 발생되며, 조제분유나 조제분유 수유 시 사용되는 용기, 가구 등에 오염된 *C. sakazakii*에 기인한다. 사카자키균은 비교적 열저항성이 강하다고 알려져 있어 식약처에서는 이 균의 감염을 예방하기 위하여 70℃ 이상의 물로 분유를 조제하고 조제 후에는 식힌 후 즉시 수유하며 한번 수유하고 남은 분유나 이유식은 보관하지 말고 반드시 버리고, 분유나 이유식 조제에 사용한 용기는 깨끗이 씻어 살균하고 손과 스푼을 청결히 하여 조제할 것 등을 권고하고 있다. 감염되는 경우 회복되더라도 심각한 신경학적 장애를 겪을 수 있다.

12 정답 ⑤

세균의 오염을 방지하기 위해서는 신선한 식재료를 사용하여야 하며, 식품을 취급하는 사람은 손을 잘 세척하고 정기건강검진을 받아야 한다. 화농성 질환자는 조리업무에 종사하면 안 되고, 식품을 해동할 때는 5℃ 이하의 저온이나 20℃ 이하의 흐르는 물에서 해동해야 한다. 도마, 칼, 행주, 식기류 등 조리에 사용하는 기구들은 세척·소독하여야 하며, 사용 시 용도에 따라 구분하여 사용해야 교차오염을 방지할 수 있다.

13 정답 ①

교차오염을 예방하기 위해서는 개인위생과 손 씻기를 철저히 해야 하며, 조리 전·후 식품을 분리하여 보관해야 한다. 또한 모든 식품의 접촉면을 깨끗이 위생적으로 보존하고, 먹기 전 식품을 맨손으로 만지지 말아야 한다. 생식품과 이미 조리된 식품은 각각 다른 기구를 사용하여 처리해야 하며, 조리된 식품을 먼저 준비한 후에 생식품을 준비해야 한다.

14 정답 ②

노로바이러스 식중독의 주요 증상은 오심, 구토, 설사, 복통, 두통 등이 있다.

15 정답 ③

리스테리아균은 그람양성의 통성혐기성 간균으로 생육 최적 온도는 30~37℃이나, 냉장온도에서도 증식이 가능하다. 감염량은 1,000 이하로 알려져 있고 잠복기는 2일~3주 정도로 길다. 노약자나 임산부 등 면역이 약한 사람에게 많이 발생하고, 특히 임산부의 경우 태아에게 감염이 되어 유산, 사산 등을 일으킬 수 있다. 치사율은 30~40%로 높으며, 오염된 육류, 우유, 치즈, 채소 등에 의한 경구감염이 주된 감염 경로이다.

16 정답 ②

황색포도상구균의 잠복기는 1~5시간으로, 평균 3시간 정도이다.

17 정답 ④

엔테로톡신은 황색포도상구균에 의해 생산되는 독소이며, 이 황색포도상구균은 화농성 염증을 일으키는 원인균이다.

18 정답 ④

세균성 식중독

감염형 식중독	살모넬라, 장염비브리오, 콜레라, 리스테리아, 모노사이토제네스, 병원성 대장균(EHEC, EPEC, EIEC, ETEC, EAEC), 여시니아, 엔테로콜리티카, 캠필로박터 제주니, 비브리오 불니피쿠스, 바실러스세레우스(설사형), 쉬겔라, 캠필로박터 콜리
독소형 식중독	황색포도상구균, 클로스트리디움, 바실러스세레우스(구토형), 퍼프린젠스, 클로스트리디움 보툴리눔

19 정답 ②

포도상구균은 동물의 피부, 인후 등에 존재하므로 음식물을 가열한 직후 섭취해도 식품 취급자의 손이나 피부에 접촉하거나 재채기를 통해 식중독이 발생 가능하다.

20 정답 ④

*Clostridium botulinum*은 그람양성, 편성혐기성, 유포자, 간균으로 열에 대한 저항성이 강하며 밀봉된 식품에서 잘 생육하는 특징을 가지고 있다.

21 정답 ④

① 황색포도상구균에 대한 설명이다.
② 리스테리아 모노사이토제네스균에 대한 설명이다.
③, ⑤ 여시니아 엔테로콜리티카균에 대한 설명이다.

22 정답 ②

*Clostridium botulinum*은 신경독소에 의한 독소형 식중독을 일으키며, 발열이 거의 없는 것이 특징이다.

23 정답 ⑤

*Bacillus cereus*는 내열성이 매우 강한 포자를 생산한다.

24 정답 ②

*Clostridium botulinum*은 편성혐기성균으로 치사율이 높은 이열성 신경독소를 생산한다.

25 정답 ⑤

*Vibrio vulnificus*는 여름철에 근해산 어패류를 생식하거나 피부에 상처가 난 상태로 바닷물에서 작업을 할 때 감염되며, 피부에 발열, 발적 증세와 함께 패혈증 증상을 일으킬 수 있다.

CHAPTER 03 | 화학물질에 의한 식중독

문제편 p.357

01	02	03	04	05	06	07	08	09	10
④	①	⑤	④	⑤	④	①	③	⑤	①
11	12	13	14	15	16	17	18	19	20
②	③	⑤	②	①	①	④	④	⑤	③
21	22	23	24	25	26	27	28	29	30
①	①	②	③	②	⑤	①	③	①	⑤
31	32	33	34	35					
①	①	④	②	②					

01 정답 ④

항생물질 및 합성항균제는 균 교대증, 급성 독성, 만성 독성, 알레르기 발현 내성균 출현 등을 일으킬 수 있으며, 그 중 가장 문제가 되는 것은 내성균의 출현이다.

02 정답 ①

DDT와 같은 유기염소제는 다른 살충제와 비교하면 급성 중독은 강하지 않으나, 환경 내에 오랫동안 잔류(2~5년)되고 생체 내에 서도 분해가 잘되지 않아 장기간 체류함으로써 만성적으로 독성을 일으킬 수 있다. 또한 우리나라에서는 분해 기간이 긴 DDT, dieldrin 등 4종의 농약은 1973년부터 생산을 중지하였다.

03 정답 ⑤

파라티온, 말라티온 등의 유기인제 농약은 콜린에스테라아제의 작용을 억제하여 신경독성을 나타낸다. 유기염소제 농약의 경우 급성 독성은 약하나 잔류성이 강하며, 인체 지방 조직에 축적되고 간질상의 발작을 일으킨다. 프라톨유기불소계 농약으로 체내에서 모노플루오로시트르산으로 전환되어 독성이 나타난다. 유기인제와 카바메이트제 농약은 콜린에스테라아제의 작용을 저해하여 독성을 나타낸다.

04 정답 ④

미나마타병은 일본 미나마타만 근처에서 발생한 유기수은 중독증이다. 수은은 어패류를 통해 사람에게 이행되어 중추신경계 증상을 일으킨다.

05 정답 ⑤

테플론은 300℃ 이상의 고온 가열 시 유해물질인 헥사플루오로에탄이 분해되어 문제를 일으킨다.

06 정답 ④

합성수지 용기 사용 시 가소제로 사용되는 프탈산에스테르가 용출될 우려가 있다.

07 정답 ①

납은 통조림의 땜납과 도자기의 유약 성분에 함유되어 있으며, 산성 식품을 담을 때 용출되기 쉽다.

08 정답 ③

주석이 도금된 통조림은 도금이 불완전한 경우 산에 의하여 주석이 용출되며, 다량 섭취 시 구토 설사, 복통 등을 일으킨다.

09 정답 ⑤

열가소성 수지에서 중합반응 시 사용된 단량체 가소제안 정제 등이 식품 위생상 문제가 되고 있다. 이 중 폴리염화비닐(PolyVinyl Chloride ; PVC) 필름에서 용출되는 염화비닐 단량체(vinyl chloride monomer)는 발암성을 나타내는 것으로 알려져 있다.

10 정답 ①

프탈레이트는 식품용 랩, 유아용 장난감 등에서 검출되어 내분비계 장애를 일으킨다. 이로 인한 피해를 방지하기 위해서는 폴리염화비닐(PVC) 재질의 플라스틱 제품 사용을 줄여야 하며, 식품용 랩은 지방, 알코올 성분이 많은 식품과 직접 접촉하지 않도록 하고, 100℃ 이하의 음식에만 사용하는 것이 좋다.

11 정답 ②

벤조피렌은 다환방족 탄화수소(PAH, 유기물의 불완전연소 시 발생)의 일종으로 태운 고기, 훈연 제품 등에서 발견되는 발암성 물질이다. 이 외에도 단백질, 아미노산의 열분해 물질인 헤테로고리 아민류(heterocyclic amine)가 발암성 물질로 알려져 있다.

12 정답 ③

아크릴아마이드는 갈변 반응물질의 일종으로 포도당과 아스파라긴을 높은 온도에서 가열하면 생성되는 신경독이며, 생식기능을 저하시키는 물질이기도 하다. 최근 감자튀김 등에서 발견되고 있는데, 감자를 120℃ 이하에서 가열하면 아크릴아마이드는 거의 생성되지 않는 것으로 알려져 있다.

13 정답 ⑤

① 트리클로로에틸렌 : 음료수 등에서 검출되는 발암성 물질
② 벤조피렌 : 숯불로 구운 고기와 훈연한 육제품 등에서 검출되는 발암성 물질
③ 디메틸니트로스아민 : 식품에 첨가한 아질산염과 어육 중의 디메틸아민이 반응하여 생성된 발암성 물질
④ 개미산 : 메틸알코올이 체내에서 산화가 불충분하여 생성된 물질

14 정답 ②

수돗물의 염소소독 과정 중에 생성되는 발암성 물질은 트리할로메탄이다.

15 정답 ①

② 테트라민(tetramine) : 소라고둥의 독성분으로 두통, 현기증, 멀미 증상을 일으킨다.
③ 테트로도톡신(tetrodotoxin) : 복어독의 성분으로 지각 이상, 운동 장애, 호흡장애 등의 증상을 일으킨다.
④, ⑤ 시큐톡신(cicutoxin) : 독미나리의 독성분으로 위통, 구토, 현기증, 경련 등을 일으킨다.

16 정답 ①

② 무스카린 : 독버섯의 독성분
③ 베네루핀 : 바지락, 모시조개 등의 독성분
④ 에르고톡신 : 맥각의 독성분
⑤ 테트로도톡신 : 복어의 독성분

17 정답 ④

조개류 식중독의 원인이 되는 독성 물질은 조류에 의해 생성된 독소를 조개가 섭취하여 체내(중장선이나 흡배수공)에 축적된다. 따라서 유독 조류가 다량 발생한 지역에서 채취된 조개는 섭식을 금하는 것이 좋다. 일반적으로 2~6월(수온 6~18℃)이 되면 발생하며, 수온이 18℃ 이상으로 상승하는 6월 중순경에 소멸된다. 조개독의 종류로는 홍합, 대합, 굴 등에서 발견되는 마비성 조개독(saxitoxin), 기억상실성 조개독, 설사성 조개독 및 신경성 조개독이 있으며 바지락·모시조개 등에서 발견되는 베네루핀(venerupin), 소라고둥에서 발견되는 테트라민(tetramine) 등이 있다. 이 중 우리나라에서 가장 빈번하고 심각한 것은 마비성 조개독 중독이다. 유독 조개류는 외관이나 맛, 냄새로는 무독 조개와 구별이 곤란하고 화학적인 판별로 알 수 있다. 또한 독성 물질은 조리 시 열에 의하여 파괴되지 않는다.

18   정답 ④

시구아테라 중독은 열대지방 산호초 주위에 서식하는 독어에 의한 식중독을 총칭하는 말이다. 열대 및 아열대의 어류는 산호초에 착생하는 와편모조류를 섭취하게 된다. 이때 조류에 함유된 시구아톡신이 어류로 이행한다. 시구아테라의 원인이 되는 유독 어류는 주로 남북회귀선 내에 분포하며 바리(Groupers), 농어(Sea basses) 등 400여 종이 있다. 시구아테라의 유독 성분은 시구아독신으로 지용성의 함질소화합물이며, 보통의 가열조리로는 파괴되지 않는다. 시구아톡신의 ID는 0.45kg/kg(mouse)로 복어독보다 약 20배의 독성을 나타낸다. 시구아테라 중독은 수입 어류에 의한 중독사고 가능성이 있다.
③ 테트라민은 권패류 중독의 독성분으로 소라, 고둥 등의 타액선에서 발견된다.

19   정답 ⑤

곰팡이 독소 중에서 간장독을 일으키는 독소는 aflatoxin, luteoskyrin, islanditoxin 등이고, 신경독을 일으키는 것은 citreovinisin patulin, maltoryzine 등이다.

20   정답 ③

곰팡이독 중독증은 곰팡이가 생산한 독소에 의해 발생하는 것으로 쌀, 땅콩 등 탄수화물이 풍부한 산물의 섭취와 관련이 있으며, 곰팡이의 생육에 적합한 시기와 장소, 고온다습한 환경에서 많이 발생한다. 동물에서 동물로 또는 사람에서 사람으로 이행되지 않으며, 발병된 동물에게는 항생물질이나 약제요법을 사용해도 효과가 거의 없다. 지용성 화합물이 많기 때문에 만성 중독을 일으키는 경우가 많다.

21   정답 ①

재래식 메주(된장, 간장)에서 문제가 되는 물질은 아플라톡신이며, Aspergillus flavus 등의 균이 생산하는 독성분이다.

22   정답 ①

아플라톡신은 Aspergillus flavus가 생산하는 간암 유발 물질로 270~280℃ 이상 가열하지 않으면 파괴되지 않는다. 탄수화물이 풍부한 곡류에서 주로 발생하며 기질 수분 16% 이상, 상대습도 80~85% 이상, 온도 25~30℃에서 잘 생산된다. 자외선을 조사하면 청색의 형광을 발하는 B1, B2, 녹색의 형광을 발하는 G1, G2 그리고 B1, B2를 각각 섭취한 동물의 생체 대사산물인 M1, M2 등을 포함하여 현재 관련 유사구조를 갖는 물질 13종이 알려져 있으며, 이 중에서 B1과 M1은 독성이 가장 강하여 식품위생상 문제가 된다.

23   정답 ②

황변미독을 생산하는 곰팡이는 Penicillium citreoviride(신경독), Penicillium citrinum(신장독), Penicillium islandicum(간장독) 등이다.

24   정답 ③

에르고톡신은 호밀 귀리, 보리에 서식하는 Clariceh purpurea와 C. Aupali가 생성하는 맥각알칼로이드로, 혈관 수축으로 인한 혈압 상승 작용이 있어 맥각독을 장기간 섭취하면 지나친 혈관 이완으로 인하여 사지와 수족의 괴제를 유발한다. 또 다른 맥각독으로는 에르고타민, 에르고메트린 등이 있다.

25   정답 ②

PCB(PolyChloroBiphenyl)는 불연성이며 절연성이 좋은 특징이 있지만 매우 안정하고, 지용성 물질로 인체 내에 들어오면 지방 조직에 축적되어 피부 발진 및 착색, 손톱의 착색, 관절통 등의 증세를 나타낸다.
④ 음료수 캔 내부 코팅제로 사용되는 것은 비스페놀 A이다.

26   정답 ⑤

1968년 일본에서는 미강유의 탈취 공정 중 열매체로 사용된 폴리클로로비페닐(PCB)이 스테인레스강제 열 교환 파이프에 생긴 미세구멍을 통해 새어 나와 미강유에 혼입된 사건이 발생했다. 이때 손톱, 발톱, 잇몸에 색소 침착, 여드름 모양의 피부 발진, 과다한 땀 흘림, 피부의 각질화 등이 나타나고, 몸이 나른하고 피곤하며, 식욕 부진 등의 전신 증상이 나타났다.

27   정답 ①

요쿠르트 용기, 두부 포장, 일회용 컵라면 및 도시락 등에 사용되는 스티렌은 고온의 물을 부어 사용할 시 스티렌 단량체(monomer)가 용출될 수 있으며, 만성 중독 시 무기력, 피곤함, 기억손실, 두통, 현기증, 발암성 등이 나타날 수 있다.

28   정답 ③

스트론튬-90(^{90}Sr)은 뼈에 침착하여 백혈병, 조혈기능장애, 골수암 등을 일으키고, 스트론튬-137(^{137}Cs)은 전신에 축적되어 체세포, 특히 생식 세포에 문제를 일으킨다. 요오드-131(^{131}I)은 갑상선에 축적되어 갑상선 장애를 일으킨다.

29   정답 ①

화학적 합성품의 식품첨가물로서의 적부를 심사할 때에는 인체의 안전성에 가장 중점을 두고 심사한다.

30   정답 ⑤

식품첨가물공전에는 식품위생법 제7조에 의거하여 식품첨가물의 생리활성 기능 등을 판단하여 식품첨가물별로 유해할 수 있는 기준치를 정하여 이를 고시하고 있다.

「식품위생법」 제7조(식품 또는 식품첨가물에 관한 기준 및 규격)
① 식품의약품안전처장은 국민 건강을 보호·증진하기 위하여 필요하면 판매를 목적으로 하는 식품 또는 식품첨가물에 관한 다음 각 호의 사항을 정하여 고시한다.
  1. 제조·가공·사용·조리·보존 방법에 관한 기준
  2. 성분에 관한 규격

31   정답 ①

유해 착색료와 주 사용처

아우라민 (auramine)	황색, 단무지, 카레 가루, 과자, 면류 등
실크스칼렛 (silk scarlet)	적색(수용성), 대구알젓 착색(일본)
수단 (sudan)	적색, 가짜 고춧가루
로다민 B (rhodamine B)	• 분홍색 • 어묵(어육소세지), 과자, 토마토케첩 • 전신 착색, 색소뇨
파라 니트로아닐린 (p-nitroaniline)	황색(지용성), 과자 중독 사례(일본)
메틸바이올렛 (methyl violet)	팥앙금
버터옐로우 (butter yellow)	황색, 마가린
말라카이트그린 (malachite green)	• 염색제, 살균제 • 알사탕, 양식어류, 완두콩, 해조류 등 사례 • 식품에 검출되면 안 됨

32   정답 ①

둘신의 감미도는 설탕의 250배 정도이며 체내에서 장내세균에 의해서 p-아미노페놀이 생성되어 혈액독으로 작용한다. 주로 중추신경계 장애를 주고 간종양을 일으키거나 적혈구 생성을 억제하는 등의 부작용으로 사용이 금지되었다.

33   정답 ④

페릴라틴은 자소유 중의 한 성분이며, 유해 감미료. 감미도는 설탕의 2,000배에 달하나 자극성이 있고 불쾌감을 준다. 열이나 타액에 의하여 알데하이드로 분해되며, 신장을 자극하므로 사용이 금지되었다.
① 둘신은 설탕 감미의 250배이며 장기간 사용 시 혈액독을 일으킨다.

34   정답 ②

유해 식품첨가물
- 유해성 보존료 : 붕산, 폼알데하이드, 나프톨, 살리실릭산, 불소화합물
- 유해성 착색료 : 아우라민, 로다민 B, 수단 Ⅲ, 말라카이트 그린, 니트로아닐린, 실크 스칼렛
- 유해성 표백제 : 롱갈리트, 삼염화질소
- 유해성 감미료 : 둘신, 사클라메이트, 페릴라틴에틸렌, 글리콜, 니트로톨루이딘

35   정답 ②

로다민 B(Rhodamine B)는 적색이 염기성 타르색소로 주로 토마토케첩, 어육제품 등에 사용되었으며, 전신 착색, 색소뇨 등의 증상을 동반한다.

CHAPTER 04 | 감염병, 위생 동물 및 기생충

문제편 p.363

01	02	03	04	05	06	07	08	09	10
④	③	⑤	②	③	④	④	③	⑤	②
11	12	13	14	15	16	17	18	19	20
④	①	②	⑤	②	②	⑤	③	③	①

01 정답 ④

①, ②, ③, ⑤는 세균성 식중독의 특성이다.

02 정답 ③

파상열은 브루셀라속(염소유산균, 소유산균, 돼지유산균)에 의한 감염증으로 브루셀라증이라고도 한다. 동물에게는 감염성 유산을, 사람에게는 열병을 일으킨다.

03 정답 ⑤

장티푸스는 제2급 감염병이다.

구분	제1급 감염병(17종)	제2급 감염병(21종)
유형	생물테러감염병 또는 치명률이 높거나 집단 발생 우려가 커서 발생 또는 유행 즉시 신고해야 하고 음압격리가 필요한 감염병	전파 가능성을 고려하여 발생 또는 유행 시 24시간 이내에 신고해야 하고 격리가 필요한 감염병
종류	1. 에볼라바이러스병 2. 마버그열 3. 라싸열 4. 크리미안콩고출혈열 5. 남아메리카출혈열 6. 리프트 밸리열 7. 두창 8. 페스트 9. 탄저 10. 보툴리눔독소증 11. 야토병 12. 신종감염병증후군 13. 중증급성호흡기증후군(SARS) 14. 중동호흡기증후군(MERS) 15. 동물인플루엔자인체감염증 16. 신종인플루엔자 17. 디프테리아	1. 결핵 2. 수두 3. 홍역 4. 콜레라 5. 장티푸스 6. 파라티푸스 7. 세균성 이질 8. 장출혈성대장균감염증 9. A형간염 10. 백일해 11. 야토병 12. 유행성이하선염 13. 풍진 14. 폴리오 15. 수막구균 감염증 16. b형헤모필루스인플루엔자 17. 폐렴구균 감염증 18. 한센병 19. 성홍열 20. 반코마이신내성황색포도알균(VRSA) 감염증 21. 카바페넴내성장내세균속균종(CRE) 감염증

04 정답 ②

- 능동면역 : 인체 내에서 항체가 형성되어 획득한 면역
- 수동면역 : 다른 사람이나 동물의 항체를 얻어서 생긴 면역

① 자연능동면역
③ 인공수동면역
④, ⑤ 자연수동면역이다.

05 정답 ③

경구감염병이 식품으로 이환될 경우 발생하는 주요 특징

- 집단발병이 쉽게 나타나고 폭발적으로 유행
- 식품에서는 병원체가 쉽게 증식하므로 발병률 높아짐
- 환자 발생 빈도는 계절(온도 및 습도)에 따라 크게 좌우됨
- 성별과 연령에 따라 유행의 특징이 나타남
- 지역의 생활환경에 따라 감염병 발생에 영향을 미침
- 식품의 기호성과 경제적 수준이 발생률을 좌우함
- 물로 인한 오염은 희석되므로 잠복기가 길고 식품의 오염은 잠복기가 짧음

06 정답 ④

세균성 이질

- 병원균 : Shigella로 운동성이 없는 그람음성 단간균이며 실온에서 증식이 어려움
- 잠복기 : 2~7일이며 감염기는 발병 후 4주 이내
- 증상 : 급성 염증성 결장염
- 특징 : 감염력이 비교적 높고 소량의 균으로도 감염이 일어날 수 있으므로 설사가 완전히 멈출 때까지 위생적 관리가 필수적임. 4세 이하의 유아나 60세 이상 연령층에서 발병률이 높음
- 예방 : 환자 및 보균자의 격리, 환경위생 향상, 위생교육. 0℃ 이상으로 가열 조리, 교차오염을 막고 식품을 세척할 때 음용수를 사용

07 정답 ④

소아마비는 제2급 법정 감염병으로 폴리오, 성희박수연, 척수전각염 등으로 불린다.

08 정답 ③

식품이나 식수에 의해 감염되는 병으로는 콜레라, 이질, 장티푸스, 간염 등이 있다. 홍역, 결핵은 사람 간 접촉에 의해 전염되고 쯔쯔가무시증은 곤충이 매개하는 감염병이다.

09 정답 ⑤

멸균되지 않은 우유로 감염될 가능성이 있는 병은 결핵, 파상열(브루셀라증), Q열 등이 있다.

10 정답 ②

탄저균
- 병원균 : Barillas anthract. 그람양성 호기성 간균으로 내생포자 형성(내열성)
- 탄저병 : 피부, 폐, 장에 발병
- 감염 경로 : 피부의 상처를 통하여 직접 감염, 아포를 함유한 먼지를 흡입, 감염된 수육 섭취 시
- 예방
  - 이환되지 않은 가축에 예방접종 실시
  - 이환 동물을 조기발견하여 격리치료
  - 사체를 철저히 소독하고 분비물, 배설물, 혈액 등으로 토양이 오염되지 않도록 함
  - 도살장의 이환 동물과 오염된 용기 및 기구는 소각 및 가열증기소독

11 정답 ④

독일바퀴는 우리나라에서 가장 많이 발견되는 종으로 몸길이가 1~1.5cm 내외이며 가주성 바퀴 중에서 가장 작다. 날 때도 있으나 대부분 기어 다니며, 처음은 흰색이지만 점차 황갈색이 되고 약 3개월이 지나면 6~7회 탈피하여 성충이 된다.

12 정답 ①

쥐에 의해 전파되는 전염병은 렙토스피라증, 서교증, 발진열, 페스트, 살모넬라, 선모충증, 유행성 출혈열, 두창, 쯔쯔가무시증, 결핵, 장티푸스 등이 있다.

13 정답 ②

톡소플라스마는 고양이가 종말숙주로 개, 고양이의 배설물에 의해 오염된 식품을 섭취하거나 감염된 동물의 근육을 생식할 때 전염되며, 원충에 의해 감염되기도 한다.

14 정답 ⑤

선모충은 위생 동물인 쥐에 만연되어 있다가 2차로 돼지에 감염되는 기생충이다. 돼지고기를 생식할 경우 감염될 위험이 높으며, 65℃ 이상에서 사멸한다. 작은 창자와 근육의 결합조직 내에서 기생하며, 감염 시 고열, 근육통 및 안구 증상을 보인다.

15 정답 ②

폐흡충 중간숙주는 다슬기, 게와 가재(민물갑각류)이다.

16 정답 ②

요코가와흡충은 제1중간숙주가 다슬기이며, 제2중간숙주는 잉어 등의 담수어류이다. 사람에게 전염될 경우 사람의 소장에서 기생하는 장흡충이다.

17 정답 ⑤

아니사키스는 사람이 종말숙주가 아니기 때문에 인체에서 성충이 되지 못하고 유충의 상태로 기생하는 아니사키스 자충증을 일으킨다.

18 정답 ③

요충은 소장 하부와 항문 근처에 기생하는 기생충으로, 단체 생활 시 어른보다 어린이에게 많이 감염된다. 예방을 위해서는 식사 전 개인위생을 철저히 지켜야 한다.

19 정답 ③

콜레라의 원인균인 비브리오 콜레라(Vibrio cholerae)는 그람음성의 간균, 통성 혐기성이며 협막이나 아포가 없고 편모에 의해 운동성이 있다. 저항력은 약해 60℃에서 30분, 3% 석탄산에서 5분, 건조 상태로 일광에서 1시간이면 사멸된다.

20 정답 ①

연어, 농어와 관련된 기생충은 장흡충이 아닌 광절열두조충(긴촌충)이다. 광절열두조충은 북미, 시베리아, 일본 북부 지역 및 대한민국에 분포하며, 성충이 10m까지 자란다. 연어, 농어, 송어 소장(회장 상부)에 기생하고 있던 것이 생식하거나 덜 가열하여 섭취할 시 감염된다.

CHAPTER 05 | 식품안전관리인증기준(HACCP)

문제편 p.366

01	02	03	04	05
②	④	②	④	⑤

01 정답 ②

①, ③, ④는 HACCP의 준비 단계인 5절차에 해당한다.

HACCP의 7원칙
1) 위해 요소 분석
2) 중요관리점 결정
3) 한계 기준 설정
4) 모니터링 방법 설정
5) 개선 조치 설정
6) 검증 방법 설정
7) 기록 유지 및 문서화

02 정답 ④

리콜은 기록 유지 및 문서화에 해당하며, HACCP 7원칙 12단계 절차 중 원칙 7에 해당한다.

03 정답 ②

HACCP의 모든 기록은 최소 6개월간 보관하여야 한다.

04 정답 ④

HACCP은 식품의 제조 가공 공정의 모든 단계에서 위해를 끼칠 수 있는 요소를 공정별로 분석하고 각 과정에서 위해 물질이 식품에 혼입되거나 오염되는 것을 사전에 방지하기 위하여 이를 중점적으로 관리하는 체계이다.

05 정답 ⑤

HACCP 준비 단계(5단계)
1) HACCP 팀 구성
2) 제품 설명서 작성
3) 제품의 용도 확인
4) 공정흐름도 작성
5) 공정흐름도 현장 확인

PART 08 식품위생법규

CHAPTER 01 | 식품위생법

문제편 p.370

01	02	03	04	05	06	07	08	09	10
⑤	②	②	④	②	②	③	③	④	③
11	12	13	14	15	16	17	18	19	20
⑤	④	①	⑤	④	④	⑤	⑤	②	④
21	22	23	24	25	26	27	28	29	30
④	③	①	①	④	②	①	③	⑤	③
31	32	33	34	35	36	37	38	39	40
①	⑤	③	⑤	③	②	②	②	①	④
41	42	43	44						
④	④	②	⑤						

01　　정답 ⑤

「식품위생법」은 식품으로 인하여 생기는 위생상의 위해를 방지하고 식품영양의 질적 향상을 도모하며 식품에 관한 올바른 정보를 제공하여 국민보건의 증진에 이바지함을 목적으로 한다. 먹는물에 대한 위생관리는 「먹는물 관리법」에서 관리한다.

02　　정답 ②

① 건강기능식품 : 「건강기능식품에 관한 법률」
③ 국민영양조사 : 「국민건강증진법」
④ 학교급식의 위생·안전관리 기준 : 「학교급식법」
⑤ 고열량·저영양 식품의 영양성분 기준 : 「어린이 식생활안전관리 특별법」

03　　정답 ②

「식품위생법」상 '식품첨가물'이란 식품을 제조·가공·조리 또는 보존하는 과정에서 감미, 착색, 표백 또는 산화 방지 등을 목적으로 식품에 사용되는 물질을 말한다. 이때 기구·용기·포장을 살균·소독하는 데에 사용되어 간접적으로 식품으로 옮아갈 수 있는 물질을 포함한다.

04　　정답 ④

'영업'이란 식품 또는 식품첨가물을 채취·제조·가공·조리·저장·소분·운반 또는 판매하거나 기구 또는 용기·포장을 제조·운반 판매하는 업(농업과 수산업에 속하는 식품 채취업은 제외한다)을 말한다. 한편, 1회용 물컵, 숟가락, 젓가락, 이쑤시개, 위생종이 등의 제조업, 물수건의 살균·소독업은 공중 위생법의 규제를 받는 영업이다.

05　　정답 ②

식품위생의 대상은 식품, 식품첨가물, 기구, 용기·포장이다.

06　　정답 ②

「식품위생법」에서 정의하는 기구는 음식을 먹을 때 사용하거나 담는 것, 또는 식품이나 식품첨가물을 채취·제조·가공·조리·저장·소분·운반 진열할 때 사용하는 것으로서 식품 또는 식품첨가물에 직접 닿는 기계·기구나 그 밖의 물건(농업과 수산업에서 식품을 채취하는 데 쓰는 기계·기구나 그 밖의 물건은 제외)을 말한다. 식품 또는 식품첨가물을 넣거나 싸는 것으로서 식품 또는 식품첨가물을 주고받을 때 함께 건네는 물품은 용기·포장이라 한다.

07　　정답 ③

'집단급식소에서의 식단'이란 급식대상 집단의 영양 섭취 기준에 따라 음식명, 식재료, 영양성분, 조리방법, 조리 인력 등을 고려하여 작성한 급식계획서를 말한다.

08　　정답 ③

위해식품 등의 판매 등의 금지
- 썩거나 상하거나 설익어서 인체의 건강을 해칠 우려가 있는 것
- 유독·유해물질이 들어 있는 것
- 병을 일으키는 미생물에 오염된 것
- 불결하거나 다른 물질이 섞이거나 첨가되어 인체의 건강을 해칠 우려가 있는 것
- 유전자변형식품 등의 안전성 심사 대상인 농·축·수산물 등 가운데 안전성 평가에서 식용으로 부적합하다고 인정된 것

- 수입이 금지된 것 또는 수입 신고를 하지 아니하고 수입한 것
- 영업자가 아닌 자가 제조 · 가공 · 소분한 것

09 정답 ④

유독, 유해 물질이 들어 있거나 묻어 있는 식품, 영업자가 아닌 자가 제조 · 가공 · 소분한 식품, 기준과 규격이 정하여지지 아니한 화학적 합성품인 첨가물을 사용한 식품, 표시기준에 맞는 표시가 없는 식품을 판매해서는 안 된다.

10 정답 ③

「식품위생법」제6조 기준 · 규격이 정하여지지 아니한 화학적 합성품 등의 판매 등 금지
1. 기준 · 규격이 정하여지지 아니한 화학적 합성품인 첨가물과 이를 함유한 물질을 식품첨가물로 사용하는 행위
2. 기준 · 규격이 정하여지지 아니한 화학적 합성품인 식품첨가물이 함유된 식품을 판매하거나 판매할 목적으로 제조 · 수입 · 가공 · 사용 · 조리 · 저장 · 소분 · 운반 또는 진열하는 행위

11 정답 ⑤

국민의 보건 위생을 위해 필요하다고 판단되는 경우 수시로 실시한다.

12 정답 ④

식품 등의 한시적 기준 및 규격을 인정받을 수 있는 것은 농산물 · 축산물 · 수산물 등으로부터 추출 · 농축 · 분리 등의 방법으로 얻은 것으로서 식품으로 사용하려는 원료를 말한다.

13 정답 ①

식품의약품안전처장, 시 · 도지사 또는 시장 · 군수 · 구청장은 관계 공무원으로 하여금 출입 · 검사 · 수거를 하게 한 경우에는 별지 서식의 수거검사 처리대장(전자문서를 포함한다)에 그 내용을 기록하고 이를 갖춰 두어야 한다.

14 정답 ⑤

식품위생분야 종사자 건강진단 규칙
건강진단을 받아야 하는 사람은 식품 또는 식품첨가물(화학성품 또는 기구 등 살균소독제는 제외한다)을 채취 · 제조 · 가공 · 조리 · 저장 · 운반 또는 판매하는 데 직접 종사하는 사람으로 한다. 다만 영업자 또는 종업원 중 완전 포장된 식품 또는 식품첨가물을 운반하거나 판매하는 데 종사하는 사람은 제외한다.

15 정답 ④

식품 또는 식품첨가물(화학적 합성품 또는 기구 등의 살균소독제는 제외)을 채취 · 제조 · 가공 · 조리 · 저장 · 운반 또는 판매하는 데 직접 종사하는 사람은 건강진단을 받아야 한다. 다만, 영업자 또는 종업원 중 완전 포장된 식품 또는 식품첨가물을 운반하거나 판매하는 데 종사하는 사람은 제외된다.

16 정답 ④

학교에서 식중독 사고가 발생할 경우 지체 없이 관할 특별자치시장 · 시장 · 군수 · 구청장에게 보고해야 한다. 이 경우 의사나 한의사는 대통령령으로 정하는 바에 따라 식중독 환자나 식중독이 의심되는 자의 혈액 또는 배설물을 보관하는 데에 필요한 조치를 하여야 한다.

17 정답 ①

- 조리사 행정처분 기준

위반사항	1차 위반	2차 위반	3차 위반
1. 조리사의 결격사유에 해당하게 된 경우	면허 취소		
2. 교육의무에 따른 교육을 받지 아니한 경우	시정 명령	업무 정지 15일	업무 정지 1개월
3. 식중독이나 그 밖에 위생과 관련한 중대한 사고 발생에 직무상의 책임이 있는 경우	업무 정지 1개월	업무 정지 2개월	면허 취소
4. 면허를 타인에게 대여하여 사용하게 한 경우	업무 정지 2개월	업무 정지 3개월	면허 취소
5. 업무정지기간 중에 조리사의 업무를 한 경우	면허 취소		

- 「식품위생법」제88조 집단급식소에서 지켜야 하는 사항(1천만원 이하 과태료)
  10. 식중독 발생 시 보관 또는 사용 중인 식품은 역학조사가 완료될 때까지 폐기하거나 소독 등으로 현장을 훼손하여서는 아니 되고 원상태로 보존하여야 하며, 식중독 원인 규명을 위한 행위를 방해하지 말 것

18   정답 ⑤

「**식품위생법 시행규칙**」 제93조 식중독 환자 또는 그 사체에 관한 보고
① 의사 또는 한의사가 보고해야 할 사항
　1. 보고자의 주소 및 성명
　2. 식중독을 일으킨 환자, 식중독이 의심되는 사람 또는 식중독으로 사망한 사람의 주소·성명·생년월일 및 사체의 소재지
　3. 식중독의 원인
　4. 발병 연월일
　5. 진단 또는 검사 연월일

19   정답 ⑤

「**식품위생법 시행규칙**」 제62조 식품안전관리인증기준 대상 식품
1. 수산가공식품류의 어육가공품류 중 어묵·어육소시지
2. 기타수산물가공품 중 냉동 어류·연체류·조미가공품
3. 냉동식품 중 피자류·만두류·면류
4. 과자류, 빵류 또는 떡류 중 과자·캔디류·빵류·떡류
5. 빙과류 중 빙과
6. 음료류(다류 및 커피류는 제외)
7. 레토르트 식품
8. 절임류 또는 조림류의 김치류 중 김치(배추를 주원료로 하여 절임, 양념 혼합과정 등을 거쳐 이를 발효시킨 것이거나 발효시키지 아니한 것 또는 이를 가공한 것에 한함)
9. 코코아가공품 또는 초콜릿류 중 초콜릿류
10. 면류 중 유탕면 또는 곡분, 전분, 전분질원료 등을 주원료로 반죽하여 손이나 기계 따위로 면을 뽑아내거나 자른 국수로서 생면·숙면·건면
11. 특수용도식품
12. 즉석섭취·편의식품류 중 즉석섭취식품
12의 2. 즉석섭취·편의식품류의 즉석조리식품 중 순대
13. 식품제조·가공업의 영업소 중 전년도 총 매출액이 100억원 이상인 영업소에서 제조·가공하는 식품

20   정답 ④

「**식품위생법 시행규칙**」 제67조 [별표 20] 식품안전관리인증기준 적용업소의 인증을 취소해야 하는 경우
- 거짓이나 그 밖의 부정한 방법으로 인증을 받은 경우
- 영업정지 2개월 이상의 행정처분을 받은 경우

21   정답 ④

「**식품위생법 시행규칙**」 제50조 집단급식소 영업에 종사하지 못하는 질병의 종류
- 콜레라, 장티푸스, 파라티푸스, 세균성이질, 장출혈성대장균감염증, A형간염
- 결핵(비감염성은 제외)
- 피부병 또는 그 밖의 고름형성(화농성) 질환
- 후천성면역결핍증(성병에 관한 건강진단을 받아야 하는 영업에 종사하는 사람만 해당)

22   정답 ③

「**식품위생법 시행규칙**」 제52조에 따라 집단급식소를 설치·운영하려는 자는 특별자치시장, 특별자치도지사·시장·군수·구청장에게 신고하여야 하며, 6시간의 식품위생교육을 받아야 한다.

23   정답 ①

「**식품위생법 시행령**」 제27조에 따라 식품제조·가공업자, 즉석판매제조·가공업자, 식품첨가물제조업자, 식품운반업자, 식품소분·판매업자(식용얼음 및 식품자동판매기업은 제외), 식품보존업자, 용기·포장류제조업자, 식품접객업자, 공유주방 운영업자 등은 매년 식품위생교육을 받아야 한다(조리사, 영양사, 위생사 면허를 받은 자가 식품접객업을 하고자 하는 때에는 위생교육대상에서 제외).

24   정답 ①

「**식품위생법 시행규칙**」 제51조에 따른 식품위생교육의 내용은 식품위생, 개인위생, 식품위생시책, 식품의 품질관리 등이다.

25   정답 ④

위생분야 종사자 등의 건강진단규칙에 따르면 위생 분야 종사자 등의 정기건강진단 횟수는 장티푸스, 결핵 전염성 피부 질환의 항목에 대하여 모두 매년 1회이다.

26   정답 ②

「**식품위생법 시행규칙**」 제52조에 따라 식품접객업(휴게음식점, 일반음식점, 단란주점, 유흥주점, 위탁급식영업, 제과점영업)은 6시간 사전 위생교육을 받아야 한다.

27 정답 ①

「식품위생법 시행령」 제27조에 따라 식품제조·가공업자, 즉석판매제조·가공업자, 식품첨가물제조업자, 식품운반업자, 식품소분·판매업자(식용얼음 및 식품자동판매기영업자 제외), 식품보존업자, 용기·포장류 제조업자, 식품접객업자는 미리 식품위생교육을 받아야 한다. 다만, 부득이한 사유로 미리 식품위생교육을 받을 수 없는 경우에는 영업을 시작한 뒤에 식품의약품안전처장이 정하는 바에 따라 식품위생교육을 받을 수 있다. 조리사, 영양사, 위생사 면허를 가진 자가 식품접객업을 하려는 경우에는 식품위생교육을 받지 않아도 된다.

28 정답 ③

「식품위생법 시행규칙」 [별표 24] 집단급식소의 설치·운영자의 준수사항(제95조 제2항 관련)
4. 수돗물이 아닌 지하수 등을 먹는 물 또는 식품의 조리·세척 등에 사용하는 경우에는 「먹는물관리법」 제43조에 따른 먹는물 수질검사기관에서 다음의 구분에 따른 검사를 받아야 한다.
  가. 일부 항목 검사 : 1년마다
  나. 모든 항목 검사 : 2년마다

29 정답 ⑤

「식품위생법」 제75조에 따라 영업자가 정당한 사유 없이 6개월 이상 휴업할 때 영업허가 취소나 영업소 폐쇄를 명할 수 있다.

30 정답 ③

「식품위생법」 제52조에 따라 영리를 목적으로 하지 않고 상시 1회 급식 인원이 50명 이상인 집단급식소(기숙사, 학교, 병원, 국가, 지방자치단체, 사회복지시설 등)는 영양사를 두어야 한다. 다만 1회 급식 인원이 100명 미만인 산업체 식당은 영양사를 두지 않아도 된다.

31 정답 ①

② 교육대상자는 「식품위생법」의 규정에 의하여 종사하고 있는 조리사와 영양사로 한다.
③ 조리사 및 영양사의 교육실시기관은 식품의약품안전처장이 지정한 기관으로 한다.
④, ⑤ 집단급식소 운영자 자신이 직접 조리하는 경우나 영양사가 조리사 면허를 받은 경우 조리사를 두지 아니하여도 된다.

32 정답 ⑤

「식품위생법」 제53조에 따라 조리사가 되려는 자는 국가기술자격법에 따라 해당 기능 분야의 자격을 얻은 후 특별자치시장·특별자치도지사·시장·군수·구청장의 면허를 받아야 한다.

33 정답 ③

「식품위생법」 제56조에 따라 식품의약품안전처장은 식품위생 수준 및 자질 향상을 위하여 필요한 경우 조리사와 영양사에게 교육(조리사는 보수교육 포함)을 받을 것을 명할 수 있다.

34 정답 ⑤

「식품위생법」 제94조 10년 이하의 징역 또는 1억원 이하의 벌금에 처하거나 이를 병과되는 경우
- 위해 식품 등의 판매 등 금지 규정 위반(썩은 것, 유독물 오염, 병원미생물 오염, 불결한 것, 무허가제품)
- 병든 동물 고기 등의 판매 등 금지규정 위반
- 제조 기준·규격이 고시되지 아니한 화학적 합성품의 판매 등 금지규정 위반
- 유독기구 등의 판매·사용 금지규정 위반
- 허가받아야 하는 영업을 영업허가를 받지 않고 영업을 했을 때

35 정답 ③

「식품위생법」 제88조에 따라 조리·제공한 식품의 매회 1인분 분량을 섭씨 영하 18℃ 이하에서 144시간 이상 보관해야 한다.

36 정답 ③

「식품위생법」 제70조의 7에서는 '국가 및 지방자치단체는 식품의 나트륨, 당류, 트랜스지방 등 건강 위해 가능 영양성분의 과잉 섭취로 인한 국민보건상 위해를 예방하기 위하여 노력하여야 한다'고 관련 내용을 규정하고 있다.

37 정답 ②

「식품위생법」 제101조 500만원 이하의 과태료 처벌
- 식품 등을 깨끗하고 위생적으로 취급하지 않은 자
- 식품의약품안전처장의 검사명령을 받고도 검사기한 내에 검사를 받지 아니하거나 자료 등을 제출하지 아니한 영업자
- 식품첨가물의 제조·가공의 보고를 하지 아니하거나 허위의 보고를 한 자
- 소비자로부터 식품등에서의 이물 발견신고를 받고 보고하지 아니한 자

- 식품안전관리인증기준적용업소가 아닌 업소이면서 해당 명칭을 사용한 자
- 시설 개수명령을 위반한 자

※ 집단급식소의 경우에도 상기 2개

38 정답 ②

「식품위생법」 제101조에 따라 건강진단이나 위생교육을 받지 않았을 때는 500만원 이하의 과태료에 처한다.

39 정답 ②

「식품위생법」 제93조에 따라 다음 각 호의 어느 하나에 해당하는 원료 또는 성분 등을 사용하여 판매할 목적으로 식품 또는 식품첨가물을 제조가공수입 또는 조리한 자는 1년 이상의 징역에 처한다.
- 마황
- 부자
- 천오
- 초오
- 백부자
- 섬수
- 백선피
- 사리풀

40 정답 ④

「식품위생법」 제86조에 따라 식중독 환자나 식중독이 의심되는 자를 진단하였거나 그 사체를 감안한 의사 또는 한의사는 특별자치시장·시장·군수·구청장에게 보고하고, 보고를 받은 특별자치시장·시장·군수·구청장은 식품의약품안전처장 및 시·도지사에게 보고하여야 한다.

41 정답 ④

「식품위생법 시행령」 제59조 식중독 원인의 조사
- 식중독의 원인이 된 식품 등과 환자 간의 연관성을 확인하기 위해 실시하는 설문조사, 섭취 음식 위험도 조사 및 역학적 조사
- 식중독 환자나 식중독이 의심되는 자의 혈액, 배설물 또는 식중독의 원인이라고 생각되는 식품 등에 대한 미생물학적 또는 이화학적 시험에 의한 조사
- 식중독의 원인이 된 식품 등의 오염경로를 찾기 위하여 실시하는 환경 조사

42 정답 ④

「식품위생법」 제97조에 따라 식품 또는 식품첨가물제조업 가공업, 식품접객업 등에 규정된 영업을 하려는 자가 정해진 시설기준을 갖추지 않으면 3년 이하의 징역 또는 3천만원 이하의 이하의 벌금에 처한다.

43 정답 ②

「식품위생법」 제83조에 따라 유독 유해물질이 들어있는 것, 병을 일으키는 미생물에 오염된 것, 안전성 평가에서 식용 불가한 것으로 판정받은 것, 수입금지 또는 수입신고를 하지 않은 것, 영업자가 아닌 자가 제조, 가공, 소분한 것 등의 규정을 위반하여 영업정지 2개월 이상의 처분, 영업허가 취소, 영업소 폐쇄 명령을 받은 자, 병든 동물 고기의 판매 등 금지 사항과 규격이 고시되지 않은 화학적 합성품 판매 등 금지 사항 혹은 유독 기구 등의 판매 등 금지 사항을 위반하여 영업허가 및 등록 취소 영업소 폐쇄명령을 받은 자에게는 그가 판매한 해당 식품 등의 소매가격에 상당하는 금액을 과징금으로 부과한다.

44 정답 ⑤

「축산물위생관리법」에 의하여 도축이 금지되는 가축전염병과 리스테리아, 살모넬라, 파스튜렐라병 또는 선모충증에 이환된 동물이나 이러한 질병으로 죽은 동물의 고기·장기 또는 혈액은 식용으로 채취·수입·가공·사용·조리·저장·운반·진열 또는 판매하지 못한다. 이를 위반하는 경우 「식품위생법」 제94조에 따라 10년 이하의 징역 또는 1억원 이하의 벌금에 처하거나 이를 병과할 수 있다.

CHAPTER 02 | 학교급식법

문제편 p.378

01	02	03	04	05	06	07	08	09	10
②	④	⑤	①	③	②	④	②	①	④
11	12								
③	②								

01   정답 ②

「학교급식법」 제1조에 따르면 학교급식법은 '학교급식의 질을 향상시키고 학생의 건전한 심신의 발달과 국민 식생활 개선에 기여함'을 목적으로 한다.

02   정답 ④

「학교급식법 시행령」 제9조에 따라 식품비는 보호자가 부담하는 것을 원칙으로 한다. 학교급식 시설·설비비는 당해 학교의 설립·경영자가 부담하는 것을 원칙으로 하되, 국가나 지방자치단체가 지원할 수 있다. 급식운영비는 급식시설·설비의 유지비, 종사자의 인건비, 연료비, 소모품비 등의 경비로 구성된다. 급식운영비 중 종사자의 인건비, 연료비, 소모품비 등의 경비는 학교운영 위원회의 심의 또는 자문을 거쳐 그 경비의 일부를 보호자로 하여금 부담하게 할 수 있다.

03   정답 ⑤

「학교급식법」 제23조에 따라 농수산물의 원산지 표시를 거짓으로 기재하거나 유전자 변형 농수산물의 표시를 거짓으로 기재한 식재료 사용은 7년 이하의 징역 또는 1억 원 이하의 벌금에 처한다. 축산물의 등급을 거짓으로 기재한 경우 5년 이하의 징역 또는 5천만 원 이하의 벌금에 처하며, 지리적 표시 수산물 품질인증 표시 및 농산물 표준규격품 표시를 거짓으로 적은 식재료를 사용한 경우 3년 이하의 징역 또는 3천만원 이하의 벌금에 처한다.

04   정답 ①

「학교급식법」 제14조에 따라 학교의 장은 저체중, 성장부진, 빈혈, 과체중 및 비만 학생 등을 대상으로 영양상담과 필요한 지도를 한다.

05   정답 ③

「학교급식법 시행규칙」 제4조 [별표 2]에 따르면 쇠고기는 육질 등급 3등급 이상, 돼지고기는 육질 등급 2등급 이상, 닭고기 및 오리고기는 1등급 이상이어야 한다.

06   정답 ②

「학교급식법 시행규칙」 제5조 '학교 급식의 영양관리기준'에 따라 식단 작성 시 고려하여야 할 사항
- 전통 식문화의 계승·발전을 고려할 것
- 곡류 및 전분류, 채소류 및 과일류, 어육류 및 콩류, 우유 및 유제품 등 다양한 종류의 식품을 사용할 것
- 염분·유지류·단순당류 또는 식품첨가물 등을 과다하게 사용하지 않을 것
- 가급적 자연 식품과 계절 식품을 사용할 것
- 다양한 조리방법을 활용할 것

07   정답 ④

「학교급식법 시행령」 제13조 학교급식 운영평가 방법 및 기준
- 학교급식 위생·영양·경영 등 급식 운영 관리
- 학생 식생활 지도 및 영양상담
- 학교급식에 대한 수요자의 만족도
- 급식 예산 편성 및 운용
- 그 밖에 평가 기준으로 필요하다고 인정하는 사항

08   정답 ②

조리장의 조명은 220lux 이상, 검수구역은 540lux 이상이 되도록 한다.

09   정답 ①

「학교급식법」 제6조, 동법 시행령 제7조 및 동법 시행규칙 [별표 1]에 따르면, 학교급식을 실시할 학교는 학교급식을 위하여 필요한 시설과 설비를 갖추어야 한다. 급식시설은 조리장, 식품보관실, 급식관리실, 편의시설 등을 갖추어야 하며, 조리장은 조리기구, 냉장·냉동시설, 세척·소독시설 등을 갖추어야 한다. 둘 이상의 학교가 인접하여 있는 경우에는 학교급식을 위한 시설과 설비를 공동으로 할 수 있다.

10   정답 ④

「학교급식법 시행규칙」 제3조 관련 [별표 1]에 따르면 식품보관실과 소모품보관실은 별도로 설치하여야 한다. 외출복장과 위생복장은 구분하여 보관하여야 하며, 휴게실은 조리실을 통하지 않고 출입이 가능해야 한다. 조리장의 내부 벽은 표면이 매끈한 재질로 내구성, 내수성이 있어야 한다.

11 정답 ③

「학교급식법 시행규칙」 제7조에 따르면 알레르기를 유발할 수 있는 식품을 사용한 경우 식단표에 표시하여야 한다. 학교급식 급식 인원과 식단, 영양공급량 등이 기재된 학교급식 일지와 식재료 검수일지 및 거래명세표는 3년간 보관해야 하며, 학교장은 매 학기별 보호자 부담 급식비 중 식품비의 사용 비율을 공개해야 한다.

12 정답 ②

「학교급식법 시행규칙」 제8조에 따라 위생·안전관리기준 이행 여부의 확인·지도를 위한 출입·검사는 연 2회 이상 실시한다.

CHAPTER 03 | 기타 관계법규

문제편 p.381

01	02	03	04	05	06	07	08	09	10
①	③	②	④	③	②	④	④	②	①
11	12	13	14	15	16	17	18	19	20
③	④	①	②	⑤	⑤	⑤	②	③	①
21	22	23	24	25	26	27	28	29	30
②	⑤	⑤	⑤	③	⑤	②	③	⑤	④
31	32	33							
③	①	③							

01 정답 ①

보기는 「국민영양관리법」 제1조(목적)와 제2조(정의) 제2항의 내용이다.

02 정답 ③

「국민건강증진법 시행규칙」 제17조 영양지도원의 업무
- 영양지도의 기획·분석 및 평가
- 지역주민에 대한 영양상담·영양 교육 및 영양평가
- 지역주민의 건강 상태 및 식생활 개선을 위한 세부 방안 마련
- 집단급식시설에 대한 현황 파악 및 급식업무 지도
- 영양 교육자료의 개발·보급 및 홍보
- 기타 지역주민의 영양 관리 및 영양 개선을 위하여 특히 필요한 업무

03 정답 ②

「국민건강증진법 시행령」 제22조에 따라 영양조사원은 영양사의 자격을 가진 사람으로 임명한다. 다만, 영양사의 자격을 가진 사람이 없는 경우에는 의사 또는 간호사의 자격을 가진 사람 중에서 임명할 수 있다.

04 정답 ④

「국민건강증진법 시행규칙」 제13조에 따라 영양조사원은 건강상태조사원, 식품섭취조사원 및 식생활조사원으로 구분한다.

05 정답 ③

「국민건강증진법 시행령」 제19조에 따르면 국민영양조사는 매년 실시한다.

06　정답 ②

「국민건강증진법 시행규칙」 제12조에 따라 식품섭취조사의 세부내용은 식품의 섭취횟수 및 섭취량에 관한 사항, 식품의 재료에 관한 사항 기타 질병관리청장이 정하여 고시하는 사항이다.

07　정답 ④

「국민건강증진법 시행규칙」 제12조에 따르면 국민영양조사 중 건강상태조사는 급성 또는 만성질환을 앓거나 앓았는지 여부에 관한 사항, 질병·사고 등으로 인한 활동 제한의 정도에 관한 사항, 혈압 등 신체 계측에 관한 사항, 흡연·음주 등 건강과 관련된 생활 태도에 관한 사항, 기타 질병관리청장이 정하여 고시하는 사항이다. 2세 이하 영유아의 수유 기간 및 이유·보충식의 종류에 관한 사항은 식생활조사에 해당하는 내용이다.

08　정답 ④

「국민영양관리법」 제7조에 따르면 보건복지부장관은 관계 중앙행정기관의 장과 협의하고 「국민건강증진법」 제5조에 따른 국민건강증진정책심의위원회의 심의를 거쳐 국민영양관리기본계획을 5년마다 수립하여야 한다.

09　정답 ②

「국민영양관리법」 제28조에 따라 영양사 면허증을 빌려주거나 빌리는 것을 알선한 자는 1년 이하의 징역 또는 1천만원 이하의 벌금에 처한다.

10　정답 ①

「국민영양관리법」 제19조에 따라 영양사 면허증을 받지 아니한 사람은 영양사 명칭을 사용할 수 없으며, 이를 위반하여 영양사 명칭을 사용한 사람은 「국민영양관리법」 제28조에 따라 300만원 이하의 벌금에 처한다.

11　정답 ③

1차 위반 시 면허정지 1개월, 2차 위반 시 면허정지 2개월, 3차 위반 시 면허취소의 처분이 내려진다.

「국민영양관리법 시행령」 제5조 관련 [별표] 행정처분 개별기준

위반사항	행정처분기준		
	1차 위반	2차 위반	3차 위반
1. 법 제16조 제1호부터 제3호까지의 (결격사유)의 법 제21조 어느 하나에 해당하는 경우	면허취소		
2. 법 제21조 제1항에 따른 면허정지처분 기간 중에 영양사의 업무를 하는 경우	면허취소		
3. 영양사가 그 업무를 행함에 있어서 식중독이나 그 밖에 위생과 관련한 중대한 사고 발생에 직무상의 책임이 있는 경우	면허정지 1개월	면허정지 2개월	면허취소
4. 면허를 타인에게 대여하여 사용하게 한 경우	면허정지 2개월	면허정지 3개월	면허취소

12　정답 ④

「국민영양관리법」 제11조 영양취약계층 등의 영양관리사업
- 영유아, 임산부, 아동, 노인, 노숙인 및 사회복지시설 수용자 등 영양취약 계층을 위한 영양관리사업
- 어린이집, 유치원, 학교 집단급식소, 의료기관 및 사회복지시설 등 시설 및 단체에 대한 영양관리사업
- 생활습관질병 등 질병 예방을 위한 영양관리사업

13　정답 ①

「국민영양관리법」 제16조 및 동법 시행규칙 제14조에 따른 영양사 면허의 결격사유로는 정신질환자, B형 간염 환자를 제외한 감염병 환자, 마약, 대마 또는 향정신성의약품 중독자, 영양사 면허의 취소처분을 받고 그 취소된 날부터 1년이 지나지 않은 사람 등이 있다.

14 정답 ②

「국민영양관리법 시행규칙」 제5조 영양·식생활 교육의 내용
- 생애주기별 올바른 식습관 형성·실천에 관한 사항
- 식생활 지침 및 영양소 섭취기준
- 질병 예방 및 관리
- 비만 및 저체중 예방·관리
- 바람직한 식생활문화 정립
- 식품의 영양과 안전
- 영양 및 건강을 고려한 음식 만들기
- 그 밖에 보건복지부장관, 시·도지사 및 시장·군수·구청장이 국민 또는 지역 주민의 영양관리 및 영양개선을 위하여 필요하다고 인정하는 사항

15 정답 ⑤

「국민영양관리법」 제13조 및 동법 시행령 제3조, 제4조에 따르면 질병관리청장은 보건복지부장관과 협의하여 국민의 식품 섭취·식생활 등에 관한 국민 영양 및 식생활 조사를 정기적으로 실시하여야 한다. 영양문제에 필요한 조사에는 식품의 영양성분 실태 조사, 당·나트륨·트랜스지방 등 건강 위해 가능 영양성분의 실태 조사, 음식별 식품 재료량 조사 등이 포함된다. 식품접객업소 및 집단급식소 등의 음식별 식품 재료에 대한 조사는 매년 실시하며, 집단급식소에서 제공하는 식품에 대해 식품의 영양성분 실태 조사 및 당·나트륨·트랜스지방 등 건강 위해 가능 영양성분에 대한 실태 조사도 매년 실시한다.

16 정답 ⑤

「국민영양관리법 시행규칙」 제6조에 따라 영양소 섭취 기준 및 식생활 지침의 발간 주기는 5년으로 하되 필요한 경우 그 주기를 조정할 수 있다.

17 정답 ②

「국민영양관리법 시행규칙」 제18조 및 제20조에 따르면 영양사의 보수교육 시간은 6시간이며, 보수교육 관계 서류는 3년간 보존해야 한다.

18 정답 ⑤

「국민영양관리법 시행령」 제5조 [별표]에 따른 행정처분 기준에서 1차 위반 시 영양사의 면허가 취소될 수 있는 사유는 '영양사의 결격사유에 해당되는 자임이 늦게 밝혀졌을 때', '면허정지 처분기간 중에 영양사 업무를 했을 때' 등이다.

19 정답 ③

「국민영양관리법 시행령」 제5조 [별표]에 따른 행정처분 기준에 따르면 영양사 면허의 대여 금지 조항을 3차 위반할 경우 면허취소 처분이 된다.

20 정답 ①

「국민영양관리법 시행규칙」 제15조~제17조에 따르면 면허증은 보건복지부장관이 발급하며, 영양사 면허증이 헐어 못쓰게 된 경우나 잃어버린 경우 재교부 신청을 할 수 있다. 또한 영양사 면허 취소처분을 받은 자는 지체없이 보건복지부장관에게 면허증을 반환해야 한다.

21 정답 ②

「농수산물의 원산지 표시에 관한 법률 시행령」 제3조 식품접객업 및 집단급식소의 원산지 표시
- 쇠고기·돼지고기·닭고기·오리고기·양·염소·산양
- 밥, 죽, 누룽지에 사용하는 쌀
- 배추김치의 원료인 배추와 고춧가루
- 두부류, 콩비지, 콩국수에 사용하는 콩
- 넙치, 조피볼락, 참돔, 미꾸라지, 뱀장어, 낙지, 명태(황태, 북어 등 건조한 것 제외), 고등어, 갈치, 오징어 꽃게 및 참조기(해당 수산물가공품) 등
- 조리하여 판매·제공하기 위하여 수족관 등에 보관 진열하는 살아있는 수산물

22 정답 ⑤

「농수산물의 원산지 표시에 관한 법률」 제1조에 따르면 이 법은 농산물·수산물이나 그 가공품 등에 대하여 적정하고 합리적인 원산지 표시를 하도록 하여 소비자의 알권리를 보장하고 공정한 거래를 유도함으로써 생산자와 소비자를 보호하는 것을 목적으로 한다.

23 정답 ⑤

「농수산물의 원산지 표시에 관한 법률」 제4조에 따르면 농산물·수산물 및 그 가공품 또는 조리하여 판매하는 쌀·김치류 및 축산물의 원산지 표시 등에 관한 사항은 농수산물품질관리심의회에서 심의한다.

24 정답 ⑤

「농수산물의 원산지 표시에 관한 법률 시행규칙」 [별표 4]에 따르면 국내에서 배추김치를 조리하여 판매·제공하는 경우에는 배추김치로 표시하고 그 옆에 괄호로 배추김치의 원료인 배추(절인 배추를 포함한다)의 원산지를 표시한다. 이때, 고춧가루를 사용한 배추김치의 경우에는 고춧가루의 원산지를 함께 표시한다.

25 정답 ③

「농수산물의 원산지 표시에 관한 법률 시행규칙」 [별표 4]에 따르면 쌀(찹쌀, 현미, 찐쌀을 포함한다. 이하 같다) 또는 그 가공품의 원산지는 국내산(국산)과 외국산으로 구분하고 다음의 구분에 따라 표시한다.
- 국내산(국산)의 경우 "밥(쌀 : 국내산)", "누룽지(쌀 : 국내산)"로 표시
- 외국산의 경우 쌀을 생산한 해당 국가명을 표시

26 정답 ⑤

「농수산물의 원산지 표시에 관한 법률 시행규칙」 [별표 4]에 따르면 쇠고기는 국내산(국산)의 경우 "국산"이나 "국내산"으로 표시하고 식육의 종류를 한우·젖소·육우로 구분하여 표시한다. 다만, 수입한 소를 국내에서 6개월 이상 사육한 후 국내산(국산)으로 유통하는 경우에는 "국산"이나 "국내산"으로 표시하고 괄호 안에 식육의 종류 및 출생 국가명을 함께 표시한다.

27 정답 ②

「농수산물의 원산지 표시에 관한 법률」 제5조에 따르면 식품접객업 및 집단급식소 중 대통령령으로 정하는 영업소나 집단급식소를 설치·운영하는 자는 대통령령으로 정하는 농수산물(육류 포함)이나 그 가공품의 원료에 대해 원산지를 표시하여야 한다. 그리고 동법 시행령 제4조에 따르면 법 제5조에서 '대통령령으로 정하는 영업소나 집단급식소를 설치·운영하는 자'란 휴게음식점영업, 일반음식점영업 또는 위탁급식영업을 하는 영업소나 집단급식소를 설치·운영하는 자를 말한다.

28 정답 ③

「식품 등의 표시·광고에 관한 법률」 제1조에 따르면 이 법은 식품 등에 대하여 올바른 표시·광고를 하도록 하여 소비자의 알 권리를 보장하고 건전한 거래 질서를 확립함으로써 소비자 보호에 이바지함을 목적으로 한다.

29 정답 ⑤

「식품 등의 표시·광고에 관한 법률 시행규칙」 제5조 [별표 2] 무글루텐의 표시가 가능한 경우
- 밀, 호밀, 보리, 귀리(oat) 또는 이들의 교배종을 원재료로 사용하지 않고 총 글루텐 함량이 20㎍/kg 이하인 식품 등
- 밀, 호밀, 보리, 귀리 또는 이들의 교배종에서 글루텐을 제거한 원재료를 사용하여 총 글루텐 함량이 20㎍/kg 이하인 식품 등

30 정답 ④

「식품 등의 표시·광고에 관한 법률 시행령」 제3조 [별표 1]에 따르면 특수용도식품으로서 임산부·수유부, 노약자, 질병 후 회복 중인 사람 또는 환자의 영양 보급 등에 도움을 준다는 내용의 표시·광고는 부당한 표시 또는 광고로 보지 않는다.

31 정답 ③

「식품 등의 표시·광고에 관한 법률 시행규칙」 제10조에 따르면 식품 등에 관하여 표시 또는 광고하려는 자가 자율심의기구에 미리 심의를 받아야 하는 대상은 특수의료용도식품, 건강기능 식품 등이다.

32 정답 ①

「식품 등의 표시·광고에 관한 법률 시행규칙」 제7조에 따르면 '조미식품이 포함되어 있는 면류 중 유탕면(기름에 튀긴 면), 국수 또는 냉면' 및 '즉석섭취식품(동·식물성 원료에 식품이나 식품첨가물을 가하여 제조·가공한 것으로서 더 이상의 가열 또는 조리과정 없이 그대로 섭취할 수 있는 식품을 말한다) 중 햄버거 및 샌드위치'는 나트륨 함량 비교 표시를 하여야 한다.

33 정답 ③

「식품 등의 표시·광고에 관한 법률 시행규칙」 제6조 표시 대상 영양성분
- 열량
- 나트륨
- 탄수화물
- 당류[식품, 축산물, 건강기능식품에 존재하는 모든 단당류(單糖類)와 이당류(二糖類)를 말한다. 다만, 캡슐·정제·환·분말 형태의 건강기능식품은 제외한다]
- 지방
- 트랜스지방(Trans Fat)
- 포화지방(Saturated Fat)
- 콜레스테롤(Cholesterol)
- 단백질
- 영양표시나 영양강조표시를 하려는 경우에는 [별표 5]의 1일 영양성분 기준치에 명시된 영양성분

MEMO

영양사
마무리문제집 1교시+2교시

초 판 발 행	2022년 08월 05일
공 저	이민경, 영양사국가시험연구소
발 행 인	정용수
발 행 처	(주)예문아카이브
주 소	서울시 마포구 동교로 18길 10 2층
T E L	02) 2038 - 7597
F A X	031) 955 - 0660
등 록 번 호	제2016 - 000240호
정 가	30,000원

- 이 책의 어느 부분도 저작권자나 발행인의 승인 없이 무단 복제하여 이용할 수 없습니다.
- 파본 및 낙장은 구입하신 서점에서 교환하여 드립니다.

홈페이지 http://www.yeamoonedu.com

I S B N   979-11-6386-102-7   [13590]

2022 영양사 마무리문제집 정답 및 해설